普通高等教育"十一五"国家级规划教材
国家林业和草原局普通高等教育"十四五"规划教材

应用微生物学

（第3版）

来航线　洪坚平　主编

中国林业出版社
China Forestry Publishing House

图书在版编目（CIP）数据

应用微生物学/来航线，洪坚平主编 . —3 版 . —北京：中国林业出版社，2023. 5
普通高等教育"十一五"国家级规划教材　国家林业和草原局普通高等教育 "十四五"规划教材
ISBN 978-7-5219-2078-9

Ⅰ. ①应… Ⅱ. ①来… ②洪… Ⅲ. ①应用微生物学–高等学校–教材 Ⅳ. ①Q939. 9

中国国家版本馆 CIP 数据核字（2023）第 001048 号

责任编辑：范立鹏　曹滢文
责任校对：苏　梅
封面设计：周周设计局

出版发行　中国林业出版社
　　　　　（100009，北京市西城区刘海胡同 7 号，电话 83223120）
电子邮箱　cfphzbs@ 163. com
网　　址　http://www. forestry. gov. cn/lycb. html
印　　刷　北京中科印刷有限公司
版　　次　2005 年 9 月第 1 版（共印 1 次）
　　　　　2011 年 2 月第 2 版（共印 6 次）
　　　　　2023 年 5 月第 3 版
印　　次　2023 年 5 月第 1 次印刷
开　　本　787mm×1092mm　1/16
印　　张　24
字　　数　575 千字
定　　价　65. 00 元

教学课件

《应用微生物学》(第3版)
编写人员

主　编： 来航线　洪坚平

副主编： 郝鲜俊　林雁冰　段学军　洪　杰　郭　俏

编　者： (按姓氏笔画排序)

马艳弘 (江苏省农业科学院)

王丽娜 (浙江工业大学)

杨丽华 (内蒙古农业大学)

来航线 (西北农林科技大学)

陆震鸣 (江南大学)

陈国科 (中原工学院)

林雁冰 (西北农林科技大学)

周鑫斌 (西南大学)

郝鲜俊 (山西农业大学)

段学军 (中原工学院)

洪　杰 (浙江工业大学)

洪坚平 (山西农业大学)

郭　俏 (西北农林科技大学)

裴彩霞 (山西农业大学)

《应用微生物学》(第2版)
编写人员

主　编： 洪坚平　来航线

副主编： 郝鲜俊　张福元　颜　霞　卢显芝

编　者： (按姓氏笔画排序)

马艳弘（江苏省农业科学院）

韦青霞（西北农林科技大学）

卢显芝（天津农学院）

杨丽华（内蒙古农业大学）

来航线（西北农林科技大学）

张福元（山西农业大学）

林雁冰（西北农林科技大学）

郝鲜俊（山西农业大学）

段学军（中原工学院）

洪坚平（山西农业大学）

裴彩霞（山西农业大学）

颜　霞（西北农林科技大学）

《应用微生物学》(第1版)
编写人员

主　　编：洪坚平　来航线

副主编：张福元　张　磊　童应凯

编　　者：(按姓氏笔画排序)

马国良 (青海大学)

马艳弘 (山西农业大学)

韦青霞 (西北农林科技大学)

严　霞 (西北农林科技大学)

来航线 (西北农林科技大学)

李军乔 (青海大学)

张　磊 (西南农业大学)

张福元 (山西农业大学)

林雁冰 (西北农林科技大学)

洪坚平 (山西农业大学)

郝鲜俊 (山西农业大学)

童应凯 (天津农学院)

第 3 版前言

本教材为普通高等教育"十一五"国家级规划教材、国家林业和草原局普通高等教育"十四五"规划教材。根据国家林业和草原局普通高等教育"十四五"规划教材建设要求，本编写组对第 2 版教材进行了修订。

微生物与自然生态和人类生活紧密相关，是农业生物技术发展的基础。微生物在农业中的应用主要涉及农业生产（种植业、养殖业）、农产品加工、农业生物技术及农业生态环境保护等领域，微生物饲料、微生物肥料、微生物农药、微生物能源、微生物食物、微生物医药、微生物生态环境保护剂和微生物新材料等是其重要组成。充分发挥微生物技术在农业中的应用，对全面提升农产品质量安全、实现乡村振兴、加快农业农村现代化具有重要意义。

第 3 版的《应用微生物学》在保持第 2 版内容框架结构基础上，修订了部分较为陈旧的内容，充分引用和吸收了近年来应用微生物学科发展取得的新成果，继续秉承理论联系生产实际的特色，以总论（原理部分）、各论（微生物在农业领域的应用）和实践（典型试验和实习）相结合，注重学科理论知识的系统性和实践的应用性。

本次修订编写由来航线、洪坚平担任主编，郝鲜俊、林雁冰、段学军、洪杰、郭俏担任副主编，各章编写分工如下：洪坚平、裴彩霞编写绪论，马艳弘编写第 1 章；来航线编写第 2 章；郝鲜俊编写 3 章，周鑫斌编写第 4 章，郭俏编写第 5 章，林雁冰编写第 6 章；洪杰编写第 7 章，段学军、陈国科编写第 8 章；陆震鸣编写第 9 章；王丽娜编写第 10 章；杨丽华编写第 11 章；本教材编写组共同编写附录。

本教材的编者均长期从事微生物应用的教学和科研工作，他们不仅具有坚实的基础理论，而且在长期的科学研究工作中取得了大量的研究经验和科研成果。本次修订是在参阅最新国内外在微生物应用的理论、方法、科学研究和教学研究的重要文献和最新成果基础上，针对高等农林综合性院校的农学以及生物类专业的学生在学习了微生物学相关课程后，为拓展学生的专业知识和应用技能，使学生能更全面了解微生物资源在工农业、食品加工等可持续发展中的作用及其合理开发利用而编写和修订。本教材可以作为高等农林院校和生产、科研单位的参考用书。

本教材在修订过程中得到了中国林业出版社的大力支持，对教材的修订提出了许多宝贵的意见，在此表示衷心的感谢。同时也感谢参与该教材第 1 版和第 2 版所有编写成员的辛勤付出。

由于时间仓促，难免内容有不完善和错误之处，敬请广大师生和读者提出宝贵修改意见，以便于我们修改和完善。

编 者

2022 年 12 月

第2版前言

本教材是 2005 年高等农林院校生命科学类系列教材，根据国家"十一五"规划教材建设的精神进行修订的普通高等教育"十一五"国家级规划教材。

再版的《应用微生物学》继承了原教材理论联系生产实际的特色，保持原书的结构。编写人员由于年龄的原因，个别进行调整。绪论由山西农业大学洪坚平编写，江苏省农业科学院马艳弘编写第 1 章；西北农林科技大学来航线编写第 2 章；山西农业大学郝鲜俊编写第 3 章；天津农学院卢显芝编写第 4 章；山西农业大学张福元编写第 5 章；西北农林科技大学林雁冰编写第 6 章；西北农林科技大学颜霞编写第 7 章；中原工学院段学军编写第 8 章；山西农业大学裴彩霞编写第 9 章；西北农林科技大学韦青霞编写第 10 章；内蒙古农业大学杨丽华编写第 11 章。本教材的参编者均长期从事微生物的教学科研工作，他们不仅具有坚实的基础理论，而且在长期的科学研究工作中取得了大量的研究经验和科研成果，并在参阅了最新国内外微生物学的理论、方法、科学研究和教学研究的重要文献和最新成果上编著成本教材。

本教材书在编写过程中受到了中国林业出版社的支持，徐小英编审从该书的编写到出版始终给予了极大的支持，并对全书的编写提出了很多宝贵的意见，并参与了修改意见，在此表示衷心的感谢。

本教材可以作为农林高中等院校、生产和科研单位的参考用书。

编　者
2010 年 12 月

第1版前言

微生物资源是地球上三大生物资源之一。也是自然界中地球生态、物质循环的重要组成部分,微生物的应用与人类的生活有着密切关系。

近年来,微生物在工、农业以及食品加工的应用范围在不断扩大,微生物肥料、微生物饲料及微生物农药在农林牧业上也发挥着越来越重要的作用;食用药用菌生产在我国许多地区已成为发展农村经济的支柱产业;农作物秸秆的资源化利用及工业生活等有机废弃物的降解也依赖于微生物技术的进步;微生物在食品酿造加工中的应用成为丰富人类生活物质不可缺少的途径。随着科学技术的发展,微生物资源在工农林畜产品的深加工及其副产品中的广泛应用,已成为提高农林畜等产品科技含量,增加产值,实现农业高产优质高效的一个重要途径。由于微生物在农林牧业及环境污染治理、能源再利用上的广泛应用,急需大量从事微生物资源开发应用与研究的专门人才,对微生物学的应用在教学上也提出了更高的要求。

研究微生物应用的应用微生物学,其分支有:工业微生物学、农业微生物学、植物病理学、医学微生物学、药用微生物学、兽医微生物学、乳品微生物学、食品微生物学、酿造学及抗生素等。由于以上课程分别开设于不同的专业,特别是综合性院校的学生很难了解到微生物在其他领域的应用。

我们编写《应用微生物学》这本教材,主要是针对高等农林综合性院校的农学以及生物类专业的学生在学习了微生物学相关课程后,为拓展学生的专业知识和应用技能,使学生能更全面了解微生物资源在工农业、食品加工等可持续发展中的作用及其合理开发利用,在土壤肥力的保持与提高营养元素的转化、环境净化与生态作用的平衡等方面的重要作用,加强学生对微生物肥料、微生物饲料、微生物农药、微生物食品、环境激素与环境工程微生物、微生物冶金等相关知识及相关生产技术的研究与应用的了解。

本教材由山西农业大学和西北农林科技大学组织编写,以洪坚平教授主编的《农业微生物资源的开发与利用》及来航线教授主编的《应用微生物学》为基础,并参考其他有关书籍编写而成的。洪坚平、来航线编写绪论;马艳弘编写第1章;马艳弘、李军乔编写第2章;韦青霞、马国良编写第3章;童应凯、张磊编写第4章;张福元、林雁冰编写第5章;来航线、严霞编写第6章;张磊、来航线编写第7章;童应凯、林雁冰编写第8章;严霞、韦青霞编写第9章;洪坚平、郝鲜俊编写了第10章。此外,编写组共同编写附录:应用微生物学实验。

由于时间仓促,难免内容有不完善和错误之处,敬请广大读者提出宝贵修改意见,以便于我们修改和完善。

编 者
2005 年 6 月

目　录

绪 论

微生物是人类赖以生存的重要资源，其在食品、医药、化工等许多领域具有广泛的应用，发挥着巨大的作用。微生物是生态系统中的初级生产者，是有机物的主要分解者，是物质和能量的贮存者。微生物在维持生态平衡方面起着巨大作用的同时，还为人类提供所需的各种物质，是其他生物不可替代的。随着生物技术的发展和进步，微生物的应用潜力难以估量。毫不夸张地讲，只有人类想不到，没有微生物做不到的事情。微生物产品具有巨大的商业价值和社会效益。

1 应用微生物学概述

1. 应用微生物学的概念

应用微生物是指在国民经济中得到广泛应用并能产生显著经济效益的微生物。它主要包括当前具有使用价值、能够创造较高经济效益和具有较大开发潜力的微生物。

17 世纪中叶，荷兰人安东尼·列文虎克用自制的显微镜观察并发现了许多微生物，从发现到现在的短短 300 多年间，到随着光学显微镜特别是电子显微镜的发明，人们对微生物的认识已从感性认识上升到理性认识阶段。随着微生物生理学、微生物生物化学和分子生物学及分子遗传学的发展，人们对微生物的认识也在不断地深化，进而使有害微生物得到有效控制，有益微生物得到充分利用，逐步形成了"应用微生物"的概念。人们在不断认识微生物，不断加深理解微生物，也开始了对微生物的研究和应用。而且，微生物的应用早已渗透到我们生活的各个方面，可以说微生物已经与我们的生活息息相关了。特别是20 世纪中期以后，微生物已在人类的生活和生产实践中得到广泛的应用。除了传统的酿酒工业、面包工业、奶酪工业、调味品工业利用微生物外，现代发酵工业生产药物、氨基酸、有机酸、维生素、酶、醇、微生物肥料、微生物农药等以及石化工业、冶金工业均使用微生物，并形成了继动、植物两大生物产业后的第三大产业。这是以微生物的代谢产物和菌体本身为生产对象的生物产业。

因此，应用微生物学就是对应用微生物的基础理论、应用技术、微生物产品及制品的生产、应用等一系列问题进行研究的科学，是一门为了更广泛地挖掘和利用生物产业中的微生物资源，更好地利用微生物在生物能源、环境保护、食品工业、生物农药、生物肥料、生物饲料等领域发挥作用、为社会创造物质财富的科学。

2. 应用微生物学发展简史

早在我们还不了解微生物的时候，微生物就已经开始应用了。人类利用微生物的历史由来已久，可追溯到数千年前的酿造技术。已知最古老的酒类文献是古巴比伦人利用黏土板雕刻的祭祀用啤酒制作。公元前 4000 年，古埃及人就利用酵母菌发酵制作面包。1857—1876 年，法国科学家巴斯德(L. Pasteur)对乙醇、乳酸和乙酸的发酵进行了科学的研究。1876 年，德国医生科赫(R. Koch)证实炭疽芽孢杆菌是炭疽病的病源菌，明确了微生物与传染病的关系。在中国，勤劳的劳动人民在长期的生产实践中也有着悠久的利用微生物的历史，在石器时代已出现利用谷物酿酒，在距今 4000 多年前的龙山文化时期，酿酒已经普及。仰韶文化遗址曾出土一些陶制酒具，说明在该时期就已经有利用微生物酿造饮用酒类的活动，古书曾记载有："昔者帝女令仪狄作酒而美，进之禹，禹饮而甘之。"《商书》中也记载有："若作酒醴，尔惟麴蘖；若作和羹，尔惟盐梅。""麴"同"曲"，是用谷物培养霉菌等微生物制成，是发芽的谷物，如生产啤酒的麦芽，"梅"指酸梅。当时人们还不知道这是由于微生物的存在并发挥作用。北魏农学家贾思勰所著的《齐民要术》(533—544)中，就记载有利用微生物制造食品的方法。而现在，这些发酵乳制品就是最靠近我们生活的微生物食品了。发酵乳制品是指原料乳经过杀菌作用接种特定的微生物进行发酵，产生的具有特殊风味的食品。它们通常具有良好的风味、较高的营养价值，还具有一定的保健作用，深受消费者的欢迎。发酵乳制品主要包括酸乳和奶酪两大类，生产菌种主要是乳酸菌。近年来，随着对双歧杆菌在营养保健方面作用的认识，人们便将其引入酸乳制造中，使传统的单株发酵变为双株或三株共生发酵。由于双歧杆菌的引入，使酸乳在原有的助消化、促进肠胃功能作用基础上，又具备了防癌、抗癌的保健作用。

远在商代，人们已经知道要使用经过一定时间贮存的粪便来肥田，到了春秋战国时期沤制粪肥更为普遍。西汉时期的农学著作——《氾胜之书》中就提出肥田需要熟粪，以及瓜类作物与小豆间作的耕作制度。《齐民要术》指出，种过豆类作物的土地特别肥沃，提倡轮作，实际上是在提倡利用根瘤的固氮作用为农业生产服务。欧洲在 18 世纪 30 年代采用轮作制，以减少作物病害，提高农业生产。

我们的祖先应用微生物防病治病也同样有着久远的历史，如公元前 6 世纪就掌握利用酿酒微生物治疗腹泻。东晋葛洪所著的《肘后备急方》中就有"取脑(疯狗)傅之，后不复发"治狂犬病的记载；种痘方法在北宋时期就已广泛应用。清代《医宗金鉴》记载："古有种痘之法，起于江右，达于京畿。究其源，云自宋真宗时，峨眉山有神人出，为丞相王旦之子种痘而愈，遂传于世。"当时是用天花病人身上的痘痂，接种在儿童的鼻孔中预防天花。此法以后由亚洲传至欧洲及美洲各国。这是我国古代人民对世界医学的重要贡献，已成为现代免疫学的起源。英国乡村医生(Jenner, 1796)用接种牛痘的方法解决了天花的预防问题，该方法于 1904 年传入我国取代了人痘方法。自从第二次世界大战爆发使得青霉素的使用被提上日程，青霉素就作为第一种抗生素在医学上得以应用。如今，由于微生物技术的迅速发展，单株青霉的青霉素产量也已经变得相当高。青霉素类是毒性较小、化疗指数最大的抗生素，除此还有我们最熟悉的链霉素、红霉素、庆大霉素、克林霉素、万古霉素、头孢霉素等。

环境保护中的生物修复指生物尤其是微生物催化降解环境污染物，减少或最终消除环境污染的受控或自发过程。生物修复的原理是利用自然界中微生物对污染物的生物代谢作用，与其他物理、化学治理方法相比(如填埋、燃烧等)，其对于污染物仅存在稀释、聚集或不同环境中的迁移作用；化学方法易造成二次污染，而在生物修复作用下污染物转化为稳定的、无毒的终产物，如水、CO_2、简单的醇或酸及微生物自身的生物量，最终从环境中消失。目前，生物修复已成为一种可靠的环保技术。

人们对微生物认识的加深使微生物在许多领域被利用并创造了巨大的经济效益和社会效益。微生物与人类关系的重要性对于人类已有文明所作出的贡献以及对于人类可持续发展所具有的贡献潜力，都有着光辉的记录，随着科学技术的不断发展，微生物将继续发挥新的作用。

3. 微生物的多样性

应用微生物不单指菌种，它应该包括微生物菌体本身（包括菌种）、菌体组成、菌的代谢活动和代谢产物以及菌的某些特定功能。

(1) 微生物种类多样

细菌、真菌是与人类关系密切的生物类群，但人类对微生物物种多样性的了解尚比较缺乏。以原核生物界为例，除少数可以引起人类、家畜和农作物疾病的物种外，人类对其他物种知之甚少。人们甚至不能对世界上究竟存在多少种原核生物作出估计。

据报道，地球上细菌种类约有 40 000 种，世界上目前已定名的细菌 4760 种；真菌的数量约为 150 万种，已知真菌约有 72 000 种；藻类估计 60 000 种，已知 40 000 种。也就是说人们已经认知的细菌为统计的 12%，真菌仅为估计数的 5%，藻类为 67%。

尽管已知的微生物种类比实际存在的种类少很多，但是在已知的微生物中，可以为人类利用的微生物还是很多。至今，微生物产生的抗生素共有 6000 种，真菌、细菌、单细胞藻类、放线菌都产生抗生素，其中放线菌产生的抗生素约占微生物产生抗生素的 70%～80%。真菌、细菌、单细胞藻类可以产生 2000 种抗生素、生长激素。据估计，已知的肠道菌有 100 多种，包括常见的酵母菌、益生芽胞杆菌、乳酸菌、双歧杆菌、牛乳发酵杆菌、丁酸梭菌等益生菌。许多的细菌、霉菌可以加工酱油、食醋和酒，仅大肠埃希菌就能产生 2000～3000 种不同的蛋白质。真菌中霉菌产生抗生素、刺激素，真菌中的许多担子菌还可以产生子实体供人类使用，大约有 500 种可供食用的子实体。酵母菌是人类最熟悉的一种微生物，据统计，500 多种酵母菌与人类关系密切。微生物所产酶的种类也是极其丰富的，其中仅 II 型限制性内切酶就有 1443 种。

由此可以看出，微生物的物种多样性是应用微生物学研究的基本内容，掌握微生物物种数量及其分布状况是发挥微生物多种效能的基础，微生物物种多样性是实现微生物应用的基础。

(2) 微生物代谢类型多样

微生物的代谢多样性是其他生物不可比拟的。微生物具有多种多样的代谢方式和生理功能，可适应各种生态环境并以不同的生活方式与其他生物相互作用，构成了丰富多彩的生态体系。微生物在生态系统中的能量利用和物质循环上具有多种代谢类型和许多独特的代谢方式。正如美国学者 Ken Nealson 所说，实际上在地球的任何一个能够产生能量的生境中都有微生物的存在。微生物能利用的基质十分广泛，从无机的 CO_2 到有机的酸、醇、糖类、蛋白质、脂类等，从短链、长链到芳香烃类，以及各种多糖大分子聚合物（果胶质、纤维素等）和许多动植物不能利用甚至对其他生物有毒的物质，都可以成为微生物的碳源和能源。

①能量代谢多样。微生物既能利用太阳能又能利用化学能，代谢中产生的电子受体可以是有机物也可以为无机物，代谢的环境可以有氧也可无氧。在好氧条件下，如亚硝化单胞菌可以利用无机营养；蓝细菌、紫色硫细菌、绿细菌在光照下也可以利用无机营养；红螺菌科、紫硫无色细菌、假单胞菌等在好氧条件下却可以利用有机营养。在厌氧光照条件下，绿硫杆菌可以利用无机营养；硫小杆菌光能异养。在厌氧条件下，梭菌可以利用有机营养。如化能自养型硝化细菌、硫化细菌利用氧化无机物获得能源。绝大多数细菌、全部真核微生物可以利用氧化有机物获得能源。

②碳的代谢多样。微生物能够以有机物为碳源进行异养型生长。微生物生物氧化产生能量的代谢主要是碳的分解代谢，有 3 种途径，即糖酵解（EMP 途径）、磷酸戊糖途径（HMP 途径）和 2-酮-3-脱氧-6-磷酸葡萄糖酸（ED 途径），不同途径产生的物质各异。在碳的合成代谢中，细菌可利用光能或化学能在好氧或厌氧的条件下生长，将 CO_2 同化为其细胞的组成碳或转化为其他产物。代谢的中间体和产物更是多种多样，有各种各样的酸、醇、氨基酸、蛋白质、脂类、糖类等。代谢速率也是任何其他生物所不能比拟的。如蓝绿细菌的光合作用，同型产乙酸菌的产乙酸作用，甲烷菌的产甲烷作用等。

③氮的代谢多样。固氮细菌的氮代谢类型多种多样，可以自生固氮，还可共生固氮。在自生固氮中又包括好氧自生固氮[如圆褐固氮菌（*Azotobacter chroococcum*）]、兼性自生固氮菌[如多黏芽孢杆菌（*Bacillus polymyxa*）]、厌氧自生固氮菌[如巴斯德芽孢梭菌（*Clostridium pasteurianum*）]、光合细菌[如红色红螺菌（*Rhodospirillum rubrum*）]；共生固氮又包括根瘤菌与豆科植物共生、非豆科植物与放线菌共生、蓝藻与细菌共生等类型。

④可变代谢多样。同一种微生物还会因环境的变化而改变代谢类型。例如，紫色硫细菌在白天利用光合作用获得能量，并氧化 H_2S 为元素硫，还原 CO_2 为贮存物质糖原；而在夜晚或阴天时进行化能营养，氧化糖原产生乙酸。自养营养是细菌特有的生活类型，地球上主要的基础生产者——植物的叶绿体也是起源于蓝细菌。但目前对细菌的自养营养方式的了解仅限于固氮作用和 CO_2 固定作用，对铁、氢及硫代谢了解甚少。所有自然的或生物合成的物质最终都由微生物降解，包括纤维素、半纤维素、木质素以及难降解的卤素苯环化合物等。

微生物在代谢产物的产生途径上也表现出多样性。大多数微生物都可以产生乙烯，但各种微生物的乙烯合成代谢却复杂多样。研究表明，乙烯的合成前体可以是糖代谢三羧酸循环（TCA）中的有机酸、氮代谢中的氨基酸（如丙氨酸和甲硫氨酸）、脂肪代谢中的亚麻酸等。

(3)微生物产品种类多样

微生物在其生长发育过程中，对物质的降解表现的生物化学活性几乎是万能的。微生物可以直接或间接将各种物质转化分解形成许多利于人类生活的新物质，可以产生并分泌多种物质，如植物激素类(吲哚乙酸、细胞分裂素、赤霉素)、维生素类(烟酸、泛酸、生物素、维生素 B_{12})、核酸类等物质，还可产生对其他病原微生物生长发育具有抑制作用的拮抗物质，如抗生素(脂肽抗生素、多肽抗生素等)、细菌素、几丁质酶、葡聚糖酶、抗菌蛋白以及挥发性抗菌物质等。因此，微生物在维持各种自然生境的物质转化上具有其他生物无法代替的作用。由于微生物种类多样，微生物产生的代谢产物也是多种多样，据不完全统计，微生物的代谢产物有300多种，涵盖人类生活的多个领域，有近百种产品。

①医药产品。包括抗生素(可抗细菌、抗真菌、抗原虫、抗肿瘤)、激素、疫苗、免疫调节剂、诊断试剂(酶、单克隆抗体)、血液蛋白质、代血浆右旋糖酐、治疗用酶、酶抑制剂、抗体、类固醇等。

②农业产品。包括动物疫苗、动物饲料(单细胞蛋白)、微生物肥料、菌根菌、微生物饲料、微生物杀虫剂、微生物除草剂等。

③食品类。包括发酵制品(酸乳、奶酪、面包酵母)、抗氧化剂、色素、香料、稳定剂、酒、酱油、醋、面酱、维生素、葡萄糖和高果糖糖浆(葡聚糖、果葡糖、聚甘露糖、单糖、寡糖)、增稠剂(右旋糖酐葡聚糖和茁霉多糖)、蘑菇、食品保鲜剂(如葡萄糖氧化酶和维生素 C)、食品防腐剂(如乳链菌肽)、食品保护剂(那他霉素)、功能改良的蛋白质和果胶等。

④工业化学产品。包括乙醇、有机溶剂(乙醚、甘油、丙酮等)、有机酸(乙酸、乳酸、苹果酸、水杨酸等)、多糖(右旋糖酐、黄原胶、海藻酸等)、二碳以上的烷烃。

⑤能源产品。包括清洁能源沼气(如甲烷、氢气、微生物燃料电池等)等。

⑥其他产品。利用氧化亚铁硫杆菌等自养细菌可以把亚铁氧化为高价铁，把硫和低价硫化物氧化为硫酸。将含硫金属矿中的金属离子形成硫酸盐释放出来，用此法可浸出的金属有铜、钴、锌、铅、铀、金等。

(4)微生物的生态系统类型多样

微生物在自然界是无所不在，无时不有的。地球上每一角落都有不同的微生物生态系统。在一个微生物生态系统中，不占优势的种有时在很大程度上决定着在这个生态系统的营养水平和物种多样性。一般来说，在一个群落中，当一个或少数种群达到高密度时，物种多样性即会下降。某一种群的高数量表明了这一种群的优势和成功的竞争作用。成熟的生态系统是一个复合体，存在多样的种间关系。在一个群落中，物种多样性反映了这一种群的遗传多样性。如果环境受到一个单向性因子的强烈影响，群落稳定性的维持就较困难。由于微生物对于明显物理化学胁迫的适应具有高度的选择性，因此物理化学胁迫导致了大量具有较强适应性的种群的富集和联合。在这种情况下，种群减少，对于群落来说则只有少数种群占优势，即物种多样性变小。例如，盐湖里的微生物物种多样性通常较港湾的微生物更为狭小；热泉中的微生物群落较非污染河流中的群落类型要少得多；酸性泥沼、热泉、南极荒漠等受物理因素控制的栖息地中，微生物的物种多样性很低。地球上的每个角落都存在不同的微生物生态系统(即使在很小的范围也可能存在多个微生物生态系统)。按大环境的不同，可分为下列主要的微生物生态系统：陆生(土壤)微生物生态系统、水生微生物生态系统、大气微生物生态系统、极端环境微生物生态系统、根系微生物生态系统、生物体内外的微生物生态系统。

①陆生(土壤)微生物生态系统。土壤具备微生物生长发育所需的各种养分、水分、空气等条件,说明土壤是适合微生物生活的良好环境。土壤素有微生物天然培养基之称。土壤中的微生物种类最多、数量最大,是人类最主要的微生物资源菌种库。土壤微生物对土壤的形成、土壤肥力的保持、生物质的生产,以及对含碳、氮、硫、磷等元素有机物的矿化都有非常重要的作用。

②水生微生物生态系统。水是一切生物赖以生存的必要条件。地球表面约有71%的面积为水所覆盖。水体是微生物的天然生境。微生物是这些地球表面陆地上各种水体及海洋水体环境中的初级生产者,也是初级消费者。栖息在不同水环境中的微生物种类繁多,包括细菌、病毒、真菌、藻类和其他微生物,以它们为主体便构成了水生生态系统的子系统——水生微生物生态系统,即淡水(湖泊、江河、湿地等)微生物生态系统和海水水生微生物生态系统。水中溶解和悬浮着的多种无机物质和有机物质能供给微生物营养,而使其生长繁殖。水中含有的异养微生物可把腐殖质、有机废弃物等分解并部分转化为微生物蛋白;水中还含有各种光合微生物(如光合细菌、蓝细菌、藻类等),它们通过光合作用,将无机物转化为有机物而合成自身的细胞物质。

此外,污水处理系统中还存在着活性污泥微生物生态系统,它是由很多革兰阴性菌、革兰阳性菌、丝状真菌、原生动物、后生动物、有机残片泥、无机颗粒、胶体等组成的具有复杂结构的共生体系,其微生物物种组成随时间、地理、温度、深度等环境条件变化而变化,然而水体中微生物类群的各种功能(如初级生产、氮循环、营养代谢等)都保持不变。活性污泥中的各种微生物都具有降解各种有机物的能力。研究活性污泥微生物生态系统的组成、结构与功能,对于提高活性污泥对有机污染物的降解能力,进而提高废水的生化处理效率,以及对于进一步理解微生物种群之间的关系,特别是微生物种群之间的共生关系等,都有重要的理论和实践意义。

污水处理系统中还存在生物膜微生物生态系统,它们是由各种微生物种群构成的特殊的生态系统。一般至少两层结构,外层由各种好氧异养微生物种群组成,可降解各种有机污染物;内层由各种兼性厌氧或厌氧的化能异养或化能自养微生物种群组成,可进行各种氧化还原反应,特别是进行硫酸盐还原和反硝化作用。研究生物膜微生物生态系统的组成、结构与功能,对于提高其有机污染物的降解能力,进而提高废水的生化处理效率等都具有重要的理论和实践意义。

③大气微生物生态系统。空气中不具备微生物生长繁殖所满足的营养物质及水分等条件,并且日光中的紫外线还有强烈的杀菌作用,但空气中仍漂浮着许多微生物。空气中没有固定的微生物种群。由于许多微生物可以产生各种抗逆境的休眠体以适应不良环境,于是微生物可在大气中存活相当时间而不死亡,在空气中仍能找到各种微生物,它们主要来源于微生物细胞或孢子的尘埃、小水滴及动物呼吸排泄物等,空气中的微生物多以气溶胶的形式存在,或附着于尘埃颗粒表面或存在于微滴中,主要是细菌和真菌。常见的真菌种类有青霉属(*Penicillium*)、曲霉属(*Aspergillus*)、木霉属(*Trichoderma*)、根霉属(*Rhizopus*)、毛霉属(*Mucor*)等,常见的细菌有芽孢杆菌属(*Bacillus*)、假球菌属(*Pseudomonades*)、八叠球菌属(*Sarcina*)、葡萄球菌属(*Staphylcoccus*)和革兰阴性无芽孢杆菌属等。它们是动物、

植物病害传播，发酵工业污染，工农业产品霉变与腐败的重要根源。探索微生物在大气中的存在及其变化，对研究大气污染，防止有害微生物（病原菌和腐生菌）特别是流行性病原菌对动植物和人类造成大范围损伤，具有极其重要的理论和实践意义。

④极端环境微生物生态系统。地球上的某些区域具有不利于一般微生物生长的特殊环境称为极端环境。极端环境包括高温、低温、高盐、高碱、高酸、高热、高压环境等。在各种极端环境中生长着不同的微生物，这是自然选择的结果。高等生物能够通过功能专化和分化的细胞或器官适应逆境，而微生物使用的适应性不同的单细胞群体，因而形成了具有耐受或适应广泛的特殊环境的生物种群。这群微生物在蛋白质和核酸组成、分子结构、细胞膜分子结构和功能、酶的结构和性质及代谢途径等方面，发生了生理性和进化性改变的结果。它们能够耐受烧烤、冰冻、酸碱、高盐、无氧、营养极限等使其他生物束手无策的极端环境，尤其是古细菌，如嗜盐菌、高温嗜酸菌和甲烷菌，它们多生活在地球上开始出现生命时的原始环境和极端环境中。

研究极端环境微生物生态系统，了解极端环境因子对微生物种群、群落分布和结构组成及其功能的限制性作用规律，对于开发微生物资源，应用这些微生物的特殊基因、特殊功能的酶（耐热酶、耐碱酶等）、新的生物产品等，在理论和实践上都有极其重要的意义。

⑤根系微生物生态系统。一般来说，根系微生物生态系统的正常功能维系着植物的正常生理功能；有些形成共生关系，如固氮菌与豆科植物；有些根系微生物离开了根系微生物系统就不可能生长繁殖，如菌根菌。研究根系微生物生态系统，对发展、保护森林资源，提高牧草产量，提高农业粮食产量，甚至在环境污染治理方面都具有重要意义。

⑥生物体内外的微生物生态系统。在人体体表及体内存在着大量的微生物。皮肤表面平均每平方厘米有 10 万个细菌；口腔细菌种类超过 500 种；肠道微生物总量可达 100 万亿，粪便干重的 1/3 都是细菌，每克粪便的细菌总数为 1000 亿个。即使是同一地点、同一环境，在不同的季节，如夏季和冬季，微生物的数量、种类、活性、生物链成员的组成等也会有明显的不同。自然界中的微生物受环境因素的影响，如温度、湿度、酸度、营养、空气都会极大地影响微生物的生存。空气、雨水、动物、植物、人、机械等都可以传播微生物，在人类活动频繁的场所，微生物群落的变化比较大。

动物体内的微生物资源。正常人体及动物身上都存在许多微生物。生活在动物不同部位的微生物数量大、种类也比较稳定，并且一般是有益无害的，属于正常菌群。人体在健康情况下与外界隔绝的组织和血液不含菌，而皮肤黏膜以及一切与外界相通的腔道，如口腔、鼻咽腔、消化道及泌尿系统等中都存在许多正常菌群，其数量高达 10^{14} 个/g，约为人体总细胞数的 10 倍。

动物的皮毛上经常有葡萄球菌属（*Staphylococcus*）、链球菌属（*Streptococuuas*）和双球菌属（*Diplococcus*）等，而动物的肠道中存在着大量拟杆菌属（*Bacteroides*）、乳杆菌属（*Lactobacillus*）的菌，还有大量的大肠埃希菌（*Escherichia coli*）、双歧杆菌（*Bifidobacterium bifidum*）、粪链球菌（*Streptococcus faecalis*）、产气荚膜梭菌（*Clostridium perfringens*）、腐败梭菌（*C. septicum*）和纤维素分解菌等。这些都属于动物体内外的正常菌群。

一般情况下，人体和动物体内外的正常菌群保持平衡状态，菌群之间互相制约，维持相对平衡，还可以提供维生素 B_1、维生素 B_2、维生素 B_6、维生素 B_{12}、维生素 K、叶酸及部分氨基酸等供人体利用。但机体防御体系减弱时、正常菌群的生长部位发生改变时或各菌群之间的互相制约关系被破坏时，正常菌群就有可能变成病原微生物而导致疾病的发生。在进行疾病治疗时，除使用药物来抑制和杀灭致病菌外，还应考虑使用微生态制剂调整菌群，从而恢复肠道正常菌群的生态平衡。菌群之间的互相制约关系被破坏时，植物体内外的微生物根据着生部位可分为根际微生物（rhizosphere microorganism）、附生微生物（epibiotic microorganism；epibiont）和内生微生物（endophytic microorganism）。

根际微生物又称为根圈微生物，根际微生物、植物与环境之间相互作用。生活在植物根系附近的土壤微生物，依赖根系分泌物、外渗物和脱落的植物细胞而生长，一般对植物发挥有益作用的正常菌群，称为根际微生物。根际微生物多数为革兰阴性菌，如假单胞菌属（Pseudomonas）、土壤杆菌属（Agrobacterium）和节杆菌属（Arthrobacter）等。

附生在植物地上部分的表面，主要以植物的外渗物质或分泌物质为营养而生存的微生物称为附生微生物，主要为叶面微生物，在新鲜叶表面一般生活有 10^6 个/g 细菌，还有少量酵母菌、霉菌或放线菌。通常，附生微生物能促进植物发育，提高种子质量。但有害附生微生物产生并扩散时，会造成植物病害的发生。而有益菌群，如一些蔬菜、牧草、果类和叶面存在的乳酸菌、酵母菌等附生微生物，在泡菜、酸菜的腌制，饲料的青贮及果酒酿制时起着自然接种的作用。

内生微生物是指与植物共生的非致病微生物。内生微生物大多分布在植物组织的细胞间隙，与植物形成共生体。内生微生物与植物主要以菌根（mycorrhiza）和共生固氮的形式存在。一些真菌和植物以互惠关系建立起来的共生体称为菌根。它可促进磷、氮和其他矿物质的吸收。菌根可分为外生菌根和内生菌根。外生菌根的真菌在根外形成致密的鞘套，少量菌丝进入根皮层细胞的间隙中；内生菌根的菌丝体主要存在于根的皮层中，在根外较少。外生菌根主要存在于森林树木，内生菌根主要存在于草、树木和各种作物体内。陆地上 90%以上的植物具有菌根。共生固氮是内生微生物的又一实例，共生固氮的类型有根瘤菌和豆科植物的共生固氮、放线菌和非豆科植物的共生固氮、蓝细菌和植物的共生固氮。在共生固氮的过程中，内生固氮菌把大气中不能被植物利用的氮转变为可被植物合成其他氮素化合物的氮，这对增加土壤肥力、推动氮素循环起着重要作用。除此之外，在植物体内还广泛分布着细菌。总之，植物与微生物之间的互惠共生关系越来越密切，形成的结构越来越复杂，生理功能越来越完善，遗传调节越来越严密。这也是生物克服不利环境，从而达到环境协调的一种自我调节方式的体现。

2 应用微生物学的研究领域

在资源环境方面，农业环境能源可持续发展面临几大障碍因素，主要表现在：①农业物种种质资源的减少和丧失；②土地资源的耗减和土壤肥力的下降；③生态环境的退化和污染的加剧；④能源短缺。而这些问题的解决在很大程度上有赖于土地资源与农业生物多样性的保护及其可持续广泛应用。人类的农业生产长期以来以利用动植物资源为主，而在微生物资源利用方面未能得到大发展。在成为"生物世纪"的今天，应用微生物已成为未来可持续发展的重要研究领域之一。

1. 微生物与生态环境

生物多样性是人类社会赖以生存和发展的基础，它不仅提供了人类生存不可缺少的生物资源，也构成了人类生存与发展的生物圈环境。微生物是一种"看不见摸不着"的生物类群，几乎无处不在。土壤、大气、水体、动植物和人体等都是微生物生活的良好载体，其中生活着极其丰富的微生物。微生物作为一种宝贵的资源，是地球生物多样性中的重要成员，它与农业的关系十分密切，在土壤肥力的提高和保持、营养元素的转化、作物病虫害的防治、畜禽病害的防治、发酵饲料的制作、自然环境的保护、农副产品的加工和综合利用等方面起着极其重要的作用。随着动植物资源的不断开发与破坏乃至耗竭，以及环境污染的日益加重，微生物资源的开发利用将为农业的可持续发展开辟一个新的途径。

(1) 微生物完成重要的生态功能

微生物作为自然生态系统的基本组分，履行着主要分解者的作用，是物质循环的重要一环，推动着自然界养分元素的生物地球化学循环过程，微生物是大自然元素的平衡者。如果没有微生物的作用，物质循环过程便会中断，地球上动植物尸体和废物也将堆积如山，生态系统就不可能持续发展下去，没有微生物，高等生物和人类也将难以持续发展下去。

同时，在土壤—植物生态系统中，特别是在植物根际微生态系统中，土壤微生物与土壤动物之间、微生物与微生物之间、微生物与植物之间、地下生物与地上生物之间存在着相互依存、相互竞争、相互拮抗的极为微妙和精巧的生态联系，不断发生着物质、能量与信息的交流与作用。因此，要研究微生物在生态作用过程中，保持生态系统的正常运转和健康发展所起的主导作用。

(2) 微生物对土壤肥力的特殊贡献

土壤是地下生物的"容器"和活动场所，土壤之所以有别于岩石而成为活的"土壤生命有机体"，就是因为其中生长着大量具有适应性和活性的生物类群，这些生物对于养分元素的转换、贮存和释放具有特殊的功能作用。倘若把土壤中的微生物全部消灭，土壤便会变成没有活力的"死寂"或"老朽"土壤。

在土壤—植物生态系统中，微生物对土壤肥力的作用至关重要。微生物能够将空气中的氮气转化为含氮化合物，供植物合成蛋白质之需，从而改善土壤肥力。它们也能够将土壤中多种不能被植物直接吸收利用的物质转化为易于被吸收的物质，甚至将有毒有害的物质降解，另外又转化土壤碳素和固定无机营养元素形成生物量。因此，需要研究土壤微生物量对于系统中的养分循环和植物有效性的作用：一是微生物自身含有一定数量的碳、氮、磷、硫等有效养分的贮备库，土壤生物量（包括土壤微生物生物量和土壤动物生物量）本身就是一个养分贮藏库，具有"源与库"的调控功能，它对土壤养分有贮存和调节作用；二是土壤微生物通过其新陈代谢推动着这些元素的转化和流动。

(3) 微生物的环境净化功能

微生物具有降解转化物质的巨大潜力。比表面积增加了与环境接触的机会，成为巨大的营养物质的吸收面、代谢废物的排泄面和环境信息的接受面。而且，微生物繁殖快、易变异、适应性强。巨大的比表面积使微生物对生存条件的变化具有极强的敏感性，又由于微生物繁殖快、数量多，可在短时间内产生大量变异的后代。对于极端的环境，对进入环境的"陌生"污染物，微生物可通过突变改变其原来的代谢类型并产生新的降解能力。

因此，首先，需要依据微生物的营养类型、理化性质、生态习性、代谢类型多样性对环境中形形色色污染物的降解转化作用进行研究。其次，研究微生物合成的各种降解酶对环境中污染物的降解作用。另外，还需要对微生物体内另一种调控系统——质粒（plasmid）进行深入的研究。质粒是菌体内一种环状的 DNA 分子，是染色体以外的遗传物质。降解性质粒可编码生物降解过程中的一些关键酶类，抗药性质粒能使宿主细胞抗多种抗生素和有毒化学品（如农药和重金属等）。

（4）微生物的不良影响和危害

微生物在为人类"默默奉献"的同时，也会产生一些不良的影响。一些病原微生物（如有害病毒等）的发生和过度积累会导致农作物病害（如土传病害）的发生，还可使动物和人体的感染致病，一些微生物（如霉菌）可导致食物、日常生活用品的变质或腐烂。在氮素循环的硝化和反硝化过程中，微生物的参与会导致亚硝酸、亚硝胺和硝酸、氮氧化物、羧胺、硫化氢和酸性矿水的形成，从而造成局部和全球性的环境污染问题，如环境的酸化、水体的富营养化、臭氧层的破坏和全球变化等，同时给人畜健康造成极大危害，如亚硝酸（盐）、硝酸（盐）等会对人体的呼吸器官产生强烈的刺激和腐蚀作用，亚硝酸进入血液后，与血红蛋白结合导致中毒和致癌。另外，微生物在重金属降解的过程中，通过分泌或呼吸作用可排放形成有机金属，可能是微生物具有的消除有毒金属毒性的一种方式，但被排放的金属化合物是否存在比其原形态对高等生物具有更大的危害等还需进行研究。

2. 微生物与工农业生产及环境保护

（1）微生物肥料的开发利用

微生物肥料是将某些有益微生物经人工大量培养制成的生物肥料，又称菌肥。其原理是利用微生物的生命活动来增加土壤中氮素或有效磷、有效钾的含量，或将土壤中一些作物不能直接利用的物质转换成可被吸收利用的营养物质，或提供作物的生长刺激物质，或抑制植物病原菌的活动，从而提高土壤肥力，改善作物的营养条件，提高作物产量。因此需要从以下几个方面对微生物肥料进行开发应用：①增加土壤氮素和作物氮素营养的固氮菌肥，如根瘤菌肥、固氮菌肥、固氮蓝藻等；②分解土壤有机质的菌肥，如有机磷细菌肥料；③分解土壤难溶性矿物质的菌肥，如钾细菌、磷细菌肥料；④刺激植物生长和防治病虫害的植物根际促生细菌（PGPR）菌肥；⑤增加菌根菌肥料等。

（2）微生物农药的开发利用

由于化学农药对环境和人畜的巨大危害，开发无公害、无污染和无残留的生物农药已是解决农业生态环境问题的重要突破口之一。

微生物农药是利用微生物及其基因产生或表达的各种生物活性成分制备出的用来防治植物病虫害的一种农药。它通过筛选昆虫病原体或病菌拮抗微生物，人工培养后收集、提取而制成的对人畜安全无毒、选择性强、不伤害天敌、害虫不产生抗药性、不污染环境的微生物制剂。

微生物农药主要包括微生物杀虫剂、农用抗生素、微生物除草剂三大类。微生物杀虫剂均为有害昆虫的致病微生物，通过人工生产和施用这些微生物农药，使害虫感染疾病而死亡，以达到消灭害虫的目的。微生物杀虫剂主要包括细菌制剂（如苏云金杆菌、青虫菌等）、放线菌制剂、真菌制剂（如白僵菌）、霉菌制剂和病毒制剂等。农用抗生素主要是应用微生物的代谢产物，即提取其中抗菌素来防治农作物病害。应用抗生素防治植物病虫害在 20 世纪 40 年代就已开始，如链霉素、土霉素、灰黄霉素、放线酮、灭瘟素等。微生物除草剂的原理和微生物杀虫剂一样，是利用杂草的病原菌接种在杂草上，使其感病死亡，达到消灭杂草的目的。在我国农业生产上应用较早的除草剂有"鲁保一号"等。

（3）微生物饲料和微生物食品的开发利用

微生物饲料包括微生物发酵饲料、微生物活菌制剂和饲用酶制剂等几类。微生物发酵饲料是利用人工接种微生物或饲料本身存在的微生物，将青饲料、粗饲料以及少量的精饲料或其他废弃物质，在一定温度、湿度和通气条件下，通过微生物的作用，使饲料中不易消化吸收的成分转化为容易消化且适合家畜口味的营养料，如利用秸秆、壳类、木屑、糠渣、畜禽粪便等发酵饲料。微生物活菌制剂是一种通过直接饲喂来改善畜禽肠道微生物菌群平衡，而对动物肠道施加有利影响的活微生物饲料添加剂，它具有促生长、除疾病、除臭气等功效。饲用酶制剂是通过微生物活细胞所分泌的具有特殊能力的生物催化剂，将植物细胞壁破坏，增强动物对植物细胞内营养物质的吸收；消除饲料中抗营养因子；并补充内源酶的不足，促进内源酶的分泌；促使生物化学反应，使饲料中难以消化吸收的大分子营养物质，分解为小分子，易于吸收，从而提高饲料的利用效率。

微生物食品是利用有益微生物加工和生产出来的一类无害化营养保健类食品。利用微生物发酵酿酒、制醋、制酱等在我国已有很久的历史。利用野生真菌的某些特性和种类，来驯化或人工栽培生产可供人类食用的菌类食品就是一类很好的农业实践。食用真菌可分为野生型及栽培型两大类。我国的野生食用菌类资源十分丰富，共 200 多种。我国栽培食用菌有利用稻草培植的草菇、利用牛马粪生产的双孢蘑菇以及在山间阔叶林木上人工栽培的香菇等。微生物在保健食品开发方面也有较为广阔的发展前景，如利用真菌与昆虫间的寄生关系，生产冬虫夏草等名贵药材；通过人体饮用有益微生物制剂，来改变肠道的微生物为无害菌，使大便畅通，改善大便气味，并能使人精力充沛，防治病菌感染。

（4）微生物激素的开发利用

许多微生物能分泌激素类物质（也称环境激素，environmental hormone），有些激素类物质对动植物具有刺激生长作用，如赤霉素、硫黄胺、维生素 B_{12}、组氨酸、尿嘧啶等，它能调节有机质的矿化和营养物质的转化过程，改变生物体内、外环境，促进或加速动植物的新陈代谢作用，促进酶活性的提高和核酸、蛋白质的合成，对促进和调节动植物组织和器官的生长发育具有重要影响。目前，国内外在微生物激素方面的研究取得了一定的进展，如利用赤霉素涂抹、浸种、拌种、蘸根、喷雾，有明显增产效果。又如利用维生素 B_{12}，对喂食以植物性饲料为主的小鸡有刺激生长的作用；蒋树威等曾应用亚剂量的金霉素或其他菌丝残渣喂猪，猪食欲旺盛，体重增长显著，皮毛光泽，并有预防和治疗疾病的良好效果。但在微生物激素的大规模农业开发利用方面还有待深入开展。

（5）环境污染的生物修复

生物修复（bioremediation）是指利用微生物及其他生物，将土壤、地下水或海洋中的危险性污染物现场降解成 CO_2 和水或转化成为无害物质的工程技术系统。可以用来作为生物修复的微生物分为三大类：①土著微生物；②外来微生物；③基因工程菌(GBM)。生物修复技术的出现和发展反映了污染治理工作已从耗氧有机污染物深入到影响更为深远的有毒有害有机污染物，并且从地表水扩到土壤、地下水和海洋。对生物修复技术的研究开始于 20 多年前，欧洲国家和美国较早开展了该方面的研究，现已取得了很大进展，其应用范围在不断扩大。生物修复技术是一种对污染物进行原位修复的新技术，具有费用省、环境影响小，并能最大限度地降低污染物浓度的特点。而且生物修复技术能适应在其他技术难以应用的场地，并可同时处理受污染的土壤和地下水。

采用微生物降解途径治理环境污染在国内外均有成功的先例，并取得一定的经济效益和社会效益。用基因工程技术构建的能同时降解芳香烃、多环芳烃、萜烃和脂肪烃的"多质粒超级菌"，能将天然菌用一年多才能消除的浮油，缩短为几个小时，已获得了美国专利。国外采用输送营养物刺激天然菌株降解活性治理地下水甲苯污染，采用多功能多基因导入构建超级菌株治理大面积的石油泄露污染，我国采用微生物技术治理石油化工含酚废水、印染废水脱色和有机磷农药厂等工业废水污染等。

(6)环境微生物工程

微生物在人畜粪便处理、城市污泥和生活垃圾堆肥、沼气发酵等方面应用较广，该方面成熟的例证很多，如利用有机废物生产甲烷；应用酵母和光合细菌净化高浓度有机无毒废水生产细胞蛋白等，同时生产饲料和饵料；利用废纤维素生产燃料乙醇；利用木材废弃物所含半纤维素生产木糖及木糖醇等，已成为废弃物能源化与资源化的有效途径。

3. 微生物与生物工程技术

人类在向地球索取粮食和畜产品的同时，将数量远大于这些产品的秸秆、糠麸、菜叶，以及羽毛、蹄角、内脏等废弃物丢弃在环境中，这些废弃物中含有大量的碳、氮、磷等元素，是培养微生物的最好原料，通过微生物发酵可作为畜禽饲料，用来生产各种食用菌，还可以通过沼气装置将这些废弃物变为清洁能源——沼气。沼气可用于取暖、发电，沼渣和沼液又可以作为生物肥料。这种方法成本低廉，净化效果好，发酵产物可以回收利用，无论是发达国家还是发展中国家都很重视这方面的研究和应用。此外，还可以利用微生物直接发酵甘蔗、木薯等制造乙醇，这种能源被称为"绿色石油"。目前，美国、巴西、日本、德国已将这种乙醇代替汽油用于汽车燃料进入实用化。光合细菌也是 20 世纪 80 年代以来用于处理高浓度有机废水、菌体资源化利用效果较好的一种微生物资源。在日本已有使用光合细菌处理制革厂、罐头厂废水的实例，废水处理后的菌体蛋白质含量可达 6%，是鱼、虾、鸡、猪优质的饲料添加剂。我国这方面的研究报道也很多，但实用化的范围和规模都还比较小。随着生物工程技术的发展，利用微生物处理农业废弃物，实现资源永续利用，缓解资源、能源紧张状况将是未来研究与开发的重点课题。

现代生物工程中，微生物更加充分地显示出它所具有的优势。经过基因的重组，人类可以将人工合成或来源于其他任何生物的可产生某种物质的 DNA 片段剪接到微生物的 DNA 上(如大肠埃希菌质粒的 DNA 上)，或将需要不同微生物才能完成的化学物质分解或合成活动(主要是通过微生物产生的许多酶来完成)进行基因重组，从而将能产生参与化学过程的一系列酶的基因组整合于一种微生物内，使原本需要不同微生物完成的活动由重新装配的一种微生物完成。经过生物工程改造过的这些微生物就像一座座"微型工厂"，它们可通过微生物自身繁殖得以快速扩建，大量快速地生产出人类所需要的产品或进行人们所期望的分解或合成过程。例如，将合成胰岛素基因重组于大肠埃希菌，将生产能促进人生长的生长素控制基因重组于大肠埃希菌，将能有效治疗癌症及抗击病毒侵染人体细胞的干扰素基因重组于大肠埃希菌中，都已成功地获得从大肠埃希菌这些"微型工厂"里生产的胰岛素、生长素和干扰素等产品。类似的生产方式已用于许多种物质的生产。再如石油分解，包括要对石油内多种烃类物质分解，而分解烃类的酶是由许多不同的细菌中质粒内的DNA控制产生的。美籍印度人柴拉巴经多年研究，于1975年将能分解芳烃、萜烃、多环芳烃的细菌质粒转到能降解脂烃的菌体内而获得具有4种质粒、能降解多种烃类的新菌种。该菌能将一般菌在海上处理浮油的时间从一年缩短到仅仅几个小时。

生物工程技术作为当代高新技术已经广泛渗透到了生命科学的各个领域。采用先进的遗传工程使微生物育种向定向化发展，为选育高产、高效菌株，提高微生物制品的产量和质量提供了理论依据和生产的可能。DNA重组技术出现以来，利用基因工程改良动植物品种的研究已经开始实用化。但现有的基因工程大都是以微生物为对象发展起来的。先进的发酵工程技术、酶工程技术也都为微生物的发酵及产物的提取创造了更为有利的条件。

3 应用微生物学的分科及任务

微生物的应用范围主要在工业、农业、医药、环境保护和国防等领域。每个领域又可分出若干个分支领域，如细菌冶金(学)、植物病理学、药用微生物学、兽医微生物学、乳品微生物学、食品微生物学、酿造学、污水处理微生物学、沼气发酵微生物学、应用土壤微生物学、微生物生物防治(学)、农用抗生素学、食用蕈菌学、药用真菌学、人畜共患微生物学等。

应用微生物学课程的目的及任务：使学生掌握应用微生物学的基本理论和基础知识，熟悉微生物在资源开发利用和环境保护中的应用情况，熟练掌握微生物利用基本技术技能，发掘、利用和改善有益微生物，将其应用于工业、农业、医疗卫生、食品、环境保护等方面，造福人类，实现可持续发展。

复习思考题

1. 应用微生物有哪些特性？
2. 应用微生物学的研究领域主要有哪些？研究微生物有何意义？
3. 应用微生物学的主要任务是什么？它包括哪些分支学科？
4. 21世纪应用微生物学在农业领域主要解决哪些问题？

第1章

应用微生物学基本技术

【本章提要】主要介绍了微生物的无菌操作、培养基及其制备和分离培养等基本操作技术，以及微生物发酵过程及控制技术，还介绍了发酵产物提取与加工技术。

1.1 微生物基本操作技术

1.1.1 无菌操作技术

在分离、转接及培养微生物时，防止物品及无菌区域不被其他微生物污染的技术称为无菌技术，包括环境、培养基及仪器设备的灭菌、无菌空气的制备、接种及培养过程的无菌操作等。

1.1.1.1 灭菌方法

灭菌是用物理或化学的方法杀死或除去物品上或环境中的所有微生物的过程。灭菌与消毒不同，消毒是杀死物体上绝大部分微生物，主要是病原微生物和有害微生物。消毒属于部分灭菌。

常用的灭菌方法有干热灭菌、湿热灭菌、过滤除菌、紫外线杀菌和化学药剂消毒杀菌等。在实际应用中，要根据灭菌的对象和要求采用不同的方法。

（1）干热灭菌

①灼烧灭菌法。即利用火焰直接将微生物烧死。微生物接种工具如接种环、接种针及其他金属用具、试管、三角瓶等，均可用此法灭菌。该方法灭菌迅速彻底，但容易焚毁物体。

②干热空气灭菌法。是用烘箱、干燥箱的干燥热空气（170℃）杀死微生物的方法。玻璃器皿（如吸管、平板等）、金属用具等，凡不适于用其他方法灭菌而又能耐高温的物品都可用此法灭菌。液体培养基、橡胶制品、塑料制品等不能用干热灭菌法。

（2）湿热灭菌

湿热灭菌主要用于培养基的灭菌。微生物的种类与数量，培养基的性质、浓度与成分，灭菌温度与时间都会影响湿热灭菌的效果。

①常压蒸汽灭菌。该方法是指在常压条件下，于不能密闭的容器内进行灭菌的操作。在不具备高压蒸汽灭菌的情况下，常压蒸汽灭菌是一种常用的灭菌方法。此外，不宜用高压蒸煮的物质，如糖液、牛奶、明胶等，可采用常压蒸汽灭菌。常压蒸汽温度不超过100℃，大多数微生物能被杀死，但芽孢杆菌却不能在短时间内死亡，因此必须采取间歇灭菌或持续灭菌的方法杀死芽孢杆菌，实现完全灭菌。

间歇灭菌是依据芽孢在 100℃较短时间内不会失活而各种微生物营养体 0.5 h 内即被杀死的特点，利用芽孢萌发成营养体后耐热性消失的特性，通过反复培养和反复灭菌达到灭菌目的。具体操作时，先用 100℃，30~60 min 杀死杂菌营养体；然后将含芽孢的培养基在室温放置 24 h，使其萌发成营养体；再灭菌 1 次，经过 2 次培养和 3 次反复蒸煮即可实现完全灭菌。常压蒸汽持续灭菌是持续加热 6~8 h，杀死绝大部分芽孢和全部营养体，达到灭菌目的。

②高压蒸汽灭菌。该法是穿透力强、效果最好的湿热灭菌方法，常用于培养基的灭菌。在灭菌过程中，由于培养基中某些成分分解或氧化，会使酸度增大、pH 值下降（0.2~0.3），葡萄糖等营养物质破坏，并形成一些浑浊和沉淀。因此，高压灭菌时应注意将含葡萄糖的溶液分别灭菌，采用压力应尽可能低些。

（3）过滤除菌

过滤除菌是指含菌液体或气体通过细菌滤器，使杂菌留在滤器或滤板上，从而去除杂菌。用于除菌的细菌过滤器，是由孔径极小，能阻挡细菌的陶瓷、硅藻土、石棉或玻璃粉等制成。为了加快过滤，一般多采用抽气减压的方法。该法常用于汁多不宜采用湿热灭菌的液体物质，如抗生素、血清、糖类溶液等。另外，该法还可用于发酵工业中无菌空气的制备。

（4）紫外线杀菌

紫外线的波长范围是 15~300 nm，其中波长在 260 nm 左右的紫外线杀菌作用最强。紫外线灯是人工制造的低压汞灯，能辐射出波长为 253.7 nm 的紫外线，杀菌能力强而且较稳定。杀菌原理是细胞的核酸吸收紫外线造成细胞损伤，从而达到杀菌目的。

紫外线的穿透力弱，一般只用于表面杀菌和空气灭菌。在实验室、接种室、接种箱、手术室和药厂的包装室等，均可利用紫外线灯杀菌。紫外线对眼黏膜及视神经有损伤作用，对皮肤有刺激作用，在紫外线下工作，需采取必要的防护手段。

（5）化学药剂消毒杀菌

化学药剂分杀菌剂和抑菌剂。杀菌剂是指能够破坏细菌代谢机能并对细菌具有致死作用的化学药剂，如重金属离子和某些强氧化剂等。有些药剂并不会破坏细菌的原生质，只是阻抑新细胞物质的合成，使细菌不能增殖，称为抑菌剂，如磺胺类及抗生素制剂等。通常情况下，杀菌剂只能杀死细菌营养体而不能杀死芽孢，只起到消毒的作用，所以又称消毒剂。常用的化学杀菌消毒剂种类、使用浓度及应用范围见表 1-1。

表 1-1　常用化学杀菌剂使用浓度和应用范围

名　称	主要性质	使用浓度	用　途
升　汞	杀菌力强，腐蚀金属器械	0.05%~0.10%	植物组织和虫体外消毒
硫柳汞	杀菌力弱、抑菌力强、不沉淀蛋白质	0.01%~0.10%	生物制品防腐、皮肤消毒
甲醛(福尔马林，市售甲醛含量为 37%~40%)	挥发慢、刺激性强	10 mL/m³ 加热熏蒸，或用甲醛 10 份、高锰酸钾 1 份，密闭房间熏蒸 6~24 h	接种室消毒
乙　醇	消毒力不强，对芽孢无效	70%~75%	皮肤消毒
石碳酸(苯酚)	杀菌力强，有特殊气味	3%~5%	接种室(喷雾)、器皿消毒
新洁尔灭	对芽孢无效，遇肥皂或其他合成洗涤剂效果减弱	0.25%	皮肤及器皿消毒
乙　酸	浓烈酸味	5~10 mL/m³ 加等量水蒸发	接种室消毒
高锰酸钾液	强氧化剂、稳定	0.1%	皮肤及器皿消毒
硫　黄	粉末，通过燃烧产生 SO_2，杀菌，腐蚀金属	15 g/m³ 熏蒸	空气消毒
生石灰	杀菌力强，腐蚀性强	1%~3%	地面及排泄物消毒
来苏尔	杀菌力强，有特别气味	3%~5%	接种室地面、桌面及器皿消毒
漂白粉	有效氯易挥发，腐蚀金属及棉织品，刺激皮肤，易潮解	2%~5%	接种室或培养室喷洒消毒

注：引自周德庆等，2013。

1. 1. 1. 2　灭菌在微生物工业的应用

(1)培养基的灭菌

①灭菌温度的选择。培养基通常采用高温湿热短时灭菌。该方法不但灭菌时间短，而且对培养基物质的破坏较小。一般温度太高，蒸汽的压强会增大，对设备的要求就越严格，造价也会越高。另外，若温度太高，灭菌时间太短，在操作上也不便于控制，故培养基湿热灭菌通常在 120℃下进行。

②灭菌方式。主要有分批灭菌和连续灭菌。

分批灭菌是指将配制好的培养基置于发酵罐中，通入蒸汽，达到预定温度后维持一段时间，再冷却到发酵所需温度的灭菌方式，又称为实罐灭菌或间歇灭菌。适用于小型发酵工厂。这种方法无须专门的灭菌设备，操作简单易行，投资少，灭菌效果好。缺点是加热和冷却所需时间长，培养基营养物质破坏率比较大；此外，蒸汽用量不均匀对锅炉的负荷大；发酵罐的利用率低，不适合大规模生产过程的灭菌。

连续灭菌是指在发酵罐外连续不断地进行加温、保温、再冷却，同时把灭菌的培养基加入已灭菌发酵罐的灭菌方式，是一种相当先进的灭菌方式。其优点是符合高温短时灭菌的原则，对营养物质的破坏小；加热快，冷却快，灭菌时间短，设备的利用率高；蒸汽用量平稳，锅炉负荷均衡，适宜采取自动化控制。连续灭菌的缺点是设备投资大，此外，当培养基含有固体颗粒或易产生较多泡沫时，采用连续灭菌容易造成局部灭菌不充分与管道

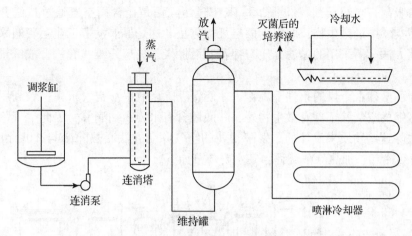

图 1-1　连消塔式连续灭菌的流程

(丰慧根等，2013)

堵塞现象。常用的连续灭菌流程如图 1-1 所示。

③影响灭菌效果的因素。灭菌效果受多种因素的影响，主要包括：

a. 培养基成分。培养基中所含糖类、油脂及蛋白质含量越高，微生物死亡速率就越慢。例如，高浓度的有机物会增大培养基的黏度，影响热的传入，因而需要较高的灭菌温度。而高浓度的盐类会增大渗透压，促进热量的传导，降低微生物的耐热性，故易于灭菌。

b. 培养基的物理状态。例如，颗粒大和结块的传热效果差，灭菌较困难。有时需提高灭菌温度、延长灭菌时间来达到灭菌的要求。

c. 培养基 pH 值。pH 值 6.0~8.0 时，微生物最耐热，不易死亡，pH 值<6.0 时，氢离子易渗入微生物细胞内，改变细胞的生理状态，促使其死亡，所以培养基的 pH 值越低，所需的灭菌时间也越短。

d. 培养基中污染菌的数量、菌龄及耐热性。杂菌数量越多，所需灭菌时间越长。一般细菌的营养体、酵母、霉菌的菌丝体对热敏感，孢子或芽孢抗热性强。

e. 泡沫的产生。泡沫中的空气形成隔热层，空气的导热性差，包裹在泡沫中的微生物不容易被杀死。因此灭菌操作要注意减少泡沫的产生，防止压力骤降而起泡。

（2）发酵设备的灭菌

发酵设备由发酵罐、相关管道及一些过滤器组成。发酵罐的灭菌可采用空罐灭菌，即发酵罐不加入培养基单独灭菌，也可采用实罐灭菌，即加入培养基与其一同灭菌；管道和过滤器采用蒸汽灭菌。灭菌蒸汽压力不宜过大，使过滤器内的蒸汽压力维持在 0.2 MPa 左右，保持 45~60 min，然后通入压缩空气吹干，即可使用。

（3）空气除菌

微生物发酵大多为好氧发酵，在工业生产上，好氧发酵都采用空气作为氧源，但空气中含有各种微生物，而发酵过程要求纯培养，故要保证发酵正常进行就必须除去空气中的微生物。

空气微生物的除菌方法有 5 种：化学药物除菌、辐射除菌、加热除菌、静电除菌（利用静电引力吸附带电粒子)、过滤除菌。其中过滤除菌是让含菌空气通过过滤介质时，利用介质阻截空气中的微生物，取得无菌空气的方法。这是目前发酵工业上普遍采用的经济有效的除菌方法。所采用的过滤介质有棉花、活性炭、玻璃纤维、有机合成纤维、烧结材料等。

过滤介质必须在干燥的条件下工作，才能保证除菌效果。空气采集一般利用压缩机进行，经过压缩的空气除了含有微生物外，一般还含有水分、油滴等，因此空气除菌流程主要是围绕去除这些物质来设计的。发酵工业的空气除菌方法是热除菌与过滤除菌的结合。图 1-2 是两级冷却、加热除菌流程，其主要环节如下。

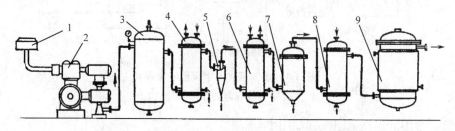

1. 粗过滤器；2. 空气压缩机；3. 贮气罐；4、6. 冷却器；5. 旋风分离器；
7. 丝网过滤器；8. 加热器；9. 总过滤器。

图 1-2 空气除菌设备流程(两级冷却)

(熊宗贵，2001)

①采气。是空气过滤的第一步，为保证除菌效果，最好采用含菌数少的空气。通常距地面越高，含菌量越少，故要采集环境清洁区一定高度的空气。一般要求采气口距地面 20~30 m。

②粗过滤器(前置过滤器)。主要作用是捕集较大的灰尘颗粒，保护空气压缩机，防止其受磨损，同时也可减轻空气过滤器的负荷。

③空气压缩机。是一个空气驱动设备，需要的能耗大，耗电量占到发酵厂总耗电量的 1/4~1/3。发酵工业上所用的空气压缩机一般为低压空气压缩机。

④贮气罐。作用是消除压缩机排出空气时产生的气流脉动，维持稳定的空气压力。同时也可以利用重力沉降作用去除部分油雾。

⑤冷却器。空气经压缩机后可达 120℃的高温，若不加冷却进行过滤会烧焦过滤介质，还会增加发酵罐的降温负荷，因此要进行冷却。冷却器种类很多，常用的有立式列管式热交换器、沉浸式热交换器、喷淋式热交换器等。

⑥汽液分离器(油水分离器)。空气经过压缩机后会带上一些润滑油，空气冷却后，水汽会凝结成水滴，这些水滴和油滴都要除去，否则会污染过滤介质，影响过滤效果。除去这些物质的装置就是汽液分离器，如旋风分离器。

⑦加热器。经过分离器的空气，虽没有水滴，但湿度还是较大，如果不加热，只要温度降低，又会有水分析出，使过滤介质受潮而影响过滤效果。故需要加热以降低空气湿度，保证空气的干燥。

⑧过滤器。是过滤除菌的关键设备，类型包括丝网过滤器、总过滤器等。经过该类设备，空气可最终实现无菌。

1.1.1.3　微生物接种技术

微生物接种技术是应用微生物学最基本的操作技术。根据实验及生产目的、培养基种类及容器等不同，选用不同的接种方式。如斜面接种、液体接种、固体接种和穿刺接种等。常用的接种工具有：接种环、接种圈、接种针、移液管和玻璃刮铲等（图 1-3）。转移液体培养物还可用无菌吸管或移液枪等。

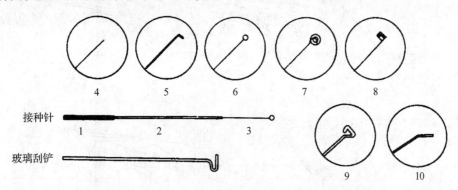

1. 塑料套；2. 铝柄；3. 镍铬丝；4. 接种针；5. 接种钩；6. 接种环；
7. 接种圈；8. 接种锄；9. 三角形刮铲；10. 平刮铲。

图 1-3　常用接种工具

一般小规模的接种操作采用无菌接种箱或超净工作台，大规模接种用无菌室，工业发酵还可利用管道压力差接种法，即利用压力泵把种子液从种子罐抽入发酵罐中的接种方法。

（1）无菌室的灭菌

①熏蒸。先将室内打扫干净，通风干燥后，重新关闭，熏蒸灭菌。常用的灭菌药剂为福尔马林（含 37%～40%甲醛水溶液）。按 6～10 mL/m³ 的用量量取甲醛盛于铁制容器中，利用电炉或酒精灯直接加热，或加半量高锰酸钾，通过氧化作用加热，使甲醛蒸发。熏蒸后保持密闭 12 h 以上。使用无菌室前 1～2 h，可取与福尔马林等量的氨水，倒入搪瓷盘内使其挥发中和，以减轻刺激作用。除甲醛外，也可用乳酸、硫黄等进行熏蒸灭菌。

②紫外线灭菌。接种前后，均应打开紫外线灯照射 0.5 h，进行灭菌。在无菌室内工作时，切记要关闭紫外线灯。

③石炭酸喷雾。每次操作前，取 5%石炭酸溶液喷于接种室台面和地面，兼有灭菌和防止微尘飞扬的作用。

（2）接种方法

①试管接种。指无菌条件下把微生物从一个试管转移到另一试管的过程。具体操作过程为：先用 70%的乙醇溶液擦手及工作台、菌管并准备进行移接的试管管口部分，将生长好的微生物试管和要移植的试管夹在左手的拇指与其他四指之间。右手持接种环，进行火焰消毒。待冷却后，将两试管的棉塞用右手小指、无名指及中指夹着，轻轻拔下，然后将管口迅速通过火焰消毒后置于火焰的无菌区。为了防止空气中杂菌混入，两管口不要向上，要保持与桌面几乎平行，并稍稍下倾。用灭菌并冷却过的接种环伸入菌管，轻轻挑取少量菌苔迅速抽出，放入待移植的试管内，在斜面培养基上，自下而上蛇形划线。移植放

线菌及丝状真菌时，为了便于斜面的形态观察，在移接时，蘸有菌体的接种环除在斜面中间自下而上地划线外，还要沿斜面边沿周围划线涂抹。移植结束后，把接种环先在火焰内烧，再用外焰烧红，冷却后放回原处，试管口和棉塞同时轻轻通过火焰灭菌后，将棉塞塞进试管。接种完毕后立即灼烧接种环，以杀死环上残留菌体(图 1-4)。

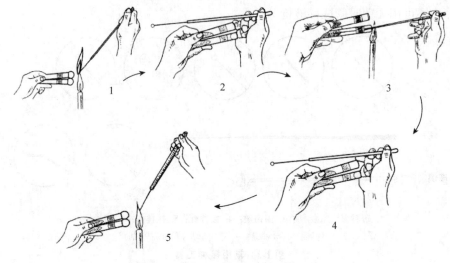

1. 烧环；2. 拔塞；3. 接种；4. 加塞；5. 烧环。

图 1-4 试管接种示意

②液体接种。是发酵工业中种子扩大培养采用的接种技术。用斜面菌种接种液体培养基时，有下面两种情况：如接种量小，可用接种环取少量菌体移入培养基容器(试管或三角瓶等)中，将接种环在液体表面处的器壁上轻轻摩擦，把菌苔研开，抽出接种环，塞好棉塞，再摇动液体使菌体均匀分布在液体中。如接种量大，可先在斜面菌种管中倒入定量无菌水，用接种环把菌苔刮下研开，再把菌悬液倒入液体培养基中，倒液体前需将试管口在火焰上灭菌。

用液体培养物接种液体培养基时，可根据具体情况采用以下不同方法。如用无菌的滴管或移液管吸取菌液接种、直接把液体培养物倒入液体培养基中(图 1-5)、利用高压无菌空气通过特殊的注液装置把液体培养物注入液体培养基，或利用负压将液体培养物抽到液体培养基中(如发酵罐接入种子菌液)等。

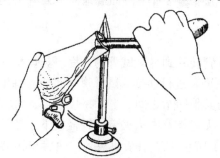

图 1-5 液体倒入接种

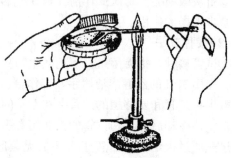

图 1-6 接入平板

液体接种固体平板时，在火焰上用无菌吸管吸取 0.1 mL 菌液注入平板后，用灭菌涂棒涂匀即可(图 1-6)。穿刺接种时，用接种针尖端蘸取一点菌体刺入培养基的深处，直到接近底部，但不要穿透。然后轻轻拔出，注意不要弄坏培养基。经穿刺接种的菌种常作为保藏菌种的一种形式，它只适用于细菌和酵母菌的接种培养。

③固体接种。是指将菌种转移到固体培养料的接种方式。因所用菌种或种子菌来源不同，可分为用菌液接种固体料和固体种子接种固体料两种。菌液包括用菌苔刮洗制成的悬液和直接培养的种子发酵液。接种时可按无菌操作将菌液直接倒入固体料中，搅拌均匀。注意接种所用菌液的水容量要计算在固体料总加水量之内，否则往往在用液体种子菌接种后固体料含水量加大，影响培养效果；固体种子包括用孢子粉、菌丝孢子混合种子菌或其他固体培养的种子菌。只要把接种材料直接倒入灭菌的固体料即可，但必须充分搅拌，使之混合均匀。一般是先把种子菌和少部分固体料混匀后再拌入堆料。

固体料接种应注意"抢温接种"。即在固体料灭菌后不要使料温降得过低才接种，而在料温高于培养温度 5~10℃时抓紧接种(如培养温度为 30℃，料温降为 35~40℃时即可接种)。抢温接种可使培养菌在接种后即得到适宜的温度条件，从而能迅速生长繁殖，长势好，杂菌不易滋生。此法适用于芽孢菌和其他产生孢子的菌接种。另一个措施是"堆积起温"。即在大量的固体曲料接种后，不要立即分装曲盘或上帘，应先堆积起来，上加覆盖物，防止散热，使培养菌适应新的环境条件，逐渐生长旺盛，产生较大热量使堆温升高后，再分装一定容器中培养。这样可以避免一开始培养菌繁殖慢，料温上不去，拖延培养时间，水分蒸发大，杂菌易发展等缺点。

1.1.2　培养基及其制备

培养基是人工配制的供微生物生长繁殖或积累合成代谢产物必需的营养基质。无论是以微生物为材料的研究，还是利用微生物生产生物制品，都必须进行培养基的配制，它是微生物学研究和微生物发酵工业的基础。培养基的组成与配比对微生物的生长、代谢产物的形成、产物的提取工艺等均有很大的影响。

1.1.2.1　培养基的成分及来源

任何培养基都应具备微生物生长所需的六大要素：碳源、氮源、无机盐和微量元素、生长因子、水，以及产物形式的前体、促进剂和抑制剂。用于积累代谢产物的培养基还应加入产物形成的前体、促进剂和抑制剂。一般来说，不同微生物、不同的应用目的，其培养基成分不完全相同。

(1)碳源

碳源是指微生物菌体碳架构成及能量的来源。碳源包括糖类、油脂(豆油、菜籽油)、有机酸、醇类、烃类等。多数微生物能利用糖类作碳源；某些霉菌和放线菌还可以利用油脂作碳源；单细胞蛋白、氨基酸、维生素和某些抗生素的发酵生产可利用乙酸盐、柠檬酸盐等有机酸作碳源；一些甲烷氧化菌只利用甲烷和甲醇作碳源。

糖类是最被广泛利用的碳源，包括单糖、双糖及多糖。其中单糖优于双糖与多糖，己糖优于戊糖，葡萄糖、果糖优于甘露糖、半乳糖；纯多糖优于杂多糖。葡萄糖是最易利用的碳源，即速效碳源。但高浓度葡萄糖会过分加速菌体的代谢，使培养基中溶解氧不能满足需要，一些中间代谢物(如乳酸、丙酮酸等)不能完全氧化而积累在菌体或培养基中，导致 pH 值下降，酶活受到影响，微生物的生长和代谢产物的合成受到抑制。淀粉等为长效碳源，微生物对多糖的利用虽然较慢，但高浓度不会对微生物的生长产生不利的影响。再加上这些类型的糖类取材方便、价格便宜，因此在发酵工业中常用。

(2) 氮源

氮源主要用于构成菌体细胞物质(氨基酸、蛋白质、核酸等)和含氮代谢物。常用的氮源分为两类：有机氮源和无机氮源。

常用的有机氮源有黄豆饼粉、花生饼粉、棉籽饼粉、玉米浆、蛋白胨、酵母粉、鱼粉等。有机氮源除含丰富的蛋白质、氨基酸外，还含有少量的糖类、脂肪、生长因子等，因此微生物在有机氮源的培养基中生长旺盛。例如，玉米浆是一种很易被微生物利用的良好氮源。其中所含的磷酸肌醇可促进红霉素、链霉素、青霉素和土霉素等的生产。常用的无机氮源有氨水、硫酸铵、氯化铵、硝酸盐等。微生物对它们的利用一般比有机氮源快，故这些氮源为速效氮源。无机氮源的快速利用通常能引起培养基的酸碱度变化。例如，铵盐被利用后，会使 pH 值下降，而硝酸盐被利用后会使 pH 值上升。因此，前者被称为生理酸性盐，后者被称为生理碱性盐。另外，氨水作为一种氮源通常作补充氮源，又因其为碱，还用于调节 pH 值。

(3) 无机盐和微量元素

微生物的生长、繁殖和产物形成需要各种无机盐类，如磷酸盐、硫酸盐、氯化钠、氯化钾，以及微量元素如镁、铁、钴、锌、锰等，以作为生理活性物质的组分或调节物。这些物质一般低浓度时对微生物的生长有促进作用，高浓度则表现出明显的抑制作用。

其生理功能包括：①构成菌体原生质的成分(磷、硫等)；②作为酶的组分或某些酶的辅酶或酶的激活剂，如镁、铁、锰、锌、钴等；③调节细胞的渗透压和影响细胞膜的通透性，如氯化钠、氯化钾等；④参与产物的生物合成。

微生物对微量元素的需求量很低，天然培养基因所用碳氮源多为营养成分比较复杂的黄豆粉、蛋白胨等，这些物质本身就含有一定量的微量元素，故在配制培养基时一般不需单独加入。

(4) 生长因子

生长因子是一类微生物维持正常生活不可缺少，但细胞自身不能合成的微量有机化合物，包括维生素、氨基酸、嘌呤和嘧啶的衍生物以及脂肪酸等。大多数维生素是辅酶的组成成分，没有它们，酶就无法发挥作用。其需要量甚微，一般 $1 \sim 50 \ \mu g/L$，甚至更低。各种微生物对外源氨基酸的需要取决于它们自身合成氨基酸的能力。凡是微生物自身不能合成的氨基酸，一般需以游离氨基酸或小分子肽的形式供应。而嘌呤、嘧啶及其衍生物的主要功能是构成核酸和辅酶。

(5) 水

水是培养基的主要组成成分。它既是构成菌体细胞的主要成分，又是一切营养物质传递的介质，而且它还直接参与许多代谢反应，如水解反应就离不开水。所以水是一种非常重要的培养基成分。不同来源的水(如深井水、自来水、地表水)所含的物质不同，因此水的质量对微生物生长会产生一定的影响。

（6）产物形成的前体、促进剂和抑制剂

在微生物工业中，培养基除加入上述营养物质外，通常还要加入一些物质来调节代谢产物的合成，这些物质包括产物形成的前体、促进剂和抑制剂。

①前体。指加入培养基后，能直接被微生物在生物合成中结合到产物中去，提高产量的物质。如苯乙酸是合成青霉素 G 的前体，丙酸是合成红霉素的前体。有些前体物质高浓度时会对菌体产生毒害作用，在具体应用时必须加以注意。在生产中为了减少毒性和提高前体的利用率，常采用少量多次的方式加入。表 1-2 列举了一些生产中添加前体的例子。

表 1-2　几种常用的前体

产 物	前 体	产 物	前 体
青霉素 G	苯乙酸、苯乙酰胺等	黄霉素	氯化物
青霉素 O	烯丙基-巯基乙酸	放线菌素 C_3	肌氨酸
青霉素 V	苯氧乙酸	维生素 B_{12}	钴化物
链霉素	肌醇、甲硫氨酸、精氨酸	胡萝卜素	β-紫罗兰酮
溴四环素	溴化物	色氨酸	邻氨基苯甲酸
红霉素	丙酸、丙醇、丙酸盐、乙酸盐	L-异亮氨酸	α-氨基丁酸
金霉素	氯化物	L-丝氨酸	甘氨酸

②促进剂。是一类刺激因子，它们既非生长所必需的营养物，又非前体，但是它们被加入后或可影响微生物的正常代谢，或可促进中间产物的积累，或提高次级代谢产物的产量。促进剂提高产物产量的机制有以下几种途径：第一种是通过促进生长，提高菌体的抗自溶能力，缩短发酵周期，来增加产物积累。如巴比妥能增加链霉素产生菌的抗自溶能力，自溶时间推迟，自然会增加抗生素的积累。第二种是通过降低产生菌的呼吸来加快产物的合成，提高产量。第三种是改变培养基的物理条件，达到改善通气效果、增加细胞渗透性的目的，从而提高产物的合成。第四种是与产物形成不溶性复盐，在发酵液中沉淀，降低产物浓度，解除产物对合成自身的反馈抑制作用，使产量增加。

③抑制剂。是可抑制某些不需要的产物形成，同时还刺激有益于积累产物的代谢途径，促使目标产品产量提高的一类物质。如酵母厌氧发酵时加入亚硫酸盐或碱类，可以促使乙醇发酵变为甘油发酵；再如在四环素发酵中，加入溴化物能抑制金霉素（即氯四环素）的形成，从而增加四环素的产量。

1.1.2.2　培养基的类型

（1）按培养基的功能划分

①选择性培养基。是指根据某种微生物的特殊营养要求或其对某化学、物理因素的抗性而设计的培养基。其功能是选择性培养，使混合菌样中的劣势菌变成优势菌，从而提高该菌的筛选效率。选择性培养基可以利用分离对象对某一营养物质的"嗜好"，采用"投其所好"的策略，即可使该微生物增殖，也可以在培养基中加入抑制它种微生物的抑制剂，使其在数量上超过原有占优势的微生物，以达到富集培养的目的。

例如，利用以纤维素或石蜡油作为唯一碳源的选择培养基，可以从混杂的微生物群体中分离出能分解纤维素或石蜡油的微生物；利用以蛋白质作为唯一氮源的选择培养基，可以分离产胞外蛋白酶的微生物；在培养基中加入青霉素、四环素或链霉素，可以抑制细菌和放线菌生长，而将酵母菌和霉菌分离出来；在培养基中加入染料亮绿或结晶紫，可以抑制革兰阳性菌的生长，从而达到分离革兰阴性菌的目的。

②鉴别培养基。是指通过添加能与某菌的无色代谢物发生显色反应的指示剂，从而用肉眼就能使该菌菌落与外形相似的它种菌落相区分的培养基。最常见的鉴别培养基是伊红美蓝乳糖培养基。鉴别培养基主要用于微生物的快速分类鉴定，以及分离和筛选产生某种代谢产物的微生物菌种。

（2）按培养基用途划分

①孢子培养基。是供菌种繁殖孢子用的一种固体培养基。要求此种培养基能使微生物形成大量的优质孢子，同时还不能引起菌种变异。为了达到这个目的，配制孢子培养基时要注意 3 点：孢子培养基的营养不能太丰富，特别是有机氮源要低些，否则将影响孢子的形成；无机盐的浓度要适量，否则影响孢子的数量和质量；要注意 pH 值和培养温度。生产中常用的孢子培养基有麸皮培养基，大（小）米培养基，由葡萄糖（或淀粉）、无机盐、蛋白胨等配制的琼脂斜面培养基等。

②种子培养基。是供孢子萌芽、生长的培养基。其目的在于得到健壮、有活力的种子。要求营养成分丰富和完全。一般种子培养基常包括有机及无机氮源，有机氮源营养丰富，有利于刺激孢子萌发，无机氮源容易利用，有利于菌体快速生长。

③发酵培养基。是供菌体生长、繁殖和合成产物的培养基。在配制时要求注意以下几点：含有一定量细胞生长所需的营养物质，通常是一些速效营养；含有合成产物所需的特定成分，如前体、促进剂等；各成分之间的配比要适当。要求培养基既有利于菌体生长，又有利于产物的合成。一般采用速效与迟效营养相搭配的方法进行调节，通常速效营养要少用，迟效营养可多用，有时也可采用流加或补料的方法分段满足合成产物的需要。因为菌体在半饥饿的状态下更有利于产物的合成；pH 值和渗透压要适当。

除上述类型外，还可以按照培养基的组成分为天然培养基、合成培养基和半合成培养基；按照培养基的状态分为固体培养基、半固体培养基和液体培养基等。其中，固体培养基的琼脂用量为 1.5%~2.0%，半固体培养基琼脂的用量一般为 0.5%~0.8%。

1.1.2.3　培养基的配制原则

在设计新培养基前，首先要明确配制该培养基的目的，例如，培养哪种菌，获得哪些产物，用于科学研究还是大规模的发酵生产等；其次要考虑营养元素的比例协调及浓度配比。

（1）选择适宜的营养成分

一般来说，不同的微生物对营养物质的需求是不一样的，要根据微生物的类型选择针对性强的培养基。如在实验室中常用牛肉膏蛋白胨培养基（或简称普通肉汤培养基）培养细菌，用高氏Ⅰ号合成培养基培养放线菌，培养酵母菌一般用麦芽汁培养基，培养霉菌则一般用查氏合成培养基。自养型微生物能从简单的无机物合成自身需要的糖类、脂类、蛋白质、核酸、维生素等复杂的有机物，因此培养自养型微生物的培养基完全可以（或应该）由简单的无机物组成。

　　培养基的选择要求遵循经济节约的原则。特别是在发酵工业中,培养基用量很大,利用低成本的原料更体现出其经济价值。例如,在微生物单细胞蛋白的工业生产过程中,常常利用糖蜜(制糖工业中含有蔗糖的废液)、乳清(乳制品工业中含有乳糖的废液)、豆制品工业废液及黑废液(造纸工业中含有戊糖和己糖的亚硫酸纸浆)等作为培养基的原料。再如,工业上的甲烷发酵主要利用废水、废渣作原料,而在我国农村,已推广利用人畜粪便及禾草为原料发酵生产甲烷作为燃料。另外,大量的农副产品或制品,如麸皮、米糠、玉米浆、酵母浸膏、酒糟、豆饼、花生饼、蛋白胨等都是常用的发酵工业原料。

(2)营养物质浓度及配比合适

　　培养基中营养物质的配比对微生物的生长有很大的影响。营养物质浓度合适则微生物生长良好,浓度过低时不能满足微生物正常生长所需,浓度过高时则可能对微生物生长起抑制作用。例如,高浓度糖类物质、无机盐、重金属离子等不仅不能维持和促进微生物的生长,反而起到抑菌或杀菌作用。另外,培养基中各营养物质之间的浓度配比也直接影响微生物的生长繁殖或代谢产物的形成和积累,其中碳氮比(C/N)的影响较大。例如,在利用微生物发酵生产谷氨酸的过程中,培养基碳氮比为 4/1 时,菌体大量繁殖,谷氨酸积累少;当培养基碳氮比为 3/1 时,菌体繁殖受到抑制,谷氨酸产量则大量增加。故在选择碳氮源时,要注意速效、长效相搭配,以发挥各自的优势,取长补短。

(3)物理化学条件适宜

　　培养基的 pH 值必须控制在一定的范围内,以满足不同类型微生物的生长繁殖或产生代谢产物的需要。各类微生物生长繁殖或产生代谢产物的最适 pH 值条件各不相同,如细菌的最适 pH 值 7.0~8.0;放线菌的最适 pH 值 7.5~8.5;酵母菌的最适 pH 值 3.8~6.0;霉菌的最适 pH 值 4.0~5.8。为了维持培养基 pH 值的相对恒定,通常在培养基中加入 pH 值缓冲剂,常用的缓冲剂是一氢和二氢磷酸盐(如 KH_2PO_4 和 K_2HPO_4)组成的混合物。此缓冲系统只能在一定的 pH 值范围(pH 值 6.4~7.2)内起调节作用。某些微生物,如乳酸菌能大量产酸,上述缓冲系统就难以起到缓冲作用,此时可在培养基中添加难溶的碳酸盐(如 $CaCO_3$)来进行调节。

　　除 pH 值外,培养基还应具有适宜的渗透压和氧化还原电位等。一般等渗溶液利于微生物生长,高渗溶液容易引起质壁分离。氧化还原电势一般以 E_h 表示。它是指以氢电极为标准时其氧化还原系统的电极电位值,单位是 V(伏)或 mV(毫伏)。一般好氧菌生长的 E_h 值为 +0.3~+0.4 V,兼性厌氧菌在 +0.1 V 以上时进行好氧呼吸产能,在 +0.1 V 以下时则进行发酵产能;而厌氧菌只能生长在 +0.1 V 以下的环境中。培养基中加入适量的还原剂,如巯基乙酸、抗坏血酸(维生素 C)、硫化钠、铁屑、谷胱甘肽等,可以降低其氧化还原电势。

(4)其他

　　除上述原则外,还要注意灭菌对培养基的影响、培养基的保存等。如长时间高温会引起磷酸盐、碳酸盐与某些阳离子(钙、镁、铁)结合形成难溶性复合物而产生沉淀,因此,在配制用于观察和定量测定微生物生长状况的合成培养基时,常需在培养基中加入少量螯合剂(EDTA),避免培养基中产生沉淀。还可以将含钙、镁、铁等离子的成分与磷酸盐、碳酸盐分别进行灭菌,然后再混合,避免形成沉淀。培养基最好是现配现用,以免因搁置过久而造成污染、脱水或变质。多配的培养基应放在低温、低湿、阴暗而洁净的地方保存。对含有染料或其他对光敏感的培养基，要特别注意避光保存。特别是避免阳光长时间直接照射。

培养基原料要求经济节约，以粗代精、以废代好、以简代繁、以纤代糖、以国代进。

1.1.2.4 培养基的制备

(1)原料的预处理

工业生产中常采用一些成分复杂的有机物质为原料，而微生物工业中的多数生产菌不能直接利用或仅能微弱利用淀粉、糊精等复杂营养。故这些原料在使用前通常要进行预处理。例如，用来培养食用真菌的秸秆、粪土、棉籽壳等，在培养基配制前要进行建堆发酵，以提高原料的转化率；在生产乙醇、丙酮等代谢产物时，淀粉原料需先进行蒸煮、糖化；在柠檬酸的生产中，使用糖蜜为原料时，为防止异柠檬酸的产生，要先加入黄血盐去除铁离子；在乙醇或酵母生产过程中若使用糖蜜，则要预先进行稀释、酸化、灭菌、澄清和添加营养盐等处理。

(2)培养基的配制流程

①称量、溶解。根据培养基配方，准确称取各种原料成分，然后依次将各种原料加入水中并使其充分溶解，补足需要的全部水分，即形成液体培养基。配制固体培养基时，预先将琼脂加热至完全熔化，再把其他原料放入使其充分溶解，用热水补足因蒸发而损失的水分。

②调节pH值。培养基配好后，用盐酸及氢氧化钠溶液调节pH值。用精密pH试纸或酸度计进行测定。固体培养基酸碱度的调整一般在加入琼脂前进行。

③过滤和澄清。培养基配成后，过滤，除去沉渣、颗粒，使之澄清透明。培养基过滤和澄清的方法有：纱布过滤、棉花过滤等。

④分装和加棉塞。过滤后的培养基，应根据不同的使用目的分装到不同的容器中(图1-7)。分装入试管的培养基量，根据使用的目的而不同。如作斜面用可装试管容量的1/4左右，如作平板用可装15~18 mL，如为三角瓶，可装其容量的1/2~2/3。分装完后要塞上棉塞。灭菌前最好用牛皮纸包扎瓶口，以防灰尘落于棉塞或瓶口而引起污染。

⑤灭菌、倒皿与摆斜面。分装和加棉塞后，采用合适的方法灭菌备用。固体培养基灭菌完成后，还要经倒皿与摆斜面制成平板培养基或斜面培养基方可使用。

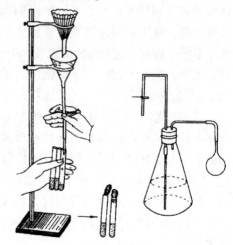

图1-7　培养基的分装

1.1.3 微生物分离培养技术

自然条件下，微生物常常成群落存在，这种群落往往是不同种类微生物的混合体。微生物纯培养是指在一个培养基上所生长的微生物都是由一个细胞分裂、繁殖所产生的后代。为了研究某种微生物的特性，或者要大量培养和使用某一种微生物，必须从这些混杂的微生物群中获得纯培养，即从自然界或混有杂菌的培养体中将所需的微生物提纯出来。这种获得纯培养的方法称为微生物的分离与纯化。常用的方法有固体培养法和液体培养法。

1.1.3.1　固体培养法

分离微生物常用的方法是固体培养法，包括稀释平板分离法、平板划线分离法和稀释摇管法，根据不同的材料，可以采用不同方法，其最终目的是要在培养基上出现欲分离微生物的单个菌落，必要时再对单菌落进一步分离纯化。不同的微生物在特定培养基上生长形成的菌落或菌苔一般都具有稳定的特征，这是微生物进行分类、鉴定的重要依据。

（1）稀释平板分离法

首先将待测样品制成均匀的一系列不同稀释液，使其呈单个细胞或孢子存在(否则一个菌落就不只是代表一种菌)，再取一定稀释度、一定量的稀释液接种到平板中，使其均匀分布于平板培养基上，在平板培养基上所形成的一个菌落即由一个单细胞繁殖而成，也就是说一个菌落即代表一个单细胞。从而完成对自然界或混有杂菌的微生物的提纯。

①样品稀释液的制备。准确称取待测样品 10 g，放入装有 90 mL 无菌水并放有小玻璃珠的 250 mL 三角瓶中，用手或置摇床振荡 20 min，使微生物细胞分散，静置 20~30 min，即成 10^{-1} 倍稀释液。再用 1 mL 无菌吸管，吸取 10^{-1} 稀释液 1 mL 移入另一只装有 9 mL 无菌水的试管中。同样让菌液混合均匀，成 10^{-2} 稀释液，再换一支无菌吸管吸取 10^{-2} 菌液 1 mL，移入另一个装有 9 mL 无菌水试管中，即成 10^{-3} 稀释液，依此类推，一定要每次更换吸管，连续稀释。

②混菌法接种分离。用无菌吸管按无菌操作过程吸取 1 mL 菌液，放入无菌培养皿，然后根据分离目的不同，分别接入已熔化并冷却到 45~50℃ 的选择培养基 15~20 mL，轻轻转动培养皿将菌液与培养基混匀后放入培养箱培养，直到培养皿上形成肉眼可见的一种细胞组成的集合体——菌落。

③涂抹法接种分离。根据分离目的不同，分别倒入无菌培养皿已熔化的选择性培养基 15~20 mL。待培养基冷却成平板后，用无菌吸管按无菌操作过程吸取 0.1 mL 菌液，放入无菌培养皿，然后用无菌刮铲将菌液涂匀后培养，直至培养皿上形成肉眼可见的单菌落。

（2）平板划线分离法

用接种环以无菌操作沾取少许待分离的材料，在无菌平板表面进行平行划线、扇形划线或其他形式的连续划线，微生物细胞数量将随着划线次数的增加而减少，并逐步分散开来，如果划线适宜，微生物能一一分散，经培养后，可在平板表面得到单菌落(图 1-8)。

此法较适合含菌比较单一材料的纯化。若材料不单一，可进行"挑菌纯化"，即在平板上选择分离较好的有代表性的单菌落接种到斜面并同时做涂片检查。若有不纯，应进一步挑取此菌落划线分离或制成菌悬液作稀释分离，直至获得纯培养。

（3）稀释摇管法

用固体培养基分离厌氧菌时，如果该微生物为耐氧菌，可以用通常的方法制备平板，然后置放在封闭的容器中培养，容器中的氧气可采用化学、物理或生物的方法清除。但对于那些对氧气更为敏感的厌氧性微生物，纯培养的分离则可采用稀释摇管培养法进行，它是稀释倒平板法的一种变通形式。先将一系列盛无菌琼脂培养基的试管加热使琼脂熔化后冷却并保持在50℃左右，将待分离的材料用这些试管进行梯度稀释，试管迅速摇动均匀，冷凝后，在琼脂柱表面倾倒一层灭菌液体石蜡和固体石蜡的混合物，将培养基和空气隔开。培养后，菌落形成在琼脂柱的中间。进行单菌落的挑取和移植，需先用一只灭菌针将液体石蜡取出，再用一只毛细管插入琼脂和管壁之间，吹入无菌无氧气体，将琼脂柱吸出，置放在培养皿中，用无菌刀将琼脂柱切成薄片进行观察和菌落的移植。

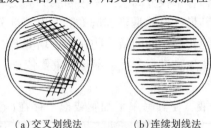

(a)交叉划线法　　　　(b)连续划线法

图 1-8　平板划线分离法

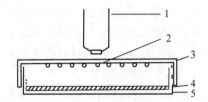

1. 接物镜；2. 单孢悬液滴；3. 皿盖；4. 水琼脂；5. 皿底。

图 1-9　单孢分离室

1.1.3.2　液体培养法

对于大多数细菌和真菌，用平板法分离通常可以得到满意的结果，然而并不是所有的微生物都能在固体培养基上生长，许多原生动物、藻类和细菌等，仍需要用液体培养基分离来获得纯培养。

通常采用的液体培养基分离纯化法是稀释法。接种物在液体培养基中进行顺序稀释，以得到高度稀释的效果，使一支试管中分配不到一个微生物。如果经稀释后的大多数试管中没有微生物生长，那么有微生物生长的试管得到的培养物可能就是纯培养物。如果经稀释后的试管中有微生物生长的比例提高了，得到纯培养物的概率就会急剧下降。因此，采用稀释法进行液体分离，必须在同一个稀释度的许多平行试管中，大多数(一般应超过95%)表现为不生长。

1.1.3.3　单细胞(孢子)分离

稀释法只能分离出混杂微生物群体中占数量优势的种类，而在自然界中，很多微生物在混杂群体中都是少数。这时，可以采取显微分离法和专门的单孢分离室(图1-9)从混杂群体中直接分离单个细胞或单个个体进行培养以获得纯培养，称为单细胞(孢子)分离法。单细胞分离法的难度与细胞或个体的大小呈反比，较大的微生物如藻类、原生动物较容易分离，个体很小的细菌则较难分离。

对于较大的微生物，可采用毛细管提取单个个体，并在大量的灭菌培养基中转移清洗几次，除去较小微生物的污染。这项操作可在低倍显微镜，如解剖显微镜下进行。对于个体相对较小的微生物，需要在显微操作仪下进行。一般是通过机械、空气或油压传动装置来减小手的动作幅度，如在显微镜下用毛细管或显微针、钩、环等挑取单个微生物细胞或孢子以获得纯培养。单细胞分离法对操作技术有比较高的要求，多用于高度专业化的科学研究中。

1. 1. 3. 4　选择培养分离

在自然界中，大多数微生物群落是由多种微生物组成的。因此，要从中分离出所需的特定微生物是十分困难的，单采用一般的平板稀释方法几乎不可能分离得到特定微生物。要分离这些微生物，必须根据该微生物的特点，包括营养、生理、生长条件等，采用选择培养分离的方法，或抑制大多数他种微生物生长，或造成有利于该菌生长的环境，经过一定时间培养后使该菌在群落中的数量上升，再通过平板稀释等方法对它进行纯培养分离。通过选择培养进行微生物纯培养分离的技术称为选择培养分离。

（1）选择平板培养

主要根据待分离微生物的特点选择不同培养基和培养条件进行分离。例如，在从土壤中筛选蛋白酶产生菌时，可以在培养基中添加牛奶或酪素制备培养基平板，微生物生长时若产生蛋白酶则会水解牛奶或酪素，在平板上形成透明的蛋白质水解圈。通过菌株培养时产生的蛋白质水解圈对产酶菌株进行筛选，将大量的非产蛋白酶菌株淘汰；再如，要分离高温菌，可在高温条件进行培养；要分离某种抗生素抗性菌株，可在加有抗生素的平板上进行分离；有些微生物如螺旋体、黏细菌、蓝细菌等能在琼脂平板表面或里面滑行，可以利用它们的滑动特点进行分离纯化，因为滑行能使它们自己和其他不能移动的微生物分开，可将微生物群落点种到平板上，让微生物滑行，从滑行前沿挑取接种物接种，反复进行该步骤，得到纯培养物。

（2）富集培养

利用不同微生物间生命活动特点的不同，制定特定的环境条件，使仅适应于该条件的微生物旺盛生长，从而使其在群落中的数量大大增加，能够更容易地从自然界中分离到所需的特定微生物。富集条件可根据所需分离的微生物的特点从物理、化学、生物及综合多个方面进行选择，如温度、pH 值、紫外线、高压、光照、氧气、营养等许多方面。通过富集培养使原本在自然环境中占少数的微生物的数量大大提高后，可以再通过稀释平板分离法或平板划线分离法得到纯培养。

富集培养是分离微生物最强有力的技术手段之一。营养和生理条件的几乎无穷尽的组合形式可应用于从自然界选择出特定微生物的需要。富集培养方法提供了按照意愿从自然界分离出特定已知微生物种类的有力手段，还可用来分离培养出由科学家设计的特定环境中能生长的微生物。

1. 1. 3. 5　二元培养

分离的目的通常是得到纯培养。然而，在有些情况下这是做不到的或是很难做到的。但可用二元培养物作为纯化培养的替代物。只有一种微生物的培养物称为纯培养物，含有两种以上微生物的培养物称为混合培养物，而如果培养物中只含有两种微生物，而且是有意识地保持两者之间的特定关系的培养物称为二元培养物。二元培养物是保存病毒的最有效途径，因为病毒是细胞生物的胞内寄生物。有一些具有细胞的微生物也是其他生物的胞内寄生物，或特殊的共生关系，如银耳与香灰菌丝的共培养物等。二元培养物是在实验室控制条件下可能达到的最接近于纯培养的培养方法。

1.2 微生物发酵过程及控制技术

1.2.1 微生物发酵过程

发酵是应用微生物学的一项基本技术。传统的发酵是指酵母作用于果汁、麦芽汁或谷物，进行乙醇发酵时产生二氧化碳的现象。现代发酵指利用微生物在有氧或无氧条件下大规模培养微生物菌体或其代谢产物的过程。

发酵过程一般由 6 部分组成：①种子培养基和发酵培养基成分的确定及配制；②培养基、发酵罐和辅助设备的灭菌；③大规模种子的培养；④发酵罐内微生物的优化生产；⑤产物的分离、提取和纯化；⑥发酵废弃物的处理。工艺流程如图 1-10 所示。

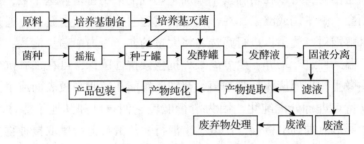

图 1-10　典型发酵过程示意

实现这一过程的基本条件：①适宜的微生物菌种，包括来自自然环境的、经过人工改造的、具有优良生物学性状和生产价值的微生物菌种；②具备能够保证微生物生长代谢的适宜环境，如经济高效的培养基，适宜的培养温度、酸碱度以及溶氧浓度等；③具有规模化生产的相应设备，如微生物发酵设备、产品分离、提纯和精制设备等。

1.2.2 常见微生物发酵类型及设备

发酵有很多分类方法，根据不同的分类依据可以分为不同的类型，不同的发酵可采用不同的设备。

1.2.2.1 微生物发酵类型

(1)按终产品划分

①微生物菌体发酵。是以获得具有某种用途菌体为目的的发酵，包括酵母发酵、微生物菌体蛋白发酵、药用真菌发酵(这些药用真菌可以通过发酵培养的手段生产出与天然产品具有相同疗效的产物)和微生物杀虫剂的发酵(如苏云金杆菌和蜡样芽孢杆菌，其细胞中的伴孢晶体可毒杀鳞翅目、双翅目的害虫)。

②微生物酶发酵。工业应用的酶大多来自微生物发酵。微生物酶制剂有广泛的用途。食品和轻工业中常用到微生物酶制剂，如微生物生产的淀粉酶和糖化酶用于生产葡萄糖。酶也用于医药生产和医疗检测中，如胆固醇氧化酶用于检查血清中胆固醇的含量，葡萄糖氧化酶用于检查血中葡萄糖的含量等。

③微生物代谢产物发酵。是以生产微生物代谢产物为目的的发酵。初级代谢是菌体生

长繁殖所必需的，如氨基酸、核苷酸、蛋白质、核酸、糖类等。某些菌体能合成一些具有特定功能的产物，如抗生素、生物碱、细菌毒素、植物生长因子等。这些产物对微生物的生存、生长、繁殖不是必需的，但在自然环境中对产生菌的存活还是有益的，称为次级代谢产物。次级代谢产物的结构一般比较复杂，其合成具有明显的种属特异性。

④微生物转化发酵。是利用微生物细胞的一种或多种酶，把一种化合物转变成结构相关的更有经济价值的产物。可进行的转化反应包括脱氢反应、氧化反应、脱水反应、缩合反应、脱羧反应、氨化反应、脱氨反应和异构化反应等。最古老的生物转化就是利用菌体将乙醇转化成乙酸的乙酸发酵。生物转化还可用于把异丙醇转化成丙醇、甘油转化成二羟基丙酮等。此外，微生物转化发酵还包括甾类转化和抗生素的生物转化等。

⑤生物工程细胞发酵。是指利用生物工程技术所获得的细胞，如 DNA 重组的工程菌、细胞融合所得的杂交细胞等进行培养的新型发酵，其产物多种多样。如利用基因工程菌生产胰岛素、干扰素、青霉素酰化酶等，利用杂交瘤细胞生产用于治疗和诊断的各种单克隆抗体等。

（2）按物料和产物进出方式划分

①分批发酵。指发酵过程中所有物料（除空气、消泡剂及调节 pH 值的酸和碱外）一次加入发酵罐，然后灭菌、接种、培养，最后将整个罐的内容物放出，进行产物回收。即一次投料，一次接种，一次收获的发酵方式。很多柠檬酸和一些氨基酸、抗生素、维生素的生成属于这一类型。

②连续发酵。是指发酵过程中以一定的速度向发酵罐内连续加入新鲜培养基，同时以相同的速度排出含有产品的培养液，从而使发酵罐内的发酵液总量保持恒定，培养物在近似恒定状态下生长的发酵方式。

连续发酵的优点：提供了一个相对恒定的环境，使微生物能保持高速生长，有利于保证产品的产量和质量；微生物稳定的生长环境有利于实现自动控制；采用多级连续培养可满足微生物不同生长阶段对不同营养的需求，易于分期管理。如在许多抗生素的生产中，菌体生长期和抗生素生成期要控制不同的培养条件，采用连续培养，可以在不同罐中设定不同的培养条件，以提高抗生素的产量；减少了分批培养中每次清洗、装料、消毒、接种、放罐的时间，提高了生产效率。

连续发酵的缺点：微生物发酵周期长，多次的传代会使菌种容易发生变异，物料不断的进出也增加了污染的机会；新旧培养基不容易完全混合，影响培养基的利用。

③补料分批发酵。又称半分批培养或半连续培养，俗称"流加"，是一种介于分批发酵和连续发酵之间的特殊培养模式，它是微生物的分批培养过程中向生物反应器中间歇或连续地补加供给一种或一种以上特定的限制性底物，反应结束后一次排出培养液的操作方式。

培养中后期，养料即将消耗完毕，菌体逐渐走向衰老自溶，代谢产物不能再继续分泌。如采用过于丰富的培养基来延长周期，提高产量，则由于高浓度培养基会对微生物的生长繁殖不利，通气搅拌困难，发酵不易正常。如采用补料分批发酵，就可克服上述的缺点，延长中期代谢活动，维持较高的发酵产物的增长幅度。因此，补料分批发酵技术应用十分广泛，包括单细胞蛋白、氨基酸、生长激素、抗生素、维生素、酶制剂、有机酸、有机溶剂、核苷酸等的生产都可应用。补料分批发酵不仅在液体培养中有广泛的应用，在固体培养与混合培养中也可采用。

可见，补料分批发酵的应用是一个划时代的进步。这种操作方式既有分批发酵和连续培养的优点，又克服了二者的缺点(图1-11)。与分批发酵相比，补料分批发酵能使基质浓度保持在较低水平，解除或减小了底物与产物的抑制与阻遏作用。与连续发酵相比，补料分批发酵不会产生菌种变异、物料污染等问题；终产物的浓度高，便于产物分离，应用范围更广泛。但它也具有一定的缺陷性，如用于反馈控制的设备昂贵；培养物的流加困难，目前在生产上只靠经验操作，很难同步满足微生物生长与产物合成的需要，也不可能完全避免基质的调控反应。

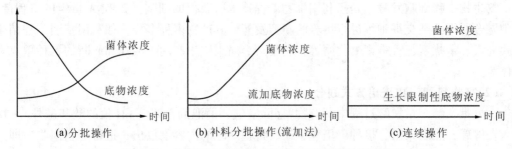

图1-11　分批、补料及连续操作时菌体及底物的浓度随时间的变化
(何国庆，2001)

此外，还可按培养基性状将发酵分为液态发酵、固态发酵；按照对氧需求的不同分为静置发酵和通气发酵。

1.2.2.2　发酵设备

大规模发酵一般都在专门的设备中进行。发酵设备依据固态发酵和液态发酵也可以分为两大类型。

(1)固态发酵设备

固态发酵设备依发酵产品不同而不同。如食用菌栽培所用的发酵架与发酵室、酿酒用的发酵缸、制曲的曲盘与通风制曲设备等都属于发酵设备。这些发酵设备有的通风，有的不通风，有的可调温，有的不可调温。但它们有一个共同特点：发酵工艺难控制。

(2)液态发酵设备

进行微生物深层培养的设备统称发酵罐，又称生化反应器。它是为一个特定的生物化学反应的操作提供良好环境的容器。一个优良的发酵罐应具有严密的结构，良好的液体混合性能，较高的传质、传热速率，同时还应具有配套而又可靠的检测及控制仪表。

由于微生物有好氧与厌氧之分，所以其培养装置也相应地分为以下类别。

①厌氧发酵设备。目前，厌氧发酵的产品不多，但是这些产品的用途很广，如乙醇、乳酸等厌氧发酵产品在食品以及其他工农业中都有广泛的用途。厌氧发酵设备特点：要求比较严格的厌氧环境，即不得通氧，不需搅拌。

②好氧发酵设备。对于好氧微生物，发酵罐通常采用通气和搅拌来增加氧的溶解，以满足其代谢需要。根据搅拌方式(输入能量)的不同，好氧发酵设备又可分为：机械搅拌式

发酵罐(特点是罐内装搅拌器,如通用式发酵罐与自吸式发酵罐及伍氏发酵罐)、外部液体搅拌式发酵罐(特点是无机械搅拌,利用罐外的循环泵搅动发酵液,由于泵无法灭菌,故适用于粗放的发酵类型)、空气喷射提升式发酵罐(靠压缩空气搅动发酵液,使气液混合来增加溶氧,如高位塔式发酵罐)。

1.2.3　种子的扩大培养

种子的扩大培养就是指将保存在砂土管、冷冻干燥管中的处于休眠状态的生产菌种接入试管斜面活化后,再经摇瓶及种子罐逐级扩大培养而获得一定数量和质量的纯种的过程。现代的发酵生产规模是相当大的,每只发酵罐的容积有几十立方米,甚至几百立方米,如此大的规模生产必定要求提供相当数量的优质种子来完成,因此需要进行种子的扩大培养。种子的量越大,发酵周期越短,发酵生产就越经济。

1.2.3.1　工业生产对种子的要求

优质的菌种需要满足 5 个要求:①生长活力强,移种至发酵罐后能迅速生长,延滞期短,发酵周期短;②生理性状稳定;③抗性强,无杂菌污染;④有稳定的生产能力;⑤菌体总量能满足大容量发酵罐生产的要求。

1.2.3.2　种子的制备工艺

(1)流程

种子制备流程如图 1-12 所示。

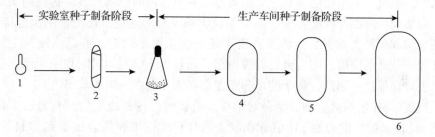

1. 冷冻干燥菌种;2. 斜面菌种;3. 摇瓶液体培养;4、5. 种子罐培养;6. 发酵罐培养。

图 1-12　种子制备流程

(2)工艺要点

①接种方法与接种量。依据各级种子的培养来选择接种方法与接种量。保藏种到斜面种再到摇瓶采用常规的接种环接种;一级摇瓶到种子罐采用火焰接种法。具体做法是:打开发酵罐接种孔,接种孔周围放酒精棉球,点着,把摇瓶口在火焰上灼烧后,再把里边的种子液迅速倒入发酵罐中。然后用火烧接种口盖子的内侧,最后盖上,拧紧;种子罐到种子罐的接种;采用管道化压差接种法。罐之间用管道连接,利用压力差把一个罐中的液体加入另一个罐中。接种量在发酵液体积的 1%~20%,具体的量要视菌种的生长速率而定,如菌种生长快,可适当少接点,如菌种生长慢,则可适当多接点。

②接种龄。指种子的培养时间。一般取对数生长期的种子作为菌种,因为此阶段的菌体生长速率最快,生活力也最强。

1.2.3.3　影响种子质量的因素

(1)培养基

培养基是微生物生存的基础，它会直接影响到微生物代谢物的产量。只有选用合适的培养基，才能最大限度地发挥菌种的特性，提高产量。

虽然说微生物的基本营养素都是碳源、氮源等物质，但是微生物在吸取营养方面具有多样性，不同微生物对营养要求不一样，即使同类型的微生物所需要的培养基成分与浓度配比也不完全相同，因此在配制培养基时必须按照实际情况加以选择。一般来说，种子罐是培养菌体的，培养基的配制要以适合微生物生长为基础。当然，在某些情况下，种子罐和发酵罐的培养基成分一致也有益处，因为这样可使处于对数生长期的菌种移植在适宜的环境中发酵，缩短了生长过程的缓慢期，从而加快了产物的合成。但是还要注意，培养基的配比最好要进行多次筛选，通过对比实验最后再确定。这样所得的培养基才是科学的。

(2)种龄和接种量

种龄和接种量也是影响种子质量的重要因素。种龄过嫩或过老，接种量过小都会延长发酵周期，进而导致减产，因此在生产中必须对其严格掌握。一般应取处于对数生长期的菌种作为种子，接种量在发酵液体积的 1%～20%，具体还要根据实际确定。过小，会延长发酵周期，增加杂菌污染的机会；过大，会增加发酵成本，此外，种子所带代谢废物还可能影响发酵的正常进行。

(3)培养条件

①温度。温度对微生物的影响主要是通过影响酶实现的。因为微生物代谢反应多为酶促反应，而酶促反应都与温度有关，温度不仅影响反应的速度，还能影响反应能否进行，严重的还会引起菌种大批死亡。将菌种置于最适生长温度附近，可以缩短其生长的缓慢期，将其置于较低的温度，则会延长其缓慢期；而且孢子萌发的时间在一定温度范围内也随温度的上升而缩短。因此，种子的培养温度都必须控制在一定的范围内。

②酸碱度。pH 值对微生物的生命活动有显著影响。各种微生物都有自己生长与合成酶的最适 pH 值。如黑曲霉在 pH 值 6.0 以上的环境中，果胶酶合成受到抑制，pH 值在 6.0 以下就能合成果胶酶。在发酵过程中，菌体的代谢也会对培养基 pH 值造成一定的影响，因此，要保持 pH 值稳定，在配制培养基时，要根据培养基配方作适当的调节，如加一些酸碱溶液、缓冲液、生理酸性、生理碱性盐等。

③通气。通气就是要供给菌体大量的氧，主要是针对需氧菌或兼性需氧菌而言的。这些菌的生长及其产物合成，都需要氧气的供给。不同微生物要求的通气量不同，即使是同一菌种，不同生理时期对通气量的要求也不相同。因此，在控制通气条件时，要根据菌种来确定。在种子的培养中，通气通常要配合以搅拌，因为搅拌能使通气的效果更好。通过通气和搅拌，新鲜氧气可更好地和培养液混合，保证氧最大限度地溶解，此外，搅拌还有利于培养基的热交换和营养物质与代谢物的分散。但是微生物细胞也不宜剧烈搅拌，过度的搅拌会影响某些微生物的菌丝形态，尤其是影响霉菌和放线菌的菌丝形态，使菌丝变成短粗的分枝，也因搅拌的剪切作用造成细胞损伤，使菌丝提早自溶。此外，还会使培养液产生大量泡沫，容易增加污染杂菌的机会。通气量与菌种、培养基性质以及培养阶段有关。在培养阶段的各个时期究竟如何选择通气量，同样要根据菌种的特性和罐的结构、培

养基的性质等许多因素，通过试验去确定。

④泡沫。泡沫会影响微生物对氧的吸收，妨碍二氧化碳的排除，破坏微生物生理代谢的正常进行。同时，由于泡沫大量地产生，致使培养液的容量一般只能等于种子罐容量的一半左右，大大影响设备的利用率，甚至发生跑料，招致染菌，则损失更大。

⑤染菌控制。操作不严格，设备管道有破损，灭菌不彻底都可能导致污染杂菌。一旦染菌，种子的质量就会受到影响。因此，在种子的培养过程中必须进行严格的控制。

（4）种子罐的级数

种子罐的级数越少，越有利于简化工艺及控制。级数少可减少种子罐污染杂菌的机会，但是也要考虑菌种本身的特性。所以，种子罐级数的确定取决于菌种的性质（如菌种传代后的稳定性、产生的孢子数、菌丝繁殖速度）以及发酵罐中种子培养液的最低接种量和种子罐与发酵罐的容积比。如果孢子数量较多，孢子在种子罐中发育较快，且对发酵罐的最低接种量的要求也较小，显然可采用二级发酵流程。如果菌种生长速率慢，要求的接种量大，那么就需要采用三级甚至是四级发酵流程。

1.2.3.4　种子质量的控制措施

①精选原料，制好培养基。
②严格无菌操作，严禁种子污染杂菌。
③掌握好培养条件。
④做好生产种子的稳定性检查，定期分离纯化。

1.2.4　微生物发酵控制

成功的发酵受两方面的控制：一是菌种的特性，二是发酵工艺条件。发酵过程中，对发酵产生影响的因素很多，如温度、pH 值、氧气、二氧化碳、泡沫等都是对发酵影响显著的因素，下面介绍发酵工业上比较重要的也容易控制的几种因素及其调控过程。

1.2.4.1　温度对发酵过程的影响及其控制

温度对于发酵过程的影响主要在于它能影响细胞生长与产物的合成，其本质是影响膜透性与酶的活性。

（1）对微生物细胞生长的影响

温度对细胞生长的影响主要是通过影响酶的活性来实现的。温度升高，酶促反应速度加快，呼吸代谢加强，微生物生长繁殖加快。但是随着温度的升高，酶失活的速度也加快，蛋白质变性加快，微生物死亡就加快。通常采用的高温杀菌就是利用高温能使蛋白质变性这一原理。因此，温度过高对发酵不利。

不同的微生物对温度的耐受力不同。如芽孢菌就比不产芽孢的菌耐高温，有些芽孢菌在沸水中 2 h 还可存活。即使对同一种菌株，菌体生长的最适温度与形成代谢产物的最适温度也往往不同。通常微生物对低温的抵抗力比对高温的强。细菌的芽孢和霉菌的孢子对低温的抵抗力尤其强。因此，低温只能抑制微生物生长，而致死效果较差。

（2）对产物的影响

①影响产物的合成速率。一定的温度范围内，温度高，酶促反应快，微生物代谢快，

产物合成也快。但是酶是高度敏感的，温度越高，酶失活越快，微生物衰老也快，对产物生成同样有害。

②影响产物的合成方向。温度与微生物的调节机制有密切关系，能够影响产物的合成方向。例如，四环素发酵中，金色链丝菌既能产生四环素，也能生成金霉素，在低于30℃时，合成金霉素的能力强，当温度超过35℃时，金霉素的合成停止，只合成四环素。

③通过改变发酵液的物理性质间接影响产物的合成。例如，温度能够影响发酵液中的溶解氧，温度升高，氧在发酵液中的溶解度减小，溶解氧对好气性微生物的生长是非常重要的，一旦缺乏，就会影响到生物的代谢及产物的合成。

④温度影响代谢调控。温度与微生物的调节机制有密切关系。如在20℃低温下，氨基酸合成途径的终产物对第一个酶的反馈抑制作用比在正常生长温度37℃下更大。根据这一点，在抗生素生产中，可以考虑在发酵后期降低发酵温度，使蛋白和核酸的正常合成途径早点关闭，促使发酵代谢转向抗生素的合成。

(3)发酵过程中的温度变化及最适温度选择

在发酵过程中温度常常会发生一定的变化，这个变化的一般规律是：前低，中高，后回落。影响温度变化的因素主要为发酵热，它是微生物代谢产生的生物热、搅拌器与发酵液摩擦产生的搅拌热、发酵罐中由尾气排出时带走的蒸发热，以及罐体向外辐射的辐射热等不同形式热的代数和。

由于温度对发酵产物会产生影响，因此在发酵工业上就需要选择一个最适温度，使微生物的生长速度最快，目标产物的合成量最大。一般不同的菌种和不同的培养条件需要不同的最适温度。即使是同一菌种，不同生长阶段的最适温度也不同。例如，青霉素产生菌的最适生长温度为30℃，但合成青霉素的最适温度是24℃。可见，最适生长温度不一定是最佳合成温度。因此，在发酵过程中，最适温度需要分段选择。具体选择时可参考以下几点进行：

①参考生长与合成的主次进行选择(变温培养)。如青霉素发酵时，在生长初期，抗生素合成还没有开始，发酵目的是促使菌体大量增殖，这时要选最有利于微生物繁殖的温度为最适温度；当微生物菌体达到一定浓度之后，抗生素的合成开始，这时就要以抗生素的合成温度为最适温度，促进抗生素的大量合成。

②参考、结合其他发酵条件(如溶解氧、培养基成分与浓度等)进行选择。如在通气较差的情况下，与良好的通气相比，要适当降低最适温度，一方面可以增加溶氧的浓度；另一方面还能降低菌体的生长速度，减少氧的消耗，弥补氧不足造成的代谢异常。又如，培养基浓度过稀或培养基较易利用时，过高的培养温度会使营养基质过早耗尽，导致菌体过早自溶，产物合成提前终止，严重影响代谢物的产量。

因此，在各种微生物的发酵过程中，最适温度的选择要对各方面综合进行考虑后才能确定。实际上，由于发酵热的产生，发酵过程一般不需要加热，反而是降温的情况要多一些。一些规模发酵罐都带有冷却装置，能够对温度进行有效控制。

1.2.4.2　pH值对发酵的影响及调控

(1)pH值对发酵过程的影响

①对微生物生长和产物合成的影响。微生物生长和产物合成都有其最适和能够耐受的

pH 值范围，因此，发酵过程中对 pH 值进行调控对于提高产物得率很重要。pH 值对发酵的影响主要体现在以下几方面：

a. 影响微生物生长繁殖。不同微生物对 pH 值要求不同，如多数细菌的最适生长 pH 值为 6.5~7.5，霉菌为 4.0~5.8，酵母为 3.8~6.0。

b. 影响菌体形态。如 pH 值小于 6.0 时，菌丝的直径为 2~3 μm；当 pH 值大于或等于 7.0 时，菌丝直径为 2~18 μm。

c. 影响产物的形成。如在噻纳霉素的发酵中，pH 值在 6.5~7.5 时，产量相对稳定；当 pH 值大于 7.5 时，合成受到抑制，产量下降。

d. 影响生物合成途径。如黑曲霉在 pH 值为 2.0~3.0 时，产物是柠檬酸；pH 值接近中性时，积累草酸和葡萄糖酸。

②pH 值影响发酵的主要机理。影响酶的活性；影响微生物细胞膜所带的电荷，从而改变细胞膜的渗透性，影响微生物细胞对营养的吸收和对代谢物的排泄；影响培养基中某些营养物和中间代谢产物的解离，从而影响微生物对这些物质的利用；pH 值改变还会引起菌体代谢途径的改变。

（2）影响 pH 值变化的因素

发酵过程中，由于微生物对基质的利用和一些代谢产物的产生，pH 值会发生一定的变化。这个变化决定于微生物的种类、培养基组成与培养条件等。正常情况下，在适合微生物生长和产物合成的条件下，发酵液 pH 值变化是有一定规律性的。这个规律是：菌体生长期 pH 值上升或下降；产物合成期 pH 值比较稳定；菌体自溶阶段 pH 值上升。引起发酵液 pH 值变化的因素有以下 3 点：

①微生物的代谢特性。微生物在代谢过程中，会释放出一些生理酸性物质或一些生理碱性物质，从而使培养基 pH 值发生改变。一般微生物对培养基 pH 值具有一定的调节能力。例如，在 pH 值为 5.0、6.0、7.0 的条件下，以花生饼粉为培养基，分别进行土霉素发酵，发酵 24 h 后发现 3 种培养基的 pH 值在都在 6.5~7.0。

②培养基的成分。对培养基中营养成分的利用和代谢产物的积累，会使培养基的 pH 值发生变化，如碳源过多会导致 pH 值下降。当尿素被分解时，培养基中铵离子浓度增加，pH 值就上升。因此，发酵液中 pH 值的变化是微生物生化过程的综合指标。

正因为不同的营养基质会引起 pH 值发生两种不同的变化，因此，在配制培养基时一定要考虑培养基的碳氮比。一般碳氮比高，培养基偏酸性；反之，偏碱性。

③发酵条件。主要是通气和搅拌。如正常通气条件下葡萄糖氧化生成 CO_2 和 H_2O，而通气不足时，则会生成乳酸(糖酵解)。

（3）发酵过程中 pH 值的调控

在实际应用中，一般要对 pH 值进行跟踪测定，根据测定结果对 pH 值进行调节，选择适合菌体生长和产物合成的最佳 pH 值，实现生产目标。工业生产中，调节 pH 值的方法有以下 4 种：①调节培养基的原始 pH 值，或加入缓冲液(磷酸盐)制成缓冲能力强、pH 值改变不大的培养基；②在发酵过程中加弱酸、弱碱调节 pH 值；③控制发酵液中各营养物的配比，特别是要控制碳氮比；④通过补料调节 pH 值，如简单地加酸加碱、流加无机氮源等。

除了以上几种之外，也可以通过增加溶氧和控制有机酸积累控制 pH 值，或通过降低温度，减慢微生物代谢速率，改变罐压及通风量，改变二氧化碳浓度等来调节 pH 值。

1.2.4.3 溶解氧对发酵的影响及调控

在发酵生产中，微生物所能利用的氧指的是溶解于发酵液中的氧，即溶解氧。氧是很难溶于水的气体，在 1 个标准大气压 25℃条件下，空气中的氧在水中的溶解度为 0.26 mmol/L，而在同样条件下氧在发酵液中的溶解度约为 0.2 mmol/L。随着温度升高和水中溶质浓度增加，氧在水中的溶解度还要下降。满足微生物呼吸的最低限度溶解氧浓度称为临界溶解氧浓度。一般好气性微生物为 0.003 ~ 0.050 mmol/L。发酵过程中微生物仅利用全部溶氧量 1%左右，如何提高效率是个很重要的问题。

(1)影响微生物需氧的因素

不同微生物对氧的需求是不同的，需求量通常用呼吸强度和摄氧率表示。

呼吸强度指单位质量的细胞在单位时间内消耗氧的量。呼吸强度随溶解氧浓度的增加而加强，当呼吸强度达到一定值时，它就不再影响微生物的呼吸强度，若再增大溶解氧浓度，呼吸强度也保持不变。摄氧率指单位体积培养液在单位时间内消耗氧的量。它取决于微生物的呼吸强度和单位体积发酵液的菌体浓度。在对数生长初期，随着细胞浓度的增加，摄氧率迅速上升，在对数生长后期达最高，此后，虽然细胞浓度还在增大，但由于传氧能力的限制，摄氧率下降，最后随着基质的消耗和细胞的自溶，摄氧率迅速下降。影响微生物需氧的因素如下：

①生产菌种。不同产品的生产菌种对氧的需要不同。同一菌种的不同菌株对溶氧的需要也不同。这取决于各种微生物体内氧化酶系统的种类和数量。

②菌体浓度。一定范围内，菌体浓度增高，需氧量加大。另外，由于培养液随着菌体的增加，黏度逐渐增加，氧的溶解度也逐渐减小，因而更需要强有力的通风搅拌。此外，菌丝在受到通气搅拌影响时，容易发展成网状、球状颗粒或团块状等，也能影响溶氧。

③菌龄。一般幼龄菌体常有较强的呼吸强度，随菌龄的增加，呼吸强度反而下降，耗氧减少。从整个发酵周期来看，对数生长期和稳定期需氧量大，延滞期和衰亡期需氧量相对较小。应该指出的是，在发酵过程中不但要注意菌体摄氧量，还要注意菌体在形成代谢产物时的最适需氧量，这两个时期的最适需氧量往往并不一致，这要看终端产物的代谢途径中所包括的酶系而定。

④培养基。培养基成分和浓度的改变对菌体摄氧量的影响也是显著的。例如，将氯化铵加入缺氨发酵液中，发现菌体摄氧量立即增加，当氨利用完后，摄氧量又恢复到原来的水平，其他碳源、氮源、无机盐、维生素也有类似情况。有些消泡油可被菌体作为碳源利用，提高菌体摄氧量，而化学消泡剂能妨碍氧的溶解，影响供氧。有毒产物的积累(如 NH_3、CO_2)对微生物的呼吸强度也产生不利的影响，挥发性中间产物的损失，也影响氧的吸收。

(2)溶解氧的控制措施

发酵液中溶解氧浓度可采取以下方法加以控制：①增加搅拌功率；②补水稀释培养液；③降低培养温度。此外，也可以通过提高罐压、增加通气量、通入纯氧等方法增加溶氧。但提高罐压增加了对设备的要求，空气速度过大，能使搅拌叶轮发生过载，致使通气效率不再提高；通入纯氧会增加发酵成本。

1.2.4.4　基质浓度对发酵的影响及控制

（1）基质浓度对菌体生长与产物合成的影响

基质浓度对菌体生长有很大的影响。其生长—基质关系可用 Monod 方程表示（图 1-13）。当基质浓度 $S<K_S$ 时，比生长速率随基质浓度增高而增大，二者呈线性关系。正常情况下菌体生长可达到最大比生长速率，然而，代谢产物或高浓度的基质会对菌体生长产生抑制作用，从而会导致比生长速率呈现下降的趋势。如葡萄糖浓度低于 $100\sim150$ g/L 时，不出现生长抑制；当浓度大于 $350\sim500$ g/L 时，多数生物不能生长。

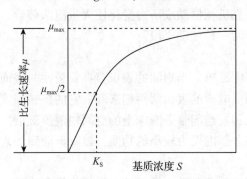

图 1-13　基质浓度对比生长速率的影响

$$\mu = \frac{\mu_{max}}{K_S+S} \cdot S \tag{1-1}$$

式中　μ——比生长速率，s^{-1}；

μ_{max}——最大比生长速率，s^{-1}；

S——限制性基质浓度，g/L；

K_S——饱和常数，为 $\mu_{max}/2$ 时的基质浓度，g/L。

基质对产物形成的影响也是如此。培养基过于丰富对产物的合成不利，高浓度的基质会引起分解代谢物阻遏现象。例如，在谷氨酸的发酵生产中，为了控制低水平的基质浓度，采用流加尿素的方法提高谷氨酸的合成量；在青霉素的生产中，则采用流加葡萄糖的方法来提高青霉素的产量。

（2）补料控制

为了解除高浓度基质的抑制、产物的反馈抑制和葡萄糖分解阻遏效应等现象，以及避免在分批发酵中因一次加糖过多造成细胞大量生长，导致供氧不足的状况，一般要采用中间补料的方法。补料方式有连续流加和变速流加。既可进行单一组分流加也可进行多组分流加。

早期的补料是一种经验性操作，方法比较简单，但对控制发酵不太有效。近年来，补料方式得到较大的发展，采用计算机控制系统，选择适当的反馈控制参数，了解这些参数对微生物代谢、菌体生长、基质利用及产物形成之间的关系，有利于建立补料数学模型以及选择最佳的补料控制程序。

1.2.4.5　泡沫对发酵的影响及控制

在发酵培养液内含有各种易产生泡沫的蛋白质，它们与通气搅拌所产生的小气泡混合会在发酵中产生一定数量的泡沫。这属于发酵正常现象。但是过多的泡沫增加了菌群的不均一性和生长的异步性。严重时造成大量逃液，减少了发酵液的体积，增加了杂菌污染的机会，因此装料时需留出泡沫的体积，这又降低了发酵罐的生产能力。为了消泡，常使用消泡剂，增大了提取工艺的操作难度。因此，过多的泡沫对发酵有害。

对泡沫的控制可通过机械消泡和化学消泡来进行。

（1）机械消泡

这是一种物理作用，靠机械振动或压力变化使大量泡沫破碎。机械消泡不能消除产生泡沫的根本原因，只能作为一种辅助手段。

（2）化学消泡

利用化学消泡剂使泡沫破碎。当泡沫的表层存在着极性的表面活性物质而形成双电层时，可以加入另一种有相反电荷的表面活性剂来降低它的机械强度，促进泡沫破裂，或添加一种具有强极性的物质和发泡剂争夺泡沫上的空间使液膜破裂。当泡沫的液膜有较大的表面黏度时，可加入某些分子内聚力较小的物质，以降低液膜的表面黏度，从而促使液膜的液体流失而使泡沫破裂。

发酵工业中常用的消泡剂有两类：天然油脂类和化学合成类。油脂在发酵中不仅可用于消泡，并可作为发酵中的碳源和中间控制的手段。化学合成类消泡剂，如聚氧丙基甘油醚、聚氧乙烷丙烷甘油醚，这一类化学合成消泡剂通称为"泡敌"，添加量约为培养基总体积的 0.020%～0.035%，其消泡能力为植物油的 8～15 倍。此外还有十八醇、聚二醇、硅树脂类、二甲基硅树脂油等。

1.2.4.6　发酵终点的判断

发酵过程进行到一定时期，由于菌体的衰亡会使产物合成能力下降，更为严重的是菌体自溶释放的分解酶类还可能破坏已经合成的产物。因此必须综合各种因素，确定发酵终点，这对提高产量和经济效益都是很重要的。一般确定放罐时间要考虑 3 个因素：①考虑产品的质量因素。发酵时间对后续工艺和产品的质量有很大影响。发酵时间太短，培养基利用不完全，发酵液中会残留过多的营养物，这些物质会对发酵产物的分离与纯化造成不利的影响。发酵时间太长，菌体自溶释放的酶类与菌体蛋白又会改变发酵液的性质或破坏发酵产物。这些影响都会造成产品质量下降，因此必须确定合适的发酵周期。②考虑经济效益。发酵终点确定既要有利于提高生产率，又要有利于提高产物的浓度。③考虑异常因素。出现异常发酵，如当发现发酵液染菌时，应提早放罐，减少损失。

除此之外，还要结合一些具体的指标才能最终决定放罐时间。判断放罐的指标有：产物产量、过滤速度、发酵液外观与黏度、pH 值、菌体形态等。发酵终点的掌握，必须结合这些参数来确定。

1.2.4.7　发酵生产中的染菌与防止

（1）染菌的检查与发现

①平板划线培养或斜面培养检查。将样品在无菌平板上划线，分别置于 37℃、27℃ 培

养，以适应中温菌和低温菌的生长，8 h 后即可观察。

②显微镜检查。通常进行革兰染色后在高倍显微镜下观察。根据生产菌与杂菌的特征，判断是否染菌。必要时，可进行芽孢染色和鞭毛染色。

③肉汤培养法检查。常用于噬菌体检查，生产菌作为指示菌。还可用于检查培养基和无菌空气是否染菌。

除以上方法外，还可从发酵异常现象判断是否染菌。判断依据有：①溶解氧水平异常（估计是否感染细菌、噬菌体）。②发酵液 pH 值的变化（杂菌在生长繁殖过程中产酸）。③排气组分异常。④发酵过程中酶的变化（某些杂菌能产生特异的酶）。⑤糖代谢异常。例如，噬菌体开始污染的特征为糖氮等营养成分消耗迟缓，pH 值异常，产生大量泡沫，有时发酵液呈黏胶状可拔丝，产物减少或停止，发酵液有色、味的改变等，严重污染时，对数生长期的细菌，可以明显看到自溶。

（2）染菌的途径与防止

①培养基灭菌不彻底。灭过菌尚未接种的培养基常需接受无菌试验，若染菌可再灭菌。

②种子带杂菌。接种用的种子，可在每次接种后留下少量种子悬浮液进行肉汤培养或平板划线培养，借以检查种子是否带菌。为了防止种子带菌，必须注意保持无菌室、灭菌锅和摇瓶的无菌状态。应选育抗噬菌体菌株，并且定期更换抗株。

③发酵设备和管件灭菌不彻底或设备泄漏。腐蚀或一些其他原因使设备和管件形成微小漏孔后会发生染菌现象。可利用热、酸、碱或氧化物使发酵罐内外的游离噬菌体失活。0.2%漂白粉加入 0.01%~0.10%阳离子表面活性剂（季铵盐）和 1%甲醛等，单独或联合使用也能杀灭环境和设备中的游离噬菌体。

④灭菌操作上的污染。加强设备与管道死角的清理、减少固形物的堆积，使培养基液化，防止物料结块，或加入消泡剂等措施，防止灭菌操作上的污染。

⑤空气带菌。杜绝空气带菌，从空气净化流程和设备的设计、过滤介质的选用和填装、过滤介质的灭菌和管理等方面完善空气净化系统。

⑥发酵液染菌。加入螯合剂（如草酸盐等）、非离子去污剂（如聚乙烯乙二醇单酯等），抑制噬菌体的吸附和增殖。据报道，这些药物在适当浓度下不影响细菌细胞的正常生长。

另外，抗坏血酸、谷胱甘肽、L-半胱氨酸、精氨酸、赖氨酸及其衍生物、脱氢乙酸盐、β-丙内酯和焦碳酸二乙酯等，能抑制噬菌体生长或使其在游离阶段失活，或使噬菌体单链 DNA 切断。

1.2.4.8　发酵参数的检测与控制

发酵过程中温度、酸碱度、溶氧、泡沫等因素对发酵有很大的影响，因此必须对发酵过程进行有效的控制。在实际生产中，对这些因素的有效控制都是建立在对各种参数进行定量或定性检测的基础之上的。微生物发酵是一个动态变化的过程，发酵参数可以正确地反映发酵条件和代谢的变化情况。通过对这些参数的检测，可以不断地调整发酵管理思路，实现最优生产。

（1）发酵参数的类型

①物理参数。是一类直接参数，主要有温度、生物热、搅拌转速与功率、通气量、罐

压、发酵液黏度、消泡剂和发酵液计量等。

②化学参数。也是直接参数,包括 pH 值、溶氧浓度、二氧化碳浓度、细胞浓度、基质浓度、产物浓度等参数。

③间接参数。是通过对直接数据进一步分析、计算所获得的一些数据信息。如摄氧率、体积氧的传递系数、细胞得率等。

(2)发酵参数的检测

以上发酵参数有的可以实现在线检测,如温度、pH 值、溶氧等,有的不能实现在线检测,只能离线检测。可以在线检测的参数都是利用各种仪表或传感器来进行检测的。在没有传感器的情况下,也可以用取样对某参数进行检测,但是频繁的取样很容易使发酵液发生污染,所以传感器一直是发酵控制的重要研究内容。

传感器的类型很多,根据发酵过程控制的不同操作特点,可以将传感器分为以下几种:

①离线传感器。这种传感器不是发酵设备的一部分,其检测值不能直接用于过程控制。

②在线传感器。是发酵设备的一部分,但其检测值不直接用于过程控制。当操作人员将检测值输入发酵系统之后,其检测值也可以用于过程控制。

③原位传感器。是发酵设备的一部分,其检测值不需要人工操作就可用于过程控制。

对发酵影响较大的参数有:温度传感器、pH 值传感器、溶解氧传感器、氧化还原电位传感器与溶解二氧化碳传感器。

目前,上述参数可以实现自动控制。计算机可以将采集到的各种数据和信息进行计算、加工,并将结果输送给执行机构或操作管理人员,达到过程控制的目的。

1.3　发酵产物提取与加工技术

在微生物生产中,培养液是一个复杂的多相系统,目标产品往往同发酵液中其他杂质混在一起,采用适宜的分离、精制方法即可获得有用的代谢产物,此过程称为下游加工过程。下游加工过程由许多操作单元组成,通常可分为:发酵液的预处理与固液分离、提取(初步纯化)与精制(高度纯化)、成品加工。

由于发酵代谢产物的多样性和每一种代谢产物性质的多样性,因而提取与精制发酵产物的方法也是多种多样的。但是,任何一种提取方法,都是利用目的物与杂质特性上的差异,采用不同方法和工艺路线,使目的物与杂质移于不同的相中而得到分离浓缩及纯化。通常目的物的相对分子质量、结构、极性、两性电解质性质,在各种溶剂中的溶解性、沸点以及对 pH 值、温度和溶剂等化学药物的敏感性等,都是决定分离、提取与精制的基本要素。

1.3.1　发酵液的预处理与固液分离

一般来说,发酵液是一个复杂的多相体系,具有两个特点:一是杂质含量多。在发酵液的杂质中,对产物提取影响较大的是可溶性蛋白质、高价金属离子和有机杂质等。例如，用离子交换法提取时，蛋白质和高价金属离子的存在会影响树脂的吸附量。用溶媒萃取法提取时，蛋白质存在会产生乳化，使溶媒相与水相分离困难。用钙盐法提取柠檬酸时，发酵液中如有过量草酸存在，则会降低柠檬酸钙盐的纯度。二是由于发酵液中含残糖、植物油等消泡剂，或发酵周期过长，菌体自溶或发酵液染噬菌体后，使得核酸、蛋白质及其他黏性有机物质增多，黏性增强，给过滤造成困难。一般情况下，目标产品在发酵液中的浓度往往很低，并与大量可溶的和悬浮的杂质混在一起，所以分离纯化目标产物时，首先要进行发酵液的预处理和过滤。

1.3.1.1　发酵液的预处理方法

（1）杂蛋白的去除

可用等电点法、热沉淀和盐析法使杂蛋白沉淀。此外，还可采用加乙醇、丙酮等有机溶剂的方法使蛋白质变性沉淀。

（2）高价金属离子的去除

去除钙、镁离子可加草酸或磷酸，使之生成草酸钙或生成磷酸钙、镁沉淀，草酸钙还能促进蛋白质的凝固。去除铁离子可加入黄血盐，形成普鲁士蓝沉淀。

（3）有机杂质的去除

发酵液中的有机酸（如葡萄糖酸、草酸和柠檬酸）能与 Ca^{2+}、Mn^{2+} 和 Zn^{2+} 等阳离子形成胶凝沉淀而被清除，同时还能吸附大量铁离子、色素等物质。

1.3.1.2　发酵液过滤

发酵液的过滤特性受菌种、培养基成分和发酵状况等多种因素制约。菌种中细菌过滤最难，其次是放线菌。过滤速度会随残糖、消泡油、菌丝自溶、发酵液染菌、胶黏物质增加而降低。改善过滤性能的方法是加入一些反应剂或助滤剂。助滤剂是一种不可压缩的多孔微粒，其作用在于形成一层极为微密的滤层，截留悬浮物质，隔离了可压缩的胶体物质与过滤介质的直接接触，保证过滤作业的顺利进行。工业上使用的助滤剂是硅藻土、珍珠岩粉、活性炭、纸浆等。加入反应剂的目的在于它们相互作用或与某些可溶性盐类发生反应生成不溶性沉淀，其沉淀能防止菌丝黏接成块状，沉淀本身也可作助滤剂。例如，发酵液中加入磷酸氢二钠和氯化钙，形成磷酸三钙沉淀，这种新生的磷酸钙盐有较大的吸附表面，能将菌体及其他悬浮的粒子相互凝聚而沉降。

1.3.1.3　微生物细胞的破碎和分离

以胞内产物为发酵产品时，如青霉素酰化酶、碱性磷酸酯酶等，需要先分离收集菌体细胞，并把细胞破碎后才能进一步提取，破碎细胞理想的方法是仅仅破坏微生物的细胞壁，而对所需产物无破坏作用。破碎细胞的方法很多，有化学法（碱或去污剂裂解、溶剂浸出法）、酶法、物理法（冷冻与加热交替溶化法、加热裂解法、渗透压破裂法和超声波破裂法）、机械法（振荡摩擦法、磨碎法、格压法）和脱水干燥法（溶剂干燥、气流干燥和冷冻干燥）等。

1.3.2　发酵液的提取与精制

1.3.2.1　沉淀法

沉淀是溶液中的溶质由液相变成固相析出的过程，主要是为了通过沉淀达到浓缩的目的，或通过沉淀除去非必要的成分，还可将已纯化的产物转为固体便于保存。

沉淀法是根据发酵产物在等电点时，或在一定浓度的有机溶剂、中性盐类或有机沉淀剂中溶解度降低而析出沉淀，或发酵产物与一些酸、碱、盐类等形成不溶性盐类或复合物而析出沉淀的原理，从而达到分离提取的目的。如等电点沉淀法、不溶性盐沉淀法、有机溶剂沉淀法、盐析法。

1.3.2.2　色谱分离法

色谱方法按分离机制的不同可分为吸附色谱、分配色谱、离子交换色谱、凝胶过滤(或分子筛)色谱和亲和色谱等。

（1）吸附色谱

凡能够将其他物质聚集到自己表面上的物质，都称为吸附剂，聚集于吸附剂表面的物质就称为吸附物。常用的吸附剂有硅胶、氧化铝、活性炭、聚酰胺、聚苯乙烯、磷酸钙等。

吸附剂颗粒的大小、密度，吸附剂表面的化学基团，吸附环境，吸附时间，吸附剂的处理等均会对吸附效果产生很大的影响。例如，颗粒度越小，吸附速率越快；极性吸附剂易吸附极性物质，非极性吸附剂易吸附非极性物质；pH 值不同则吸附能力不同。因此，具体应用时要根据各种吸附剂的特性进行选择；硅胶使用前需在 $150\sim200\,℃$ 加热活化；活性炭使用前要在 $150\,℃$ 加热 $4\sim5\ h$ 下活化；用于层析的氧化铝有碱性、中性和酸性 3 种类型，分别用于不同物质的吸附分离。

此外，溶剂和洗脱剂也会对吸附造成影响。极性大的洗脱能力强，因此可先用极性小的作溶剂，使组分易被吸附，然后换用极性大的溶剂作洗脱剂，使组分易从吸附柱中洗出。

（2）离子交换色谱法

离子交换色谱法的原理是利用某些能够离子化的极性物质或两性电解质产物，这些离子可与阳离子或阴离子交换树脂的离子进行交换，从而把溶液中的离子交换到树脂上去。然后用另一种对树脂有重大亲和力的离子溶液把产物从树脂上洗脱出来，而达到分离、浓缩和纯化的目的。

（3）凝胶层析

在发酵工业中凝胶层析(凝胶分子筛、凝胶渗透层析)常用于酶制剂的脱盐，核酸、蛋白质与核苷酸的分离。如葡聚糖凝胶是一种具有多孔性三度空间网状结构的高分子化合物，称为分子筛。

1.3.2.3　萃取法

萃取法是利用各种溶质在不同溶剂中的溶解度不同而分离纯化的一种方法。有溶剂萃取法与双水相萃取法两种。溶剂萃取法是利用物质在亲水性溶液和疏水性溶剂中的溶解度不同而分离纯化的技术。适用于提取加入有机溶剂时不会变性失活的生物大分子物质且亲水性不太强的可溶于有机溶剂的生物大分子物质。双水相萃取法是利用两种亲水聚合物的水溶液混合时，会形成两相，不同的溶质在这两相中的溶解度不同，通过溶解度的不同而分离纯化物质的一种技术。适用于提取易失活的、亲水性较强的不易溶于有机溶剂的生物大分子物质。

生产上常采用提高材料的破碎度、进行搅拌以增加萃取液与提取物的接触面积、延长提取时间等方法提高萃取效果。

1.3.2.4　膜分离技术

膜分离的原理主要是利用溶液中溶质分子的大小、形状、性质等差别，对各种薄膜表现出不同的可透性而达到分离的目的。选择薄膜在膜分离法中很重要，薄膜的作用是有选择地让小分子通过，而把较大分子挡除。分子透过膜，可由简单的扩散作用引起，或由膜两边外加的流体静压差或电场作用所推动。由上述原理衍生出的分离法有透析、超滤、电渗析、反渗透等。

1.3.2.5　结晶法

结晶是沉淀的一种特殊情况，结晶过程具有高度的选择性，可获得更纯净的发酵产品。结晶的先决条件是溶液要达到过饱和。要达到过饱和，可用下列方法：加入某些物质，使溶解平衡发生改变，如调节 pH 值；将溶液冷却或将溶剂蒸发；正确控制温度、溶剂的加入量和加料速度。通过这些操作可控制晶体的生长，达到分离纯化的目的。常用的结晶方法有：浓缩结晶、冷却结晶、化学反应结晶、盐析结晶等。

1.3.3　成品加工

经提取和精制后，根据产品应用要求，有时还需要浓缩、无菌过滤、加稳定剂等加工步骤。浓缩可采用升膜或降膜式的薄膜蒸发或者采用膜过滤的方法，对热敏性物质可用离心薄膜蒸发进行浓缩，对大分子溶液可用超滤膜过滤，对小分子溶液可用反渗透膜过滤进行浓缩。如果最后要求的是结晶型产品，则上述浓缩、无菌过滤等步骤应放于结晶之前。而干燥则通常是固体产品加工的最后一道工序。干燥方法根据物料性质、物料状况及当地具体条件，可选用真空干燥、红外线干燥、沸腾干燥、气流干燥、喷雾干燥和冷冻干燥等方法。

复习思考题

1. 配制培养基时，为什么要添加产物形成的前体、促进剂和抑制剂？这些物质对发酵产物的影响机制是什么？

2. 举例说明种子扩大培养的操作过程以及影响种子质量的主要因素。

3. 试述大型发酵生产过程中的无菌操作流程及注意事项。

4. 举例说明一种常用发酵设备的结构、特点及用途。

5. 列举微生物发酵过程的主要控制参数，并说明这些因素对发酵产生的影响及控制方法。

6. 发酵生产过程中染菌的原因和途径有哪些？如何预防？

7. 在工业生产中，发酵液预处理和过滤的目的是什么？具体方法有哪些？

第 2 章

微生物肥料

【本章提要】介绍了微生物肥料的定义、发展史、分类、作用、生产工艺以及微生物肥料的生产、应用等问题，并分类介绍了不同类型微生物肥料，包括细菌肥料、真菌肥料以及放线菌肥料及生物有机肥的功能及生产应用，并对我国微生物肥料未来广阔的发展前景做了展望。

2.1　微生物肥料概述

目前，农业生产中普遍存在不合理施用化肥、有机肥施用不足、土地管理措施粗放、土地连作障碍严重等问题，导致农田及果园土壤的有机质含量偏低，土壤微生物生态失衡，化学肥料利用率降低、成本逐年增加，植物抗性下降，病虫害加剧，果实产量和品质难以持续提高。如不能采取有效措施进行防治，该问题将成为制约我国农业现代化和可持续发展的瓶颈。农用微生物制剂生产是朝阳产业，是现代农业发展必不可少的新型基本生产资料。研究新型农业生物技术，开发全新的微生物品种，生产绿色、安全的农产品，已成为农业可持续发展和人类生存与发展的主要研究课题。采用微生物制剂及其代谢产物进行退化土壤的微生态修复及植物生长抗逆调控是提高粮食产量、改善产品质量、降低农产品化学残留、生产安全的动物性及植物性食品的必由之路。

微生物是土壤的重要组成部分并且是土壤生态系统的灵魂和中心，在土壤健康的恢复中发挥重要作用。

（1）微生物是土壤的"造就师"

微生物通过代谢过程中氧气和二氧化碳的交换以及分泌的有机酸等分泌物，有效地促进了土壤团粒结构的形成，起到保水保肥的作用，并能改善土壤的通气状况，促进有机质、腐殖酸和腐殖质的形成。

（2）微生物是土壤的"养分转化师"

微生物在土壤物质和能量的输入输出中扮演着非常重要的角色，是物质循环的重要环节。它能够活化土壤有机与无机养分，分解有机物，增强土壤养分的有效性。如果肥料在土壤中长期积累、残存、得不到微生物有效分解和转化，就会像《被化肥"喂瘦"了的耕地》节目中农户所说，原本用 50 kg 的化肥现在已经用到了 100 kg 甚至 150 kg，粮食仍然不增产，原因就在这里。

（3）微生物是土壤的"清洁师"

土壤中残留的化肥、有机农药和其他污染物等，在土壤微生物繁殖和代谢过程中可以得到降解，在其理化反应中对上述污染物质进行分解、转化、固定、转移以及产生新的物质或将其分解成低害甚至无害的物质，降低土壤污染的程度。

此外，土壤中的微生物，如可分泌抗生素的微生物，它们能够分泌抗生素，抑制土壤病原微生物的繁殖生长，这样就可以防治和减少土壤中土传病害对作物的危害，提高作物品质和产量。

2.1.1　微生物肥料的定义

微生物肥料又称生物肥料或菌肥，是农业生产中使用的肥料制品的一种，与化学肥料、有机肥料、绿肥性质不同，它是利用微生物的生命活动及代谢产物的作用，改善作物养分供应，向农作物提供营养元素、生长物质，调控其生长，达到提高产量和品质，减少化肥使用，提高土壤肥力的目的。

狭义的微生物肥料的概念是指一种由具有特殊效能的微生物经过扩大培养后与草炭或蛭石等载体组成的微生物接种剂，此类制品主要用于拌种。广义的微生物肥料的概念正如中国科学院院士、我国土壤微生物学的奠基人、华中农业大学陈华癸教授所指出的：所谓微生物肥料，是指一类含有活微生物的特定制品，应用于农业生产，能够获得特定的肥料效应，在这种效应的产生中，制品中活微生物起关键作用，符合上述定义的制品均应归入微生物肥料。随着在现代农业中大力倡导绿色农业、生态农业，微生物肥料将会在未来农业生产中发挥重要作用。

2.1.2　微生物肥料的发展史

1888 年，荷兰学者 Beijerlinck 第一次获得了根瘤菌的纯培养。1889 年，波兰学者 Prazmowaki 用根瘤菌纯培养物接种豆科植物形成了根瘤。1895 年，法国学者 Noble 第一次研制并在欧美推广纯培养的根瘤菌制剂"Nitragin"专利产品。1905 年，Noble 和 Hilter 开展了以根瘤菌接种剂形式接种的微生物肥料在农业生产中的研究利用。除根瘤菌以外，许多国家在其他有益微生物的研究和应用方面也做了大量的工作。1930 年，苏联及东欧一些国家的学者将从土壤中分离出的硅酸盐细菌和解磷细菌用于农业生产。20 世纪 60 年代，世界各国都加强了对微生物肥料领域的研究，目前世界上有 70 多个国家在推广应用微生物肥料。

国外对微生物肥料的研究和应用开始时间较早，其主要的品种是各种根瘤菌肥。在 20 世纪七八十年代，一些国家对固氮细菌和解磷细菌进行了田间试验，尽管当时对其作用还有相当大的争议，但在固氮螺菌与禾本科作物共生的研究中取得了一定的进展，后在许多国家作为接种剂使用。

我国微生物肥料研究可以追溯到 20 世纪 30 年代，我国著名的土壤微生物学家张宪武教授在 1937 年发表第一篇关于大豆根瘤菌研究与应用的文章。在 20 世纪 50 年代末期开始生产和应用微生物肥料,微生物肥料在1958年曾经列为《农业发展纲要》中的一项农业技术措施;20世纪60年代推广使用放线菌制成的'5406'抗生菌肥料和固氮蓝绿藻肥;七八十年代中期,又开始研究泡囊—丛枝菌根(VA),以改善植物磷素营养条件和提高水分利用率;80年代中期至90年代,农业生产中又相继应用联合固氮菌和生物钾肥作为拌种剂。在总结我国微生物肥料几十年的研究、生产和应用历史经验后,微生物肥料研制单位相继推出联合固氮菌肥、硅酸盐菌剂、光合细菌菌剂、植物根际促生细菌(plant growth promoting rhizobacteria,PGPR)制剂和有机物料(秸秆)腐熟剂等适应农业发展需求的品种。植物根际促发细菌的研究逐渐成为土壤微生物学的热点研究领域;后又推广应用由固氮菌、磷细菌、钾细菌和有机肥复合制成的复合(复混)生物肥料做基肥施用。进入21世纪后,国内外出现了基因工程菌肥、作基肥和追肥用的有机无机复合菌肥、生物有机肥、非草炭载体高密度的菌粉型微生物接种剂肥料以及其他多种功能类型的微生物肥料。

2.1.3 微生物肥料主要技术指标和分类

我国将微生物肥料分成3类:微生物菌剂、复合微生物肥和生物有机肥。每一类微生物肥料都有一种对应的国家标准/行业标准。微生物肥料相关标准有《农用微生物菌剂》(GB 20287—2006)、《复合微生物肥》(NY/T 798—2015)、《生物有机肥》(NY 884—2012),标准规定了微生物肥料的生产指标要求,包括有效活菌数、杂菌率、有机质含量、pH值、重金属含量等。

2.1.3.1 微生物肥料主要技术指标

(1)微生物菌剂

微生物菌剂包括农用微生物菌剂和有机物料腐熟剂两大类产品。按照《农用微生物菌剂》(GB 20287—2006)农用微生物菌剂执行标准,其技术指标及无害化指标见表2-1至表2-3。

表2-1 农用微生物菌剂产品技术标准

项 目		剂 型		
		液体	粉剂	颗粒
有效活菌数 CFU[a],亿/g(mL)	≥	2.0	2.0	1.0
霉菌杂菌数,个/g(mL)	≤	$3.0×10^6$	$3.0×10^6$	$3.0×10^6$
杂菌数,%	≤	10.0	20.0	30.0
水分,%	≤	—	35.0	20.0
细度,%	≤	—	80	80
pH 值		5.0~8.0	5.5~8.5	5.5~8.5
保质期[b],月	≥	3	6	

注:a. 复合菌剂,每一种有效菌的数量不得少于0.01亿/g(mL);以单一的胶质芽胞杆菌(*Bacillus mucilaginosus*)制成的粉剂产品中有效菌不少于1.2亿/g。b. 此项仅在监督部门或仲裁双方认为有必要时检测。

表 2-2　有机物料腐熟剂产品技术标准

项　目		剂　型		
		液体	粉剂	颗粒
有效活菌数 CFUª，亿/g(mL)	≥	1.0	0.50	0.50
纤维素酸，U/g(mL)	≥	30.0	30.0	30.0
蛋白酶活ᵇ，U/g(mL)	≥	1.0	15.0	15.0
水分，%	≤	—	35.0	20.0
细度，%	≤	—	70	70
pH 值		5.0~8.0	5.5~8.5	5.5~8.5
保质期ᶜ，月	≥	3	6	

注：a. 以农作物秸秆类为腐熟对象测定纤维素酶活。b. 以畜禽粪便类为腐熟对象测定蛋白酶活。c. 此项仅在监督部门或仲裁双方认为有必要时检测。

表 2-3　农用微生物菌剂产品的无害化技术标准

参　数		标准极限
粪大肠菌群数，个/g(mL)	≤	100
蛔虫卵死亡率，%	≥	95
砷及其化合物（以 As 计），mg/kg	≤	75
镉及其化合物（以 Cd 计），mg/kg	≤	10
铅及其化合物（以 Bb 计），mg/kg	≤	100
铬及其化合物（以 Cr 计），mg/kg	≤	150
汞及其化合物（以 Hg 计），mg/kg	≤	5

（2）复合微生物肥料

复合微生物肥料是指特定微生物与营养物质复合而成，能提供、保持或改善植物营养，提高农产品产量或改善农产品品质的活体微生物制品。按照《复合微生物肥》（NY/T 798—2015）复合微生物肥料执行标准，其主要技术指标及无害化指标见表 2-4 和表 2-5。

（3）生物有机肥

生物有机肥指特定功能微生物与主要以动植物残体（如畜禽粪便、农作物秸秆等）为来源并经无害化处理、腐熟的有机物料复合而成的一类兼具微生物肥料和有机肥效应的肥料。按照《生物有机肥》（NY 884—2012）生物有机肥执行标准，其主要技术指标及无害化指标见表 2-6 和表 2-7。

表 2-4　复合微生物肥料产品主要技术指标要求

项　目	剂　型	
	液体	固体
有效活菌数 CFU[a]，亿/g(mL)	≥0.50	≥0.20
总养分(N+P$_2$O$_5$+K$_2$O)[b]，%	6.0~20.0	8.0~25.0
有机质(以烘干基计)，%	—	≥20.0
杂菌率，%	≤15.0	≤30.0
水分，%	—	≤30.0
pH 值	5.5~8.5	5.5~8.5
有效期[c]，月	≥3	≥6

注：a. 含两种以上有效菌的复合微生物肥料，每一种有效菌的数量不得少于 0.01 亿/g(mL)。b. 总养分应为规定范围内的某一确定值，其测定值与标明值正负偏差的绝对值不应大于 2.0%；各单一养分值应不少于总养分含量的 15.0%。c. 此项仅在监督部门或仲裁双方认为有必要时才检测。

表 2-5　复合微生物肥料产品无害化指标要求

项　目	限量指标
粪大肠菌群数，个/g(mL)	≤100
蛔虫卵死亡率，%	≥95
砷(As)(以烘干基计)，mg/kg	≤15
镉(Cd)(以烘干基计)，mg/kg	≤3
铅(Pb)(以烘干基计)，mg/kg	≤50
铬(Cr)(以烘干基计)，mg/kg	≤150
汞(Hg)(以烘干基计)，mg/kg	≤2

表 2-6　生物有机肥产品技术指标要求

项　目	技术指标
有效活菌数 CFU，亿/g	≥0.20
有机质(以烘干基计)，%	≥40.0
水分，%	≤30.0
pH 值	5.5~8.5
粪大肠菌群数，个/g	≤100
蛔虫卵死亡率，%	≥95
有效期，月	≥6

表 2-7　生物有机肥产品 5 种重金属限量技术指标要求　　　　　　　mg/kg

项　目	限量指标	项　目	限量指标
总砷(As)(以烘干基计)	≤15	总铬(Cr)(以烘干基计)	≤150
总镉(Cd)(以烘干基计)	≤3	总汞(Hg)(以烘干基计)	≤2
总铅(Pb)(以烘干基计)	≤50		

2.1.3.2　微生物肥料的分类

(1)按微生物肥料的功效划分

一类是通过其中所含微生物的生命活动，增加植物营养元素的供应量，包括土壤和生产环境中植物营养元素的供应总量和植物营养元素的供应量，通过植物营养状况的改善，导致产量增加。如根瘤菌肥即属于这一类。

另一类虽然也是通过其中所含的特定的微生物生命活动而导致作物增产，但是其中微生物生命活动的关键作用不仅限于提高植物的营养元素供应水平，还包括了它们所产生的植物生产刺激素对植物的刺激作用，促进植物对营养元素的吸收作用，或者是拮抗某些病原微生物的致病作用，从而减轻作物病虫害促进产量的增加。如目前正处于研究和探索植物根际促生细菌。

(2)按微生物种类划分

可分为细菌肥料(如根瘤菌、固氮菌、磷细菌、钾细菌、光合细菌)、放线菌肥料(如抗生菌类)、真菌类肥料(如菌根真菌类)等。

(3)根据作用机理划分

可分为根瘤菌肥料、固氮菌类肥料、解磷菌类肥料、解钾菌类肥料等。

(4)按肥料的组成划分

可分为单一的微生物肥料和复合(或复混)微生物肥料。复合微生物肥料可以是多种微生物类群的复合，也可以是微生物类群与有机物(畜禽粪便、草炭、褐煤等)、无机物(化肥、微量元素)等多种添加剂的复合制品。

2.1.4　微生物肥料的作用

微生物肥料的作用主要是对于"植物—土壤—微生物"生态系统的改善作用，主要包括对土壤肥力提升、土壤根际微生物群落结构改善、降解土壤有害物质积累、防止发生重茬病害，以及对于植物的促生、品质提升、防病以及抗逆性等作用。概括起来有以下几方面：

(1)提高土壤肥力

各种自生、联合或共生的固氮微生物肥料，可以增加土壤中氮素的来源，多种溶磷、解钾的微生物，如芽孢杆菌、假单孢菌，可以将土壤中难溶的磷、钾分解出来，转变为作物能吸收利用的磷、钾化合物，使作物环境中可利用的营养元素供应增加。此外，微生物肥料的应用，可增加土壤中的有机质含量，从而增加土壤肥力。

(2)分解有机物质和毒素，防止发生重茬病害

菌群中的米曲菌、地衣芽孢杆菌、枯草芽孢杆菌等有益微生物能加速土壤中有机物质的分解，为作物制造速效养分、提供动力，能分解连作有毒有害物质，防止发生重茬病害。

(3)改善土壤根际生态环境

菌群中的地衣芽孢杆菌等有益微生物施入土壤后，可迅速繁殖成为优势菌群，控制根基营养和资源，使根腐病、立枯病、流胶病、灰霉病等病原菌丧失生存空间和条件。

(4)促进植物生长

①合成和协助农作物营养吸收。微生物肥料中最重要的品种之一是根瘤菌肥料(接种剂)，肥料中的根瘤菌可以浸染豆科植物根部，在根上形成根瘤，生活在根瘤里的根瘤菌类菌体利用豆科植物宿主提供的能量将空气中的氮转化为氨，进而转化成谷氨酸和谷氨酰胺类等植物能吸收利用的优质氮素，供给豆科植物一生中氮素的主要需求(一般为50%~60%)，与化学氮肥相比具有无可比拟的优越性。化学氮肥是外源性氮素，施入土壤后，由于环境和微生物的作用，其中很大部分通过氮气形态从土壤的植物体系中挥发，以 N_2O 的形态脱氮，以硝态氮的形式由土壤中流失，长期过多地施用化学氮肥，会引起土壤养分平衡的失调，而且利用率不高，一般认为是仅30%左右，有的品种如碳酸氢铵的利用率为14%~16%。化学氮肥利用率不高，一方面造成了经济损失，使投入的能量难以回收；另一方面也给环境带来了不良影响，地表水、地下水的硝酸盐积累，海洋、湖泊的富营养化，大气污染等，均与此有关。而根瘤菌在根瘤中固定的氮素通过长期进化形成的氨经同化系统几乎全部为豆科植物所吸收利用，既利用率高又无环境污染问题，大有研究和开发应用的前景。AM真菌是一种土壤真菌，它与多种植物根系共生，其菌丝可以吸收更多的营养供给植物吸收利用，其中以对磷的吸收最明显，研究中还发现，AM真菌对在土壤中活动性、移动缓慢的元素如锌、铜、钙等元素也有加强吸收的作用。虽然内生菌根的纯培养问题尚未突破，但国内外以大量的菌根培养物作为AM真菌的接种物用于名贵花卉、药材，获得了良好的经济效益。外生菌根的纯培养已经解决，大量生产的外生菌根接种剂用于林业取得了明显的效果。

②分泌激素类物质。微生物肥料中的一些微生物可分泌一些刺激素、维生素等，如固氮菌等能够产生多种维生素类物质(生长素、环己六醇、泛酸、吡哆醇、硫胺素等)，以刺激作物生长，使作物生长健壮，营养状况得到改善。

(5)生物防治作用、增强植物抗病(虫)能力

①提高系统抗性。有益微生物可诱导植物对病原(如细菌、真菌及病毒等)产生更快更强的抗性，这种现象被称为诱导系统抗性。许多微生物的代谢产物及结构产物，可诱导植物产生系统抗性，提高叶片中水杨酸(SA)和茉莉酸(JA)含量、抗性相关酶活及抗病物质的含量，减少活性氧在叶片中积累，使植物根系细胞的细胞壁增厚，加快纤维化、木质化，形成阻止病原菌侵袭的坚固屏障，从而使整株植物的不同部分均获得更强、更快的对不同病原物的抗性。

②对有害微生物的竞争、拮抗作用。微生物肥料对有害微生物有生物防治作用，有些微生物本身就对病原菌有拮抗作用，起到减轻作物病虫害的功效。另外，由于植物根部接种有益微生物，这些微生物在作物根部大量生长繁殖，成为作物根际的优势菌群，限制了其他病原菌的繁殖机会，从而减少病害。

（6）提高作物品质、减少化肥的施用量

使用微生物肥料后可以减少化肥的施用量。国外的许多研究者在根瘤菌的应用研究中，常常在田间试验中设减氮素化肥的对照，用以说明使用根瘤菌以后由于固氮而相当减少氮素化肥施用量的多少，不同的菌株施用后，减少氮肥用量不同，表明了菌株之间在固氮效率上的不同。除了根瘤菌肥以外，其他的微生物肥料在施用后也有减少化肥使用的效果。在同样有效的产量构成情况下，减少化肥的使用不仅有经济上的意义，而且有生态学方面的价值，对环境也有益处。应用微生物肥料还有一些间接的好处：一是可以节约能源，降低生产成本，与化学肥料相比，在生产时所消耗的能源要少得多；二是微生物肥料不仅用量少，而且由于它本身的无毒无害等特点，没有环境污染的问题。

2.1.5　微生物肥料产业发展现状和趋势

2.1.5.1　微生物肥料产业发展现状

尽管国内的微生物肥料企业都有了一定的发展，但还不同程度地存在着以下问题，其具体表现为：

（1）菌种资源缺乏

很多厂家的菌种都在利用同一个菌株，肥料品种单一，形成了一个菌种"打天下"的局面；另外，使用菌株不当也会带来安全隐患，一些厂家的生产菌种没有经过正规的鉴定就投入生产，也是一种不妥当的行为。

（2）生产设备陈旧

许多生产厂是由已倒闭的小型酶制剂厂、味精厂、柠檬酸厂等改造而成的，其设备本身效率低、能耗高，勉强生产，没有长远的发展计划。

（3）技术工艺落后

有些厂家认为只要有了微生物肥料菌种，有了相应的培养基就能够生产出微生物肥料，缺乏生产过程中的监控和检测手段，有的甚至还是小作坊式的生产方式。绝大多数生产企业本身不具备产品的技术创新能力，没有相应的研发人员，无法建立产品的质量保障体系。

（4）生产和销售管理水平较低

许多生产厂家没有一套完整的、健全的管理制度，也就没有建立真正的服务体系，无法获得良好的经济效益。这些年来，一些所谓的微生物肥料或生态肥料，一度"统领江湖"。尽管主管部门要求各地清理整顿微生物肥料市场，但由于涉及地方、部门甚至小团体的利益，一些假冒伪劣微生物肥料产品仍充斥市场，严重制约了微生物肥料产业的健康发展。

2.1.5.2　微生物肥料的应用前景

（1）施用广泛，市场容量大

适宜施用微生物肥料的作物种类和地区很多，各种作物都可以应用微生物肥料提高产量、改善品质。随着我国微生物肥料的快速发展，我国微生物肥料企业数量迅速增加，截至 2012 年 8 月，农业部登记证产品 1656 个，肥料年产量达到 $900×10^4$ t，总产值达 150 亿元，累积应用面积超过 1.5 亿亩，主要使用在蔬菜、粮食、甘蔗、果树。但与同期化肥

(约 10 000×10^4 t)相比，微不足道。

（2）生产成本低、应用效果好

生物固氮比工业氮肥更能满足对氮肥的需要。而生物固氮可持续不断减少环境污染和温室效应，投资少、成本低。数据表明，1956—1985 年我国花生接种根瘤菌面积 2200 hm^2，在 1256 次试验中，增产 5% 以上的占总数的 90.9%，增产 150~450 kg/hm^2 的占总数的 81.8%，而每公顷仅仅投资几十元。世界上即使像美国和加拿大这样重茬种植大豆的国家，农民单靠接种剂仍可获得高产。

我国化肥年产量和每公顷用量均达世界第一，长期大量施用化肥，使单位化肥量的增产量下降。因此有效合理施用化肥，提高化肥利用率已成为一个重要课题。由于化肥生产成本的提高价格上涨幅度过快，已令广大农民难以接受，增加有机肥、微生物肥料的施用不再是权宜之计，而是降低农民投入，提高产品品质、减少环境污染，取得较大的经济、社会和生态效益的一项有效措施。

（3）生产绿色食品、减少环境污染的需求

绿色食品产业的发展为开发生产高效优质的微生物肥料提供一个极好的发展机遇。并且由于化肥用量的逐年加大，土壤理化性质恶化、土壤质量下降、地下水污染等问题日益突出；此外，城市、农村对废弃物消纳的压力越来越大，要求无害化、肥料化，在这些方面，无污染的微生物肥料的综合作用更显示出它的应用优势和良好的发展前景。

（4）微生物肥料本身的发展为其扩大应用奠定基础

目前在筛选优良菌种、改进工艺和生产设备等方面，为生产优质的微生物肥料创造了条件，而且分子生物学技术的渗透使遗传构建、基因重组新菌种成为可能。近年来兴起的植物根际促生细菌的研究和开发，更使微生物肥料的应用前景大为增加。它们单独使用，或与微生物肥料某些种类联合使用，以及基因重组有可能生产出多功能的微生物肥料产品。由此可见，微生物肥料的广大市场前景和应用前景是不容置疑的。

2.1.5.3　微生物肥料产业发展趋势

为顺应生态农业发展和生产绿色食品的需要，微生物肥料从名称到内涵都已发生了变化。综观全国，微生物肥料产业的发展趋势表现为：

①在产品种类上，目前登记的产品分为菌剂类和菌肥类 2 个大类，共有 11 个品种。9 个菌剂类品种分别是：根瘤菌剂、固氮菌剂、硅酸盐菌剂、溶磷菌剂、光合菌剂、有机物料腐熟剂、产气菌剂、复合菌剂和土壤修复菌剂；2 个菌肥类产品是复合生物肥料和生物有机肥。在已登记产品中，菌肥类产品数量占登记总数的 30% 左右，菌剂类产品占 70%。目前在微生物肥料使用菌种方面涉及细菌、放线菌、丝状真菌、酵母菌等 110 多个品种，而且还在不断增加。另外，用于减轻和克服作物连作障碍、农药降解等微生物肥料新产品将陆续研发应用。

②在菌种选择上，由单一菌种向复合菌种发展。国内生物肥目前趋向选择固氮菌、磷细菌和钾细菌复合。

③在菌种使用上，由无芽孢杆菌转向芽孢杆菌。芽孢杆菌由于具有芽孢，耐高温、干燥、抗逆性强，利于制作颗粒剂和干粉。

④在生物肥功能上，由单功能向多功能方面发展。在生物肥中加入氨基酸或者进行磁

化处理等。

⑤采用生物技术对菌种进行基因转移、重组，以选取高效菌种。

⑥在生物肥剂型上，由粉状转向挤压条状和颗粒状发展。

⑦在田间应用上，向经济作物倾斜和绿色食品生产相结合方向发展。

⑧加强产品质量管理和监测。

不仅如此，许多国家认识到微生物肥料作为活的微生物制剂，其有益微生物的数量和生命活动旺盛与否是质量的关键，是应用效果好坏的关键之一。为此，现已有许多国家建立了行业或国家标准及相应机构以检查产品质量。我国也制定了多部相关标准，成立微生物质量检测中心负责对微生物肥料制品进行产品登记、检测及发放生产许可证等工作。

2.2 微生物肥料生产工艺

微生物肥料的生产工艺是高新技术，不仅仅是简单的发酵过程，它涉及几个关键环节：一要严格对生产菌种的引进和选择。引进菌种首先应明确菌种特点和功能，明确特定微生物肥料的生物学特性、适应区域环境、特有的功能以及显效作用程度等，一切条件具备后方可选用。二要完善相关生产工艺及设备。生物肥料生产一般是从纯菌种开始，经过逐级培养发酵，再经成品合成加工制成各种剂型微生物肥料。全生产过程必须在完全封闭、无菌状态下进行，严格控制培养发酵过程各项环境条件，如温度、酸碱度等诸多因素，整个生产工艺好坏对最终的产品好坏起到关键的作用。生产设备有菌剂培养发酵成套设备和生产合成各种剂型微生物肥料成品的生产线设备，这是产品的基本保障。三要培育良好的微生物肥料贮存条件，如避免直接日晒，放置在恒定低温、干燥处贮存，切忌反复冻融。四要完善微生物肥料的质量检测体系。为保证产品质量，需要严格质量标准规范和完备的检测手段，检测样品包括出厂的每一批产品和定期监测的贮存产品，生产部门必须有专门技术人员或有关高校和科研单位技术支持。

2.2.1 微生物肥料常用生产菌种

微生物肥料生产需要使用菌种，菌种是微生物肥料的核心。由于微生物肥料新品种的不断扩大，生产菌种也由原来的十几种增加到一百多种，涉及细菌、放线菌、真菌中的几十个属。传统的微生物肥料多用单一的菌种进行生产，如根瘤菌类、自生及联合固氮菌类、光合细菌类、分解磷、钾化合物的细菌类、促生细菌类、酵母菌类、乳酸菌类、放线菌类、AM 真菌类、小型丝状真菌类等。从大豆、花生、豆科绿肥以及牧草根瘤菌中选育出的若干优良菌种常用于根瘤菌接种剂的生产；圆褐固氮菌、拜氏固氮菌、巴斯德固氮梭菌等常用于固氮肥料生产菌种；磷细菌肥料生产常用的菌种为巨大芽孢杆菌、解磷假单胞菌和五色杆菌等；钾细菌肥料生产常用的菌种为胶冻样芽孢杆菌。

随着微生物肥料产业的发展，生产菌种的种类还将不断增加。现代微生物肥料已趋于两种或两种以上的菌种作为生产菌种。如选用具有生物防治作用的木霉、酵母等真菌，枯草芽孢杆菌、假单胞杆菌等细菌，链霉菌属、诺卡菌属、小单胞菌属等放线菌与传统的常用菌种同时应用于某一产品。堆制有机肥的有机物料腐熟剂类产品常用无芽孢细菌、芽孢细菌(其中包括一些嗜热芽孢杆菌)和根霉、毛霉等丝状真菌等作为生产菌种。

常见生产菌种及功效如下：

①枯草芽孢杆菌、解淀粉芽孢杆菌。在其生长过程中能够产生多种抑菌物质，可广泛抑制真菌与细菌，同时具有活化养分的功能。

②巨大芽孢杆菌。解磷(磷细菌)，降解土壤中有机磷。

③胶冻样芽孢杆菌。解钾，释放土壤中可溶磷钾元素及钙、硫、镁、铁、锌、钼、锰等中微量元素。

④地衣芽孢杆菌。分泌多种蛋白类抗菌物质，可抗病，杀灭有害菌。

⑤苏云金芽孢杆菌。杀虫(包括根结线虫)，对鳞翅目等节肢动物有特异性的毒杀活性。

⑥侧芽孢杆菌。具有促根、杀菌、杀虫、降解重金属的功效。

⑦胶质芽孢杆菌。具有溶磷、释钾和固氮功能，分泌多种酶，可增强作物对病害的抗性。

⑧凝结芽孢杆菌。可降低环境中的氨气、硫化氢等有害气体。可提高果实中氨基酸的含量。

⑨多黏芽孢杆菌。为广谱的微生物杀菌剂，可产生的抗菌物质和位点竞争，以诱导抗性的作用方式杀灭和控制病原菌，同时对初发病的土传病害和叶部病害具有一定的治疗作用。

⑩木霉(哈茨木霉、绿色木霉等)。通过营养竞争、重寄生、细胞壁分解以及诱导植物产生抗性等多重机制，对多种植物病原菌产生拮抗作用。

⑪米曲霉。使秸秆中的有机质成为植物生长所需的营养，提高土壤有机质，改善土壤结构。

⑫淡紫拟青霉。对多种线虫都有防治效能，是防止根结线虫最有前途的生防制剂。

⑬EM 菌群(酵素)。包括乳酸菌、酵母菌、放线菌等复合菌群，可用于土壤退化，连作障碍修复，提高作物抗病抗逆能力，增加作物产量和改善品质。

⑭光合菌群。是肥沃土壤、促进动植物生长的主要动力。

2.2.2 微生物肥料生产原料及预处理

从微生物的营养要求来看，所有的微生物都需要碳源、氮源、无机盐、水、能源和生长物质，如果是好氧微生物，则还需要氧气。在实验室规模上配制含有纯化合物的培养基是相当简单的，虽然它能满足微生物的生长要求，但在大规模生产上往往是不适合的。在发酵工业中，必须使用廉价的原料来配制培养基。

(1) 液态发酵常用原料

在微生物发酵过程中，使用最多的碳源是玉米淀粉，也可用其他农作物，如大米、马铃薯、番薯、甘蔗糖蜜、甜菜糖蜜、木薯淀粉等。工业生产上所用氮源有氨水、铵盐或硝酸盐、玉米浆(corn steep liquor, CSL)、豆饼粉、花生饼粉、棉籽粉、鱼粉、酵母浸出液等。一般微生物所需要的无机盐为硫酸盐、磷酸盐、氯化物和含钾、钠、镁、铁的化合物。还需要一些微量元素，如铜、锰、锌、钼、碘等。微生物对无机盐的需要量很少，但无机盐含量对菌体生长和产物的生成影响很大。一般作为碳源、氮源的农副产品天然原料中本身就含有某些微量元素，不必另加。

（2）固态发酵常用原料

供固态发酵的基质通常有豆饼粉、麸皮、米糠等农业副产品及固体废料。微生物要在基质上进行生长、繁殖并产生代谢产物，必然会受到基质的物理因素和化学因素的影响。这些原料含有丰富的碳水化合物和含氮化合物，并含有多种维生素和无机元素，质地疏松，利于通气，是微生物生长繁殖的优良基质；且原料来源广泛，价格低廉。

（3）吸附剂选择与处理

吸附剂一般用草炭，因为含有丰富的有机质，保水力强，疏松不黏结成块，通气良好，是一种理想的培养基（用草炭作吸附剂不需再加其他营养成分）。若无草炭可用疏松肥土代替。将草炭晒干、打碎、过筛，除去石头、杂草等，调节 pH 值至中性或微碱性（pH值 6.8~7.6，用石灰或过磷酸钙调节），装瓶（装量为 2/3~3/4）消毒，1.5 kg/cm² 压力，121℃保压 2~3 h，消毒后放接种室冷却。

（4）原料的预处理

工业生产中，原料预处理是微生物肥料生产过程的重要环节，处理是否恰当，将直接影响发酵效果及原料利用率。

豆饼要粉碎为适当的粒度，便于润水和蒸煮。豆饼粉碎的程度以细而匀为宜，要求颗粒大小为 2~3 mm，粉末量不得超过 20%。麸皮要求体轻、质地疏松，无需再行处理，还要求新鲜、无霉变、无污染。

原料润水可用冷水、温水或热水。采用近沸点热水不仅润水时间短，而且可使蛋白质受热凝固而不发黏，减少可溶性成分的损失。所以，热水润水是常采用的方法。在生产上要严格控制加水量。加水量的确定主要以熟料水分含量为依据。一般冬季为 47%~48%，春、秋季为 48%~49%，夏季为 49%~51%。

蒸料的目的是使原料中的蛋白质适度变性。蒸料一般要求达到一熟、二软、三疏松、四不黏手、五无夹心、六有熟料固有的色泽和香气，为以后酶分解和微生物生长利用提供物质基础。蒸料可同时杀死附着在原料上的微生物，以提高生产的安全性。蒸料后必须迅速冷却，并把结块的部分打碎。使用带有减压冷却设备的旋转式蒸煮锅，可在锅内直接冷却，待接种培养。

2.2.3　微生物肥料主要发酵方式

发酵生产受许多因素的影响和工艺条件的制约，即使同一生产菌种，在不同厂家由于设备、原材料来源、发酵形式不同，菌种对基质代谢的变化规律也不同。因此，必须通过研究各种菌种的特性，了解有关环境条件对生产菌种的影响，因地制宜地根据本厂的条件制订有效的过程控制。

2.2.3.1　液态发酵

液态发酵即利用液体培养基在发酵罐中进行的发酵，是发酵工业上最主要的发酵方式。其发酵工艺流程为：由菌种室通过摇床培养出合格的种子，然后经一级种子、二级种子罐发酵培养至种子成熟后，转入繁殖罐扩大培养，给予确定的 pH 值、温度、溶氧、补料等关键参数控制方法，在预定培养周期内，使生产菌种生长繁殖达到预期效果。培养结束后，放入发酵液，超滤浓缩后直接进行喷雾干燥，在洁净控制区收集产品，分包、装箱、出厂(图 2-1)。

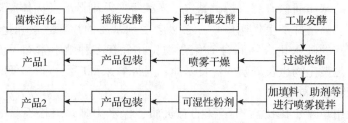

图 2-1   液态生产线生产工艺流程

2.2.3.2   固态发酵

固态培养工艺流程：由菌种室通过摇床培养出合格的种子，然后经一级种子、二级种子罐发酵培养至种子成熟后，转入繁殖罐扩大培养，培养结束后，将成熟种子原液在已灭菌的固态培养基中充分混合，一起放入发酵仓进行仓式发酵培养或进行托盘式发酵培养(图 2-2、图 2-3)，给予确定的温度、溶氧等关键参数控制方法，在预定培养周期内，使生产菌生长繁殖达到预期结果。培养结束后，机械输料出仓，经复配后，干燥、粉碎、过筛、称量，包装出厂。

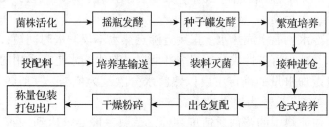

图 2-2   固态生产线(仓式发酵培养)生产工艺流程

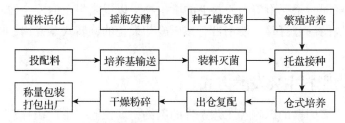

图 2-3   固态生产线(托盘式发酵培养)生产工艺流程

2.2.4   微生物肥料生产过程参数控制

微生物肥料是一类农用活菌制剂。从生产到使用都需给产品中微生物一个合适的生存环境。主要是水分、pH 值、温度、载体中残糖含量、包装材料等。产品中水分含量过高易滋生霉菌。一些用于拌种的接种剂产品播种时，当遇到低温种子萌发延迟时，过多的霉菌常可造成种子的霉烂，导致缺苗断垄。温度过高(如长时间保持在 35℃ 以上)可致产品中微生物数量减少，产品冻融或反复冻融也是造成产品中数量剧减的一个重要原因。除此之外，由于生物反应过程的复杂性，所以在微生物肥料生产过程中需要控制的参数甚多，但就目前大多数生产过程而言，仅对其中的少数几个参数加以控制，不过，正是通过对这几个有限的基本参数的检测和控制，使工业化生产水平不断提高。

（1）温度

微生物生长、维持及产物的生物合成都是在一系列酶催化下进行的，温度是保证酶活性的重要条件。不同的微生物菌种的最适生长温度和产物形成的最适温度都是不同的，如何控制发酵过程中的温度变化是保证得到最佳目的产物的必要条件和首要条件。

在发酵过程中，随着菌体对培养基的利用以及机械搅拌的作用，将产生一定的热量。同时因罐壁散热、水分蒸发等也带走部分热量。因此，可用发酵热来代表整个发酵过程中释放出来的净热量，以 $[J/(m^3 \cdot h)]$ 表示。

$$Q_{发酵} = Q_{生物} + Q_{搅拌} - Q_{蒸发} - Q_{显} - Q_{辐射} \tag{2-1}$$

最适温度是指在该温度下最适宜于菌体生长或产物的合成。对不同的菌种和不同的培养条件以及不同的酶的反应和不同的生长阶段，最适温度应有所不同。因此，选择某一微生物菌种发酵过程的最适温度，不仅要考虑菌体的最适生长温度、产物合成的最适温度，还要参考其他发酵条件，灵活掌握。例如，当通气条件较差时，最适发酵温度可能比在正常良好通气条件下低一些。这是因为在较低温度下，氧的溶解度相应大些，菌的生长速率相应小些，从而可弥补因通气不足而造成生长异常。

（2）pH 值

发酵过程中培养液的 pH 值是微生物在一定环境条件下代谢活动的综合指标，是一项重要的发酵参数。它对菌体的生长和产物的积累有很大的影响。微生物代谢途径中的各种酶均有其最适 pH 值，pH 值能影响酶促反应和代谢途径。在不同的微生物发育阶段，最适 pH 值并不一致，但大多数处于 4.0~9.0 的范围。

确定发酵过程中的最佳 pH 值及采取有效控制措施是保证和提高产量的重要环节。确定最适 pH 值的准则是最有利于菌体的生长，以获得较高的产量。我们可以通过内源性调节和外源性调节来实现 pH 值的调节和控制：调整培养基中生理碱性和生理酸性盐类的比例；选择不同代谢速率的碳（氮）源的种类和比例；在培养基中添加缓冲剂等。

（3）基质浓度

作为现代化的大生产，在统一的工艺条件下，微生物肥料生产也需有稳定的原料质量。经适当试验组合后，可以获得稳定的生产状态。原料的质，并不是表示其中某一个方面，而要进行全面考查。在实际生产中往往只注意合到原料主要成分的含量，而忽略其他方面。例如，用于工业发酵的大多数天然有机碳源和氮源对某一产生菌的生长和产物的形成"优质"的，但很可能对另一种产生菌的生长和产物的形成是"劣质"的。因此，考察某一原料的质量时（天然有机氮源和天然有机氮碳源），除规定的如外观、含水量、灰分、含量等参数外，更重要的是要经过实验来确定，否则可能会被假象所迷惑。

（4）溶氧量

微生物肥料生产中所用的微生物基本以好氧微生物为主，发酵时主要是利用溶解于水中的氧，只有当这种氧达到细胞的呼吸部位才能发生作用，所以增加培养基中的溶解氧后，可以增加推动力，使更多的氧进入细胞。

在正常的发酵工艺(包括设备)情况下，每一微生物菌种在其整个发酵过程中，溶解氧浓度的变化是有一定规律的。掌握各种微生物菌种发酵的溶解氧变化规律，以及控制各阶段的最适溶解氧浓度，是获得高水平发酵的重要手段。目前在工业生产上控制溶解氧的手段，除在发酵器的设计上作多方面的考虑外，在工艺控制上多采用改变通气量、搅拌速率和培养液的黏度等方法。

(5)发酵终点的判断标准

无论哪一种类型的发酵，其终点的判断标准归纳起来有两点，一是产品的质量，二是经济效益。发酵终点的判断需要综合多方面的因素进行统筹考虑。老品种的发酵产品的放罐时间一般都根据作业计划放罐，但是如有发酵异常(包括染菌)的情况，放罐时间就需当机立断，以免倒罐。新品种发酵更需摸索合理的放罐时间。绝大多数发酵品种的终点应控制在菌数生长量最大的时期(细菌类以对数期后期为准)放罐。

2.2.5 微生物肥料的吸附及造粒

微生物肥料是用草炭和褐煤等有机质为载体，吸附微生物菌剂后造粒而成的产品。微生物菌剂的特性是耐温效果差，一般生长温度为 20~40℃，当温度达到 60℃ 时，80% 微生物菌剂将死亡，温度越高，死亡速率越快。因此，微生物肥料的生产，工艺上要求生产过程中加入菌剂后，载体温度必须控制在 50℃ 以下。此外，为防止杂菌大量繁殖，宜对载体进行灭菌。换句话说，微生物肥料产品质量的关键是控制产品有效活菌数，而产品生产工艺的选择又是影响产品有效活菌数的重要环节。微生物肥料生产工艺的关键是造粒方式的选择。目前，微生物肥料常用的造粒方式主要有两种：圆盘造粒和挤压造粒。不同的造粒方式对原料的要求不同，生产工艺也会不同。郭春景(2004)通过对 4 种生产工艺(圆盘混合造粒、混合后挤压造粒、挤压造粒后喷加菌剂、分开造粒)的比较研究得知，微生物肥料生产工艺以选择圆盘分开造粒工艺为佳(图 2-4)。因为该工艺可以减少化肥对微生物菌剂的影响，先将载体与菌剂造粒后，存放至中间料仓，再与载体和无机肥造粒后的粒子混合，最后得到产品。

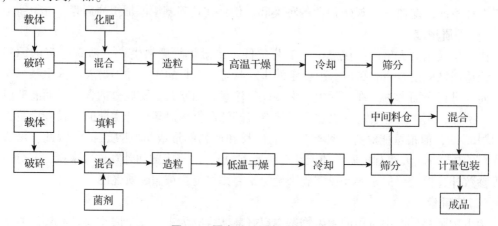

图 2-4 圆盘分开造粒工艺流程

2.3　微生物肥料的类型

根据微生物肥料中的微生物种类可分为细菌肥料、真菌肥料和放线菌肥料。

2.3.1　细菌肥料

根据细菌的种类及功能可将细菌肥料划分为根瘤菌肥料、固氮菌肥料、解磷菌肥料、解钾菌肥料、光合细菌肥料、植物根际促生细菌肥料等。

2.3.1.1　根瘤菌肥料

（1）根瘤菌肥料概述

根瘤菌肥料是推广最早，效果显著的一种高效菌肥，可使豆科作物增产并提高土壤中的氮素含量。根瘤菌的多样性是目前生物固氮资源调查和利用的热点。根瘤菌与豆科植物的共生固氮效果是举世公认的。我国目前生产的根瘤菌肥料使用的菌种有花生根瘤菌（*Bradyrhizobium arachis*）；大豆根瘤菌（*B. japonicum* 或 *Sinorhizobium fiedii*）；华癸根瘤菌（*Mesorhizobium huakuii*）；苕子、蚕豆、豌豆根瘤菌（*Rhizobium leguminosarun* bv. *viceae*）；苜蓿根瘤菌（*S. meliloti*）；菜豆根瘤菌（*R. leguminosarun* bv. *phaseol* 或 *R. eili*）；沙打旺根瘤菌。此外，还有一些针对不同豆科植物生产的根瘤菌剂品种，如三叶草根瘤菌肥、百脉根根瘤菌肥、胡枝子根瘤菌肥、绿豆根瘤菌肥等。有关根瘤菌的资源研究进展很快，将会有更多的菌种出现在制品中。

根瘤菌剂主要有粉状（草炭、蛭石或其他载体）、液体、种衣剂 3 种剂型及少数冻干菌。复合菌种中有用同一根瘤菌的不同菌株复合的，也有用根瘤菌与其他微生物，如假单胞菌属（*Pseudomonas*）、粪产碱菌（*Alcaligenes fecalis*）等合用以增强其结瘤性能。

（2）根瘤菌的生物学特征

①形态特征。根瘤菌是短杆状细菌，因生活环境和发育阶段的不同，在形态上有显著的变化。根瘤菌在固体培养基上和土壤中呈杆状，端生或周生鞭毛，能运动，革兰染色阴性，无芽孢，培养较久，菌体粗大，染色不均。根瘤菌侵入豆科植物的根部之后，为短小杆状，无鞭毛。随着根瘤的增大，菌体停止分裂，逐渐延长变大，形成一端膨大的棒状或分叉变形，这种变形的菌体称为类菌体。不同根瘤菌的类菌体形状不相同。例如，苜蓿根瘤的类菌体一端稍膨大呈棍棒状；大豆根瘤菌的类菌体呈细长稍弯的杆状，偶尔一端膨大或分叉；紫云英根瘤菌的类菌体则一端膨大呈茄状；豌豆根瘤菌的类菌体分叉呈 Y、T、X 等形状。根瘤菌腐败后，类菌体散入土壤中，崩解成小球状菌体，最后又发育成有鞭毛的短杆状菌，进行分裂繁殖。

②培养性状。在固体培养基表面，菌落呈圆形，边缘整齐。有的菌落无色半透明（如豌豆、紫云英的根瘤菌），有的乳白色、黏稠（如花生、大豆的根瘤菌）。菌体不易被刚果红和结晶紫染色，在培养基上很容易与其他菌落区别开。在液体培养基中，菌液浑浊，菌体稍有沉淀，不形成菌膜。培养时间过久，则在液面四周有胶黏状物质。

③生长速率。根据在人工培养基上生长的速率，根瘤菌各个种之间可分为快生、慢生两种类型。快生型（如苜蓿、三叶草等根瘤菌）接种后 2 d 即可见菌落，4~5 d 内菌落达到

最大，菌落胶黏物质多，较稀薄。慢生型(如大豆、花生、豌豆等根瘤菌)接种3~4 d才有菌落出现，7~10 d菌落达到最大，菌落胶黏物质少，较稠厚。不论是快生型或慢生型根瘤菌，若生长速率变快，则菌株的结瘤性往往不好，是菌种退化的表现。

④生理习性。人工培养根瘤菌时，需供应全部营养物质。

a. 碳素营养。快生型根瘤菌的碳素营养以单糖、双糖和多元醇为宜，其中又以葡萄糖、蔗糖和甘露醇为最好。慢生型根瘤菌的碳素营养以乳糖、阿拉伯糖最好。

b. 氮素营养。快生型和慢生型根瘤菌均以可溶性有机氮化合物(如多肽、氨基酸)为氮源，也能利用铵盐和硝酸盐。

c. 矿物元素。快生型和慢生型根瘤菌均需要磷、硫、钾、钙、镁等矿物元素，微量元素铁、钼、硼、钴和锰有促进根瘤菌生长的作用。

d. 维生素。维生素对根瘤菌的发育影响较大，特别是B族维生素可使根瘤菌的生长速度加快几倍到几十倍。配制培养基时，添加酵母浸汁或豆芽汁，除提供了有机氮化物外，还提供了维生素类物质。当根瘤菌与豆科植物共生时，除氮素营养外，其他的营养物质全由共生的豆科植物供应。

⑤培养条件。根瘤菌为好气菌，最适生长温度为25~28℃，最适pH值为6.5~7.5。培养过程产酸，因此培养基中加入碳酸钙中和。

⑥根瘤菌的专一性。各种根瘤菌都与各自相应的豆科植物建立共生关系，形成根瘤，表现了根瘤菌的专一性，见表2-8。例如，豌豆根瘤菌只能在豌豆、蚕豆的根部形成根瘤，大豆根瘤菌只能在黑豆、黄豆、青豆的根部形成根瘤，豇豆根瘤菌只能在豇豆、花生、绿豆、赤豆、羽豆和刀豆的根部形成根瘤。只有了解不同根瘤菌的专一性，才能在生产上有针对性地使用。

表2-8　根瘤菌—豆科植物互接种族

互接种族	结瘤的根瘤菌	共生的豆科植物寄主
苜蓿族	苜蓿根瘤菌	紫花苜蓿、黄花苜蓿、草木樨等
三叶草族	三叶草根瘤菌	白三叶草、红三叶草等
豌豆和野豌豆族	豌豆根瘤菌	各种豌豆、蚕豆、箭舌豌豆、苕子等
菜豆族	菜豆根瘤菌	四季豆、扁豆、豇豆等
羽扇豆族	羽扇豆根瘤菌	各种羽扇豆
大豆族	慢生型大豆根瘤菌 中华根瘤菌	各种大豆、野大豆等
豇豆族	豇豆根瘤菌	豇豆、绿豆、赤豆、花生、木豆
紫云英族	华癸根瘤菌	紫云英

(3)根瘤菌的生产

①菌种的制作。具体步骤如下：

a. 菌种斜面配制。以豆芽汁培养为例，称0.5 kg黄豆芽，洗净放入锅里加水1 kg，煮沸20~30 min，过滤即得豆芽汁。另将15~18 g琼脂(气温高难凝固时需加17~18 g，冬天加 15~16 g）加水 0.5 kg 煮溶，过滤，两者混合后加糖，最后加碳酸钙，补水至 1000 mL，用 pH 试纸检查培养基酸碱度，如果超出 pH 值 6.8~7.2 的范围，可用稀氢氧化钠或稀盐酸调节。趁热取出摆斜面。

b. 接种和培养。斜面冷却后即可接种，在接种箱内接种，接种后于 28℃ 培养 2~4 d，菌苔长满即取出放冰箱保存。斜面菌苔长满后有时有下流现象。斜面菌种传代太多，培养温度太高，斜面上有些地方呈白色花絮状，不是污染杂菌。

②扩大培养。分为固体扩大培养和液体扩大培养两种类型。

a. 固体扩大培养。用克氏瓶等制成斜面，用斜面菌种或液体种子接种，培养时间按菌苔生长丰满而定，菌苔长满后用无菌水洗下倒入消毒的吸附剂中保存或暂时贮放在阴凉处（保存时间不宜太长），用时取出，用水洗出直接拌种。

b. 液体扩大培养。培养基配方同菌种斜面配方，不加琼脂，加食油数滴消泡。液体扩大培养可根据设备条件用三角瓶摇床等通气培养或发酵罐深层发酵等。三角瓶等振荡培养时装液体培养基量为容量的 1/3，塞好棉塞包 4 层纱布，再包牛皮纸（不塞棉塞，包 8 层纱布，通气条件好些，但污染机会多），121℃ 灭菌 30 min，冷却后接种，振荡培养，培养温度控制在 28~30℃。菌种生长速度和接种量、振荡条件及温度有关。我们用 500 mL 三角瓶，装 150 mL 培养基，接种量一环，28℃ 旋转式摇床（230 r/min）振荡培养 2~3 d，每毫升菌液含菌数可达几十亿至 100 亿，有些菌种生长更快。

③发酵罐培养。按配方称料投入种子罐。培养基、罐体、管道等用蒸汽消毒，压力 1.1 kg/cm²，温度 121℃，时间 30 min，在消毒过程中应注意：打开全部的排气阀，将罐和罐内的冷气全部排尽，不得留有死角；消毒温度控制在 121℃，太高会造成培养基成分破坏，太低则灭菌不彻底；空气过滤器压力始终要比罐压高，以防培养基倒流入过滤器；消毒完毕关蒸汽阀时，应迅速通无菌空气，否则罐压突然下降，外界空气侵入，造成污染。接种用血清瓶，接种量为 2%~3%，待罐温降至 28~32℃ 接种，接种时将连接在血清瓶上的无菌橡皮管套在种子罐的接种管上，提高血清瓶倒置起来，利用压力变化使菌液流入罐内，或用针头接种。培养时保持罐温 28~30℃，罐压控制在 0.6 kg/cm²，通气量一般为 0.8~1.1，搅拌速度为 360 r/min，培养 2 d 即可扩种，接种量为 6%~7%。大罐培养好后可以再扩种，不扩种就将菌液接吸附剂。

（4）吸附剂的准备和接种

吸附剂一般用草炭，因为它含有丰富的有机质，保水力强，疏松不黏结成块，通气良好，是一种理想的培养基（用草炭做吸附剂不再加其他营养成分）。没有草炭就用疏松肥土代替。将草炭晒干、打碎、过筛，除去石头、杂草等，调节 pH 值至中性或微碱性（pH 值 6.8~7.6，用石灰或过磷酸钙调节），装瓶（装量为 2/3~3/4）消毒，1.5 kg/cm² 压力，126℃ 保压 2~3 h，消毒后放接种室冷却。

接种室要通风干燥，接种前一天关闭门窗，用福尔马林等熏蒸，同时再开紫外灯照射。装瓶吸附剂用加压喷射法接种，散装吸附剂可把菌液倒入后再装袋（塑料袋用福尔马林熏）。接种要迅速，装瓶或装袋都要封严。接种后接种室打开门窗通风，使室内空气清洁、干燥。成品放干燥、阴凉处保存。

（5）根瘤菌肥使用技术

如出厂标准是每克含菌数 1 亿以上，则要求第 4 个稀释度（10⁻⁵ 菌悬液）浸种的种子，播种 10~15 d，结瘤率应在 95% 以上。使用根瘤菌肥应严格掌握其专一性，切勿随便用于豆科植物，正确的使用方法归纳为以下几点：

①拌种。将选好的种子倒入内壁光洁的瓷盆或木盆内，用冷水将菌剂(用量 100~250 g/亩*)250~500 g 调成糨糊状，再把种子倒入拌匀，使每粒种子都沾上菌剂。拌种后在阴凉处摊开，稍阴干，使根瘤菌剂牢固地吸附在种子上，播种时也应于撒开时立即播种，随即覆土。

②注意事项。

a. 一种根瘤菌剂只能用于相应的豆科植物。

b. 根瘤菌剂是用来拌种的，不能撒施作基肥或追肥。

c. 根瘤菌剂不能在太阳光直射或高温条件下存放，应常温保藏。

d. 根瘤菌剂拌种时的种子不要在晴天中午播种，宜在傍晚和阴天撒播，拌种后稍阴干就应播种。

e. 使用时即可打开密封的盖子，最好一次用完，一次用不完应马上盖好，最迟 2~3 d 内用完。

f. 拌种时不要与农药、过磷酸钙一起拌(会杀死根瘤菌)，可与钙镁磷肥一起拌，但应先拌菌、后拌钙镁磷肥。

g. 稻田水要放干晒 1~2 d 再播种，旱田要在下雨前后条播，盖一薄层土。

h. 根瘤菌生长要求比较湿润和疏松的土壤，含水量在 20%~30% 为宜。存放不能超过半年，不要用隔年生产的根瘤菌剂。

i. 以磷增氮，在有效磷含量低的土壤中施用磷肥。使用适量磷肥可提高根瘤菌的结瘤率，对根瘤菌拌种的增产有良好的效果，增强固氮效能，从而也增加了土壤中的含氮量。

j. 为提高根瘤菌剂的固氮效果，可用含 0.1% 稀土化合物吸附根瘤菌，这种稀土菌剂中的根瘤菌的存活率和对寄主作物的侵染结瘤能力较强，其增产效果高于一般的根瘤菌剂。

k. 应注意土壤的 pH 值。当土壤的 pH 值在 5.2 时，施入的根瘤菌剂将有 65% 的死亡，因此对于酸性土壤，在作物种子和根瘤菌剂拌和后，再与泥浆、钙镁磷肥或石灰等物质拌和，形成丸衣，以利根瘤菌在土壤中存活。

在初开垦的土地上使用根瘤菌后，豆科作物的增产效果明显。如在新开垦的土地种植花生，若不使用花生根瘤菌肥，则花生结果率低。根据试验，无论是连年或轮作豆科作物的土壤，还是已经施用过根瘤菌的土壤，经常使用高效根瘤菌制剂是非常必要的。例如，在栽种过紫云英、花生、大豆的老区通过使用高效菌肥拌种，产量可以继续提高。

2.3.1.2　固氮菌肥料

(1)固氮菌的主要类群

这类制品使用的菌种是除广根瘤菌以外的固氮菌，有自生固氮菌和联合固氮菌两类。主要是自生固氮菌中的圆褐固氮菌(*Azotobacter chroococcum*)、黄褐固氮菌(*A. beijerinckii*)、棕色固氮菌(*A. yinelandii*)、拜氏固氮菌属(*Beijerinckia*)、巴西固氮螺菌 (*Azospirillam*

---

　* 注：1 亩 =666.7 m²。

brasilense）、肺炎克氏杆菌（*Klebsiella pneumoniae*）、阴沟肠杆菌（*Enterobacter cloacae*）、产气肠杆菌（*E. aerogenes*）、粪产碱杆菌（*E. aerogenes*）等。这些菌的共同特点就是通过它们的活动能把空气中不能被作物利用的80%氮气转化成作物能吸收的氮素养料。有的还能生成植物生长刺激物质，刺激植物生长和发育。在这些固氮菌中的某些种可能是病原微生物，在分离、鉴定和筛选时应进行无害鉴定。

（2）固氮菌的培养特性

在显微镜下，自生固氮菌的形态是粗短杆状，两端钝圆，长 4~6 μm，常具有荚膜。这些杆菌，常常是两个联结在一起，形成"8"字状。联合固氮菌如玉米刚螺菌，在显微镜下菌体革兰染色阴性，趋向螺旋弯曲的杆菌，靠单根极生鞭毛运动，细胞内含有较高光折射率的油滴。

近年来的研究表明，固氮菌的纯培养制品比当地土生土长的固氮菌群效果差，这是由于固氮菌的生长发育与植物根系分泌物关系较大，又跟当地土壤有机质和 pH 值有关系。土生土长的固氮菌群对当地环境有较强的适应性，又跟当地土壤微生物区系关系密切。只要把这些固氮菌群富集培养后施入地里，它就能较快繁殖，大大增加土壤中的有益固氮菌数目，增产效果也较大。所以固氮菌肥的生产以培养当地固氮菌群较实用。

（3）固氮菌肥的生产

固氮菌肥生产流程如图 2-5 所示。

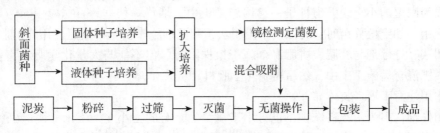

图 2-5　固氮菌肥生产流程

①种子培养。自生固氮菌菌种利用阿氏无氮培养基进行斜面培养，固氮螺菌用 Dobereiner 半固体无氮培养基为 K_2HPO_4 0.1 g、KH_2PO_4 0.4 g、$MgSO_4 \cdot 7H_2O$ 0.2 g、NaCl 0.1 g、$CaCl_2$ 0.2 g、$FeCl_3$ 0.1 g、Na_2MoO_4 0.002 g、无氮琼脂 3 g、琥珀酸钠（或苹果酸钠）5 g、蒸馏水 1000 mL、B. T. B 5 mL，115℃灭菌 30 min 后制成斜面培养基，进行斜面培养。

②液体培养。培养基配方可采用斜面培养基配方中的一种，不加琼脂，配好后装入三角瓶或其他小口瓶中，装量为瓶子的 1/5~1/4，以纱布包瓶口，或用棉塞塞瓶口，再包牛皮纸，121℃灭菌 30 min 后取出，冷却后分别接种自生固氮菌或联合固氮菌，30~35℃振荡培养 3~5 d，然后再接种到发酵罐进行扩大培养。将培养好的液体，经取样作显微镜检查和测定菌数，当菌数达 2.0×10^9 个/mL，杂菌数在 15% 以下为合格，可进行吸附。按菌液与吸附剂 4:1 的比例，将菌液混入已灭菌的吸附剂中拌匀。按成品含水量 25%~30% 计称重，装入灭菌塑料袋，封口后置阴凉保存备用。若在冬季生产，产品可在 30~35℃培养室中堆放 2~3 d，使细菌继续增殖，提高产品的含菌数。如在生产施用季节，吸附剂可不灭菌，吸附后即可施用。

③固体培养。把经摇床培养的固氮菌的液体收集起来，用温水稀释、搅拌均匀，以1 kg的量加入100 kg已准备好的事先放在室内的吸附剂中(富含腐殖质的菜园土壤或非酸性的泥炭)。搅拌均匀，添加上水，使湿度达到最大持水量的50%，而后放在木盆内，或堆成大堆，并置于温暖的屋子几天，以增进固氮菌的繁殖。添加糖类及磷肥可以加速固氮菌细胞的繁殖。在1 g固氮菌剂中固氮菌的细胞数应不少于$5×10^7$个/g，接种量为$3~6$ kg/m^3。

(4)固氮菌肥使用技术

圆褐固氮菌剂一般可用于各种作物，联合固氮菌剂对作物有较强的选择性(在不同作物上使用需选择相应的联合固氮菌剂)。因此根据不同作物、不同条件，施用的方法也不尽相同。

①施用方法。多为拌种。如用于水稻，其一可用于秧床，即在稻种播于秧床前用菌剂拌种，也可将固体菌剂撒施于秧床上；其二是插秧时用秧根蘸菌剂，然后插秧。用于小麦、玉米可拌种。由于这类肥料的应用基础之一是用其代谢产物调节和促进作物生长。因此，除了拌种以外，还可以在作物拔节、抽穗、灌浆期用发酵液稀释后喷施于叶面，常可取得一定效果。将固氮菌剂加少量清水与种子拌匀后即可施用。为使固氮菌能够较好地在根附近定居下来，可使用下列方法：棉花、玉米、小麦等大田作物，可先将每公顷用的菌剂与过磷酸钙$200~400$ g、草木灰750 g、水$20~40$ kg、细土$150~300$ g与筛过的圈土及堆肥拌匀成为潮湿的小土块，与种子一起沟施到土中。烟草等秧畦每百株应用$50~100$ g菌剂拌种施用。如定植移苗时，可以用小土团法，把菌剂施于苗根部附近。用作追肥时，可用小土团法，把菌剂与粪肥、饼肥混合施于植株附近，但不能与大量化学肥料直接混合，可先用粪肥混合后施于土中，然后再施化学肥料。

②施用注意事项。具体如下：

适用作物：多为禾本科作物，也有用于蔬菜的，有的为小麦、玉米专用(菌种系从小麦、玉米根际、根内分离出来的)，有的为水稻专用，也有不强调作物种类的。

施用剂量：符合国家标准的固体菌剂，用量多为$3.5~7.0$ kg/hm^2，液体菌剂15 kg/hm^2，冻干菌剂$7500×10^8~15\,000×10^8$个/hm^{2}活菌。

施用禁忌：不同铵态氮水平对水稻根际固氮活性有一定影响，速效氮肥在一定时间内对水稻根际固氮活性有明显抑制效应。施量越大抑制越严重，所以尽量避免与速效氮肥联合施用。杀菌剂和某些杀虫剂与化学肥料也会杀死细菌。使用固氮菌肥料时，应避免与不适当的杀虫剂、杀菌剂和化学肥料混合使用。

③固氮菌肥与其他菌肥的复合施用。根瘤菌肥料与其他菌肥复合施用可以提高肥效。许多试验均证明，固氮菌肥料与磷细菌肥料、钾细菌肥料复合施用收到了良好效果。例如，以根瘤菌肥料做种肥、'5406'菌肥做种肥或基肥收到了较好的增产效果。

2.3.1.3 磷细菌肥料

磷细菌肥料是一类促使土壤中不能被作物利用的有机态或无机态磷化物转化为有效磷，从而改善作物的磷素营养，促使作物增产的菌肥。据计算，一般每公顷农田耕作层中磷的总储存量可达数千千克，其中大部分为不溶性的无机磷矿物和动植物体中的有机磷，作物不能吸收利用，只有极少量的可溶性磷酸盐才可被利用。因此，土壤中的有效磷满足不了作物的需要，致使许多地区土壤中存在不同程度的缺磷现象。河北、山东、江苏等地为了加速土壤中磷矿物的溶解和有机磷的分解，解决作物的缺磷问题，在不同类型的土壤和多种作物(稻、麦、玉米、高粱、大豆等)中应用了有机磷菌肥或无机磷菌肥，作物普遍表现出根系发达、粗壮、分蘖增多，苗高株壮，叶色较绿，并有增产效果。

(1)磷细菌的主要类群

磷细菌是可将不溶性磷化物转化为有效磷的某些腐生性细菌的总称。按其对磷的转化作用又分为两类：一类是通过细菌产生的酸使不溶性磷矿物溶解为可溶性的磷酸盐，称为无机磷细菌，如氧化硫硫杆菌(*Thiobacillus thiooxidans*)；另一类是通过某些细菌，如巨大芽孢杆菌(*Bacillus megatherrium*)和蜡状芽孢杆菌(*B. cereus*)等产生的一类酸性物质，如乳酸、柠檬酸和植物酶类物质，使土壤中难溶性磷素和磷酸铁、磷酸铝以及有机磷酸盐矿化，形成作物能够吸收利用的可溶性磷，供作物吸收利用。

(2)磷细菌肥料的生产

磷细菌要求有机质丰富、中性或微酸性、水分充足和通气良好的土壤条件。用固体法生产时，最适温度为30~37℃，大堆培养时不应超过45℃。若偏酸性可用石灰或碳酸钙调至中性或偏碱。各级扩大培养应保证通气良好，装料量为容积的1/3~1/2，加水量不宜过多，液体培养应进行振荡或通气搅拌，生产流程如图2-6所示。

图 2-6　磷细菌肥料的生产流程

①培养性状。普通无机磷细菌在马铃薯培养基上菌苔呈白色，生长旺盛，边缘整齐，表面光滑。巨大芽孢杆菌在马铃薯培养基上菌苔颜色由灰白色变浅黄色，渐变褐色。

②固体培养基。斜面菌种培养基为：20%马铃薯培养基；10%马铃薯+10%麸皮培养基；10%麸皮+1%葡萄糖培养基；10%棉籽饼培养基；5%棉籽饼+4%玉米面培养基。培养基的制作方法同常规方法。按无菌操作在接种箱内分别接种无机磷细菌和有机磷细菌，30~32℃培养24~48 h，取出放低温处保存备用。

③菌种培养。可采用固体培养和液体培养两种方式。

a. 固体培养。取麸皮20%，肥土70%，木屑10%，加水至手握能出水但不滴下来为宜。用石灰或碱面调节 pH 值至 8.5，装入广口瓶，装量为容量的1/2~2/3。用8层纱布或2层纱布加1层棉花作瓶塞，再包上牛皮纸，121℃，压力1 kg/cm² 灭菌40 min。在接种箱或无菌室分别接种无机磷细菌和有机磷细菌。菌种斜面制成菌悬浮液，一支斜面可接1~3瓶。接种后，30~33℃培养48 h即可作种子用。

b. 液体培养。培养基配方可采用斜面培养基配方中的一种，不加琼脂。配好后装入三角瓶或其他小口瓶中，装量为瓶子的1/5~1/4，以纱布包瓶口或用棉塞塞瓶口，再包上牛皮纸，121℃，压力1 kg/cm² 灭菌30 min。取出，冷却后分别接种无机磷细菌和有机磷细菌，30~35℃振荡培养 2~3 d，可继续扩大培养。

④液体培养。取 10%马铃薯切碎，5%棉籽饼磨碎，装入纱布袋中，加 0.5%碳酸钙和足量水，调 pH 值至 8.5~9.0 后，放入灭菌锅中。121℃，压力 1 kg/cm² 下灭菌 50 min。通过管子将灭过的液体培养基压入已消毒的培养坛中，每坛装 40~50 kg，冷却到 40 t 以下时，便可直接接种无机磷细菌和有机磷细菌。克氏瓶培养的种子，每坛各接种 1 瓶。瓶子培养的种子，每坛约接 0.5 kg 种子液。30~35℃通气培养 2~3 d。

培养基：肥土 75%~80%，谷糠、木屑 10%~15%，麸皮 10%或棉籽饼 15%；肥土 45%，炉灰 45%，麸皮 10%；肥土 80%，麸皮 10%，木屑 10%。3 种培养基的加水量都是约 40%，拌匀，石灰或碱面调节 pH 值至 8.5 后装入布袋。121℃，压力 1 kg/cm² 灭菌 1 h 取出，放入无菌室。生产时可任选一种培养基。

培养：将培养用的盆、塑料袋用清水洗净，用 5%的来苏儿药液洗涤，放入无菌室，同灭过菌的培养基一齐用硫黄或甲醛蒸 12 h。按无菌操作程续分别接种无机磷细菌和有机磷细菌。每个大盆装料 5 kg，接种二级种子 1~2 瓶，拌匀后盖上灭菌的塑料布，用绳扎起来。30~33℃培养 2 d。培养 12 h 料温接近室温，24 h 料温可超过室温 3~5℃，48 h 又接近室温，即可出料。

⑤吸附。分为固体培养物吸附和液体培养物吸附。

a. 固体培养物吸附。取细炉灰和细土二者按 1∶1 混合，加水 20%左右，常压蒸汽灭菌 3 h，或用高压灭菌，料温降至 30℃以下，按需要菌数混合加入两种菌的扩大固体培养物，拌匀，装入灭菌的塑料袋，封口，保存。

b. 液体培养物吸附。培养好的菌液，经取样作显微镜检查和测定菌数，当菌数达 2.0×10⁹ 个/ mL，杂菌数在 15%以下时为合格，即可停止培养，混合两种磷细菌后进行吸附。

吸附材料大多采用草炭，也可用炉灰和肥土粉碎过筛，按炉灰与肥土 2∶1 的比例混合作为吸附载体。吸附材料要干燥且无霉变，可采用薄层紫外线辐照灭菌或微波灭菌，按成品含水率 25%~30%计算，加含菌液体培养物吸附混匀，称重装袋，置阴凉处保存。若在冬季生产，产品可在 30~35℃培养室中堆放 2~3 d，使细菌继续增殖，提高产品的菌数。

(3)磷细菌肥料使用技术

①使用方法。具体如下：

a. 拌种或浸种。把菌肥加水调成浆(500 kg 种子用菌肥 0.25 kg，加水 2 kg)，拌入种子，稍晾干后即播种。也可用原菌液直接浸种 12 h，阴干后播种。

b. 蘸根。把菌肥与厩肥和少量草木灰混匀，加水调成泥浆，作物移栽时用于蘸根。

c. 基肥。做基肥使用时，每公顷用菌肥 22.5~75.0 kg，混入有机肥料中施用。

d. 追肥。宜在作物开花前施于作物根部(菌肥使用量少于基肥量)，施后避免阳光暴晒，注意保持土壤湿润。

②提高磷细菌肥效的措施。具体如下：

a. 无机磷细菌菌肥和有机磷细菌菌肥混合使用。为了提高土壤中无效磷的总转化率，采用无机磷细菌菌肥和有机磷细菌菌肥混合拌制，肥效更好。另外，由于磷细菌要求土壤中的有机质丰富，水分充足，通气良好，使磷细菌进入土壤后能继续大量繁殖，因此在使用磷细菌肥料的同时，还必须配合使用堆肥或厩肥等有机肥料。

b. 磷细菌肥和固氮菌肥混合使用。磷细菌在土壤中为固氮菌提供了有效磷，有利于固氮菌的生长发育和固氮作用。同时由于固氮菌在土壤中增加了氮，故又能促进磷细菌的生长，两者互为有利。这样两种菌肥的联合作用提高了单一使用的效果。若和纤维素菌混合接种于堆肥中，纤维素分解菌的作用可促进堆肥中纤维素物质的分解，为磷细菌的生长繁殖提供了营养物质，两菌协同作用加速了堆肥的肥效形成。

c. 早施磷细菌肥料。据试验，拌种的增产效果比追肥高，而在小麦扬花期追肥施用的增产效果，大大低于入冬前或小麦返青时施用的增产效果。另外，土壤含水量在 15% ~ 23% 时，有利于磷细菌的生长和活动。

磷细菌肥料与'5406'抗生菌肥或与矿质磷肥配合施用，效果更好。但不宜与杀菌剂及化学氮肥同时混合使用。

2.3.1.4　钾细菌肥料

（1）钾细菌的主要类群

钾细菌肥料又称生物钾肥、硅酸盐菌剂，是由人工选育的高效硅酸盐细菌经过工业发酵而成的一种生物肥料。其主要有效成分是活的硅酸盐细菌。目前已知的有芽孢杆菌属中的一些种，如胶质芽孢杆菌（*Bacillus mucilaginosus*）和环状芽孢杆菌（*B. circulans*）等。该类细菌具有分解正长石、磷灰石，并释放磷、钾矿物中磷、钾元素的作用。生物钾肥的施用，缓解了我国钾肥供求矛盾，改善了土壤大面积缺钾状况，促进农业增产，提高了农产品品质。硅酸盐细菌在其生命活动过程中，产生多种生物活性物质，据报道钾细菌发酵液经生物和高压液相色谱仪测定证明，如 HM8841 硅酸盐细菌培养液中含有大量的赤霉素（GA_3）和细胞分裂素类物质，这些物质可以刺激植物生长发育，同时还可产生抗生素物质，增强植株的抗寒、抗旱、抵御病虫害、防早衰、防倒伏的作用，硅酸盐细菌死亡后的菌体物质及其降解物有营养作用。

（2）钾细菌肥料的生产

①种子培养。菌种利用无氮培养基进行斜面培养。培养基为 K_2HPO_4 0.5 g、$MgSO_4 \cdot 7H_2O$ 0.2 g、$MgCl_2$ 0.2 g、$CaCO_3$ 1.0 g、酵母膏 0.4 g、琼脂 20.0 g、蒸馏水 1000 mL，115℃灭菌 30 min 后斜面接种培养。

②液体培养。培养基配方可采用斜面培养基配方，不加琼脂，配好后装入三角瓶或其他小口瓶中，装量为瓶子的 1/5 ~ 1/4，以纱布包瓶口，或用棉塞塞瓶口，再包牛皮纸，1 kg/cm² 灭菌 30 min 后取出，冷却后接种钾细菌，30~35℃振荡培养 3~5 d，然后再接种到发酵罐进行扩大培养。将培养好的液体，经取样作显微镜检查和测定菌数，当菌数达 $2.0×10^9$ 个 /mL，杂菌数在 15% 以下为合格，可进行吸附。

③固体培养。把经摇床培养的钾细菌的液体收集起来，用温水稀释、搅拌均匀，以 1 kg 的量加入 100 kg 已准备好的事先放在室内的吸附剂中（富含腐殖质的菜园土壤或非酸性的泥炭）。搅拌均匀，添加上水，使湿度达到最大持水量的 50%，而后放在木盆内或堆成大堆，并置于温暖的室内几天，以增进钾细菌的繁殖。在 1 g 钾细菌剂中应该有不少于 $5×10^7$ 个钾细菌的细胞。在 1 hm² 地上应用 3~6 kg 钾细菌剂，也就是 $1.5×10^{11}$ ~ $3×10^{11}$ 个钾细菌的细胞。

(3)钾细菌肥料使用技术

钾细菌肥料的施用应根据不同农作物的生长发育特点和种植栽培特点而采用不同施用技术。一般土壤速效钾含量应低于 100 mg/kg,并含有一定的有机质、碱解氮和速效磷等,较瘠薄的沙地效果较好。

保水、保肥性较差的土壤不利于菌剂发挥作用。钾细菌肥料充分发挥作用需要一定的水分。在无灌溉条件的旱地、岗坡、丘陵地土壤,遇干旱少雨年份,钾细菌肥料中活的硅酸盐细菌不能正常生存,故施用钾细菌肥料一般采用局部接种,即施用的菌体细胞在种子或作物根系周围发挥作用。如拌种、蘸根、穴施等都是局部接种的施用技术。但也可采用基施的方法进行分散接种。总而言之,该技术简便易行,容易掌握,具体介绍如下:

①基施。按每公顷菌剂用量与有机肥 225 kg 左右拌均匀,撒于田面,随即整地或耘田覆盖。

②拌种。棉花、花生、玉米、小麦、水稻等作物均可采用拌种方法,菌剂用量 7.5~12 kg/hm^2。具体方法:7.5 kg 菌剂加水 4 L,加入种子拌种(在室内或棚内),使每粒种子黏上菌剂,稍加阴干即可播种(种子拌菌后稍有膨大,播种时应适当加大下播口,保证足够的播种量)。

③穴施。甘薯、烟草、西瓜、番茄、草莓、茄子、辣椒等,移栽或插秧前穴施钾细菌肥料。菌剂用量为 15~30 kg/hm^2,混合细肥土 200~300 kg,施于穴中与土壤混匀,然后移栽幼苗或插秧。

④蘸根。甘薯、水稻等作物移栽或插秧时蘸根施用。即用 7.5 kg 菌剂加水 200~300 kg 混匀后蘸根,然后移栽或插秧。

⑤沟施。果树施用钾细菌肥料,一般在秋末(10 月下旬至 11 月上旬)或早春(2 月下旬至 3 月上旬)根据树冠大小,在距树身 1.5~2.5 m 处,环树挖沟(深、宽各 15 cm),用菌剂 20~30 kg 混细肥土 300 kg,把混匀后的菌剂施于沟内然后覆土即可。

⑥种肥。芝麻、油菜、甜菜等作物,其种子较少,可把菌剂与种子混合后同时播种。

⑦追肥。有的作物也可将钾细菌肥料用作追肥施用。主要方法是菌剂用量 15~30 kg/hm^2 加水 750~1500 kg 混匀后,进行灌根,如西瓜、茄子、黄瓜、青椒、番茄等蔬菜作物,也有显著的增产效果。

(4)钾细菌肥料施用注意事项

①钾细菌肥料(生物钾肥)可与杀虫剂、杀真菌病害农药(但不能与杀细菌农药接触)同时配合施用(先拌农药、阴干后拌菌剂),然后播种。菌剂可与多菌灵、百菌清、种衣剂、粉锈宁等配合施用。

②钾细菌肥料一般不能与过酸或过碱物质混用,过酸或过碱的土壤也会影响硅酸盐细菌的生命活动,pH 值以 5.0~8.0 的范围为宜。

③拌好菌剂的种子应晾干而不能晒干,在贮、运、用过程中应避免阳光直射。施用时当天拌种、当天播完、及时覆土。

④当必须补充苗期钾素而施用化学肥料时,应分开施用。研究表明,与 K$_2$SO$_4$ 同时使用时,存在明显的拮抗作用,呈显著的负效应。

⑤硅酸盐细菌的生长繁殖同样需要养分,有机质贫乏的土壤不利其生命活动,有机质

低于 0.6% 的土壤，最好采用菌剂拌有机肥混合施用。

2.3.1.5　光合细菌肥料

（1）光合细菌的主要类群

光合细菌是一类能将光能转化成微生物代谢活动能量的原核微生物，是地球上最早的光合生物，广泛分布在海洋、江河、湖泊、沼泽、池塘、活性污泥及水稻、水葫芦、小麦等根际土壤中。

光合细菌的种类较多，包括蓝细菌、紫细菌、绿细菌和盐细菌。与生产应用关系密切的主要是红螺菌科中的一些属、种。如红假单胞菌属（*Rhodopseudomonas*）中的荚膜红假单胞菌（*Rho. capsulatus*）、球形红假单胞菌（*Rho. sphaeroides*）、沼泽红假单胞菌（*Rho. palustris*）、嗜硫红假单胞菌（*Rho. sulfidophila*）、胶状红环菌（*Rho. gelatinosa*）、绿色红假单胞菌（*Rho. viridis*）。红螺菌属（*Rhodospirillum*）中的深红红螺菌（*Rho. rubrum*）、黄褐红螺菌（*Rho. fulvum*）、盐场红螺菌（*Rho. salinlarium*）。

光合细菌能在光照条件下进行光合作用生长，也能在厌氧下发酵，在微好氧条件下进行好氧生长。我国的光合细菌制剂在农业上应用于农作物的喷施、秧苗蘸根，许多地方都得到了较好的应用效果；在畜牧业上应用于饲料添加剂，在畜禽粪便的除臭和有机废物的治理上均有较好的应用前景。由于光合细菌应用历史比较短，有关产品的质量、标准以及进一步提高应用效果等方面都是比较薄弱的环节，有待进一步加强。

（2）光合细菌的作用机理和功效

①固氮。在淹水的耕作土壤（如水稻土）里，光合细菌能提高土壤的氮素水平，从而提高土壤肥力。而在混合培养中，当与异养菌共生时，它也能利用后者分泌出的丙酮酸，在好气条件下固定氮素。

②分泌氨基酸和核酸类物质促进根系生长。光合细菌可为植物根系分泌氨基酸和核酸。试验表明：脯氨酸、尿嘧啶、脯氨酸加尿嘧啶能使水稻产量分别比对照提高 3%、11% 和 46%；对番茄产量分别提高 40%、32% 和 45.5%。

③消除有害物质、提高作物抗病性。光合细菌含有抗病毒物质，它在光照及黑暗条件下均有钝化病毒致病的能力。用光合细菌作肥料，还能提高柑橘和番茄的产量并改善其品质（果实中糖、胡萝卜素及维生素含量均显著增加），促进分裂素的合成，阻止植物病原菌的滋生。据报道，对于危害卷心菜的镰刀菌，光合细菌能对其产生胞溶作用，从而减轻对植物的危害。另外光合细菌还能氧化或分解土壤中的 H_2S（如水稻孕穗期有大量的硫化氢产生）和胺等有毒物质，对土壤起着一定的解毒作用。用光合细菌净化羊毛废水后作菠菜水培，因放线菌利用光合细菌得到增殖，真菌的生长受到抑制，由此而形成对病原性真菌的抑制现象。

④改善土壤肥力，提高作物产量和品质。对土壤微生物区系的研究表明，与施用无机肥相比，光合细菌可以较明显地促进土壤细菌和放线菌的增殖。细菌的增加对于土壤可给性氮素和磷素营养条件的改善是有利的，放线菌的增殖有利于分解有机质，并产生抗生素和激素，还可有效地抑制某些病原霉菌的生长。固氮菌的增殖能增进土壤的生物固氮，有利于增加土壤含氮量，从而提高土壤肥力。

光合细菌对稻田土壤培肥和增产的作用。据赵德森等（2002）报道，光合细菌具有促进

表 2-9 光合细菌对水稻经济性状的促进及增产作用

处理	抽样编号	穗数（穗/m²）	粒数（粒/穗）	结实率（%）	千粒重（g）	理论产量（kg/亩）	增产（%）
试验田	1	368	101.9	89.3	25.00	558.4	—
	2	374	104.9	83.8	25.00	548.2	—
	3	353	95.8	93.2	25.00	525.6	—
	平均	365	97.5	91.7	25.00	544.1	12.6
对照田	1	354	110.4	77.0	24.80	497.8	—
	2	344	86.3	86.5	25.00	453.4	—
	3	366	101.1	81.4	24.80	498.3	—
	平均	355	92.3	88.8	24.86	483.2	—

水稻分蘖、幼穗分化、增加产量的作用(表 2-9)。

(3)光合细菌肥料的生产

①培养基的制备。有些培养基的成分不能与某些成分在同一溶液中进行高压灭菌，而另一些成分又不能用高压灭菌，还有一些成分在氧存在下分解或形成抑制性物质。因此，有时在培养基的配制方法上要分别对待。特别是使用贮存原液的方法较为简便。

紫硫细菌、绿硫细菌培养基：NH_4Cl 300 mg、K_2HPO_4 300 mg、$CaCl_2 \cdot 2H_2O$ 200 mg。$MgCl_2 \cdot 6H_2O$ 或 $MgSO_4 \cdot 7H_2O$ 200 mg/250 mg、KCl 200 mg；Na_2CO_3 或 $NaHCO_3$ 2.1 g/1.7 g、$Na_2S \cdot 9H_2O$ 100~700 mg；NaCl 30 g；微量元素溶液 10 mL；$Na_2S_2O_3$ 0~500 mg；NaAC 0~250 mg；维生素 B_{12} 20 μg；蒸馏水 1000 mL，pH 值 6.8~7.5，高压蒸汽灭菌(121℃，30 min)。

紫色非硫细菌培养基：NH_4Cl 300 mg、NaCl 400 mg、$CaCl_2 \cdot 2H_2O$ 0.50 mg。KH_2PO_4 300 mg；$MgCl_2 \cdot 6H_2O$ 200 mg；微量元素液 10 mL；Na_2CO_3 或 $NaHCO_3$ 2000 mg；酵母膏 200~1000 mg；维生素液 10 mL；琥珀酸钠 100 mg；抗坏血酸钠 500 mg；蒸馏水 1000 mL，pH 值 6.8~7.3，高压蒸汽灭菌(121℃，30 min)。

微量元素溶液贮液：Na_2-EDTA 500 mg、$FeSO_4 \cdot H_2O$ 200 mg、$ZnSO_4 \cdot 7H_2O$ 10 mg、$MnCl_2 \cdot 4H_2O$ 3 mg、H_3BO_3 30 mg、$CoCl \cdot 2H_2O$ 20 mg、$NiCl_2 \cdot 6H_2O$ 2 mg、$CuCl_2 \cdot 2H_2O$ 1 mg、$Na_2MoO_4 \cdot 2H_2O$ 3 mg。加水至 1000 mL，pH 值 3.0。

当有某种需要时，可用氯化物代替同上，用 0.2 nm 膜滤器过滤除菌。

②试管及二级小型广口瓶接种。必须选择优质菌种。一般要求菌种活性高，菌液中菌体分布均匀，未见有下沉现象，光密度要高。按生理繁殖特征要求，光合细菌接种程序一般可分为四级培养。

a. 一级试管菌种与二级小型广口瓶种。其生长培养基需先经高压灭菌，然后在无菌条件下，按培养基量的 1%~2%接种。接种后在厌氧条件下(在某些环境条件和培养条件下，如红螺菌属的若干种可兼性好氧，并且能够在有氧情况下进行培养)，以适宜的温度、pH 值，光照培养。

b. 试管及二级小型广口瓶接种培养。

温度：光合细菌生长的温度范围较宽，一般为 10~30℃，最佳温度为 25~28℃。光合细菌能耐较高的温度，置于 40~42℃恒温箱中培养仍能生长。当温度降至 10℃ 以下时，生长缓慢。5℃以下时基本停止生长。当 0℃左右并置于黑暗条件下时，7~15 d 菌体大部分沉降死亡。在室外培养时，冬季温度降至 10℃以下，接种后转色较慢，10~15 d 略见菌液变深。由于冬季气温不易提高，光照弱，培养和保存菌种较其他季节困难。

pH 值：光合细菌生长的 pH 值范围较宽，一般是微酸性到中性，pH 值为 6.6~7.5，在培养过程中，需定时测定培养液 pH 值的变化。在光合细菌生长期间各种培养基 pH 值的变化和硫化氢的含量对于许多种紫色细菌的生长繁殖是很重要的。光合细菌能够生长的 pH 值范围和对于各种菌种的最佳 pH 值，不仅取决于硫化氢的含量（不应超过 150~200 mg/L）和硫酸盐氧化而产生的硫酸，而且还取决于培养基中其他有机化合物和无机化合物的存在及其浓度、二氧化碳的同化或释放。

光照：光合细菌常存在于只有少量太阳辐射光的自然生境中。虽然光的存在是光合细菌生长的必要条件，但就其对光的需要而论，在自然生境中的细菌并不能任意挑选光照，红色细胞进行光合作用所吸收的光谱波长为 800~900 nm，一般用电灯泡发光，以满足其对光照的要求。所用灯泡为白炽灯，光强度一般为 500~2000 lx。某些研究工作者研究了光强对生长率、细胞产量、色素合成和二氧化碳同化率的影响。Sistrom（1962）指出：随着光强度的降低，不仅会引起色素含量的增加，而且还导致生长率的降低。另一些研究者指出，低于 $7 \times 10^3 erg \cdot cm^2/min$ 的光强度，能强烈地抑制无机盐培养液中的光合细菌生长。

③三级大瓶与四级塑料桶扩大培养。培养基原液可用蒸馏水或冷开水进行稀释。室外培养时，温度高的夏季及温度适宜的春末、秋季，扩大培养液可用井水、自来水或冷开水，如用自来水需先放置一昼夜或更长时间。冬季温度低，需用冷开水稀释，以防井水或河水中青苔孢子污染。三级、四级的接种量随季节气温不同而异，一般为 10%~20%，接种后 3~5 d 内如发现菌液显色极慢，或菌体已发生下沉现象，说明其活性减弱，需及时选用活力强的菌液重新接种。

温度较低时，则可将玻璃瓶或塑料桶等培养容器置于玻璃温室或塑料大棚中，能同样具备适宜的光照与温度条件。玻璃温室在晴天时，自然光照度平均为 8700~19 000 lx，阴雨天则为 570~2100 lx，均能适合光合细菌生长繁殖过程中对光照的要求。

④保种。春秋季气温适宜，容易培养与保种，夏季虽然气温偏高，但光合细菌能耐较高温度，亦易培养成功和保好菌种，只是因菌体生长旺盛，相隔一定时间后，需加入新的培养液，以促进繁殖。冬季保种则较困难，主要是气温降至 10℃以下时，菌体生长缓慢常在瓶口或桶口壁上生长青苔，这时可采用以下措施：经常检查，一旦发现青苔立即除尽；加大接种量；以白炽灯加红外灯加温；用冷开水或消毒水稀释。

生长于液体培养基中的紫硫细菌常常每隔 10~14 d 转接一次（特别是无机培养基）。若菌种保存在低温和不直接曝光的室内或冻干，菌种可在琼脂斜面上保藏较长时间。

Malir（1984）介绍了一种在厌氧条件下，用液氮保藏光合细菌的新方法。通常要求原培养物在确保菌种存活力、防止污染、遗传型和表现变异最小的条件进行保藏。在液氮中保藏光合细菌，必不可少的是要确保厌氧条件。若干种光合细菌在经热封口的 2 mL 安瓿中用二甲基亚砜(DMSO)做冷冻保护剂，于液氮中可保藏 8~9 年，其菌体仍具有活力和较高的复原率，并能迅速进行光能自养生长。

刘军义(2003)提出用于紫色非硫细菌培养的培养基为：CH_3CH_2COONa 3.0 g、NaCl 5.0 g、$NaHCO_3$ 1.0 g、$FeCl_2$ 0.005 g、NH_4Cl 0.2 g、K_2HPO_4 0.5 g、琼脂 1.5%~0.2%、蒸馏水 1000 mL，pH 值 7.0~7.3，高压蒸汽灭菌(121℃，30 min)。

(4)光合细菌肥料使用技术

①粮食作物。

a. 浸种。每公顷用原液 7.5 kg 加水 3 倍浸泡 5 h 后晾干下种。

b. 叶面喷施。每公顷每次用原液 7.5 kg，第 1 次加水 35 倍、第 2 次加水 40 倍左右、第 3 次加水 40~50 倍，如有病虫害发生，视损害程度，原液加 29 倍的水喷打或直接用原液涂抹病害区。

②棉花。

a. 浸种。每公顷用原液 7.5 kg 加水 5 倍浸种。

b. 叶面喷施。苗出土后第 3 片叶时，开始喷打第 1 次，此时喷施是抗病虫害的，浓度比为 1∶(25~30)；吐条后开始喷施第 2 次，浓度比为 1∶(30~35)；整枝时喷施第 3 次，可适当加一些助壮素。

③蔬菜。

a. 浸种。每公顷用原液 7.5 kg 加水 5 倍浸种。

b. 叶面喷施。幼苗喷施 1 次，每公顷用原液 7.5 kg 加水 35~40 倍；生长期开始喷第 2 次，每隔半月 1 次。

c. 防治病虫害。视病害程度，原液 0.35 kg 加水 29 倍，或直接用原液涂抹病害区。

④果树。视树冠大小，用原液加水 30 倍，在开完花坐果后和果实膨大期，每隔 20 d 左右喷 1 次，后 2 次加水 40 倍。

⑤花卉。可用 30 倍的稀释液灌根或用 50 倍的稀释液叶面喷施。

2.3.1.6　植物根际促生细菌功能(PGPR)肥料

植物根际是指生物、化学和物理特性受到影响的紧密环绕植物根的区域。这一概念首先于 1904 年由德国微生物学家 Lorenz Hiltner 采用，用以描述豆科植物根系与细菌的特殊关系。植物根际的微生物多而活跃，构成了根际特有的微生物区。根际微生物区系又主要以细菌为主，根据其对植物的作用，根际细菌(rhizobacteria)分为有益(2%~5%)、有害(8%~15%)和中性(80%~90%)3 类。能够促进植物生长、防治病害、增加作物产量的微生物被称为植物根际促生细菌。

(1)植物根际促生细菌的种类

自从 1978 年 Burr 等人首先在马铃薯上报道植物根际促生细菌以来，国内外已发现包括荧光假单孢菌、芽孢杆菌、根瘤菌、沙雷菌等 20 多个属种的根际微生物具有防病促生的潜能，最多的是假单胞菌，次为芽孢杆菌、农杆菌、欧文菌、黄杆菌、巴斯德菌、沙雷菌、肠杆菌等属种。随着工作的发展，报道具有植物根际促生作用的种类还会不断增加。

（2）植物根际促生细菌的作用机制

植物根际促生细菌促进植物生长的机理可分为直接作用和间接作用，该分类是比较主流的分类方式。

①直接作用。植物根际促生细功的直接作用包括固氮、溶磷、产生嗜铁素、产生植物激素等途径。

a. 固氮。氮是植物生长最重要的必需养分之一，是每个活细胞的组成部分。地球上2/3 的氮素都是通过生物固氮的形式存在，生物固氮是指微生物将空气中的氮气还原为氨，为植物生长提供氮素营养。在农业生产中高效利用生物固定的氮素可大幅减少人工氮肥使用量，有助于缓解土壤环境污染，发展可持续现代农业。根据固氮方式不同可分为自生固氮、共生固氮和联合共生固氮 3 种，其中共生固氮效率最高。自生固氮的微生物大多利用光能或化能固定氮素，如红螺菌、红硫细菌和绿硫细菌等，该类细菌固氮效率相对较低，固氮量也较少；共生固氮最典型的是根瘤菌属细菌与豆科植物共生形成的根瘤共生体系；联合固氮的菌种虽然与植物根系关系密切，但不形成类似根瘤的特异化结构，只是聚集在根系表面或通过植物根部伤口定殖到根系内部，该类固氮菌易受到环境影响。植物根际促生细菌为豆科植物固氮，根瘤菌家族属于蛋白菌，侵染豆科植物根系后与之形成共生关系，寄主与共生体之间是一种复杂的相互关系，形成结节或小瘤。植物根际促生细菌也可为非豆科植物固氮，但需要通过一种双组分结构的金属酶—固氮酶复合体来实现。其中，固氮酶还原酶为铁蛋白组分，提供电子具有高还原力，将 N_2 变为 NH_3；固氮酶为金属辅因子蛋白组分，基于不同的金属辅因子，固氮系统可被分为钼型、钒型和铁型 3 种。不同种属的细菌，固氮系统的结构有所不同，但以钼型固氮酶居多。

b. 溶磷。磷是仅次于氮的植物生长必需养分，在植物的糖类代谢、蛋白质代谢和脂肪代谢中起重要作用。植物所利用的磷素主要来源于土壤，土壤中存在有机态磷和无机态磷，植物通常以正磷酸盐（HPO_4^- 或 $H_2PO_4^-$）的形式吸收磷元素，土壤中约 95% 的磷为无效磷。为提高作物产量，人工施入的大量可溶性磷肥又极易被土壤中金属阳离子结合，经化学沉淀固定形成难溶的磷酸盐在土壤中积累起来。溶磷微生物不但能分解植物无效态磷使其转化为植物可吸收利用的形态，还能分泌一些生长调节物质，促进植物根系生长，增强植株的抗病能力。因此，近年来从植物根际土壤中筛选出高效溶磷菌，用以活化土壤中的难溶性磷，减少化肥施用量，成为提高土壤磷利用率的研究热点。植物根围存在多种溶磷微生物，其中溶磷细菌被认为是有希望的生物肥料，包括固氮菌、芽孢杆菌、拜叶林克菌、伯克菌、肠杆菌、欧文菌、黄杆菌、细杆菌、假单胞菌、根瘤菌和沙雷菌。

c. 产生嗜铁素。嗜铁素也称铁载体，是微生物和部分作物在低铁应激条件下产生的一种能够高效结合 Fe^{3+} 的较小相对分子质量的有机化合物。嗜铁素的合成与转运通常在缺铁的情况下高效表达，与 Fe^{3+} 的结合能力非常强且具有特异性，能从各种水溶性和非水溶性的化合物中夺走 Fe^{3+}。嗜铁素按照其螯合基团特性可分为 3 类，包括氧肟酸类、儿茶酚类、柠檬酸类，产生嗜铁素的微生物包括细菌和真菌。嗜铁素既是依赖受体的高亲和性铁转运系统，可作为生长因子或萌发因子，也可作为抗生素或毒力因子。首先是植物营养学功能，铁是植物必需的微量元素，铁元素在原核和真核生物的生命活动中具有不可替代的功能。嗜铁素可活化土壤中难溶的铁，提高铁的溶解性、移动性和有效性，校正植物缺铁失绿。许多研究认为，微生物铁载体与 Fe^{3+} 的螯合物可直接被植物吸收，并推测这种机理是植物抗铁胁迫的第三机理。其次是生物防治功能，植物根际促生细菌分泌嗜铁素是其控制真菌病害的一种主要机制，依靠高亲和铁的螯合体产物嗜铁素与病原菌竞争铁离子，使得病原菌缺乏铁元素而不能生长繁殖，进而达到控制植物病害的目的。此外，还有载体功能，嗜铁素进入微生物细胞内是在受体蛋白的介导下完成，以载体的形式与某些抗微生物的药物分子连接，使药物更易进入靶向微生物体内，从而更有效地杀死靶向病原菌，这是一种特洛伊木马式的策略，这一功能对医药界研发具有重要意义。

d. 产生植物激素。各种作物根围分离的微生物群中，80%具有合成与释放生长素作为次生代谢物质的能力。根际细菌分泌的吲哚乙酸(IAA)可参与众多植物的发育过程，植物内源吲哚乙酸库也会因获取土壤细菌分泌吲哚乙酸而发生改变。吲哚乙酸也作为一种互惠信号分子，影响微生物的基因表达。吲哚乙酸影响植物生长发育及防卫反应，吲哚乙酸下调信号与植物对病原体细菌防卫机制相关。植物根际促生细菌生成的吲哚乙酸可能通过改变植物的生长素库来干预植物的生理过程，细菌性吲哚乙酸促进根系表面积和根长增加，更有效地吸收土壤养分；还可使植物细胞壁松弛渗出更多的根系分泌物为植物根际促生菌提供一些额外的养分，互利共生。细菌性吲哚乙酸作为植物与微生物互作的效应分子，参与发病机制和植物激发。色氨酸是调节吲哚乙酸合成水平的重要前体分子，色氨酸与其前体氨基苯甲酸盐存在反馈调节机制，进而间接调节吲哚乙酸合成。

e. 调控植物乙烯含量。乙烯是植物生长和发育十分重要的代谢物，也是一种植物激素，几乎所有植物都内源生成，尤其是受到各种生物性或非生物胁迫时，诱导一系列植物生理变化。胁迫条件下，乙烯作为逆境激素存在，盐、干旱、淹水、重金属或病原体入侵，内源乙烯含量显著升高，加速衰老，全面抑制植物生长发育。高浓度乙烯诱导落叶和其他细胞过程，进而造成作物减产，而植物根际促生细菌产生的酶包括 ACC(氨基环丙烷羧酸)脱氨酶，可通过降低乙烯水平来促进逆境下植物生长。具有 ACC 脱氨酶活性的菌株已被鉴定出很多，这些根际细菌吸收乙烯前体 ACC 并转化成 2-氧代丁酸和氨，ACC 水解保持细菌较低的 ACC 浓度，允许从植物向细菌持续转运 ACC，否则乙烯会由 ACC 转化而来，进而引起植物胁迫应激响应，包括生长抑制。

②间接作用。植物根际促生细菌的间接作用包括产生抗生素、抑制病原微生物、清除植物根际可供病原微生物利用的铁、诱导激活植物抗性等途径。

a. 产生抗生素抑制植物病原微生物。有些植物根际促生细菌产生抗生素是它们防病促生的重要因素。例如，荧光假单胞菌产生抗生素藤黄绿脓菌素有效地抑制病原真菌立枯丝核菌所引起的棉花碎倒病。同一菌株可以产生多种抗生素，不同菌株也可产生同种抗生素。已经分离鉴定的由植物根际促生细菌产生的抗生素有土壤杆菌产生的土壤杆菌素 84、荧光假单胞菌 2-79 和 30-84 产生的吩嗪、荧光假单胞菌 Pf 5 产生的藤黄绿脓菌素和硝基毗咯菌素、枯草芽孢杆菌 AU 195 产生的芽孢杆菌素、荧光假单胞菌 F113 产生的 2,4-二乙酰藤黄酚等。抗生素吩嗪酸和 2,4-二乙酰藤黄酚为荧光假单胞菌土壤分离物中最典型的两种次生代谢产物，它们对防治由小麦全蚀病菌引起的小麦全蚀病起着重要的作用。嗜麦芽窄食单胞菌和阴沟肠杆菌产生的抗真菌物质对大多数镰刀菌有广谱活性。Brisbane et al. (2010)从接种了荧光假单胞菌 2-79 的小麦根系周围的液体中获得了的抗生物质吩嗪-

1-羧酸(phenazine-1-carboxylic acid，PCA)，接着他们又从荧光假单胞菌处理的田间小麦根际提取出 PCA，其在根际的含量足够抑制全蚀病的发生。

b. 清除植物根际可供病原微生物利用的铁。有些植物根际促生细菌能分泌与铁结合的小分子物质，称为嗜铁素(又称为铁载体)，它是一种对 Fe^{3+} 有很强结合能力的螯合物。嗜铁素可以从各种水溶性和非水溶性的化合物中夺走 Fe^{3+}。在根际土壤铁含量低时，嗜铁素螯合了土壤中有限的 Fe^{3+}，从而使环境中的铁浓度被降低。病原微生物由于本身不能产生嗜铁素或产生很少，产生的嗜铁素也会被植物根际促生细菌所利用，而植物根际促生细菌产生的嗜铁素不能被病原微生物所利用，病原微生物由于缺铁而不能生长繁殖，进而达到控制植物病害的目的。林超等筛选到产嗜铁素的洋葱伯克霍尔德菌，研究发现它对 12 种常见炭疽菌和镰刀菌有拮抗作用。摩擦接种洋葱伯克霍尔德菌后喷雾芒果炭疽病孢子悬浮液，保湿 5 d，结果显示洋葱伯克霍尔德菌处理过的杧果叶片发病率比未处理的杧果叶片少 14%，病情指数也降低 51.34%。说明产嗜铁素细菌洋葱伯克霍尔德菌对杧果炭疽病有一定的防控作用。

c. 诱导激活植物抗性。一些植物根际促生细菌与植物根系互作还会引起植物对某些致病细菌、真菌或病毒产生抗性，这种现象即诱导系统抗性(ISR)，诱导系统抗性信号传导主要依赖于感应植物激素(茉莉酸和乙烯)。植物根际促生细菌的某些组分可独立诱导植物抗性，如脂多糖、鞭毛、嗜铁素、环状脂肽、2,4-二乙酰基间苯三酚、高丝氨酸内酯，挥发成分如 3-羟基-2-丁酮、2,3-丁二醇等。植物根际促生细菌等生防菌通过在植物根际或植物体内高密度定殖，兼有抑制植物病原菌和根际有害微生物，以及促进植物生长并增加作物产量的作用，更重要的是诱导植物抗性，从而提高植物整体的抗病能力。

d. 合成抗真菌代谢物。有些植物根际促生细菌产生淀粉酶、蛋白酶、脂肪酶、几丁质酶、纤维素酶、果胶酶和磷酸水解酶等。枯草芽孢杆菌 CRB20 产生几丁质酶抑制镰刀菌的生长，能防治番茄枯萎病。荧光假单胞产生蛋白酶抑制立枯丝核菌的生长，能防治水稻纹枯病。假单胞菌株生产几丁质酶和纤维素酶抑制果腐霉和担子菌生长，防治鹰嘴豆纹枯病。

e. 与病原微生物竞争根际生存空间。竞争作用主要指空间位点竞争及营养竞争。营养和空间位点竞争是指存在于同一微小生物环境中的两个或两个以上微生物之间争夺这一环境内的空间、营养、氧气等的现象。Bacon et al. (2001)分离的玉米内生枯草芽孢杆菌与玉米病原真菌串珠镰孢菌(*Fusarium moniliforme*)有相同的生态位，枯草芽孢杆菌能在玉米体内迅速定殖，可有效降低串珠镰孢菌及其毒素的积累。但红侠等(2010)在研究枯草芽孢杆菌对棉花枯萎、黄萎病的防治机制时发现，该菌对枯黄萎病菌具有明显的营养竞争和空间竞争作用，可以溶解致菌菌丝和导致菌丝畸形。

植物根际促生细菌的作用机理也有另外的分类方式，一类是诱导植物产生系统抗性以抵御生物性胁迫；另一类是诱导植物提高耐受力以抵御非生物胁迫。前者是指植物根际促生细菌能产生抵抗多种病原菌的抗生素类物质或毒素，帮助植物抵抗生物类侵害，包括病原细菌、真菌、病毒及线虫等；后者是指植物根际促生细菌能帮助植物忍受多种环境胁迫，包括干旱、高盐、重金属、肥力低下或过剩等。

上述作用途径并非存在于所有植物根际促生细菌中，但一种植物根际促生细菌也可能具备以某种功能为主的多种功能。在实际应用中可根据具体情况选择多种植物根际促生细菌的组合来达到促进作物生长发育的目的。随着现代基因操作技术的进步，人们可以定向培养出在某一方面具有高度活性的植物根际促生细菌来满足某种专门的需求。可以预料在不远的将来，植物根际促生细菌可用来部分或大部分代替农药和化肥，以实现高效益、低成本、环境安全、产品优良的农业生产。

(3)植物根际促生细菌的宿主植物及其效应

目前研究的植物根际促生细菌的宿主植物主要是一些农作物和林木。农作物上有粮食作物、豆科作物等一些经济作物。植物根际促生细菌对它们的作用不尽相同，分述如下：

①小麦。最近来自4个不同的研究组的报告均进一步证实，植物根际促生细菌能促进小麦的生长。Weller 和 Gook 发现，64 个从小麦根际分离的细菌菌株中的 17 个能在温室试验中促进小麦的生长。田间试验用 4 个菌株接种，显著增加了植株的密度、植株干重、穗数和谷粒产量。在另一个报告里 De Freitas 等发明了一个生长室分析系统用于筛选植物根际促生细菌，发现在田间土壤的试验有 9 个菌株一致表现促进了植物生长，与对照相比，增加了植株高度、根和茎的生物量及分蘖数。

②大麦。Iswendi et al. (1987)研究了从大麦根际分离的一个假单胞菌株的效应，接种的植株较未接种的干重增加 5%~20%。

③棉花。Sekthivel et al. (1986)报道，在温室用田间土的试验里，筛选出 2 株荧光假单胞菌，对植物病毒和细菌有抗性，接种使 4 周龄棉花增重 8%~40%。Broadbent et al. (1977)证实，枯草杆菌 A-13 菌株有希望作为植物根际促生细菌菌株并作为棉花病害的生物调控剂。

④水稻。Sakhivel et al. (1986)从不同作物根际分离出荧光假单胞菌株并用广谱抗真菌抗生素和细菌病原筛选菌株，用植物根际促生细菌处理水稻种子，4 个菌株产生增产作用，范围较对照增加 12%~24%。

⑤玉米。美国的生物技术公司进行了荧光假单胞菌对玉米田间作用的 5 年试验，在温室不同生长条件下筛选了不同菌株，记录了增加植物干重等可见的促生作用。在田间试验条件下，菌剂以 10^3 CFU/cm 根用量接种，玉米产量平均增加 17.7%~20.3%。

⑥花生。奥本大学首次于 1980 年发现枯草芽孢杆菌 A-13 苗株在大田可增加花生的生长。Clay(1986)在美国亚拉巴马州和得克萨斯州的试验表明，产量分别增加 14%~24% 和 6%~16%。

⑦菜豆。Anderson et al. (1985)报道，用恶臭假单胞菌在水培条件下接种，它们可在菜豆主根、侧根上繁殖，并且增加了根的木质素含量和植物重量。

⑧蔬菜及经济作物。1988 年，Kloepper 等报告了植物根际促生细菌对油菜大田产量增加的可能性。其在根区筛选 4000 个以上菌株，并在 4~14℃ 生长条件下分别评价种子渗出物的代谢情况，表明植物根际促生细菌有助于天冬酰胺的趋化性及在根的增殖。对其中 887 个菌株评价了在温室条件下有田间土壤盆栽的促生作用，3 个试验中有 2 个试验表明其中 35 个菌株可增加子叶面积，2 个试验中有 1 个表明 13 个菌株中增产最高达 57%，有 3 个菌株在 2 年所有点上比对照增产 6%~13%。

(4)植物根际促生细菌的应用

植物根际促生细菌生物制剂既能防病又能增产，其产业化前景广阔，产业化品种主要有两种：活体制剂和植物根际促生细菌代谢产物制剂。活体制剂是指应用植物根际促生细菌活菌体，可直接用于植物病害的防治，其生防机制包括拮抗作用、交叉保护作用和诱导抗性作用。从生态学观点看，活菌应用还有利于改善土壤和植物体的微生态环境。目前，国内外的活体植物根际促生细菌生物制剂主要有粉剂和颗粒剂两种产业化品种。植物根际促生细菌代谢产物制剂即应用植物根际促生细菌在深层发酵过程中的代谢产物，应用时直接针对植物病原菌或针对病原菌的代谢产物（如抗生素、细菌素、溶菌酶等），其作用主要为抑菌或杀菌。生产针对寄主植物的代谢产物，主要称作激发子，其主要作用是激发寄主植物产生防御反应，近年来已发现的微生物来源的激发子有寡糖类、寡聚糖类、肽类、小分子蛋白、脂肪类和糖蛋白类等。

因此，代谢产物制剂可制成抗生素类产品，也可研制成激发子类产品，或两者兼而有之的复合型产品。这些产品都可利用基因重组、高表达技术和先进的生物工程下游技术，以提高产品产量和质量。最早成功地应用和商业化生产的植物根际促生细菌是枯草芽孢杆菌 A13，该细菌是由 Broalbent 等分离得到的，能够抑制植物病原菌和促进多种植物的生长。用 A13 处理种子，可以提高胡萝卜产量 48%，燕麦产量 33% 和花生产量 37%。我国在田间应用植物根际促生细菌始于 20 世纪 80 年代，在不同大田作物上平均增产 10%~20%。

2.3.2 真菌肥料

2.3.2.1 木霉菌肥

木霉是一种普遍存在的真菌类微生物，对多种病原菌都有拮抗作用，也能促进植物的生长，增强植物的抗病性。木霉菌肥具有促进植物生长、抗病害、降解农药，对环境无危害性等特点，具有广阔的开发前景。以木霉为主的微生物肥料开发成功且已登记，如浙江大学开发的威绿达等有机菌肥。

（1）木霉的种类

木霉属半知菌亚门丝孢纲丛梗孢目黏孢菌类，是一类普遍存在的腐生真菌，常见于土壤、根际、叶围、种子和球茎等环境中。目前常见的木霉种类有哈茨木霉（*Trichoderma harzianum*）、哈氏木霉（*T. hamatum*）、多孢木霉（*T. zpolysporum*）、康氏木霉（*T. zkoningii*）、拟康氏木霉（*T. pseudokoningii*）、绿色木霉（*T. zviride*）和长枝木霉（*T. longibrachiatum*）等（Rama，2000）。在众多种类中，绿色木霉（纪明山，2002）和哈茨木霉应用较多，在植物病害防治方面表现出较好的防治效果，并且一直是植物病害生物防治学家研究的重点。在将木霉用于生物防治的同时，许多研究发现，木霉也有促进植物生长的作用，因此对木霉的研究仅局限于其生物防治作用是不够的，木霉在促进作物生长方面同样具有很大的潜力。

（2）木霉的作用机制

木霉作为生物防治植物病害的理想手段，其对植物病原菌的拮抗机制主要包括竞争作用、重寄生作用、分泌具有活性的代谢产物、诱导宿主植物的自体抗性等。

①木霉的发酵所产生的代谢产物可能促进植物的生长。如木霉发酵能产生木霉素、赤霉素等代谢产物，这些发酵产物对植物的生长很可能有促进的作用。研究发现，在用哈茨木霉和康宁木霉菌丝培养物处理玉米、马铃薯及烟草种子时，发现了一种可扩散的能刺激

植物生长的因子。Bjorkma et al. (1998)发现用具有根际定殖能力和刺激植物生长的哈茨木霉菌株处理后的玉米植株根部比未经处理的明显健壮。

②木霉代谢产物中含有多种抗生素,能够抑制许多病原菌的生长,从而使植物充分生长,这也可能是木霉促进植物生长的重要因素。因为生长在开放环境中的植物会或多或少受到病原菌的抑制而不能达到其生长最大极限,在植物根际接入木霉,可抑制病原菌对植物的侵害,而使植物的生长潜能得以发挥。据报道,许多木霉如哈茨木霉、绿色木霉、钩状木霉是植物病原菌的寄生菌或拮抗菌。哈茨木霉是可用于防治植物病原真菌(如丝核菌、疫霉菌、腐霉菌)的生物防治菌,它能产生一系列几丁质酶和葡聚糖酶。这些酶类可以降解植物病原真菌的细胞壁,从而抑制病原菌的孢子萌发,并引起菌丝和孢子的崩解。

③木霉的快速定殖与重寄生。木霉在玉米叶片表面的繁殖速率很快,超过了病原菌的生长速率,因此木霉菌可快速占领空间,从而抑制病原菌的定殖。木霉菌一旦与病原菌接触后可直接重寄生病原菌菌丝,从而抑制病原菌的生长和侵染。木霉的根际定殖能随根一起生长延伸,可分泌一些物质或溶解根周围一些病原真菌的细胞壁。长枝木霉 TL 菌株和哈茨木霉 TH 菌株通过重寄生作用,菌株能够通过紧贴、缠绕、穿透等方式寄生于黄瓜枯萎病菌菌丝,引起病原菌菌丝断裂,细胞内容物外泄。通过荧光标记的钩状木霉(*Trichoderma hamatum*)对辣椒疫霉菌的互作抑制作用证实了钩状木霉能够通过竞争作用抑制辣椒疫霉菌的生长,且木霉菌丝体能够依附或缠绕在疫霉菌丝上生长,其分生孢子也可附着在辣椒疫霉菌菌丝上并萌发,同时钩状木霉还能够对染病辣椒有积极效果,能够有效促进受病害侵染后植株(包括根系及生物量等)的生长。

④木霉菌诱导植物系统抗性。木霉诱导植物系统抗性可以通过 3 个途径实现:第一,增强 MAMPs 分子激发的免疫反应(MAMPs-triggered immunity, MTI);第二,减少效应因子诱发的感病性(effector-triggered susceptibility, ETS);第三,提高效应因子激发的免疫反应(effector triggered immunity, ETI)。木霉菌处理植物后,植物会产生多种反应,如木质素积累、植保素含量产生变化、病程相关蛋白表达上升甚至植物激素(如水杨酸、茉莉酸)含量改变等;同时木霉菌产生的细胞壁降解酶(如几丁质酶、葡聚糖酶、蛋白酶等)能够降解病原真菌细胞壁,并释放出低相对分子质量化合物,诱导植物防御反应相关酶的合成,如苯丙氨酸解氨酶(PAL)、多酚氧化酶(PPO)、超氧化物歧化酶(SOD)、脂氢过氧化物裂解酶(HPL)、过氧化物酶(POD)、几丁质酶、β-1,3-葡聚糖酶。

⑤哈茨木霉可提高磷酸盐以及一些矿物质的溶解。如 Mn、Zn、Fe 以及磷酸钙的溶解,促进了植物对这些营养元素的吸收,因而促进植物生长。哈茨木霉利用自身的代谢产物如纤维素酶、几丁质酶等分解土壤中植物残体的纤维素、几丁质,增加土壤中的营养成分含量,促进土壤中有机质转化,促进植物生长,并诱导植物抗病性反应。哈茨木霉菌株 T22 具有溶解可溶性或微溶性矿物质的能力,通过螯合或降解可溶解金属氧化物,促进植物对矿物质的吸收,提高植物的生长量。

(3)木霉菌肥的应用效果

利用哈茨木霉发酵液的稀释液处理的玉米种子发芽势、苗期生长、叶绿素含量均有显著的促进效果,显示了木霉在促进植物生长方面的潜能。将哈茨木霉发酵液加工成制剂应用于小麦和玉米后,小麦、玉米幼苗的叶绿素含量增加,光合作用增强,从而促进了株高、根系长度及鲜重明显增加，且小麦、玉米幼苗的葡聚糖酶、过氧化物酶活性比对照显著增加，幼苗的抗病性增强。哈茨木霉发酵产物适宜的浓度对杂交水稻种子进行浸种处理，能显著提高种子的活力，促进秧苗根系和地上部分的生长，此外还能增强秧苗光合作用，使植株体内可溶性蛋白质含量提高。从而显示出木霉发酵产物在促进植物生长方面的潜力，这为扩大木霉这一生防菌的应用范围提供了依据。研究表明，喷施木霉发酵液可以促进玉米的营养生长，显著提高玉米产量；与此同时，木霉菌可诱导玉米叶片发生防御反应，产生抑菌物质，进一步提高玉米叶片的抗侵染能力。研究发现，在无菌水培养条件下，经哈茨木霉菌 83 诱导处理的黄瓜总是比未经处理的叶片浓绿、色深，生长势强、苗高显著增加。

康氏木霉不仅能有效地防治棉苗立枯病和菜豆炭疽病，而且可明显促进棉花和菜豆的生长发育。哈茨木霉 T23 制剂不但可以促进花生出苗和植株健壮生长，而且可以促进花生分枝、增加花生结果数、有籽果率和花生仁的百粒籽重，提高花生产量。用哈茨木霉 T2-16 的菌液制剂拌种能显著提高花生出苗率和成苗率，使花生叶色加深，叶绿素含量提高。用哈茨木霉 FJAT-9040 生防菌剂发酵产物处理苦瓜苗，苦瓜苗根长与藤蔓长有显著促进作用。

木霉不仅可用于土壤中，还可以进行叶面喷施。如应用木霉发酵液对玉米、甘蓝和黄瓜进行叶面喷施，能够促进营养生长，且显著提高产量，黄瓜的增产增收效应尤为明显。浙江大学从 1991 年起利用以哈茨木霉为主体的微生物多效有机菌肥，对作物增产效果显著，并于 1997 年通过省级鉴定，获肥料登记和国家专利。所登记的高效微生物态氮由哈茨木霉深层发酵液经减压浓缩精制而成，蛋白质含量为 45%。其产品经过大田试验，发现与使用传统的尿素、厩肥相比，对白菜的增产效果明显，且使用简单，在蔬菜上具有广阔的应用前景。浙江大学生物技术研究所研制推广的威绿达（VIRIDA）菌肥主要应用于绿色蔬菜生产、旱地作物、草地保护，也可以作花卉肥料。由于生物制剂是以城市生活垃圾为基物，掺入木霉、毛壳菌及有益的细菌生防制剂，因而它既含有作物生长所需的有机和无机成分，又具有防病、促进生长的作用，并且可以改良土壤理化性质，是一种多功能的植物病害的生物菌肥。以绿色木霉为主，毛壳菌、枯草芽孢杆菌为辅混配制成，对黄瓜、芹菜、油菜等都有显著的增产作用，并且能够促进早熟，改善作物品质，还可抑制病虫害的发生，因此以绿色木霉为主的木霉微生物肥料具有多种效果，而且达到了无公害蔬菜生产标准的要求，符合当今蔬菜生产上提倡多施有机肥、少施化肥的趋势，是一种绿色肥料。

2.3.2.2　菌根菌肥

（1）菌根菌的种类

菌根是土壤中某些真菌浸染植物根部与其形成的菌根共生体。由于形成菌根的植物种类繁多，形成菌根的真菌种类也较多，包括担子菌、子囊菌、藻状菌中的真菌。由毛霉目内囊霉科真菌中多数属、种形成的泡囊丛枝状菌根（VA 菌根）。VA 菌根的特征：菌根菌是无隔膜的藻状菌；在皮层细胞内形成丛枝或二分叉的菌丝体；在皮层细胞内或皮层细胞间形成椭圆形泡囊；菌丝除在植物根细胞内形成上述构造外，还延伸到土壤中去，有时很旺盛，从而扩大了吸收面，但不形成外生菌根那样的菌套（菌丝形成的、包在根外面的假薄皮组织）。

　　许多常见的担子菌类(如伞菌、鹅膏菌和牛肝菌等)及少数子囊菌与多种树木的根系形成外生菌根。据不完全统计约有45个担子菌属、17个子囊菌属、1个藻状菌属和1个半知菌属的一些种能形成外生菌根。与兰科、杜鹃花科植物共生的其他内生菌根和由另一些真菌形成外内生菌根。与农业关系密切的是VA菌根真菌，它是土壤共生真菌中宿主和分布范围最广的一类真菌。

　　菌根共生体(菌根菌)对宿主的生长是有益的，有些甚至是必须的。人们将有益的菌根菌与其寄主植物共同进行扩大繁殖，然后将有菌根真菌的土壤(菌根土)作为接种剂用于农、林业生产中，提高农作物产量和改善农作物品质以及提高树木的成活率等。这种含有人工扩大繁殖有益菌根菌的菌土称为菌根菌肥料。由于它们都是广谱宿主性的，适合在试验条件下生长的宿主植物，如番茄、玉米等都可以作为它们的寄主繁殖材料。用单孢子技术分离菌根菌的孢子，接种到无菌或接近无菌的宿主植物上，都可以得到它们的纯培养，并保持下去。

　　(2)菌根菌肥料的作用机理

　　菌根真菌的外伸菌丝在土壤中延伸，扩大了植物根系的吸收面积；菌根真菌的菌丝分泌多种胞外酶，加强了根系周围土壤有机质的分解，产生的植磷酸酯酶可水解有机磷化物，增大菌根周围的有效磷含量供根系吸收。另外，兰科植物的一些菌根真菌能够从环境中获得有机碳源，以供给植物共生体养料。

　　试验表明，在贫磷的土壤中，有菌根的植物比无菌根的植物能吸收更多的磷，显著增加产量和提高品质，如苗圃树苗如果没有菌根就生长不好。

　　(3)菌根菌肥料的增产效果

　　杜金池等(1990)报道，用人工繁殖VA菌根的孢子和菌丝的大池土栽，培养得到95%以上获VA菌根浸染的洋香瓜幼苗，然后移栽于大田。定殖42 d测定，有VA菌根浸染的幼苗平均长127 cm，对照组仅104 cm，结瓜后一二级品占比均有较大幅度的增加，产量和经济效益良好。冉成隆等(1990)用类似的方法在田间大池繁殖VA菌根接种材料，接种作物获得明显的增产效果。魏改堂等(1989)以VA菌根真菌接种曼陀罗、荆芥等药用植物，发现VA菌根接种时提高了药用有效成分。

　　(4)菌根菌肥料的应用

　　VA菌根的菌根菌不能在人工培养基上生长，只能发芽，形成一种短菌丝然后死去。因此，只能在寄主根上形成菌根，并生长繁殖。但对其生理学、生物化学、分类、生态学的研究比较深入，已经肯定了VA菌根至少可以同200个科20万种以上的植物共生。VA菌根的菌丝具有促进植物吸收磷素的功能。另外，对硫、钙、锌等元素和对水分的吸收能力也为研究所证实。在纯培养未能突破的情况下，国内外的研究者利用各种方法人为培养大量的接种VA菌根的植物根，然后以这些浸染了VA菌根的植物根段和有大量活孢子的根际土为接种剂(菌根菌肥料)去接种作物，可以获得较好的增产效果。这种生产方式有些类似于根瘤菌获纯培养前用含有根瘤菌的土壤接种相应豆科植物。VA菌根接种剂的这种生产方式在生产中已得到初步应用，一方面是小规模的田间应用，另一方面用于接种名贵花卉、苗木、药材和经济作物，均显示了较好的应用效果和前景。

2.3.3　放线菌肥料

放线菌肥料指利用能分泌抗生物质和刺激素的放线菌通过固态发酵制备的活菌制剂。它具有成本低、肥效高、抗病害、促生长及对作物无害等优点。我国 20 世纪六七十年代应用的'5406'放线菌肥料即属此类制剂。设施农业的快速发展和专业化种植基地形成，连作障碍日趋严重，连作引起的土壤生物退化已成为现代农业发展的制约瓶颈，退化土壤的微生物修复需要推动了放线菌制剂的深入研究与应用，国内已筛选到一批有显著抗病促生作用、同时降解根泌自毒物质及提高植物抗病性的多功能放线菌。在多种作物连作障碍修复中效果显著。

（1）放线菌肥料的种类

'5406'放线菌肥料所用菌种为细黄链霉菌（*Streptomyces jingyangesis*），是 1953 年从陕西泾阳老苜蓿根中分离，属弗氏放线菌属。在固体培养基上菌落呈圆形、隆起，初期表面光滑，浅黄稍带绿色，成长后表面粉末状，白色带粉红，背面黄褐色。放线菌肥料的菌种还有密旋链霉菌（*S. pactum*）、肉质链霉菌（*S. carnosus*）和加州链霉菌（*S. californicus*）等。

（2）放线菌肥料的作用效果

①抗病驱虫。室内试验证明，'5406'放线菌可产生不同的抗生素，这些抗生素对 30 多种植物的病原菌有抑制作用。田间试验也证明，'5406'放线菌肥料能防止水稻烂秧，减轻棉花苗期根腐病、地瓜黑斑病、小麦锈病和水稻稻瘟病等的危害程度。

②刺激作物生长。'5406'放线菌分泌的抗生素刺激作物细胞分裂和纵横生长，如打破马铃薯的休眠，促进各种种子生根发芽和幼苗的茎叶生长，增加小麦、水稻的分蘖，使多种作物提前成熟。

③增加土壤中有效养分的含量。'5406'放线菌肥料要掺饼土培养。除饼土本身含有一定量的氮、磷、钾和其他营养成分外，还能通过'5406'放线菌的生命活动产生有机酸，将根际土壤部分难溶的磷转变为有效磷。全国 15 种土壤施用'5406'放线菌肥料情况的统计结果表明，有效磷最高增加 215%，最少增加 11%，平均增加 56.6%，有效氮最高增加 15 倍，最少增加 75%。

④'5406'放线菌肥料的增产效果。'5406'放线菌肥料在粮、豆、果、菜等作物的应用增产效果好，其中水稻平均增产 10%，旱地粮食作物增产 10%～20%，薯类、蔬菜增产 20%～30%。

（3）放线菌的作用机理

①产生抗生素，抑制植物病原菌生长。放线菌可通过产生活性拮抗物质（如 Inthomycin C 等）和水解酶（如 β-1, 3-葡聚糖酶、几丁质酶等）破坏病原真菌细胞结构，实现对病原微生物的直接抑制。'5406'放线菌、密旋链霉菌及肉质链霉菌等均有此功能。密旋链霉菌对 13 种植物病原菌的拮抗圈直径为 5.0～20.5 mm，对 8 种植物病原菌菌丝生长抑制率为 32.4%～73.3%。

②产生植物生长激素，刺激根系发育，促进植物生长。放线菌可产生生长素、激动素、苄氨基嘌呤和脱落酸等植物激素，有效调控植物的根/冠、营养生长和生殖生长，提高农作物的产量及品质。'5406'放线菌与密旋链霉菌均有此功能。研究表明，拌土接种

时，密旋链霉菌等放线菌使草莓根系重量较对照提高 122.4%~265.6%，田间条件下草莓地上部分重量和新生根重量分别较对照增加 168.8%和 112.5%。

③降解根泌自毒物质，解除化感抑制作用。放线菌可降解阿魏酸、苯甲酸和对羟基苯甲酸等，消除连作土壤中自毒物质对植物生长的抑制。在实验室条件下，密旋链霉菌和肉质链霉菌对草莓根泌自毒物质对羟基苯甲酸的降解率达到 77.6%~97.5%。

④激活植物诱导抗性，提高作物抗病能力。密旋链霉菌可调节植物体内茉莉酸(JA)及水杨酸(SA)含量，诱导植物体内抗性基因及相关酶活性，抗性调节植物活性氧防御机制，增强植物的抗病性。密旋链霉菌和肉质链霉菌在接种量为 1.5 g/kg 时甜瓜叶片保护性酶(PPO)活性提高 14.9%~27.2%，在与病原菌混合接种时，甜瓜叶片 PPO 活性提高 23.7%~50.2%，拌土育苗接种时，草莓根系 PPO 活性提高 15.7%~46.0%。

⑤在植物根区根表土壤中定殖，提高根系抗病性。密旋链霉菌可在草莓根区、根表土壤中定殖，形成拮抗草莓根病病原菌入侵的放线菌屏障。在草莓收获时，草莓根区、根表土壤中接种的密旋链霉菌数量分别占放线菌总数量的 25.1%、92.4%。

⑥修复作物根区退化的土壤微生态系统。密旋链霉菌可调节根际土壤微生物区系平衡，增加土壤微生物多样性，增加根际有益微生物(如荧光假单胞菌、芽孢杆菌等)的数量，降低有害微生物(如尖孢镰刀菌等)的数量。放线菌可促进根际有益菌(韩国假单胞菌)的运动性、生物被膜形成、养分利用和环境适应性来增强其在根际的定殖数量和竞争能力。在盆栽试验中，接种 5 g/kg 加州链霉菌，西瓜根区、根表土壤中细菌数量较对照增加 87.4%、75.8%，根表土壤真菌数量降低 16.1%，表明根表土壤潜在致病性下降，作物根系被病原菌侵染的风险减少；西瓜根区、根表土壤中放线菌数量分别较对照提高 17.8%、478.0%，根表的拮抗性放线菌屏障抵御病原菌入侵的能力更强。

(4)'5406'放线菌的生产

①一级菌种制备。具体方法如下：

a. 饼土管的制作。取黄豆饼粉 5%，玉米粉 5%，肥土 90%，将料混合拌匀，用手提喷雾器加水，做成大小如小米粒的饼土丸，分装试管 1/4 处，经 121℃高压灭菌 1 h，取出晾干，于 32℃培养 2 d，未污染的可以使用。

b. 斜面菌种的制作。马铃薯 20%，葡萄糖 5%，硫酸镁 0.04%，磷酸氢二钾 0.04%，蛋白胨 0.1%，pH 值 7.2~7.4，分装于经烘箱 160℃灭菌的试管中，塞上棉塞，放在铁丝筐内捆扎好，上面用两层油纸包扎好，121℃灭菌 30 min。取出后放成斜面，于 32℃温箱中培养 2~4 d，菌苔表面孢子生长丰满，呈银灰色，并有露珠，即可取出备用。

②二级菌种摇瓶培养。具体方法如下：

a. 培养基配方。麸皮 5%，玉米粉 1%，食盐 0.25%，硫酸镁 0.025%，碳酸钙 0.25%~0.50%，淀粉 2%，葡萄糖 1%，花生饼粉 2%，蛋白胨 0.4%，硫酸铵 0.25%，硫酸镁 0.025%，磷酸氢二钾 0.02%。

b. 制作方法。用 5% 氢氧化钠调 pH 值 7.5~8.0，先将培养基配好，开始用少量水调成糨糊状后，加足水放在不锈钢锅内煮开，装入 1000 mL 三角瓶中，每瓶装 200 mL，用 2 层纱布中间包 1 层棉花包扎好瓶口。经 121℃高压灭菌 0.5 h，取出降温至 40℃不烫手为止，接上菌种置摇床上振荡培养。从孢子萌发到菌丝形成的开始阶段，菌龄 16~24 h。在这个发育过程中受营养、pH 值的影响。在此阶段接入种子罐、发酵罐内，在正常情况下菌丝生长良好。放罐后观察，菌液黏稠，有微量泡沫，呈微红色，有冰片香味。

③三级种子罐培养。

a. 培养基配方。麸皮 5%，玉米粉 1%，硫酸镁 0.025%，食盐 0.25%，碳酸钙 0.5%，花生饼粉 3%，葡萄糖 1%，硫酸铵 0.25%，甘薯粉 2%，玉米粉 1%，蛋白胨 0.1%，碳酸钙 0.5%。种子罐以 120℃ 实罐蒸汽灭菌 30min，接种量 0.5%~1.0%。

b. 培养条件。罐温 32℃±0.5℃，通气量 1：0.5（体积比）连续搅拌，经常注意各阀门是否严密，否则蒸汽水进入罐内会造成菌的生长不良。

c. 移菌指标。镜检菌丝量多，菌丝体开始生长阶段，菌液黏稠有泡沫呈微红色。

④发酵罐培养。培养基和发酵罐消毒灭菌，培养条件均与种子罐相同。放罐指标，镜检菌丝量多，菌丝体粗壮，菌丝体生长至成熟阶段，菌液黏稠有泡沫，呈微红色，一般培养 36 h 即可放罐。

⑤固体吸附。

a. 一般固体吸附剂是稻谷、糠、甘薯粉、麸皮、肥土、炉灰、黄豆饼粉。几种不同吸附剂配方介绍如下：稻谷皮 90%，甘薯粉 10%；麸皮 10%，炉灰 30%，肥土 60%；黄豆饼粉 10%，肥土 60%，炉灰 20%，麸皮 10%。

b. 培养条件。以上 4 种吸附剂（稻谷皮、甘薯粉、黄豆饼粉、麸皮）经 121℃ 蒸汽灭菌 1 h，肥土、炉灰在烘炉上经 160℃ 灭菌 1 h 后取出，放在培养室内（经甲醛和硫黄熏蒸灭菌），待料降温至 40℃ 左右接种。由于各吸附剂吸水量不同，故接种量第一种为料的 100%，第二种为料的 40%，第三种为料的 40%。接种放入通风池内培养后，含菌量 130×10^8~200×10^8 个/g。

c. '5406' 菌粉烘干工艺。烘干温度以 40~50℃ 为宜。经过培养 4~5 d，菌粉装入烘干池 17~33 cm，烘干过程翻动数次，烘干时间 12~24 h。

（5）'5406' 抗生菌肥的使用技术

①基肥。一般每公顷地施用 2250~3750 kg，在播前将菌肥粉碎沟施或穴施，此法对棉花、玉米有明显的增产效果，若施后遇干旱，应浇水灌溉。

②追肥。做追肥时应尽早结合中耕施用，每公顷用量 1500~2250 kg。菌肥浸出液也可做根外追肥。菌种粉与水按 1：（80~150）的比例，或菌肥与水按 1：4 的比例混合，静置 12 h 后过滤，每公顷喷 750~1050 kg 滤液。麦、稻应在扬花前喷穗，玉米应喷雌穗的红须，这样可促进籽粒的饱满。

③浸种（根）、拌种或蘸根。1 kg '5406' 放线菌饼肥加水 10 kg，充分浸泡后取其浸出液作浸种、浸根用。拌种时，先用水喷湿种子，然后再拌上菌肥。用于浸种（根）、拌种或蘸根的菌肥应优先选择质量高的成品。如果菌肥发臭、发霉或含杂菌过多，则易引起烂种、烂根。质量差的菌肥只能作基肥用。

④注意事项。'5406' 菌肥不能与赛力散、西力生、硫黄、硫酸铜、硫酸亚铁等杀菌剂混合施用；不能与硫酸铬、硝酸锌等混合使用；不宜使用污染、变质或存放过久（超过有效期）的菌剂。

2.3.4　复合微生物肥料

在微生物肥料的生产应用过程中，为了提高施用效果，从实用角度出发，将两种或两种以上的微生物菌(复合)或 1 种生物菌与其他营养物质复配(复混)制成复合微生物肥料。

复合微生物肥料集有机肥、化学肥料和微生物肥料的优点于一体，具有许多不同于其他肥料的特点：克服了过去有机肥费工费时的缺点，施用方便；克服了单纯化学肥料造成的土壤理化性质改变和农产品质量下降的缺点，可以增加土壤有机质，改良土壤结构，提高土壤肥力，改进农产品质量；均衡地供应作物生长所需的速效氮、磷、钾及多种微量元素，强化土壤微生物区系，持久地发挥作用，具有显著的增产效果，并能提高作物的抗逆性；价格合理，具有一定的市场竞争力。

2.3.4.1　复合微生物肥料的种类

(1)两种以上生物菌复合

可以是同一个微生物菌种，如大豆根瘤菌，但为不同的菌系分别发酵，吸附时混合，用于使用不同大豆基因型的地区，或用于未明确使用豆科作物品种的地区，应用后利于菌系—品种的不同组合。也可以是不同的微生物菌种，解磷微生物和解钾微生物分别发酵，吸附时混合，以增强其接种效果。应用的前提是所采用的两种或两种以上的微生物之间无拮抗作用，而且必须分别发酵然后混合。总的活菌数和复合的微生物均应保证一定的数量。

目前尚未有复合(复混)种类越多，效果越好的报道，而且缺乏复合(复混)后作用机制和增强效果的研究。菌加菌的复合微生物肥料，是由两种或两种以上微生物复合而成，其目的是为了充分发挥各自的作用。国外较成功的例证是将假单胞菌加入根瘤菌肥料的载体内，结果是增加了占瘤率，有人将其称为"第二代接种剂"。此类产品在我国尚不成熟，主要的原因是研究不足。国外某种产品号称含有细菌、真菌、放线菌在内的 80 种微生物，如 EM，但至今没有见到 80 种同时存在的论据。

(2)菌与各种营养元素或添加物、增效剂的复合

可采用的复配方式有：为菌加大量元素(一定量的氮、磷、钾或其中的 1~2 种)；菌加一定量的微量元素；菌加一定量的稀土元素；菌加一定量的植物生长激素；甚至有菌加大量元素、微量元素、其他元素、刺激物质等。

复配的营养物质除了化学肥料之类以外，常见的还有用畜禽粪便、生活垃圾、河湖污泥作为主要基质的。无论是哪种方式，研制者的初衷是增强使用效果，或使微生物需一定时间才能看到改变为肥料制品的作用可以迅速表现。但是，必须考虑复配的物质量，复配后制剂的 pH 值和盐浓度对微生物有无抑制或复配物本身就可能抑制微生物的存活，否则这种复配就是失败的。这类产品目前多制成颗粒状成品，造粒过程中不可避免要产生较多的热量，有的甚至高达 100℃ 以上，这就不能不考虑对其中加入的微生物有无杀灭作用。如果造粒后其中微生物基本灭绝，就不能称为生物肥料。

2.3.4.2　复合微生物肥料的生产

(1)复合微生物肥料生产工艺

复合微生物肥料生产工艺流程如图 2-7 所示。

图 2-7　复合微生物肥料生产工艺流程

（2）菌种的生产

'5406'磷细菌培养基：马铃薯 200 g、KCl 0.3 g、NaCl 0.3 g、$MgSO_4$ 0.3 g、$CaCO_3$ 5 g、葡萄糖 20 g、石花菜 30 g、水 1000 mL，pH 值 7.5。

固氮菌、钾细菌培养基：$MgSO_4$ 0.2 g、NaCl 0.2 g、$CaCO_3$ 5 g、过磷酸钙 1 g、白陶土（或白垩土）1 g、葡萄糖 10 g、$FeSO_4$ 微量、石花菜 30 g、水 1000 mL，pH 值 7.5。

上述培养基配置灭菌后，进行单项菌种接种，在 28~32℃ 温度下培养 2~7 d，即得菌种。无机磷细菌培养 24 h，透明无色，逐渐长出乳白色油脂状浓厚菌苔，培养基不变色。有机磷细菌培养 24 h，生成浅黄棕色菌苔，颜色鲜艳，以后逐渐变成暗黄棕色，分泌黄棕色素进入培养基内。棕色固氮菌（注意：不能用圆褐固氮菌，因'5406'菌对它稍有抑制作用）培养 24 h，菌苔开始乳白色，以后变棕褐色。钾细菌培养 24 h，菌苔黏稠透明无色，以后菌苔加厚富有弹性，最后菌体自溶成水渍状。各种菌种都要新鲜健壮，老弱菌种不能使用。

（3）复合菌剂生产

培养基：米糠（或麦麸、豆饼粉）20%、统糠 10%、肥土 70%，再加上总量 5% 的草木灰和 1% 的过磷酸钙，用石灰调节 pH 值至 7.5，混匀后调节湿度至 30% 左右，即达到手握成团，触之不太易散，但又不黏手的程度。

配料拌匀后，在气温 20℃ 以上时，切忌放置 3 h 以上，否则易变质。配料发出一种异味，这是杂菌分泌的物质所致。装瓶可装到 3/4 处，1.5 kg/cm² 灭菌 1.5 h，置无菌室放冷至不烫手时进行接种。

一般制作两种复合菌剂：一种是磷细菌（按当地需要选择有机磷细菌或无机磷细菌，或者两者都用）+固氮菌剂；另一种是'5406'菌+ 钾细菌剂。把两种菌种用无菌水按 1∶10 稀释，同时接入，摇匀，28~320℃ 培养 2~5 d，即得复合菌剂。

'5406'菌+钾细菌剂接种后 24 h，瓶壁分泌大量水珠，此时钾细菌发育旺盛。几天后，'5406'菌粉红色孢子盖满土粒。此时观察玻璃瓶壁上的土粒，可见土粒被'5406'菌粉红色孢子布满，而土粒周围却可看到透明黏稠的钾细菌菌苔。这时若取一点样品接入钾细菌斜面培养基，通过培养可看到颗粒周围生成大量钾细菌弹性菌苔，同时'5406'菌也旺盛生长。通过平皿活菌计数，含'5406'菌 10^{11} 个/g 以上、钾细菌 $5×10^9$ 个/g 以上。

磷细菌+固氮菌复合菌剂培养 24 h 后摇动 1 次，继续培养 1 d，瓶壁分泌大量水珠，瓶壁土粒周围长出乳白色或浅绿色菌苔，料疏松，无味或微酸味，绝无霉馊味、臭味和腥味。平皿法计数，磷细菌 $3×10^{10}$ 个/g 以上，固氮菌 $5×10^{10}$ 个/g 左右。

这两种复合菌剂制成后，最好立即使用，菌种越新鲜效果越好；若需贮藏，则于 45℃ 左右装进灭菌塑料袋密封；贮期超过 3 个月的菌剂，应用前要作平皿活菌数测定，同时接种量必须适当增加。

(4)复合菌肥的制作

复合菌肥的制作可分为拌种剂生产和菌肥生产。

①拌种剂配方。米糠 10%、肥土 90%,再加总量 1%的过磷酸钙和 5%的草木灰;也可直接用 100%草炭作为吸附基质,pH 值控制在 7.2~7.5。用带菌发酵原液与基质按 1 : 4 吸附。

②复合菌肥配方。很多农副产品都可以生产复合菌肥。例如,红萍(晒至半干,也可用各种绿肥粉代替)10 kg、肥土 39 kg、米糠 1 kg;豆秸(豆荚)粉 10 kg、肥土 40 kg;玉米芯粉(高粱壳粉)7.5 kg、肥土 42 kg、米糠 0.5 kg;米糠 5 kg、肥土 45 kg。

以上各配方都要加上总量 1%过磷酸钙和 5%草木灰,同时用石灰调节 pH 值为 7.5~8.0,米糠和统糠可以用豆饼粉和麦麸代替。

料混匀后喷入 1/1000 的高锰酸钾,将湿度调至 30%,然后常压灭菌 4 h 或压力 1.5 kg/cm² 高压灭菌 1.5 h。

如果使用瓦罐或大玻璃杯制造拌种剂,则把料装进瓦罐或大玻璃杯里进行消毒。若生产菌肥,为了充分利用设备和节约燃料,可用容量 5 kg 的小布袋装料消毒。条件简陋时,可用 2 个旧汽油桶做成连环灶,每次可装 60 个布袋,每昼夜能生产 2700 kg 菌肥。

配料消毒时,可把一块大塑料布放进去一同消毒,消毒后把塑料布摊在用高锰酸钾水擦洗过的接种池上进行接种,每 50 kg 配料接入两种复合菌剂各 1~2 瓶,拌匀。做拌种剂用的即装入瓦罐或盆钵培养,上面盖一层 15 cm 的灭菌草木灰。

制作菌肥时,把拌匀的配料摊在撒上一层石灰粉的水泥地板上,料厚 20~35 cm,上覆消毒草木灰或刚从炉灰中掏出的草木灰 3 cm,控制料温不要高于 34℃,培养 3~5 d,不要翻动,即得优质菌肥。

复合菌肥的生产也可按鸡粪 45~60 kg,风化煤、少量无机肥等 45~30 kg,固体的复合菌种 10 kg,充分搅拌混合成生物有机复合肥。

2.4　生物有机肥

2.4.1　生物有机肥概述

微生物有机肥料是在微生物肥料基础上发展起来的一种高效、无毒、无污染、无公害的新型肥料。《生物有机肥》(NY 884—2012)把生物有机肥(microbial organic fertilizer)定义为:添加具有特定功能微生物,并经过发酵腐熟形成的一类兼具微生物肥和有机肥效应的肥料。因此,生物有机肥应该同时具备特定微生物的功能和有机肥的作用。微生物的功能要通过功能性的微生物来实现,因此标准中规定的有效活菌数应该是特指的功能性微生物的活菌数。生物有机肥的效应应通过生物有机肥的有机质载体来实现,有机质的来源应该符合有机肥行业标准的要求,即主要来源于植物和(或)动物残体,经过发酵腐熟的含碳有机物料。

生物有机肥料既不是传统的有机肥,也不是单纯的菌肥,是二者的有机结合体。它是以自然中的有机物为基质和载体,加入适量的无机元素,还含有具有特定功能的微生物,这是此类产品的本质特征。其有机质载体大多为作物秸秆、草炭、禽畜粪、生活垃圾等有机废弃物。所含微生物应表现出一定的肥料效应，如具有增进土壤肥力、制造和协助农作物吸收营养、活化土壤中难溶的化合物供作物吸收利用等作用，或可产生多种活性物质和抗、抑病物质，对农作物的生长有良好的刺激与调控作用，可减少或降低作物病虫害的发生，以及改善农产品品质。目前，我国从管理上将生物有机肥纳入微生物肥料范畴，实施比有机肥更为严格的管理措施，以促进生物有机肥的健康发展。

美国、日本、法国、德国、俄罗斯等国家从环境保护、资源再利用和培肥地力等方面考虑，结合微生物液固两相发酵技术，对城市生活垃圾、大型养殖场的畜禽粪便、城市污水和活性污泥等进行无害化处理，生产制造高效益、无污染的微生物有机肥料。目前，随着微生物学、肥料学研究工作不断深入，人们已经把微生物、肥料和环境作为一个整体来研究，单一菌种向复合菌种发展，单纯生物菌剂向复合生物肥发展，单一剂型向多元剂型发展，小型粗放的微生物有机肥料产业向综合型集约型的产业化方向发展。

2.4.1.1 生物有机肥基本特性

(1)生物有机肥富含有机、无机养分生物

有机肥是在微生物作用下通过生物化学过程生产出的肥料，不同于化肥是通过化学过程所生产的肥料。因此，生物有机肥中含有氨基酸、蛋白质、糖、脂肪、胡敏酸等各种有机养分。生物有机肥还含有作物所需的大量元素和中、微量元素，因此与化肥相比，具有不偏肥、不缺素、稳供、长效等特点。生物有机肥指特定功能微生物与主要以动植物残体(如畜禽粪便、农作物秸秆等)为来源并经无害化处理、腐熟的有机物料复合而成的一类兼具微生物肥料和有机肥效应的肥料。《生物有机肥》(NY 884—2012)规定了其主要技术指标：有效活菌数(CFU)≥0.2 亿/g；有机质(以干基计)含量≥40%；水分含量≤30%。生物有机肥的保质期为 6 个月；对杂菌率没有要求。

(2)生物有机肥富含各种生理活性物质

生物有机肥特别是加有功能菌的生物有机肥，含有丰富的维生素、氨基酸、核酸、吲哚乙酸、赤霉素、辅酶 Q、腐殖酸及各种有机酸等生理活性物质，这些物质能刺激作物根系生长、提高作物的光合能力，使作物根系发达，生长健壮。腐殖酸能与磷肥形成络合物，这种络合物既能防止土壤对磷的固定，又易被植物吸收，而且也能使土壤中无效磷活化。堆肥过程中有机物分解产生的(如草酸、酒石酸、乳酸、苹果酸、乙酸、柠檬酸、琥珀酸等有机酸)与磷高效型植物根分泌的有机酸很相似，它们对难溶磷也有较强的活化作用。另外，生物有机肥还含有抗生素类物质，能提高作物的抗病能力。

(3)生物有机肥具有肥效缓释作用

在堆肥过程中，微生物的繁殖吸收了化肥中的无机氮和无机磷，转化为菌体蛋白、氨基酸、核酸等成分。一部分极易挥发的 NH_3 被在微生物增殖过程中产生的代谢产物(如有机酸)所固定，还有一部分 NH_3 则被有机废弃物的降解产物(如腐殖酸)所固定。部分化肥被吸持在微生物的巨大荚膜中，如硅酸盐细菌的荚膜和菌体吸收钾的功能使钾的流失减少了 $1/3 \sim 1/2$。部分有机态氮包括微生物菌体在土壤中经矿化转变为植物可直接利用的含有氮、磷等元素的化合物，从而达到缓释效果，减少化肥流失。

(4)生物有机肥富含有益微生物菌群

一般生物有机肥都含有酵母菌、乳酸菌、纤维素分解菌等有益微生物，而加有功能菌

的生物有机肥还可能含有固氮菌、钾细菌、磷细菌、光合细菌及假单胞菌等一些植物根际促生细菌。这些菌除了具有产生大量活性物质的能力外，有的还具有固氮、解磷、解钾的能力；有的具有抑制植物根际病原菌的能力；还有的则具有改善土壤微环境的能力。例如，光合细菌能改变土壤中的微生物区系，使土壤中的固氮菌、放线菌、根瘤菌等的数量增加，使土壤中的丝状真菌减少；固氮菌的增殖能增进土壤生物固氮，增加土壤中生长刺激素和病菌抑制物的含量；放线菌的增殖有利于清除和防治由丝状真菌引起的植物病害；根瘤菌的增加有利于豆科植物的结瘤。

2.4.1.2　生物有机肥的菌种

微生物菌种是微生物肥料产品的核心，对生物有机肥而言也是如此。生产过程中，有两个环节涉及微生物的使用：首先要选择适用于原料降解腐熟除臭的发酵微生物菌群，如纤维分解菌、半纤维分解菌，尤其是木质素分解菌、高温发酵菌等。以菌种名称分为丝状真菌、芽孢菌、酵母菌、醋酸菌、木腐菌和放线菌等。其次是在物料腐熟后加入的功能菌，一般以固氮菌、溶磷菌、硅酸盐细菌、乳酸菌、假单胞菌、芽孢杆菌、放线菌等为主，在产品中发挥特定的肥料效应。

因此，对生物有机肥生产企业来说，微生物菌种的筛选、使用是企业的核心技术，只有掌握了这一关键生产技术，才能加快物料的分解、腐熟，以及保证产品的应用效果。

(1)发酵微生物菌群

①发酵过程。发酵一般采用好氧发酵技术，利用微生物的代谢活动来分解物料中的有机物质，使物料达到稳定和无害化。固体有机废弃物中有机物组分很复杂，其中，粗脂肪和碳水化合物容易降解，而纤维素和半纤维素相对较难降解，木质素是最难降解的。为了加强发酵能力，就需要引入一些能加强分解纤维素和半纤维素的微生物，如对纤维素有强分解效果的木霉属微生物。

②除臭过程。发酵过程中物料的恶臭严重影响了环境和产品品质，解决发酵过程中的恶臭是固体有机废弃物资源化过程中另一个难点。传统的方法是利用一些物理和化学的方法加以处理，但成本高，效果不佳。研究表明恶臭的主要来源是 NH_3、H_2S 以及一些有机小分子，这些小分子常常是由一些微生物的代谢活动而产生的，抑制这些微生物的生长和繁殖有利于除臭。在发酵过程，可以将一些除臭菌集成到发酵微生物菌群中，以达到良好的除臭效果。

③复合发酵菌群。兼顾到除臭和减少营养物质的流失等方面的要求就形成了一个集成的发酵微生物菌群。很多国家在此方面展开了研究，也开发出了一些较好的系统菌群，如日本的 EM 制剂、美国的 VITABIO 菌剂。我国应用较多的是 EM 菌剂，它是一个由乳酸菌、酵母菌、放线菌和光合细菌等 10 个属的 80 多种微生物菌株组成的复合培养液。赵京音等(1995)在鸡粪发酵过程中添加 EM 发酵液，腐熟进程较传统堆制法明显加快，除臭效果也很明显，而且能减少氨的气态损失。李庆康等(2001)的研究也表明，EM 制剂能大幅度减少鸡粪臭味，使鸡粪保存较多有效养分并具有较高生物活性。我国在学习国外技术的同时，也积极研究开发了一些有效微生物菌群。由吉林大学研究开发的一个发酵菌群，经试验证明对纤维素和半纤维有很好的降解能力，组成(质量分数)为：绿色木霉(10%~40%)、放线菌(10%~40%)、酵母菌(10%~40%)和地衣芽孢杆菌(10%~40%)。

（2）功能微生物

①功能菌株。在生物有机肥的生产过程中，以功能菌或菌群为基础制备的菌剂被接种到腐熟并经过陈化的有机物料中，然后造粒成肥。这些菌群在肥料施于田间后能在植物根区形成优势菌群，促进营养元素的吸收，预防病虫害，达到丰收、增产的目的。如除固氮、解磷和解钾功能微生物外，一些生物抗菌菌株也得到了大量应用，如链霉菌（Str.）和苏云金芽孢杆菌（Bac.），它们被用来防治作物病虫害。

②复合功能微生物菌群。复合微生物菌群的各菌种之间相互协作，提供营养，移走有害物质，通过物理和生化活动来提高它们生理上的优势。例如，当巴西固氮螺菌与糖或聚丙烯酰胺降解菌（PDB）混合使用时可构成一个代谢组合。在这个组合里，糖降解菌产生的降解物和发酵产物能被固氮螺菌作为碳源，而固氮螺菌则为 PDB 提供氮源。这种组合还有固氮螺菌与纤维单胞菌属（*Cellulomonas*），后者能降解纤维素；固氮螺菌与芽孢杆菌，后者能降解胶质；固氮螺菌与阴沟肠杆菌（*Enterobacter cloacae*），后者能发酵葡萄糖。一般认为这些菌剂的联合优势在于：固氮螺菌在复合培养时能产生更多的植物激素；复合培养提供的环境有利于固氮；生物控制微生物的复合接种剂能更好地控制病原。

2.4.2　生物有机肥的作用

生物有机肥集生物肥和有机肥的优点于一体，既有利于农产品增产增收，又可培肥土壤、改善土壤微生态系统、减少无机肥料用量、改善农产品品质。

（1）提高作物产量，改善作物品质

生物有机肥克服了化肥养分单一、供肥不平衡的缺点，注重生物、有机、无机相结合的养分互动互补作用，施用后既可提高作物产量，也可有效改善作物品质，提高农产品的安全性。生物有机肥营养物质释放缓慢，对氮素营养而言，多以 NH_4^+ 或氨基酸形式供给植物，进入植物细胞后无须消耗大量能量和植物光合作用产物（如糖分和有机酸等），直接参与植物细胞物质的合成，故植物生长快，积累的糖分等物质多，提高了农产品质量，且很少有硝酸盐等有害物质污染。如在巴戟天的种植中应用生物有机肥，巴戟天的有效成分甲基异茜草素-1-甲醚、醇溶性糖及多糖含量均有不同程度的增加。

（2）提高土壤肥力，改善土壤理化性质

土壤有机质含量是土壤肥力的物质基础，是衡量土壤肥力的一项重要指标。我国耕地土壤有机质含量整体偏低，平均仅为 1.8%，与欧美国家的地力水平差距较大。施用生物有机肥不仅能补充被消耗的有机肥料，而且还能不断提高土壤有机质含量。例如，在烟草的种植中应用生物有机肥，可使土壤的有机质含量增加。此外，研究表明，施用生物有机肥后土壤容重较对照降低 12.5%，毛管孔隙度增加 9.8%，可以明显改善土壤结构，提高土壤保水保肥和通气能力。同时，速效磷、速效钾、全氮、全磷和有机质含量分别比对照高出 47.8%、77.1%、35.7%、65.0% 和 75.8%。相关研究还表明，有机质经微生物分解后，可缩合成新的腐殖质，它能与土壤中的黏土及钙离子结合，形成有机无机复合体，促进土壤中水稳性团粒结构的形成，从而可以协调土壤中水、肥、气、热的矛盾，改善土壤结构，使土壤疏松、耕性改善。

(3)调节微生物区系,改善土壤微生态系统

加有功能菌的生物有机肥可能含有固氮菌、硅酸盐细菌、溶磷菌、光合细菌及假单胞菌等一些有益菌,这些微生物除了具有产生大量活性物质的能力外,有的还具有固氮、溶磷、解钾的能力;有的具有抑制植物根际病原菌的能力;有的则具有改善土壤微生态环境的能力。此外,生物有机肥施入土壤后能够调节土壤中微生物的区系组成,使土壤中的微生态系统结构发生改变。例如,果园施用生物有机肥后,根区土壤细菌、真菌和放线菌数量显著增加,其中细菌占绝对优势。这是因为当新鲜有机物质进入土壤后,为微生物提供了新的能源,使微生物在种群数量上发生较大的改变。另外,生物有机肥本身也带入大量有活性的微生物,在某种程度上讲,生物有机肥的施入起到了接种微生物的作用。

(4)活化难溶化合物,提高土壤向作物提供营养的水平

一般情况下,生物有机肥料中添加有固氮微生物,该类微生物可通过其中固氮酶的作用,将空气中的 N_2 还原为可被作物吸收利用的 NH_3。虽然微生物的固氮效率因土壤条件的不同而有较大差异,但生物有机肥中微生物固氮作用的存在无疑成为未来为作物提供氮素营养的一条重要途径。此外,生物有机肥中还添加了一定数量的溶磷微生物和硅酸盐细菌,施入土壤后经增殖并与其他土壤微生物协同作用,可分解土壤中某些原(次)生矿物,并同时将这些矿物所固定的磷、钾等元素释放出来,把无效态磷、钾转化成可供作物吸收利用的有效态养分,可直接被作物吸收利用,提高土壤供肥能力。

(5)改善土壤生态,减少植物病害发生

生物有机肥具有改善土壤生态环境及改变土壤微生物区系的作用,在减少作物病虫害发生方面发挥着更为重要的作用。这是因为在生物有机肥中含有多种特效菌,在微生物的生长繁殖过程中,能分泌出多种抗生素及植物生长激素,不但能抑制植物病原微生物的活动,起到防治植物病害的作用,而且能刺激作物生长,使其根系发达,促进叶绿素、蛋白质和核酸的合成,提高作物的抗逆性。

2.4.3 生物有机肥的生产工艺

2.4.3.1 发酵工艺

生物有机肥的生产过程主要分两个阶段,分别是一次发酵(即有机物料的堆肥化处理过程)和二次发酵(腐熟有机肥料与功能微生物的复合过程)。在一次发酵和二次发酵过程中,物料的水分、碳氮比、温度等的调节,有机物料腐熟剂和功能微生物菌剂的选择是生产工艺的关键。

(1)一次发酵工艺

生物有机肥的一次发酵工艺主要采用好氧堆肥法,将要堆腐的有机物料与填充料按一定比例混合后,在合适的通气和水分条件下,通过微生物繁殖并分解有机物从而产生高温,杀灭其中的病原菌及杂草种子,使有机物物料达到无害化的过程。

此过程中,要特别注意物料的水分、碳氮比、温度等环境参数。并在此基础上,注意有机物料腐熟剂的选择。根据发酵有机物料及搭配的有机物料的主要种类选择有机物料腐

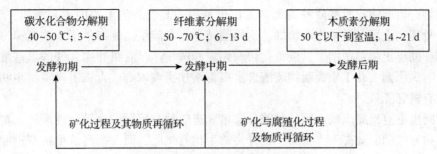

图 2-8 微生物有机肥腐熟过程示意

熟剂。例如，以畜禽粪便为主体的有机物料应该选择产蛋白酶和除臭功能较强的有机物料腐熟剂；以纤维素为主体的有机物料应该选择以产纤维素酶较强的有机物料腐熟剂为主（图 2-8）。

一次发酵是一个快速发酵的过程，通过该过程实现物料的无害化和有机物料生物自脱水，为二次发酵（功能性微生物接种）做准备。

（2）二次发酵工艺

在有机物料完成一次发酵后再接入功能性微生物进行发酵，这个过程称为生物有机肥的二次发酵。一般流程为：将完成一次发酵的有机物料转入二次发酵池（场地），按比例接入功能性微生物进行二次发酵。在二次发酵过程中，发酵温度一般应控制在 45℃ 以下以保证功能微生物的活性，其主要流程如图 2-9 所示。

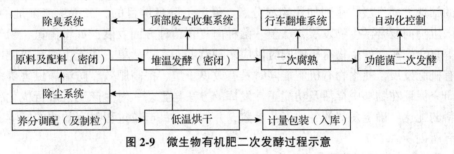

图 2-9 微生物有机肥二次发酵过程示意

2.4.3.2 造粒工艺

生产工艺的成功关键在于选择正确的造粒方式。主要造粒方式有两种：挤压造粒与圆盘造粒。挤压造粒的优点是对物料的要求很低，生产操作较为简单，颗粒较硬，贮运比较方便；缺点是产品的带粉率太高，质量合格率较低，成本太高。圆盘造粒的优点是生产出的产品质量好、可混性好，这样在市场投放产品时是很有利的；缺点是投资成本很高，限制物料的条件很多，颗粒不够坚硬，所以在运输过程中很不利。生物有机肥生产工艺中一般都是采用圆盘造粒之后再烘干的方式。

2.4.4 生物有机肥的应用

2.4.4.1 生物有机肥肥效影响因素

①不同微生物菌及代谢产物是影响生物有机肥肥效的重要因素。通过直接和间接作用（如固氮、解磷、解钾和根际促生作用）影响生物有机肥肥效。

②生物有机肥中有机物质种类和碳氮比也是影响其肥效的重要因素。例如，粗脂肪、粗蛋白含量高则土壤有益微生物增加，病原菌减少，含碳量高则有助于土壤真菌增多，含氮量高则有助于土壤细菌增多，碳氮比协调则放线菌增多，有机物中含硫的氨基酸含量高则明显抑制病原菌，几丁质类动物废渣含量高将增加土壤木霉、青霉等有益微生物，间接提高生物有机肥肥效。

③不同生物有机肥组成不同，其养分含量和有效性亦不同。含动物性废渣、禽粪、饼粕高的生物有机肥肥效高于含畜粪、秸秆高的生物有机肥，而含钙高的生物有机肥较含钙低的生物有机肥抗病作用明显且肥效较高。

④未完全腐熟的生物有机肥对土壤微生物的影响，尤其对微生物量、区系、密度和拮抗菌等的影响较大且肥效明显，完全腐熟的生物有机肥对土壤微生物的影响较小且肥效较差。

2.4.4.2　生物有机肥产业发展趋势

世界各国均十分关注农业的可持续发展问题，不断加大生物肥料和有机肥料的开发生产和推广应用力度。生物有机肥料逐渐成为肥料行业生产和农资消费的热点，从而为绿色食品、有机食品产业化创造良好条件。随着科学技术的不断进步，新方法、新技术层出不穷，不但为有机肥的研究提供了便利的工具，而且也拓宽了研究的广度和深度。

(1) 微生物是产品的技术核心

菌剂的筛选、研究及复配工作主要包括两方面内容：一是腐熟菌剂的应用，要朝着复合菌剂的筛选方向发展，达到加快物料分解、腐熟、除臭等目的。二是功能菌剂的复配，从单一微生物向复合微生物发展，从单一菌种向复合菌种方面发展，如将固氮、磷细菌和钾细菌等复合施用，使生物有机肥同时供应多种营养元素；从单一功能生物有机肥向多功能生物有机肥发展，使生物有机肥能同时具有改良土壤、提高肥效、防治病虫害等多种功能。要研究保证在物料中存活及功能正常发挥的方法与工艺。对生产工艺进行优化，做好各种物料的配比，确定发酵的各项工艺参数，并解决产品造粒过程对有效菌的影响，在技术上要有所创新。

(2) 提升生物有机肥的质量

有机肥的施用虽然对提高土壤肥力及根系特性等方面具有举足轻重的作用，但有机肥质量问题及施用方法不当也会带来一系列问题。例如，施用新鲜和未腐熟的有机肥料会明显增强土壤的反硝化作用，增加 N_2O 的排放量。因此，应该控制有机肥料产品质量。

生物有机肥产品的质量要有保证，不但企业要加强质检条件的建设，而且市场的监管部门也要具有相应的检测能力，从不同的环节对产品的质量进行把关。最后，做好产品田间应用效果研究，使产出的优质农产品真正实现优质优价，引导农民加大在绿色食品、有机食品上的投入，并逐渐扩大生物有机肥在其他种植作物上的应用。要实现以上目标，还需要相当长的一段时间，这需要有关各方面，包括政府管理部门、农技推广机构、科研院校及生产企业等共同努力，才能更好地促进生物有机肥产业的快速健康发展。

(3) 根据不同土壤和不同作物研制专用型配方

我国地域辽阔，不同地区气候情况、土壤类型、作物品种差异较大，因此，须针对不同区域情况研发特定专一的生物有机肥。例如，气候较干旱的地区，应选择抗逆性强的芽孢杆菌；土壤肥沃的地区，气候条件较好，土著菌种类复杂，又很活跃，可选育营养、抗病和促生的优势菌群，发挥菌株间的协同作用，有效促进作物生长，以便生物有机肥更好地研究应用。

（4）加强生物有机肥无害化处理研究

有报道指出，畜禽粪便中含有的激素、重金属等对环境构成了一定的威胁。因此，研究不同有机肥的施用措施对土壤中重金属累积的影响在加强有机肥的高效、合理施用，减少对环境的负面影响等方面具有重要意义。

（5）加强生物有机肥与无机肥混配的研究

生物有机肥的养分全面稳定但含量低且缓效，而无机肥的养分含量高且速效。因此，生物有机肥与无机肥的混配研究（混配比例、方式、施用时间）具有广阔的前景。

复习思考题

1. 论述微生物肥料的概念及它与微肥、有机肥的区别。
2. 简述微生物肥料的种类、作用。
3. 什么是复合微生物肥料？简述其特点。
4. 什么是生物有机肥？简述其作用机理及应用效果。
5. 以根瘤菌肥料为例，论述单一微生物肥料的生产。
6. 论述微生物肥料的研究方向及应用前景。

第3章

微生物与生物农药

【本章提要】介绍了生物农药的定义、分类和特性，详细阐述了微生物杀虫剂、微生物杀菌剂、微生物除草剂的特点、作用机理、生产应用技术及农用抗生素抗病虫害的应用；并对微孢子虫制品、昆虫病原线虫制剂、重组微生物杀虫剂进行了简要介绍。

3.1 生物农药概述

长期以来，化学农药的大量使用使生态平衡遭到严重破坏，抗药性害虫大量增加。化学农药固然对害虫的杀伤力很大，但同时也杀伤了天敌生物，破坏了生态平衡，造成害虫再生猖獗，使次要害虫上升为主要害虫。20 世纪 50 年代，抗药性害虫大约有 50 种，90年代初增加到 500 多种，90 年代末增加到 7500 多种。棉铃虫、蚜虫、小菜蛾、斜纹夜蛾等多发性害虫对菊酯类、有机磷类化学农药的抗药性增加了几百乃至数千倍。近年来，我国棉铃虫、松毛虫、稻飞虱等害虫一度大暴发，蚜虫、螨类、飞虱、甜菜夜蛾、潜叶蝇等害虫危害严重，有些地区鼠害猖獗，都与化学农药大量杀伤其天敌有关。大量化学农药的施用，会导致农产品中农药残留量增加，其造成的后果是严重污染环境，危及人类健康及生命。世界卫生组织(WHO)对 19 个国家的统计数据表明，全世界每年大约发生 300 万起化学农药中毒事件，其中急性中毒事件约 50 万起。75%的中毒死亡事件发生在发展中国家。加快发展生物农药迫在眉睫！

目前，每年新研制成功和登记注册的生物农药品种以 4%的速度递增，从 2020 年上半年国内新增农药登记情况看，生物农药与化学农药的市场占比约为 1/7。我国虽然在《中国 21 世纪议程》中提出发展生物农药，农业部(现农业农村部)成立了绿色食品发展中心，国家环境保护总局(现生态环境部)成立了有机农业食品发展中心，一些省(自治区、直辖市)也已公布了在蔬菜瓜果上禁用的剧毒品、高毒化学农药名单，但迄今没有国家统一的有关禁用限用剧毒、高毒、高残留化学农药的法规，也没有一个倡导和支持大力发展生物农药的中长期发展规划。近年来，生物技术、特别是基因重组、高通量筛选技术和组合化学技术的快速发展及其在农药研究开发中的渗透，极大地推动了生物农药的研发和应用。

3.1.1　生物农药的定义和分类

3.1.1.1　生物农药的定义

20 世纪 90 年代以来，对生物农药的定义存在不同的解释，有的认为生物农药是由生物产生的具有农药生物活性的化学品和具有农药生物作用作为农药应用的活性物体；有的认为生物农药是用来防除病、虫、草等有害生物的活体及源于生物并可作为农药的生物活性物质。这些物质既要具有作为农药的生物活性，更要在生产、使用及对环境生态安全性等方面符合有关农药的法规。目前普遍被接受的定义是，生物农药是指用来防治病虫草鼠害和卫生害虫等有害生物的生物活体及其生物活性物质，并可以制成商品上市流通的生物源制剂，包括微生物源（细菌、真菌、昆虫病毒、原生动物、经遗传改造的微生物及其次级代谢产物等）、植物源、动物源和抗病虫草害的转基因植物等。在我国农业生产实际应用中，生物农药一般主要泛指可以进行大规模工业生产的微生物源农药。

3.1.1.2　生物农药的分类

目前，广泛采用的生物农药分类方法是将生物农药分为生物体农药和生物化学农药，前者包括动物体、植物体和微生物体农药，后者包括动物源、植物源和微生物源生物化学农药。

（1）微生物农药

微生物农药是生物农药的重要组成部分，它是利用微生物及其基因产生或表达的各种生物活性成分制备的用来防治植物病虫害的一种农药。它通过筛选昆虫病原体或病菌拮抗微生物，人工培养后收集、提取而制成的对人畜安全无毒、选择性强、不伤害天敌、害虫不产生抗药性、不污染环境的微生物制剂。微生物农药包括活体微生物农药和抗生素两大类。能够用于制备活体微生物农药的微生物类群包括细菌、放线菌、真菌、病毒、原生动物和线虫等，昆虫病原线虫虽不属微生物，但由于其致病机理与活体的微生物杀虫剂类似，且与一些细菌伴生，故也将它们归为此类。抗生素是细菌、真菌和放线菌等微生物在发酵过程中产生的次生代谢产物。这类物质具有抑制某些危害农作物的有害生物的作用，将这种物质加工成可使用的不同剂型药物就是农用抗生素。

（2）植物源农药

植物源农药主要是从植物中提取的，产品有烟碱、苦参碱、川楝素、茼蒿素、茶皂素、除虫菊酯等。早在 17 世纪，人们便把烟草、松脂、除虫菊、鱼藤等杀虫植物作为农药使用。1763 年，法国用烟草（尼古丁）及石灰粉防治蚜虫，这是世界上首次报道的杀虫剂。赤霉素作为应用广泛的微生物农药，最初是从水稻秧苗中发现的。人们发现秧苗疯长，但不结实，最初认为可能与植物致病真菌的生命活动有关，最后将赤霉素从水稻病原菌的培养基中分离出来，并证实赤霉素是一类植物生长调节剂，后经微生物培养、发酵制得。

（3）动物源农药

动物源农药主要有两类：一类是由动物产生的毒素；另一类是由动物（主要是昆虫）产生的激素和信息素。动物毒素（animal toxin）是指动物产生的对有害生物具有毒杀作用的活性物质。昆虫激素(insect hormone)是指由昆虫体内分泌腺体产生的具有调节昆虫生长发育功能的微量活性物质。主要有脑激素(brain hormone)、蜕皮激素(molting hormone)和保幼激素(juvenile hormone)3 类。衍生合成多种保幼激素类似物(juvenoids),如烯虫酯(methoprene)和几种药效更高的非萜化合物。信息素(semiochemical)是指生物间的化学联系及其相互作用活性物质。昆虫信息素(pheromone)又称昆虫外激素,是昆虫产生的作为种内或种间个体间传递信息的微量活性物质,具有高度专一性,可引起其他个体的某种行为反应,具有引诱、刺激、抑制、控制昆虫的摄食、产卵、交配、集合、报警、防御等行为功能。迄今已经发现的信息素和性引诱剂超过 1600 种。

3.1.2　生物农药的优点

生物农药具有无毒、不污染环境以及病虫害不易产生抗药性等优点,被称为"绿色农药"。生物农药的特性主要表现在以下 6 个方面:

①对病虫害防治效果好,选择性强,对人畜安全无毒,不污染环境,无残留。

②对病虫害特异性强,不杀伤害虫的天敌和有益生物,不破坏生态环境,并能保护生态平衡。

③生产原料和有效成分属天然产物,生产原料广泛,它的最大特点是极易被日光、植物或各种土壤微生物分解,是一种来于自然,归于自然的正常物质循环方式。

④可采用现代生物技术手段对产生菌及其发酵工艺进行改造,不断改进性能和提高品质。

⑤多种因素和成分发挥作用,害虫和病原菌难以产生抗药性。

⑥生产工艺比较简单,开发和登记等费用低于化学农药。

3.2　微生物杀虫剂

3.2.1　细菌杀虫剂

细菌杀虫剂(bacterial insecticide)是指利用对某些昆虫有致病或致死作用的昆虫病原细菌,经发酵制成含有杀虫活性成分或菌体本身,用于防治目标昆虫的生物杀虫制剂。利用细菌杀虫已经有 100 多年的历史,目前已筛选的杀虫细菌有 100 余种,其中制成产品并大面积应用的主要有苏云金芽孢杆菌(*Bacillus thuringiensis*, Bt)、日本金龟子芽孢杆菌、球形芽孢杆菌、缓死芽孢杆菌 4 种。其中,苏云金芽孢杆菌是当今研究最多、用量最大的杀虫细菌,其制剂被用来防治 150 多种害虫(主要是鳞翅目害虫)。除以上 4 种杀虫细菌外,还有一些昆虫病原细菌被研制成杀虫剂。例如,日本在 20 世纪 70 年代研制的森田芽孢杆菌(*B. moritai*)制剂 Labillus 主要用于卫生害虫的防治,将该制剂拌入鸡饲料中可抑制96%~99%的家蝇成虫羽化;利用黏质沙雷菌(*Serratia marcescens*)生产的 Invade 以及由缩短梭菌(*Clostridium brerifaciens*)和天幕虫梭菌(*C. malacosomae*),通过昆虫活体培养制备的菌剂也曾用于一些毒蛾类幼虫的防治;另外,还有一些昆虫病原细菌如蜡状芽孢杆菌(*Bacillus cereus*)、幼虫芽孢杆菌(*B. larvae*)、侧胞芽孢杆菌(*B. laterosporus*)等也开始得到人们的关注。

3.2.1.1 苏云金芽孢杆菌

(1)概述

苏云金芽孢杆菌是一种革兰染色阳性、周生鞭毛或无鞭毛、能形成芽孢的杆状细菌。根据《伯杰细菌鉴定手册》(第九版),苏云金芽孢杆菌归为第二类第十八群、革兰阳性芽孢杆菌属,大小为$(1.2 \sim 1.8) \mu m \times (3.0 \sim 5.0) \mu m$。在其生长发育过程中,伴随芽孢的产生会形成杀虫晶体蛋白。这种蛋白称为伴孢晶体,它是其区别于蜡状芽孢杆菌和炭疽芽孢杆菌的主要特征。苏云金芽孢杆菌是一种好氧细菌,需要足够的空气才能发育良好,尤其在芽孢形成时,缺乏空气会延迟或甚至不能形成芽孢。苏云金芽孢杆菌对营养条件要求不高,所需主要营养物质为动植物蛋白的衍生物,能在多种碳源、氮源和无机盐中正常发育。温度适应范围广,$10 \sim 40 ℃$都能生长,以$28 \sim 32 ℃$最为合适。在一定范围内,较高温度下的苏云金芽孢杆菌生长速率快,但产生伴孢晶体的量不一定多。苏云金芽孢杆菌适于微碱性条件,最适 pH 值为 7.5,当 pH 值达到 8.5 时还能形成芽孢,而 pH 值降到 5.0 时则不能形成芽孢。

自 1901 年日本微生物学家石渡首次从患猝倒病的家蚕体中分离到苏云金芽孢杆菌猝倒亚种之后,至今已从世界各地分离到近 40 000 株苏云金芽孢杆菌,分别属于 72 个血清型。这期间经历了起步阶段、实用阶段和全面发展阶段。现在,苏云金芽孢杆菌研究的热点是通过遗传学手段克隆伴孢晶体蛋白基因,构建工程菌,进行转基因植物、杀虫机理、伴孢晶体形成以及基因表达调控等的研究。通过遗传改良和基因工程手段开发的苏云金芽孢杆菌生物工程杀虫剂已于 20 世纪 90 年代初进入市场,美国国家环境保护局于 1995 年批准应用转苏云金芽孢杆菌 *cry* 基因的抗虫棉花、玉米和马铃薯。苏云金芽孢杆菌的杀虫活性谱非常广,现已发现至少对节肢动物门 10 个目和原生动物门、扁形动物门、线形动物门等有害生物具有毒杀活性。苏云金杆菌制剂是目前世界上产量最大、应用最广的生物杀虫剂。近 20 年来,世界各国已普遍利用苏云金芽孢杆菌生产生物农药,并取得了巨大的经济效益、生态效益和社会效益。

苏云金芽孢杆菌制剂是发现时间最早、研究最系统、开发利用最深入、产业化程度最高、生产数量最多、施用面积最广、应用前景最好的生物农药制剂,已被公认为生物农药的龙头老大。苏云金芽孢杆菌是广谱杀虫细菌,该制剂的防治对象包括 10 个目 600 多种农林和仓库害虫(其中鳞翅目害虫 400 多种),主要用于菜、棉、烟、果、茶、麻、稻、粟、麦、豆等作物的害虫防治。我国于 1950 年引进苏云金芽孢杆菌,之后又相继分离出杀螟杆菌、青虫菌和松毛虫杆菌等。1965 年,我国第一座工业化生产 Bt 粉剂的车间在武汉建成,其产品除在国内大面积用于防治农业害虫外,还远销东南亚各国。1996 年,我国自主研发的转基因抗虫棉开始被示范推广种植,截至 2007 年,我国转基因棉花种植面积占棉花种植总面积的 69%,在一定程度上缓解了棉铃虫带来的问题,带来了巨大的经济效益。

(2)杀虫活性成分

科学家们对苏云金芽孢杆菌的遗传机制、基因结构与功能、基因的表达调控、杀虫活性以及环境保护应用等方面进行了大量研究,其生物杀虫活性成分也由刚开始的杀虫晶体蛋白发展到多种成分的辅助、协同作用。目前,已经找出了数十种生物杀虫活性成分(表

表 3-1　苏云金芽孢杆菌生物杀虫活性成分

因　子	活性成分
胞外因子	酶类：几丁质酶、磷脂酶 C、溶血素、VIP 杀虫蛋白(营养期杀虫蛋白)
	醇类：双效菌素
	核苷类：苏云金素
胞内因子	蛋白质：杀虫晶体蛋白(ICP)、免疫抑制因子 A、肠毒素
	芽孢：活芽孢

3-1)，能分泌到细胞外发挥作用的活性成分称为胞外因子；而留置在细胞内的活性成分或包含体(如芽孢)统称为胞内因子。

①几丁质酶(chitinase)。几丁质酶是最早从苏云金芽孢杆菌中发现的可溶性胞外蛋白质类杀虫活性物质。但是几丁质酶单独作用时对昆虫的毒杀活力并不高，实验证明几丁质酶只有与杀虫晶体蛋白共同作用时才能起到较好的杀虫效果。

②磷脂酶 C(phospholipase C)。磷脂酶 C 包括磷脂酰胆碱特异的磷脂酶(phosphatidylcholine specific phospholipase C，PC-PLC 或 PCH)和磷脂酰肌醇特异的磷脂酶(phosphatidylinositol specific C，PI-PLC 或 PIH)，两者对昆虫肠道均具有破坏作用，有助于细菌侵入血腔并繁殖。其中，PIH 是一种 α 外毒素，能够特异性地水解磷脂酰肌醇和磷脂酰肌醇-聚糖的膜固定物(膜蛋白重要组成部分)，成熟酶相对分子质量为 34 ku，生物活性不需要任何金属离子参与，无溶血活性；而 PCH 能够水解磷脂酰胆碱、磷脂酰乙醇和磷脂酰丝氨酸，相对分子质量为 27 ku，是一种依赖于 Zn^{2+} 或 Ca^{2+} 的稳定金属酶，对人体和动物细胞有一定的杀伤作用，因此限制了磷脂酶 C 的杀虫应用。

③溶血素(hemolysin)。溶血素是一种潜在的胞外致病因子，由单一组分蛋白构成，主要通过附着细胞后表现出溶血作用。因其溶血过程相对延迟而表现出类似病毒感染一样，具有一定的潜伏性。

④VIP 杀虫蛋白(vegetative insecticidal protein，VIP)。VIP 杀虫蛋白即营养期杀虫蛋白，指营养期表达的杀虫蛋白。与其他已报道的杀虫蛋白相比，营养期杀虫蛋白的杀虫活性谱是非常独特的，它对小地老虎、草地贪夜蛾、甜菜夜蛾、烟蚜夜蛾、美洲棉铃虫、欧洲玉米螟等鳞翅目昆虫具有广谱杀虫活性。营养期杀虫蛋白的杀虫机制与杀虫晶体蛋白基因的杀虫机制相似，即主要是通过与敏感昆虫中肠上皮细胞受体结合，使中肠溃烂而产生昆虫致死现象。

⑤双效菌素(zwittermicn A，ZwA)。双效菌素是近来在苏云金芽孢杆菌中发现的一种具有抑菌和杀虫双重作用的多元醇类物质，它对多种真菌和细菌都有抑制效果，尤其是对于农业上危害较大的植物病原菌种类。双效菌素对昆虫的毒性非常低，但是它对苏云金芽孢杆菌的杀虫晶体蛋白具有显著的增效作用，并且随着浓度的提高其增效作用也随之提高。

⑥苏云金素(thuringiensin)。苏云金素又称 β 外毒素，是一种非特异性的小分子腺苷酸衍生物，在 121℃ 下处理 15 min 仍然具有活性，主要存在于苏云金芽孢杆菌血清型 H_1 菌株中。这种毒素成分在细菌生长过程中被分泌到细胞外，对蝇类具有很高的毒性，同时

它对其他昆虫也具有杀虫活性。苏云金素的作用机制与杀虫晶体蛋白不同，它的作用位点不是昆虫的中肠上皮细胞，而是干扰昆虫体内 DNA 的合成，从而影响昆虫的生长发育，使其不能蜕皮或羽化，造成昆虫的畸形或死亡。由于苏云金素在哺乳动物中主要通过抑制 RNA 聚合酶的活性、阻断 RNA 合成导致昆虫的死亡，不同于伴孢晶体作用于中肠上皮细胞，所以不仅杀虫谱较杀虫晶体蛋白广，而且还对人类和动物有一定毒性。

⑦杀虫晶体蛋白（insecticidal crystal protein，ICP）。杀虫晶体蛋白是苏云金芽孢杆菌制剂的主要杀虫活性成分，蛋白相对分子质量为 27～150 ku，其中以 130～140 ku 最多。它是一种 δ-内毒素，在芽孢杆菌后期生物量中占干重的 20%～30%。苏云金芽孢杆菌的杀虫晶体蛋白基因大多数位于质粒上，尤其是位于相对分子质量在 1.5～150.0 Mu 的大质粒上，少数存在于染色体上，一个质粒常常携带一个到多个 ICP 基因。现已知杀虫晶体蛋白对包括鳞翅目、双翅目、鞘翅目等 10 个目的节肢动物门昆虫具有不同程度的生物活性；对线虫动物门中的动植物寄生线虫，扁形动物门的吸虫、绦虫，原生动物门的部分种类均有杀虫活性。

⑧免疫抑制因子 A（immune inhibitor A，InA）。在研究苏云金芽孢杆菌致病因子方面，发现有一种能使产生免疫反应生物体致病的酶类活性因子，即免疫抑制因子 A，由于其具有降解蛋白质的功能，又被命名为蛋白酶 I。经研究分析发现，该蛋白酶因子是一种中性含锌金属蛋白酶，能够分解寄主产生的抗菌蛋白，主要通过消化免疫球蛋白 IgG 和 IgA 来消除寄主的抗性反应。

⑨肠毒素（enterotoxin）。继 Mikami et al.（1995）发现苏云金芽孢杆菌某些菌株中存在着肠毒素之后，Asano et al.（1997）首次从苏云金芽孢杆菌猝倒亚种和以色列亚种中分别克隆到一种肠毒素基因。到目前为止，已发现肠毒素有 3 种：无溶血肠毒素（non-haemolytic enterotoxin）、溶血肠毒素（haemolytic enterotoxin）和枯草杆菌毒素 T。肠毒素基因是以操纵子的形式存在，与多个基因共同作用产生致病结果。除溶血肠毒素外，其余均无溶血活性。对 24 种血清型 74 株菌株的检测结果，发现无溶血肠毒素分布频率高达 100%。肠毒素对昆虫的致病症状，表现为昆虫腹泻和呕吐食物中毒综合症。目前，肠毒素对人类健康的影响尚未见报道，这也许是与苏云金芽孢杆菌在人类肠道内不能繁殖有关。

⑩芽孢（spore）。芽孢是苏云金芽孢杆菌生长到一定阶段形成的特殊休眠结构，是营养细胞的休眠体。成熟芽孢结构由内向外依次是芽孢原生质、质膜、芽孢壁、皮层、芽孢衣和芽孢外套。其中，芽孢衣是富含二硫键的蛋白质，可抵抗溶菌酶的消化，起保护作用。已发现对鳞翅目幼虫有毒性的芽孢类型有活芽孢、死芽孢、芽孢衣和芽孢外套。但是，更多报道的结果则表明纯芽孢对某些昆虫毒力很低，它主要是通过与杀虫晶体蛋白协同作用起到杀虫效果。芽孢作为苏云金芽孢杆菌杀虫剂的有效成分，其作用可能有以下两个因素：一是芽孢衣蛋白具有类似伴孢晶体毒素的作用；二是芽孢的萌发或营养细胞具有穿透肠壁的能力。目前研究认为芽孢杀虫机理是：在伴孢晶体对中肠上皮细胞造成膜穿孔后，芽孢进入血腔繁殖，营养细胞产生的多种外毒素及酶使幼虫患败血症致死。此外，有些种类昆虫如大蜡螟（Galleria melonella），纯伴孢晶体对其几乎无毒，只有在芽孢同时存在的情况下才能起致死作用。大量研究证明了无晶体突变株的芽孢没有毒性，芽孢要具有杀虫活性则必须以与杀虫晶体蛋白共同作用为前提。

（3）杀虫机理

苏云金芽孢杆菌能产生多种毒素，现在已知的有4种，即晶体毒素（δ-内毒素，是一种碱性蛋白质）、β外毒素（一种热稳定性核酸衍生物）、α外毒素（一种卵磷脂酶）和γ外毒素。苏云金芽孢杆菌还能产生几丁质酶、叶蜂毒素等毒效成分。苏云金杆菌菌剂的杀虫成分包括芽孢、晶体毒素及β外毒素等。起毒杀作用的主要是晶体毒素。

δ-内毒素杀虫原理：苏云金芽孢杆菌主要是经昆虫的口侵入，δ-内毒素（蛋白质晶体）在其碱性肠道中被水解成毒性短肽，产生毒性。这种短肽作用于上皮细胞，使中肠麻痹。随着病情的发展，肠道壁细胞被胶黏物质破坏，上皮细胞削离，散落在肠腔内，这时中肠的透性失去控制，肠壁随后穿孔，肠道内含物、芽孢和细菌大量侵入血腔。中肠的 pH 值由 10.4 下降至 9.0，血液的 pH 值则由正常的 6.8 上升至 8.0，引起虫体全身麻痹，细菌大量繁殖，发生败血症而死亡。

敏感昆虫吞食各类苏云金芽孢杆菌后表现的症状有：食欲减退、停止取食、行动迟钝、上吐下泻，1~2 d 死亡。死后虫体软化变黑，进而腐烂发臭。对苏云金芽孢杆菌敏感的昆虫主要是鳞翅目、双翅目和鞘翅目中的一些种类的幼虫。

（4）特点

①高效，对人畜无毒，不污染环境。苏云金芽孢杆菌能有效地控制害虫，而对人畜安全无毒。大量试验表明，苏云金芽孢杆菌对小白鼠、豚鼠、兔、猴、鱼类甚至人等，经过各种途径感染都没有不利影响。许多不同血清型或亚种的苏云金芽孢杆菌菌株，对许多农林害虫和卫生害虫有高毒效。

②不杀伤害虫天敌，能保持生态平衡。化学杀虫剂无选择性，在杀死害虫的同时也杀伤了天敌和有益生物。而在野外应用苏云金杆菌后，除害虫摄食毒素而致死外，对天敌和有益生物不发生影响，使害虫的天敌能维持在一个较高水平，将害虫控制在经济阈值以下。

③对植物无毒害，不影响作物的色、香、味。在苏云金芽孢杆菌制剂的正常应用中，即使是比正常使用浓度大几十倍时，也未曾发现对作物产生药害的报道。

④抗性产生缓慢。不同血清型的亚种，甚至同一亚种的不同菌株，可产生不同的杀虫晶体蛋白，由于不同杀虫晶体蛋白的作用位点不同，具有不同的杀虫活性。另外，由于高新技术发展的生物杀虫剂，品种多样，作用机制复杂，与不同杀虫晶体的菌剂交替使用，害虫不易产生抗药性，可以有效地克服或延缓抗性的产生。

⑤不足之处。选择性强，杀虫谱较窄；达到死亡高峰期较慢；受气温影响，毒素需要在一定的温度条件下才能发挥杀虫效力；对蚕有毒性；不易受专利保护。

（5）苏云金芽孢杆菌的生产

苏云金芽孢杆菌杀虫剂的生产主要包括发酵和制剂成型两部分。发酵可分为固态发酵和液态发酵。

①固态发酵。固体生产可分为斜面种子培养、种子扩大培养和固态发酵培养 3 个阶段，其生产流程如图 3-1 所示。

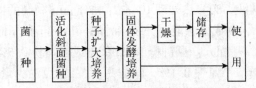

图 3-1　苏云金芽孢杆菌固态发酵流程

　　a. 活化种子培养。培养基有两种：一是牛肉膏 0.3%，蛋白胨 1%，琼脂 1.5% ~ 2.0%；二是 10% 麸皮浸出液，琼脂 1.5% ~ 2.0%。10% 麸皮浸出液的配制：称取 10 g 麸皮，加 100 mL 自来水煮沸 0.5 h 后用纱布滤去渣子，再加水补充至 100 mL，即为 10% 麸皮浸出液。以上两种培养基可任选一种，调 pH 值为 7.0 ~ 7.4。接种后，28 ~ 32℃ 培养 24 h 即可使用，若用于保存传代菌种，则应培养 3 d。

　　b. 种子扩大培养（液体）。培养基有两种：一是 10% 麸皮浸出液，蔗糖 0.5%；二是牛肉膏 3 g，蛋白胨 10 g，水 1000 mL。以上两种培养基任选一种，调 pH 值至 7.2 ~ 7.4。接种后，置 28 ~ 30℃ 下振荡培养（100 ~ 120 r/min）6 ~ 8 h，若无摇床可采用浅层静置培养 12 ~ 16 h（即克氏瓶培养，培养过程应每隔 3 h 左右摇动 1 次，每次 1 ~ 2 min），培养温度 28 ~ 30℃。

　　c. 固态发酵培养。培养基有两种：一种是草炭：麸皮：豆饼粉：硫酸铵 = 5：5：0.5：0.1；另一种是稻糠：肥土：麸皮：豆饼粉：硫酸铵 = 5：25：2.5：0.5：0.1。两种培养基任选一种，用烧碱或石灰水调 pH 值至 9，灭菌后即为 7.2 左右。

　　固体料灭菌后，冷至 40℃ 左右"抢温接种"，液体种子接种量为 50%。拌匀后，把料平摊在曲盘或帘子上，厚度 1.5 ~ 3.3 cm，上面覆盖 1 ~ 2 层灭过菌的湿纱布。培养初期菌体大量繁殖，料温 28 ~ 32℃，室温 24 ~ 26℃，空气相对湿度 80% 左右。芽孢开始形成后，室温和料温应适当提高，料温维持在 35 ~ 37℃，加大通气量，定时翻料、放潮，促使菌体成长老熟。当芽孢形成率不再增长并有 20% 左右的芽孢脱落时，终止发酵。一般培养 2 ~ 3 d 时间。

　　② 液态发酵。液态发酵流程如图 3-2 所示。

　　a. 斜面菌种。试管斜面菌种和克氏瓶固体种子的培养基均为牛肉膏蛋白胨琼脂培养基：牛肉膏 0.5%，蛋白胨 1%，氯化钠 0.5%，琼脂 2%。灭菌前 pH 值为 7.6 ~ 7.8，灭菌后为 7.2 ~ 7.4。接种培养：由沙土管移种斜面，32℃ 培养至形成芽孢，取 1 支试管斜面加

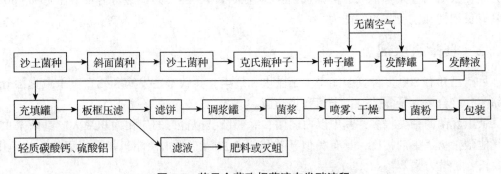

图 3-2　苏云金芽孢杆菌液态发酵流程

10 mL 无菌水制成芽孢悬液。80℃热处理 10 min，取 1 mL(剩余的保存于冰箱再用)接种于克氏瓶 32℃培养 8~10 h，制成菌悬液，分装接种瓶，待接于种子罐。

b. 种子罐培养。培养基配方：豆饼粉 1%，鱼粉或蚕蛹粉 0.5%，葡萄糖 1%，硫酸铵 0.2%，玉米浆 0.2%，磷酸二氢钾 0.1%，碳酸钙 0.5%，豆油少量，灭菌后，pH 值 6.6~7.0。培养条件：罐温 32~33℃，通气流量 1∶1，罐压 0.5 kg/cm²，搅拌器转速 350 r/min，培养 8~10 h。经镜检菌体正常，染色均匀，菌数达 3×10^8 ~5×10^8 个/mL，无杂菌污染时，即可转接发酵罐。

c. 发酵罐培养。培养基配方同种子罐培养。培养条件：罐温 33~35℃，搅拌器转速 160 r/min，通气流量 1∶1，罐压 0.5 kg/cm²，培养 20 h 左右即可放罐。为了促进菌体成熟，培养 16 h 后，可采用提高罐温、加大通气量的措施。放罐标准：无杂菌，绝大多数菌体明显形成孢子囊、芽孢，晶体部分脱落，菌数 2.0×10^9 个/mL 以上。

d. 产品处理。首先把发酵液注入贮罐，加入轻质碳酸钙做填充剂，搅拌 0.5 h，板框压滤。滤液含菌数不得超过 0.3×10^8 个/mL，否则回收率太低。其次，过滤后，把滤饼刮入调浆罐，按加入碳酸钙量的 8% 加入浓乳，再加适量滤液，搅拌 0.5 h，使固态物达 40%~50%，最后喷雾干燥形成菌粉。

3.2.1.2　金龟子乳状杆菌

金龟子乳状杆菌包括日本金龟子芽孢杆菌和缓死芽孢杆菌两种。此菌是革兰阳性菌，大小为 $(0.5\text{~}0.8)\mu m \times (1.3\text{~}5.2)\mu m$，单生或成对，不运动，形成芽孢时芽孢位于菌体的一端，随着芽孢的膨大，菌体变成梨形。这种菌是一类寄生范围较窄的专性病原菌。只有对金龟子幼虫(蛴螬)才有感染作用。

金龟子乳状病芽孢杆菌菌剂的杀虫成分是芽孢。芽孢随昆虫取食进入肠道，在肠内萌发成营养体，穿过肠壁细胞进入体腔，大量繁殖，引起昆虫患败血症而死亡。死亡后的虫体含大量芽孢呈乳白色，故称为乳状病。

乳状病芽孢杆菌的芽孢在土壤中能长期存活，染病死亡后的幼虫又释放出更多的芽孢，而且能随染病的幼虫自然传播到附近地区，故能控制金龟子幼虫的危害，且具有长期的防治效果。

我国对乳状杆菌的研究与国外相比起步较晚。但我国乳状杆菌的资源非常丰富，山东、河北、黑龙江等都从患病的蛴螬体内分离到乳状杆菌。山东省植物保护研究所从 1975 年开始在荣城、蓬莱等地共分离筛选出 4 株乳状杆菌，经田间试验防治效果在 40%~80%，并具有长期性和定殖防治的能力。

3.2.2　真菌杀虫剂

目前已知有 800 多种真菌能寄生于昆虫和螨类，导致寄主发病和死亡。杀虫真菌分属于卵菌、接合菌、子囊菌、担子菌和半知菌。

杀虫真菌的种类很多，其中以白僵菌、绿僵菌、拟青霉的应用面积最大。真菌杀虫剂与其他微生物杀虫剂相比，具有类似某些化学杀虫剂的触杀性能，并具广谱的防治范围、残效长、扩散力强等特点。

3.2.2.1　白僵菌

（1）概述

白僵菌（*Beauveria bassiana*）属于半知菌类的一种真菌，其中包括球孢白僵菌、卵孢白僵菌、白色白僵菌、双型白僵菌、蠕孢白僵菌、缘膜白僵菌 6 个种。白僵菌最适生长温度为 25℃，相对湿度 20%~50% 利于孢子的成熟，孢子萌发要求相对湿度 90% 以上。对多种农林害虫具有致死作用，已知的寄主昆虫达 707 种，可大面积用于防治松毛虫、玉米螟和水稻叶蝉等害虫。白僵菌常用剂型包括粉剂、颗粒剂。20 世纪 80 年代开始出现油剂及乳剂（须现配现用），20 世纪 90 年代研制成功可湿性粉剂（含量 $5×10^{10}$ 个/g），全国每年防治面积大约 $130×10^4$ hm^2。

（2）防治机理

白僵菌感染昆虫的途径首先是通过皮肤，其次通过口腔（消化管）及气孔。白僵菌的致病作用靠分生孢子发芽时的机械力，以及分泌的一种几丁质酶和蛋白质毒素（接触毒素）破坏和溶解昆虫的表皮，使发芽管侵入体腔，而且对昆虫还有毒杀作用。在昆虫体内由芽管伸长的菌丝能直接吸收昆虫体液作为养料，侵入昆虫肌肉的菌丝可损坏其运动机能，在菌丝分支顶端形成筒形孢子。筒形孢子（短菌丝细胞）和菌丝弥漫在血液里，可妨碍昆虫的血液循环。当病菌的代谢产物，如草酸盐类在虫体血液中聚集很多，会致使血液的酸度下降。随着白僵菌在昆虫体液中的大量繁殖，体液的理化性质发生变化，导致昆虫因新陈代谢机能紊乱而死亡。最后，因全部筒形孢子发芽伸长形成的菌丝大量吸收水分，使昆虫尸体硬化，故又称"硬化病"。

（3）白僵菌的生产

白僵菌的生产包括斜面菌种培养、种子培养和固体扩大生产。

①斜面菌种培养。斜面培养基有以下两种：一是 PDA 培养基。马铃薯 20%，蔗糖 2%，琼脂 2%，pH 值自然。二是小米饭培养基。将小米淘净，每千克小米加水 0.4~0.5 kg，或用水浸泡一夜，捞出沥干，加琼脂 2% 溶解，分装试管灭菌后做成斜面。在配制好的斜面培养基上进行接种，置 25~28℃ 培养 5~12 d，待孢子成熟即可备用。

②种子培养。种子培养是供扩大生产用菌种，因此要求纯度高、生长健壮、孢子含量大。培养方法可用固体培养，也可以用液体培养。液体培养时其培养基有两种：一是黄豆饼粉培养基。黄豆粉（或花生饼粉）3%，蔗糖 2%，磷酸二氢钾 0.2%，氯化钠 1%，硫酸亚铁 0.001%，硫酸镁 0.001%，淀粉 0.5%，pH 值自然。二是淘米水培养基。淘米水（1 kg 米加 1 kg 水的滤液）。以上配方可任选一种。将配制好的培养基分装于 1000 mL 的三角瓶内（每瓶装 100 mL），灭菌后冷却至室温，在接种室或接种箱内接种。一般每支斜面接种 10 瓶左右，可直接用孢子接种，也可做成孢子悬液接种。在 24~28℃ 下振荡培养 70 h，当大量产生节孢子时即可用于固体扩大接种。种子培养也可采用固体培养法，固体培养时根据白僵菌是好气性菌的特性，要选择质地松散、含糖量较高的农副产品（如麦麸加米糠等）做培养基，加水量与干料之比约为 0.5∶1。配好后装入三角瓶（或广口瓶）内，1.2 kg/cm^2 灭菌 45 min。冷却后按无菌操作，将斜面菌种接到瓶中拌匀，置 25~28℃ 培养 6~7 d。待基质上长满白色粉末状孢子、无杂菌感染时即可作种子用。

③固体扩大生产。固体扩大生产就是在专用的发酵室内用曲盘大量生产白僵菌，具体

做法如下。

a. 培养基。现介绍以下几种配方，可根据当地原料情况选用，或参考试验新配方。一是米糠30%，麦麸60%，谷壳10%；二是麦麸70%，谷壳30%，麦麸或(米糠、杂粮秆粉)50%，泥土50%；三是玉米芯粉70%，麦麸30%。培养基的加水量要视培养基质的不同而异，一般干料与水之比为1:(0.8~1.0)，含泥土培养基为1:(0.7~0.9)。培养基加水拌匀后，装入布袋内，每袋装0.50~0.75 kg为宜，以便于蒸汽穿透、灭菌彻底。

b. 接种培养。灭菌后，趁热将培养基放入发酵室，待冷至30℃左右即可接种，接种量以干料的15%~20%为宜。接种时用手搓拌均匀，轻放在曲盘内，堆厚不宜超过3.5 cm。白僵菌对空气温、湿度的要求较高，发酵前3 d要求低温高湿，此时温度应控制在25℃左右，湿度越大越好。要注意保持发酵室的高湿度，也可以在曲盘上加覆盖物保湿。3 d以后长满白色菌丝并开始产生孢子时，需要高温低湿，以促进分生孢子的形成。发酵室温度可控制在34℃左右，去掉曲盘上的覆盖物，开窗通气，以降低室内湿度，由于湿度降低，同时也能蒸发掉培养基中的多余水分，以防止孢子发芽，培养12~15 d即可出料。

3.2.2.2　绿僵菌

绿僵菌(*Metarhizium*)是最早用于防治害虫的一种有效的杀虫真菌，利用它防治害虫的研究和实践已逾百年。目前，我国普遍承认6种(包括变种)绿僵菌，分别为金龟子绿僵菌、黄绿绿僵菌、双型绿僵菌、戴氏绿僵菌。金龟子绿僵菌分为两个变种：金龟子绿僵菌小孢变种和金龟子绿僵菌大孢变种；黄绿绿僵菌分为两个变种：黄绿绿僵菌小孢变种和黄绿绿僵菌大孢变种。绿僵菌的致病作用是靠分泌的腐败毒素使昆虫中毒而死。绿僵菌主要用于防治地下害虫、天牛、飞蝗、蚊幼虫等。我国的绿僵菌生产工厂，产品含孢量为50亿个/g，萌芽率90%以上。

3.2.3　病毒杀虫剂

病毒杀虫剂是利用昆虫病毒的生命活动来控制那些直接和间接对人类和环境造成危害的昆虫。昆虫体内普遍存在病毒，目前已经发现有1600多种，其中不少种类具有生物防治潜力，并能感染许多重要的农林害虫，主要包括核型多角体病毒、颗粒体病毒和质型多角体病毒，其寄主昆虫主要属于鳞翅目，少数属于膜翅目、双翅目、鞘翅目和脉翅目。昆虫的幼虫感染病毒后容易死亡；成虫感染后不易死亡，但成为带毒者后对植物的危害会降低。病毒杀虫剂具有宿主特异性强、能在害虫群体内流行、持效作用强等明显的特点。

一般来说，病毒感染昆虫主要有两种途径：一种是取食感染；另一种是经皮肤感染。昆虫感染病毒后，一个显著的特征是在大多数感染病毒的昆虫细胞内形成特殊的蛋白质晶体颗粒，称为包含体。包含体对昆虫不具有致死性，只有完整的病毒粒子对昆虫才有致死性。包含体可能存在于细胞质内或细胞核内，或两个部位都有，其形态多数为多角形，故又称为多角体。根据包含体的有无、形态、生成部位等特点，将昆虫病毒大致分成5类：①核型多角体病毒，多角体于细胞核内形成；②质型多角体病毒，多角体于细胞质内出现；③颗粒体病毒，椭圆形颗粒状包含体存在于细胞核内或细胞质内；④昆虫痘病毒，椭圆形与纺锤形包含体存在于细胞质内，但纺锤形包含体是不包埋病毒粒子的；⑤非包含体病毒，不形成包含体，病毒粒子游离地存在于细胞质内或细胞核内。

随着昆虫病毒分类系统逐步完善，利用昆虫病毒防治农作物害虫研究已成为国内外生物防治的一个重要发展方向。人们最开始直接利用撒施感染病毒的昆虫匀浆来防治害虫，现阶段，昆虫病毒的生产已进入了半机械化或机械化生产阶段，其流程为：规模化饲养宿主昆虫→病毒感染→病虫收集匀浆→分离提取→沉淀干燥→标定含量→添加助剂→剂型分装→产品检验等。目前，我国拥有一系列具有自主知识产权的病毒制剂产品，其中斜纹夜蛾 NPV、菜青虫 GV、棉铃虫 NPV、甜菜夜蛾 NPV、盲宿夜纹夜蛾 NPV、马尾松毛虫 CPV、茶尺蠖 NPV、蟑螂 DNV 8 种昆虫病毒杀虫剂已正式登记注册。

3. 2. 3. 1　病毒杀虫剂的种类

（1）核型多角体病毒（NPV）

核型多角体病毒是昆虫病毒中发现最早、研究得较为详细的一类病毒。病毒在昆虫细胞核内产生多角体蛋白，多角体的形态有十二面体、四角体、五角体及六角体等多种形态，直径 0.5~1.5 μm，每个多角体内包埋着一至多个病毒粒子。根据多角体内包埋病毒粒子的多少，核型多角体病毒又可分为两个亚属：①多核衣壳核型多角体病毒（MNPV），1 个病毒粒子内含多个核衣壳，其代表种为苜蓿银纹夜蛾多核衣壳核型多角体病毒；②单核衣壳核型多角体病毒（SNPV），1 个病毒粒子内仅含 1 个核衣壳，其代表种为家蚕单核衣壳核型多角体病毒。

核型多角体病毒通过昆虫消化道上皮细胞进入体腔后才感染其他组织。我国已发现黏虫、水稻叶夜蛾、黄地老虎、棉铃虫、斜纹夜蛾、棕尾毒蛾、舞毒蛾、松黄叶蜂、家蚕、柞蚕、蓖麻蚕等的核型多角体病毒。

（2）质型多角体病毒（CPV）

与核型的主要区别是多角体在昆虫细胞质内发育，病毒粒子不是杆状而近于球形，仅在被感染昆虫体内消化道的上皮细胞中繁殖。这种病毒仅侵袭昆虫的消化器官，只在中肠上皮细胞的细胞质内复制，细胞核内无多角体形成，因此把这种病毒称为质型多角体病毒，由这种病毒引起的疾病称之为质型多角体病。在已发现的昆虫病毒中，CPV 病毒有 245 种。质型多角体病毒分布极为广泛，已在 200 多种昆虫中发现有 CPV 感染。该病毒属的典型特征是病毒粒子通常包埋在称为多角体的蛋白质晶体结构中，为单层衣壳结构，衣壳外面有两种不同大小的突起，衣壳蛋白是由 3~5 种结构蛋白组成。电镜负染色观察显示，CPV 为二十面体结构，其直径为 60 nm，在二十面体顶点上具有 12 条塔状凸起，病毒粒子的遗传物质是双链 RNA，不含 DNA。

质型多角体病毒在形成过程的初期无特殊的形态，逐渐成熟后显示为六角形（正二十面体）和四角形（正六面体）。质型多角体的大小为 0.5~10.0 μm，多角体的种类和发育程度（大小）不同所含病毒粒子的多少有较大差异，最少的 1 个多角体包含 1 个病毒粒子，1 个松毛虫 CPV 多角体可包含 1000 个病毒粒子。昆虫质型多角体病毒的突出特点是慢性感染，其持续感染效果非常好，容易造成害虫流行病。质型多角体病毒可以感染鳞翅目、双翅目、鞘翅目、膜翅目等中的 168 种昆虫，因而特别适合生命周期长的森林害虫的防治。

（3）颗粒体病毒（GV）

颗粒体病毒又称荚膜病毒，属于核型多角体病毒科，颗粒体病毒属。病毒粒子杆状，包含体呈圆形、椭圆形颗粒状。颗粒体病毒的形态、物理化学性质与 NPV 大致相似，它对昆虫的感染过程和 NPV 大致相同。颗粒体病毒与核型多角体病毒的主要区别在于：①囊膜中核衣壳数目不同，颗粒体病毒的囊膜中仅含有一个核衣壳，很少含有两个或多个的情况，而核型多角体病毒的囊膜中含有多角体，每个多角体内包埋着一至多个病毒粒子；②两种病毒包含体的大小和形状各不相同，颗粒体病毒粒子椭圆形，病毒粒子小；③颗粒体病毒粒子中基质蛋白包埋囊膜核衣壳的过程不同，核型多角体病毒的包埋过程更为复杂；④颗粒体病毒的宿主特异性更强，寄主范围更窄。

颗粒体病毒除了具有杀虫能力以外，还发现某些颗粒体病毒含有增效蛋白，该蛋白可以提高昆虫的敏感性，加速核型多角体病毒的感染进程，而且这种蛋白还可以提高苏云金芽孢杆菌伴孢晶体对幼虫的毒力。

颗粒体病毒可感染昆虫的表皮、脂肪组织和血细胞等，昆虫吞食病毒后停止进食，血液变为乳白色而死亡。此病毒可感染鳞翅目的昆虫，如云杉卷叶蛾、菜粉蝶等。

（4）非包含体病毒（NOV）

病毒粒子球状，不形成包含体，病毒粒子游离地存在于细胞质内或细胞核内。侵染的宿主范围广泛，除昆虫纲外，还可侵染蜘蛛纲、甲壳纲等动物，如柑橘红蜘蛛和蟹等，其中以防治柑橘红蜘蛛较为有效。

3.2.3.2　病毒杀虫剂的致病机理

病毒防治害虫的原理是利用其天然存在的致病性。以棉铃虫核型多角体病毒为例，致病因素是病毒粒子，不是多角体。一条健康的棉铃虫吞食带有棉铃虫核型多角体病毒的棉叶后，病毒体在肠腔内快速溶解，释放出大量的病毒粒子，病毒粒子首先侵染中肠的上皮细胞，使上皮细胞膨大，核仁消失，染色质凝聚并向核四周集中，随后在细胞中很容易看到一种典型的物质——病毒发生基质，这就是"病毒生产工厂"。在基质中病毒粒子不断地增殖复制，而核内充满了大量成熟病毒体及病毒粒子，随后染色质凝块消失，核被病毒体胀大破裂，释放出大量病毒体及病毒粒子内容物，细胞也随之崩裂，大量病毒体及病毒粒子内容物进入细胞之间缝隙和血腔中去感染其他的敏感细胞，造成棉铃虫组织液化而死亡。由于棉铃虫核型多角体病毒受中肠酶和 pH 值的作用，病毒在肠内溶解释放出大量的病毒粒子，棉铃虫在吞食含有病毒的棉叶后在 12 h 内就出现消化系统紊乱，逐渐丧失食欲，行动迟缓；24 h 后病毒在虫体内的靶组织（脂肪体、真皮细胞、气管皮膜、肌肉鞘、神经鞘、肌肉、神经球、围心细胞等）中大量增殖复制，同时会引起棉铃虫的败血症等，最终导致棉铃虫趋向死亡。棉铃虫核型多角体病毒对于任何抗性、任何虫龄的棉铃虫都具有极强的感染性。

3.2.3.3　昆虫病毒的培养和使用

（1）昆虫病毒的收集和培养

直接在野外或田间害虫发生密度大的地方喷施病毒，待害虫死后，收集死虫直接再利用。这种方法简便易行，成本低，特别对于那些不宜在室内饲养的昆虫更为合适。如松毛虫病毒即采用此法培养。

①野外采集大量适龄幼虫，在自然条件下或室内接种繁殖，如在日本用两层纱布的口

袋在松树枝上把 7 龄松毛虫罩起来，繁殖质型多角体病毒。也有资料介绍，在野外采集老龄天幕毛虫幼虫，在室内注射接种，数日后，收集死虫可得到大量的核型多角体病毒。

②为了大量生产病毒制剂，必须解决大量饲养昆虫的问题，近来这个问题有较大的突破。许多人工饲料已经研制成功，通过人工饲养昆虫可生产各种类型的病毒制剂，除极少数外。

③采用组织培养是比较理想的生产方法，这样可实现工厂化生产病毒。科学家们试图通过将外源基因引入病毒基因组，构建重组病毒杀虫剂，提高杀虫效率及杀虫速度。迄今为止，多数重组病毒杀虫剂仅停留在实验室阶段，只有少量进行了田间释放试验，还没有被成功登记进行产业化生产的例子。值得提及的是，中国科学院武汉病毒研究所构建的含有蝎毒素的重组棉铃虫核型多角体病毒已通过我国农业部农业转基因安全委员会的安全评价，先后进入了中间试验和田间释放，并进行了中试生产，向产业化迈出了重要一步（孙修炼，2006）。

（2）昆虫病毒的使用

昆虫病毒感染的专一性很强，交叉感染的现象很少，因此应用时必须考虑杀虫对象应是原来的虫种。由于昆虫病毒感染的几乎都是幼虫（成虫极少），而低龄幼虫比老熟幼虫往往更敏感，所以应掌握虫情，适时用药。

昆虫从感染病毒到发病的这一段时间称为潜伏期，潜伏期的长短与温度和感染病毒的数量有一定关系。一般来说，在 25℃，感染病毒的数量大，发病快。

此外，昆虫病毒的致病与理化诱发因子有一定关系。有些国家在室内通过低温等物理因素处理或用化学药品添食诱发病都取得了一定的成效。

3.3　微生物杀菌剂

3.3.1　细菌杀菌剂

近年来以细菌来防治植物病毒病取得了较大的进展。在国外用放射土壤杆菌 k84 菌系来防治果树的根癌病是成功的例子，并且已商品化。美国报道用草生欧文菌防治梨火疫病效果与链霉素相当。目前细菌杀菌剂主要有芽孢杆菌和假单胞杆菌两类。

3.3.1.1　芽孢杆菌

芽孢杆菌（*Bacillus*）是一群好氧或兼性厌氧、产芽孢的革兰阳性杆菌的总称，其生理特征丰富多样，分布极其广泛，是土壤和植物体表、根际的重要微生物种群。芽孢杆菌突出的特征是能产生耐热抗逆的芽孢，这有利于生物防治菌剂的生产、剂型加工及在环境中的存活、定殖与繁殖。田间应用研究已证实，芽孢杆菌生物防治菌剂在稳定性、与化学农药的相容性和在不同植物不同年份防治效果的一致性等方面明显优于非芽孢杆菌和真菌生物防治菌剂。

芽孢杆菌具有很强的抗逆能力和抗菌防病作用，芽孢杆菌抗菌防病机制包括竞争作用、拮抗作用和诱导植物抗病性。其中，核糖体合成的细菌素、几丁质酶和葡聚糖酶等抗菌蛋白以及次生代谢产生的抗生素与挥发性抗菌物质产生的拮抗作用是生物防治细菌最主要的抗菌机制。

在开发利用的芽孢杆菌种类中,枯草芽孢杆菌(*B. subtilis*)是研究和应用最多的,可用于防治黄瓜白粉病、草莓白粉病和灰霉病、水稻纹枯病和稻曲病、三七根腐病和烟草黑腔病等,还可用于水稻调节生长和增产。此外,还有多黏类芽孢杆菌(*Paenibacillus polymyxa*)和蜡质芽孢杆菌(*B. cereus*)。多黏类芽孢杆菌可用于防治番茄、烟草、辣椒、茄子青枯病等。蜡质芽孢杆菌可用于油菜抗病、壮苗、增产,还可用于防治水稻纹枯病、稻曲病和稻瘟病、小麦纹枯病和赤霉病、姜瘟病等。

通过现代生物技术提高抗菌基因的表达水平和实现外源杀虫或抗菌基因的高效稳定共表达是增强生物防治芽孢杆菌抗菌活性和扩大防治对象的重要途径。基因组学和蛋白质组学研究的迅猛发展必将极大地促进芽孢杆菌抗菌分子机制和抗菌基因工程研究的深入发展和研究成果的广泛应用。

3.3.1.2 假单胞杆菌

假单胞杆菌(*Pseudomonas*)是一群及其多样化的微生物,代表种有铜绿假单胞菌(*P. aeruginosa*)、败血假单胞菌(*P. septica*)、荧光假单胞杆菌(*P. fluoresceus*)、恶臭假单胞菌(*P. putida*)、致色假单胞菌等(*P. aureofaciens*),包括许多植物、动物和人类的致病菌,但也有许多假单胞杆菌在农业和环境保护方面有突出作用,从而使其成为当今微生物研究的热点之一。特别是荧光假单胞杆菌是最重要的植物根际促生细菌之一,其很多菌株具有在植物根部和叶面定殖的性能,并产生抗植物病原真菌的多种抗生素。

利用假单胞杆菌属的铜绿假单胞杆菌防治蚱蜢;利用败血假单胞杆菌防治双带黑蝗;利用绿色单胞杆菌防治透翅蝗;利用恶臭假单胞杆菌防治金色假单胞杆菌;利用荧光假单胞杆菌可以防治镰刀菌枯萎病、小麦全蚀病、棉花苗期猝倒病、棉花枯萎病,在温室中可以防治番茄、烟草、花生青枯病、梨火疫病、稻瘟病,对鳞翅目害虫的幼虫有毒杀作用。

由于细菌的种类多、数量大、繁殖速率快,且易于人工培养和控制,因此细菌杀菌剂的研究和开发具有较大的前景。

3.3.2 真菌杀菌剂

真菌杀菌剂研究和应用最广泛的是木霉菌,其次是盾壳霉类。

3.3.2.1 木霉菌

木霉菌(*Trichoderma*)属半知菌亚门、丝孢纲、丝孢目、黏孢菌类,是一类普遍存在的真菌,广泛分布于土壤、空气、枯枝落叶及各种发酵物上,从植物根际、叶片及种子、球茎表面经常可以分离到,是目前生产与应用最普遍的杀菌防病的真菌菌种。

已用于生物防治研究的木霉菌有 8 种,即哈茨木霉(*T. harzinum*)、钩状木霉(*T. hamatum*)、长枝木霉(*T. longibrachiatum*)、康氏木霉(*T. koningii*)、绿色木霉(*T. viride*)、多孢木霉(*T. polysporum*)、绿黏帚霉(*Gliocladium virens*)。其中,哈茨木霉和绿色木霉已有制剂产品。

利用木霉菌防治立枯丝核菌、腐霉菌、齐整小菌核菌、镰刀菌等引起的棉花、杜仲、人参、三七幼苗立枯病害,茉莉、花生、辣椒等的白绢病,番茄猝倒病,豇豆立枯病和豇豆枯萎病，均获得较好的防治效果。

木霉菌对植物病原真菌的拮抗作用包含多种机制，一般认为有竞争作用、重寄生作用及抗生作用。此外，Harman et al. (2004)认为在木霉对植物病原真菌的拮抗作用机制中还可能包括：在逆境中通过加强根系和植株的发育来提高耐性；可诱导植物对病原真菌的抗性；增加土壤中营养成分的溶解性，并促进植株对其的吸收；使病原菌的酶钝化。

木霉菌作为生物防治菌具有如下优势：第一，腐生性强，适应范围广，产孢量大，易于工业化生产；第二，寄生范围广，一药多用，降低防治成本，易于被农户接受；第三，寄生的同时可产生各种抗生素和溶解酶，降低病原的抗药性，加强抑菌强度；第四，木霉菌的几丁质酶基因可在细菌、真菌和植物上表达，因此可以利用基因工程技术获取抗病品种。由于木霉菌的广谱性、广泛适应性及拮抗靶标的多样性，随着生物技术的日新月异，可以利用基因工程技术和原生质体技术构建生物防治工程菌，优化发酵条件，改良田间应用条件，促进木霉菌的定殖生存能力；加强木霉菌与植物之间的互作研究，提高木霉菌的生物防治效果，对于防治植物真菌病害、促进农业生产具有重要意义。

3.3.2.2　盾壳霉

盾壳霉(*Coniothyrium minitans*)在自然界中分布广泛，除南美洲外已在其他各大洲共29个国家发现了这种真菌，它在自然界多同核盘菌、三叶草核盘菌、小核盘菌和洋葱小核盘菌的菌核联系在一起。在土壤中，盾壳霉以分生孢子器或孢子(或菌丝)的形态在寄主菌核内存活可长达两年以上，土壤温度对它的存活有影响，土壤温度高于25℃时在菌核上存活的时间低于6个月。盾壳霉在土壤中长时间存活的特性使其在自然条件下即可自发诱导产生对菌核病的抑制。盾壳霉是核盘菌上一种重要的重寄生真菌，它具有控制由核盘菌侵染引起的多种作物菌核病的潜能，这一生物资源已受到世界各国生物防治学者的普遍关注。

施用盾壳霉的方法主要包括两种：土壤施用和植物地上部分施用。土壤中施用盾壳霉的培养物可有效控制核盘菌的菌核存活及其子囊盘的萌发，达到减少核盘菌初侵源数量的目的。土壤中的盾壳霉还能够沿着菌核病病斑向植物地上部分扩展，并在病斑处形成的核盘菌菌核上再次寄生。在植物地上部分施用盾壳霉培养物后，盾壳霉孢子能在花瓣上有效抑制核盘菌子囊孢子侵染叶片，可使病秆内的核盘菌菌核数量大大减少，菌核的存活能力和子囊盘的产量也下降；连续多季施用盾壳霉后，出现盾壳霉对核盘菌菌核病控制的长期效果或使核盘菌菌核病衰退的现象。此外，使用盾壳霉还有增加油菜产量的效果。

目前，有关盾壳霉孢子扩大培养技术的研究大多停留在实验室水平上，其培养规模还有待进一步扩大，培养基的成本还需进一步降低，培养条件还有待进一步优化与完善。另外，有关盾壳霉孢子形成机制的基础理论有待进一步研究。

3.3.3　病毒杀菌剂

噬菌体是一种以细菌为宿主的、比正常病毒还要小的病毒。噬菌体与农业生产的关系非常密切。它对植物的影响主要还是通过作用于那些跟植物相关的细菌来实现的。这些细菌有的与植物共生，帮助植物运输养分、抗病和固氮，有的能引起植物病害；同时也可利用噬菌体来防治植物病害。通过噬菌体技术减少有害病原体的数量，特别是避免了细菌对抗生素耐药性的增强以及使用农药等危险化学品造成的大量残留物积累等问题。

Wangle(2019)和 Fujjwara(2011)等利用噬菌体组合应用于土传病害青枯菌，防控番茄，烟草等的青枯病；Chae et al. (2014)运用噬菌体药剂控制米黄单胞菌引起的水稻白叶枯病等，还有其他一些例子都能说明噬菌体在农业病害防治方面具有一定潜力。

3.4 微生物除草剂

3.4.1 真菌除草剂

真菌除草剂(mycoherbicide)是一类防治杂草的真菌性植物病原生物制剂，其有效成分是活的真菌繁殖体(孢子或菌丝体)，加工成一定的剂型后使用。

真菌除草剂利用的植物病原菌是真菌，它比利用细菌或病毒更具有发展潜力，真菌可以直接穿透寄主表皮，进入寄主组织防治杂草，比细菌和病毒更易于大量繁殖，制成孢子除草剂；而病毒和细菌一般只能通过植物的伤口、自然开口或通过昆虫媒介作用感染侵入，自然潜入很难。此外，真菌除草剂还能像化学除草剂一样，在必要和条件适宜时在田间大剂量使用，人为地制造目标杂草的病害大流行，从而迅速有效地控制草害。

世界上有很多科研机构在研究真菌除草剂，目前发现对杂草有不同控制效果的病原真菌种类已有 40 多个属种，多集中在链格孢属、镰刀菌属、尾孢属、刺盘孢属、壳二孢属、旋孢腔菌属、德氏霉属、叶黑粉菌属、茎点霉属、柄锈菌属、核盘菌属、小球腔菌属、叉丝壳属等的不同种类中。

3.4.1.1 真菌除草剂的商品种类

(1) Devine

Devine 是一种以棕榈疫霉(*Phytophthora palmivora*)的厚垣孢子为有效成分的液态制剂，防除对象是柑橘园内的杂草——莫伦藤(*Morrenia odorata*)，1981 年在美国登记并出售。莫伦藤是一种蔓生植物，美国从南美洲将其引种到佛罗里达州的柑橘园是作为装饰植物的，但后来却发展成与柑橘树相互竞争的恶性杂草，而且缠绕树枝，影响喷雾、收获等农事操作，发生面积达 $12×10^4$ hm^2。当时主要依靠机械耕地和化学除草的手段控制莫伦藤的蔓延，每年的费用巨大。1972 年，从柑橘园内已死亡的莫伦藤根茎部分离到棕榈疫霉的厚垣孢子，在首次的小规模田间试验中 10 周内就有 96%的莫伦藤被杀死，但棕榈疫霉的厚垣孢子除对柑橘果实有弱的致病性以外，对柑橘的其他部分则完全没有致病性。因此，在 1981 年 Devine 作为世界上最早的微生物除草剂问世。

Devine 对黄瓜和西瓜有弱的致病性，对其他植物很安全，但所有藤本植物对这种制剂是敏感的，使用时应注意。Devine 制剂是含有厚垣孢子 $6.7×10^5$ 个/L 的悬浮液，使用时稀释 400 倍，喷洒于潮湿的土壤表面，每公顷约需 50 L 药液。由于该菌能够在土壤内存活，故药效可保持多年。

(2) Collego

Collego 使用的病原菌为 1969 年从水稻田中分离到的盘长孢状刺盘孢合萌专化型(*Colletotrichum gloeosporioides* f. sp. *aeschynomene*，Cga)，并于 1982 年在美国获得登记，是为了防除水稻及大豆田内的弗吉尼亚合萌(也称田皂角)而开发出来的一种制剂。

　　弗吉尼亚合萌是一种豆科植物，在水稻田的密度达 1~11 株/m² 时可减少稻谷产量 4%~19%，其种子混入稻谷后降低了稻谷的品质。Cga 只对弗吉尼亚合萌有致病性，对作物和其他杂草是安全的，但有报道称在田间的条件下可能会使豌豆的一些品种受到感染。

　　商品的 Collego 制剂共有两种成分：成分 A 和成分 B。成分 A 是水溶性糖液，每瓶约 1 L；成分 B 是干燥的孢子，75.7×10¹⁰ 个/袋。使用时，将成分 A 和成分 B 按 1:1 比例混合后即可喷洒。一般接种后 1 周内杂草发病，5 周内杂草枯死。田间试验结果表明，水田的防治效果为 76%~97%，大豆田为 91%~100%。与 Devine 相比，Collego 的使用范围更加广泛，但致病菌在土壤和水中存活时间不长，药效较短。

（3）Biomal

　　Biomal 是 1992 年由加拿大开发并商品化的一种干粉状真菌制剂，致病菌是长盘孢状刺盘孢锦葵专化型（*Colletotrichum gloeosporioides* f. sp. *malvae*，Cgm）。该菌于 1982 年从锦葵杂草——圆叶锦葵的茎部炭疽病斑上分离得到，只侵染锦葵属的植物，如苘麻和蜀葵。

　　在 30℃以下且结露 20 h 以上的人工控制条件下，按 2×10⁶ 个/mL 的孢子液接种于目标杂草，经 17~20 d 杂草全部枯死；在田间试验条件下，用 60×10⁶ 个/mL 的孢子液浓度喷洒目标杂草后，若遇 48 h 内降雨或者结露 12~15 h，保持 20℃左右的冷凉天气，则会取得成功。

（4）鲁宝一号

　　'鲁宝一号'是我国 20 世纪 60 年代初研制成功的真菌除草剂，也是国际上利用真菌进行杂草生物控制研究起步较早且成效显著的典型事例，它对大豆菟丝子具有特殊的防治效果。

　　菟丝子是一种寄生性杂草，其种子萌发后通过幼茎缠绕寄主并形成吸器而营寄生生活，被寄生后的大豆不仅产量低、品质差，而且给收获造成障碍。当时，对菟丝子这一恶性杂草的防除主要靠人工拔除，费时、费工又不彻底，容易损伤大豆植株。1963 年，山东省农业科学院植物保护研究所在济南从患病的大豆菟丝子上分离到一种专性寄生菌，后被定名为胶孢炭疽菌菟丝子专化型（*Colletotrichum gloeosporioides* f. sp. *cuscutae*），它对大豆田中的中国菟丝子、南方菟丝子均可侵染致病，利用该菌的培养物制成的防除制剂商品名为'鲁宝一号'，20 世纪 60 年代中、后期在山东、江苏、安徽、陕西、宁夏等 20 省（自治区）推广面积达 60×10⁴ hm²，防治效果稳定在 85% 以上，取得了巨大的经济效益。

　　除此之外，其他已商品化的真菌除草剂名称及防除对象见表 3-2。

　　真菌除草剂登记时，出于安全性考虑，要求开发研制的大多数真菌除草剂必须都具备寄主专一性，从安全性和登记的角度，这一点是必备的。但是从经济角度考虑，这却限制了真菌除草剂的广泛使用，因为大多数情况下田间杂草的危害都是呈现群落危害的，很少出现完全只由一种杂草造成危害的情景。因此，扩大杀草谱最简单的方法之一就是进行多种真菌除草剂的复配。此外，还可采取其他的治理措施，如采用一种真菌与某种昆虫控制品共同使用，或者利用天敌昆虫与病原微生物的综合作用，或者机械除草与病原菌共用来防治杂草。

表 3-2　已商品化的真菌除草剂

真菌名称或商品名称	防除对象
纵沟柄锈菌(*Puccinia canaliculata*)	油莎草
决明链格孢(*Alternaria cassiae*)	3种豆科杂草：决明、望江南和美国猪屎豆
直喙镰孢菌(*Fusarium orobanches*)菌丝体制剂	烟草、莫合烟、大麻及欧亚列当
尖镰孢直喙专化型(*F. oxysporum* f. sp. *orthoceras*)	欧亚列当
银叶菌(*Biochon*)	野黑樱和许多木本杂草
砖红镰孢(MYX-1200)	大豆和棉花田的豆科杂草
F798制剂	分枝列当
芹菜炭疽病菌(*Colletotrichum truncatum*)	大麻
圆刺盘孢菌(*C. orbicular*)	刺苍耳
胶孢刺盘孢菌(*C. gloeosporioides* f. sp. *aeschynomene*)	卷茎蓼
拟小球孢壳菌(*Microsphaeropsis amaranthi*)	黎
长喙茎点霉(*Phoma proboscis*)和刺盘孢菌(*Colletotrichum capsici*)	田旋花
单胞锈菌(*Uromyces rumicis*)	皱叶酸模、田蓟、矢车菊
黑斑病菌(*Alternaria tenuissima*)	苘麻、青麻
链格孢(*Alternaria* spp.)	南芥

　　两种或两种以上真菌(或与其他微生物)作为一种单独的产品，防除多种杂草，将能够加强真菌除草剂的市场潜力和除草效果，它的研制成功将可以解决多样的农田杂草问题，进而提高产品的经济和社会效益。例如，凤眼莲在水中堵塞水道，灭绝水中野生生物，危害极大，无论是用尾孢菌属杆菌除草剂，还是用象鼻虫昆虫控制品，都未能有效地控制，但两者联合使用对凤眼莲的防效达99%；澳大利亚利用粉孢苣锈菌和两种形成植物虫瘿的瘿蚊和螨，成功地防治了恶性杂草灯芯草；国外研究了机械除草与病原菌除草对杂草蓟的行为表现及养分的影响，其结果表明机械除草与病原菌共用可能是防治多年生杂草的一种有效的方法。

3.4.1.2　真菌除草剂的剂型

　　目前生产的真菌除草剂有乳剂、水剂、可湿性粉剂、颗粒剂、干粉剂等。

(1)液态剂型

　　液态剂型的真菌除草剂往往适用于苗后杂草控制，引起茎叶病害。常见的液态剂型包括水剂、乳油、悬乳剂等。例如，在已商业化生产的除草剂中，Collego是"一剂两个包装"的组合剂，A包装为孢子粉，B包装为水合物+表面活性剂组成，喷施前两者按比例加入水中，搅拌均匀后喷施。Devine的侵染单元为新鲜的厚垣孢子悬浮剂，只有6周的货架期，必须像新鲜牛奶一样贮藏。Biomal的高效剂型是以硅胶为载体的可湿性粉剂，在水中易分散，在田间茎叶喷雾处理圆叶锦葵，防效能够达90%以上。Biomal的活性成分是银叶

菌的担孢子，它的一个应用剂型是含有 10% 甘油及 1% 黄原胶的担孢子悬浮水剂。Dr Bio-
sedge 的剂型是锈菌夏孢子的悬浮水剂。水剂是真菌除草剂的最常用的剂型。这是因为水
价廉易得，使用后处理方便，对环境无副作用，并且植物病原菌保持活力都需要自由水的
存在。最简单的真菌除草剂喷射应用方式就是对水喷施，但是许多杂草表皮层覆盖有一层
蜡质，阻止了液态真菌除草剂在其表面的吸附和均匀分布。制剂中有限数量的真菌孢子在
杂草表面能够尽可能均匀分布显得尤为重要。表面活性剂具有润湿杂草植株，促进真菌孢
子在植株表面均匀展布的作用。寻找与真菌相容性好的介质是真菌除草剂应用实践中的必
不可少的环节，差不多每种有潜力的真菌除草剂都开发有配套的介质，有些甚至直接使用
厂商提供的成熟乳化剂。许多保湿剂、黏着剂和表面活性剂已经在真菌除草剂剂型研制中
应用。

（2）固态剂型

固态剂型是以颗粒状物质作为真菌孢子的载体，土壤处理造成植物的地下部分受害。
真菌除草剂经土壤处理，最大的优点就是可以克服茎叶处理对环境条件的苛刻需求。真菌
除草剂制成颗粒剂型有以下特点：真菌制成胶囊剂；缓慢释放，在极端环境中具有缓冲能
力；颗粒中的营养成分能充当真菌的营养补充，使真菌产生较长的持效性；土壤中湿度易
于满足，且温度变化较大气中恒定；耐水冲性强于茎叶处理的真菌。土壤处理的真菌除草
剂的缺点则是容易受到土壤类型、质地、pH 值及一些不确定土壤微生物种群等的影响。
固态剂型的真菌除草剂通常由液体发酵不能产生孢子的真菌通过固态基质发酵生产获得。
大批量生产中，考虑到成本，往往选用价廉、易得、量丰的农业粗制品作为固态发酵的基
质，如玉米粉、麦麸、米糠、黄豆粉和豆渣等。瓜类腐皮链镰孢葫芦专化型在以蛭石、沙
子为配方的固体基质中产孢，可以获得菌丝体、大分生孢子、小分生孢子和厚垣孢子的混
合物。孢子的比例通过在基质培养基中加入不同的营养进行调节。通过播前和苗后土壤处
理。几乎可以完全控制得克萨斯葫芦。蛭石作为固体基质发酵生产真菌除草剂的效果也很
好。例如，大孢链格孢经摇床培养菌丝体后，再与蛭石相混合平铺于浅盘中，真菌在表面
上能够大量产孢。风干后，这种固体混合物于苗前或苗后处理有距单花葵，防除效果达到
70%~90%。

国内外对真菌除草剂大批量生产工艺进行了研究，现已经形成了一整套的工艺流程技
术，其工业化生产技术主要用固态基质发酵（solid substrate fermentation）、液态深层发酵
（liquid submerged fermentation）和液态—固态联合发酵（combined liquid and solid fermenta-
tion）。

真菌除草剂研究是一个多学科交叉领域，要进一步加快真菌除草剂的开发，必须加强
在植物病理学、植物病原菌流行病学、杂草学、制剂化学、生态学、遗传学、微生物学和
分类学等方面的研究，充分应用现代生物技术，特别是转基因技术和 DNA 重组技术，加
强联合协作，加强国际间的合作与交流，努力提高真菌除草剂的防治水平。

3.4.2　细菌除草剂

植物根际一般都存在植物根际有害细菌（deleterious rhizobacteria，DRB）和植物根际促
生细菌（plant growth promoting rhizobacteria，PGPR）两大菌群，可作为微生物除草剂重要资

源的主要是植物根际有害细菌，即 DRB。另外，从自然感病杂草的根部、茎、叶等部位分离目标潜力菌也是微生物除草剂的重要资源。

微生物除草剂就是在人们控制下施用的杀灭杂草的人工培养的大剂量微生物制剂，是一类防除特定杂草的生物制品。随着除草剂的广泛应用，微生物除草剂引起了许多国家（如美国、澳大利亚、加拿大、俄罗斯等）的重视，并相继开展了大量的研究，所涉及的微生物有 80 多种，包括真菌、病毒、细菌等，可以防除约 70 种杂草。按照发展生物除草剂的标准，有望作为候选或已发展成生物除草剂的有 36 种，已经使用或商品化或极具潜力的有 19 种。至今，利用微生物开发的微生物除草剂有两类，一类是利用放线菌生产的抗生素除草剂，另一类是利用病原真菌生产的孢子除草剂。

日本学者今泉等人从黄单胞菌属（Xanthomonas）筛选出 P482 菌株，用于防除草坪中剪股颖类杂草，防效可达 90% 以上，该菌寄主专一性强，对同属的草坪草不致病。在美国南部，野油菜黄单胞菌早熟禾变种（X. campestris pv. poannua）被用作防治草坪中的 1 年生早熟禾，防效可达 82%。从美国的 7 种主要杂草的根际分离出 9 个属的细菌，其中假单胞菌属（Pseudomonas）、欧文菌属（Erwinia）、黄杆菌属（Flavobacterium）、柠檬酸杆菌属（Citrobacter）和无色杆菌属（Achromobacter）对宿主杂草都表现了不同程度的抑制作用，以非荧光假单胞菌（non-fluorescent）及草生欧文菌（Erwinia herbicola）的除草能力最强。研究表明，荧光假单胞菌（P. fluorescens）D7 菌株可抑制旱雀麦（Bromus tectortn）的生长，在田间降低该杂草的数量。另外，肠杆菌属（Enterobacter）和产碱杆菌属（Alcalligenes）也存在对杂草有不同程度抑制活性的菌种。

细菌除草剂的除草机理主要包括前体除草、代谢产物除草及活体释放等几种作用方式。细菌在这方面的研究相对较少，发表的报道也不多。细菌由于自身的特点，至今仍未被成功地开发成商品化除草剂。但是由杂草分离的病原细菌具有种间特异性，所以对栽培植物危害少，对环境安全。另外，细菌生长期短，发酵工艺简单，生产工艺易于控制，能够分泌次生代谢产物，残留也易于降解。某些根细菌的固氮作用能够减少施用化学肥料，开发同时有固氮作用的细菌除草剂将会产生较大的经济效益。细菌除草剂的开发是很有潜力和必要的。

3.5 农用抗生素

农用抗生素是由微生物发酵过程中产生的次生代谢产物，在低浓度时可抑制或杀灭作物的病、虫、草害及调节作物生长发育，属于微生物源生物化学农药。抗生素的研究开始于 1877 年巴斯德关于微生物拮抗作用的发现，从发现拮抗作用到发现青霉素经历了 50 余年，但抗生素研究的黄金时代还是从青霉素的工业化生产和链霉素的发现开始的。抗生素防治人类疾病取得的成就推动了农用抗生素的发展。美、英、日等国先后将链霉素、四环素等用于农作物病害防治。杀猪瘟素-S 的发现是农用抗生素发展过程中的第一块里程碑，此后农用抗生素的发展进入了高潮。抗生素研究以日本发展最快，居世界领先，先后开发了春日霉素、灭瘟素、多氧霉素、井冈霉素、灭孢素、杀螨霉素等，其中阿维菌素是迄今为止发现的最有效的杀虫抗生素。阿维菌素是高毒农药，主要用于农林（包括蔬菜、水稻、棉花、茶树、果树以及园林花卉等）害虫防治和动物的杀虫杀螨。阿维菌素无致畸、致癌、致突变作用，内吸性不佳，触杀毒性一般，但它对叶片具有很强的渗透性，喷洒到植物后，植物会吸收药剂，使药液遍布整个植株。这样害虫吃后会中毒死亡，同时它还能抑制新生的幼虫潜入叶内。随着阿维菌素的应用，害虫的抗药性随之产生，因而建议联合用药。制剂技术可以提高阿维菌素的药效，制剂的发展方向是水基化、超微化、无粉尘、控制释放。

2014 年，海正药业对阿维菌素产生菌和米尔贝霉素产生菌基因改造，得到一株可发酵生产天维菌素（Tenvermectin）的新菌株。天维菌素对朱砂叶螨、小菜蛾、粘虫和松材线虫等的杀灭性更优。

（1）井冈霉素（Validamycin）

1968 年上海农药研究所在江西井冈山地区土壤中发现一株链霉菌，定名为吸水链霉菌井冈山变种（*Streptomyces hygroscopicus* var. *jinggangensis*）。其主要活性物质为井冈霉素 A，属于低毒杀菌剂。自 20 世纪 70 年代问世以来，目前国内有 30 多家工厂生产，年产量 $3 \times 10^4 \sim 4 \times 10^4$ t 制剂（以 5% 制剂计）、每年应用面积大约 10^8 hm²，成为我国防治水稻纹枯病安全理想的生物农药。防治对象已从水稻扩大到了小麦和玉米等作物。由于高产菌株的培育成功及高温短周期发酵工艺大大地降低了生产成本，井冈霉素已成为我国农药中最安全、有效、廉价的品种。

井冈霉素除具有微生物农药的优点外，还表现出：①效果高，持效期长，耐雨水冲刷。每亩用 3~5 g，持效期 20~30 d。一旦被菌丝吸附，雨水难以冲掉。②发酵效价高，应用成本低。随着菌种和发酵技术的不断改进，发酵效价大幅度提高，生产工艺简单，从而成为防治纹枯病用药成本最低的农药品种。③未发现抗药性。一方面井冈霉素含有多种组分；另一方面，它对纹枯病菌无致死作用，使其形成不正常分枝而影响致病力，不具备对抗病菌的筛选作用。因此井冈霉素拥有稳定的市场而经久不衰。20 世纪 90 年代，国内又成功地研制开发井冈霉素高含量粉剂和多种复配制剂，产品既可防治水稻病害，又可兼治稻飞虱和水稻螟虫。

（2）中生菌素（Zhongshengmycin）

中生菌素（商品名为克菌康）是一种由中国农业科学院生物防治研究所针对防治植物细菌性病害于 1990 年研究开发的农用抗生素制剂。中生菌素有 6 个有效成分，各个组分之间依次递增一个 β-赖氨酸。纸层析结果表明，中生菌素属于典型的碱性水溶性抗生素类群，混合物的紫外吸收光谱仅显示末端吸收，各组分有类似的红外光谱，在 3400 cm、1720 cm、1660 cm、1560 cm、1340 cm 和 1050 cm 处有特征吸收光谱，皆为左旋化合物。

中生菌素具有光谱的抗菌活性，对白菜软腐病菌、西瓜枯萎病菌、稻瘟病菌、黑曲霉、白色假丝酵母、清酒酵母、变形杆菌、大肠埃希菌、金黄色葡萄球菌、八叠球菌、枯草杆菌、结核分枝杆菌、草分枝杆菌、小麦赤霉菌、油菜黑腐病菌和人参绣病菌等都具有抗菌活性。

试验证明，中生菌素对水稻白叶枯病、大白菜软腐病、苹果轮纹病、柑橘溃疡病和黄瓜细菌性角斑等具有良好的防治效果。目前产品已示范推广 5×10^4 hm²。

（3）农抗 120（Agri-antibioticl 120）

农抗 120 是中国农业科学院生物防治研究所于 20 世纪 80 年代研制开发、用于防治植物真菌性病害的农用抗生素，又称抗霉菌素120或120农用抗生素。其产生菌为刺孢吸水链霉菌北京变种(*S. hygrospinosus* var. *beingensis*)。主要活性成分是碱性水溶性核苷类抗生素。抗菌谱较广，农抗120对防治瓜类枯萎病、小麦白粉病、芦笋茎枯病、苹果树腐烂病等真菌性病害具有较好的效果。该产品1986年注册投产，现有2%、4%两种水剂，全国应用面积350×10⁴ hm²，防治效果70%~90%。农抗120防治植物病害的机理主要是通过对病菌产孢能力的影响、对病菌菌丝的抑制作用和对植物体免疫力的影响。农抗120是一种光谱高效真菌抗生素，能有效防治西瓜、果树、葡萄、蔬菜、花卉及小麦等作物的白粉病，瓜、果、菜类的枯萎病和炭疽病，芦笋的茎枯病，苹果的腐烂，柑橘的疮痂病、脚腐病，花生的根腐病、叶斑病，水稻、玉米的纹枯病等。另外，农抗120对甜菜的褐斑病防治效果良好，对柑橘贮藏、保鲜也有良好效果。施用农抗120的方法有：喷雾、灌根、浸种、涂抹、注射和与杀虫剂混用等。由于农抗120高效低毒，治疗对象大多以食用经济作物为主，是代替化学农药的理想生物农药品种之一。

(4)春日霉素(Kasukamycin)

春日霉素又称春雷霉素，是一种碱性抗生素。1965年在日本发现，由春日链霉菌产生，我国的春雷霉素产生菌为小金色放线菌。小剂量对植物的真菌和细菌病害有很强的防治作用，10~20 μg/mL时，防治水稻稻瘟病有效率达80%。在植物组织中具有迅速被吸收和转移的特性；对人和动物都没有急性和慢性毒性，1000 μg/mL浓度时对鱼无毒害；300 μg/mL时对植物无毒害。

(5)有效霉素(Validamycin)

有效霉素是拟寡肽糖抗生素，由吸水链霉菌柠檬变种T-7545发酵制得；有效成分为A、B两种，对水稻纹枯病有显著疗效，而对水稻无害；对人、畜、鱼、鸟、水生生物低毒；小鼠LD_{50}为20 000 mg/mL；土壤中半衰期为4h；稻种残留量为0.007 μg/mL，施药一次药效达80%，施药2次药效超过85%；具有耐雨水冲刷性能，降雨几乎不影响药效；有效霉素A、B成分类似井冈霉素。

(6)浏阳霉素(Lividomycin)

1968年日本中外制药公司首次从金色链霉菌S 3466株发现抗生素(杀螨霉素)，含A、B、C 3种组分，具有杀螨活性。经7年研发，1975年将其商品化，成为日本农药市场上的主要杀螨剂。1979年，浏阳河地区从灰色链霉菌浏阳变种发酵制得，它是由5个组分组成的混合物，具有高效安全杀螨活性的大环内酯类抗生素，对人畜安全、不杀伤天敌和有益昆虫、不污染环境、不易产生抗药性，发酵效价很高。大田试验证明：10%浏阳霉素稀释1000倍，用药14~20 d后效果达100%；稀释1500倍，用药2~7 d后效果达86.7%，广泛用于防治苹果、桃、柑橘、棉花、茶叶、辣椒、豆类、瓜类等作物。

浏阳霉素的生产过程为：

①出发菌株。原始菌株S-12→诱变→P₃-52菌种。

②发酵。28℃发酵156 h，粮食消耗每吨制剂不高于1.3 t，原料成本不高于4000元/t，提炼效率不低于85%。

③提炼。发酵液→酸化加热→压滤→取滤饼→造粒→气流振动干燥→装柱→逆流连续串联提取。

（7）日光霉素（Nikkomycin）

日光霉素是德国科学家从日本名胜地日光的土壤中分离的链霉菌 TVE901 产生的两性水溶性核苷类抗生素。我国分离的链霉菌产生的抗生素称为华光霉素。日光霉素含有 12 种组分，对农作物的致病菌及螨类有较强的拮抗作用，对温血动物毒性低。大白鼠口服 LD_{50} 大于 5000 mg/kg。用于防治蔬菜、水果、农作物等多种真菌病害及虫害。

（8）阿维菌素（Avermectin）

阿维菌素由日本北里大学和美国 MERK 公司联合开发研制，是由阿维链霉菌（*S. avermitilis*）产生的一组广谱、高效、低毒的 16 元大环内酯类抗生素，含 8 个组分，其中 B_1 组分最有效。具有高效、广谱杀虫、杀螨、杀线虫功效，用于防治家畜体内外的寄生虫，防治农业害虫、害螨，但对鳞翅目类害虫无效。阿维菌素是一种超高效的杀虫生物农药，每公顷用量仅 3000～7500 mg，主要用于防治螨类、潜叶蛾、梨木虱、斑潜蝇、小菜蛾、菜青虫等害虫。目前我国已登记产品 62 个，生产企业 100 多家。

（9）武夷霉素（Astromicin）

武夷霉素是中国农业科学院植物保护研究所微生物研究室研制的一种内吸性强、广谱、高效、低毒的杀菌剂，其产生菌是 1979 年从福建省武夷山区采土分离并通过内吸筛选模型得到的链霉菌菌株。武夷霉素对多种作物的真菌病害效果明显。可有效防治瓜类白粉病、番茄灰霉病、番茄叶霉病、黄瓜黑星病、棉花立枯病、芦笋茎枯病等多种作物真菌病害，同时对作物生长有一定刺激作用。目前武夷菌素推广应用面积达 33.3×10^4 hm²。

（10）宁南霉素（Ningnanmycin）

宁南霉素是中国科学院成都生物研究所发现并研制成功的具有自主知识产权的一种胞嘧啶核苷肽型抗生素，经鉴定为诺尔斯链霉菌的一个新变种，定名为诺尔斯链霉菌西昌变种（*Strepcomeces noursei var. xichangensis*），该菌种产生的抗生素经鉴定为谷氏菌素的立体异构体，是一种新的化学结构，定名为宁南霉素。诺尔斯链霉菌西昌变种和宁南霉素的发现为国际上首次报道。它对多种作物病毒病有特效。宁南霉素既能防治病害，又能促进增产，它属于高效生物农药，经急性、亚急性、致突变等毒性测定，表明宁南霉素属于低毒、低残留、无蓄积、无致畸致癌作用、无公害的生物农药。宁南霉素对革兰阳性菌和革兰阴性菌均具有抑制作用。宁南霉素系统诱发植物产生 PR 蛋白，降低植物体内病毒粒体的浓度，破坏病毒粒体结构，从而达到防治作物病毒病的效果。宁南霉素可有效防治水稻白叶枯病，麦类、蔬菜、花卉的白粉病，烟叶、辣椒、番茄、白菜等的病毒病。宁南霉素药效能否充分发挥，与施药时期有很大关系，应在充分掌握当地发病情况和病害发生规律的基础上，在发病初期和发病前施药，防治次数应达 2～3 次，要使药液均匀展布于叶片上，切忌漏喷。

（11）多抗霉素（Polyoxin）

多抗霉素产生菌是 1967 年中国科学院微生物研究所从安徽省合肥市市郊菜园土中分离到一株放线菌，编号为 A.S. 4.896，其产生的抗生素称为多抗霉素。多抗霉素具有广泛的抗真菌谱，可用于防治人参褐斑病、苹果斑点落叶病、烟草赤星病、番茄（草莓、黄瓜）灰霉病、黄瓜霜霉病、梨黑斑病、三七褐斑病和甜菜褐斑病等多种病害。多抗霉素无毒、无药害，不污染环境，是一种理想的作物真菌病害防治剂。

（12）灭瘟素（**Blasticidin S**）

我国灭瘟素产生菌是 1959 年中国科学院微生物研究所从广东省花县的土壤中分离到一株灰色链霉菌，编号为 A. S. 4. 829，该菌所产生的抗生素称为灭瘟素。灭瘟素对稻瘟病菌（*Magnaporthe grisea*）、啤酒酵母（*Saccharomyces cereuisiae*）、白色圆酵母（*Torula albida*）的最低抑菌浓度为 5 μg/mL，对环状芽孢杆菌（*Bacillus circulans*）也有很强的抑菌作用。因此，对水稻稻瘟病有很好的防治效果。灭瘟素对人、畜黏膜系统有刺激作用。灭瘟素主要用于水稻稻瘟病的防治，对穗颈瘟的防治效果更佳。灭瘟素的使用浓度为 20~40 mg/L，由于其药效和药害浓度接近，所以使用浓度不能超过 40 mg/L。

3.6 其他类微生物农药

（1）微孢子虫制品

1985 年，北京农业大学从美国科罗拉多天敌公司引进蝗虫微孢子虫及大量繁殖技术。经过几年研究摸索，建立起一套利用东亚飞蝗大量增殖微孢子的生产技术，年产微孢子虫制剂可供防治 33 hm² 草原蝗虫。自 1994 年以来，每年在新疆、青海、内蒙古草原防治蝗虫面积超过 10×10⁴ hm²，当年虫口减退率 55 % 以上，患病雌蝗产卵下降 50%。调查发现蝗虫微孢子还可经过虫卵传病，压低第二代蝗虫种群密度。成蝗虫密度高发区的草场，先施以化学农药压低虫口基数，然后再应用微孢子进行防治，相辅相成，可以在 2~3 年有效地控制蝗虫发生，具有明显的经济和生态效益。

（2）昆虫病原线虫制剂

我国 20 世纪 80 年代初开始研究昆虫病原线虫，先后从国外引进 DD-136 等优良品种，探索大量繁殖利用技术。在研究改进饲料配方，筛选适用的病原线虫虫种，采用固相培养方式大量繁殖线虫，明确田间防治技术等诸多方面取得了进展。20 世纪 80 年代后期，应用异小杆线虫属的一种（*Heterorhabditis* ssp. ）防治苹果桃小食心虫，地下虫蛹死亡率 90%~92%，在山东、河南、陕西、河北、辽宁 5 省示范应用；20 世纪 90 年代初，应用夜蛾斯氏线虫（*Steinernema feltiae*，小卷蛾线虫）防治心叶期玉米螟虫，幼虫死亡率 80.4%~90.5%。同时，在各地防治林带及城市街道树木蠹蛾等蛀干害虫 70 万株。新技术安全可靠，简便适用，优于化学农药的防治效果。

（3）重组微生物杀虫剂

重组微生物是指利用基因工程技术修饰微生物本身基因，以提高其对害虫的感染力，或与异源病毒重组以扩大寄主范围，或将外源激素、酶和毒素基因导入杆状病毒基因组以增强其致病作用。近年来，国内外开始研究生防微生物的遗传背景，克隆和分离了一些产生抗菌物质的基因。因此通过遗传工程技术，构建高效、多抗基因工程菌或将微生物的抗菌基因转入植物以培育转基因抗病品种，将是植物病害生物防治研究的重点。

基因工程技术的应用加速了新型生物农药的研制进展，其中进展最为迅速的是重组昆虫杆状病毒和重组 Bt 的研究。通过遗传工程重组杆状病毒，可以表达外来蛋白基因，应用微生物遗传工程技术，如质粒清除和核转移，可以建立新的 Bt 杀虫晶体蛋白基因组合，以发展高杀虫活性的 Bt 株系。

复习思考题

1. 试述生物农药的特性及其研究发展前景。
2. 试述苏云金芽孢杆菌的杀虫活性成分及杀虫机理。
3. 试述苏云金芽孢杆菌的发酵过程。
4. 试述白僵菌防治病害的机理。
5. 已商品化的真菌除草剂主要有哪些？有哪些剂型？
6. 病毒杀虫剂的种类有哪些？
7. 试述病毒的致病机理。
8. 我国农用抗生素主要有哪些？

第 4 章

微生物与饲料

【本章提要】介绍了青贮饲料中的微生物类群、微生物在青贮饲料发酵过程的作用机理、微贮饲料的生产工艺及技术要点、菌体蛋白饲料、益生菌剂及光合细菌、藻类微生物在饲料中的应用。微生物饲料是指利用微生物个体繁殖或其新陈代谢活动来生产和调制的饲料，包括提供反刍动物能量的青贮饲料、提供各种动物蛋白质的菌体蛋白饲料、作为动物饲料添加剂使用的微生物酶制剂及益生菌剂等。

4.1 青贮饲料

4.1.1 青贮饲料的定义

青贮饲料是将青绿植物密封贮藏，通过乳酸菌厌氧发酵，使原料中所含的碳水化合物转化成乳酸、乙酸等有机酸，降低青贮料的 pH 值，从而抑制腐败菌生长而获得的能够长期贮存、保持作物鲜嫩多汁和丰富营养的越冬饲料。青贮饲料在我国北方应用较为广泛，通常将玉米秸秆、甜高粱、牧草及其农副产品青贮后作为冬季反刍动物的主要饲料来源。青贮饲料气味酸香、柔软多汁、易消化、营养丰富、利于长期保存，是目前畜牧业最为常见的存储性饲料。青贮饲料是一种由多种微生物参与的有机物料科学发酵后的产物，制作过程具有一定的技术要求，加强青贮饲料的研发和推广应用，对于促进我国畜牧业发展具有非常重要的意义。

4.1.2 青贮饲料中的微生物类群

青贮饲料由生活在青贮植物原料表面的附生微生物或外源添加的微生物菌剂经过复杂的青贮发酵过程而得。微生物在青贮饲料发酵过程中起着关键作用，根据微生物在青贮发酵过程中的作用，可分为有利于青贮发酵的微生物和不利于青贮发酵的微生物即有害微生物。前者主要指乳酸菌，后者主要指对青贮饲料营养有破坏作用的厌氧性梭菌和肠细菌、引起有氧腐败的酵母菌、霉菌以及有致病性的利斯特菌等有害微生物。青贮饲料发酵过程就是为青贮原料上的乳酸菌生长繁殖创造最适宜条件，使其大量繁殖，将青贮原料中的可溶性糖变成乳酸，当达到一定浓度时，抑制各种不利于青贮发酵的微生物活动，从而达到保存饲料的目的。因此，青贮的成败主要决定于乳酸发酵的程度。下面介绍参与青贮发酵过程的主要微生物类群。

（1）乳酸菌

乳酸菌是指利用可溶性碳水化合物产生乳酸的细菌总称，属于革兰染色阳性的无芽孢微生物。乳酸菌种类繁多，包括乳酸链球菌（*Streptococcus*）、乳酸杆菌（*Lactobacillus*）、片球菌（*Pediococcus*）、明串珠菌（*Leuconostoc*）、肠球菌（*Enterococcus*）等。其中对青贮有益的主要是乳酸链球菌和乳酸杆菌。它们均为同型发酵乳酸菌，发酵后只产生乳酸。乳酸链球菌属兼性厌氧菌，在厌氧或好氧条件下均能正常生长繁殖，该菌耐酸能力较弱，青贮原料中酸量达 0.5%~0.8%，青贮饲料中 pH 值低于 4.2 时即停止活动；乳酸杆菌为厌氧菌，只在厌氧条件下生长和繁殖，耐酸能力较强，青贮原料中酸量达 1.5%~2.4%，pH 值低于3.0 时即停止活动。在青贮饲料发酵过程中，在厌氧条件下各种乳酸菌相互配合，在含有适量的水分和碳水化合物条件下，生长繁殖快，可使单糖和双糖分解生成大量乳酸。参与发酵的乳酸菌还有一些属于异型乳酸发酵菌，如短小乳杆菌（*La. breve*）、布氏乳杆菌（*La. buchneri*）和肠膜状明串珠菌（*Leu. mesenteroides*）等，它们的发酵产物除产生乳酸外，还大量产生二氧化碳、乙醇、乙酸等物质。

乳酸菌是促进青贮饲料发酵的主要有益微生物，其没有蛋白分解酶，不会破坏原料中的蛋白质，所以优质青贮饲料较好地保存了原料中的蛋白质含量。乳酸菌生长繁殖要求适宜的发酵条件。

①水分。乳酸菌生长需要一定量的可溶性碳水化合物，禾本科牧草和玉米秸秆含糖量较高，将青贮原料初始含水量控制在 60%~75%时，乳酸菌会迅速生长。

②温度。大多数乳酸菌生长最适宜温度为 25~35℃，但也有一些好热性乳酸菌，生长温度可达 52~54℃，在生产中并不是单一菌种发酵，而是多种菌的混合发酵，菌种间的差异较大，需要根据具体菌株进行发酵生产。但需注意，高温青贮养分损失大，青贮品质差，应当避免。

③pH 值。乳酸菌生长繁殖最佳 pH 值为 4.2~6.5。

（2）肠道细菌

肠道细菌属于植物附生菌，为兼性厌氧细菌。在新鲜的作物上，常见的肠道细菌有草生欧文菌（*Erwinia herbicola*）和水生拉恩菌（*Rahnella aquatilis*）。当作物青贮后，这些菌群很快被来自土壤的其他肠道细菌如哈夫尼肠杆菌（*Hafnia alvei*）、大肠埃希菌（*Escherichia coli*）和居泉沙雷菌（*Serratia fonticola*）取代。在青贮发酵中生长的肠道细菌一般是非致病的，但肠道细菌也属于有害菌，因为在青贮发酵初期，这类细菌与乳酸菌竞争利用青贮饲料的碳水化合物。有些肠道细菌有蛋白水解活性，使蛋白质脱氨、脱羧，由此降低了青贮饲料的营养价值。进而又产生了有毒化合物（如胺和分支脂肪酸），而胺使青贮饲料气味恶臭，降低动物对饲料的采食。肠道细菌还能生成生物胺增加了青贮饲料的缓冲能力，因此阻碍了青贮饲料 pH 值的快速降低。在 pH 值 4.5~5.0 的条件下大多数肠道细菌生长受到抑制。所以高质量的青贮饲料，pH 值会快速降低，当低于 4.2 时，肠道细菌的生长将受到抑制。

(3)梭菌

梭菌又称丁酸菌或酪酸菌,为严格厌氧、革兰染色阳性、棒状或杆状细菌。在厌氧条件下,梭菌可以分解青贮饲料中的碳水化合物、有机酸和蛋白质,因此是青贮过程中的有害微生物之一。在青贮发酵过程中常见的梭菌有:酪丁酸梭菌(*Clostridium tyrobutyricum*)、丁酸梭菌(*C. butyricum*)、生孢梭菌(*C. sporogenes*)和双酶梭菌(*C. bifermentans*)。前两种梭菌蛋白水解能力较弱,但能发酵糖类和乳酸;后两种蛋白水解能力较强,可降解植物蛋白和游离氨基酸,造成青贮饲料营养成分的降低。

梭菌的生长通常发生在青贮初期和后期。在青贮初期,梭菌和乳酸菌一样,在厌氧环境下易于生长繁殖,所以在青贮初期,梭菌数量迅速增多,但是可以采取一些控制措施不使其生长繁殖:

①pH 值。梭菌不耐酸,其适宜生长的 pH 值是 7.0~7.4。如果青贮窖密封严紧,乳酸菌生长占据优势,迅速产生乳酸,从而使 pH 值降低到 4.7 以下,即可抑制梭菌生长。

②水分。梭菌喜欢湿润,如果青贮前将原料晾晒,使其含水量低于 70%,可显著抑制梭菌的生长繁殖。

③温度。一般梭菌适宜生长的温度较乳酸菌高,约为 37℃以上,所以青贮过程中应创造 25~35℃的适合乳酸菌生长的温度条件。

(4)酵母菌

酵母菌是兼性厌氧菌,有非发酵型和发酵型两种类型。植物表面上的酵母菌通常为非发酵型,主要有掷孢酵母属(*Sporobolomyces*)、隐球酵母属(*Crptooecus*)、红酵母属(*Rhodotorula*)和球拟酵母属(*Torulopsis*)。发酵型酵母在青贮过程进入厌氧发酵阶段时占优势,常见菌株有假丝酵母属(*Candida*)、汉逊酵母属(*Hansenia*)和酵母菌属(*Saccharomces*)。这些酵母菌可发酵乳酸和还原糖。

在青贮发酵过程中,发酵型和非发酵型酵母菌都属于有害菌群,会对青贮发酵造成不利影响。在厌氧条件下,酵母菌发酵糖产生乙醇,使青贮饲料有一定的醇香味,但这个过程消耗了生成乳酸所需的碳源,造成青贮过程中干物质的损失,导致青贮过程失败。在有氧条件下,酵母菌能利用乳酸,产生二氧化碳和水,引起青贮饲料 pH 值升高,从而促进其他腐败菌的生长。所以,青贮饲料生产过程中,青贮料应装压紧实,尽可能减少原料间残存的氧气,青贮发酵的前几天,酵母菌活动的时间短,会产生少量的乙醇等芳香物质,使青贮饲料具有特殊芳香气味,有利于牲畜进食。

(5)醋酸菌

醋酸菌是一类好氧、耐酸性细菌。目前,报道与青贮有关的醋酸菌为醋杆菌属的一些种(*Acetobacter* spp.)。醋酸菌与酵母菌类似,可以氧化乳酸和乙酸生成二氧化碳和水,导致青贮饲料 pH 值升高,从而引起青贮饲料的有氧腐败。如果青贮窖内氧气残存过多,乙酸产生过多,因乙酸有刺鼻气味,会严重影响饲料食用口感和品质。

(6)芽孢杆菌

芽孢杆菌同梭菌一样属于青贮发酵中的有害菌群,最常见的芽孢杆菌有蜡状芽孢杆菌(*Bacillus cereus*)、迟缓芽孢杆菌(*B. lentus*)、坚强芽孢杆菌(*B. fimus*)、球状芽孢杆菌(*B. sphaericus*)、地衣芽孢杆菌(*B. lchenifomis*)和多黏芽孢杆菌(*B. polymyxa*)。兼性好氧芽孢杆菌能利用各种有机酸(乳酸、乙酸和丁酸)、乙醇、2,3-丁二醇和甘油作为碳源。芽孢杆菌可以利用少量乳酸造成青贮饲料的有氧腐败。芽孢杆菌通常存在于青贮饲料有氧腐败的后期。为防止芽孢杆菌生长，青贮过程要减少原料被土壤或化肥的污染，青贮容器要密闭严紧、控制贮存温度不要过高。

(7)霉菌

霉菌为严格好氧微生物，生长在青贮饲料的表层，是导致青贮饲料好气性变质的主要微生物。霉菌生长的适宜条件为：空气相对湿度>70%、pH 值>5.0、有氧，并且要求有一定量的碳水化合物。霉菌通常出现在青贮开封后，在青贮过程中不易生长。

污染的青贮饲料的霉菌最常见有青霉属(*Penicillium*)、镰孢霉属(*Fusarium*)、曲霉属(*Aspergillus*)、毛霉属(*Mucor*)和木霉属(*Trichoderma*)。霉菌污染青贮饲料后，不仅改变了青贮饲料的营养成分和风味，而且还严重威胁动物健康。很多霉菌还能产生毒素物质，可引起动物消化系统、生殖系统障碍，还可引起肝脏、脾脏等免疫器官损伤。尽量减少青贮饲料与空气的接触或使用适当的微生物接种剂，可减少霉菌污染。

(8)利斯特菌

利斯特菌(*Listeria*)为好氧或兼性好氧细菌，是食物和饲料中常见的致病菌，经常出现在腐败的青贮饲料表面。该菌可穿过饲料表面进入青贮饲料深处，甚至在距饲料表面几厘米处都可生长。该菌对 pH 值敏感，酸性条件下可抑制其生长。

单核细胞增生利斯特菌(*L. monocygenes*)常出现在青贮发酵过程中，可出现在青贮饲料的有氧阶段，对动物有很强的毒性。反刍动物感染该菌的主要来源是食用变质的青贮饲料，如绵羊和山羊中流行的利斯特病就是因其食用了被单核细胞增生利斯特菌污染的青贮饲料所致。青贮饲料中存在的李斯特菌，会增加其在奶制品中存在的风险，继而传播给人类。利斯特菌在青贮饲料中的生长和存活取决于青贮发酵的厌氧条件和 pH 值，在严格厌氧和 pH 值低于 4.4 的青贮条件下，该菌很快死亡。

4.1.3　青贮饲料的发酵过程

由于青贮的植物表面有大量的附生微生物，同时还有来自土壤及作物收获、加工过程中的所带入的微生物，这些微生物构成发酵的执行者。因此青贮发酵是由许多复杂的微生物类群相互作用进行生物转化的过程。根据微生物种类及其代谢活动，可将青贮饲料的发酵过程分为 4 个阶段，即有氧呼吸阶段、发酵或酸化阶段、稳定或储存阶段和饲喂或有氧腐败阶段。

(1)有氧呼吸阶段

在青贮初期，因青贮原料的形状和长度的差异，青贮原料间会残留少量空气，使植物细胞继续进行有氧呼吸和代谢活动。此时进行代谢活动的还有植物表面附生微生物及随植物一起带入的细菌、酵母菌、醋酸菌和霉菌等好气性微生物，可利用植物细胞因受机械压榨而排出的富含可溶性碳水化合物的汁液快速生长繁殖，这些代谢活动使青贮原料中蛋白质破坏，形成吲哚、气体以及少量的乙酸等。随着各种代谢活动的进行，青贮容器内少量氧气很快消耗殆尽，形成厌氧环境，植物细胞的呼吸作用和好氧微生物的代谢活动受到限制，有氧呼吸阶段通常需要几个小时到 2 d。

（2）发酵或酸化阶段

当青贮容器内的氧气耗尽而变成厌氧环境时，各种厌氧及兼性厌氧微生物包括乳酸菌、肠球菌、梭菌和酵母菌将利用植物表面的可溶性碳水化合物和其他营养物而生长，此时厌氧菌群中的乳酸菌迅速生长繁殖，并很快成为优势菌群，它们利用原料中丰富的碳水化合物作为碳源产生大量乳酸、乙酸等酸类物质，导致 pH 值迅速降低，从而有效遏制了酪酸菌、梭菌等腐败菌的生长。因此，该阶段乳酸菌是否成为优势菌群，是青贮发酵成功的关键，同时也决定着青贮饲料的质量。该阶段通常发生在原料装填后 4~6 d，可因青贮原料的不同而异。

（3）稳定或储存阶段

当密闭的青贮原料 pH 值降到 4.2 时，各种微生物类群及其代谢产物保持相对稳定，形成了一个相对稳定的平衡状态。此时主要是产酸和耐酸性强的乳酸菌存活。酵母菌虽然也有一定的耐酸性，但因缺氧而处于不活跃状态；厌氧性杆菌、梭菌也因受到低 pH 值的抑制而以孢子形式处于休眠状态。乳酸菌分泌乳酸可以保持饲料不受其他微生物影响而变质，当环境中的乳酸积累到一定浓度时，又会抑制乳酸菌自身的繁殖，直至达到一个相对平衡的状态，该阶段可维持几个月或一年，甚至更长，直到开始饲喂为止。

（4）饲喂或有氧腐败阶段

当青贮饲料用于饲喂动物时，会导致部分青贮饲料暴露于空气中，青贮饲料与空气接触后，促使了好氧腐败微生物的生长，其分解青贮饲料中的乳酸、乙酸而导致 pH 值升高，由此促进霉菌生长，最终可导致青贮饲料发霉变质。

决定青贮饲料发酵程度主要有以下 3 个因素：

①水分。青贮原料的水分含量是决定青贮成败的关键，水分含量过高和过低都会影响青贮的发酵过程和青贮饲料的品质。如原料含水量过高易造成酪酸菌发酵，造成养分、糖分含量降低，不利于乳酸菌繁殖；如原料含水量过低，青贮时原料难以压紧实，空隙中留有较多空气，造成好气性的酵母菌、醋酸菌和霉菌等微生物大量繁殖，使饲料发霉腐败。生产中，青贮原料最适宜的含水量为 65%~75%。

②水溶性糖。生产优质的青贮饲料，必须保证青贮原料中含有充足的水溶性糖分以保证乳酸菌的大量繁殖，产生大量乳酸。只有当青贮过程中原料的 pH 值为 4.2 时，才能抑制微生物活动。使 pH 值达 4.2 时所需的原料含糖量，通常叫作最低需要含糖量。因此要调制优良的青贮料，原料中实际含糖量必须大于最低需要含糖量，这是青贮发酵十分重要的条件。

③厌氧环境。为乳酸菌创造良好的厌氧生长环境，须做到原料切短，易装实压紧，使窖内空气排出，青贮窖密封好，青贮的装料过程也越快越好。因为乳酸菌是厌氧细菌，而腐败菌等有害微生物大多是好氧细菌，如果青贮原料中有较多空气时，就会影响乳酸菌的生长和繁殖，反而使腐败菌等有害微生物活跃，温度升高，使青贮料糖分分解，维生素破坏，蛋白质分解，青贮原料就会变质。青贮还需要适宜的温度即 26.7~37.8℃，过高和过低都不利于乳酸菌的生长和繁殖，并影响青贮饲料的品质。

除上述因素外，青贮效果还受微生物种类、数量、贮存密度、青贮方式、添加剂、开窖时间以及开窖方式等因素影响。

4.1.4 青贮饲料添加剂

为了尽量减少青贮发酵过程中营养物质损失或改善青贮饲料营养价值，以及保持青贮饲料在饲喂阶段的有氧稳定性，青贮饲料的制作过程中通常使用添加剂。青贮饲料添加剂的种类很多，广泛使用的主要有饲料防腐剂、非蛋白氮、细菌接种剂和酶制剂。

4.1.4.1 饲料防腐剂

在青贮发酵过程中，应用较多的防腐剂包括有机酸和无机酸，其作用是促进青贮饲料的发酵过程、减少腐败微生物生长、提高贮料的有氧稳定性，从而获得优质的青贮饲料。

（1）有机酸

甲酸是目前国外广泛使用的青贮添加剂。甲酸除能降低青贮饲料的 pH 值外，还能降低植物呼吸强度和抑制有害菌，如梭状芽孢杆菌、肠道细菌和利斯特菌等的生长，减少青贮饲料营养物质的损失。甲酸具有腐蚀性，不可大剂量使用，一般按青贮饲料的 0.3%～0.5% 料重添加。添加甲酸的青贮饲料，其蛋白损失一般为 0.3%～0.5%，比不加防腐剂的青贮饲料降低 0.8%，营养物质损失降低 1/3～1/2，饲料利用率提高 15%～20%。

（2）无机酸

对于难贮的原料可以通过加硫酸或盐酸方式来降低 pH 值，软化青贮原料的质地，使其易于紧实。硫酸和盐酸具有强烈腐蚀性，使用时要特别小心，一般用 1 体积的硫酸（或盐酸）加 5 体积的水，配成稀酸溶液使用，青贮原料加酸后，很快下沉，抑制了植物细胞的呼吸，杀死细菌，降低 pH 值，使青贮质地变软，青贮后的饲料易于动物消化吸收。

4.1.4.2 非蛋白氮

氨和尿素是非蛋白氮营养添加剂，在青贮发酵中应用最为广泛，通常用于玉米、高粱和其他谷类作物的青贮发酵。非蛋白氮的作用：①提高饲料的粗蛋白质含量，减少有害微生物对青贮饲料蛋白质的降解。添加氨或尿素，可使青贮饲料 pH 值上升，还可使乳酸、粗蛋白、游离氨基酸含量提高，从而改善青贮饲料品质。②提高饲料的有氧稳定性，添加氨或尿素，可使青贮饲料的碳氮比降低，从而限制或抑制酵母菌的生长。

饲喂尿素青贮饲料可以提高动物的摄食量，尿素在反刍动物瘤胃内可被微生物分解释放出氨，也可被瘤胃微生物用来合成蛋白质。应用尿素青贮饲料饲喂反刍动物，可以满足它们对蛋白质的需要量。但必须严格控制尿素的添加量。在青贮发酵时，一般尿素添加量为 0.5%，发酵后的饲料粗蛋白可提高 4%。

在青贮发酵中也可直接添加氨，还可将其与糖蜜（提高风味和促进发酵）或无机盐溶液混合使用，尤其是在高干物质含量的作物中，使用氨和糖蜜的混合液青贮效果更佳。氨对人体有毒害，并对铜、锌等金属容器有腐蚀性，所以使用时必须谨慎。

4.1.4.3 乳酸菌接种剂

青贮发酵过程中，乳酸菌能否快速生长成为优势菌群是青贮饲料制作成功与否的关键。因此，为确保青贮过程中乳酸菌的迅速生长，青贮饲料中常常添加乳酸菌接种剂。乳酸菌接种剂的应用始于 20 世纪初，由于受当时实验技术和条件的限制，乳酸菌制剂在存放过程中不能保证足够的活菌数，致使应用效果不明显。随着生物技术的不断发展，细胞固定化、胶囊化、低温冷藏和真空干燥等技术日趋成熟，乳酸菌和丙酸细菌活菌制剂在青贮饲料中的应用越来越广泛。

(1)乳酸菌接种剂

目前常见的青贮饲料乳酸菌主要从新鲜牧草表面及青贮饲料中分离而来。青贮饲料乳酸菌接种剂通常包含多个菌株，最常混合使用的乳酸菌有：嗜酸乳杆菌(*Lactobacillus acidophilus*)、乳酸片球菌(*Pediococcus acidilacticci*)、屎肠球菌(*Enteroccus faecium*)和戊糖片球菌(*Ped. pentosaceus*)等。这些菌株可以快速利用植物的可溶性碳水化合物，产生大量乳酸，迅速降低 pH 值，抑制腐败微生物生长。

研究发现，同型发酵乳酸菌能够利用少量的碳水化合物产生大量乳酸，对饲料有很好的保鲜作用，但是当青贮饲料暴露于空气后，青贮饲料很容易腐败变质。原因是青贮饲料中残留高浓度的可利用糖和缺少其他有机酸，为腐败菌生长提供了条件，并且乳酸本身也能被腐败菌如酵母菌和霉菌作为碳源利用，从而引起饲料的腐败和霉变。而异型乳酸菌发酵代谢产物主要为乳酸和乙酸，在青贮发酵中真正起作用的主要是乙酸，因为乙酸对腐败微生物有很强的抑制作用。因此，在青贮饲料接种剂的菌株筛选中，尽可能多地选用产生乙酸量大的异型乳酸发酵菌株。青贮效果最好的异型乳酸发酵菌株为布氏乳杆菌(*La. buchneri*)。添加乳酸菌后明显改善青贮饲料的青贮品质，单一乳酸菌添加剂可将青贮水稻秸秆干物质损失率降低 1%，复合乳酸菌添加剂则可降低 1.9%，且复合菌剂使青贮饲料 pH 值降低 0.37 个单位。

(2)丙酸细菌接种剂

除乳酸菌接种剂外，近年来丙酸细菌在青贮发酵中的应用也受到重视。丙酸细菌能转化乳酸和葡萄糖生成乙酸和丙酸，这两种有机酸比乳酸有更强的抗真菌活性。在青贮玉米中接种谢氏丙酸杆菌(*Propiognibacteria shermanii*)可抑制霉菌的生长，酵母菌数明显降低；在青贮麦秆中接种丙酸细菌，青贮麦秆的有氧稳定性提高。但丙酸细菌的缺点是其有一定的蛋白水解活性，会造成干物质的损失(产生二氧化碳)。因此，丙酸细菌多用于 pH 值降低缓慢或青贮饲料的 pH 值大于 4.2~4.5 的青贮发酵。

4.1.4.4 酶制剂

乳酸菌只能利用葡萄糖、蔗糖等单糖，不能利用纤维素、果胶和淀粉等大分子物质。而青贮原料的糖分多以化学键的形式储存在植物细胞壁中，酶解后才能释放出单糖被乳酸菌利用。因此，在青贮发酵中，为了促进乳酸菌生长，降低纤维含量，提高饲料的消化率，常配合使用能降解大分子物质的酶制剂。青贮饲料中常用的酶制剂有纤维素酶、半纤维素酶、淀粉酶和葡聚糖苷酶。

青贮发酵中应用较多的是降解纤维素的酶制剂。这类酶制剂使用剂量越高，作用时间越长，酶解效果越好，释放的可溶性碳水化合物也越多，可为乳酸菌生长提供大量碳源。纤维素酶制剂对植物纤维的降解还可以提高饲料的消化和吸收利用效率。

添加酶制剂用于低糖分的饲料作物，如豆科植物的青贮效果较好，对幼嫩作物细胞壁的降解效果要好于成熟并木质化的作物；对含糖量高的饲料作物如玉米的青贮，酶制剂的使用，有时会带来负面效果，因为残留过量的可溶性碳水化合物，会促进腐败菌生长，易引起青贮饲料的有氧腐败。

纤维素酶制剂的活性受多种因素影响。一般纤维素酶作用的 pH 值范围为 4.5~6.5，温度为 45~50℃。在青贮发酵过程中，纤维素酶的活性受植物颗粒大小、酶的结合位点、含水量及植物性蛋白酶等因素的共同影响。为减少酶的损失，一般在青贮过程结束、饲喂动物之前，将酶制剂喷洒在饲料上，酶分子与饲料基质结合，防止被蛋白酶类降解，从而达到降解纤维、增加饲料适口性的目的。

4.1.4.5 其他添加剂

糖蜜、米糠、麸皮、甜菜渣和苹果渣等工农业副产物，都可以作为青贮饲料添加剂以增加青贮饲料的可溶性碳水化合物。

4.1.5 微贮饲料

4.1.5.1 概述

微贮饲料是在秸秆、牧草、藤蔓等饲料作物中添加有益微生物，通过微生物的厌氧发酵作用而制成的一种具有酸香气味、适口性好、利用率高、耐贮的粗饲料。微贮饲料可保存饲草料原有的营养价值，在适宜的保存条件下，只要不启封即可长时间保存。微贮技术是一种简单、可靠、经济、实用的粗饲料微生物处理技术。是把秸秆等粗饲料按比例添加一种或多种有益微生物菌剂，在密闭和适宜的条件下，通过有益微生物的繁殖与发酵作用，使质地粗硬的干黄秸秆和牧草变成柔软多汁、气味酸香、适口性好、利用率高的粗饲料。微贮饲料制作成本低、无毒无害、与农业不争化肥不争农时，充分利用秸秆草料饲喂草食家畜，具有适口性好、采食量高、消化率高、效益好、便于推广应用等特点。

微贮原理是利用加入的微贮菌剂在适宜的条件下益生菌大量生长繁殖，使原料中的粗纤维素类物质转化为糖类，糖类又被有机酸菌转化为乳酸和挥发性脂肪酸，使 pH 值下降到 4.5 以下，抑制了丁酸菌、腐败菌等有害菌的生长繁殖，从而使微贮原料气味和适口性变好，利用率提高，保存期延长。微贮过程常用的接种剂包括分泌纤维素酶的菌株、提高秸秆蛋白质含量的菌株和产生有机酸的菌株。微贮剂的添加量主要依据微贮原料来确定，一般添加量为 0.05%~0.10%，具体操作参考使用说明书。

微贮饲料就是在农作物秸秆中加入微生物活性菌株，放入特定容器内密闭发酵，经过一段时间发酵过程，使农作物秸秆变成带有酸、香、酒味等芳香气味的家畜喜食的粗饲料，微贮饲料的生产工艺如下。

4.1.5.2 微贮饲料的生产工艺及技术要点

秸秆微贮过程主要包括秸秆铡切、入窖、封窖发酵等步骤，具体过程：菌剂复活→配置菌液→切碎作物秸秆→装窖压紧→封窖→发酵→出窖饲喂。

微贮技术要点如下：

(1)制作前的准备

①建窖。建窖要选在地势高且干燥，地下水位低，离畜舍近，制作取用方便的地方。圆形窖一般直径 2 m，深 3 m。长方形窖一般深 2 m，宽 1.5 m，长 3.5 m。旧窖在使用前

要清扫干净。

②秸秆准备。微贮原料必须保持清洁，污染、发霉变质的秸秆不能用于微贮。

③人员准备。一般农户开展微贮饲料生产要组织8~10名人员，各负其责，密切配合。

④机械动力准备。各种型号的铡草机、切割机等均可用于铡草作业。柴油机、手扶拖拉机、农用三轮车等都可作为动力与铡草机配套使用，作业前要搞好安装、调试并固定牢固。

(2)菌种复活

根据所贮饲料的种类和贮量，确定所使用的菌株和添加比例，一般按每层微贮的饲料量，计算所需的菌种量。然后将其倒入10~20倍的水中充分搅匀，水中加入适量的白糖，在常温下放置1~2 h，菌种即可复活。复活好的菌剂一定要当天用完，不可隔夜使用。

(3)配制菌液

将活化好的菌液，加水进行稀释，加水量需根据微贮原料本身的水分来确定，一般每吨微贮饲料需加50 kg的稀释菌液，如果微贮原料的水分较高，可适当减小稀释倍数。

(4)装窖

一般秸秆切短成3~5 cm较为适宜，比较粗硬的秸秆可揉切成2~3 cm较为适宜。经揉切后的微贮原料分层微贮，每层厚度20~30 cm，将配置好的活菌液均匀喷洒在秸秆上，边喷洒边压实，然后再铺放20~30 cm厚的原料，再喷洒菌液，如此反复操作，直到压实后原料高出40 cm再封窖。制作中随时检查贮料含水量是否合适，用手握贮料无水滴，手上水分明显，含水量60%~70%。

(5)封窖

装窖要高出窖口40 cm，充分踩实后，并补喷菌液，表面以200~250 g/m² 用量均匀撒食盐粉，再铺20~30 cm厚的软草，然后盖上塑料薄膜，塑料薄膜上覆土20~30 cm，边覆盖边拍实，封窖后发现下沉，及时用土填平，窖周围挖好排水沟。封窖约20 d后(夏季10 d左右)即完成发酵过程。

微贮饲料技术的关键在于含水量的多少和密封程度。微贮饲料的含水量在60%~70%为最适宜，当含水量过多时，会降低微贮饲料中糖和胶状物的浓度，产酸菌不能正常生长，导致饲料腐烂变质。而含水量过少时，微贮饲料不易被压实，残留的空气过多，保证不了厌氧发酵的条件，有机酸成分减少也容易霉烂。压实、密封程度直接影响着微贮饲料质量的好坏，如果压实程度不好，容易滋生霉菌和腐败菌导致饲料腐烂变质。

(6)开窖

封窖后30 d即可开窖。开窖过晚，气温回升，易发生二次发酵。圆形窖采取"大揭盖"开窖法，每天根据喂量取一层料。长方形窖宜在背阴面开窖，上下垂直逐段取用。每次取料后要立即用塑料布将窖口盖严。窖上面最好搭防雨棚，以防雨雪进入窖内造成微贮变质。优良的微贮玉米秸、稻麦秸呈金黄色，青玉米秸呈橄榄绿色，具有酒香味或果香味，手感质地松散，柔软湿润。如呈褐色、墨绿色或有强酸味，手感发黏，说明质量低劣。如有腐臭味、发霉味，则不能饲喂家畜。

4.2　菌体蛋白饲料

4.2.1　菌体蛋白的定义及特点

菌体蛋白（single cell protein，SCP），也称微生物蛋白，指用于生产食品和饲料添加剂的微生物菌体（microbial biomass）。菌体蛋白饲料是一种生物发酵的蛋白原料，是利用各种基质大规模培养细菌、酵母菌、霉菌、藻类和担子菌而获得的微生物蛋白或菌体蛋白。

菌体蛋白所含的营养物质极为丰富。其中，蛋白质含量 40%~80%，含多种维生素、碳水化合物、脂类、矿物质，以及其他生物活性物质，是解决饲料缺口、畜牧业可持续发展、环境污染治理等问题的途径之一，发展前景广阔。

菌体蛋白饲料生产具有以下特点：

（1）菌体生长速率快，蛋白质含量高

微生物发酵速度很快，如细菌在 20 min 至 2 h 增殖一倍，酵母在 1~3 h 增殖一倍，大型发酵容器在 24 h 内甚至可生产数吨蛋白质含量 40%~80% 的产品。

（2）菌体利用的原料来源丰富

菌体蛋白生产可利用的原料来源较为丰富，大致分为 3 类：①淀粉类物质，如甘薯、玉米、制糖废蜜等；②石油原料和化工产品，如甲醇、天然气、乙醇、工业废水、工业废渣等；③纤维素类，如农林加工产品的下脚料、食品工业废水和下脚料、农作物秸秆等。这些资源数量多，而且用后可以再生，还可以保护环境。

（3）生产因地制宜，生产过程易于控制

由于菌体蛋白可以工业化生产，所以不受气候、土壤和自然灾害等因素的影响，易于人工控制，可连续进行生产，成功率高。

（4）产品营养成分丰富

菌体蛋白饲料是属于品质较好的蛋白质饲料，除含有较高的蛋白质、糖等物质外，还含有丰富的维生素等成分。同植物蛋白饲料豆粕相比，菌体蛋白的可利用氮比豆粕高 20%，在有蛋氨酸添加剂时，可利用氮达 95% 以上。组成菌体蛋白饲料的氨基酸种类齐全、配比良好，并含有丰富的维生素，营养价值高。

（5）可以实现全工业化生产

菌体蛋白的生产是在大型封闭发酵罐中立体培养，不受地区、季节和气候条件的制约，占地面积小，发酵过程易进行工业控制，微生物发酵所产生的蛋白速度远远超过现有粮食生产蛋白质速度，许多发达国家已经取得较好的成果。

（6）单细胞生物易诱变，比动植物品种容易改良

可采用物理、化学、生物学方法定向诱变育种，获得蛋白质含量高、质量好、味美并易于提取蛋白质的优良菌种。

由于菌体蛋白生产具有上述特点，因此只要选用优良的菌株、配备合适的工艺和先进设备，微生物就能以大于动植物 10 倍的速率合成蛋白质，而且营养价值高，因此微生物菌体蛋白的开发利用越来越受到人们的高度重视。

4.2.2　菌体蛋白饲料的菌种选择

微生物发酵生产蛋白饲料，菌种的选择是关键，选择生产菌体蛋白的饲料的菌种主要从安全性、实用性、生产效率和培养条件等方面考虑。从目前报道的资料看，菌体蛋白饲料的微生物主要包括4大类群，即细菌(芽孢杆菌、枯草杆菌、拟杆菌、乳酸杆菌、双歧杆菌、乳酸球菌、光合细菌等)、酵母菌(啤酒酵母、假丝酵母、石油酵母等)、霉菌及藻类，其中以酵母菌应用较为广泛。这些微生物各有优缺点，但是在用于生产菌体蛋白时必须符合以下条件：①能够很好地同化基质碳源和无机氮源；②繁殖速率快，菌体蛋白含量高；③无毒性和致病性；④菌种性能稳定；⑤最好能进行混菌培养，要求菌品间存在互生或共生关系；⑥菌体较大，易于分离和收获；⑦具有较高最适培养温度和较低的最适pH值。满足以上要求的菌种，首先是酵母菌，特别是假丝酵母是目前生产菌体蛋白的饲料的最常用菌种。

4.2.3　菌体蛋白饲料的生产

菌体蛋白饲料的生产工艺流程一般可以概括为：菌种+培养基+氮源+微量元素—菌种扩大培养—发酵罐培养—培养液—分离菌体—洗涤或水解—干燥—动物饲料。由于不同菌种之间生长繁殖具有协同性，所以菌种的选择非常重要。不同的蛋白饲料选用不同的复合菌种。

菌体蛋白生产工艺类型一般分为液态深层发酵法和固态发酵法。液态深层发酵法是将糟液分离得到的废糟水，添加营养盐和适当玉米浆，调节pH值至4.4左右，接种假丝酵母等多株菌种混合发酵，再经分离、干燥得到成品。液态深层发酵易于工业化生产，产量高、易控制、机械化程度较高，但存在投资大、能耗高、污染多和生产成本较高等缺点。固态发酵法是指微生物在没有或几乎没有游离水，但含有必需营养物的固态培养基上的需氧、厌氧或兼性发酵过程。这种培养基一般含水量在30%~70%，培养基含水量的简单判别方法是"手握成团，落地能散"。生产原料一般为富含营养物质的工农业副产品或废弃物，如麦麸、棉菜粕、薯粉、玉米蛋白粉、高粱粉及其他非常规饲料中加入废渣水，经灭菌后，再接种假丝酵母、黑曲霉、米区霉等进行发酵，烘干后制成蛋白饲料。固态发酵工艺的缺点是机械化程度低、生产效率低、劳动强度大、易染杂菌等；优点是投资少、操作简单、原料易得。

4.3　益生菌剂

饲料添加剂的广泛运用尤其是抗生素饲料添加剂的应用，对于防治动物疾病发挥着重要作用，但同时也给畜牧生产和人类健康带来了一定的副效应。抗生素在消灭致病原微生物的同时，也消灭了对动物机体有益的生理性细菌，破坏了肠道微生物的微生态平衡，导致动物特别是幼小畜禽对病原微生物的易感性。另外，长期饲喂抗生素使动物机体内产生具有耐药性的细菌，这些细菌对人畜均有害。为此，各国都在进行天然的微生物饲料添加剂的研究，特别是对于益生菌剂(或称动物微生态制剂)的研究。由活的微生物组成的益生菌剂可以像抗生素一样，预防动物疾病和促进动物生长。因此，益生菌剂已成为抗生素的替代品，并已取得了理想的应用效果，在养殖业中发挥越来越重要的作用。

4.3.1　益生菌剂概述

益生菌剂是指对人和动植物机体有益的菌生产出的产品，包括活菌体、死菌体、菌体成分及代谢产物。它们能改善机体微生物和酶的平衡，并刺激特异性或非特异性免疫机制，达到增强机体的抗病力、增强体质、防止病原菌感染、提高产量、延缓衰老和延长寿命的目的。

益生菌剂的应用与发展和微生态学的发展紧密相关。微生态学是研究正常微生物与其宿主内环境相互依赖和相互制约的细胞水平和分子水平的生态科学。正常微生物菌群是指寄居在特定个体的非但无害而且有益的菌群，正常微生物菌群固定位转移和宿主转换都可能使宿主致病。微生物的致病性与非致病性是相对的，与其所处的生态环境密切相关。如在肠道是正常菌，转移至其他部位就可能是致病菌；对动物来说是非致病菌，转移到人类身上就可能是致病菌，即对某种动物是正常菌，转移到另一种动物身上就可能是致病菌。

益生菌剂是根据微生态学理论研制的含有对动物有益的微生物及其代谢产物的活菌制剂（probiotics）和低聚糖（oligosacchride）。它们通过维持动物肠道内微生态平衡而发挥作用，具有促进动物生长发育，提高动物机体免疫力等多种功能，且无污染、无残留、不产生耐药性和对环境无害等，是一类新型绿色环保饲料添加剂。

4.3.2　益生菌剂的种类及其生理功能

目前，商品化的益生菌剂种类很多，根据选用生产菌种的不同可分为乳酸菌制剂、芽孢杆菌制剂和酵母菌制剂。这些制剂可以单独使用，也可以作复合菌株制剂使用。产品剂型有胶囊、粉剂、片剂、颗粒制剂，也可以是液体。饲喂方式有直接添加到饲料中，也可放入饮用水中。这些制剂适用于牛、羊、猪、家禽类及水产动物的养殖。

4.3.2.1　乳酸菌制剂

乳酸菌是一类利用可溶性碳水化合物产生乳酸的细菌总称。目前已发现这类细菌至少有 18 个属，都是厌氧或兼性厌氧的化能异养菌，革兰染色阳性，生长繁殖于厌氧或微好氧、矿物质和有机营养丰富的环境中。其中，最为重要的是乳酸杆菌属和双歧杆菌属。利用乳酸杆菌和双歧杆菌制作的乳酸菌制剂，其益生作用在临床实验中已被证明。此外，很多菌剂都表现出很好的治疗和预防人及动物的某些肠道疾病的作用，具有重要的保健作用。

（1）乳酸菌制剂的种类

①乳酸杆菌。乳酸杆菌（简称乳杆菌）的细胞形态多为长杆、短杆或棒状，一般排列成链，无芽孢、不运动，兼性好氧或耐氧，适宜生长温度为 30~40℃，耐酸性强，最适 pH 值 5.5~6.2，在 pH 值为 5.0 或更低的情况下仍能生长。

乳杆菌是健康机体肠道中的优势菌群，在人的粪便中含量最多。从粪便中分离最多的乳杆菌有嗜酸乳杆菌、唾液乳杆菌、干酪乳杆菌、植物乳杆菌、短小乳杆菌和发酵乳杆菌。这些乳杆菌吸附在肠细胞壁黏膜上，阻止致病菌的入侵。据报道，在 3 日龄鸡的消化道内存在有大量的乳杆菌,它们在维持消化道的正常菌群平衡方面起着决定性作用。因此,乳杆菌成为益生菌剂的重要生产菌株。

②双歧杆菌。双歧杆菌细胞形态多样且不规则,有杆状、棒状、弯曲状还有"V"形或"Y"形,呈单个或链状存在,不形成芽孢、不运动、抗酸能力差,严格厌氧,在有氧的平板上不形成菌落。从粪便分离时需要严格的厌氧条件。最适生长温度为37~41℃,初始生长pH值6.5~7.0。在pH值4.5~5.0或8.0~8.5时不生长。双歧杆菌通常分离于人和动物的肠道,反刍动物的瘤胃,人的口腔、阴道及污水中。

(2)乳酸菌制剂的生理功能

作为益生菌剂的乳酸菌,其生理功能主要表现在以下5个方面:

①对病原菌的抑制作用。乳酸菌对肠道病原菌有拮抗作用,它们能阻碍特定病原菌的黏附、定殖和繁殖。

②影响宿主或其他菌株的代谢活性。乳酸杆菌添加剂能够影响肠道菌群的代谢活性,使肠道内的β-葡萄糖醛酸苷酶、硝酸还原酶、偶氮还原酶和脲酶的活性受到抑制,降低了肠道致癌物质的形成。

③刺激机体的免疫系统。乳酸菌具有增强机体免疫功能的作用。饲喂酸乳的无菌小鼠体内的抗体水平明显提高。

④营养作用。乳酸菌产生的有机酸可促进机体对维生素D、钙和铁离子的吸收,乳酸菌本身还可产生多种维生素,如硫胺素、核黄素、烟酸、泛酸、叶酸等。

⑤降低胆固醇。胆汁酸、去氧胆汁酸经常结合甘氨酸或牛磺形成甘氨胆酸或牛磺氨酸,而体外试验证明乳酸杆菌可以同化或分解胆盐为胆酸,从而降低胆固醇的合成。

4.3.2.2 芽孢杆菌制剂

芽孢杆菌属的细菌为革兰阳性菌,呈棒状、杆状,细胞内产生单一芽孢,好氧生长。芽孢杆菌不属于肠道正常菌群的成员,但进入肠道后,可以萌发成营养体细胞,在此过程中,消耗肠道内的氧气,为厌氧菌的生长提供条件。

(1)芽孢杆菌的种类

目前,芽孢杆菌种类很多,常用的有形成芽孢的需氧菌,如蜡样芽孢杆菌(*Bacillus cereus*)、枯草芽孢杆菌(*B. subtilis*),以及形成芽孢的厌氧菌,如丁酸梭菌(*Clostridiumu butyricum*)。

国内市场上的芽孢杆菌益生菌制剂有促菌生(蜡样芽孢杆菌)、整肠生(地衣芽孢杆菌)、抑菌生(枯草芽孢杆菌)、乳康生(含蜡样芽孢杆菌)等。

(2)芽孢杆菌的生理功能

目前,还不十分清楚芽孢杆菌的作用机理,一般认为这类菌株对寄主的益生作用在于其代谢产物或活的增殖型营养细胞,具体表现为以下4点:

①产生多种消化酶。芽孢杆菌在动物肠道内可产生蛋白酶、发酵酶、呼吸酶、水解酶、脂肪酶等多种消化酶。这些酶有利于降解饲料中的蛋白质、脂肪和复杂的碳水化物,促进动物的消化吸收,从而提高饲料中蛋白质和能量的利用率。如枯草芽孢杆菌和地衣芽孢杆菌具有较强的蛋白酶、淀粉酶和脂肪酶活性,同时还能降解果胶、羧甲基纤维素、多聚半乳糖醛酸以及其他一些复杂的植物性碳水化合物。

②增强动物体的免疫能力。芽孢杆菌能促进动物免疫器官发育，提高动物抗体水平或巨噬细胞活性，增强机体免疫功能。

③对病原菌有拮抗作用。芽孢杆菌与肠道内有害菌群进行生存空间、定殖部位以及营养物质的竞争。因为芽孢具有强的抗逆性，在肠道内的胃酸、胆酸及低 pH 值环境都能萌发和生长，占据生长优势，从而限制有害菌的生存和繁殖。

④改善体内微生态环境。饲喂芽孢杆菌后，能显著降低肠道内大肠埃希菌、产气假膜杆菌、沙门菌的数量，使机体内的益生菌增加，而潜在的致病菌减少，粪便排泄物中的益生菌数量增多，致病菌减少，从而净化了体内外环境，减少疾病的发生。氨、胺、吲哚、硫化氢等物质对肠道黏膜细胞有明显的毒害作用，芽孢杆菌抑制了有害微生物的生长，进而减少了这些有害物质的产生，从而有利于动物的健康和生长。

4.3.2.3 酵母菌制剂

酵母菌是一种集营养与保健功效于一体的益生菌。酵母菌能够转化农副产品、工业下脚料(如淀粉渣、水果渣)生成菌体蛋白，赋予这些副产物很高的营养价值。酵母菌制剂具有广阔的应用前景。我国已批准活性干酵母作为益生菌剂应用在畜牧养殖业中。酵母菌具有很多方面的重要作用，例如，酵母细胞表面的甘露糖可以与病原菌分泌的毒素物质结合，以降低毒素物质的毒性；酵母菌能有效改善动物消化道及肠道菌群的平衡、增强机体的免疫力、提供丰富的营养物质，从而达到防治消化道疾病和提高动物生产性能的作用，并且无副作用，动物机体也不会生产抗性。酵母菌剂正逐步受到畜牧养殖业的重视。

4.3.3 益生菌剂的有益作用

益生菌剂在肠道内的生长繁殖会产生不同的代谢产物，这些代谢产物有些对病原菌有抑制作用，也有些代谢物可以分解饲料中的大分子物质，为动物提供利于消化吸收的营养物质。其主要功能有：

(1)降低肠道 pH 值

乳酸菌在生长过程中产生乳酸、乙酸等有机酸，使消化道内 pH 值降低，从而抑制病原菌生长繁殖，维持了肠道内正常菌群的平衡，并且有机酸可加强肠道的蠕动和分泌，促进饲料的消化吸收。

(2)抑制有害物质的产生

肠道内腐败菌会产生氨、生物胺、吲哚和酚等有害物质，这些物质具有潜在抑制机体生长和致癌作用，乳酸菌能够降低或抑制参与生成这些有害物质酶的活性，如硝酸还原酶、偶氮还原酶等酶的活性，因而控制了有害产物的生成。保加利亚乳杆菌能中和大肠埃希菌外毒素；酵母菌产生的超氧化物歧化酶(SOD)、过氧化物酶、过氧化氢酶可帮助消除机体内的自由基；双歧杆菌可以通过其代谢产物抑制致病菌和腐败菌，减少肠道内毒素产物的含量，减轻肝脏的解毒负担，增强肝脏的营养代谢功能。

(3)合成和分泌多种营养物质和消化酶

肠道内的有益菌(如乳酸菌、双歧杆菌等)可在肠道内合成多种维生素及氨基酸，增加血液中钙、镁的吸收，提高机体对矿物质的利用效率，加强动物体营养代谢，促进动物生长。芽孢杆菌产生的蛋白酶、脂肪酶、淀粉酶等水解酶类，能提高对大分子有机物质的消化利用率。许多瘤胃微生物还具有很强的利用纤维素、半纤维素、果胶、几丁质和植酸等动物本身不能直接利用的物质的能力，由此提高了饲料的利用效率。嗜酸乳杆菌、乳酸乳杆菌等在动物体内可产生过氧化氢，激活动物肠道内的过氧化物酶硫—氰酸盐反应系统，使过氧化物酶与过氧化氢结合，然后将硫氰酸盐氧化成中间产物，抑制葡萄球菌等致病菌的生长繁殖。

（4）产生细菌素

细菌素是指微生物通过核糖体合成机制产生的一类具有抑菌活性的蛋白质。很多乳酸菌都能产生细菌素，乳酸乳球菌产生的细菌素能有效地抑制和灭活腐败菌利斯特菌和革兰阳性菌，如葡萄球菌、梭状芽孢杆菌等食源性病原菌。乳酸乳球菌产生的细菌素已批准作为食品防腐剂。嗜酸乳杆菌产生的嗜酸菌素能抑制大肠埃希菌 DNA 合成。从枯草芽孢杆菌中提取的枯草菌素，能抑制酵母菌、真菌的生长。双歧杆菌是人体肠道内最重要的生理性有益菌，其能产生 Bifidin 和 Bitilong 两种抗菌物质，能够抑制肠道腐生菌的生长。细菌素具有高效、无毒、无残留、无抗药性等优点，是人工合成防腐剂及抗生素最佳替代物。

（5）调节机体免疫系统

益生菌剂能够调节肠道菌群生境，维护和建立肠道菌群间最佳的平衡状态，激活正常菌群的营养作用、免疫功能和对致病菌的拮抗作用。同时益生菌可对肠道黏膜内的相关淋巴组织活化，使肠道黏膜免疫分泌型免疫球蛋白 A(SIgA)抗体分泌增强，刺激特异性免疫应答，中和黏膜上皮内的病原体、毒素等有害物质，形成免疫复合物排出。益生菌还可以增加肠黏膜上皮细胞和血清中免疫球蛋白(IgA、IgM 和 IgG)的水平以强化体液免疫，促进T 淋巴细胞、B 淋巴细胞的增殖和成熟，促进细胞免疫，使机体得以保持正常生理功能。

4.3.4　益生菌剂的应用

益生菌作为饲用添加剂的积极作用已被公认，但也存在亟待解决的一些问题，例如，活菌制剂在生产、运输过程中容易失活；进入肠道后的活菌数量太少，难以发挥作用；益生菌在肠道中不易形成优势菌等。为提高益生菌剂的促生长作用，从益生协同剂的方面进行研究、开发和应用。

（1）益生菌剂与寡聚糖的协同作用

寡聚糖是一类由 2~10 个单糖通过糖苷键连接起来而形成直链或支链的一类糖，寡聚糖稳定、安全、无毒，但不能被动物直接消化，能作为有益微生物的底物储存于肠道中，促进有益微生物的生长繁殖，同时抑制有害微生物。

寡聚糖与益生菌剂的协同作用体现在以下 3 个方面：①益生菌剂能为寡聚糖提供消化酶，使寡聚糖变为单糖，更好地供机体利用；②寡聚糖能够降低机体肠道内 pH 值和还原势，促进有益菌增殖而抑制病原菌生长；③寡聚糖通过与外源凝集素特异性结合，使病原菌不能在肠壁上黏附，而随排泄物一起被排出体外。

（2）益生菌剂与酶制剂的协同作用

益生菌是酶制剂的重要来源，酶制剂为益生菌生长提供了所需的营养物质，二者的这种协同关系，为它们的进一步开发利用提供了有利的条件。

酶制剂与益生菌剂的协同作用体现在以下两个方面：①益生菌可作为酶制剂的重要来

源。例如，地衣芽孢杆菌、枯草芽孢杆菌以及蜡样芽孢杆菌属均具有很强的蛋白酶、脂肪酶、淀粉酶和低聚葡聚糖酶等活性，这些酶对促进动物消化吸收，提高动物的饲料转化率和促生长起着重要作用。②益生菌提高了酶制剂的活性。有许多国内外学者已经证实，益生菌不但在体内分泌各种消化酶，而且能提高酶的活性。

（3）益生菌剂与酸化剂的协同作用

酸化剂通过降低肠道 pH 值，抑制或杀灭了致病菌，增殖有益菌，改善了肠道微生态平衡，酸化剂可有效激活消化酶，提高饲料消化率；益生菌在机体肠道内形成优势菌群，建立适合机体生长的微生态环境，达到营养和抗病的目的，二者在肠道内协同作用，改善了机体肠道微生态系统，促进了动物机体的生长。

总之，将益生菌剂与益生协同剂按一定比例混合起来协同使用，其效果明显优于单独使用益生菌剂、酶制剂、寡聚糖、酸化剂、中草药、疫苗、未知因子等，这为今后的研究指明了方向。

4.3.5 益生元

4.3.5.1 益生元的定义

益生元（prebiotics）是指能促进体内双歧杆菌等益生菌代谢和增殖的一类物质，它们不被宿主消化吸收却能有选择地促进有益菌的生长繁殖，从而改善宿主健康。

目前，常用的益生元主要是寡糖、多糖和酸化剂。寡糖主要包括低聚果糖、低聚木糖、低聚半乳糖、低聚乳果糖、低聚异麦芽糖、大豆低聚糖、棉籽糖、水苏糖、褐藻寡糖和卡拉胶寡糖等；多糖主要包括菊粉、微生物多糖、壳聚糖和中草药类多糖（黄芪多糖、云芝多糖、枸杞多糖和山药多糖）等；酸化剂主要包括乳酸、富马酸、柠檬酸、甲酸和乙酸等短链有机酸，其中应用最广泛的益生元是非消化性的功能性低聚糖。

4.3.5.2 益生元的生理功能

（1）促进有益菌增殖和调节肠道微生物群系

益生元可以调节肠道菌群平衡，形成微生态竞争优势，同时产生有机酸和抗菌物质，抑制外源致病菌和肠内固有腐败菌（如沙门菌、志贺菌、产气荚膜梭菌、大肠埃希菌等）的生长繁殖，同时产生的有机酸刺激肠道蠕动，缩短病原菌在肠道内的停留时间，从而减轻毒素、胺、氨、吲哚等有毒代谢产物对机体的毒害作用。

（2）抑制病原菌定殖，促进其随粪便排出

许多病原菌的细胞表面均含有一种特殊的用于细胞识别的蛋白质因子，称为外源凝集素，它能与肠道游离的或存在于细胞表面的寡糖（受体）结合。当病原菌与肠细胞表面的受体结合而黏附到肠上皮细胞时开始繁殖。肠壁细胞表面的受体多是短链带分支的寡糖，所以在食品或饲料中添加低聚寡糖，进入肠道后就会竞争性地和病原菌细胞表面的外源凝集素结合，从而阻止病原菌在肠上皮细胞上的黏附，并与寡糖一起随粪便排出，由此为有益菌的黏附提供了更大的空间。

（3）刺激机体免疫反应，提高机体免疫力

有些低聚寡糖本身可以作为抗原，刺激机体产生免疫应答，也能与某些病毒、毒素、病原微生物结合，减缓抗原的吸收和增加抗原的效果，从而增加机体的体液及细胞免疫能力。益生元对肠道益生菌群的促生长作用，也刺激了机体的免疫功能和吞噬细胞的活性。

4.3.5.3　饲料中应用益生元的注意事项

由于益生元多为糖类物质，易吸湿，在用作饲料添加剂时不可直接加入大批饲料中混合，否则会瞬间吸湿结块，难于混合均匀。在使用时，需先与 5~8 倍含水量较低的载体（如石粉等）预混合后再投入大批饲料中，然后搅拌至均匀。一次未用完时，要扎紧包装袋，否则也会使产品吸潮结块。

目前对很多益生元的使用剂量还没有很好的确定方法，但益生元作为非消化性寡糖类物质，不可过多添加，否则会引起动物消化不良、腹胀、腹泻等症状。一般来说各种动物饲料的最大添加量不能大于 5%，而仔猪不能大于 1%。

4.3.6　合生元

合生元(synbiotics)是指兼有益生菌剂和益生元双重特性的混合活菌食品或饲料添加剂，通过有选择性地促进一种或几种有益菌的生长刺激其代谢活性。它的特点是高效配伍特定的益生菌和益生元，可同时发挥益生菌和益生元的生理功能，使益生菌和益生元协调作用，促进外源性益生菌在动物肠道中定植和生长，并刺激内源有益菌群的增殖，调节免疫系统，提高机体对病原微生物的防御能力，改善动物肠道微生态群系平衡，起到益生菌和益生元的双重作用。

合生元作为一种绿色饲料添加剂，现阶段对其作用机制的研究主要是基于目前最新的肠道微生态平衡学说，肠道有益菌群通过分泌各种信号分子与宿主细胞产生联动，完成与宿主间的共生、寄生及腐生等生态行为。合生元可同时发挥益生菌和益生元的双重作用，通过选择性促进外源性益生菌与内源性肠道有益微生物在动物肠道内定植及增殖，集益生菌的速效性和慢效应以及益生元的生长保护作用于一体，继而更好地促进动物健康生长。理想的合生元应该使益生菌和益生元科学高效配伍，使后者选择性地显著促进前者增殖，发挥协同效应，促进肠道内源有益菌群平衡，激活宿主免疫系统，并直接或间接抑制有害微生物的繁殖。合生元是临床常用的一种肠道微生态制剂，是益生菌和益生元 的复合制，主要作用是调节肠道的正常菌群生长，以抑制致肠道病菌的生长，保护肠道。

目前，高效合生元产品的开发应用在国内外的动物保健领域中正逐渐成为焦点与前沿问题，其主要集中于 3 个方面：食品和保健品中用于改善机体部分生理功能；畜禽养殖中用于增强动物的存活率、生长性能和抗病能力；医药方面用于预防或治疗部分疾病。食用含有菊糖和双歧杆菌酸乳的健康自愿者的粪便分析检测，发现粪便中的双歧杆菌总数明显增加，比单独食用益生元的双歧杆菌数还高，由此证明双歧杆菌的增加是由菊糖与双歧杆菌的协同作用所致。含有长双歧杆菌和乳酮糖或菊糖的合生元能降低小鼠甲基偶氮苯诱发结肠癌的概率和损伤面积。因此，合生元良好的应用效果将成为功能食品和饲料添加剂的发展趋势。

4.4　其他微生物饲料

4.4.1　光合细菌

　　光合细菌(photosynthetic bacteria，PSB)是指在光照下进行光合作用的厌氧或兼氧生长的一类细菌，光合细菌在自然界分布非常广泛，从土壤到江河湖海均有分布，由于其含有丰富而又全面的营养成分和具有较强的净化水质的作用，已经广泛地应用于畜牧业生产中，成为目前很有发展前景的微生物饲料添加剂。

　　光合细菌作为饲料添加剂已于 1998 年经农业部审核批准，其在养殖业中已经有很多成功的应用试验。有研究证实，饲料中添加光合细菌具有增重明显、提高机体免疫力、拮抗病原菌等作用。在以往研究中也发现，光合细菌加入饲料后，畜禽粪便产生的臭味会有所下降。

4.4.1.1　光合细菌分类及其生物学特性

　　(1)生产应用种

　　光合细菌的种类较多，广泛分布在海洋、江河、湖泊、沼泽、池塘、活性污泥及水稻、小麦等根际土壤中，与生产应用关系密切的主要有：着色菌科(Chromatiaceae)、荚膜红假单胞菌(*Rhodopseudomonas capsulata*)、球形红假单胞菌(*Rhodobacter sphaeroides*)、红螺菌科(Rhodospirillaceae)、紫色非硫菌(*Purple nonsulfur bacteria*)、荧光假单胞菌(*Pseudomonas fluorescens*)、绿硫细菌(green sulfur bacteria)、多细胞绿丝菌(multicellular filamentous green bacteria)、盐杆菌科(Heliobacterium)。

　　(2)形态特征

　　光合细菌均为革兰阴性菌，其菌体形态多种多样，不同的菌种形态各不相同，有球形、卵形、杆形、弧形、螺旋形、环形、半环形、丝形，也可随培养条件和生长阶段以及菌种不同变为链状、锯齿状、格子状、网球状等，大部分单个存在，仅有红微菌属等少数菌菌体细胞间有细丝相连，形成链状丝状体。其中红螺菌科大小为(0.6~0.7)μm×(1~10)μm，着色菌科为(1~3)μm×(2~15)μm，绿菌菌科为(0.7~1)μm×(1~2)μm。多数光合细菌以鞭毛运动，也有滑行运动和不运动者。光合细菌细胞内存在以细胞膜内折形成的囊状载色体，其中包含细胞色素和色素。色素主要有细菌叶绿素 a、b、c、d、e 和多种类胡萝卜素。不同种类的光合细菌因其所含色素的种类和组成的差异而显示不同的菌体颜色，如橘黄色、棕黄色、紫果色和各种不同的红色，有的还呈现绿色。有些菌种在细胞内形成气泡，但在一定的培养条件下气泡又会消失，有的种还有荚膜，少数种细胞内还存在有质粒。

　　(3)生理学特性

　　光合细菌主要以二分分裂繁殖，少数属或种以芽殖或三分分裂繁殖。光合细菌是代谢类型复杂、生理功能最为广泛的微生物类群。各种光合细菌获取能量和利用有机质的能力不同，它们的代谢途径随环境变化可以发生改变。光合细菌在自然界中分布非常广泛，可以认为凡是光能所及之处均可发现它们的踪迹。在氧气含量有限而光线能到达的表面水、

表 4-1　光合细菌生理学特性

特　征	红螺菌科	着色菌科	外硫红螺菌科	绿菌科	绿曲菌科
光合作用中的电子供体	有机化合物、H_2、H_2S^* 等	H_2S、H_2、S	有机化合物、H_2S、H_2	H_2S、H_2、$S_2O_3^{2-*}$	有机化合物、H_2S、$S_2O_3^{2-}$
主要碳源	有机化合物、CO_2	有机化合物、CO_2	有机化合物、CO_2	有机化合物[*]、CO_2	有机化合物、CO_2
对氧的要求	兼性、需氧和微好氧	严格厌氧和兼性需氧	兼性厌氧和兼性需氧	严格厌氧	兼性厌氧
在黑暗条件下有机化合物中发酵	有	—	有	无	—
厌氧呼吸	有[*]	—	有	无	—
需氧呼吸	有	有[*]	有	无	有
化学自养	无	有[*]	有	无	无
所需生长因子	光照下厌氧生长需复合生长因子	维生素 B_2 或无	维生素 B_2 或无	维生素 B_2 或无	维生素 B_2 和 B_{12}

注：* 为只有少数种具有的特性。

泥中数量最多,可达 $10^5 \sim 10^7$ 个菌体/mL。光合细菌的生理学特性见表 4-1。

(4)菌体营养成分

光合细菌营养丰富,其粗蛋白含量高达 65% 以上,而且容易提取分离,收集率高。光合细菌菌体蛋白中含有多种必需氨基酸,且多数高于酵母的含量。光合细菌辅酶 Q 的含量尤其高。菌体内还含有较高浓度的类胡萝卜素且种类繁多。迄今已从光合细菌中分离出 80 种以上的类胡萝卜素,并不断有新的报道。除此之外,细胞内还含有碳素储存物质糖原和聚 β-羟基丁酸。富含的一些物质有显著的生理活性,如维生素 B_{12} 与叶酸能促进胆碱与核酸的合成,光合细菌中的辅酶 Q 及一些未知物质能提高动物机体的抗病力,如用光合细菌作为肉鸡饲料添加剂提高了鸡血清中球蛋白和对病毒有特异性的抗体的水平;光合细菌抽取液能有效抑制鱼类病毒生长。光合细菌的菌体营养成分见表 4-2。

表 4-2　光合细菌菌体营养成分组成　　　　　　　　　　　　　　%

种　类	粗蛋白质	粗脂肪	可溶性糖类	粗纤维	灰　分
紫色非硫细菌	65.64	7.18	20.13	2.78	4.28
小球藻	53.76	6.31	19.28	10.33	1.52
米	7.48	0.94	90.60	0.35	0.72
大豆	39.99	19.33	30.93	7.11	5.68

4.4.1.2　光合细菌培养条件

(1)菌种

菌种可从池塘底泥中重复富集,分离纯化获得。如用保存下来的菌种,在培养前必须提纯复壮,才能有效地进行扩大培养。目前养殖中使用的优良光合细菌多为红螺菌科和一部分着色菌科的复合菌株,因为复合型菌株能利用多种碳源,易于培养,能更为广泛、有效地降解水中低分子有机物。

（2）培养基

光合细菌的培养基有多种配方，现介绍一种常用配方。其培养基以乙酸钠和硫酸铵作为碳、氮源，辅以一定量的镁、钠、磷等矿物质元素，具体配方为：乙酸钠 2 g、硫酸铵 1 g、磷酸二氢钾 0.5 g、磷酸氢二钾 0.5 g、硫酸镁 0.5 g、氯化钠 0.1 g、酵母膏 2 g，用水溶解后定容至 1000 mL。

（3）pH 值

光合细菌生长适应的 pH 值范围较大，在 5.0~9.0，最适 pH 值以 6.5~7.5 为宜，生产过程中 pH 值会逐渐变化，需用酸碱调节到最适 pH 值范围。

（4）光照

光合细菌在厌氧和好氧下均能生长，在厌氧条件生长时需采用的光照设备为 60~100 W 白炽灯，光强在 2000~4000 lx 生长最好。另外在进行大规模生产时，保证温度适宜的条件下，白天可利用太阳光进行光照，晚间再以白炽灯照射，这样可以减少能耗，降低生产成本。在 500~2000 lx 范围内，光照强度越强，效果越好；光照不充气培养好于充气培养。

（5）温度

光合细菌对温度适应范围较广，在 10~40℃均能生长，最适 25~28℃。

（6）氧气

光合细菌在光照条件下生长时，微氧条件相对缺氧时生长快，菌体的营养成分相对较高，其通气量在 0.2~0.5 m³/(m³·min)。种子在玻璃瓶培养时，采用棉签封口，并摇晃数次即可。

4.4.1.3　光合细菌生产技术

（1）培养基配制

一般来说，种子培养基要采用蒸馏水配制并进行无菌操作和灭菌，生产时的培养基可用自来水配制，不需灭菌。在配置时应该控制各元素成分的添加量，各成分要分别溶解，以免发生沉淀。

（2）接种

菌种的质量是接种后能否迅速生长的关键因素之一，种子培养时间过短、菌种浓度低都不利于生长。培养时间过长，菌种老化，接种后易发生菌体自溶，导致生长缓慢甚至死亡。菌种培养时间依菌种而定，以颜色鲜红、菌体悬浮均匀、不出现菌体沉淀的菌液作为接种物。接种量是培养成败的另一关键因素，在菌种繁殖中接种量为 2%~8%，生产过程中培养基不灭菌，为保证光合细菌生长优势，抑制杂菌生长，接种量以 10%~15% 为宜。

（3）培养装置

培养装置要求具有良好的透光性。种子培养可在玻璃瓶中进行，生产装置可利用玻璃、塑料大瓶、桶或塑料袋等；工业规模的则可采用管道生物反应器和光合培养池。

（4）培养工艺流程

斜面原始种子→斜面活化种子→液体一级种子→液体二级种子→一级生产装置→二级生产装置→成品。

4.4.1.4 光合细菌制剂的作用

光合细菌制剂属营养保健类饲料添加剂，其营养保健作用主要表现在以下4个方面：

(1)平衡消化系统微生态环境

正常情况下，饲养动物胃肠道内大量有益菌群作为一个统一整体存在，彼此之间相互依存、相互制约、优势互补，既起着消化、营养的生理作用，还能抑制病原菌等有害菌的侵入和繁殖，从而发挥其预防感染的保健作用。当饲养动物受到饲料更换、断奶、运输、疾病及抗菌药物长期大量使用等应激作用时，会引起消化道内有益菌群平衡的破坏而产生病态。光合细菌制剂随饲料、饮水进入消化道后，其在消化道定植、增殖，建立有益的优势菌群，可使破坏了的微生态环境得以恢复。

(2)增加营养，帮助消化

光合细菌制剂可产生蛋白酶、淀粉酶、脂肪酶、纤维素分解酶、果胶酶、植酸酶等，促进饲料的消化吸收，提高饲料利用率；合成B族维生素、维生素K、类胡萝卜素、生物活性物质辅酶Q及某些促生长因子而参与物质代谢，促进饲养动物生长。这不仅能起到很好的营养作用，而且对预防矿物质、维生素、蛋白质代谢障碍等营养代谢病的发生，提高畜产品的产量和品质极为重要。

(3)抑制杂菌，保障健康

光合细菌在饲养动物肠道黏膜大量定植和增殖，使病原菌等有害菌无立足之地。与此同时，光合细菌产生的抗病毒物质等，都对病原微生物有抑制作用。也就是说，这些有益菌及其代谢不仅使病原菌难以在消化道定植，即使定植也难以繁衍生存，从而起到预防感染的保健作用。实践证明，光合细菌制剂对大肠埃希菌、沙门菌等多种病原微生物的感染均有很好的防治作用。

(4)减少肠道有害产物和圈舍臭味

圈舍里的臭味主要由氨、硫化氢、吲哚、尸胺、腐胺、组胺、酚等有害物质而产生。这些都是大肠埃希菌使蛋白质腐败分解所致。光合细菌可提高蛋白质的消化吸收率，并将肠道中的非蛋白氮合成氨基酸、蛋白质供动物利用。与此同时，它还可产生分解硫化氢的酶类，从而抑制大肠埃希菌等有害菌的腐败作用，降低粪便中的氨、硫化氢等有害气体的浓度，使臭味等有害物质减少，从而起到保护养殖环境、减少饲养动物呼吸道和眼病的发生等功效。与此同时，光合细菌制剂对饲料内某些毒素和抗营养因子还有一定的降解和去毒作用。

4.4.1.5 光合细菌应用中存在的问题与展望

光合细菌在应用过程中的首要问题就是菌体的大量培养和菌液的浓缩保存，光合细菌大规模培养是制约其应用的瓶颈问题。国内有的科研部门采用厌氧发酵罐进行高密度培养已获得成功，但是生产成本比较高，国内有的实验室正在研究采用半开放式培养光合细菌，这种方法则具有菌液浓度高、设备简单、生产周期短和成本低的特点，希望能进一步在生产中大规模应用。市场上销售的水产用光合细菌大多是菌体和培养基的液态混合物，不利于产品的运输和保存，有效成分含量较低，产品中带有残余培养基，其中某些化学物质或代谢废物可能对养殖生物的生长造成影响。可见光合细菌的产品质量亟待提高。利用光合细菌处理有机废水是近期潜力较大的研究领域，废水成分很复杂，利用单一的菌株难以达到废水处理的要求，因此，在菌株的分离和混合菌株综合利用方面还有待进一步研究。虽然光合细菌的研究和应用还存在一些不足，但随着科技的发展，其将在提高畜禽养殖成效、降低畜禽粪便的处理成本和解决畜禽养殖环境污染问题等方面具有十分广阔的应用前景。

4.4.2　藻类饲料

藻类(algae)是以天然无机物为培养基，以二氧化碳为碳源，氨等为氮源，通过光合作用进行繁殖的一类单细胞或多细胞生物。藻类的蛋白质含量很高，氨基酸组成良好，并含有丰富的叶绿素等。藻类饲料有效地解决了我国饲料工业中存在的蛋白质含量严重不足的问题。藻类生长速率快、产量高、生产成本相对较低，且能净化环境，是一种很有前途的蛋白质饲料。

4.4.2.1　常用作饲料的藻类

藻类是单细胞或多细胞生物，没有根、茎、叶分化，属低等生物。某些藻类的细胞壁为纤维素或果胶质，有的藻类能进行光合作用。它们主要生长在水中，也有的生长在陆地上或土壤中。

可用于饲料行业的藻类种类有很多，包括大型藻类和微藻。目前，常用作饲料的大型藻类主要有海带(*Laminaria japonica*)、裙带菜(*Undaria pinnatifida*)、坛紫菜(*Porphyra haihanensis*)等。这些大型藻类饲料主要作为水产动物(如鲍鱼、海参等)的饲料。就微藻而言，目前能规模化培养并应用于畜禽、水产动物养殖生产实践的饵料微藻有绿藻门、硅藻门、金藻门、黄藻门和蓝藻门等。其中小球藻(*Chorella vulgaris*)和螺旋藻(*Spimlina maxima*)是应用最广和研究最多的两种常用微藻。小球藻生长于酸性环境，细胞很小，氨基酸含量丰富，产量高，繁殖容易。螺旋藻属于蓝藻类，生于盐碱培养基，通过碳酸盐和碳酸氢盐同化二氧化碳，素有"最理想的高蛋白源"美誉。大螺旋藻的细胞呈短圆筒形，沿着长轴以螺旋状排列成为丝状体，聚集成较大的绒毛状团块，以无性方式繁殖，有 30 余个种，在生产饲料细胞蛋白上有重要价值的是极大螺旋藻(*S. maxxima*)和钝顶螺旋藻(*S. platensis*)。随着螺旋藻规模化养殖技术的不断更新而推动螺旋藻产业在中国的迅速发展，使螺旋藻作为优质饲料蛋白源和饲料添加剂在动物饲养上的广泛应用成为可能。

4.4.2.2　藻类的营养成分和价值

(1)藻类的营养成分

藻类粉无毒，蛋白质含量高，质量好，营养价值近似于肉粉，富含碘、磷、钾、钠和镁等矿物质，维生素含量丰富。每千克螺旋藻中含 β-胡萝卜素 1700 mg、维生素 B_{12} 1.6 mg、泛酸钙 11 mg、叶酸 0.5 mg、肌醇 350 mg、烟酸 118 mg、维生素 B_6 3 mg、维生素 B_2 40 mg、维生素 B_1 55 mg、维生素 E 190 mg。每千克螺旋藻含钙 1050~4000 mg、磷 7617~8940 mg、钾 13 305~15 400 mg。藻类还含有多种生物活性物质。小球藻中叶绿素含量 4%~6%。淡水藻类的主要营养成分见表4-3。

表 4-3　淡水藻类的一般成分

藻类名称	干物质(%)	占干物质的百分比(%)						
		粗蛋白	粗纤维	灰分	醚浸出物	无氮浸出物	钙	磷
小球藻菌	95.5	44.8	8.7	14.2	8.3	24.0	—	—
大螺旋藻粉	90.0	65.6	—	—	2.8	—	—	—
斜生栅藻粉	94.0	56.4	6.9	8.5	13.8	14.4	1.70	1.87
混合藻粉	—	53.1	4.7	14.2	6.8	21.2	1.90	2.20

(2)藻类的营养价值

藻类种类繁多,其细胞中含有丰富的氨基酸、脂肪酸、藻多糖、维生素、矿物质及微量元素等高价值的营养成分,同时还含有多种生物活性物质和抗菌、抗病毒物质(如甘露醇、核苷类、萜类、大环内酯、生物碱等)。藻类体内所含的各种可利用成分的种类及含量随藻类种类、收获时节及养殖环境的不同而有所变化。研究表明,藻类作为一种新型绿色饲料添加剂能够有效改善饲料的营养结构,提高饲料利用率,改善动物产品质量,提高动物的抗病和抗应激能力等,应用前景广阔。

成品藻类营养丰富,蛋白含量较高,必需氨基酸种类齐全。其细胞蛋白的营养价值虽不及动物性蛋白,但优于植物性蛋白。藻类细胞蛋白经自然干燥、喷雾干燥、真空干燥或冻干干燥可改善消化性,但最好的处理方法是滚筒干燥或煮沸 6~8 min,可实现70%~85%的消化率。藻类带有不易除掉的苦味,颜色较暗,入食藻后可能引起胃肠紊乱,包括恶心、呕吐等。藻含核酸4%~6%,虽较酵母和细菌细胞蛋白的核酸低,但能引起肾结石和痛风。

4.4.2.3　藻类的培养方式

(1)封闭式培养

封闭式培养是把培养液密封在透明的容器中与外界完全隔离,不使外界杂藻、菌类及其他有机物混入培养物中。培养容器多为透明有机玻璃制成的管道,水平、直立或斜立于地上,暴露在阳光或人工光照下。封闭式培养所需设备包括培养槽、气体交换塔和控制系统 3 部分,用于通气、搅拌、输送培养液及调节水温和取样等的设备,也都要与外界隔离。这种培养方式的特点是容易控制,产量稳定,但成本高。

目前国内采用塑料袋或玻璃柱培养,效果很好。这样培养藻类的方法具有简单、成本较低、培养的藻类细胞密度大、不易被污染、生产周期短等优点。

(2)开放式培养

将藻类培养于敞开的容器(如水泥池、管道、木盆等)中。二氧化碳采用人工输入或依靠与空气的自然交换,如玻璃钢水槽、水泥培养池、广口玻璃缸等。开放式培养设备较简便,可进行少量或大面积的培养。该法培养物中易发生敌害生物污染,但成本低,目前使用较普遍,是今后藻类培养所应采取的方式。

(3)日常管理操作

①搅拌对藻类的生长繁殖是必要的,搅拌的作用有 3 个:第一,通过搅拌增加水和空

气的接触面，使空气中的二氧化碳溶解到培养液中，以补充由于藻类细胞的光合作用对二氧化碳的消耗；第二，帮助沉淀的藻类细胞上浮而获得光照，使藻类细胞均匀分布，均匀受光；第三，防止水表面产生菌膜。

②光照对培养藻类的生长影响很大。一般来讲，所有的藻类都不能忍受强烈的直射阳光，如利用太阳光源培养，必须根据天气情况调节光照的强弱，力求光照强度尽可能适合于培养藻类的要求。一般在室内培养，可放在近窗口的地方，防止强直射光照射，否则，藻类细胞很快即发生沉淀。因为强的太阳直射光会将原生质和色素体破坏。如果强直射光照射时间短，产生沉淀的藻类细胞仍能恢复生长。但直射光照射时间较长，藻类细胞会死亡。雨天光线较弱，需增加人工光源。

③调节温度，尽可能使温度适合藻类的生长，每一种藻类都有其适应温度范围和最适温度范围。根据养殖场自身的条件，采取必要的通风降温和保暖增温的措施使藻类获得最佳的生长环境温度。

④ pH 值过高或过低都会对藻类细胞的生长繁殖产生影响，密切注意藻液酸碱度的变化，根据藻类特性用 HCl 或 NaOH 调节藻液 pH 值使其正常生长繁殖。

4.4.2.4　藻类在饲料应用中存在的问题

随着人们对藻类系统深入地研究，其在畜禽饲料的开发利用方面前景广阔。但其应用仍存在许多问题亟待解决，如藻类的蛋白质含量较高，在推广应用中不能只关注其粗蛋白含量，还需关注其氨基酸组成和可消化性；藻类对重金属离子的吸附能力较强，且较难消化，添加量过高会对动物的生理机能造成损害，进而损害其免疫性能；现阶段规模化培养微藻的成本高于常规饲料蛋白源，这限制了其在养殖饲料业的应用，需进一步筛选优化藻种，获得一些能在天然水体甚至海洋里养殖的螺旋藻藻株，进一步降低成本。另外，藻类的营养成分主要受生长环境的影响，产品的稳定性较难保证，质量标准需明确。我国为了切实加强饲料添加剂管理，保障饲料和饲料添加剂产品质量安全，促进饲料工业和养殖业持续健康发展，微生物饲料必须符合 2017 年修订的新版《饲料卫生标准》（GB 13078—2017）和 2018 年施行的《饲料添加剂安全使用规范》的要求。这必将推动我国饲料产业健康可持续发展。

复习思考题

1. 简述青贮发酵过程的主要微生物类群及其作用。
2. 什么是菌体蛋白？生产菌体蛋白的微生物有哪些？为什么常常用酵母菌生产饲料蛋白？
3. 什么是益生菌剂？试述益生菌剂的种类及其作用。
4. 阐述乳酸菌制剂的菌种特点及其作用机制。
5. 什么是益生元？益生元的作用机理是什么？

第 5 章

食用菌栽培技术

【**本章提要**】介绍了食用菌的应用价值、食用菌类型、生长条件、菌种制备过程及技术，食用菌保鲜、加工及菌糠综合利用技术，详细介绍了平菇、双孢蘑菇的生物学特性、栽培技术。

5.1 食用菌概述

5.1.1 食用菌的定义

食用菌指可供食用的一些大型丝状真菌，具体地说食用菌是可供食用的蕈菌。蕈菌是指能形成大型的肉质(或胶质)子实体或菌核类组织并能供人们食用或药用的一类大型真菌。主要包括担子菌纲和子囊菌纲，大约有90%的食用菌属于担子菌。常见的品种主要包括双孢蘑菇、草菇、香菇、平菇(侧耳)、金针菇、滑菇、木耳、银耳、竹荪以及作为药用的猴头、灵芝、茯苓、猪苓等。大自然中蕴藏多种丰富的食用菌资源。全世界有2000多种食用菌，我国已报道近900种，其中有50多种是美味食用菌，近70种可人工栽培，有20种已形成大规模商业性产业化生产。

食用菌营养丰富、味道鲜美、质地脆嫩，是一种高蛋白、低脂肪，富含维生素、多种酶类、无机盐和各种多糖体的高级食品，具有较高的食用价值和药用价值，是公认的健康食品和保健食品。

5.1.2 食用菌的价值

(1)食用价值

食用菌富含多种营养物质，特别是含有丰富的蛋白质(占干重的30%~35%)和氨基酸，含有组成蛋白质的18种氨基酸和人体所必需的8种氨基酸，其含量是一般蔬菜和水果的几倍到几十倍，并且富含谷物食品中含量较少的赖氨酸。因此，食用菌是蛋白质和必需氨基酸的很好来源，也是人们日常膳食结构中实现营养互补的优良食品。

食用菌脂肪含量极低，仅为干品重的0.6%~3.0%，是很好的高蛋白、低热量食物。

食用菌的脂肪成分主要为不饱和脂肪酸，多在80%以上。不饱和脂肪酸种类繁多，对人类身体健康有一定的保健作用，其中的油酸、亚油酸、亚麻酸等可有效清除人体血液中的垃圾，延缓衰老，还有降低胆固醇含量和血液黏稠度，预防高血压、动脉粥样硬化和脑血栓等心脑血管系统疾病的作用。

食用菌含有丰富的维生素，所含的维生素 B_1、维生素 B_{12} 都高于肉类，其中草菇的维生素含量为辣椒的 1.2~2.8 倍，是柚、橙的 2~5 倍；香菇的维生素 D 原含量是紫菜的 8 倍，甘薯的 7 倍，大豆的 21 倍，维生素 D 原经紫外线照射可转化为维生素 D，促进人体对钙的吸收。多食食用菌可预防人的口角炎、败血症、佝偻病等疾病的发生。

食用菌还富含多种矿质元素，如磷、钾、钠、钙、铁、锌、镁、锰等及其他一些微量元素。银耳含有较多的磷，有助于恢复和提高大脑功能；香菇、木耳含铁量高；香菇的灰分元素中钾含量为64%，是碱性食物中的高级食品，可中和肉类食品产生的酸。

科学家从营养学角度对食用菌给予了很高的评价，认为菇类集中了食品的一切良好特性，其营养价值达到了植物性食品的顶峰，并被推荐为世界十大健康食品之一。

（2）药用价值

我国利用食用菌作为药物已有 2000 多年历史。《神农本草经》及以后历代本草学著作中，记载有灵芝、茯苓、猪苓、雷丸、马勃、冬虫夏草和木耳等菌类。经历了千百年病疗实践的考验，至今仍在广泛应用。随着医疗卫生事业的发展和进步，大型真菌的药用价值已日益受到重视，在我国已发掘的就有 100 多种，现已正式入药应用的有 23 种，主要归属于子囊菌亚门和担子菌亚门 2 类。其药效成分、药用性能及种类如下：

①抗癌菌类药的应用。食用菌的防癌和抗癌作用，主要是来自菌体内的有效成分(多糖、多糖衍生物、蛋白质和核酸等)，它们能增强机体综合免疫水平，间接杀伤或抑制癌细胞的扩展，含多糖的菌类很多，如灵芝、猴头、银耳、香菇、猪苓等。香菇中含有 1，3-β-葡萄糖苷酶等多糖抗癌物质，它能提高人体免疫系统的功能，是目前所知的最强的辅助性 T 淋巴细胞的刺激剂，它能刺激抗体形成活化巨噬细胞，从而可抑制癌细胞的生长。现已发现香菇、金针菇、滑菇和松茸的抗肿瘤活性分别达 80.7%、81.1%、86.5% 和 91.8%。由于香菇抗癌作用显著，又能降低血脂，调节血压，防治心血管疾患和病毒感染性疾病，它所含的营养成分丰富而均衡，有利于人体健康，是一种不可多得的抗癌防老佳品。

②降血脂和防治冠心病作用。食用菌含有各种不饱和脂肪酸、有机酸、核酸和多糖类物质。医学研究表明，长期食用香菇、平菇、金针菇等食用菌，可以降低人体血清中胆固醇的含量；木耳和毛木耳含有破坏血小板凝聚的物质，可以抑制血栓的形成；凤尾菇通过降低肾小球滤速发挥降低血压的作用，对肾型高血压有较好的食疗效果；灵芝可有效降低血液的黏稠度。因此，食用菌是各种心脑血管疾病患者的理想疗效食品。

③其他药用作用。双孢蘑菇的酪氨酸酶可降低血压，核苷酸可治疗肝炎，核酸有抗病毒的功能；黑木耳有润肺清肠和消化纤维的作用，是纺织工人的保健食品，还有通便治痔的作用；草菇富含维生素 C，能防止贫血症发生和提高抗病能力；香菇含有的干扰素诱导物质具有抗流感病毒的作用；鸡腿菇和蛹虫草具有降血糖的作用；双孢蘑菇和虎皮香菇具有清热解表的作用；猴头菌素具有医治消化系统疾病的作用；蜜环菌具有镇静安神的作

用；灵芝、金耳、银耳具有润肺止咳化痰的作用，灵芝具有利尿祛风湿的作用等。

总之，食用菌既是保健食品，又是药物资源。

5.1.3 食用菌生产在生态农业中的地位

人工栽培的食用菌是腐生性真菌。发展食用菌产业，能把人们不能利用的纤维素、木质素等转化为高营养的食品或保健品，是变废为宝、充分利用蛋白质资源的有效途径。例如，年产约 23.53×10^8 t 的农作物秸秆，人们和动物食用的蛋白质和碳水化合物只占其10%，其余都以纤维素等形式存在于自然界，若以每亩稻田产稻草 500 kg 计，用稻草栽培平菇可产 250 kg(中等产量水平)，相当于 5 kg 蛋白质，这约为 70 kg 大米的蛋白质含量，而其蛋白质的品质是大米所不及的。若以 1 hm² 地建相应设施生产双孢蘑菇，一年内可生产 22 t 高营养的可消化蛋白质。这是任何作物不可比拟的，并且这样的设施可建在非耕地上。

实践证明，栽培食用菌后的菌渣是畜牧业的好饲料。据对醋糟及其菌渣营养分析表明，粗纤维的含量由种菇前的29.52%降低到24.10%，而粗蛋白的含量由原来的10.93%提高到14.15%。且菌渣的氨基酸种类齐全，其含量比种菇前提高了1倍以上，尤其含有多种畜禽体内不能合成、一般饲料中又缺乏的必需氨基酸。

发展食用菌产业，对于改善人们食物结构，增强人的体质，变废为宝，开发蛋白质资源等方面有着重大的现实意义和深远的历史意义。

5.1.4 食用菌的营养类型

食用菌属于异养生物，它自身不能制造养料，只能不断从基质中吸取营养物质，才能进行生长、发育和繁殖。其营养方式主要有以下4种类型：

(1)腐生性

这类食用菌所需的营养都是从死的有机体中获得，是大部分食用菌的营养类型。人工栽培的食用菌绝大多数营腐生生活，如双孢蘑菇、香菇、平菇、木耳、金针菇、灵芝等。

(2)共生性

有些食用菌不能独立在枯枝、腐木上生长，必须和其他生物形成相互依赖的共生关系。菌根菌是真菌与高等植物共生的代表，大多数森林蘑菇为菌根菌。常见的菌根菌有松口蘑、松乳菇、大红菇、美味牛肝菌等。菌根菌中有不少优良食用种类，但目前还不能进行人工栽培，开发潜力很大。

(3)寄生性

是指寄生在活的寄主上，从活的寄主细胞中吸取养分的食用菌，如冬虫夏草。

(4)兼性寄生

这类食用菌既可腐生，又可寄生。它们的适应范围极广，表现的生活方式也多样，如蜜环菌既可在枯木上腐生，又可在活树桩上寄生，还可与天麻共生。

5.1.5 食用菌生长的环境条件

食用菌的生长发育不但需要适当的营养，而且与其所处的生态环境因素密切相关。影响食用菌生长发育的环境条件主要有温度、水分和湿度、空气、酸碱度（pH 值）、光照等。

5.1.5.1　温度

温度是影响食用菌生长发育和自然分布的重要因素之一。在人工栽培中，温度直接影响各个生长阶段的进程，决定生产周期的长短，也是食用菌产品质量和产量决定性因素之一。不同种类的食用菌或同一种食用菌的不同品系及不同的生长发育阶段，对温度的要求不尽相同（表 5-1）。

表 5-1　几种食用菌对温度的要求　　　　　　　　℃

食用菌种类	菌丝体生长温度		子实体分化与发育温度	
	生长温度	最适温度	子实体分化温度	子实体发育温度
双孢蘑菇	3~32	24~25	12~16	9~22
大肥菇	3~35	28~30	20~25	18~25
金针菇	3~34	22~26	12~15	8~14
凤尾菇	15~36	24~27	20~24	8~32
平菇	7~37	26~28	7~22	13~17
香菇	5~35	22~26	7~21	5~25
草菇	15~45	32	22~30	28~38
滑菇	5~32	24~26	5~20	7~10
黑木耳	12~35	22~28	20~24	20~27
银耳	5~38	25	18~26	20~24
猴头	12~33	21~25	12~24	15~22

（1）菌丝生长阶段

在菌丝体阶段，根据菌丝对温度的要求，可将食用菌分为 3 大温型：

①低温型。菌丝生长极限温度为 30~32℃，最适温度为 21~24℃，如金针菇、滑菇。

②中温型。菌丝生长极限温度为 35℃，最适温度为 25~26℃，如香菇。

③高温型。菌丝生长极限温度为 45℃，最适温度为 32~35℃，如草菇。

食用菌的菌丝较耐低温，不耐高温。一般在 0℃ 左右不会死亡。如口蘑菌丝体在自然界可耐 -13.3℃ 的低温，香菇菌丝在菇木内遇到 -20℃ 的低温仍不会死亡。但食用菌一般不耐高温，如香菇菌丝在 40℃ 下经 4 h，42℃ 下经 2 h，45℃ 下经 40 min 就会死亡。其他食用菌的致死温度均在 45℃ 以内，然而草菇例外，它在 40℃ 温度下可以旺盛生长，但不耐低温，菌丝在 5℃ 以下很快死亡。

（2）子实体发育阶段

食用菌在菌丝生长、子实体分化及发育 3 个阶段中，对温度的要求各不相同。一般菌丝体生长阶段所需温度较高，子实体分化时期所需温度较低，子实体发育所需温度介于二者之间。按照原基分化时对温度的要求可将食用菌分为 3 种类型：

①低温型。子实体分化最高温度在 24℃ 以下，最适温度为 20℃ 以下，如香菇、金针菇、双孢蘑菇、平菇、猴头菇等，通常在秋末至春初产生子实体。

②中温型。子实体分化最高温度在28℃以下，最适温度22~24℃。如木耳、银耳、大肥菇等，多在春、秋季产生子实体。

③高温型。子实体分化最高温度在30℃以上，最适温度在24℃以上。如草菇、长根菇等，此类食用菌大多在盛夏产生子实体。

5.1.5.2　水分和湿度

水分指的是食用菌生长基质的含水量；湿度指食用菌生长环境中的空气相对湿度。

(1)菌丝体生长阶段对水分的要求

人工栽培的食用菌，其营养菌丝阶段所需的水分主要来自培养基。为促进菌丝在基质中快速萌发、健壮生长，播前控制好培养料中的含水量十分重要。段木栽培食用菌，其含水量以35%~45%为宜；代料栽培原料的含水量以60%~65%为宜。菌丝体阶段空气相对湿度维持在60%左右为宜。

(2)子实体发育对水分和湿度的要求

食用菌子实体含水量一般为菇体质量的85%~93%。其水分绝大多数是从基质中获得，只有培养料水分含量充足时，才能形成子实体。

食用菌子实体发育对空气相对湿度的要求随种类和发育阶段而有差异。一般适宜的空气相对湿度为85%~95%。

5.1.5.3　空气

食用菌为好氧菌。在其新陈代谢中均以有机物作为呼吸底物。同其他生物一样，需要吸入氧气，排出二氧化碳，同时放出能量。栽培食用菌必须通入一定的新鲜空气，才能保证其优质稳产。一般不同发育阶段需氧量大小不同，生殖生长阶段需氧量大于营养菌丝阶段需氧量。

(1)菌丝生长阶段

氧的正常供应对菌丝生长是必需条件，不同菌类在营养菌丝阶段需氧量存在着差异。在通气不良情况下，大多数食用菌菌丝生长受到严重抑制，表现出菌体生活力下降、生长缓慢、菌丝体稀疏等症状。

菌丝生长阶段不仅需要氧气供应充足，同时对高浓度的二氧化碳反应敏感，而且不同的食用菌对二氧化碳的耐受力也不同。例如，双孢蘑菇菌丝体在10%的二氧化碳浓度下，其生长量只有在正常通气情况下的40%，二氧化碳浓度越高，产量越低。

(2)子实体发育阶段

食用菌种类不同，需氧量也不同，根据氧对子实体发育的影响，可将食用菌分为两类：一类是对二氧化碳敏感菌类，如双孢蘑菇、灵芝、香菇、木耳等；另一类是对二氧化碳小敏感菌类，如金针菇、平菇等。一般子实体阶段比菌丝体生长期对二氧化碳的耐力低。据调查，在人防工事中栽培平菇，如洞中二氧化碳浓度在1000 mg/L以下时子实体尚可正常形成；当空气中二氧化碳浓度超过1300 mg/L时，就会出现畸形菇。因此，为了满足子实体对氧气的需要，原基形成后，要加强通风换气，并要随子实体的长大而加大通风换气量。一方面可排除过多的二氧化碳和其他代谢废气；另一方面还可调节空气的相对湿度，减少病菌滋生。

5.1.5.4　酸碱度

酸碱度指培养基质的酸碱性。大多数的食用菌喜欢偏酸性环境，适宜菌丝生长的 pH 值在 3.0~8.0，最适 pH 值为 5.0~5.5。但不同种类的食用菌对 pH 值有不同的要求(表 5-2)。一般木腐菌类、共生菌类及寄生菌类大都喜欢在偏酸的环境中生长；粪草类食用菌喜欢在偏碱性的基质中生长。

表 5-2　几种食用菌对 pH 值的要求

菌类	适宜 pH 值	最适 pH 值	菌类	适宜 pH 值	最适 pH 值
双孢蘑菇	5.5~8.5	6.8~7.0	凤尾菇	5.8~8.0	5.8~6.2
香菇	3.0~7.0	4.5~6.0	银耳	5.2~6.8	5.4~5.6
草菇	4.0~8.0	6.8~7.2	黑木耳	4.0~7.0	5.5~6.5
金针菇	3.0~8.4	4.2~7.0	毛木耳	4.0~8.0	5.0~6.5
滑菇	3.0~8.0	4.0~5.0	猴头菌	2.4~5.4	4.0
平菇	3.0~7.2	5.5	茯苓	3.0~7.0	4.0~6.0

5.1.5.5　光照

食用菌与光有密切关系。

(1)光照与孢子产生和萌发

除双孢蘑菇可以在黑暗条件下产生孢子外，多数食用菌必须在有光的条件下才能形成孢子和散发孢子。多数食用菌孢子的萌发，对光线要求不严，如香菇、平菇、金针菇、木耳等，在明或暗的条件下，孢子均能萌发，但光线对双孢蘑菇和裂褶菌的孢子萌发有抑制作用。

(2)光与菌丝体生长

食用菌菌丝体生长阶段不需要光，光对营养菌丝生长甚至是一种抑制因素。因此，菌种培养室应在通风的前提下，保持黑暗。最好以红灯作为安全工作灯，因红光不易诱发子实体的形成，对菌丝生长无影响。

(3)光与子实体原基分化和发育

除了在无光条件下能完成整个生活史的菌类(茯苓、大肥菇)以外，一般地说，食用菌在子实体分化和发育阶段都需要一定的散射光。如香菇、滑菇等在黑暗的条件下，不能分化出子实体原基。平菇在黑暗条件下虽然形成原基，但原基不能发育成子实体。而金针菇却是例外，它在暗光条件下能形成柄长、盖小、色白的优质菇。

光照对子实体的形态、品质和色泽等也有很大影响。不同的光强度和光质可显著地改变菌柄的长度和菌盖形状。光照不足时草菇呈灰白色，黑木耳的色泽也会变淡，耳片薄而软，黑木耳只有在光强为 250~1000 lx 时，才会出现正常的红褐色、耳片厚、质嫩而具弹性的子实体。因此，子实体发育需要光照的食用菌不可栽置在完全黑暗的菇房内，必须有一定的光照。

5.2 食用菌菌种生产

食用菌生产通常采用固体菌种，固体菌种有母种、原种和栽培种之分。从自然界首次分离出来的纯菌丝体称母种。把母种接入粪草、棉籽壳、木屑等固体培养基上，所培育出来的菌种称原种。将原种再接入同原种培养基相同或类似的基质上，进行扩大繁殖培养的菌种称为栽培种。

5.2.1 菌种分级

(1)母种(一级种)

指用于繁殖培养的食用菌出发菌株。母种的来源可以是自己通过选育并经试验证明有使用价值的菌株，也可以是引进的并经试验证实有使用价值的菌株。作为生产上使用的菌株，不管是何种来源都要经过严格的栽培试验，掌握菌株的基本生物学特性后方可投入大面积使用。对于引进的菌株在编号上要忠于原始编号，不可乱改编号。

(2)原种(二级种)

原种是由母种扩大培养而成的菌种。这一级菌种是为了加快食用菌繁殖速度，满足大面积栽培时生产栽培种的需要而设置的。通过这一过程，检验母种菌丝在不同基质上的适应性。原种使用的基质通常与栽培基质相同或相似，原种繁殖培养过程也是生理驯化过程。在培养时应当认真检查菌丝的纯培养程度和菌丝的长势，保持纯种培养。原种制作所用容器要求使用透明度好的玻璃瓶。

(3)栽培种(三级种)

指直接用于生产栽培的菌种，多由原种扩大培养而成，常以菌瓶或菌袋作为容器。食用菌之所以需要母种、原种、栽培种3个连续的制种过程，就是为了纯菌丝体的扩大繁殖，如通常1支母种试管可转10瓶原种，每瓶原种可转50~60瓶栽培种，且随着菌种的逐级扩大繁殖，不仅菌种数量增多，而且菌丝体变得更加粗壮，分解基质能力也增强。

5.2.2 制种设施

菌种生产是食用菌生产的基础，建立合理的菌种生产厂房是生产优质菌种的基本保证。厂房应按照洗涤、配制原料、蒸汽灭菌、分离或接种、菌丝培养的程序合理安排布局，使其就近操作，形成一条流水作业的生产线，以提高工效和保证菌种质量。有条件的地方还应建造供分析化验的实验室、成品贮存室及原料库等。建造时接种室应远离出菇试验室和原料贮存室。

(1)接种设备及接种用具

①接种室。接种室又名无菌室。接种室的面积不宜过大，太大不利于消毒，太小操作不便。一般接种室面积多为6 m²，高2.0~2.2 m。菌种生产量大也可适当扩大其面积。接种室由缓冲间和接种间两部分组成，缓冲间面积约占接种室面积的1/3，并应备有专用的摆放衣、帽、鞋、口罩及盛有来苏儿等消毒液的搪瓷盆等的架或钩，有条件时缓冲间最好安装紫外线灯1支。缓冲间和接种间要有天花板的顶棚，两道门都采用推拉门，以免空气

流动大，引起杂菌污染。接种间的墙壁、顶棚与地面都要刷油漆，使室内光滑便于消毒。如在油漆上贴一层锡箔能强烈反射紫外线，杀菌效果更好。接种室内工作台上方安装40 W 日光灯和 30 W 紫外线灯各 1 支。在接种间的门口顶棚上装一通气孔，以便空气流通，工作舒适。通气孔的直径为 15~20 cm，用 8~12 层纱布盖住，消毒时盖上盖板，接种时去板适量通气。有条件的话可安装通入过滤空气的通风机械设施。接种间的两侧设有摆放菌种的木架。

②接种箱(无菌箱)。接种箱是由玻璃和三合板制成，分单人、双人操作两种，农村专业户较适宜用接种箱。设计要求：长 143 cm，宽 86 cm，高 159 cm，箱的上层和两侧安装玻璃，能灵活开闭，以便观察和操作，箱的两侧各留两个直径为 15 cm 的孔口，孔口上装有 40 cm 长的布套袖，双手伸入箱内接种时，布套袖的松紧带套住手腕外，以防外界空气中的杂菌进入；箱的内外均用油漆涂刷，箱内要装有紫外线灯和日光灯各 1 支；消毒时把手孔用推拉板挡住或用报纸把孔口糊住，以利封闭严密，消毒彻底。

③超净工作台。超净工作台是一种局部层流(平行流)装置，能在工作台局部形成高洁净度的工作环境。它是由工作台、过滤器、风机、静压箱和支承体等构成。室内的风经过滤器送入风机，由风机加压送入静压箱，再经高效过滤器除尘，洁净后通过均压层，以层流状态均匀垂直向下进入操作区，由于空气没有涡流，故任何一点灰尘或附着在灰尘上的细菌都能就地被排除，不易向别处扩散转移。因此，使用前开动机器 30 min 可使操作区保持既无尘又无菌的环境，且接种分离易成功，操作方便，尤其是高温季节，可使接种人员感到凉爽舒畅。

④接种工具。接种工具是用来分离和移接菌种的专用工具，式样很多。主要是接种针，用于斜面试管和原种的转接，多用钯形、钩形两种，接种银耳芽孢可用环形，针头和针体部分一般用直径为 0.6~0.8 mm 的电炉丝、钢丝或铂金丝制作。用于接栽培种的工具有接种镊(长 25 cm)，接种铲、接种匙、接钩和特制的木屑接种器等。此外，还有分离菌种用的手术刀、小刀、剪刀、锤头、乳胶手套等用品。

(2)菌种培养设备

①恒温培养箱。用于培养斜面菌种和少量原种，在 20~40℃一般为专业厂家生产。也可自制，用三合板制夹层木箱，夹层内填放棉花保温，外壳也可用砖与水泥砌成，加热方式可以安装红外灯泡，也可用炉丝，但要做好绝缘，不得漏电。外接 10 A 控温仪即成。

②菌种培养室。菌种培养室的大小可根据制种规模的大小而定，但不宜过大，太大不易保温管理，若生产量大可多建几间培养室。培养室可装电炉或电热丝加热，或用煤和木柴加温。但不宜在室内直接生火，应通过火道或火墙加温，即间接加温，室内设置床架，用以放置菌种瓶或袋，床架可用木制，也可用钢材或其他材料制作。床架宽度 1.0~1.5 m，4~6 层，层间距 40 cm。

(3)灭菌设备

这里专指用于培养基和其他物品消毒灭菌的蒸汽灭菌锅。由于食用菌生产的各种原料经过配料后，多数需要入锅灭菌。因此，它是食用菌制种或是栽培中不可缺少的设备。其大小决定着生产规模，即生产规模大，所需蒸汽灭菌锅的容量就大。除了专业厂家生产的高压蒸汽灭菌锅之外，近年来不少食用菌专业户就地取材，因陋就简，设计建造出了各种各样的常压灭菌灶，同样收到了良好的灭菌效果。

①高压蒸汽灭菌锅。常用的有手提式、直立式和卧式3种类型。

手提式高压灭菌锅：主要用于母种试管斜面培养基，部分原种培养基、无菌水等的灭菌，容量较小，约14 L，一次可容纳18 mm×180 mm的试管100支或500 g菌种瓶14只。

立式高压灭菌锅：这种高压锅的容量较前者大，一次可容纳500 g的菌种瓶60只，主要用于原种、栽培种培养基的灭菌。

卧式高压灭菌锅：该种灭菌锅的特点是容量大，一次可容纳菌种瓶500~1000只，主要用于栽培种或栽培料的灭菌。以上3种高压锅其热源有电、煤或蒸汽。

②常压蒸汽灭菌灶。常压灭菌灶的类型很多，有立方形的，也有圆柱形的，它们多用砖和水泥砌成，现介绍一种自制的简易灭菌桶。取旧汽油桶一个（里面的残渣要清洗干净），先砖砌比桶高长10 cm、比桶径宽10 cm的炉台，用粗16 mm、长30 cm的圆钢10根作炉条，一侧留鼓风机风道。在桶壁靠桶盖处焊1根6分钢管装上阀门作加水和排污用；在桶壁的另一面靠桶底处焊2根分管作排汽用，上接黑胶管；在桶盖方一侧上下各焊一根4 cm长的细钢管（L形），中间接一根透明塑料管作水位计。然后将油桶卧放在炉台上，桶盖向前，桶底向后，前低后高。靠桶底砌烟窗尽量利用余热，两侧砌炉壁以包住下半个油桶为宜。这样一个简单的蒸汽发生器就制作成功了。在炉台的一侧铺一块水泥地或铺2层薄膜（面积因料而定），上面铺砖或木棒然后堆料，排气管放在料堆下面，上盖3~4层薄膜，四周用砖压好，烧起锅后保持6~8 h，焖一夜，出锅接种。这样的炉台最好能在菇棚里也砌一个，冬季只需将油桶搬到棚里即可蒸汽加温，一炉多用，生产任务紧时也可在炉台的另一侧再装一堆料，两堆料轮流灭菌，既省煤又省工省时，比土蒸锅方便、经济实用。

5.2.3　制种技术

母种培养基一般用试管作为容器，所以又称试管斜面培养基，常用于菌种分离、提纯、扩大、转管及菌种保存。

马铃薯葡萄糖琼脂培养基（PDA）：马铃薯（去皮）200 g、葡萄糖20 g、琼脂20 g、水1000 mL，广泛适用于培养、保藏各种真菌。

马铃薯综合培养基：马铃薯200 g、葡萄糖20 g、磷酸二氢钾3 g、硫酸镁1.5 g、维生素B 10 mg、琼脂20 g、水1000 mL。适应于培养各种菇类。

马铃薯玉米粉培养基：马铃薯200 g、蔗糖20 g、玉米粉50 g、琼脂20 g、石膏1 g、磷酸二氢钾1 g、硫酸镁0.5 g、水1000 mL。

配制时必须注意石膏应在分装时加入，不能煮，否则会影响培养效果。作为培养猴头菌的培养基，在灭菌后摆成斜面之前，在无菌条件下每支试管加入一滴25%乳酸，然后再摆成斜面，这种加酸的培养基能促进猴头菇菌丝生长，但是乳酸不能在灭菌之前加入，否则会影响培养基的凝固。本配方适合于香菇、黑木耳、猴头菌的培养。

马铃薯黄豆粉培养基：马铃薯200 g、蔗糖20 g、琼脂20 g、黄豆粉20 g、碳酸钙10 g、磷酸二氢钾1 g、硫酸镁0.5 g、水1000 mL，适用于双孢蘑菇、草菇。

完全培养基：硫酸镁0.5 g、磷酸二氢钾0.46 g、磷酸氢二钾1 g、蛋白胨2 g、葡萄糖

20 g、琼脂 15 g、水 1000 mL。本配方是培养食用菌最常用的培养基，有缓冲作用，适于保藏各类菌种，用于培养银耳芽孢，孢外多糖减少，菌落较稠，有利于与香灰菌交合。

5.2.4　培养基灭菌

培养基的灭菌是指用物理或化学的方法，完全杀死基物表面和内部的一切微生物，其目的是使培养基完全处于无菌状态和促使难溶性养分的有效化。食用菌生产上多利用湿热灭菌方法。它是利用沸水产生蒸汽来灭菌，同一温度下这种方法的杀菌力比干热杀菌力大。这是因为在湿热条件下，微生物吸收水分，使其蛋白质易凝固变性，酶系统容易被破坏，蒸汽与被灭菌的物质接触凝结成水时，又可放出热量，加速温度提高，从而能增强灭菌效力。国外还采用辐射灭菌法。常用的湿热灭菌方法有：高压蒸汽灭菌法和常压蒸汽灭菌法。

5.2.5　接种室(箱)消毒

上述灭菌是指彻底杀菌或完全无菌。消毒则是用物理和化学方法，杀死物体上的病原微生物和其他有害的微生物，而细菌的芽孢、霉菌的孢子等并未杀死，只是暂时不发生危害而已。在食用菌制种和栽培中，接种室、接种箱、培养室及菇房等多用消毒处理，不过就同一种方法而言，由于作用强度和作用时间不同，也可以分别达到消毒和灭菌的目的。对接种室(箱)常用的消毒药物和使用方法如下。

(1)熏蒸消毒
①熏蒸法。目前多用市售的气雾消毒剂，如山西省夏县生产的一熏净消毒盒，使用时点燃即可，每立方米的空间仅用 2~4 g。
②硫黄燃烧法。每立方米的空间用硫黄 20 g，在硫黄内拌入 1~2 倍的干锯木屑，点燃熏蒸，密闭门窗 24 h 即可。

(2)紫外线消毒
①紫外灯的种类。灯管有 30 W、20 W、15 W 等几种规格，一般以 30 W 灯管应用较多，消毒有效区为灯管周围 1.5~2.0 m，以 1.2 m 以内效果最好。
②使用方法。每次接种前将接种用具、培养基等放入接种室内，然后开紫外灯进行消毒，10 m³ 的空间 30 W 的紫外灯照射 20~30 min 即可，关闭电源，待数小时后开窗驱散臭氧味再进行工作。

5.2.6　接种

所谓接种就是在无菌条件下，将母种或原种移接到经过灭菌的培养基上。为了保证菌种的纯净无污染，必须在无菌箱(室)内或超净工作台上操作。原种和栽培种的培养基常装于 750mL 的菌种瓶或罐头瓶内灭菌后备用，有的生产单位栽培种常利用聚丙烯袋代替玻璃瓶，也取得较好效果。

5.2.7　菌种培养

(1)母种培养
接种后的母种试管，置于 25℃ 左右的恒温箱中培养，菌丝体即可长满斜面培养基。在此期间，即接种后3~4 d，必须将试管从箱中取出，逐管检查接种的菌丝是否开始萌发定植，同时检查试管内有无杂菌污染。若在接种块上或斜面培养基表面产生独立霉菌小菌落或奶油状小点细菌，均应立即在无菌条件下挖出，以保证菌种的纯度。

(2)原种及栽培种培养

同母种一样，原种及栽培种接种后也应置于25℃左右的培养室内培养。为了充分利用空间，菌种瓶或菌种袋宜放在培养架上。对于菌种瓶的摆放层数可多一些。因其瓶壁间相互隔离，不易产生发酵热，温度不易升高，只需每隔7~15 d，上下层菌种瓶调换位置，以利发菌一致。而对于菌种袋，摆放层数和摆放方式可根据室温而定，低温季节室温较低，摆放层次可多。每隔1周须将菌种袋上、下、内、外调换1次，以保持菌袋间温度均匀一致，发菌一致。高温季节，菌种袋须按"井"字形摆放或单层摆放，以利菌袋间通风降温，免受高温危害。接种后的7~10 d，必须严格检查菌种的好坏，发现杂菌，应据杂菌发生部位，查找原因，及时采取措施进行处理。对不合格菌种，一旦发现，应及时淘汰并对症处理，如间隔时间过长或菌丝体长满瓶再去检查，杂菌菌落极可能被生长旺盛的食用菌菌丝体掩盖，在瓶外很难鉴别，而这类菌种用于生产后，这些潜伏的杂菌又会重新蔓延发生，将会在生产上造成很大的损失。塑料袋菌种菌丝培养前期，每隔1 d检查1次，当发现袋内有新的杂菌小菌落时，可用注射针将3%~5%石炭酸注入少许，以抑制杂菌生长蔓延。

5.3 平菇(侧耳)栽培

平菇在分类学上属于担子菌门、蘑菇纲、蘑菇目、蘑菇科、蘑菇属。该属的共同特征是：子实体菌柄侧生，菌褶延伸到菌柄上，菌盖似人耳，故曰侧耳。通常所说的平菇是侧耳属和亚侧耳属的统称。

平菇是一种世界性的食用菌，广泛分布于世界各地。从热带到寒带，在不同的生态条件下都有生长。其种类很多，目前已知的约有42种。除1~2种有毒外，绝大多数均可食用。其中已进行人工栽培的种类至少15种以上，目前生产上栽培的种类主要有如下5种：

①糙皮侧耳(*Pleurotus ostreatus*)。又名平菇、蚝菌、北风菌。子实体多复瓦状丛生。菌盖贝壳形或扇形，其直径4~21 cm，菌柄较短。原基白色，幼蕾青黑色，成熟时灰色或灰白色，孢子印白色。

②紫孢侧耳(*P. cornucopiae*)。又名美味侧耳、紫平菇。子实体复瓦状丛生。菌盖扁半球形，成熟时菌盖上表面下凹，菌盖直径5~13 cm。幼菇表面黑灰色，菌柄比糙皮侧耳短，成熟时渐呈灰白色或白色，孢子印淡紫色。

③漏斗侧耳(*P. membrancens*)。又名凤尾菇、PL-27。子实体多单生，部分丛生。菌盖成熟时向上反卷呈漏斗状，菌盖直径6~20 cm，菌柄中生。子实体幼蕾时白色。幼菇菌盖瓦灰色，以后逐渐呈灰白至奶白色。孢子印白色。

④佛罗里达侧耳(*P. florida*)。又名华丽侧耳、白平菇。子实体丛生，菌盖初期半球形，成熟后呈扇形或浅漏斗形，菌盖直径2~12 cm。菌柄较长，5~10 cm。原基白色，子实体成熟时呈灰白或乳白色。孢子印白色。

⑤金顶侧耳(*P. citrinopileatus*)。又名榆黄蘑、玉皇菇。子实体丛生或叠生，菌盖初期为扁半球形，成熟时呈正扁半球形或偏心扁半球形，菌盖直径 3～10 cm，菌柄长 2～10 cm。孢子印烟灰色至淡紫色。

5.3.1　生物学特性

5.3.1.1　形态构造

平菇是由菌丝体(营养体)和子实体(繁殖体)两大部分构成。

(1)菌丝体

菌丝体是平菇的营养器官，菌丝体是由分枝分隔的纤细菌丝组成。菌丝由孢子萌发而来。平菇的担孢子是单核细胞，孢子萌发时首先吸水膨大，然后在一端长出芽管。芽管不断延伸生长分枝，形成初生菌丝，属异宗结合。许多菌丝相互缠绕，连成一体，称为菌丝体。平菇菌丝体白色、浓密，在 PDA 培养基上接种初期匍匐生长，后期气生菌丝旺盛。在 25℃条件下，5～7 d 长满斜面试管。在添加牛肉浸膏或酵母浸汁的加富 PDA 培养基上，气生菌丝尤为旺盛，占满培养基所在管筒。同时，有的菌株还能分泌出黄褐色色素，黄褐色的小圆点间或分布在菌落间，这是菌丝体生长旺盛的标志，是平菇高产优质的基础。

(2)子实体

子实体是繁殖器官，是异宗结合后成熟菌丝的产物，也是栽培平菇的目的所在。子实体是由菌盖、菌褶和菌柄 3 部分组成的。

①菌盖。贝壳形或扇形。复瓦状丛生。每丛重从几十克至 20 kg 或更大，表面湿润，幼时青黑色，成熟时淡灰或白色，老熟时淡黄色。菌盖基部下凹呈偏漏斗状。成熟后在菌盖下凹处有棉絮状绒毛，边缘呈波浪状上翘，菌肉白色。

②菌褶。菌褶位于菌盖下方，菌柄之上。短菌褶仅在菌盖边缘上一小段。长菌褶从菌盖边缘一直延伸到菌柄上部形成隆起的脉状直纹。每片菌褶宽 0.3～0.5 cm，白色，质脆易断。菌褶两面着生着成千上万个担孢子。子实体成熟后，担孢子自然弹射出来，孢子为长椭圆形，光滑，无色，其大小为(7.5～11.0) μm×(3.0～4.0) μm。

③菌柄。侧生或偏生，粗 1～4 cm，白色，中实，上粗下细。许多菌柄基部相连，形成一簇。幼嫩的菌柄脆嫩适口。采收过晚，菌柄粗纤维增多，适口性差。

5.3.1.2　生活条件

平菇的生长发育需一定的营养条件和环境条件。栽培前需了解并满足平菇所需的营养和环境条件，以达到稳产高产的目的。

(1)营养

平菇是典型的木腐菌，所需养分是从其所处基质中获得的，即从培养料中摄取碳源、氮源、无机盐和维生素等营养物质。

①碳源。平菇生长发育过程中需要的主要营养物质是有机碳，即碳水化合物。如木质素、纤维素、半纤维素、淀粉、双糖、单糖等。人工栽培平菇所用的棉籽壳、锯末等原料，富含这些多糖类物质。平菇在营养生长时期，菌丝体大量繁殖，同时分泌出纤维素酶、木质素酶、半纤维酶，把这些大分子的多糖逐渐降解为葡萄糖、木糖、半乳糖和果

糖，然后被菌丝体直接吸收。生产实践中为了满足菌丝对碳源的需求，常在平菇的母种或原种的培养基上添加一定浓度的葡萄糖或蔗糖。此外脂类是不容忽视的另一类碳源。在国外，一些栽培者在培养料中添加1%～5%的豆油或芝麻仁油等，均能获得丰产。据报道，培养基中添加菜籽油可促进平菇菌丝体生长，最适浓度为1%，且菌丝体干重的增加量超过了油的添加量。

②氮源。氮源也是平菇的主要营养来源，氮源主要是天然培养料中的有机氮。生产上常用的氮源有麦麸、米糠、豆粉、花生饼粉等。平菇菌丝中所合成的各种蛋白酶使其降解为氨基酸后直接吸收。另外，尿素、铵盐和硝酸盐等也是平菇的氮素来源，而且能够被直接吸收，但用量浓度不宜太高。

平菇生长发育不仅需要碳源、氮源，而且需要适当的碳氮比。一般来说，营养生长阶段，碳氮比以20∶1为宜，而生殖生长阶段以40∶1为宜。

③矿质元素。矿质元素是平菇生命活动中不可缺少的营养物质，如磷、钾、镁、硫、钙、铁、铜、锌等。据研究，0.1%钙、镁、钾同时加入PDA培养基中，可明显促进平菇菌丝体生长速度和增加菌丝体干重。生产上栽培料中加入适量的过磷酸钙、石膏粉和硫酸镁等无机盐，主要目的是满足平菇对矿质元素的需要。

④生长因子。生长因子是指平菇生长所需的一些微量有机物。如维生素、核酸、健壮素、萘乙酸、吲哚乙酸、三十烷醇等。它们对平菇菌丝生长、原基发生及子实体产量等有刺激和增产效应。这些生长因子需要甚微，但基质中不可缺少，若培养基中缺少维生素B，平菇菌丝会生长迟缓，若严重缺乏其生长就会停止。

(2)温度

温度是平菇菌丝生长和子实体发育的重要因子之一。平菇的孢子在5～32℃均可形成，以12～20℃为适宜。孢子萌发的温度在24～28℃。菌丝体在4～35℃均能生长。最适温度为25℃左右。4～25℃范围内菌丝体随着温度的升高生长速率加快。在25～30℃内，虽然菌丝生长很快，但菌丝体本身消耗很大，不利于营养物质的积累。低于4℃或高于35℃菌丝体停止生长或死亡。这两个临界温度在平菇的越冬或越夏期间，栽培者必须引起足够的重视。

子实体形成温度区间为5～22℃，最适宜的温度为13～17℃。值得注意的是平菇在5℃条件下原基能正常分化并发育成肉厚、色深、品质好的子实体。冬季从原基分化到子实体采收需要时间长(15～20 d)，但此时在北方正值低温，是蔬菜淡季，利用平菇对低温适应的这一特性，可以大量生产鲜菇，达到蔬菜淡季而菌不淡的效果，并能获得良好的经济效益。同时平菇属低温变温结实性食用菌，在原基分化期内，给予8～10℃的温差，有利于子实体原基分化和形成。恒温条件下子实体原基形成少或不形成原基。因此人们利用地窖、防空洞栽培时应注意到这些场所具有温度恒定的特点，需人为制造温差促进平菇原基分化。

(3)水分和湿度

水分是指平菇基质中的含水量；湿度则是指平菇所处的环境中的空气相对湿度。在平菇菌丝体生长阶段，培养料的含水量要求在60%～65%。培养料含水量过高，基质通透性差，供氧不足，菌丝生长受阻。若遇高温极易感染杂菌或发臭；培养料含水量低于50%，菌丝不能很好地长透培养料，影响产量；培养料含水量低于30%菌丝就会死亡。正确地掌握培养料的含水量还要依据下列因素而定：

①培养料种类。培养料种类不同，其结构各异，通透性及抗水力也不同，含水量应各异，细木屑、醋糟等原料的结构紧密，通透性差，培养料含水量掌握在 60% 为宜。而棉籽壳则相反，结构疏松，通透性良好，培养料的含水量应掌握在 65% 左右。

②装料的容器种类。同一原料，所用的装料容器不同，其保水性能也各异，培养料的含水量也应不同。如制原种或栽培种时，罐头瓶容器所用料的含水量应稍高于塑料袋制种料的含水量。

③季节的不同。同一原料，同种容器，栽培的季节不同，培养料的含水量也应有所差异，低温季栽培料的含水量应稍高于高温季栽培料的含水量。

总之，培养料的含水量，应根据各种实际情况，灵活掌握。

菌丝体生长阶段(菌种培养或菌袋发菌阶段)，培养室的空气相对湿度应在 70% 以下，高于 70%，霉菌极易繁殖和侵染，特别容易在封袋口棉塞或封袋口的纸上引起杂菌污染。

原基分化和子实体发育阶段(出菇期)，此期的空间相对湿度起着关键性的作用。湿度适宜，原基能够正常分化，子实体顺利发育。一般空气相对湿度应控制在 85%~90%，只有这样，才能使菇体生长快，菌盖迅速扩展，并生长出厚实的子实体。如空气相对湿度低于 80%，原基难以分化。低于 70%，菇蕾很难形成，甚至已形成的菇蕾也会停止分化而干枯；空气相对湿度长期高于 95%，正在分化的原基会停止分化而萎蔫，菇体易发黄腐烂。

(4)空气

平菇和其他食用菌一样也是好气性的真菌，但平菇的不同生育阶段对通气的要求不同。在菌丝体阶段，平菇菌丝可在通气不良的半嫌气条件下生长，具一定浓度的二氧化碳能刺激平菇菌丝生长。二氧化碳含量为 20%~30%(体积比)时，菌丝体的生长量比正常通气条件下(空气中的二氧化碳含量 0.03%)增长 30%~40%。因此菌种瓶用塑料膜封口或塑料袋内的菌丝能够健壮生长。但应注意其所处环境的通风透气。在子实体阶段，必须在通气良好的条件下，才能保证子实体的正常发育。因此出菇阶段对菇房适当通气，可保证子实体原基分化和正常发育，也可减少平菇对光照的要求，可减轻病虫害的侵袭。此阶段如菇房通气不良(二氧化碳积累多，氧气少)，易出现菌柄基部粗，上部细长，菌盖薄小的畸形菇，重者只形成菇蕾，菇蕾上又分化菇蕾分支，不长菌柄的菜花菇。生产上常会出现由于菇房通气性差，幼小子实体勉强能够生长，随着菇体的长大，需氧量增加，而菇房未能满足平菇对氧的需求，使已成形的子实体菌盖变成黄褐色、水浸状，而后萎蔫，菇体无商品价值。若菇房严重通气不良，会只长菌丝体而不形成菇蕾。因此结合栽培实践，建造菇房时必须根据平菇对空气的要求，留足通风孔和窗，以免造成损失。

(5)酸碱度(pH 值)

平菇喜欢在偏酸性的培养基上生长。菌丝一般在 pH 值为 3.0~7.5 均能生长，以5.5~6.5 最适宜。但在配制培养基时 pH 值可调高到 7.0 及以上，在利用醋糟栽培平菇的生产实践中，常把原料 pH 值调高到 8.0 或 9.0。其原因主要有内因和外因两个方面。内因：平菇菌丝体在生长过程中由于菌丝的代谢作用会产生许多有机酸释放到基质中，使基质的 pH 值下降而酸化，即从播种时的 8.0~9.0 到出菇结束时降至 5.0~6.0；外因：若采用熟料栽培，基质的 pH 值因高温灭菌会下降，如醋糟料灭菌前的 8.0~9.0，灭菌后降为7.5；若采用生料栽培，基质中有许多杂菌，这些杂菌比平菇菌丝更喜欢在偏酸条件下生长，因此实际生产中所采用的调高了的 pH 值，是平菇最适的竞争 pH 值。

（6）光照

平菇对光照强度和光质的要求在不同的生长发育阶段有不同的要求。平菇菌丝体阶段不需要光照，完全黑暗的条件下不仅能正常生长，而且比强光照射下生长速率快 40% 左右。短波光(青、蓝、紫)对菌丝有抑制作用，长波光对菌丝体无影响；但在子实体阶段需要一定量的散射光(200~1000 lx)。平菇菌丝体在适温条件下，见光后 6~12 d 内就能分化出子实体原基；适时适量给予光照，可提高产量，提早采收，即菌丝体刚长满后 15 d 给以光照，可提高产量 30%，提早采收 10 d 左右。

光质对平菇原基分化有很大影响。短波光质(青、蓝、紫)对原基分化有促进作用；长波光质对子实体原基分化有抑制作用。因此，在生产上室外大棚用的浅蓝色的无滴塑料膜，使平菇原基分化整齐、集中、产量高、质量好，也充分证明了这一点。但是出菇阶段光线也不能过强或过弱，尤其是直射太阳光，不仅能抑制菇体发育，同时使菌盖呈黄褐色、干缩状；光线过弱易形成盖小柄长的畸形菇，完全黑暗条件下难以形成子实体。

综上所述，营养、温度、水分、湿度、空气、pH 值和光照都是影响平菇生长发育的主要生态因子。栽培者应根据平菇不同生育阶段特性，满足其对这些因子的需求，只有这样，才能确保平菇稳产高产，优质高效。

上述 6 个方面因素的有机合理调控，是平菇菌丝体和子实体正常生长的必备环境条件。

5.3.2　栽培技术

5.3.2.1　栽培季节

平菇的栽培在工厂化生产可利用控温、控湿等设备，一年四季均可生产。目前我国大多数仍是主要利用自然温度进行栽培。在北方，通常根据平菇子实体原基分化所需适温，播种期一般分春播和秋播。

（1）春播

1~3 月播种，3~5 月出菇。春播的特点是气温由低到高，而平菇菌丝体生长所需温度高，子实体发育需要温度较低，因此属逆季节栽培。其优点是春播温度低，病源菌和虫害处于不活跃状态，不易受病虫侵害，即成功率较高；缺点是发菌慢，发菌期需 40~50 d 之久。

（2）秋播

8 月下旬至 10 月播种、9~11 月出菇，秋播的特点是气温由高到低，平菇菌丝生长和子实体发育所需温度也是先高后低，故属顺季节栽培。其优点是播种后发菌快、出菇早、转潮快、生产周期短；缺点是由于播种时温度偏高，易染杂菌和发生虫害。因此在温度较高地区播期则应适当推迟。播期的确定还必须依据：①当地的气候条件。即菌丝体长满袋(块)后所处的环境温度基本适合平菇原基大量分化所需的温度；②品种特性。春播应以中高温型的品种为主，如金顶侧耳、漏斗侧耳等；秋播则应以低温型的品种为主，如糙皮侧耳、紫孢侧耳、'8405'等；③菇房种类。若为地沟菇房，冬暖夏凉，如山西临猗平菇全年出菇期长达 9~10 个月，播期几乎扩大到周年生产。所以适宜播期的确定并非千篇一律，各地在选择菌株和确定播期时，应做到既有利于平菇菌丝生长，又有利于子实体生长需要的温度，因地制宜，科学合理地确定播期。

5.3.2.2　原料要求

优质的培养料是平菇高产优质的基础。不管是用什么原料，采用何种栽培方法，都必须要求原料新鲜、无霉、干燥，尤其是采用生料栽培，更应做到这一点；对于陈旧或发霉的培养料，最好采用熟料栽培。条件不具备时，可以在烈日下暴晒 3~5 d，拌料成堆进行高温发酵处理后，方可使用。

5.3.2.3　原料配方与配制

配料的原则为，选择原料时，既要注意培养料的碳氮比等营养比例协调，同时也要注意原料的组成结构和通透性，即必须粗细结合，软硬结合。所用原料使菌丝生长快，营养积累多。

（1）棉籽壳等培养料

棉籽壳 90%、米糠 10%、添加石灰 2%、磷肥 1%、石膏 1%、食盐 1%、含水量 60%、pH 值 7.0~8.0。调配时，棉籽壳先用石灰水浸透，捞起堆制发酵 1~2 d。然后加入其他辅料拌匀，含水量偏低时，通过喷雾加湿，偏湿时适当摊开蒸发多余的水分或适当多加些麸皮或粗米糠，最后测 pH 值，pH 值宜高不宜低。如果用水不方便，或为了节约用水，棉籽壳可直接喷水翻拌。

（2）稻草培养料

稻草(切碎)85%、麸皮(米糠、玉米粉)15%，添加磷肥或复合肥 1%、石膏或碳酸钙 1%、糖 1%、石灰 2%、含水量 60%、pH 值 7.0~8.0。原、辅料充分拌匀后，边喷水边翻拌，至含水量 60% 为止。

稻草处理：由于稻草表面的蜡质和表皮细胞硅酸盐组织的存在，影响平菇菌丝对其分解利用。因此稻草使用前必须进行软化处理。常用的软化方法有：

①浸泡发酵法。将稻草切成 5 cm 左右长的小段，用 3% 的石灰水浸泡 24~28 h 捞出，用清水冲洗，沥水后，堆积发酵。当料温升至 50℃ 以上，保持 2 d，待温度下降时翻堆。再过 2~3 d，加入麸皮和其他辅料，调 pH 值 8.0 左右，即可上床播种。

②沸水浸煮法。选用无霉烂新鲜稻草，将其切成 5~10 cm 长，然后放入沸水中煮 20~30 min。待稻草软化后捞出，沥水，加入其他原料，使其含水量为 60%~65%。

③其他处理方法。单用 3% 的石灰水浸泡法或发酵法以及粉碎后直接使用均可。

（3）玉米芯培养料

玉米芯 65%、棉籽壳 20%、麸皮或米糠 15%，添加磷肥或复合肥 1%、石膏 1%、石灰 2%、含水量 60%、pH 值 7.0~8.0。将玉米芯及其他材料(棉籽壳先预湿)充分拌匀，边喷水边翻拌，至含水量 60% 为止。

（4）高粱壳培养料

高粱壳 76%，麸皮或米糠 20%，石膏粉、过磷酸钙各 1%，石灰粉 2%。高粱壳中常混有穗枝，栽培装料时易扎破料袋，引起杂菌污染。因此配料前应过筛去掉穗枝。配制方法同棉籽壳培养料。

（5）豆秸培养料

豆秸 60%、高粱壳 30%、麸皮或米糠 5%、玉米面 5%，添加过磷酸钙 1%，石膏粉、石灰粉各 2%。秋收后，把豆秸晒干放入场上，用拖拉机等机械碾碎、碾扁。豆秸的粉碎度以拖拉机压过之后料面上有碎秸荡起为宜。配料时，除石灰粉以外的其他原料常规拌匀，含水量控制在 55%左右。成堆发酵软化，低温季发酵 4~5 d，高温季发酵 2~3 d，料温达 30~40℃时开始翻堆。以后每天至少翻堆一次，然后用水把石灰粉化开倒入料内，拌匀，含水量控制到 60%左右，装入 24 cm×45 cm 的栽培袋内。常压灭菌 6~8 h。

(6) 醋糟培养料

醋糟 80%、麸皮 20%，另加 1%的过磷酸钙、1%的石膏粉、3%的石灰粉、pH 值为 8.5。把刚出锅的新鲜无霉的醋糟晒干(或晒至半干)，以便挥发一部分酸味，然后与麸皮和石膏粉混匀，再用水把其他辅料分别化开倒入料内拌匀。培养料含水量以手握成团，指缝间有水印而无水滴，手伸展后料团自然散开为宜，然后装袋后常压灭菌。

5.3.2.4 栽培方法

目前，平菇的栽培方法多种多样，主要有普通菇房塑料袋栽培法、室外塑料菇棚袋栽平菇等。

(1) 普通菇房塑料袋(筒)栽培

塑料袋栽培是把原料和菌种装入塑料袋内，放入民间的闲散房内或窑洞进行发菌和出菇。此法是近几年来广泛采用的一种新的平菇栽培方法。其特点是简而易行、用料经济、菇房空间利用率高，适合于大规模生产。

①料袋。通常用聚乙烯或聚丙烯塑料袋，长 50 cm 左右，扁宽 20~24 cm，厚度 0.04 cm 左右，袋两头均开口。套环主要有两种，一种是由专业生产厂生产的制菌种用的塑料套环和无棉塑料盖；另一种是用纸箱包装袋作原料，长度为 15~20 cm 用电烙铁焊接成圆圈作套环。

②原料灭菌和播种。塑料袋栽培既省工，又便于管理，还能充分利用菇房空间，减少病虫害，易于栽培成功。它不仅适用于室内栽培，也适于塑料大棚、人防工程等场所栽培，这是广泛采用的一种栽培法。首先将袋的一端 7 cm 左右处折叠好或用脚踩住，然后将培养料装入袋中，每筒装干料 1.5~2.0 kg，适当压实，装至离袋口 7 cm 左右时，将料压平，套环后用薄膜封口，用橡皮筋或自行车内胎剪切的胶圈拴紧薄膜和套环。然后把装满料的料筒置于常压灶或简易灭菌灶内，在温度 100℃保持 10~12 h。灭菌过程要注意，温度要在 0.5~1.0 h 内很快升到 100℃；料筒在锅内排放时要留有空隙，以便受热均匀；灭菌中间要及时补加热水，防止烧干。当灭菌锅(灶)内的温度降至近室温时，将料袋搬入播种室。

由于量较大，通常不用接种箱或超净工作台。用紫外线照射和福尔马林熏蒸消毒，亦可用气雾消毒剂或其他消毒剂消毒。当料袋温度降至 28℃以下时可进行接种。接种人员在进入接种室之前要用肥皂或洗衣粉洗手，再用 75%乙醇溶液擦手。接种用的栽培种也用 75%乙醇溶液擦抹菌种瓶(袋)的外壁。有条件的话，接种人员要换鞋、工作服及工作帽。封袋口时，将原料封袋口的薄膜弃去，换上经过灭菌的报纸或牛皮纸，报纸最好用 2~3 层，牛皮纸用 1 层即可。放菌种时，瓶装菌种用接种钩或镊子直接从瓶内挖出放入料袋内。若是袋装菌种，接种人员最好戴上经过消毒的胶手套，将菌袋打开，直接用手取少量菌种放入料袋两端。封袋口时动作要快，尽量缩短袋料暴露的时间。通常每瓶 5000 mL 菌种瓶装的菌种可播种 5~10 袋左右。接种完后，将料袋搬进培养室进行培养。用于培养菌丝的培养场所要打扫干净，并进行必要的消毒与杀虫处理。

（2）室外塑料菇棚袋栽平菇

①场地选择。选择地势高燥，排水方便，环境清洁、靠近水源，并有堆料场所的地方。菇房东西走向，坐北朝南，以利通风换气和提高菇房温度。

②菇棚的建造。菇棚宽 7~8 m、长 40~50 m、南墙高 1 m、北墙高 2.5 m，四面的墙均用麦秸和泥土混合建成，在一端留门，距后墙 2.5 m 的地方每隔 3~4 m 竖一根高 3 m 的立柱，上固定横梁，横梁向北侧墙架椽条，上铺竹片搭建，再铺一层秸秆，厚度以 5~10 cm 为宜，有利于保温，最后盖一层秸泥，剩余部分棚顶用 5~8 cm 宽的竹条，南北向搭成弓形架，竹条间距 1 m，用 8 号铁丝网隔一定距离横向固定竹条，其上覆盖淡蓝色的无滴塑料膜。晚间膜上应覆盖草帘。

把菌筒南北走向堆叠在棚内。低温季堆成 8~10 层的菌墙（北方的上一年 10 月至翌年 4 月）。温度较高时，堆叠层数可适当减少。菌墙间距 50 cm，上盖牛皮纸或报纸，以创造发菌期所需暗的条件，冬季夜间盖草帘，白天揭去草帘，透光增温。一般北方最冷的 1 月，夜间棚内温度可达 5℃ 左右。管理得当，冬天不用加温设施也能正常出菇。

5.3.2.5　栽培管理

从平菇的播种开始到出菇结束，主要有菌丝体阶段（发菌期）和子实体阶段（出菇期）两个阶段，生产上应根据平菇这 2 个阶段的特点，进行科学管理，促进菌丝生长，获得稳产高产。

（1）菌丝体阶段生长发育特点及管理要点

为了管理上的方便，此阶段可人为地分为发菌前期和发菌后期 2 个阶段：

①发菌前期的管理。即播种后约 1~15 d。适宜的温度条件下，播后 1~2 d 菌丝体开始萌动，种块周围长出白色菌丝。播后 7~15 d 菌丝体生长速率加快，菌丝开始布满料面，同时菌丝体呼吸加强。这一时期是发菌期的关键时期。管理上此期主要是时刻注意料温变化的动向和适当通风。不论是室内还是室外袋栽，熟料栽培的料温可适当高些（20~25℃），让其迅速生长，及时占满整个料面，此期内要根据菇房类型定期适当开窗通风。

当菌袋度过危险的高温期，菌丝便开始迅速生长，此时适当的倒垛也是必要的。此间还要防止鼠害和虫害。方法：可在大棚四周放置一定数量的鼠药；结合喷水，可配制 1∶800 倍的敌百虫药液，向大棚膜、地面及菌袋上喷雾，防止虫害发生。菌袋约经过 25 d 可发满，便可进入出菇管理阶段。

②发菌后期的管理。即播种后 15~30 d。此阶段平菇菌丝体迅速地向培养料深层扩展，尤其是播种后 20~30 d，菌丝体生活力最强，一般不会引起污染。即使有一定霉菌感染，菌丝体也能生长越过。

在此期间，管理上要增加通风次数和每次通风的时间。高温季晚间通风，低温季午间通风，同时每隔 7~10 d 翻堆一次，注意把菌墙上下菌袋对调。对于同一个菌袋而言，再次堆叠时应上下面颠倒堆放，以利料内水分均匀一致，为菌丝迅速生长创造适宜的水分条件。

（2）子实体阶段生长发育特点及管理要点

发菌 20~30 d 后，当菌丝体长透培养料，把菌筒堆叠成菌墙，高温季堆叠 4~6 层，低温季堆叠 8~10 层。并给予适当的环境条件，菌丝体由白转暗，扭结成菌丝团，进入如下 4 个时期：

①原基期(桑葚期)。扭结成团的菌丝体在菌筒表面形成一堆一堆的白色小突起，称菌胚堆，它们形似桑葚，故称桑葚期。这是子实体初期发生的特征，此期也是出菇阶段的关键时期。为了促进原基迅速分化，促使出菇整齐，管理上应做到如下几点：

a. 保持低温。以 13~17℃为宜，这主要由播期来决定，若出现 20℃以上的高温，菌丝体虽然长得好，但不出菇。应拉大昼夜温差，刺激原基分化。

b. 保证湿度。这是原基分化的主要条件之一，此时应在菇房走道、墙壁上喷水，保持空气相对湿度为 85%~95%。但水不能喷在原基上，否则原基会萎缩或烂掉。

c. 增加散射光。适量的散射光可刺激原基分化，同时使子实体色泽正常。对于地沟、地下室菇房，每天应开灯 4~6 h。

d. 加强通风。据菇房的通透性能，每天通风 1~3 次，每次 0.5~1.0 h。

e. 及时开口。从时间上看，当菌丝体长满菌筒 5~7 d 后开口；从形态上看，当菌筒两端的原基形成后并具有手轻摸稍发硬的感觉，即可开口，切勿开口过早，开口过早影响原基分化速率，过晚浪费营养，易出畸形菇。通常把菌筒两端的膜反卷，露出菌棒两端面即可。

②珊瑚期。原基小突起各自以不同的生长速率伸长，参差不齐，状似珊瑚。原基由白色转为黑色，温度越低颜色越深，此期只长菌柄无菌盖，如温度适宜原基到珊瑚期仅需 1 d，一般需 2~3 d。珊瑚期一部分原基形成子实体，另一部分原基由于营养限制而枯萎。管理上应注意在保湿的同时适当通风，其他管理同原基期。

③成形期。当菌柄长到一定长度时，菌柄先端出现黑色小平面，该平面即为菌盖，成形期持续 3~4 d。成形期要求空气相对湿度大，只有湿度大，才能满足菇体生长的需要，此时要加大喷水量，保湿性差的菇房可喷水于料面及菇体上，但不要积水，以防烂菇。

④成熟期(采收期)。采收标准应按具体要求确定。市售鲜菇一般以孢子弹射前菌盖展开呈浅灰色、连柄处下凹、边缘平伸时采收为好。若供出口，则应按相关规定的标准进行采收。采菇时要一手按住培养料，另一手握住菌柄，轻轻旋转扭下。第一潮菇菇丛大，可用刀在子实体基部紧贴料面处割下。要整丛采收，轻拿轻放，防止损伤菇体。同时不要带走基质。

5.4 双孢蘑菇栽培

双孢蘑菇(*Agaricus bisporus*)又称蘑菇，分类学上属于伞菌目伞菌科蘑菇属。双孢蘑菇营养丰富，味道鲜美，色白质嫩，含有丰富的蛋白质、多种人体必需的氨基酸、维生素等，作为菇类蔬菜，在世界范围内深受欢迎。

双孢蘑菇属有 200~250 种，我国已知的超过 40 种。双孢蘑菇属的大多数种可食，其中广泛栽培的有双孢蘑菇和大肥菇。双孢蘑菇中又有白色、棕色和奶油色 3 个变种，白色变种俗称白蘑，原产法国；棕色变种，俗称棕蘑，是英国的代表种；奶油色变种，又称哥伦比亚品系，因其质量差，很少栽培。

双孢蘑菇在该属中分布最广，世界上有 70 多个国家和地区栽培，其中以美国、中国、法国、英国、荷兰、韩国、德国、澳大利亚最多。它也是世界上第一大宗的食用菌产品。

双孢蘑菇的栽培源于1600年的法国，后传到许多欧美国家。我国于1935年开始在上海、福州等地少量栽培，1970年后才逐渐扩大。目前，国内双孢蘑菇主栽地区为福建，其次为浙江、江苏、上海、四川、广东、广西、安徽、湖南、山西等省份。

5.4.1　生物学特性

5.4.1.1　形态特征

双孢蘑菇的形态结构简单，它由菌丝体和子实体两部分组成。

（1）菌丝体

菌丝体是双孢蘑菇的营养器官，主要功能是吸收和运输营养和水分。它是由孢子萌发而来，菌丝体白色、纤细、有横隔、分枝状。生长在斜面培养基上的菌丝呈绒毛状。

（2）子实体

子实体由菌盖、菌褶、菌柄、菌环和根状菌束等组成。

①菌盖。伞状，宽5~12 cm，菌盖幼菇初为半球状，边缘初期内卷，后平展，略干后变淡黄色，菌盖表面有的光滑，有的在缺水情况下有块状鱼鳞片。

②菌褶。菌褶位于菌柄上端，与菌盖边缘相接，呈刀片状辐射排列，离生。每一子实体中有500~600片菌褶。菌褶初期为白色，渐呈粉红色，成熟时呈黑褐色。每一担子上着生2个担孢子，故称双孢蘑菇。孢子很小，显微镜下观察，孢子光滑，椭圆形，一端稍尖似瓜子，褐色。菌褶的两侧表面生长着很多棍棒状的担子。

③菌环。幼菇时菌盖与菌柄间有一层薄菌膜联结，当子实体成熟菌盖开伞时，该菌膜破裂，残留在菌柄上的薄菌膜发育为菌环。

④菌柄。菌柄着生于菌盖下方中部，颜色与菌盖同色，内部松软或充实。柄长5~9 cm，柄径1.5~3.0 cm，近圆柱形。

⑤根状菌束。着生在菌柄基部，形似根状，具有吸收水分、养分的作用。

5.4.1.2　生活史

双孢蘑菇生活史同其他菇类一样，也是从担孢子萌发开始，经过菌丝体和子实体2个发育阶段，直到新一代的担孢子产生。即从担孢子萌发到子实体形成，新一代担孢子萌发的整个发育过程。双孢蘑菇绝大多数的担子只产生2个担孢子。每个孢子中含有一对异核。由同一个孢子所萌发的两条菌丝接合后形成的菌丝具有结菇能力，称为次级同宗结合。这是双孢蘑菇生活史的显著特点。关于其生活史的详细过程，根据杨新美教授的观点，其生活史如图5-1所示。

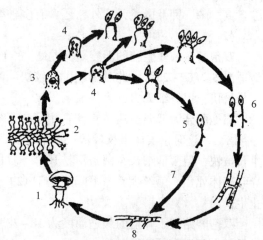

1. 子实体；2. 子实层；3. 核融合；4. 减数分裂；5. 异核体孢子萌发；6. 同核体孢子萌发；7. 异核化；8. 异核菌丝。

图 5-1　双孢蘑菇生活史

5.4.1.3 生活条件

双孢蘑菇在其生长发育过程中所需的生活条件主要有营养、温度、水分、湿度、空气、酸碱度和光照。

(1)营养

双孢蘑菇能广泛利用碳源，如糖、淀粉、果胶、纤维素、半纤维素和木质素等。存在于秸秆之中的高分子营养物质，依靠嗜热或中温型微生物及双孢蘑菇菌丝分泌的酶，分解为小分子化合物而为双孢蘑菇利用。当半纤维素在转化成糖(阿拉伯糖、木糖)、己糖(葡萄糖、半乳糖、果糖)之后，首先被双孢蘑菇菌丝利用；纤维素转变为纤维二糖接着被利用；木质素在最后才被利用。

氮素营养方面，双孢蘑菇不能同化硝态氮，但能同化铵态氮；不能直接利用蛋白质，但能很好利用其水解产物，如蛋白胨、氨基酸、尿素等。在堆肥发酵过程中，氮被微生物转化为菌体蛋白，菌体蛋白经分解也是双孢蘑菇生长所需的良好氮源。在前发酵期间，堆肥含氮量通常为 1.5%~1.7%，后发酵结束时一般为 2.2%~2.3%，而 2.2% 的氮源对蘑菇生长发育已经足够。

双孢蘑菇在吸收利用营养时，要求一定的碳氮化。子实体分化和发育的最适碳氮化是 (33~40)∶1，菌丝生长的最适碳氮化为(17~20)∶1。

矿质营养特别是钙、磷、镁、钾等大量元素及一些微量元素对双孢蘑菇也很重要。钙能抵消钾、镁、磷过多对双孢蘑菇生理的有害影响；能使堆肥和土壤凝聚成团粒，提高培养料的蓄水保肥能力；还能中和酸离子，稳定 pH 值。磷对双孢蘑菇菌丝生长极为重要，但过量的磷酸盐会引起减产，主要原因是引起环境变酸。培养料中氮、磷、钾比例以 13∶4∶10 为好。

有些生长刺激素(如三十烷醇、α-萘乙酸)对双孢蘑菇的生长发育也有一定的促进作用。目前使用的"健壮素""助长剂"就包含这些物质。例如，恩肥作为一种生物复合肥料，除含氮、磷、钾及微量元素外，还含有多种酶，应用后效果明显。

(2)温度

双孢蘑菇菌丝生长的温度范围是 5~33℃，5℃以下、33℃以上生长缓慢或停止生长。最适温度为 22~25℃，此时菌丝生长较快、菌丝粗壮、浓密、生命力强。高于 25℃，菌丝生长虽快，但纤细无力，容易衰老。

双孢蘑菇为低温恒温结实性食用菌。子实体生育的温度范围为 4~23℃，最适温度是 13~18℃。这时子实体生长较快，菌柄矮壮、肉厚、质量好、产量高；高于 18℃，子实体生长虽快，但菌柄细长，菌盖薄易开伞，质量差。出菇后，连续几天 23℃以上的高温，会导致菇体死亡，菌丝生活力下降。低于 12℃，子实体生长缓慢。温度在 5℃以下子实体停止生长。

双孢蘑菇孢子弹射的最适温度为 18~28℃，萌发的最适温度为 22~25℃。温度过高或过低都会延迟孢子萌发时间。

(3)水分和湿度

水是双孢蘑菇的重要组成部分，无论菌丝体或子实体都含有90%以上水分，水又是营养吸收及物质运输的载体。双孢蘑菇吸收的水分主要来自培养料及覆土。菌丝生长阶段，培养料的含水量应保持在 60% 左右，过干和过湿对菌丝的生长均不利。

环境的空气相对湿度在双孢蘑菇生长过程中起着重要作用。菌丝生长阶段空气相对湿度应保持在 70% 左右，出菇阶段以 85%~90% 为宜。

（4）空气

双孢蘑菇为好氧性真菌，通气差，菌丝呼吸产生的二氧化碳和堆肥的分解过程中产生二氧化碳、氨气、硫化氢等有害气体积累过多，会影响菌丝和子实体正常生长，造成菌丝萎缩，小菇死亡。

实践表明，覆土层中二氧化碳浓度在 0.5% 以上，就会抑制子实体分化。据报道，适于双孢蘑菇菌丝生长的二氧化碳浓度在 0.1%~0.5%。当大气中二氧化碳浓度减少到 0.03%~0.10% 时，就可诱发菇蕾的产生。

（5）酸碱度

双孢蘑菇菌丝适宜的酸碱度范围较宽。在 pH 值 5.0~8.0 都可生长。最适 pH 值为 7.0 左右，较木腐性食用菌稍偏碱性。由于双孢蘑菇菌丝体在生长过程中会产生碳酸、草酸等酸类物质，同时在菌丝周围和培养料中会发生脱碱现象，而使双孢蘑菇菌丝生活的环境（培养料和覆土层）逐渐变酸，因此在播种时培养料的 pH 值需要调整到较高值。

（6）光照

双孢蘑菇无论是菌丝体生长阶段还是子实体形成和发育阶段，都不需要光照，只有在无光条件下才会长出洁白、肉厚、质地致密、可口脆嫩、菇形美观的优质菇。过强的散射光及直射阳光下长出的菇体，菌柄细长、表面硬化、颜色发黄、品质极差。

5.4.2　栽培技术

我国的双孢蘑菇栽培主要是利用自然温度进行春秋两季栽培。多数为秋季一次播种，秋、春两季出菇。生产仍处于分散、小型的方式，管理上更为细致、复杂、灵活，经验也更为丰富。其生产工艺流程如图 5-2 所示。

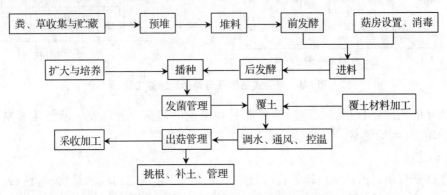

图 5-2　双孢蘑菇生产工艺流程

5.4.2.1　菇房设置

菇房是双孢蘑菇生长的场所，菇房能够为其生长创造适宜的环境条件。菇房要求通风排气良好，保温、保湿性能好，冬暖夏凉，风不能直接吹到菇床上。室内不易受外界条件变化的影响，便于清洗，消毒，有利于防治杂菌及病虫。菇房的基地与床架要求坚固平整，便于操作。

（1）设置要求

菇房的位置要合适，菇房应搭建在地势高燥，背风向阳，近水源，具备良好的卫生条件，远离化工厂、污水沟、煤矿，保证不受污染源侵害的地方。菇房的方向最好是坐北朝南、地势高爽。这样既有利于通风换气，又可提高冬季室温。

（2）规格

目前多采用的菇房结构是长12.8 m，宽5.6 m，地面距房顶4.5 m，边高3.2 m。床架宽1.8 m，长10 m，共搭建5层。菇房两头四角上，分别开设地脚窗和气窗，窗长0.66 m，宽0.45 m，屋顶中央距前4 m处和距后3 m处开设2个屋顶气窗，屋顶气窗直径0.2 m，高1 m。在基本符合上述要求的前提下，一般草房、瓦房，以及砖木结构、水泥结构的房屋、地下防空设施和用竹竿、塑料薄膜等搭建的临时房等均可用作菇房。在我国双孢蘑菇产区的常见菇房如图5-3所示。

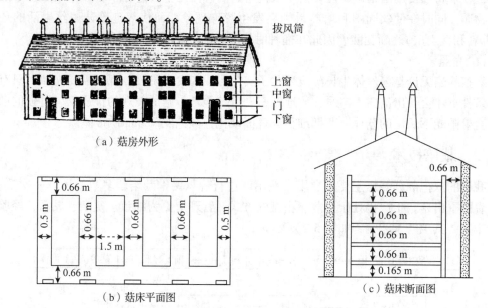

（a）菇房外形

（b）菇床平面图

（c）菇床断面图

图5-3 两面式结构菇房外形及床架设置

现代化的菇房还包括：双孢蘑菇培养料和覆土的热蒸汽处理室、菌丝培养室、栽培室、辅助用房（如堆肥室、锅炉室、采收加工、包装室）等。

（3）菇床

双孢蘑菇栽培目前以室内床架栽培为主，菇房内床架的方向应和菇房垂直排列，以利通风换气。菇床规格如图5-3所示。床架一般采用竹木结构，也可采用钢筋水泥结构。

（4）菇房和床架消毒

双孢蘑菇在生长过程中，要释放出少量的废气和分泌物，这些会沾染在菇床及墙壁上，故必须对菇房和床架进行彻底消毒，以保证下一茬双孢蘑菇的栽培生产安全。栽培结束后，拆除废料，把床架的横档和小竹竿拆下，浸泡在河中半月左右，再洗净晒干，然后在石灰浆中浸泡，捞起后晒干。菇房内的床架和墙壁，先用清水冲刷，刷净后，充分通风干燥。地面泥土铲去 3 cm，并填上新土。然后用石灰浆水冲刷床架和墙壁，再通风干燥。

培养料进房前要对菇房进行两次消毒。第一次用 0.5% 的敌敌畏喷床架和墙壁，每栽培 111 m² 双孢蘑菇的菇房用量 25 kg，然后紧闭窗门熏蒸 24 h。第二次用甲醛 1 kg，拌于木屑或谷壳中，紧闭门窗熏蒸 2 d，然后打开门窗，等待培养料进房。

5.4.2.2　培养料制备

培养料是双孢蘑菇赖以生长的物质基础，培养料的种类、质量直接影响双孢蘑菇的产量和质量。培养料制备，首先要了解有关原料的性质。

(1) 原料选择

①秸秆。一般利用稻草和麦草，要求新鲜，未淋过雨和未腐烂霉变。可利用的秸秆，北方以玉米秆、小麦秆、大麦秆、豆秸为主；南方以稻草等为主。稻草的吸水保湿能力强，发酵腐熟快。小麦秸秆所含养分与稻草接近，但吸水保温及疏松透气性差，发酵较慢。从发酵的难易程度来看，晚稻草>早稻草>大麦秆>小麦秆。

②粪肥。一般用骡马粪、牛粪、猪粪、羊粪、鸡鸭粪等。这些有机肥中以牛粪和鸡粪为佳。

骡马粪：质粗，发热力强，微生物活跃，是双孢蘑菇堆料的优良原料。

牛粪：仅次于骡马粪。新鲜牛粪质黏、性凉、发热力差，是双孢蘑菇氮素的重要来源。牛粪有多种，以奶牛粪和冬季牛粪为好，含水量少，易晒干。

羊粪：质粗、性热，发热力介于牛、马粪之间。

猪粪：质黏、性凉，含有双孢蘑菇所需的氮、磷、钾和一些微量元素。它是一种完全肥料，适宜双孢蘑菇的生育。猪粪干后发热快，用猪粪堆制的培养料菌丝体色泽暗、香味淡、出菇密、转潮快，但菇体较小，易早衰，配制时最好与牛粪搭配使用。

鸡粪：性热、速效、呈碱性。易生虫、易感染杂菌。同时由于其碱性强、黏性大，最好与畜粪混合堆制。

③其他有机肥。常用的是豆饼、花生饼、棉籽饼、葵花饼、菜籽饼，还有血粉、骨粉、尿素。它们富含氮源和多种矿质元素。适量加入培养料，有利于提高堆肥质量，促进双孢蘑菇菌丝生长。

④化肥。如尿素、硫酸铵可作为培养料的补充氮源。石膏粉、碳酸钙、熟石灰，除了用来补充钙元素之外，还可调节培养料的 pH 值、水分含量、通气状况，防止培养料发黏。

(2) 培养料配方

配方一：干牛粪 3250 kg、干稻草 1850 kg、菜籽饼 400 kg、石膏粉 100 kg、石灰 10 kg。

配方二：稻草 2500 kg、马粪 1000 kg、鸡粪 500 kg、碳酸钙 2.5 kg、尿素 10 kg、石膏 50 kg、硫酸铵 2.5 kg。

配方三：稻草 3000 kg、鸡粪 250 kg、干猪粪 250 kg、尿素 12.5 kg、石膏粉 25 kg、过磷酸钙 12 kg。

配方四：稻草 1000 kg、麦草 2000 kg、菜籽饼 300 kg、尿素 25 kg、过磷酸钙 60 kg、

人粪尿 6000 kg、石灰粉 50 kg、石膏粉 50 kg。

配方五：麦秆 500 kg、禽粪 100 kg、牛马粪 400 kg、尿素 4 kg、过磷酸钙 15 kg、石膏 10 kg。

5.4.2.3 培养料发酵

培养料发酵是双孢蘑菇栽培的关键技术环节，只有切实做好这一工作，才能制作适于双孢蘑菇生长的优质培养料，达到优质、高产的目的。堆肥可分为前发酵和后发酵 2 个阶段。

(1)前发酵

培养料在室外堆制发酵的过程称为前发酵。前发酵总的要求是高温快速发酵，目的是减少堆肥养分的流失和能量损耗。

①确定堆料日期。建堆日期应以当地气温的最佳出菇期来推算。按室外前发酵 12~14 d，室内后发酵 5~7 d，培养发菌 20~22 d，覆土到开始采收第一批菇 20~22 d 所需时间来推算。如最佳出菇期在 10 月 20~30 日，则最佳的建堆日为 8 月 15 日左右。

②原料预处理。建堆前粪要进行预堆，秸秆要预湿。预堆即在堆料前 7~10 d，将干粪用水拌湿，边浇水边拌匀，使其含水量为 50%~55%，以手紧握料有 1~2 滴水滴出为宜。拌湿后的粪肥与尿素、饼肥混合建堆。成堆后堆高不超过 1 m，4~5 d 可翻堆一次，翻堆时不需再浇水。粪肥预堆的目的是培养料建堆后能快速升温发酵。

秸秆预湿是指在堆料前 2~3 d 将秸秆截成 2~3 段进行碾压，并将其浸水泡透。浸泡时要边翻边浇水，防止秸草堆积过厚，致使中间或下边的草未能浸湿。目的是使秸秆吸足水分。

③建堆。建堆是将粪肥和秸秆等辅助原料混合堆成一定的形状。堆宽 1.5~1.6 m，堆高 1.5 m，堆长根据投料量而定。建堆时，先铺一层 20 cm 厚的稻草，再铺一层 5 cm 厚的粪肥，粪上再盖一层稻草，逐渐堆叠，一般堆叠 10~12 层。堆形呈车厢状，四周垂直，顶部呈龟背状，料堆顶部用一层牛粪全面覆盖。堆制结束后，插一根温度计于堆中，以观察料温变化。堆后周围有水流出，因此，堆好后周围要开水沟，四角各挖小坑，使料堆内流出的水积聚其内，第二天再将坑内的水回浇到堆上，以免养分损失。

④翻堆。正常气温下，堆料后第二天料温开始上升。2~3 d 后堆温最高可达 75℃，堆料后第四天即可进行第一次翻堆。翻堆的目的是改变堆肥中各发酵小区的理化性状，使之能均匀地在有氧状态下得到充分发酵。根据实践经验，翻堆的间隔时间应视气温而定，前发酵一般为 15 d 左右，需翻堆 3 次，第一次翻堆间隔 4~5 d，翻时分层撒入硫酸铵、石膏，并注意浇足水分；第二次翻堆间隔 3~4 d，翻时均匀撒入石灰，并注意调节堆料含水量；第三次翻堆间隔 2~3 d，翻堆时要注意调节培养料含水量，使其为 60%~65%。翻堆从料堆一端进行，如堆料过长，可在两端同时进行。翻堆要求做到抖松、均匀、快速，即把料要全部抖松，重新建堆时要把草和粪肥拌均匀，而且翻堆和重新建堆的速度要快。堆肥发酵的程序如图 5-4 所示。

⑤质量标准。室外前发酵结束时，培养料呈咖啡色，有一定光泽，有较强的拉力、柔软且富有弹性，有糖香味，含少量氨臭味，含水量 65%~70%，pH 值为 7.5~8.0。

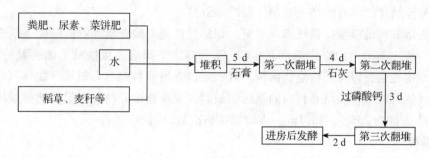

图 5-4　堆肥发酵程序

(2)后发酵(二次发酵)

后发酵又称二次发酵或巴氏消毒,是把经过室外前发酵的培养料移至室内,通过人工控温和控气,使培养料在较高温度下维持一定时间,成为更适于双孢蘑菇生长的培养基质。

①后发酵的作用。经过后发酵,一些有害微生物和混入料中的昆虫卵、幼虫会被大量杀死,有效减小了栽培中病虫害发生的概率。料中的有益微生物在后发酵过程中大量繁殖和生长,可促使一部分氨气散出,另一部分则被培养料吸收,成为可被双孢蘑菇利用的氮素营养。

②后发酵的方法。具体方法如下:

进料:室外前发酵第三次翻堆后,经过 2 d,料温升至 70℃左右时便可以进料。

堆床:经前发酵的培养料进菇房前要封闭好门窗,最上层和下层床架不放料。因为上层温度过高,而下层温度过低,倒料时要集中劳力,迅速将培养料趁热搬进菇房,先放上层,后放下层,床厚 15~17 cm。

加温:进料完毕,关闭门窗。一般生产单位多用火炉加温法,有条件的地方最好采用蒸汽加温,进料结束后要马上加温,在 24 h 内培养料中心温度达到 60℃维持 24 h(升温阶段),然后将料温降到 50~55℃,维持 48~72 h(持温阶段),之后在 2 d 内使料温均匀平缓降到室温(降温阶段)。

③调节培养料湿度。如采用蒸汽进行后发酵,则后发酵结束后培养料的含水量要增加一些。因此,培养料在室外前发酵时可适当偏干一些,含水量宜在 62%~65%。如用煤炉直接加温,因煤炉所产生的干热使培养料蒸发掉较多水分,后发酵结束后,应在培养料面表喷一些 pH 值 8.0~8.5 的石灰清水,调整培养料含水量。

④后发酵结束后培养料的标准。色泽呈深咖啡色或紫暗褐色,充分柔软。柴草有较强弹性。手握培养料时不黏手,并有较浓的料香味,无氨味,有大量白色放线菌和淡灰色嗜温霉菌,含水量 65%左右,pH 值为 7.2~7.5,无害虫和杂菌。

5.4.2.4　播种及播后管理

(1)准备工作

①翻格。后发酵结束后,要把培养料全部抖松,翻匀整平,这项工作称为培养料翻格。目的是排除培养料内的废气,使培养料厚薄均匀和疏松。否则,播种后会减慢菌丝生

长速率，甚至结块使培养料产生杂菌，最终导致减产。

②检查培养料的温度、氨气和含水量。翻格后首先要检查培养料的温度。培养料内的正常温度一般比菇房内的空气温度高1℃，需待温度下降后才可播种，如料温持续不下，要进行第二次翻格，以免播后烧伤菌种。其次要检查培养料内有无氨气，如有时可采用翻格和大通气的方法来消除培养料内的氨味。最后，要检查培养料含水量，播种前培养料的正常含水量是60%~65%，如过湿，需增加翻格次数以通气降湿。

(2)播种

播种一般采用穴播法、撒播法、条播法等方法。

①穴播法。多用于粪草菌种。穴距6~7 cm，深3~4 cm。菌种用量为每平方米5瓶。播种前先将菌种从瓶内挖出，放于瓷盘内，随挖随用。菌种块大小要一致。播种前先将菌种块按穴距排好，然后用一只手的中、食指在料面挖一个深3~4 cm的穴，随即将种块放入穴内，用料将菌种遮盖，使种块的2/3埋入穴内，1/3露出。播种后要使菌种和料面紧密结合，播种完毕后再将料面拍平，以利于发菌。

②撒播法。把2/3的菌种量撒在料面，用手指插入料内轻轻抖动，让菌种与上半部分培养料均匀混合，然后将剩下1/3的菌种量撒在料面，用手或其他工具轻轻将培养料拍平，使种紧贴培养料，有利于菌种迅速萌发吃料。

③条播法。多用于如谷粒等制成的颗粒菌种。条播时先用手开深3~4 cm的播种沟，行距为8~10 cm，用菌量为每平方米5瓶。将4瓶菌种撒入并用料将沟盖平，另一瓶菌种均匀撒在料面上，用木板拍平、拍实，使种料紧密结合在一起。

(3)播后至覆土前管理

播种后，从播种到料内发满菌丝约20 d，覆土之前的菇房管理主要是调节控制好菇房的温度、湿度和通风条件。以促进菌丝重新萌发，恢复生长，尽快定植。同时需防止杂菌的发生和发展。

播后3 d之内，在温度正常情况下，应尽量少通风。若房内温度高于28℃以上则可在夜间开北窗适当通风降温。播种后7 d左右，菌丝基本封面，这时需打开门窗，进行大通风，使菇房内氧气充足，湿度下降，促使菌丝向内生长。播种后10 d左右，当菌丝已深入培养料的1/3左右时，应及时将培养料松动一下。一方面可促使长出更多菌丝，另一方面改善通气，促进菌丝更快地向料层下部生长。如有发现有害虫和杂菌，应及时采取防治措施，以防扩大蔓延。在正常情况下，播后20 d左右，菌丝长满培养料。在床架反面大部分已见菌丝穿底时，应及时进行覆土。

5.4.2.5 覆土

双孢蘑菇栽培与其他食用菌栽培的最大不同之处是需要覆土。覆土的主要作用是蓄积水分和养分，供给双孢蘑菇生长所需的水分及钙、镁、锰等矿质元素；覆土提高了培养料中二氧化碳的浓度，促使菌丝由高浓度的料中向低二氧化碳浓度的菌丝土层上部生长，促进了子实体的形成；覆土中含有某些有益细菌(如恶臭假单孢菌)的活动，其代谢产物含有多种激素，能刺激双孢蘑菇子实体的形成，覆土还可以支撑子实体，具有降低渗透压等作用。因此，菌丝长满培养料层就及时覆土。而覆土种类的选择、土层厚度、覆土时间及覆土后的水分调节，对双孢蘑菇生长的稀密、肥瘦、转潮快慢起着重要作用，故需认真对待。

（1）覆土材料

覆土材料要求疏松柔软、吸水性强、持水力高。常规覆土用的泥土以砂质壤土为好，粗土粒直径 1.5~2.0 cm，毛细孔多，吸水和保水性好，能保持粗土的湿度，便于菌丝长入粗土内部。细土粒直径 0.3~0.6 cm，应偏黏一些，使之喷水后不易板结，水容易流向粗土。因此，如在同一地面取土，往往将表层土（15 cm 厚）去掉，以免带有害虫和杂菌，取 15 cm 以下的土层，且粗细土的 pH 值掌握在 7.5 左右。常用的覆土种类如下：

①泥炭土。泥炭为黑色，腐殖质状，松软具弹性。在结构上尚未达到煤炭那样的紧密坚硬程度。泥炭土是国外普遍采用的覆土材料，因泥炭结构疏松、通气性能好、吸水力强、持水量大，是一种较为理想的覆土材料。

②田园土。国内常用的双孢蘑菇覆土材料为菜地、稻田、麦田等田园土，但这些土壤常常带有病虫和杂菌。因此使用前需经烈日暴晒 12 h 以上，以杀死虫害和杂菌。

（2）覆土消毒

覆土中潜伏着许多病原菌与害虫，所以覆土前必须对覆土材料进行消毒处理。

①物理方法。可采用日光消毒或蒸汽消毒。

日光消毒：7~8 月，将覆土置于强太阳光下暴晒 2~3 d，通过阳光中的紫外线消毒覆土，这是预防双孢蘑菇褐斑病发生的有效方法。

蒸汽消毒：把覆土置于消毒室内，然后通入蒸汽，把室温提高至 70~80℃，维持 30 min。

②化学方法。覆土前 7~10 d，将甲醛溶液稀释 50 倍，然后喷在覆土上，再用薄膜覆盖 24 h。消毒后需待甲醛气味全部散尽（一般 5~6 d）才可上床覆土。需注意的是，化学消毒既要注意药效，又要保证双孢蘑菇菌丝的正常生长，务必使菇体有害物质的残留低于食品卫生标准。

（3）覆土时间和方法

①覆土时间。从形态上看，当料面菌丝相互接触，料内特别是料的底部布满菌丝时，应及时覆土；从时间上看，正常情况下播种后 18~20 d 即为覆土适期。覆土过早，会影响培养料内菌丝的生长，延迟子实体的形成；覆土过迟，容易冒菌丝，结菌块，表面菌丝老化，推迟出菇时间，影响产量。

②覆土方法。覆土前一天，先对覆土调水。先覆粗土，厚度以 30 cm 为宜，覆土厚度还应视覆土材料和培养料厚度而定。一般而言，有机质含量高、空隙度大的覆土可稍厚些；黏性大、孔隙度小的覆土则宜薄一些。覆粗土 3~5 d 内用细喷、勤喷的方法调控粗土水分，一直到粗土润透为止。在 6~7 d 后粗土缝中有菌丝时，即在粗土上盖一层细土。

5.4.2.6　出菇管理

（1）出菇前管理

从覆土到出菇需 18~20 d，该阶段管理上的目的在于继续促进菌丝在料内旺盛生长。同时还要促使菌丝在覆土层内长好，确保粗土中菌丝粗壮、浓密而又不板结成块，并要求在粗土以上、细土以下的部位形成子实体，为出菇奠定良好基础。因此，这一时期管理上主要是加强水分管理和通风工作。覆细土后，喷水要掌握先干后湿的原则。采用轻喷勤喷的洒水方法，一般晴天干燥时，每天喷水一次，每平方米喷水500 mL左右，逐渐增加细土的湿度，促使菌丝从粗细土缝隙中向粗、细土之间生长。同时适当通风，细土表面干燥，使绒毛状菌丝在细土之下粗土之上生长，为出菇打好基础。

一般情况下，当覆细土10 d左右，菌丝长出粗土时，喷一次出菇水，量稍大，加强通风，并停水2~3 d，抑制细缝或细土表层的菌丝生长，使其联结为线状菌丝，促进线状菌丝扭结成原基。当菌丝基部出现小白点(菌蕾)时，仍恢复原来的喷水量。

(2)出菇后管理

当子实体普遍长到黄豆粒大小时，再喷一次出菇水，使子实体迅速长成大菇，并使菌丝体继续纽结形成另一批菌蕾。

总之，由于出菇时子实体生长快、需水量大，因此一定要适时适量喷水，增加菇房湿度，使子实体生长快、菇体结实、色泽好、产量高、质量优。但喷洒出菇水还应与当时当地的具体情况相结合。天气潮湿，气温高，菇房通风差，出菇水喷洒要早，用量要轻；天气干燥，气温低，菇房通风好，出菇水喷洒要晚，用量要重。

(3)采收及转潮管理

①采收。盐渍或制罐菇盖直径达2.4 cm，进行销售的菇盖直径达4 cm以上、菌盖未开伞时就应及时采收，做到轻摘轻放。采收方法：用手指轻捏菇盖转动或轻摇晃一下，断根后取出，丛生菇要用利刀割下，保留旁边的小菇，采收后装入箱中，不要压伤，当天出售或加工。

②采后管理。具体内容如下：

整理料面：采收一批菇后要整理床面，在采掉菇的地方补土，孔洞小的补细土，孔洞大的先用粗土填补，再用细土覆盖，并将床面填平。死菇的菇根用刀挖掉，料面整理好，再喷一次水。在1~2 d内每平方米喷水2750 mL左右，一般在室温正常管理等条件下，从播种到出菇40~45 d，产量集中在前三潮，可收5~6潮菇，每平方米产量6.75~9.00 kg，而国外可达15~20 kg/m^2。

合理追肥：出第3批秋菇以后，培养料中大量营养物质被双孢蘑菇菌丝吸收利用，后几批菇会出现菇数减少、菇形变小、薄皮菇增多等现象。因此，要及时合理追肥，增加覆土层的养分，以供菌丝生长所用。常用的追肥方法有以下几种：

a. 补充碳源。用2%的口服葡萄糖、红糖，加于秋菇第3批菇以后的出菇水中喷洒，粗菌丝生长效果较明显。但气温高于16℃，则不可以喷用糖液，以免发生杂菌。

b. 补充氮源。将尿素配制成0.1%~0.2%的溶液，在喷出菇水时用于床面。尿素液也应用于第三批菇以后，用得过早，会出现菌丝徒长现象。

c. 加三十烷醇。1~5mg/L的三十烷醇溶液用于秋菇第3批以后的菌丝生长期，对菌丝生长，子实体发育具有促进作用。

d. 加双孢蘑菇健壮素。在生产上用双孢蘑菇健壮素1号和2号。1号健壮素的主要作用是促进菌丝生长，一般喷洒在料面和出菇前的土层中。2号健壮素的作用是促进子实体形成，多在出菇以后使用。

5.5　食用菌加工技术

5.5.1　保鲜技术

食用菌采收后仍在进行强烈的新陈代谢活动，因此导致菌柄伸长、菌盖开伞、菌体皱缩软化，同时不可避免会受到机械损伤和其他微生物侵染，组织发生褐变，甚至腐烂变质，不耐贮藏，因此食用菌采后贮藏保鲜技术尤为重要。目前，主要通过物理、化学和生物保鲜 3 种方式贮藏保鲜食用菌，采取适宜的物理保鲜方法可有效降低食用菌的生理代谢活动，化学保鲜剂和生物保鲜剂可防止有害微生物的侵染，保持食用菌的营养、药用和商品价值，延长其贮藏保鲜期。

5.5.1.1　物理保鲜技术

物理保鲜技术是利用温度、光照、辐照、高低压等物理手段，抑制食用菌的生理代谢活动，防止微生物侵染，达到延长食用菌贮藏保鲜期的技术方法。

（1）低温保鲜

贮藏温度是影响食用菌采后贮藏品质的关键因素，通过低温可抑制食用菌的生理活性水平，降低其呼吸作用来延长其保鲜期。低温（2℃）贮藏平菇可有效维持其较高的硬度和韧性，抑制褐变度、丙二醛（MDA）含量和电导率升高，维持较好的品质。在适宜贮藏温度（2 ~4℃）下可延长杏鲍菇的贮藏期；1℃±0.5℃可比室温下延长平菇货架期 7 d；草菇在 15℃下可保鲜 3 d，真姬菇在 4℃下可保鲜 7 d，而 30℃下草菇和真姬菇保鲜期很短（1 d），易腐烂变质。

（2）超高压保鲜

超高压技术是一种以 100 MPa 以上静压对食品进行特殊加工的技术，其优点是以较低的温度杀菌的同时，食品的色、香、味及营养物质和新鲜程度均不受到影响，而且食品的保鲜期得以延长。在 4℃贮藏条件下，杏鲍菇在 200 MPa 超高压下处理 9 min，可降低其多酚氧化酶（PPO）酶活性，减小色差和硬度变化，延长杏鲍菇的保鲜期；双孢蘑菇在 400 MPa 下温度 40℃处理 15 min，可有效保持菇新鲜松嫩，可使监测范围内的微生物全部失活，蛋白质含量增加；鸡腿菇在 200 MPa、40℃、10 min 的处理条件下，营养成分最佳，在温度 25℃、压力 268.1 MPa、保压时间 14.3 min 的处理条件下的菌落总数较小，微生物失活率较高。

（3）辐照保鲜

辐照保鲜技术是利用 γ 射线、紫外线、电子束对微生物细胞组织的 DNA、核酸和细胞膜的破坏作用达到阻碍微生物的生命代谢、致使细胞死亡的目的，从而延长食品的货架期。而且辐照处理产生的热量不会对食品品质造成损害，具有安全、无毒、无污染等优点，因此得到广泛应用。0.6 kJ/m² UV-C 辐照处理可抑制双孢蘑菇细胞膜透性的增加，延缓可溶性固形物含量的降低，延缓菇的软化和褐变，对微生物有显著的抑制作用。UV-C 辐照处理可显著降低平菇的呼吸强度，抑制多酚氧化酶的活性，从而延长其保鲜时间。采用 0.5~1.0 kGy ⁶⁰Co γ 射线辐照处理平菇，可延缓抗氧化酶活性降低，减少丙二醛和超氧阴离子的积累，降低质量损失率，从而延缓其褐变衰老，延长保鲜期10~12 d；1.2 kGy ^{60}Co γ 射线辐照处理白灵菇，可维持较高的可溶性蛋白含量和硬度，延长贮藏保鲜时间；0.4 kGy ^{60}Co γ 射线辐照处理草菇，其失重率较低，抑制了蛋氨酸的形成，从而抑制了内源乙烯的生成，起到较好的保鲜效果。2.0 kGy 电子束辐照处理可有效延长双孢蘑菇的贮藏时间，对水溶性糖、氨基酸、维生素 B_1、维生素 B_2 和烟酸含量无显著的影响，维生素 C 对辐照较敏感。

（4）气调保鲜技术

气调保鲜技术是通过对贮藏环境的氧气和二氧化碳含量进行合理的调控，从而使包装内环境达到适合的氧气/二氧化碳水平，进而抑制食用菌的呼吸作用，减少食用菌体内物质的消耗，达到延缓衰老、延长保鲜的目的。目前，气调保鲜技术在食用菌的贮藏保鲜过程中得到广泛应用。利用氧气含量2%、二氧化碳含量6%气调包装松茸，可抑制其呼吸强度，失重率升高，维持维生素 C 和氨基酸含量水平，起到较好的保鲜效果。80%氧气+20%二氧化碳气调包装可减少金针菇的水分损失、颜色变化较小，抑制了多酚氧化酶的活性和呼吸强度，贮藏效果良好。在 1.5%氧气+20% 二氧化碳气调贮藏条件下，可延长货架期 6~10 d，气调贮藏能明显抑制平菇的呼吸作用和水分蒸腾作用，抑制营养物质的降解；含水率在 87%~88.5%的平菇和含水率为 85.5%~87.0%的香菇在气调包装条件为 1.5%~2.0%氧气+15%~20%二氧化碳的处理中具有良好的保鲜效果；此外，纳米材料可显著延长金针菇贮藏过程中的感官和营养品质的保持时间，保持较低的膜透性和氧化程度，延缓了其劣变。而不同厚度保鲜膜气调包装双孢蘑菇均能降低其褐变度、酶活性及衰老物质的积累，以 0.05 mm PE 膜的气调保鲜效果最佳。

（5）其他物理保鲜技术

除上述食用菌的物理保鲜技术之外，可采用臭氧、真空预冷、真空干燥技术等进行食用菌的保鲜处理。采用 5.3 mg/L 臭氧处理 45 min 和 2.8 mg/L 臭氧处理 60 min 可有效抑制双孢蘑菇的微生物生长和病原菌的侵染。真空预冷时间 10 min 时，可有效保持双孢蘑菇水分和营养成分，具有良好的保鲜效果。此外，热风、真空、微波和微波真空干燥技术可显著增加香菇干制品的游离氨基酸和硫化物含量，其中微波真空干燥可保持大量的氨基酸及其他营养成分，可作为一个潜在的干燥保质方式。

5.5.1.2 化学保鲜技术

化学保鲜技术是采用一些化学试剂处理食用菌，以期达到抑制食用菌生理代谢，杀菌、防腐、抑制酶活性和抑制褐变度等效果的保鲜方法。但由于化学保鲜剂往往具有毒性，其使用受到限制，但是现在已研究出不少无毒无污染的化学保鲜剂应用于食用菌的保鲜。例如，0.6 mg/kg 半胱氨酸+0.3 g/100 mL $CaCl_2$保鲜剂在 5℃±1℃下浸泡金针菇 1 min，可有效抑制其褐变和失重，延长保鲜期至 16 d；将双孢蘑菇去根 30 min 内置于 0.2 mmol/L 维生素 C 中浸泡 1 min，0~2℃下贮藏，能够显著抑制其贮藏期间的褐变、总酚含量下降，降低多酚氧化酶、过氧化物酶的活性，提高过氧化氢酶的活性，是较理想的保鲜剂及褐变抑制剂。双孢蘑菇采后用 0.5% 的 $CaCl_2$ 溶液处理可有效延缓其采后衰老，提高了抗氧化酶活性，抑制了自由基的产生速率和脂氧合酶的生成。平菇采用 0.005%二氧化氯+0.5%乳酸钙+0.025%水杨酸组合处理，可保持较好的外观品质，营养物质含量较高，抑制丙二醛积累，降低多酚氧化酶的活性，在 10℃下可贮藏 10 d。平菇采用 0.9 mg/L

1-甲基环丙烯(1-MCP)熏蒸处理可有效抑制褐变，降低失重、呼吸强度，推迟乙烯峰出现时间，增强抗氧化活性，抑制多酚氧化酶的活性，延长其货架期。双孢蘑菇在 0℃ 的贮藏条件下，采用 0.1×10^{-4} g/kg 二氧化氯熏蒸 60 min 可显著抑制其呼吸强度、腐烂变质和多酚氧化酶的活性，延缓硬度、维生素 C 和还原性糖含量的下降，保持较好的贮藏品质。离子活化水可作为双孢蘑菇保鲜的一种潜在的方式，采用等离子活化水浸泡处理双孢蘑菇可有效减少菇表面的微生物菌落总数，抑制硬度、呼吸速率、相对电导率的升高，延缓菇体软化。

5.5.1.3　生物复合保鲜技术的研究

随着科学技术的发展和人们生活水平的提高，人们对于食品的质量有了更高的要求，不仅讲究营养和味道，更加注重安全和保健。食用菌贮藏难度大，易发生褐变，为保证食用菌安全有效的保藏，采用完全无毒害、无污染的生物保鲜技术受到人们的青睐。

生物保鲜技术是采用生物学方法，萃取或提取生物活性物质如大蒜、生姜提取物、壳聚糖等及微生物菌丝体对食用菌进行保鲜的技术。例如，采用生姜和大蒜复配保鲜剂浸泡双孢蘑菇 3 min，4℃ 下贮藏，两种复配保鲜剂均有效抑制了双孢蘑菇的褐变和水分散失，保持较高的营养物质含量，抑制纤维素和亚硝酸盐的生成。采用大蒜提取液处理香菇均可抑制香菇的呼吸强度、失重、细胞膜透性和腐烂，延缓香菇的衰老腐败。在 18～20℃ 下，不同浓度壳聚糖处理的秀珍菇，贮藏期间的感官品质、呼吸强度、失重率等指标均有提高，其中 0.2% 壳聚糖处理的秀珍菇在感官和生理指标上提高效果最优。1.5% 壳聚糖+20% 大蒜汁+10% 生姜汁复合保鲜剂也可有效抑制鸡腿菇的水分散失、褐变度、多酚氧化酶的活性、呼吸强度和细胞膜透性的增加，延缓衰老进程，延长贮藏期。4-甲氧基肉桂酸处理双孢蘑菇可抑制其失重、开伞、褐变、丙二醛 MDA 积累，维持较高的过氧化氢酶和抗坏血酸过氧化物酶活性及内源抗氧化物 AsA 和 GSH 含量，有效延长其采后货架期。

除生物活性物质对食用菌有显著的保鲜作用外，微生物在食用菌的贮藏保鲜中也起到重要的作用。例如，浓度为 0.4 g/L 乳酸链球菌素(Nisin)处理的平菇，在 3℃ 下贮藏，其失重率、多酚氧化酶的活性、丙二醛含量均受抑制，保持了可溶性固形物含量和感官品质，从而延缓了平菇的衰老。

5.5.1.4　多种保鲜技术相结合的方法

随着科学技术的发展，对食用菌保鲜技术的研究不只停留在传统方式或是单一的方法上，而是向多种保鲜技术相结合的方向发展，如低温贮藏结合化学保鲜、低温贮藏结合和涂膜保鲜、化学试剂结合生物活性成分共同保鲜等，对于多种保鲜方式相结合的方法研究日益受到人们的重视。例如，在聚乙烯膜(PE)中嵌入乳酸、ω 己内酯形成的聚乳酸和聚 ω 己内酯 PE 保鲜膜包装双孢蘑菇，在 4℃±1℃ 下贮藏 12 d 仍具较好的商品性，可维持较好的硬度、色泽，抑制微生物杂菌数量。乳酸钙结合真空渗透技术可有效维持双孢蘑菇的白度，抑制呼吸、开伞和失重，延缓膜透性、丙二醛积累和多酚氧化酶的活性，较好地保持了双孢蘑菇的品质。冷风预冷结合低温(1℃±0.5℃，4℃±0.5℃)的贮藏条件可显著提高平菇的蛋白质等营养物质含量，降低失重率、呼吸轻度和多酚氧化酶的活性，低温(1℃±0.5℃)条件下比室温(18℃±3℃)下延长保鲜期 7 d。

5.5.2 初加工技术

新鲜的食用菌易腐烂变质，货架期短，而且在运输过程中容易破损，使商品价值降低。因此，食用菌除了一部分鲜销外，大多需经过加工，制成耐贮藏易运输的商品，以调节淡旺季的市场供应，满足市场需要。食用菌初级加工技术目前主要包括干制技术、盐渍技术、糖制技术、罐藏技术和冻干等加工技术。

5.5.2.1 干制加工法

食用菌干制又称干燥、脱水，是在自然条件或人工控制条件下，促使新鲜食用菌水分蒸发，使其含水量减少到 13% 以下，使食用菌中可溶性物质浓度提高到微生物难以利用的程度，尽量保存食用菌原有营养成分及风味的工艺过程。

干制加工法优点是干制设备可繁可简，生产技术容易掌握，可就地取材，当地加工；干制品耐贮藏，不易腐败变质；对某些食用菌(如香菇)，经过干制可增加风味；可调节食用菌生产的淡旺季，有利于解决周年供应问题等。

食用菌干制加工分自然干制和机械干制两种方法：

(1)自然干制

自然干制(日晒法)就是以太阳光为热源，以自然风为辅助进行干燥的方法，此法适于家庭及小规模加工。其适于香菇、竹荪、银耳、黑木耳、毛木耳、金针菇、灵芝、口蘑、榛蘑等品种。加工时将鲜菇散开放于草席或竹帘上直接在阳光下暴晒。晒前根据食用菌种类不同进行简单处理，如草菇纵切成相连的两半，切口朝上摊开；香菇菌褶朝上；金针菇切除菇脚蒸 10 min。一般 3 d 左右即可晒干，晒干时间越短，子实体干制的质量越好。

(2)机械干制

机械干制是用烘箱、烘笼、烘房，或炭火热风、电热以及红外线等热源烘烤而使菌体脱水干燥的方法，目前大量使用直线升温式烘房、回火烘房及热风脱水烘干机、蒸气脱水烘干机、红外线脱水烘干机，适用于多种食用菌。食用菌脱水干燥的工艺多种多样，以香菇为例，为使菇型圆整、菌盖卷边厚实、菇背色泽鲜黄、香味浓郁，含水量达到 12% 的出口标准，必须把握好整个干制环节：①采摘、装运。在八成熟、未开伞时采摘，这时孢子还未散发，干制后香味浓郁、质量好。②摊晾、剪柄。鲜菇采后要及时摊放在通风干燥场地的竹帘上，以加快菇体表层水分的蒸发。③分级、装机、烘烤。要求当日采收，当日烘烤。④掌握火候。采后鲜菇含水量高达 90%，此时切不可高温急烘，操作务求规范。⑤注意排湿、通风。随着菇体内水分蒸发，烘房内通风不畅会造成湿度升高，导致色泽灰褐，品质下降。

5.5.2.2 干燥技术的新发展

传统干制技术都是间接干燥，都是以空气为干热介质，热力不直接作用于加工制品，造成很大的能源浪费。当今，现代化的干燥设备和相应的干燥技术有很大的发展，如远红外技术、微波干燥、真空冷冻升华干燥、太阳能的利用、减压干燥等。例如，冻干干燥指在 -55～-40℃ 下进行，且处于高真空状态的干燥方法，因此特别适用于热敏性高和极易氧化的食品。该技术不但不改变加工物品的物理结构，且加工物品的化学结构变化也很小，可以保留新鲜食品的色、香、味及营养成分，复水时速率快，比其他干燥方法生产的食品更接近新鲜食品的风味。冻干食品往往采用真空或充氮包装、避光保存，与一般干燥的食品相比，保藏时间长一倍以上。这些新技术应用到食用菌的干燥上，具有干燥快、制品质量好等特点。这是今后干制技术的发展方向。

(1)盐渍加工法

当鲜菇滞销或价格偏低，需要长期保存待售时，盐渍处理是最简单有效的办法。将食用菌放入高浓度的食盐溶液中，因食盐产生的高渗透压使食用菌体所携带的微生物处于生理干燥状态，原生质收缩，这些微生物虽然未被杀死，但也不能活动，可保证食用菌久藏不腐。

(2)糖制加工法

高浓度糖液具有较大的渗透压，降低水活性，且具有抗氧化作用，可使附着在原料上的微生物细胞原生质脱水而生理干燥，无法生长繁殖，适宜糖制的食用菌有双孢蘑菇、平菇、香菇、金针菇、猴头菇、银耳、木耳等。另外，食用菌加工的下脚料(入菇柄)也可加工成糖制品，总的要求是原料新鲜、质地细腻、纤维含量少。食用菌糖制品种类较多，但以食用菌蜜饯和食用菌脯为主，两者生产工艺基本相同。

(3)罐藏加工法

食品罐藏就是将食品密封在容器中，将容器内部绝大部分微生物杀灭，同时防止外界微生物入侵，得以在室温下长期贮存的保藏方法。凡用密封容器包装并经高温杀菌的食品称为罐藏食品。理论上讲，所有食用菌都可加工成罐头，但加工最多的是金针菇、双孢蘑菇、草菇、银耳、猴头菇等。

5.5.3　深加工技术

随着生活水平的不断提高，人们对自身的营养保健、美容及自身机能调节等方面的要求越来越强烈。食用菌深加工技术及一些新产品的开发适应了人们对功效独特且新颖的保健食品的迫切需求，不但消化了市场上剩余的干鲜成品菇，提高了食用菌的附加值，对进一步提高食用菌的经济效益大有裨益。

食用菌的深加工是利用分离提取技术，除去食用菌中的糟粕，提取其精华成分而生产的产品，如食用菌的保健品、药品、强化食品的加工等。目前，国内食用菌已有许多深加工产品应市，健康产品和生物制药领域已开始聚焦于科学提取食用菌的各种有效成分，食用菌深加工产品概括起来有以下几种。

(1)食品类

一是直接利用子实体部分经过煮制、烘干或油炸，制成食用菌方便小食品，如香菇松、金针菇干；二是将子实体部分烘干磨细成粉，或者将食用菌菌丝体与米、面、调味品一起制成食用菌米、面食品和食用菌调味料，如茯苓糕、香菇营养挂面、蘑菇汤料；三是将子实体部分煮汁，或深层培养的菌丝体、培养液和其他原辅料一起制成糖果、菇(耳)膏、调味品、饮料等，如银耳软糖、猴头灵芝膏、平菇酱油；四是将子实体部分或深层培养的菌丝体、培养液和其他原辅料一起，接种微生物进行发酵，生产食用菌保健调味品、饮料等，如平菇芝麻酱、银耳饮料、猴头酒；五是用白酒浸提子实体，制成食用菌保健酒，如银耳补酒、茯苓酒。这些食用菌产品多样，营养丰富，拓展了食用菌应用的空间。

(2)功能保健食品类

利用食用菌独特的营养和保健作用，可以开发功能性食品，如冠心病、糖尿病、气管炎、神经衰弱、防治贫血等，都有相应的食用菌作为生产原料，加工成不同种类的功能性食品。将食用菌加工成口感较好的保健饮料，是食用菌开发利用的重要方面之一。在国外，美国、日本等发达国家均对此投入巨资进行研发。日本1991年开始实行特定保健食品制度，随后，食用菌作为主要原料之一，被迅速而广泛地应用于保健饮料行业，研发出了金针菇豆奶饮料、香菇多糖口服液、保健茶饮料以及金针菇、猴头菇复合饮料等产品系列。日本以灵芝作为主要原料生产的灵芝保健饮料在其国内及欧美市场广受欢迎。国内食用菌饮料的研发与加工也取得了一些突破。以"药、食用菌工程发酵茶研究"项目为例，该项目将经过驯化的灵芝、茯苓、冬虫夏草以及猴头等多种适合在茶叶生长基质中生长的食用菌，接种在中低档乌龙茶原料中，添加适量天然可食用辅料，经过固态发酵工艺培养形成菌类发酵茶。这一项目有效结合了茶叶资源优势与食用菌的营养价值优势，显著提升了食用菌的产品附加值。此外，食用菌也以多种形式在酿酒方面广泛应用。人们既可以通过乙醇溶液将食用菌中的有效成分浸提出来，间接配制成香菇灵芝酒、猴头灵芝酒等不同类型的保健酒；还可以以食用菌为主要原料，添加相应辅料，直接发酵酿制成分独特的保健酒。

(3)美容制品类

食用菌的护肤美容作用在《千金要方》《御药院方》等古代医籍中已有记载，如银耳能够有效改善肌肤组织功能，有助于促进机体新陈代谢，使人肌肤润泽。现代医学使用新技术方法，对食用菌的抗衰老及美容功能进行了更加深入细致的研究。利用食用菌减肥、消脂、轻身的功能和特殊的抗氧化、缓衰老成分，开发出了各种类型的美容制品（包括内服和外用），如灵芝茶、灵芝抗皱奶、银耳珍珠霜、茯苓润肤霜等系列的美容佳品。

多种食用菌含有的多糖类、多肽氨基酸类、三萜类、多酚类和核苷类等主要成分，具有显著的美白、抑菌、抗皱、抗炎、保湿以及抗衰老等多种功效。例如，灵芝中不仅含有大量抑制黑色素的成分，而且有其他多种对皮肤有益的微量元素，这些元素能够有效促进细胞再生、减少人体自由基、增加胶原质及皮肤厚度，并改善人体微循环，进而达到丰润皮肤、消除皱纹与细纹的良好效果。此外，灵芝中含有的多糖成分还使其能够有效防止细菌对皮肤的损害，并调节皮肤水性，使皮肤水嫩光滑并富有弹性。因此，在护肤品研发领域，灵芝常被配制成抗皱乳液，被市场广泛追捧。其他食用菌的美容功能也被逐步开发。例如，牛肝菌类因其显著的抗氧化活性，已成为市场上广泛使用的抗皱抗衰老美容产品的重要原料；平菇多糖的保湿效果甚至优于甘油；银耳被配置成美容乳液以及茯苓用于制作润肤霜等。

(4)药用食用类

食用菌中含有多种功效成分，如多糖类、核苷类、多肽氨基酸类、矿物质、维生素、三萜类和脂肪类等，具有较高的药用价值，部分食用菌本身就是传统的名贵中药。在我国食用菌作为传统中药原料已有两千多年的历史。例如，作为中国传统医学经典著作《神农本草经》就记载有灵芝、冬虫夏草、银耳、茯苓等多种食用菌作为药物使用。目前应用最多的是多糖类，如香菇多糖、灵芝多糖、猴头多糖等。天然植物中免疫多糖的生物学效应已越来越受到人们的重视。目前，我国利用食用菌加工的保健食品已进入商品化生产或尚在中试阶段的产品有 500 种之多，其中主要有营养口服液类、保健饮料类、保健茶类、保健滋补酒类、保健胶囊类 5 个系列的产品。以食用菌为原料的食品和药品发展迅速，市场潜力巨大，前景诱人。

现代医学研究证明，食用菌富含的菇类多糖成分能够抑制癌细胞生长繁殖，提升人体自身免疫能力，具有抗肿瘤、降低胆固醇、清除人体自由基等多种保健作用。在国外，自 1969 年香菇多糖的抗癌活性被报道之后，国际学术界开始注重研究如何从真菌中提炼抗癌药物。目前，已证实百余种真菌具有显著的抑癌活性并开始用于临床治疗，例如，猴头菌中多糖类物质和多肽在溃疡、胃炎、消化系统癌变等疾病治疗中的应用；使用灵芝孢子粉治疗癌症；香菇多糖制剂用于治疗恶性胸腔积液；源自树舌灵芝中的萜烯化合物对肿瘤疾病的治疗等。随着对食用菌药理作用研究的深入，食用菌在药理和临床保健上的应用将会越来越广。同时，食用菌中含有丰富的胶质和膳食纤维，具有润滑和洗涤胃肠、吸附和排除毒素、促进代谢平衡、美容抗衰老等功效。

（5）农药及肥料制品

可从食用菌中提取有关激素、生长素，制成作物增产素；还可以从食用菌中提取抗病毒物质，防治植物病毒病。

5.6　菌糠综合开发利用技术

食用菌菌糠（spent mushroom substrate，SMS）是食用菌经采摘后剩余菌丝和培养基料的混合物，是食用菌菌丝残体及经食用菌酶解的粗纤维等成分的复合物。我国是世界上最大的食用菌生产国，占世界总产量的 70% 以上。随着食用菌生产规模和产量的不断扩大，食用菌菌糠年产已达 4000×10^4 t，但许多地区将这些菌糠随意丢弃或燃烧，不仅造成资源的浪费，更给当地生态环境带来了严重污染。而由于菌糠具有较高的利用价值，含有大量的粗纤维、木质素和菌丝体，还含有丰富的蛋白质、氨基酸、碳水化合物、维生素和微量元素，及时科学地处理食用菌菌糠，实现废物再利用、变废为宝，可解决环境问题，也可产生较为显著的经济效益。因此，食用菌菌糠的资源化利用受到了广泛关注。

5.6.1　基础成分

（1）理化性质

食用菌菌糠通常为泥炭状，颜色呈棕色或浅棕色，纤维质地疏松，风干后颜色似表层土壤，结构松散易碎。常见的食用菌菌渣含水率 30%~55%，pH 值为 6.0~8.0，有机质质量分数 40%~60%（干基），碳源氮源比多在 30 以下。由于栽培菌种、原料和出菇次数不同，菌糠的理化性质存在差异。例如，杏鲍菇菌糠含水率 56.1%，pH 值约为 5.8，碳氮比约为 14.6；而平菇菌糠含水量为 42.3%，pH 值约为 6.2，碳氮比约为 18.4，平菇出菇后，菌糠中水分下降明显。

（2）主要成分和营养价值

我国南北气候差异明显，不同地区适合栽培的食用菌品种以及当地主要农作物不同，因此各地区使用的主要栽培原料各有差异。研究表明，不管是以木屑、棉籽壳和玉米芯等为主要栽培原料的木腐菌菌糠，还是以秸秆等为栽培原料的草腐菌菌糠，经食用菌菌丝及多种微生物酶解作用后，栽培原料中的纤维素和木质素等被不同程度降解，同时菌糠中含有大量的蛋白质、多糖、粗纤维、粗脂肪、氮、钾、钙和镁等多种营养成分，具有很高的资源再利用价值。

5.6.2 菌渣循环利用

(1) 食用菌二次栽培

食用菌的栽培原料在一次利用后仍存在丰富的营养物质，尤其是木腐菌和草腐菌对原料中木质素、纤维素的利用率不同，其菌糠经适当处理或添加部分新料后可作为另一种食用菌的制种或栽培原料。菌糠的再次利用不仅能够获得较高的产量，还能节约生产成本，提高经济效益。例如，用添加杏鲍菇菌糠的方式栽培平菇具有菌丝生长快、产量高和成本低等优点。若用菌糠完全替代棉子壳栽培金针菇，原料成本低，投料成本可减少 585.93 元/t。此外，利用菌糠在双孢蘑菇、姬松茸等食用菌栽培中也取得了较高的产量和经济效益。

(2) 菌糠饲料化

由于食用菌对木质素、纤维素等有机物质的分解和转化，菌糠相比于原始培养料的营养价值得到明显改善，粗蛋白含量显著提高。利用菌糠部分替代畜禽饲料，可以一定程度上降低饲料生产成本。例如，工厂化栽培的双孢蘑菇、毛木耳、杏鲍菇和糙皮侧耳等常见食用菌菌糠有一定饲用酶活性，如木聚糖酶、β-葡聚糖酶和植酸酶，能够作为饲用酶添加至畜禽饲料中。在蛋鸡饲料中添加 3%菌糠，可提高鸡蛋的含硒量、产蛋率和蛋黄比重，且不会影响蛋鸡的生产性能和鸡蛋品质。采用含 9%的平菇菌糠饲料对试验肉兔增重，成本比对照组减少 1.39 元/kg。此外，菌糠经微生物发酵后富含多种矿物质和维生素等活性物质，有利于改善畜禽消化道菌群平衡，促进畜禽生长发育。

(3) 土壤改良剂和修复剂

菌糠是良好的土壤改良剂，土壤中添加菌糠，具有改变土壤结构、物质组成和营养平衡等一系列作用，同时也能改善土壤微生态环境。此外，菌糠还可作为重金属污染土壤的修复材料。例如，施用菌糠能有效降低盐潮土土壤容重，增加耕地适耕性，同时降低盐潮土 pH 值。覆盖菌渣也能够提高土壤蔗糖酶和过氧化氢酶活性，土壤有机质含量、全氮含量、速效磷和速效钾含量均在一定程度增加。此外，添加菌糠后土壤交换态铅、锌含量随着生育期逐步降低，碳酸盐结合态铅、锌含量升高。

(4) 菌糠肥料化利用

由于菌糠富含氮、磷和钾等元素，堆肥化处理是菌糠资源化利用的有效途径。堆腐能逐渐将菌糠中不稳定的有机成分矿化分解，同时稳定的有机物可作为优质有机物料，提升土地肥力、改善作物生产环境。例如，采用黑木耳菌糠制作的有机肥与无机肥料配合施肥，当菌糠肥施用量在 2500 kg/hm² 、无机肥用量减少 50%时，玉米产量、品质及其他农艺性状均表现较好。此外，也可通过多种微生物复合作用，将乳酸菌、枯草芽孢杆菌、木霉、黑曲霉等活性功能菌加入菌糠中，使促生作用、肥效作用更好地结合，提高肥料利用效率。菌糠肥的施用还有培肥地力作用，为粮食增产提质奠定物质基础，同时为耕地的可持续利用提供保障。

（5）菌糠能源化利用

以菌糠作为生物能源制取沼气或用作生物燃料，不仅可减少菌糠囤积带来的环境污染，还能改善农村的能源结构。且菌糠产沼气具有预处理方式简便、启动迅速的优点。不同原料食用菌菌糠制取沼气的产率不同，有研究表明棉籽壳菌糠作为发酵原料的产气率最高，适合农业生产。

生物质是目前唯一能够直接转换生产液体燃油的可再生能源，是解决我国液体燃料需求的有效手段。对食用菌菌糠进行热解试验研究，热解温度在 600℃ 时获得固、液和气 3 种产物，其中脱水后液体产物热值高达 17 143 J，约为 0# 柴油热值（40 184 J）的 0.42 倍；固体产物热值约为标准煤的 1/2，能达到火力发电厂热值要求，具有较大开发价值。实际生产中，许多食用菌企业将烘干后的菌糠作为菇房加热的燃料以节约燃料成本。且调查分析了采用菌糠作为生物质燃料的锅炉大气污染物排放情况，发现颗粒物、SO_2 和 NO_x 排放均达标。

（6）菌糠活性物质提取及药物化

食用菌菌糠中含有大量菌丝生长中产生的多糖、有机酸、激素和酶等活性物质，对菌糠中活性物质的提取和利用具有生态高值化的潜力。金针菇菌糠提取液处理双孢蘑菇可促进子实体营养成分的累积，子实体营养价值高于未经金针菇菌糠提取液处理的双孢蘑菇。平菇菌糠提取液喷施后能显著促进茶新菇、金针菇和毛木耳的菌丝生长。此外，平菇菌糠提取液对酵母生长有促进作用，能够代替常用的 YPD 培养基对酿酒酵母进行培养。

（7）栽培基质

食用菌菌糠具有保湿和填充料的作用。菌糠容重小、疏松、通气性好且养分含量高，因此作为蔬菜、花卉等栽培基质使用，既能保证水分和空气供应，还能释放养分，促进植物根系生长。80%菌糠配合20%草炭作为栽培基质最适宜辣椒萌发及其幼苗生长。采用完全腐熟后的菌糠作为黄瓜无土栽培基质，能够作为草炭的替代品，且栽培后的单株产量高 0.1 kg。无土栽培中的优良基质草炭属于不可再生资源，而菌糠作为草炭的有力替代品已成为众多学者的研究热点。

复习思考题

1. 什么是食用菌？发展食用菌的意义有哪些？
2. 简述食用菌原种或栽培种的两个原料配方及制作流程。
3. 平菇发菌期的管理要点是什么？
4. 平菇子实体生长期的管理要点是什么？通风对平菇生长发育有何影响？
5. 平菇喜欢偏酸性基质生长，在实际生产中为何要把基质 pH 值调高？
6. 怎样制备双孢蘑菇的覆土材料？
7. 双孢蘑菇发酵料是怎样制成的？优质发酵料应具备哪些条件？
8. 食用菌菌糠综合开发利用技术有哪些？

第 6 章

微生物与生物修复

【本章提要】主要介绍了生物修复的概念、生物修复中微生物的种类、生物修复的原则、生物修复的作用及进展、生物修复工程设计以及生物修复的类型与应用技术。

6.1 生物修复概述

环境修复通常分为 3 种类型：物理修复、化学修复和生物修复。其中，生物修复又可划分为微生物修复、植物修复和原生动物修复。利用微生物将环境中的污染物降解为二氧化碳和水或转化成无毒、低毒化合物的过程称为微生物修复。

6.1.1 生物修复的定义及特点

生物修复(bioremediation)是指利用天然存在或特别培养的生物(尤其是微生物)的生命代谢活动，减少存在于环境中有毒有害物质的浓度或使其完全无害化，从而使污染的环境能够部分或完全恢复到最初状态的过程。

严格意义上的生物修复是指目标污染物在不受人为干扰的自然情况下被降解。只要存在合适的环境条件、营养条件以及相应的微生物，就可以发生严格意义上的生物修复，但这种情况下发生的生物修复一般进行得较慢，远达不到生产实践的要求。

与传统的物理修复和化学修复相比，生物修复具有以下优点：①生物修复可以现场进行，从而减少运输费用和人类直接接触污染物的机会；②生物修复经常以原位方式进行，对污染位点的干扰或破坏作用最小；③生物修复使有机物分解为二氧化碳和水，可以永久地消除污染物和长期的隐患，无二次污染，不会使污染转移；④生物修复可与其他处理技术结合使用，处理复合污染；⑤费用低，仅为传统物理修复和化学修复所需费用的 $30\% \sim 50\%$。

生物修复也有其自身的局限性，主要表现在：①微生物不能降解所有进入环境的污染物；②微生物修复前，常需要对地点的污染状况进行详细且成本高昂的具体考察；③特定的微生物只能降解特定类型的化学物质；④受环境因素影响较大；⑤有些情况下，生物修复不能将污染物全部去除。尽管如此，生物修复技术仍被认为比物理修复和化学修复更具发展前途，尤其是在土壤修复方面。例如，荷兰在 20 世纪 80 年代花费 15 亿美元进行污染土壤修复；德国在 1995 年投资 60 亿美元净化土壤；美国自 20 世纪 90 年代以来在土壤修复方面进行了数百亿美元的投资。

6.1.2　生物修复中主要微生物类型

污染环境能够被微生物修复必须具备两个前提：一是进入环境中的污染物必须是生物可降解的物质；二是环境中存在可降解污染物的微生物。只有上述两个条件同时具备，污染环境的生物修复才能顺利实现。根据微生物来源的不同，将用来生物修复的微生物分为 3 大类型：土著微生物、外来微生物和基因工程菌(genetically engineered bacteria)。

（1）土著微生物

自然环境中存在各种各样的微生物，这些土著微生物具有降解污染物的巨大潜力。环境遭受污染后，对土著微生物进行驯化选择过程，只有那些在污染物的诱导下能产生分解污染物的酶系，并最终能将污染物降解、转化的特异微生物才能存活下来。

目前，在大多数生物修复工程中实际应用的都是土著微生物，一方面是由于土著微生物降解污染物的潜力巨大；另一方面是接种的微生物在环境中难以保持较高的活性以及基因工程菌的应用受到较严格的限制。

环境同时遭受多种污染物污染后，很少有单一微生物具有降解所有污染物的能力，大多数污染物的生物降解是分步进行的，需要多种酶和多种微生物的协同作用。因此在污染物的实际处理中，必须考虑多种微生物的相互作用。

（2）外来微生物

土著微生物生长速率慢、代谢活性较低，或者由于污染物的存在造成土著微生物数量下降，致使降解污染物能力降低，因此在环境污染的生物修复过程中常需要接种一些高效降解污染物的菌株。例如，修复被 2-氯苯酚污染的土壤时，只添加营养物，7 周内 2-氯苯酚浓度从 245 mg/L 降为 105 mg/L，而同时添加营养物和接种恶臭假单胞菌(Peseudo-monas putida)纯培养物后，4 周内 2-氯苯酚的浓度迅速降低，7 周后仅为 2 mg/L，降解率 >99%。但应注意，最初加入的外来微生物必定会与土著微生物在营养物质、生存空间等方面发生竞争作用，因而需要加大接种量，使外来微生物形成优势。

（3）基因工程菌

1980 年后，科学家采用生物技术的手段和方法构建的高效基因工程菌已逐步得到应用，如应用基因工程技术将多种降解基因转入同一微生物菌株中，使之获得广谱降解能力。例如，将甲苯降解基因从恶臭假单胞菌转移给低温受体菌，受体菌在 0℃ 时也能降解甲苯，这比简单地接种特定的微生物使之降解的方法更有效。

尽管在利用遗传工程提高微生物降解能力方面已取得了很大成就，在实验室也获得了一些基因工程菌，但大多数国家对工程菌的实际应用都有严格的立法控制，目前基因工程菌的研究多处于实验室研究阶段，实际现场的应用鲜有报道。

6.1.3　影响微生物修复的因素

生物修复主要涉及微生物、污染物和土壤，在研究和选择生物修复技术时均应加以考虑。

(1)生物因素

在自然环境中存在大量可降解污染物质的微生物,但其浓度一般很低。当环境被污染时,由于微生物受驯化,降解该种污染物的微生物数量会逐渐增多。例如,在自然状态下可降解烃类物质的微生物只占微生物总数的 1%,但在石油污染环境中这一比例可上升至 10%。添加能降解污染物质的外源微生物可强化对污染物质的降解,有助于达到理想的处理效果。采用质粒转移、基因工程和原生质体融合等技术构建的工程菌在环境生物修复中具有较好的应用前景。但由于生物工程菌在自然环境中缺乏竞争优势,并可能对生态安全造成潜在威胁,目前在环境治理的现场应用很少。

植物在水体和土壤生物修复中也可起一定的作用。植物可直接吸收污染物质,通过转化和输送,以非植物性毒素的形式进行积累。另外,植物通过向土壤中分泌营养物质(单糖、氨基酸、脂肪族化合物、芳香烃等)和酶以及传递氧气到根部来刺激根系周围微生物生长,并改变土壤的生化活性,从而加速土壤的生物修复作用。近年来的研究表明,植物根系的分泌物不但可为微生物提供营养物,同时还可诱导微生物降解某些难降解的有毒物质(如多氯联苯)。水生植物可向沉积物、根际、茎叶释放营养物质和氧气,使沉积物中的微生物通过好氧方式矿化污染物,提高微生物活性及对污染物的矿化能力。Radwan et al. (2002)研究表明,细菌可稳固地吸附在大型海藻表面,使其表面单位体积细菌的数量大大增加,海藻光合作用产生的氧气加速了细菌对有机物的降解。

(2)营养物质

为了使污染物实现完全的降解,适当添加营养物比接种特殊的微生物更为重要。如添加酵母膏或酵母废液可以明显地促进石油烃类化合物的降解。石油中的烃类含有大量碳源,向污染区投放氮、磷营养物质后,可促进污染土壤中石油的生物降解作用。据报道,调节石油污染土壤的 C : N : P 是石油处理过程的一个重要环节。Xu et al. (2003)利用缓释型肥料修复石油污染,结果表明修复 45 d 后,沉淀物样品中脂肪族烷烃的降解率约为 96%,显著高于对照组。Borger 等人发现在 C : N : P 为 100 : 10 : 1 时,石油的降解率最高,单独添加氮或磷均不能提高降解率。

添加营养盐时,应注意确定营养盐的形式、合适的浓度以及适当的比例。目前已经使用的营养盐类型很多,如铵盐、正磷酸盐或聚磷酸盐,酿造废液和尿素等。

(3)电子受体

土壤中污染物氧化分解最终电子受体的种类和浓度会显著影响污染物生物降解的速率和程度。微生物氧化还原反应的最终电子受体主要有溶解氧、有机物分解的中间产物和无机酸根(如硝酸根和硫酸根)3 类。

①溶解氧。氧气有利于大多数污染物的生物降解。土壤中的氧气浓度较低,二氧化碳含量较高。微生物代谢所需的氧气依赖于大气中氧的传递,当土壤空隙充满水时,氧传递会受到阻碍。黏性土会保留较多水分,因而不利于氧传递。缺氧或厌氧时,厌氧微生物就成为土壤中的优势菌。好氧性微生物能够将土壤 20%~40% 的有机碳转化为细胞物质,而厌氧微生物只能转化 2%~5%。有氧环境下,氧气是微生物降解石油烃的最优先电子受体;缺氧条件下,虽其他物质可以作为电子受体,但降解速率低且条件苛刻(钟磊等,

2021)。为了增加土壤中的溶解氧，可以采用一些工程化的方法，如通风鼓气、添加产氧剂(如双氧水)或固体过氧化物(如过氧化钙)。此外，为防止土壤水分饱和，对土壤进行适度的耕作可以避免土壤板结和限制土壤中的耗氧有机物含量。

②无机酸根离子。在厌氧环境下，硝酸根、硫酸根和铁离子等都可以作为有机物降解的电子受体。由于厌氧过程进行速率太慢，且厌氧工艺难以控制，所需时间较长，故一般不采用。但一些研究表明，许多在好氧条件下难以生物降解的重要污染物，包括苯、甲苯和二甲苯以及多氯取代芳香烃等，都可在还原性条件下被降解成二氧化碳和水。另外，对于一些多氯化合物，厌氧处理比好氧处理更为有效，如受多氯联苯污染的底泥，其厌氧降解已被证实。

(4) 共代谢基质

研究表明，微生物的共代谢对一些难以生物降解污染物的分解起重要作用。据报道，一株洋葱假单胞菌 G4 菌株以甲苯作为生长基质时可以对三氯乙烯进行共代谢降解。此外某些可通过代谢分解酚或甲苯的细菌，一般也具有共代谢降解三氯乙烯、1,1-二氯乙烯、顺-1,2-二氯乙烯的能力。Robert et al. (2000)发现，混合培养微生物在含有柴油的基质中可将苯并[α]芘矿化为二氧化碳，在含 0.07%~0.20%柴油条件下，两周内可使 10 mol/L 苯并[α]芘的矿化率达 33%~65%。

(5) 表面活性剂

使用表面活性剂有助于对亲水性差的污染物进行降解。烷烃、芳香烃、多环芳烃是石油的重要组分，这类物质的水溶性较低且难被微生物降解。一些降解石油的微生物能产生表面活性物质，使这些烃类乳化从而促进细胞吸收。一种南极洲假丝酵母在植物油或十一烷上培养时可产生胞外表面活性物质，进而加速对碳氢化合物的降解。目前在实际中应用较多的是非离子表面活性剂吐温 80。

(6) 污染物的物理化学性质

污染物的物理化学性质主要包括淋失、挥发、生物降解和化学反应 4 个方面。例如，化学品的类型，属于酸性、碱性、极性中性或非极性中性的有机物、无机物；化学品的性质，如分子量、熔点、结构和水溶性等；化学反应特性，如氧化、还原、水解、沉淀和聚合等；土壤吸附参数，如 Freudlich 吸附常数、辛醇-水分配系数、有机碳吸附系数等。

了解污染物的物理化学性质，是为了判断能否采用生物修复技术，以及采用怎样的技术强化和加速生物修复过程。例如，因水溶性低而导致对土壤中生物有效性较差的化合物(石蜡等)，可以使用表面活性剂增加其生物有效性。

(7) 温度

温度的变化对土壤污染物的微生物降解影响很大，低温会抑制其降解。一方面与微生物的最适生长温度有关；另一方面与污染物存在状态有关。例如，石油降解中，在-2~72℃范围内都有微生物的降解。在 0~10℃范围内，温度升高，微生物增多，降解率增高，温度从 20℃升至 30℃时，正构烷烃的降解率可增加 1 倍；而温度由 20℃降至 10℃时，重质油的降解率降低 50%~60%，轻质油的降解率降低 30%~40%。

(8) 土壤 pH 值

土壤 pH 值的变化也影响微生物的活性，微生物生长和微生物降解污染物的酶进行的酶促反应均有一个最适的 pH 值范围。pH 值对于微生物降解石油烃的效率有较大的影响，一般而言，最佳的石油烃微生物降解 pH 值范围为 7.0~8.0。

(9)其他土壤性质

目前，有关土壤质地、化学组成、氧化还原电位、黏粒的含量等对污染物的降解和转化效率的影响相关研究较少，但土壤的状况决定了优势微生物的种类，从而影响污染物的降解。同时，土壤某些重金属离子的存在会抑制微生物的活性。

6.1.4 生物修复的原则

生物修复的应用要在一定的原则下进行，并经过可处理性试验，来确定生物修复设计工艺参数。生物修复必须遵循的 3 项原则：使用合适的生物、在合适的场所和合适的环境条件下进行。

合适的生物是生物修复的先决条件，它是指具有正常生理和代谢能力，并能降解或转化污染物的生物体系，包括微生物、植物、动物及其组成的生态系统，其中微生物(如细菌、真菌)起着十分重要的作用。

合适的场所是指要有污染物与合适的生物相接触的地点。表层土壤中存在的降解苯的微生物无法降解位于蓄水层中的苯系污染物，只能通过抽取污染物后于地面生物反应器内处理，或将合适的微生物引入到污染的蓄水层中处理。

合适的环境条件是指要控制或改变环境条件，使生物的代谢与生长活动处于最佳状态。环境因子包括温度、pH 值、无机养分、电子受体等(同"影响微生物修复的因素")。

6.1.5 生物修复研究进展

生物修复基础研究起步于 20 世纪 70 年代。1972 年美国宾夕法尼亚州清除 Ambler 管线泄漏的汽油是史料所记载的首次应用生物修复技术的案例。开始时生物修复的应用规模很小，处于试验阶段。直到 1989 年美国阿拉斯加海滩受到大面积石油污染后，才首次大规模应用生物修复技术。阿拉斯加海滩溢油的生物修复是生物修复发展的里程碑。美国从 1991 年开始实施庞大的土壤、地下水、海滩等环境危险污染物的治理项目，并称之为"超基金项目"。欧洲各国从 20 世纪 80 年代中期就对生物修复进行了初步研究，并完成了一些实际的处理工程。其生物修复技术可与美国并驾齐驱，德国、荷兰等国位于欧洲前列。我国的生物修复处于刚刚起步阶段，在过去的 10 年中主要是跟踪国际生物修复技术的发展，大面积应用的例子还较少。最初的生物修复主要是利用细菌治理石油、农药之类的有机污染。随着研究的不断深入，生物修复又应用于地下水、土壤等环境的污染治理上。生物修复已由细菌修复拓展到真菌修复、植物修复、动物修复，由有机污染物的生物修复拓展到无机污染物的生物修复。

目前生物修复技术在美国和欧洲主要处于实验室小试和中试阶段，实际应用的例子也有一些。我国的一些大学和科研机构从 20 世纪 90 年代起开始对生物修复技术进行研究，并进行了一些小试和中试。综合前人的工作，尚需深入研究的问题有：对超累积植物的继续寻找及对超累积机理的研究；进一步加强对白腐真菌的应用研究；高分子有机污染物降解过程中共代谢机理的探究；植物根区修复作用的原理及其促进机制的研究；通过遗传工程构建高效降解的微生物菌株，创造超积累型转基因植物；生物降解潜力的指标与生物修复水平的评价；生物修复与理化方法结合的综合技术研究；污染的资源化及生物修复的产业化。

生物修复今后的研究重点：①扩展对降解有毒有害化合物中具有普遍意义的微生物互惠共生群体结构的了解；②确定好氧、厌氧微生物降解有毒有害化合物的生物化学机制，加强对其代谢途径及遗传学的研究；③通过遗传学手段改造菌株以提高其降解能力；④开展生物修复新技术的小试和中试研究，并建立专用基地供实地试验；⑤开发有关生物传感器及生物过程模型，以评估实地试验效果。

6.2　微生物修复的类型

6.2.1　原位生物修复

原位生物修复（in-situ bioremediation）是指不移动受污染土壤，通过直接添加营养物、供氧或使受污染土壤与降解菌充分接触，加快污染物分解的技术。原位生物处理是在受污染地区直接采用微生物修复技术，不需挖掘和运输土壤，直接向污染部位提供氧气、营养物质或接种降解污染物的微生物，以达到降解污染物目的的生物修复工艺。一般采用土著微生物处理，有时也加入经培养、驯化的微生物以加速生物降解，但由于采用的工程强化措施较少，处理时间较长，而且在长期的处理过程中，污染物可能会扩散或淋失到深层土壤和地下水中，因而该技术适用于污染时间较长的土壤或面积广阔的区域。

（1）生物通风法

生物通风法（bioventing）也称生物通气法，是原位生物修复中的一种强化污染物生物降解的修复方法。在被污染地区，土壤中的有机污染物会降低土壤中的氧气浓度，二氧化碳浓度增加，为了提高污染物降解效果，需要排出土壤中的二氧化碳和补充氧气，生物通风系统即可改变土壤中气体成分（图 6-1）。

通常，在受污染地区的土壤中至少打两口井，安装鼓风机和真空泵，将新鲜空气强行排入土壤中，然后抽出，由此除去土壤中存在的挥发性毒物。通入空气时，也可加入一定量的氨气，为土壤中的降解菌提供氮素营养；还可将营养物和水经滤通道分批供给，从而达到强化污染物降解的目的。

生物通风方法已成功应用于各种土壤的生物修复治理，这些被称为生物通风堆的生物处理工艺主要是通过真空或加压进行土壤曝气，使土壤中的气体成分发生变化。生物通风工艺通常用于由地下储油罐泄漏造成的轻度污染土壤的生物修复。

（2）生物搅拌法

生物搅拌法（biosparing）是将土壤的饱和部分压入空气，同时从土壤的不饱和部分真空吸取空气，既向土壤提供了充足的氧气又加强了空气的流通。此方法能同时处理饱和土壤和不饱和土壤。

（3）泵处理法（P/T 法）

P/T（pump and treat）法主要应用于修复受污染地下水及其污染的土壤。需在受污染的区域钻井，井分为两组，一组是注入井，用来将接种的微生物、水、营养物质和电子受体（如双氧水）等注入土壤中；另一组是抽水井，通过向地面上抽取地下水造成地下水在地层

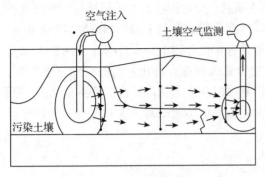

图 6-1 生物通风法示意

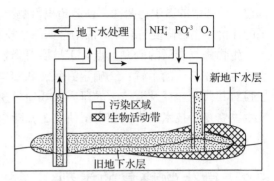

图 6-2 泵处理法示意

中流动，促进微生物的分布和营养物质的运输，保持氧气供应(图 6-2)。

通常采用的设备是水泵和空压机，有的系统中，在地面上还构建了可采用活性污泥法处理的生物处理装置，将抽取的地下水处理后再回注入地下。由于处理后水中有驯化的降解菌，因而对土壤有机污染物的生物降解有促进作用。

Keamfer 用泵处理法向被石油污染的土壤注入适量的 N、P 及 H_2O_2 等电子受体，经过 2 d 的运转后，分离得到 70 多种细菌。其中，大多数为烃降解细菌，石油烃的浓度有明显下降。

该处理法操作简单，费用较低，但处理时间较长，污染物可能会进一步扩散到深层土壤，因而适用于处理污染时间较长、状况稳定的地区或受污染面积较大的地区。

6.2.2 异位生物修复

异位生物修复(ex-situ bioremediation)技术是将污染土壤、沉积物移离原地或在原地翻动土壤，使之与降解菌接种物、营养物及支撑材料混合，并进行生物处理的方法。主要有土壤耕作法、预制床法、堆肥法、生物反应器法等。

6.2.2.1 土壤耕作法

土壤耕作(land farming)法是广泛采用的处理污染土壤的方法。该方法是先挖出土壤暂时堆埋在一个地方，在原地进行工程化准备后再将污染土壤运回处理。具体来讲，是在非透性垫层和砂层土上，将污染土壤以 10~30 cm 平铺于其上，淋洒营养物质和水，接种降解菌株，定期翻动充氧，以满足微生物生长发育的需要；处理过程产生的渗液，回淋于土壤，以彻底清除污染物。这种方法的不足之处是挥发性有机物会造成空气污染，难降解物质的缓慢积累会增加土壤的毒性。至今该方法已用于处理被五氯酚(Pentachlorophenol, PCP)、杂酚油、焦油和农药污染的土壤，并有一些成功的例子。

6.2.2.2 预备床法

预备床(prepared bed reactor)法，就是从污染地域挖出土壤，为防止污染物向地下水或者更大地域面积扩散，将土壤运到一个经过工程化准备(包括底部构筑和设置通气管道)的地方堆埋，形成上升的斜坡，进行生物处理，处理后的土壤运回原地(图 6-3)。

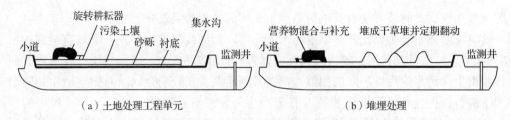

（a）土地处理工程单元　　　　　　　　　　（b）堆埋处理

图 6-3　异位生物修复技术示意

简单的系统就是露天堆放,复杂的系统则可将污染土壤放入有通气设备的大容器中。在堆埋过程中,需要注意将系统中渗流出来的水收集起来,并重新喷洒或另外进行处理;同时,采用有机块状材料(如新鲜的稻草、木屑、树皮或牲畜窝的垫草)补充土壤,以改善土壤结构,保持湿度,缓冲温度变化,并添加适当的营养基质。

该技术的优点是在土壤受污染初期可以限制污染物的扩散和迁移,减少污染的范围。但挖土方和运输费用高于原位处理方法,运输中可能会造成污染物进一步暴露,同时由于挖掘而破坏原地点的土壤生态结构。

该技术已用于处理被 PCP、杂酚油、石油加工废水污泥、焦油或农药等污染的土壤,并取得了一定的成果。

6.2.2.3　堆肥法

堆肥(composting)法是在人工控制的条件下,使有机废物发生生物稳定化(biostablization)的过程。一般是将污染物与容易分解的有机物,如新鲜稻草、木屑、树皮等混合堆放,并加入氮、磷及其他无机营养物质,也可辅助一些简单的搅拌、通气等装置。污染物经稳定化形成的堆肥,是一种腐殖质含量很高的疏松物质。污染物经过堆肥化处理,体积可减少 30%～50%。关于堆肥的原理和工艺在第 7 章有详细的介绍。

6.2.2.4　生物反应器法

最初生物反应器处理法(bioreactor)应用于处理含合成化合物的废水,当生物反应器与原位处理结合使用后,成为土壤生物修复中的一种新技术。可用于处理含污染物的地下蓄水层,也可以对污染土壤进行冲洗。该过程可以是连续的,也可以是间歇的。反应器多控制在厌氧条件下,有时也可用好氧降解。

生物反应器处理过程为:先挖出污染土壤,接种微生物,加水混合,使土壤呈高浓度的泥浆状,在反应器内进行处理,其工艺类似于污水生物处理方法。处理后的土壤与水分离后,经脱水处理再运回原地(图 6-4)。

生物反应器的反应条件易于控制,能加快降解反应速度,是一项比较成熟的处理技术。但其工艺过程较为复杂,成本也较高。

（1）土壤浆化反应器

土壤浆化处理(slurry-phase treatment)是在一个反应器内,将污染土壤与 3～5 倍的水混合,使其成为泥浆状,同时加入表面活性剂、营养物质和特殊功能的微生物制剂,控制温度在最佳范围,并在充氧条件下剧烈搅拌,以对污染土壤进行处理,操作关键是混合程度和通气量(对好氧处理而言),以改善土壤的均一性。另外,为提高疏水性有机污染物在泥浆水中的浓度,还可添加表面活性剂。在这些优化条件下,微生物活性大大提高,污染物降解速度加快，此时该方法对有机污染严重土壤的处理效果较好。

这类反应体系既可以比较简单地将污染土壤、污泥或沉积物导入一个筑有衬底的水塘[图6-4(a)]，也可以利用比较精细的反应器进行操作[图6-4(b)]。其操作在许多方面与处理城市生活污水的活性污泥法相似，都涉及到通气、充分混合以及对影响微生物降解的多因子进行调控。有些设计还兼备可收集产生挥发性有机物的装置。运行过程中的溶解氧、pH值和无机营养盐浓度可以被控制与检测。一些反应器还可接入有效的纯种或混合微生物。在低温季节时具有生物降解缓慢或停止的情况，土壤浆化反应器中的温度必须维持在快速生物降解所适宜的范围。

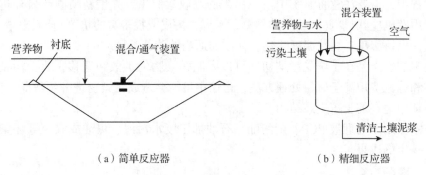

（a）简单反应器　　　　　　　　　　　　　（b）精细反应器

图 6-4　土壤浆化生物反应器

（2）厌氧反应器

由于许多好氧菌不能降解的化合物可以被厌氧菌催化降解，因此利用厌氧微生物修复土壤污染已逐渐受到人们的重视。近几年研究发现，好氧菌不能降解氯代化合物，而厌氧菌可以对其分子进行还原脱卤。如高氯取代的多氯联苯、四氯化碳、PCE和许多其他氯代产品，其中一些在环境中普遍存在且残留时间长，在厌氧菌作用下可以转化为氯取代较少的化合物，而后在好氧菌的作用下能够被较快代谢，因为低氯取代分子的好氧转化比较迅速。

SABRE(simplot anaerobic biological remediation)工艺是一种典型的生物修复反应器处理工艺，由美国爱达荷大学和 J. R. Simplot 公司联合开发。该工艺用于生物降解含硝基的芳香族化合物，如地乐酚(硝基丁酚)和 TNT 等。

该工艺的过程：①挖掘出的污染土壤先经过振动筛，将直径较大的岩石和碎片从土壤中分离出来；②用水洗涤出污染物后回填，洗涤液进入反应器处理；③筛分过的土壤经均匀化处理后也置于反应器中处理。反应器中投加磷酸盐作为缓冲溶液，使泥浆 pH 值始终保持中性。由于硝基酚类物质好氧分解的产物仍然有毒，反应必须在绝对厌氧的条件下进行，为此，Simplot 公司在反应器中添加淀粉以消耗反应器中的氧气，创造绝对厌氧环境(氧化还原电位为-200 mV)，同时添加一定量氮素，并接种一定数量的异养菌和分解淀粉的菌类。水、土壤和培养基混合后的体积占反应器容积的75%，反应器末端有搅拌器，使混合的高浓度泥浆一直处于搅动状态。

该工艺成功应用于美国埃伦斯堡机场 Bowers Field 和格兰维市郊一块废弃农用场地的地乐酚污染土壤的修复。Bowers Field 小试结果表明，23 d 后，地乐酚的浓度低于监测限(0.03 mg/L)，去除率大于99.9%。

6.2.3　复合生物修复

复合生物修复是将两种或两种以上的修复技术组合起来，充分发挥各个修复技术的优势，以达到更好的处理效果和更高的处理效率。组合的方式有多种，如反应器处理加土地耕作、土地耕作加生物强化技术等。姜庆宏等（2020）利用生物炭—微生物复合材料（biochar-microbial composite material）修复铬污染土壤，微生物可以有效地附着在生物炭上，不但能有效降低土壤铬含量，而且促生效果显著，具有广阔的应用价值。

6.3　微生物修复的应用

6.3.1　农药污染土壤的微生物修复

农业生产中施用的农药约 80% 直接进入土壤，致使土壤中的农药残留严重。土壤中过量的化学农药污染，不仅会改变土壤正常的结构和功能，减弱土壤正常生产能力，而且会通过食物链进入人体，对人体健康造成不良的影响。农业面源污染具有量大、面广、种类多和分散等特点，已引起全社会的普遍关注和高度重视。农药污染土壤的治理方式主要有物理修复、化学修复、电化学修复、生物修复技术等。当前研究应用非常活跃，其中生物修复技术取得了较好效果。

农药的微生物降解研究从最早的有机氯农药 DDT 开始，已有几十年的历史。世界各国的科研工作者分离筛选了大量的降解性微生物，国内的科研工作者也在这方面做了大量工作。

农药污染土壤的微生物修复研究重点包括两个方面。一方面，通过添加营养元素等外在条件刺激土著降解性微生物发挥作用来达到修复效果。Fulthorpe et al.（1996）从巴基斯坦土壤中分离的微生物能矿化 2, 4–D，并发现添加硝酸盐、钾离子和磷酸盐能增加降解率。加拿大的 Stauffer Management 公司多年来发展了一些农药污染土壤的生物修复技术，他们通过在特定环境中激发降解性土著微生物群落的功能达到修复目的。施用无机氮肥和磷肥能显著促进莠去津的分解，不同处理中莠去津的消解速率为：氮磷肥配施>单施氮肥>单施磷肥>不施肥料的处理。另一方面，通过接种外源降解性微生物可以达到很好的修复效果。Struthers et al.（1998）分离到 *Agrobacter radiobacter* J14a，并将其接种到只具有少量野生降解菌的阿特拉津污染土壤中，发现阿特拉津的矿化速率提高了 2~5 倍。1993—1995年，有学者在波兰进行了土壤中 2, 4–D 的生物修复田间试验，在厌氧环境下加入厌氧消化污泥 7 个月后，土壤中 2, 4–D 从 1100 mg/kg 降低到 18 mg/kg，并在大规模试验中证实了生物修复的可行性。我国很多研究单位也进行了大量的相关研究。南京农业大学微生物学系经历了 10 多年的研究，从盆栽、小区、大田试验到大面积应用推广和生产示范，形成了以投加降解菌为核心技术的生物修复体系。裴娟萍（2002）通过循环富集法筛得多效唑高效降解菌群，能彻底降解多效唑产生二氧化碳，并建立了受多效唑污染土壤的再生修复技术，35 d 后土壤中多效唑的降解率达 86.2%。

目前，可降解农药的微生物获得主要有两种途径：从受农药污染严重的土壤中筛选分离具优良性状的菌种和定向培育优良菌种。在此基础上，科研工作者在降解性基因方面也作了大量的研究，对一些降解性基因进行定位，克隆了一些降解性相关基因，并对降解性基因进行高效表达，构建了多功能高效降解菌株等。

微生物的农药降解分为酶促降解作用和非酶促降解作用。酶促降解表现为：①微生物以农药或其分子中某部分作为能源和碳源，部分微生物能以某种农药为唯一碳源或氮源。有些能被微生物立即利用，有的则不能立即利用，需先经产生特殊酶解后再使农药降解。②微生物通过共代谢作用使农药降解。许多研究表明，由于某些化学农药的结构复杂，单一的微生物不能使其降解，需靠两种或两种以上的微生物共同代谢降解，该领域是目前研究的热点。③去毒代谢作用。微生物不是从农药中获取营养或能源，而是发展了为保护自身生存的解毒作用。非酶促降解作用是指微生物活动使 pH 值发生变化而引起农药降解，或者产生某些辅助因子、化学物质等参与农药的转化，如脱卤作用、脱烃作用、胺及酯的水解、还原作用、环裂解等。许多难以降解农药的好氧/厌氧生物降解途径已经被阐明，美国明尼苏达大学的生物降解与生物催化数据库(Biodegradation and Biocatalyst Database)收集了农药等化合物的 139 条代谢途径、910 个反应、577 种酶、328 个微生物条目、247 条生物转化规律、50 个有机功能群，其中包含了许多农药的微生物降解代谢途径和酶类，对硫磷、阿特拉津、2,4-D、4-硝基酚、四氢呋喃、S-三嗪、DDT 等农药的代谢途径和降解机制已经被详细列出。

6.3.2 石油污染土壤的微生物修复

当前世界石油年产量约 22×10^8 t，统计表明，油田每作业一次残留在井场的落地油约几十到几百千克。目前，我国石油企业每年产生落地油约 700×10^4 t，一般井场周围污染范围在 $1000 \sim 2000$ m^2，井口周围 5 m 范围内为最严重污染区，地面呈黑色，经雨水冲刷后污染范围还会不断扩大。

目前针对石油污染的生物修复的研究较多。石油生产和运输造成的污染随处可见，如油轮泄漏、石油加工企业排污、输油管道破裂等造成水体、土壤和地下水的污染。降解石油的微生物广泛分布于海洋、淡水、陆地、寒带、温带、热带等不同环境中，能够分解石油烃类的微生物包括细菌、放线菌、霉菌、酵母以及藻类等共 100 余属 200 多种。由于自然界石油的降解是一系列微生物共同作用的结果，没有一种微生物能单独降解石油中所包含的所有碳氢化合物，有些微生物本身并不能分解碳氢化合物，但其在石油去除中发挥着重要作用。

在过去的几十年里，微生物修复石油类污染土壤的技术得到了广泛的应用，寻找能够在适宜气候条件下生长的微生物成为一种常用的解决方案。1989 年，埃克森石油公司的油轮在阿拉斯加 Prince Willian 海湾发生溢油事故，溢油量达 4170 m^3，污染海岸线长 $500 \sim 600$ km。为了减轻污染，该公司采用原位生物修复措施，通过喷施营养物(氮源、磷源)加速海滩上自然存在的微生物对污染石油的降解，使石油污染程度明显减轻，并未向周围海滩及海水中扩散。美国犹他州某空军基地采用原位生物降解修复航空发动机油污染的土壤，在土壤湿度保持 8%~12% 条件下，添加氮、磷等营养物质，并通过在污染区打竖井增加氧气供应。13 个月后，土壤中平均含油量由 410 mg/kg 降至 38 mg/kg。荷兰一家公司应用研制的回转式生物反应器，使土壤在反应器内与微生物充分接触，并通过喷水保持土壤湿度，在 22℃处理 17 d 后，土壤含油量由 1000~6000 mg/kg 降至 50~250 mg/kg。

虽然可降解碳氢化合物的微生物在自然界中广泛存在，但是土著微生物不能很好地降解像石油这样复杂混合物中的所有成分，另外，自然状态下微生物浓度较低，故通过添加可降解碳氢化合物的外源微生物，构建可降解脂肪酸、芳香烃、萜烯类、多环芳烃的假单胞菌株用于石油污染的生物修复中，可以减缓生物修复的滞后过程，达到理想的修复效果。

上述提及的石油污染土壤物理和化学处理方法能源消耗高，但是处理迅速可控制。比较而言，微生物修复能耗较低，但是有两方面的局限性：①由于微生物的修复能力随着石油污染物浓度的降低而降低，导致石油污染土壤不能得到完全的修复，而且耗费时间，使用地耕法或者原位修复技术，可能耗费数月甚至数年；②对于有些化合物如多环芳烃的微生物降解机理掌握的匮乏，微生物降解效果不佳，而且可能有无法预知的副产物产生。

6.3.3 重金属污染土壤的微生物修复

重金属污染土壤微生物修复技术就是利用微生物的作用来削减、净化土壤中重金属含量、降低重金属的生物可利用性和毒性。主要有两种途径：一是通过生物作用改变重金属在土壤中的化学形态，使重金属固定或解毒，改变其在土壤中的移动性和生物可利用性；二是通过生物吸收、代谢达到对重金属的削减、去除或固定。

（1）重金属的微生物吸附

微生物对重金属具有很强的亲和性，能富集多种重金属。有毒金属被贮存在细胞的不同部位或被结合到胞外基质上，通过代谢作用，这些离子被沉淀或螯合在生物多聚物上。

许多研究表明，细菌及其生物产物、藻类等对溶解态的金属离子有很强的络合能力，这主要归因于其特定的分子构型和化学组成。细胞壁带有的负电荷使整个细胞表面呈现出阴离子特性，增强对金属离子的吸附；也可通过细胞壁分子的活性将金属螯合在细胞表面，同时阻止其进入细胞内部的敏感部位。死亡的藻类比活的藻类对金属离子的吸附能力更强。

研究表明，利用 lux 标记的荧光假单孢菌(*Pseudomonas fluorescens*)、豌豆根瘤菌三叶草生物变种(*Rhizobium leguminosarum* bv. *trifolii*)及根圈假单胞菌的某个种进行不同镉浓度的分批培养试验，结果表明，在 pH 值为 6.5 时，荧光假单孢菌的生物富集系数(细菌生物量与溶液中重金属浓度之比)平均为 231，吸附的镉最大浓度高达 1000 mg/kg 以上，随着 pH 值的降低，生物富集系数也随之降低，这是因为细菌螯合重金属的有机配位体螯合化合物的稳定性降低；假单胞菌对镉的富集量显著高于豌豆根瘤菌和荧光假单胞菌对镉的富集量，造成这种差异的原因可能是菌体表面积不同。此外有研究发现在重金属含量高的土样中生长的青霉能有效吸附土壤中的铜和铬，比在自然土样中生长的青霉其菌体中的重金属含量要高出 17~50 倍。

但是，利用微生物吸附作用进行重金属污染土壤的修复也存在一些不足，如微生物个体微小，不易从土壤中分离，因此也就不易把微生物吸附或固定的重金属从土壤中分离出来。

（2）重金属的微生物挥发

环境中的汞、砷、镉、硒、铅、锡、锑和钒等都能形成相应的甲基化重金属有机物。

一般甲基化后的重金属其沸点会降低，从而有利于从土壤或沉积物中挥发进入大气中，此过程便称为生物挥发(biovolatilization)。

在自然界中，很多微生物都能进行重金属的甲基化，如细菌中的产甲烷菌、匙形梭菌、荧光假单胞菌等和真菌中的粗糙链孢霉、黑曲霉和酿酒酵母等都可以使汞甲基化。而甲基汞具有挥发性，这样就可以去除土壤中的汞。群交裂裥菌、黑曲霉、短柄帚霉、青霉和假单胞菌属等微生物能把元素硒和无机或有机硒化物转化成二甲基硒化物，毒性明显降低，然后挥发到大气中，沉降到硒缺少的地区。

土壤环境中不仅存在很多能使重金属甲基化的微生物，还存在着氧化分解甲基化重金属化合物，形成重金属离子的微生物。因此，在一般情况下，重金属的甲基化和脱甲基化过程会保持一种动态平衡，使自然界中不会积累大量的重金属有机物。但在一些特殊的条件下，如在有机物含量高而 pH 值低的土壤中，还是有可能会积累重金属有机化合物。

微生物把重金属转化为甲基化重金属有机物后，有的金属化合物如二甲基硒和二甲基砷，毒性明显降低；有的重金属化合物如甲基汞，毒性会增加。但是，重金属甲基化以后，一般水溶性增加或沸点降低，如甲基汞能溶于水，镉可以转化为挥发性的甲基镉。这样，重金属通过微生物转化为重金属化合物后，其迁移性增加，就有利于从土壤中去除重金属。

一种新的原位处理污染土壤的方法是通过打散污染土壤，按照一定比例与水和生物表面活性剂混合，获得一种泥浆，其中污染物与生物活性剂相互作用，使污泥静置，让污染物—生物表面活性剂组配增多(充分反应)，从泥浆中分离土壤后反复清除和分离，直到污染物浓度下降到 80% ~ 90%。

在分子生物学水平上研究重金属生物挥发已引起广泛重视，有的学者已经获得了分解甲基汞的基因，并将它转移到植物细胞内，使植物产生分解甲基汞的酶，从而使土壤中的甲基汞转化为汞，修复受汞污染的土壤环境。人们将从分子水平阐述微生物重金属甲基化的规律，探索微生物重金属甲基化的条件，研究重金属微生物挥发的规律，对提高土壤重金属污染修复的效率，保护环境，具有重大的现实意义。

(3)重金属的微生物氧化还原

微生物对重金属不仅有很好的吸附能力，而且有巨大的转化能力，包括微生物对重金属价态的转变等方面。

在不同的环境条件下，微生物能氧化或还原各种重金属，使之价态发生变化。微生物在氧化重金属的时候，可以获得能量，维持其生长；在厌氧的条件下，微生物常常利用各种氧化态的重金属盐作为电子受体，通过无氧呼吸来分解有机物，维持生长，同时重金属被还原。例如，具有反砷化作用的硫化螺菌属(*Sulfurospirillum*)能使砷酸盐转化为亚砷酸盐。亚砷酸盐不易吸附在土壤的表面，移动性比砷酸盐强，砷化物易从固相到水相，然后利用植物或其他物理化学的方面就能更有效地去除土壤中的砷化物。土壤中的硒在微生物的作用下也能发生各价态间的转化，同时，微生物能大大提高植物吸收硒的能力。

在有毒重金属离子中，以铬污染的微生物修复研究较多。在好氧或厌氧条件下，有许多异养微生物催化 Cr^{6+} 到 Cr^{3+} 的还原反应。许多研究还显示，有机污染物如芳香族化合物可以作为 Cr^{6+} 还原的电子供体。这一结果表明微生物可以同时修复有机物和铬的污染。微生物还可以通过产生还原性产物，如 Fe^{2+} 和硫化物间接促进 Cr^{6+} 的还原。

除了通过还原重金属离子形成沉淀外，微生物还可把一些重金属还原成可溶性的或挥发性的状态。如一些微生物可把难溶性的 Pu^{4+} 还原成可溶性的 Pu^{3+}；一些微生物可把 Hg^{2+} 还原成挥发性的汞。铁锰氧化物的还原也可把吸附在难溶性 Fe^{3+}、Mn^{4+} 氧化物上的重金属释放出来。

在含高浓度重金属的污泥中，加入适量的硫，利用微生物的氧化反应，微生物即把硫氧化成硫酸盐，降低污泥的 pH 值，提高重金属的移动性。

（4）微生物和植物联合修复土壤重金属污染

自然界中存在一小部分植物能大量积累重金属而不表现出毒性。这些植物称为超积累植物。如天蓝遏蓝菜（*Thlaspi caerulescens*）是一种能超积累土壤中锌的植物，可用于锌污染土壤的植物修复。由于它的根际微生物能大大提高土壤中水溶性锌的生物可利用性，因此，在微生物协同作用下能显著增强天蓝遏蓝菜积累锌的能力。

在植物修复土壤重金属污染的过程中，根际微生物和菌根菌也发挥着重要的作用。最早发现内生菌根真菌对重金属的相对独立吸收作用的是 Cooper 和 Tinker，他们通过能区分根系和菌丝的装置，利用同位素示踪技术，演示了内生菌根菌丝吸收、累积和运输锌的过程；Guo et al. (2015) 也从含有多种重金属污染的水稻根际土壤中筛选出一株对多种重金属具有抗性的溶磷细菌，研究表明，该菌株具有显著促进植物生长和植物富集重金属的能力。

土壤中的硒可以通过植物挥发到大气中，在硒的植物挥发过程中，植物根部的微生物起到非常重要的作用，通过添加抗生素和对植物根部进行消毒的研究表明，添加抗生素后，植物对硒的挥发作用下降了 95%。如果采用消毒的方法，消毒后植物对硒的挥发作用下降了 90%。如果植物没有根际微生物，硒酸盐就集中在植物的根部，其吸收和挥发的能力就下降。但是根际微生物不影响植物对亚硒酸盐的吸收，细菌可能通过影响亚硒酸盐转化为有机硒而对亚硒酸盐的生物挥发产生影响。虽然细菌也能使无机硒转化为有机硒，达到挥发硒的目的，但是植物和微生物的联合作用能大大提高生物挥发的能力。同时，植物能提供根际微生物生长所需的有机碳，因此，利用微生物和植物联合修复土壤重金属污染也是一个值得研究和开发的新技术。

6.3.4　污染水体的微生物修复

6.3.4.1　富营养化水体的生物修复

水体的富营养化是指湖泊、水库和海湾等封闭性或半封闭型水体以及某些河流水体内的氮、磷营养元素的富集，水体生产力提高，某些特征性藻类（蓝藻、绿藻）异常增殖，是水质恶化的过程。水体富营养化使水质恶化，不仅严重影响人们的身心健康，而且会导致湖泊及其沿岸的生物多样性下降。富营养化水体的生物修复含微生物修复、水生生物修复、生态修复等几大类，它们之间只有相辅相成，联合作用才能获得满意的治理效果。富营养化湖泊的生物修复可以分为强化土著微生物功能的曝气修复和添加外来微生物制剂修复。

（1）深水曝气修复

深水曝气的目的有 3 个：在不改变水体分层的状态下提高溶解氧的浓度；改善冷水鱼类的生长环境和增加食物供给；将底泥界面的厌氧环境变为好氧环境，即降低内源性磷的负荷。另外，深水曝气修复还能起到降低氨氮、铁、锰等离子浓度的作用。

深水曝气有机械搅拌、注入纯氧和注入空气等方式。机械搅拌方式曝气包括将深层水抽出来，在岸上或者在水面上设置的曝气池内进行曝气，然后回灌深层。这种技术应用不普遍，主要原因是空气传质效率比较低，成本比较高。注入纯氧能够大幅度的提高反应的效率，但是容易引起深层水与表层水的混层现象。

曝气会影响水生生物的生物群落结构，虽然表层水和浅层水中生物种类变化不大，但是深层水由于从厌氧转变为好氧，相应的生物种类发生较大的变化，增加了如食草动物的生存空间，某些大型食草动物的增加可能有助于控制藻类等富营养化生物的生长。因此，曝气可能具有更深远的意义。

从实际应用来看，曝气系统能够有效地增加深层水的溶解氧，使厌氧环境转变为好氧环境，同时氨氮和硫化氢降低。但是对于内源性磷负荷的降低效果较弱。因此，深水曝气对富营养现象的改善或者对藻类生长的控制可能不如预期。

（2）有效微生物修复

有效微生物（effective microorganisms，EM）是由乳酸菌、酵母菌、放线菌、光合细菌等 4 大类 80 余种微生物组成的复合菌剂的总称。对于有效微生物在富营养化水体修复过程中的作用，国内外学者一直存在争议，但一般认为有效微生物修复湖泊富营养化是有效的。

6.3.4.2　污染地下水微生物修复

由于地表生态环境的破坏和污染，致使地下水水质日益恶化，污染越来越严重。鉴于地下水污染对环境尤其是对人类自身的严重危害，目前许多国家已采取相应的保护措施，同时也开展了有关污染地下水的治理研究。以往常见的治理方法主要为隔离法、吸附法、电化学法等，近年来，地下水污染的生物修复技术得到了迅速发展。由于地下水深埋于地下，生物修复技术的实施应结合污染的具体情况，采取不同的方法来实施。

（1）生物注射法

生物注射法是在传统气提技术的基础上加以改进而形成的新技术，主要是将加压后的空气注射到污染地下水的下部，气流加速地下水和土壤中有机物的挥发和降解（图 6-5）。这种方法主要是抽提、通气并用，并通过增加及延长停留时间以促进微生物的降解，提高修复效率。Benner et al.（2000）利用该方法对污染地下水进行了修复，结果表明，生物注射大量空气，有

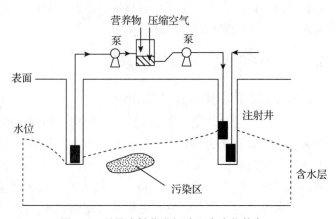

图 6-5　利用注射井进行地下水生物修复

利于溶解于地下的污染物向气相扩散，并有助于生物降解作用的进行。

在生物修复工程中，需要向被处理的地下水中加入一定量的营养物质，以满足微生物代谢活动的需要。营养物质的最佳加入量需要通过实验来确定，营养盐过少，生物转化速率较慢；营养盐过多，则生物量剧增，含水层堵塞，生物修复作用停止。保证微生物最佳活性的3种营养源为氮、磷及溶解氧，它们是限制土著微生物活性的因素。加入营养盐的方法是将营养液通过注射井注入饱和含水层；也可以采用水渗渠加入到不饱和含水层或表层土层；还可以从取水井将水抽出，并在其中加入营养物质然后从注射井注入含水层形成循环。

目前这种技术已投入实际应用，并取得了一定的成果，但只适合于土壤气提技术可行的场所，同时该法的使用效果也受到岩相学和土层学的影响，空气在进入非饱和带之前应尽可能远离粗孔层，避免影响污染区域外的水体。

(2)抽提地下水系统和回注系统相结合法

这种工艺系统是将抽提地下水系统和回注系统相结合，注入空气或 H_2O_2、营养物和已驯化微生物，促进有机污染物的生物降解。在污染地区注入压缩空气和营养盐，微生物在含有营养盐的富氧地下水中通过新陈代谢作用将污染物降解。在地下水流向的下游地区用泵将地下水抽出地面，可以用其溶解营养盐后再回灌到地下水中，若需要时可对其进行进一步处理(杨逸江等，2013)。

复习思考题

1. 什么是生物修复？简述其原理和影响因素。
2. 生物修复的类型有哪些？简述其优缺点。
3. 试述生物修复工程设计过程。
4. 简述重金属污染土壤的生物修复机理和方法。
5. 举例说明污染土壤或水体生物修复的实际应用。

第 7 章

微生物与环境保护

【本章提要】介绍了微生物应用在环境保护中的必要性和重要性，详细介绍了微生物对废水、固体废物、有机废气的处理原理和方法。

7.1 微生物与环境保护概述

7.1.1 环境保护的必要性

人类经过几千年的发展，对环境造成了 3 个不同阶段的影响。当前，人类正面临着有史以来最严峻的环境危机。传统农业社会时期，无工业污染，生产率低，只有人口增长带来的少量污染物；工业化初期和中期，工业污染迅速增加，环境质量急剧恶化，人类进入了环境严重污染的时代，资源被掠夺式开发和使用，人均污染物排放量迅速增加，使人类在发展的同时也为自身和后代带来了灾难；工业化中期和后期，工业污染增加变得缓慢，但环境质量依然在持续恶化。

我国在 20 世纪 50 年代后开始工业化进程，人口剧烈增长，污染程度与西方国家 19 世纪五六十年代严重污染时期相似。2014 年，我国发布的《全国土壤污染状况调查公报》指出，全国土壤环境状况总体不容乐观，部分地区土壤污染较重，耕地土壤环境质量堪忧，工矿业废弃地土壤环境问题突出。工矿业、农业等人为活动以及土壤环境背景值高是造成土壤污染或污染物超标的主要原因。全国土壤总的超标率为 16.1%，其中轻微、轻度、中度和重度污染点位占比分别为 11.2%、2.3%、1.5% 和 1.1%。污染类型以无机型为主，有机型次之，复合型污染比重较小，无机污染物超标点位数占全部超标点位的 82.8%。

2015 年，《中国环境统计年报》指出，全国废水排放总量为 735.3×10^8 t，其中，工业废水排放量为 199.5×10^8 t、城镇生活污水排放量为 535.2×10^8 t，废水中氨氮排放量为 229.9×10^4 t。全国废气中二氧化硫排放量为 1859.1×10^4 t，烟（粉）尘排放量为 1538.0×10^4 t。全国一般工业固体废物产生量为 32.7×10^8 t，综合利用率为 60.3%。

据生态环境部发布的《2018 年中国生态环境状况公报》表明，全国地表水监测的 1935 个水质断面（点位）中，劣 V 类比例为 6.7%，全国 7 大河流水系中，劣质 V 类水占 6.9%，监测水质的 111 个重要湖泊(水库)中，劣 V 类 9 个，占 8.1%。全国 338 个地级及以上城市中，217 个城市环境空气质量超标，占 64.2%。全年发生重度污染 1899 天次，严重污染 822 天次，以 $PM_{2.5}$ 为首要污染物的天数占重度及以上污染天数的 60.0%，以 PM_{10} 为首要污染物的占 37.2%。

我国大力推进生态文明建设，取得了举世瞩目的显著成效。不过，环境保护仍然任重道远，中国共产党第二十次全国代表大会报告中明确指出："我们要推进美丽中国建设，坚持山水林田湖草沙一体化保护和系统治理，统筹产业结构调整、污染治理、生态保护、应对气候变化，协同推进降碳、减污、扩绿、增长，推进生态优先、节约集约、绿色低碳发展。"环境保护利在当下，功在千秋，对提升人民群众获得感、幸福感、安全感具有重要意义。

7.1.2　微生物在环境保护中的应用

微生物在地球生态系统物质循环过程中充当分解者的角色，被称为"天然清洁工"，是人类最宝贵、最具开发潜力的资源库。由于微生物具有种类丰富、代谢类型多样、适应性强等特点，能较快适应在各种化学污染物中生存，对污染物产生降解作用，能使其转化为无毒害的化学物质，这是微生物对环境产生的有利的影响。由于微生物对有机污染物有较强的处理能力，对污染的治理较之物理、化学处理法具有费用低、效果好、资源可以再生利用等优点。因而微生物在"三废"的治理中发挥着重要作用。目前，微生物已应用在污水处理、城市垃圾处理以及污染监测等领域，尤其是固体垃圾的微生物处理，不仅有效治理了环境污染，更可变废为宝，例如，污染物在产甲烷菌的作用下转变成沼气或在其他微生物的作用下被制成堆肥。因此，不断研究和大力发展环境微生物资源，将其广泛应用于环境保护和污染治理，将为环境保护作出巨大贡献。

7.1.2.1　微生物在污染治理中的优势

(1)拥有独特的生物学特性

首先，微生物无处不在，它们广泛分布于陆地、海洋、空气以及各种极端环境中，并对低温、高温、高压、强酸碱、高盐、强辐射等环境具有极强的适应能力，这使微生物能在各种环境下治理污染；其次，微生物营养类型和代谢方式多样，只要条件适宜，它们能对多种环境污染物起到降解作用；再次，微生物的生长繁殖较快，它们能迅速将污染物降解、转化或富集，这非常有利于在短时间内完成污染物的清除；最后，微生物易变异且结构简单，这有利于通过开展人工育种驯化或基因工程改造来提高微生物治理污染物的能力，让微生物更好地为人类所用。

(2)拥有降解性质粒

降解性质粒是微生物所独有的一种治污工具，通过其编码的降解酶，微生物可降解樟脑辛烷、二甲苯、水杨酸、扁桃酸、萘和甲苯等降解难度大且威胁人类健康的物质，这是微生物相较于其他生物的一大优势。

(3)具有共代谢作用

共代谢又称协同代谢，是指原本不能被降解的物质，可伴随着另一种物质的代谢而被降解的现象。例如，某种假单胞菌尽管不能降解三氯乙酸，但可在有一氯乙酸存在的情况下，通过一氯乙酸的代谢，而将三氯乙酸协同降解；脱硫弧菌和假单胞菌在单独培养时都不能降解苯甲酸，但当二者混合培养时，却可通过共代谢作用彻底将苯甲酸降解。这种微生物所特有的共代谢作用是微生物在污染治理中，特别是在难降解污染物治理中的一大优势。

7.1.2.2 可用于污染治理的微生物类群

微生物在污染治理中有着巨大的优势，可用于污染治理的微生物种类也非常多样，见表7-1。其中细菌由于营养类型和代谢方式的多样性，能够降解或转化部分难降解、有毒有害物质，是污染治理中的主力军。常见的治污细菌主要有假单胞菌属、芽孢杆菌属、不动杆菌属、产碱杆菌属、黄杆菌属、甲基球菌属、莫拉菌属、埃希菌属、肠杆菌属、气单胞菌属、弧菌属、梭菌属、硫杆菌属、脱硫杆菌属及一些化能自养细菌等。而在放线菌中

表 7-1 可用于污染治理的常见微生物类群

污染物	主要危害	常见微生物类群
石油烃类化合物	使人和动物中毒，降低水中溶解氯，可致癌	假单胞菌属、无色杆菌属、微球菌属、球衣菌属、产碱杆菌属、肠杆菌属、短杆菌属、弧菌属、芽孢杆菌属、莫拉菌属、不动杆菌属、甲基球菌属、棒杆菌属、分枝杆菌属、黄杆菌属、节杆菌属、诺卡菌属、放线菌属、克雷伯菌属、假丝酵母菌属、红酵母属、青霉属、小克银汉霉属、轮枝孢属、白僵菌属、被孢霉属、茎点霉属等
氰类化合物	对人和动物有剧毒作用	假单胞菌属、诺卡菌属、腐皮镰孢菌、绿色木霉、裂腈无色杆菌、黏乳产碱杆菌等
多氯联苯	可使人和动物中毒	假单胞菌属、无色杆菌属、不动杆菌属、产碱杆菌属、节杆菌属、诺卡菌属、日本根霉等
苯酚	对人和动物具有毒性，可致癌	假单胞菌属、不动杆菌属、根瘤菌属、产碱杆菌属、反硝化细菌等
塑料	难降解，有一定的毒性	一般不能被降解，但假单胞菌属、节杆菌属、棒杆菌属、沙雷菌属等可降解这类产品中的低分子增塑剂、润滑剂和稳定剂等
合成洗涤剂	难降解，对致癌物多环芳烃有增溶作用，可造成水体富营养化	芽孢杆菌属、假单胞菌属、邻单胞菌属、黄单胞菌属、产碱杆菌属、微球菌属等
化学农药	对人和动物有剧毒作用	假单胞菌属、枝动菌属、黄杆菌属、沙雷菌属、棒杆菌属、节杆菌属、气杆菌属、黄单胞菌属、欧文菌属、无色杆菌属、根癌农杆菌属、巴氏梭菌、生孢噬纤维菌属、诺卡菌属、绿色产色链霉菌、黑曲霉、酵母属、绿色木霉等
木质纤维素	焚烧、掩埋等处理方式将造成环境污染	噬纤维黏菌属、纤维杆菌属、纤维放线菌、梭菌属、假单胞菌属、双芽孢杆菌属、微球菌属、诺卡菌属、链霉属、高温放线菌属、里氏木霉、绿色木霉、根霉属、青霉属、曲霉属、白腐菌、褐菌、软腐菌等
粪便污染物	降低空气质量、导致病原菌滋生	假单胞菌属、芽孢杆菌属、高温放线菌属、链霉菌属、诺卡菌属、单孢子菌、酵母菌、白地霉、烟曲霉、微小毛霉、嗜热子囊菌等
恶臭污染物(硫醇类、硫醚类、醛类、吲哚类、胺类等)	降低空气质量，使人不适	芽孢杆菌属、链霉菌属、青霉属、曲霉属、木霉属等
重金属	可使人和动物中毒，甚至死亡	假单胞菌属、芽孢杆菌属、假丝酵母属、曲霉属、毛霉属、根霉属、青霉属等
无机废气(H_2S、NH_3 等)	对人和动物产生毒害作用	绿菌科、着色菌科，以及黄单胞菌属、硫杆菌属、脱硫杆菌属等

可用于污染治理的主要是诺卡菌属、链霉菌属、放线菌属、高温放线菌属、棒杆菌属、秸秆菌属、分支杆菌属、红球菌属和小单孢菌属等。在各种真菌中，常见的有治污酵母菌如假丝酵母属、属丝孢酵母属、红酵母属等；治污霉菌如白腐菌属、曲霉属、木霉属、根霉属、毛霉属等。值得注意的是，单一菌种是难以完成污染物处理的，污染物的处理通常依赖于多种微生物的酶系互补和共代谢作用才能实现。

7.2　废水的微生物处理

7.2.1　废水的定义及分类

以有机污染物为主的废水称为有机废水，是目前废水的主要类型。有机废水易造成水质富营养化，危害较大。根据有机废水的性质与来源可将其划分为 3 类：第一类，废水中的有机物易生物降解，废水中的毒物含量少，这类废水主要是生活污水和来自以农牧产品为原料的工业废水等；第二类，废水中的有机物易生物降解，废水中的毒物含量较多，这类废水主要来自印染业、制革业等；第三类，废水中的有机物难以进行生物降解，这类废水主要来自造纸业、制药业等。有机废水如果直接排放，会造成严重的水环境污染。有机废水无害化处理的首选方法是生物处理，这主要是由于生物处理具有相对彻底性(无二次污染或二次污染较小)以及运行费用低廉等优点。

7.2.2　有机废水生物处理技术

有机废水生物处理主要包括好氧生物处理和厌氧生物处理两种技术。好氧生物处理是在有分子氧存在的条件下，以好氧微生物降解有机物，进行的稳定、无害化的处理方法。实践证明，好氧法适用于处理浓度较低的废水，具有净化后出水水质好、反应速度较快、所需反应时间较短、处理构筑物容积较小、且处理过程中散发的臭气较少等优点。目前对中、低浓度的有机废水，或者说生化需养量浓度小于 500 mg/L 的有机废水，基本都采用好氧生物处理法。

厌氧生物处理技术是指在无分子氧的条件下，通过微生物的作用，对有机物进行生物降解的过程。该技术于 20 世纪 60 年代末开始较大规模地用于有机废水处理。厌氧生物处理法的处理对象是高浓度有机工业废水，城镇污水中的污泥、动植物残体及粪便等。完全的厌氧生物处理工艺兼有降解有机物和生产气体燃料的双重功能，因而得到了广泛的应用。但是厌氧生物处理方法相较于好氧生物处理方法，存在降解不彻底、释放热量少、且反应速度慢等不足之处。

在有机废水处理工程中，好氧生物处理法有活性污泥法和生物膜法两大类。活性污泥法虽具有投资少、见效快的优点，但该方法也存在易产生大量泡沫和污泥膨胀，曝气池中生物浓度低和抗冲击负荷能力差等明显缺点。生物膜法就是将微生物固定于支撑物上来处理废水。相较于活性污泥法，生物膜法具有以下 3 个显著优点：①污泥产生量少；②由于膜固定在固着物上，其厚度和代谢受到控制，由此污泥膨胀也可控；③具有较强的抗负荷冲击能力。目前处理有机废水的好氧生物膜处理法有：纯氧生物转盘法、复合生物流化床、接触氧化法等。在这些方法中，接触氧化法由于构造简单、控制方便、产生污泥量少、出水浓度低等优点，多用于中低浓度有机废水的处理。对于高浓度有机废水的处理，需进行稀释处理后再进入接触氧化处理系统。

7.2.3 废水的好氧生物处理

7.2.3.1 好氧活性污泥法

活性污泥法是利用某些微生物在生长繁殖中形成表面积较大的菌胶团来大量絮凝和吸附废水中悬浮的或溶解的污染物，并将这些物质摄入细胞体内，在氧的作用下，将这些物质同化为菌体本身的组分，或将这些物质完全氧化为 CO_2、H_2O 等清洁物质。这种具有活性的微生物菌胶团或絮状泥粒状的微生物群体称为活性污泥。以活性污泥为主体的废水处理法即为活性污泥法。

(1)好氧活性污泥中的微生物群落

①活性污泥的组成和性质。好氧活性污泥是由多种多样的好氧微生物和兼性厌氧微生物(兼有少量的厌氧微生物)与其上吸附的有机的和无机的固体杂质组成的。不同活性污泥颜色不同，含水率在99%左右，它的密度为1.006~1.032，混合液密度与回流污泥略有差异，前者为1.002~1.003，后者为1.004~1.006，且具有沉降性能。活性污泥有生物活性，有吸附、氧化有机物的能力。它的胞外酶在水溶液中，将废水中的大分子物质水解为小分子，进而吸收到体内而被氧化分解，且具有自我繁殖能力。绒粒大小为0.02~0.20 mm，比表面积为20~100 cm²/mL。活性污泥呈弱酸性(pH 值约为6.7)，对进水 pH 值的变化有一定的承受能力。

②好氧活性污泥中的微生物群落。好氧活性污泥(绒粒)的结构和功能的中心是能起絮凝作用的细菌形成的细菌团块，即菌胶团。在其上还生长着其他微生物，如酵母菌、霉菌、放线菌、藻类、原生动物和某些微型后生动物(轮虫及线虫等)。曝气池内的活性污泥在不同的营养、供氧、温度及 pH 值等条件下，形成以最适宜增殖的絮凝细菌为中心，与多种多样的其他微生物集聚的一个生态系。

活性污泥(绒粒)的主体细菌(优势菌)来源于土壤、水和空气。它们多数是革兰阴性菌，如动胶菌属(*Zoogloea*)和丛毛单胞菌属(*Comamonas*)，可占70%，还有其他的革兰阴性菌和革兰阳性菌。好氧活性污泥的细菌能迅速稳定废水中的有机污染物，有良好的自我凝聚能力和沉降性能。巴特菲尔德(Butterfield)从活性污泥中分离出形成绒粒的动胶菌属细菌。麦金尼(McKinney)除分离到动胶菌属外，还分离到埃希菌属和假单胞菌属等数种能形成绒粒的细菌，并发现许多细菌都具有凝聚、绒粒化的性能。构成活性污泥的微生物种群相对稳定，但当营养条件(废水种类、化学组成、浓度)、温度、氧气、pH 值等环境条件改变时，会导致主要细菌种群(优势菌)改变。处理生活污水和医院污水的活性污泥中还会有致病细菌、致病真菌、病毒、立克次体、支原体、衣原体、螺旋体等病原微生物。

③好氧活性污泥中微生物的浓度和数量。好氧活性污泥中微生物的浓度常用1 L 活性污泥混合液中含有多少毫克恒重的干固体即 MLSS(混合液悬浮固体)表示，或用1 L 活性污泥混合液中含有多少毫克恒重干的挥发性固体即 MLVSS(混合液挥发性悬浮固体)表示。在一般的城市污水处理中，MLSS 保持在2000~3000 mg/L；工业废水生物处理中，MLSS 保持在3000 mg/L 左右；高浓度的工业废水生物处理的 MLSS 保持在3000~5000 mg/L。1 mL

好氧活性污泥中细菌有 $1 \times 10^7 \sim 1 \times 10^8$ 个。

（2）好氧活性污泥净化废水的作用机理

通常而言，活性污泥法的处理过程是严格的好氧过程。其反应机理是有机物在各种微生物的作用下，通过生化反应转变成为二氧化碳或进入细胞质的过程。好氧活性污泥的净化作用机理如图 7-1 所示。

（3）活性污泥法的基本流程

活性污泥法是一种应用最广泛的好氧生物处理技术，其基本流程如图 7-2 所示。

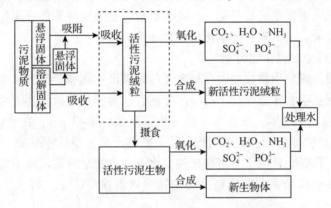

图 7-1　好氧活性污泥净化作用机理示意

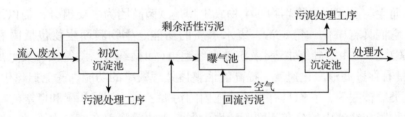

图 7-2　活性污泥法基本流程

活性污泥系统由曝气池、二沉池、曝气系统和污泥回流处理系统组成。其中，曝气池与二沉池是活性污泥系统的基本处理构筑物。废水流经初沉池后与从二沉池底部回流的活性污泥一起进入曝气池，在曝气池中发生好氧生化反应，各种有机污染物被活性污泥吸附或吸收，同时被活性污泥上的微生物群落分解，因此起到废水净化的作用。二沉池的作用是使活性污泥与已被净化的废水分离，分离后处理水排放，活性污泥在污泥区内得到浓缩并以较高浓度回流到曝气池。由于活性污泥不断增长，部分污泥作为剩余污泥从系统中排出，或送往初沉池，提高初沉效果。

7.2.3.2　好氧生物膜法

按照污水处理生物反应器中微生物的生长状态，污水生物处理方法可分为悬浮生长处理法和附着生长处理法。前者以活性污泥法为代表，其微生物在曝气池内以活性污泥的形式呈悬浮状态。而后者以生物膜为代表，其微生物以膜状固着在某种载体表面上。活性污泥法具有处理能力强、出水水质好等优点，是当今世界范围内应用最广泛的一种废水生物处理工艺，但它也存在基建与运行费用较高、能耗较大、管理较复杂、易出现污泥膨胀和污泥上浮以及对氮、磷等营养物质去除效果有限等缺点。因而环境工程界在重视改进活性污泥法的同时，也致力于生物膜法工艺的研究与革新。

生物膜法是发展早于活性污泥法的一种生物处理工艺，出现于19世纪末，当时主要将以岩石为载体的生物滤池作为代表。20世纪六七十年代，塑料载体的出现为生物滤塔和生物转盘代替生物滤池创造了条件。20世纪80年代末、90年代初，一系列新型的生物滤池、生物滤塔、生物转盘被相继开发出来。生物膜法可以用于城市污水的二级生物处理。

生物膜法的优点主要是运行稳定、抗冲击负荷、更为经济节能、无污泥膨胀、具有一定硝化与反硝化功能、可实现封闭运转防止臭味等。

（1）好氧生物膜中的微生物群落

①好氧生物膜。好氧生物膜是由多种多样的好氧微生物和兼性厌氧微生物黏附在生物滤池滤料上或黏附在生物转盘盘片上的一层带黏性、薄膜状的微生物混合群体，是生物膜法净化污（废）水的工作主体。普通滤池的生物膜厚度约2~3 mm，在化学需氧量负荷大、水力负荷小时生物膜增厚，此时生物膜的里层供氧不足，呈厌氧状态。当进水流速增大时，一部分脱落，在春、秋两季有生物相的变化。微生物量通常以每平方米滤料上干燥生物膜的重量表示，或以每平方米滤料上的生物膜污泥重量表示。好氧生物膜的结构如图7-3所示。

②好氧生物膜中的微生物群落及其功能。普通滤池内生物膜的微生物群落有生物膜生物、生物膜面生物及滤池扫除生物。生物膜生物是以菌胶团为主要组分，辅以浮游球衣菌和藻类等。它们具有净化和稳定污、废水水质的功能。生物膜面生物包括固着型纤毛虫[如钟虫、累（等）枝虫、独缩虫等]及游泳型纤毛虫（如楯纤虫、斜管虫、尖毛虫、豆形虫等），它们具有促进滤池净化速度、提高滤池整体处理效率的功能。滤池扫除生物有轮虫、线虫、寡毛类的沙蚕等，它们具有去除滤池内的污泥、防止污泥积聚和堵塞的功能。

好氧生物膜在滤池内的分布不同于活性污泥，生物膜附着在滤料上不动，废水自上而下淋洒在生物膜上。以一滴水为例，水滴从上到下与生物膜接触，几分钟内废水中的有机和无机杂质逐级被生物膜吸附。滤池内不同高度（不同层次）的生物膜所得到的营养（有机物的组分和浓度）不同，致使不同高度的微生物种群和数量不同。微生物相是分层的，若把生物滤池分上、中、下3层，则上层营养物浓度高，生长以细菌为主，有少数鞭毛虫；中层微生物除得到废水中的营养物外，还能够获得上层微生物的代谢产物，微生物的种类比也较上层多，包括菌胶团、浮游球衣菌、鞭毛虫、变形虫、豆形虫、肾形虫等；下层有机物浓度低，低分子有机物较多，微生物种类更多，除有菌胶团、浮游球衣菌外，还包含以钟虫为主的固着型纤毛虫和少数游泳型纤毛虫，如楯纤虫和漫游虫以及轮虫等。若处理含低浓度有机物、高浓度NH₃的微污染源水时，生物膜薄，其上层除长菌胶团外，还存在较多的藻类

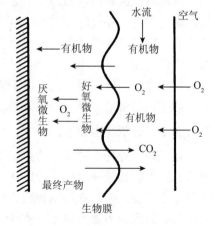

图7-3　好氧生物膜结构示意

(因上层阳光充足)、钟虫、盖纤虫、独缩虫和聚缩虫等。中、下层菌胶团长势逐级下降。

③好氧生物膜的净化作用机理。生物膜在滤池中是分层的，上层生物膜中的生物膜生物(絮凝性细菌及其他微生物)和生物膜面生物(固着性纤毛虫、游动性纤毛虫及微型后生动物)吸附废水中的大分子有机物，将其水解为小分子有机物。同时吸收溶解性有机物和经水解的水分子有机物并将其氧化分解，微生物利用吸收的营养构建自身细胞。上一层生物膜的代谢产物流向下层，被下一层生物膜生物吸收，进一步被氧化分解为二氧化碳和水。老化的生物膜和游离细菌被滤池扫除生物(轮虫、线虫等)吞食，通过以上微生物的吸附作用和吞食作用，废水得到净化。好氧生物膜的净化作用如图 7-4 所示。

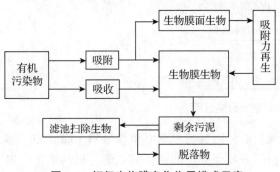

图 7-4 好氧生物膜净化作用模式示意

生物转盘的生物膜与生物滤池的基本相同，只因生物转盘是推流式，废水从始端流向末端，生物膜随盘片转动，盘片上的生物膜有 40%~50% 浸没在废水中，其余部分与空气接触而获得氧，盘片上的生物膜与废水、空气交替接触。微生物的分布从始端向末端依次分级，微生物种类随废水流向逐级增多。

7.2.4 废水的厌氧生物处理

当废水中有机物浓度较高，五日生化需氧量(BOD₅)超过 500 mg/L 时，就不宜用好氧处理，而应采用厌氧处理方法。

(1)厌氧生物处理原理

厌氧生物处理是在厌氧条件下，形成了厌氧微生物所需要的营养条件和环境条件，利用这类微生物分解废水中的有机物并产生甲烷和二氧化碳的过程，又称厌氧发酵。其与好氧生物处理过程的根本区别在于不以分子态氧为受氢体，而以化合态盐、碳、硫、氮为受氢体。厌氧生物处理是一个复杂的微生物代谢过程。厌氧微生物包括厌氧有机物分解菌(或不产生甲烷的厌氧微生物)和甲烷菌。在一个厌氧发酵设备内，多种微生物形成一个与环境条件、营养条件相适应的群体，通过群体微生物的生命活动完成对有机物的厌氧代谢，进而达到生产甲烷，净化废水的目的。

厌氧法具有如下优点：厌氧法可以在较高的负荷下，达到有机物的高效去除；且大部分可生物分解的碳素有机物经厌氧处理后转化为甲烷；因处理过程中剩余污泥产量低，污泥处置费用较少；由于不需要充氧设备，工艺所需的能量消耗也相对较低；所需要的氮磷养分较少。但厌氧处理也存在一些问题有待解决，如污泥量增长慢，工艺过程启动所需的时间较长；对废水的负荷变化和毒物较敏感等。厌氧处理一般只用于预处理，要使废水达标排放，还需要进一步的处理。

(2)厌氧生物处理过程

厌氧发酵的生化过程可分为 3 个阶段，由相应种类的微生物分别完成有机物特定的代谢过程(图 7-5)。

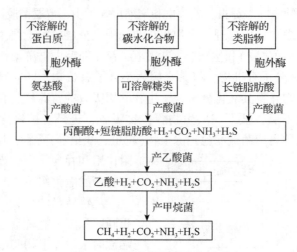

图 7-5　有机物的厌氧分解过程

第一阶段为水解阶段，由水解和发酵性细菌群将附着的复杂有机物分解为脂肪酸、醇类、二氧化碳、氨和氢等。主要是由厌氧有机物分解菌分泌的胞外酶水解有机污染物。这类细菌的种类和数量随有机物种类的变化而变化。按所分解的物质可分纤维素分解菌、脂肪分解菌和蛋白质分解菌等。在它们的作用下，多糖水解成单糖，蛋白质分解成多肽和氨基酸，脂肪分解成甘油和脂肪酸。

第二阶段为酸化阶段，由产氢和产乙酸细菌群将第一阶段的脂肪酸等产物进一步转化为乙酸和氢。利用乙酸细菌和某些芽孢杆菌等产酸细菌，降解较高级的脂肪酸如长链脂肪酸中的硬脂酸，生成乙酸和氢。还可降解芳香族酸，如苯基乙酸和吲哚乙酸，产生乙酸和氢。

第三阶段为甲烷化阶段，由产甲烷菌利用二氧化碳和氢或一氧化碳和氢合成甲烷；或由产甲烷菌利用甲酸、乙酸、甲醇及甲基胺裂解生成甲烷。

虽然厌氧生化过程可分为以上 3 个阶段，但是在厌氧反应器中，3 个阶段是同时进行的，并保持某种动态平衡，这种平衡受到环境的 pH 值、温度、有机负荷等因素的影响。

（3）厌氧反应器内的微生物

①不产甲烷菌。可将复杂有机物转化为简单的小分子的一类微生物称为不产甲烷的厌氧微生物，它们参与产甲烷阶段以前所有分解有机物过程，并产生小分子有机酸。这类微生物中有厌氧菌和兼性厌氧菌，种类众多。也发现其中有好氧菌，其作用有待研究。

不产甲烷阶段的微生物包括细菌、真菌和原生动物，细菌起着最重要的作用。原生动物数量不多，但能常见于发酵器中。厌氧发酵中有鞭毛虫、纤毛虫和变形虫等约 18 种原生动物。

②甲烷菌。按形态可分为八叠球状、杆状、球状和螺旋状 4 种。甲烷菌要求有严格的厌氧环境，氧和氧化剂对甲烷菌具有很强的毒性作用，氧分子和硝酸盐等容易释放出氧的化合物都可使甲烷菌死亡。

甲烷菌代谢活动所需最佳 pH 值为 6.7~7.2。甲烷菌只能利用少数几种简单分子结构的有机化合物，各种甲烷菌都能利用氢作为生长和产甲烷的电子供体。甲烷菌中的自养型菌能利用铵盐作为氮源。目前已分离出 7 个属 14 种产甲烷菌。

甲烷菌世代时间都比较长，有的可达 6 d，所以厌氧发酵设备的投产期较长，有时甚至需要一年。从外部投加大量的接种物，可以快速启动。由于在厌氧发酵器中只有很小部分有机物转化为甲烷菌新菌体(约 5% ~ 10%COD)，所以厌氧处理废水产生的剩余污泥极少，不超过好氧处理工艺的 1/6。

在厌氧发酵处理过程中，微生物各类群之间相互协同和相互制约。产酸菌的代谢产物是甲烷菌的营养物质，甲烷菌利用这些物质进行生命活动转化成甲烷。在正常情况下，两大类微生物的代谢水平处于平衡状态。此外，两类微生物之间还有相互抑制作用，包括代谢底物对自身的抑制和种类间的相互抑制。如果产酸菌的数量剧增，有机酸的积累增多，发酵介质的 pH 值会明显下降，甲烷菌的生命活动将受到抑制。

厌氧发酵产生的气体主要成分为甲烷，占 55% ~ 80%，二氧化碳占 15% ~ 40%，还有微量的氢、硫化氢和氮等。以化学需氧量计，约 72% 的甲烷来自乙酸盐的转化，13% 由丙酸盐转化而来，还有 15% 是经过其他中间产物转化产生。乙酸是厌氧发酵过程中最重要的中间产物。

一般认为甲烷的形成有两种途径：氢还原二氧化碳产生甲烷与基质直接还原成甲烷。

(4)厌氧生物处理的影响因素

①温度。影响厌氧分解有机物的速度。中温发酵为 35 ~ 38℃，高温发酵为 52 ~ 55℃。在这两个温度范围内，有机物的分解速率较快。处理高浓度的有机废水，对废水、消化池进行加热和保温，缩小厌氧发酵设备体积，均可以提高发酵速率。如果采用高效工艺，即使在 19℃下，设备的负荷仍然可以达到 3 ~ 5 kg COD/(m^3·d)，乙醇厂的废液温度高，采用高温发酵更为合适方便。

②pH 值。厌氧发酵过程一般要求 pH 值在中性。在酸化和甲烷化分开的工艺中，要求甲烷化阶段 pH 值控制在 7.0 ~ 7.5。乙醇厂废水中含有机酸，pH 值低至 4.0，仍可直接进入厌氧发酵设备，有机酸很快转化为甲烷，能迅速提高设备内的 pH 值。废水在厌氧处理前必须对其中的无机酸和碱进行中和处理。利用出水回流所具有的缓冲能力，可适当调整进水 pH 值，减少中和污水时所需的化学药品数量，降低成本。

③营养成分。当污水中碳、氮、磷含量不足或比例不当时，应当加以调整。厌氧处理对氮和磷的需要量比好氧生物处理低。一般采用 BOD：N：P 为 200：5：10。

④有机负荷。某些化学污染物超过一定浓度范围时，对厌氧发酵有抑制作用，甚至完全破坏厌氧发酵过程，如金属离子铜、镍和镉化合物的允许浓度在 100 ~ 200 mg/L，甲醛含量必须小于 100 mg /L，甲苯含量小于 440 mg /L 等。

7.2.5 活性污泥的资源化处理

污水经过活性污泥法处理以后，产生的剩余污泥量较大，而且成分复杂，对环境造成很大的危害。合理利用剩余活性污泥，对减少环境污染、节约资源，具有重要意义。

(1)农肥和土地利用

剩余污泥中的有机物、氮、磷等的含量均高于一般农家厩肥，还含有钾及其他微量元素。若将污泥施用于土地中，对土壤物理、化学及生物学性状有一定的改良作用。一般需先进行有机堆肥以杀灭传染细菌、寄生虫卵、病毒等微生物，提高污泥肥分。

(2)制水泥和混凝土

污泥含有 20%~30% 的无机物，主要包含硅、铝、铁和钙等成分。一般情况下，污泥中的灰分和化学特性与黏土接近，因此从理论上污泥可替代 30% 的黏土原料参与水泥的生产，经加入少量石灰后，可煅烧成灰渣水泥，其强度符合建工水泥相关规范。

(3)污泥制砖和地砖

污泥焚烧灰成分中，除二氧化硅含量相较于制砖黏土偏低外，其余均满足制砖要求，因此，当利用干污泥或污泥焚烧灰制砖时，应添加适量的黏土或硅砂，以提高二氧化硅含量，并且利用这种污泥用来制砖或制作釉陶管，其性能较好。

(4)合成 PHAs

PHAs 主要包括聚-β-羟基丁酸(PHB 或 3HB)和聚-β-羟基戊酸(PHV 或 3HV)两种物质。它是微生物细胞在不平衡生长条件下积累于胞内的碳源与能源贮存物质。PHA 作为新型的功能材料，广泛地应用于地膜、矫形外科、个人卫生用品、药物控释、特殊包装等领域，尤其用于塑料、农业和医药卫生方面。由于其具有易降解的特性，在日常生活中"白色垃圾"的污染也大大地减少了。在剩余污泥中许多有机物都以这种形式存在，所以从剩余污泥中提取 PHAs，进行塑料合成，将有效地减少白色污染，而且这也是一种污泥资源化的较好方法。

7.3 固体废物的微生物处理

凡是人类活动过程产生的，对所有者已不再具有使用价值且被废弃的固态或半固态物质，统称为固体废物。

(1)固体废物类型

20 世纪中叶以后，随着人口剧增、工业化、城市化的发展，所产生的大量固体废物对环境带来的污染及对人群健康造成的影响引起了世人广泛关注。固体废物种类复杂，按成分可分为有机废物和无机废物；按形状可分固体废物和泥状废物；按其危害状况可分为有毒废物、有害废物和一般废物；按其来源可分为工业废物、城市垃圾和农业废弃物等几类。

①工业固体废物。指在工业、交通等生产活动中产生的采矿废石、选矿尾矿、燃料废渣、化工生产及冶炼废渣等固体废物，又称工业废渣或工业垃圾。

②城市垃圾。主要指城市居民的生活垃圾、商业垃圾以及建筑、市政维护和管理等产生的废物，如厨房废弃物、玻璃、塑料、纸品、纤维、橡胶等。近些年来，我国城市垃圾产生量大幅度增加，平均每年增长 10%，但仅对其中 5% 进行了处理。

③农业废弃物。是指在整个农业生产过程中被丢弃的有机类物质，主要包括：农林业生产过程中产生的植物残余类废弃物；畜牧渔业生产过程中产生的动物类残余废弃物；农业加工过程中产生的加工类残余废弃物和农村城镇生活垃圾等。通常我们所说的农业废弃物主要指农作物秸秆和畜禽粪便。

我国有机垃圾种类多、来源广，既包括秸秆、树叶等农林废物、厨余泔脚、果壳等日常垃圾；又包括禽畜粪便、食品工业废渣、污泥、高浓度有机废水等(表 7-2)。

表 7-2　有机垃圾的来源、组成和特性

来源	组　成	特　性
城市生活垃圾	食物残渣、废纸、玻璃、陶瓷、塑料、金属制品等废物，煤灰渣及粪便等	组分复杂且随季节、场合而异，食物残渣的比例常达 60% 以上，尚未实现分类收集，用于堆肥时需经分选
畜禽粪便	鸡、鹌鹑、鸽子、鸭、鹅等禽粪尿；猪、羊、牛等畜粪尿；兔、蚕、蚯蚓等其他动物粪尿及冲刷废水	有恶臭，滋生蚊蝇且携带有大量病菌及虫卵，但有机质、N、P、K 及微量元素含量丰富，碳氮比低，适合用作堆肥、饲料和产沼的原料，可直接用作土壤改良剂，促进作物增产
污泥	栅渣、沉砂池沉渣、浮渣、初沉污泥、二沉池污泥、活性污泥、消化污泥以及造纸污泥、炼油污泥等	易于腐化发臭，含水率高且不易脱水。有机物含量约占 50%，植物营养素含量丰富，可用作土壤改良剂和堆肥原料，但需除去其中重金属、有机污染物、病原菌、寄生虫等有害成分
农产品及其加工废物	麦秸、稻草、玉米秆、树叶、杂草、木屑、玉米芯、豆荚、花生壳、棉籽壳、谷壳、棉秆、锯末、刨花等	以碳水化合物为主，种类多、数量大、廉价易得，是微生物良好的营养物质和堆肥的理想原料。物化性质良好，适宜用作工业原料，干燥后热值高，燃烧清洁，灰分用途广泛
厨余泔脚	剩饭剩菜及废餐具、餐纸等	有机物含量高、热值低、易腐，含水率在 80% 左右，组成简单，毒害物质含量较少，营养成分丰富，来源复杂，需适当处理以截断病原菌、致病菌的传播和感染，适于堆肥产沼
食品工业废渣	麦麸、糟渣、蔗渣、骨粉、滤泥、糠醛渣、剑麻渣、食用菌渣等	产量大、可集中处理，营养元素全面，杂质少，适于用作饲料、堆肥原料和厌氧发酵产沼
高浓有机废水	发酵、屠宰、制糖、养殖、化工、食品行业的有机废水	化学需氧量含量高，废水中含有丰富的微生物菌群，其成分类似于生物有机肥菌种，可与秸秆、粪便一起生产有机生态肥

（2）固体废物生物处理原理和方法

固体废弃物生物处理主要是将城市垃圾、农业废弃物中的有机物成分，通过微生物的活动，使之稳定化、无害化、减量化和资源化。根据在处理过程中起作用的微生物对氧气要求的不同，生物处理可分为好氧生物处理和厌氧生物处理两类（表 7-3）。好氧生物处理法是一种在提供游离氧的条件下，以好氧微生物为主体，使有机物降解、稳定的无害化处理方法。将固体废物存在的各种有机物（相对分子质量大、能位高）作为微生物的营养源，经过一种生化反应，逐级释放能量，最终转化成相对分子质量小、能位低的物质稳定下来，达到无害化的要求，以便利用或进一步妥善处理，使其回到自然环境中。厌氧生物处理化是在没有游离氧的情况下，以厌氧微生物为主的一种对有机物进行降解、稳定的无害化处理。在这种厌氧生物处理过程中，复杂的有机化合物被降解，转化为简单、稳定的化合物，同时释放能量。其中，大部分能量以甲烷的形式出现，这是一种可燃气体，可回收利用。同时，仅少量有机物被转化、合成为新的细胞组成部分。

固体废物的生物处理方法主要包括堆肥法和卫生填埋法，用以处理可生物降解的有机固体废弃物。堆肥法是在有控制的条件下，利用微生物分解垃圾中易降解有机成分的生物化学方法。在实现垃圾无害化的同时，堆肥过程也具有减量化和资源化的作用。通过堆肥，可减量约 30%，减重约 20%，且堆肥还是良好的有机肥和土壤改良剂。填埋是大量消纳城市垃圾的有效方法，也是用其他方法不能处理的固态残余物的最终处置方法。该方法有处置量大、方便易行、成本低且不受垃圾成分变化的影响等优点。由于大型垃圾填埋场还可以回收利用沼气能源，封场后土地可再利用，故被各国广泛采用。

表 7-3　有机垃圾好氧堆肥和厌氧堆肥的比较

堆肥种类	优　点	缺　点
好氧堆肥	有机质降解彻底、堆制周期短、异味小；工艺成熟，可大规模采用机械处理；堆温高，可杀死病菌、虫卵及其中的种子，使堆肥无害化	有机垃圾生物降解需要大量的氧气，耗电量大、运转费用较高；氮素随热量损失较多，降低了肥效
厌氧堆肥	工艺简单、运转费用低；腐熟平缓、堆肥接近常温、可较好保存肥效；可回收副产的沼气	堆制周期长、占地大、易产生恶臭；产品中含有分解不充分的杂质

7.3.1　堆肥法

堆肥法是一种古老的微生物处理有机固体废弃物的方法，俗称"堆肥"。根据处理过程中起作用的微生物对氧气要求的不同，堆肥法可分为好氧堆肥法(高温堆肥)和厌氧堆肥法两种。

7.3.1.1　好氧堆肥法

好氧堆肥法是在有氧的条件下，通过好氧微生物的作用使有机废弃物达到稳定化，转变为有利于作物吸收生长的有机物的方法。在堆肥过程中，废弃物的溶解性有机物可透过微生物的细胞壁和细胞膜被微生物吸收，固体和胶体有机物先附着在微生物体外，由生物所分泌的胞外酶分解为溶解性物质，再渗入细胞。微生物通过自身一系列的生命活动——氧化、还原和合成等过程，把一部分被吸收的有机物氧化成简单的无机物质，并释放生物生长活动所需要的能量；把另一部分有机物转化为生物体自身的细胞物质，用于微生物的生长繁殖，产生更多的微生物体。

(1)好氧堆肥的微生物学过程

①发热阶段。堆肥堆制初期，主要由中温好氧的细菌和真菌利用堆肥中容易分解的有机物(如淀粉、糖类等)迅速增殖，释放热量，使堆肥温度不断升高。

②高温阶段。堆肥温度上升到50℃以上，进入高温阶段。由于温度上升和易分解的物质减少，好热性的纤维素分解菌逐渐代替了中温微生物，这时堆肥中除残留的或新形成的可溶性有机物继续被分解转化外，还有一些复杂的有机物(如纤维素、半纤维素等)也开始迅速分解。

由于各种好热性微生物的最适温度互不相同，随着堆温的变化，好热性微生物的种类、数量也逐渐发生着变化。在50℃左右，主要是嗜热性真菌和放线菌，如嗜热真菌属(*Thermomyces*)、嗜热褐色放线菌(*Actinomyces thermofuscus*)、普通小单孢菌(*Micromonospora vulgaris*)等。温度升至60℃时，真菌几乎完全停止活动，仅有嗜热性放线菌与细菌在继续活动，分解着有机物。温度升至70℃时，大多数嗜热性微生物已不适应，相继大量死亡，或进入休眠状态。

高温对于堆肥的快速腐熟起到重要作用，在此阶段中堆肥内开始了腐殖质的形成过程，并开始出现能溶解于弱碱的黑色物质。同时，高温对于杀死病原性生物也是极其重要的，一般认为，堆温在50~60℃，持续6~7 d，可达到杀死虫卵和病原菌的效果。

③降温和腐熟保肥阶段。当高温持续一段时间以后，易分解或较易分解的有机物(包

括纤维素等)已大部分分解,剩下的是木质素等较难分解的有机物以及新形成的腐殖质。这时,好热性微生物活动减弱,产热量减少,温度逐渐下降,中温性微生物又渐渐成为优势菌群,残余物质进一步分解,腐殖质继续不断地积累,堆肥进入腐熟阶段。为了保存腐殖质和氮素等植物养料,可采取压实肥堆的措施,使其处于厌氧状态,使有机质矿化作用减弱,以免损失肥效。

(2)好氧堆肥过程中的微生物相变化

堆肥中微生物的种类和数量,往往因堆肥的原料来源不同而有很大不同。对于农业废弃物,以一年生植物残体为主要原料的堆肥中,常见到以下微生物相变化特征:细菌、真菌、纤维分解菌、放线菌、能分解木质素的菌类。

在以城市污水处理厂剩余污泥为原料的堆肥中,堆肥堆制前的脱水污泥中占优势的微生物为细菌,真菌和放线菌较少。在细菌组成中,一个显著特征是厌氧菌和脱氮菌较多,这与污泥的含水量多、含易分解有机物多呈厌氧状态有关。经 30 d 堆制后(期间经过 65℃高温,后又维持在 50℃左右),细菌数减少,但好氧性细菌数量相较于原料污泥只是略有减少,仍保持每克干物质中达 10^7 个,厌氧性细菌数量减少至原料污泥的 1/100,真菌数量并没有明显增长,氨化细菌和脱氮菌数量显著增加,说明堆肥中存在着硝化和反硝化作用,这与堆肥污泥中存在适于硝化细菌活动的有氧微环境和适于脱氮菌活动的无氧微环境有关。

(3)有机堆肥好氧分解要求的条件

①垃圾原料的营养配比。碳氮比为(25~30):1 发酵最好,当配比过低,氮含量超过微生物所需时,细菌就将其转化为氨而损失掉;配比过高则影响堆肥成品质量,施肥后引起土壤氮饥饿。碳磷比宜维持在(75~150):1。

②湿度。一般垃圾原料中含水量在 40%~60%。含量过高时,部分垃圾将产生厌氧发酵而延长有机物分解的时间;含量过低时,有机物不易分解。

③通风。发酵过程中通风可以保障充足的氧供应。但过量的通风会使大量热量通过水分蒸发而散失,使堆温降低。因此,通气量要根据实际情况进行调试。

④发酵温度。一般堆肥时,2~3 d 后温度可升至 60℃,最高温度可达 75℃,这样可以杀灭病原菌、寄生虫卵及苍蝇卵。堆肥发酵过程中,温度应维持在 50~70℃。

⑤pH 值。整个发酵过程中 pH 值范围为 5.5~8.5,能自身调节,好氧发酵的前几天由于产生有机酸,pH 值为 4.5~5.0,随温度升高氨基酸分解产生氨,一次发酵完毕,pH 值上升至 8.0~8.5,二次发酵氧化氨产生硝酸盐,pH 值下降至 7.5 为中偏碱性肥料。由此看出在整个发酵过程中,不需外加任何中和剂。

(4)堆肥程序

现代化堆肥生产,通常对堆肥物料进行预处理,颗粒适宜的粒径范围是 12~60 mm,靠强制通风或翻堆搅拌来供给氧气进行主发酵,对在主发酵工序尚未分解的易分解有机物及较难分解的有机物,可能被全部分解,变成腐殖酸、氨基酸等比较稳定的有机物,进行次级发酵、脱臭及贮存等。

(5)堆肥工艺

20 世纪 70 年代以前,我国垃圾堆肥主要采用的是一次性发酵工艺,自 80 年代开始,更多的城市采用二次性发酵工艺。这两种工艺是在静态条件下进行的发酵，称为静态发酵。随着城市气化率的提高和人民生活水平的提高，垃圾组成中有机质含量随之提高，导致含水率提高而影响通风。因此，高有机质含量组成的城市生活垃圾不能采用静态发酵，而必须采用动态发酵工艺，堆肥物在连续翻动或间歇翻动的情况下，有利于孔隙形成、水分的蒸发、物料的均匀及发酵周期的缩短。我国在1987年前后开始了动态堆肥的研究。

常用的堆肥工艺有：静态堆肥工艺、高温动态二次堆肥工艺、立仓式堆肥工艺、滚筒式堆肥工艺等。

①静态堆肥工艺。静态堆肥工艺如图7-6所示。该工艺简单、设备少、处理成本低，但占用土地多，易滋生蝇蛆，产生恶臭。发酵周期50 d。采用人工翻动方法，于第2、7、12 d各翻动一次。在以后的35 d腐熟阶段每周翻动一次。在翻动的同时可喷洒适量水以补充蒸发的水分。

②高温动态二次堆肥工艺。高温动态二次堆肥如图7-7所示，分两个阶段：前5~7 d为动态发酵，机械搅拌，通入充足空气，好氧菌活性强，温度高，快速分解有机物。发酵7 d绝大部分致病菌死亡。7 d后用皮带将发酵半成品输送到另一车间进行静态二次发酵，垃圾进一步降解稳定，20~25 d完全腐熟。

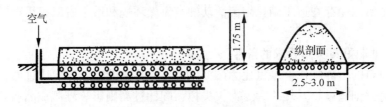

图7-6　静态(条状)堆肥工艺示意

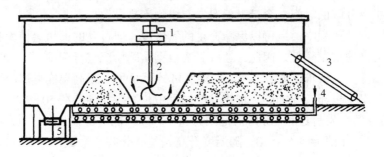

1. 吊车；2. 抛料翻堆机；3. 进料皮带运输机；4. 供气管；5. 出料皮带运输机。

图7-7　高温动态二次堆肥工艺示意

③立仓式堆肥工艺。立式发酵仓高1015 m，分隔6格，如图7-8所示。经分选、破碎后的垃圾由皮带输送至仓顶一格，受自重力和栅板的控制，逐日下降至下一格。一周后全部下降至底部，出料运送到二次发酵车间继续发酵使之腐熟稳定。从顶部至以下5格均通入空气，从顶部补充适量水，温度高，发酵过程极迅速，24 h温度上升到50℃以上，70℃可维持3 d，之后温度逐渐下降。该工艺具有占地少、升温快、垃圾分解彻底、运行费用低的优点。缺点主要是水分分布不均匀。

④滚筒式堆肥工艺。滚筒式堆肥工艺称达诺生物稳定法，如图 7-9 所示。滚筒直径 2~4 m，长度 15~30 m，滚筒转速 0.4~2.0 r/min。滚筒横卧稍倾斜。经分选、粉碎的垃圾送入滚筒，旋转滚筒垃圾随着翻动并向滚筒尾部移动。在旋转过程中完成有机物生物降解、升温、杀菌等过程。5~7 d 出料。

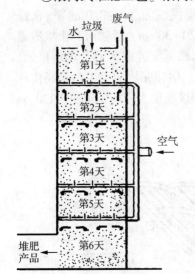

图 7-8　立仓式堆肥工艺示意

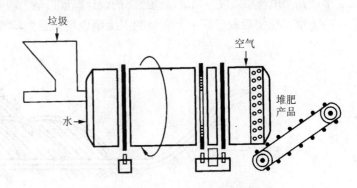

图 7-9　滚筒式堆肥工艺示意

7.3.1.2　厌氧堆肥法

此法是在不通气的条件下，将有机废弃物（包括城市垃圾、人畜粪便、植物秸秆、污水处理厂的剩余污泥等）进行厌氧发酵，制成有机肥料，使固体废弃物无害化的过程。在厌氧堆肥过程中，主要经历了以下 2 个阶段：酸性发酵阶段和产气发酵阶段。在酸性发酵阶段中，产酸细菌分解有机物，产生有机酸、醇、二氧化碳、氨、硫化氢等，使 pH 值下降。产气发酵阶段中主要是由产甲烷细菌分解有机酸和醇，产生甲烷和二氧化碳。随着有机酸的下降，pH 值迅速上升。

厌氧堆肥方式与好氧堆肥法相同，但堆内不设通气系统，温度低，腐熟及无害化所需时间较长。然而，厌氧堆肥法简便、省工，在不急需用肥或劳力紧张的情况下可以采用。一般厌氧堆肥要求封堆后一个月左右翻堆一次，以利于微生物活动使堆料腐熟。

7.3.2　卫生填埋法

卫生填埋法始于 20 世纪 60 年代，它是在传统的堆放基础上，从环境免受二次污染的角度发展起来的一种较好的固体废弃物处理法，其优点是投资少、容量大、见效快，因此广为各国采用。

与有机垃圾堆肥生物处理不同的是，垃圾卫生填埋法是一种自然生物处理法，它是在自然条件下构建特殊的人工生态系统，利用土壤微生物，将固体废物中的有机物质分解，使其体积减少而渐趋稳定的过程。

卫生填埋主要有厌氧、好氧和半好氧 3 种方式。目前，厌氧填埋因操作简单、施工费用低、同时还可回收甲烷气体而被广泛采用。好氧和半好氧填埋分解速度快，垃圾稳定化时间短，也日益受到各国的重视，但由于其工艺要求相对复杂，费用较高，故尚处于研究阶段。

卫生填埋是将垃圾在填埋场内分区分层进行填埋，每天运送至填埋场的垃圾，在限定的范围内铺散为 40~75 cm 的薄层，然后压实。一般垃圾层厚度应为 2.5~3.0 m。一次性填埋处理垃圾层最大厚度为 9 m，每层垃圾压实后必须覆土 20~30 cm。废物层和土壤覆盖层共同构成一个单元，即填埋单元。垃圾一般当天倾倒并压实复土，成为一个填埋单元。具有同样高度的一系列相互衔接的填埋单元构成一个填埋层。填埋完成的卫生填埋场由一个或几个填埋层组成。当填埋到最终的设计高度以后，再在该填埋层上方盖一层 90~120 cm 的土壤，压实后就得到一个完整的卫生填埋场。卫生填埋场布局示意如图 7-10 所示。

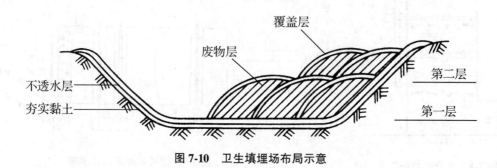

图 7-10　卫生填埋场布局示意

7.3.2.1　填埋坑中微生物的活动过程

（1）好氧分解阶段

随着垃圾填埋量的增加，垃圾孔隙中存在的大量空气也同样被埋入其中。因此在起始阶段，垃圾进行好氧分解，此阶段时间的长短取决于微生物的分解速率，可以是几天至几个月。当填埋层中的氧耗尽后微生物的好氧分解即进入厌氧分解不产甲烷阶段。

（2）厌氧分解不产甲烷阶段

在此阶段，微生物利用硝酸根和硫酸根作为氧源，产生硫化物、氮气和二氧化碳，此时硫酸盐还原菌和反硝化细菌的繁殖速率大于产甲烷细菌。当还原状态达到一定程度后才能生产甲烷。还原状态的建立与环境因素有关，潮湿而温暖的填埋坑能迅速完成这一阶段而进入下一阶段。

（3）厌氧分解产甲烷阶段

在此阶段，甲烷产量逐渐增加，直到进入稳定产气阶段。

（4）稳定产气阶段

此阶段稳定产生二氧化碳和甲烷。正常情况下，在最初的 2 年产量达到最大，以后逐渐降低，其持续产气期可维持 10~20 年之久，甚至更长。

7.3.2.2　填埋场渗滤水

垃圾在填埋过程中和填埋以后，由于雨水和地表水的渗入，将会在填埋体内积累一定量的渗滤水。垃圾填埋渗滤水来自 3 个方面：一是大气降水和径流；二是垃圾中原有的含水；三是在垃圾填埋后由于微生物的分解作用而产生的水。渗滤水的性质主要取决于所埋垃圾的种类。渗滤水的量取决于填埋场渗滤水的来源、填埋场的面积、垃圾状况和下层土壤状况等。

为了防止渗滤水污染地下水，需在填埋场底部构筑不透水的防水层、集水管、集水井等设施将产生的渗滤水不断收集排出。对新产生的渗滤水，最好的处理方法为厌氧、好氧生物处理；而对已稳定的填埋场渗滤水，由于已经历厌氧发酵，使其可被微生物降解的有机物含量降至最低，此时再用生物处理的效果不明显，最好采用物理化学处理方法。渗滤水除采用传统方法进行处理外，在旱季或干旱地区还可采用渗滤水再循环方法，用于喷洒灌溉、地面流水灌溉，使渗滤水被蒸发或被植物吸收。渗滤水再循环的优点在于能加速垃圾稳定作用以及节省水处理系统的运行成本。

7.3.2.3　填埋场气体

垃圾填埋以后，由于微生物的厌氧发酵，产生甲烷、二氧化碳、氨气、一氧化碳、氢气、硫化氢、氮气等气体。填埋场的产气量和气体成分与被分解的固体废物的种类有关，并随填埋年限而变化。由于填埋场中存在着许多不可控因素，用各种方式进行估算的结果往往与实际情况偏离很大。填埋场每千克挥发性有机固体产气范围为 $0.013 \sim 0.047~m^3$。甲烷发酵最旺盛时期通常在填埋后的 5 年内。由于填埋场气体一般含有 40% ~ 50% 的二氧化碳、30% ~ 40% 的甲烷，因此，填埋场的气体经过一定处理后可作为能源进行利用。

7.3.3　资源化处理

我国是一个农业大国，随着农业生产水平和农民生活水平的不断提高，人们对农业废弃物的利用率逐年降低，因此农业废弃物也越来越多。目前，我国已成为世界上农业废弃物产出量最大的国家，2017 年，全国秸秆产生量为 8.05×10^8 t，秸秆可收集资源量为 6.74×10^8 t，秸秆利用量为 5.85×10^8 t；畜禽粪便年产量超过 30×10^8 t，综合利用率为 72%。剩余的废弃物被当作垃圾丢弃或排放到环境中，造成可利用资源浪费的同时也对生态环境造成了严重的污染。因此，如何合理利用农业废弃物资源，真正实现农业废弃物变废为宝，对缓解我国能源压力、保护生态环境、促进农业的可持续发展具有重要意义。

（1）肥料化

农业废弃物（畜禽粪便、秸秆等）和乡镇生活垃圾的肥料化在提高土壤肥力、增加土壤有机质和改善土壤结构等方面具有独特的作用。农业废弃物肥料化的主要方向有：畜禽粪便开发研制的生态型肥料和土壤修复剂等研究；不同原料好氧堆肥关键技术研究；高效发酵微生物筛选技术研究；以城乡有机肥为原料，配以生物接种剂和其他添加剂的高效有机肥生产技术研究；农业废弃物的腐生生物高值化转化技术研究；畜禽粪便高温堆肥产品的复混肥生产技术研究；秸秆等植物纤维类废弃物沤肥还田技术研究；农作物秸秆整株还田、根茬粉碎还田技术研究。

（2）能源化

农业废弃物能源化处理在解决农村能源短缺和农村环境污染方面有着重要的价值。多年来，我国先后对禽畜粪便厌氧消化、农作物秸秆热解气化等技术进行了攻关研究和开发，已经取得了一定成果。生物质能高新转换技术不仅满足了农民富裕后对优质能源的迫切需求，也在乡镇企业等生产领域中得以应用，目前农业废弃物能源化的方向有：高效沼气和发电工程系统研究；组装式沼气发酵装置及配套设备和工艺技术研究；中热值秸秆气化装置和燃气净化技术研究；移动式秸秆干燥粮食工艺及成套设备研究；秸秆干发酵及其配套技术研究；秸秆直接燃烧供热系统技术研究；纤维素原料生产燃料乙醇技术研究；生物质热解液化制备燃料油、间接液化生产合成柴油和副产物综合利用技术研究；有机垃圾混合燃烧发电技术研究；城市垃圾填埋场沼气发电技术研究；"四位一体"模式和"能源—环境工程"技术农业生态综合利用模式研究等。

秸秆等农业废物能源化处理技术包括废物气化制气、废物压块成型制炭和锅炉集中直接燃烧等。以气化技术为例，气化是指含碳物质在有限供氧条件下产生可燃气体的热化学转化。秸秆、草炭等农业植物纤维性废弃物由碳、氢、氧等元素组成，可采取措施控制其反应过程，使其变成一氧化碳、甲烷、氢气等可燃气体。气化后的可燃气体可作为锅炉燃料与煤混燃，也可作为管道气为城乡居民集中供气；将气化后的可燃气经过净化除尘与内燃机联用，可取代汽油或柴油，实现能量系统的高效利用。

(3)饲料化

目前，农业废弃物的饲料化主要分为植物纤维性废弃物的饲料化和动物性废弃物的饲料化。由于农业废弃物中含有大量的蛋白质和纤维类物质，经过适当的技术处理便可作为饲料应用。主要的农业废弃物饲料化处理技术有：通过微生物处理转化技术，将秸秆、木屑等植物废弃物加工变为微生物蛋白产品的技术研究；通过发酵技术对青绿秸秆处理的青储饲料化研究；通过对秸秆等废物氨化处理，改善原料适口性和营养价值氨化技术研究；动物性废弃物的饲料化主要是畜禽粪便和加工下脚料的饲料化研究。

乙醇、味精、制糖等食品工业所产废液营养丰富，采用生物技术和工艺可从中回收得到干固体饲料和单细胞蛋白。谷物生产加工下脚料、木屑、秸秆等纤维性农业废物，经过生物工程技术处理后可转化为微生物蛋白饲料产品，这种饲料营养配比合理、消化率高。

畜禽粪便中含有大量的营养成分，且其中的大量元素和微量元素的含量均与饲料成分呈正相关性。因此，在消除了粪便中病原微生物、化学物质、杀虫剂、有毒金属、药物和激素等不利影响后，可将其重新转化为畜禽饲料，主要方法有：①直接用新鲜鸡粪作饲料。这是因为鸡粪中还有约70%未被消化的营养物质，粗蛋白的含量为20%~30%，氨基酸含量不低于玉米等谷物饲料，此外还含有丰富的微量元素。但由于鸡粪中含有病原微生物、寄生虫等，限制了该方法的推广和使用。②青贮法。粪便中碳水化合物的含量低，不宜单独青贮，因此常和一些禾本科青饲料一起青贮。青贮的饲料具有酸香味，可以提高其适口性，同时可杀死粪便中病原微生物、寄生虫等。③干燥法。利用干燥法处理粪便具有效率高、设备简单、投资小等优点，而且可杀灭虫卵，达到卫生防疫和生产商品饲料的要求。④分解法。利用优良品种的蝇、蚯蚓和蜗牛等低等动物分解畜禽粪便，达到既能提供动物蛋白质，又能处理畜禽粪便，较为经济环保。

7.4 大气污染物的微生物处理

7.4.1 大气污染物的来源和种类

大气污染物主要分为2类，即天然污染物和人为污染物。引起公害的往往是人为污染物。它们主要来源于化石燃料燃烧、大规模工矿企业废气，汽车尾气以及污水处理厂和垃圾处理场产生的臭气等。

大气污染物可分为六大类：粉尘微粒、含硫化合物、含氮化合物、氧化物、卤化物和有机化合物。全世界每年排入大气的气态污染物中，有机污染物占绝大多数。美国国家环境保护局列出的 25 种有毒气体排放物清单中，有 18 种是有机物，占有毒气体排放量的 74.2%。

7.4.2　挥发性有机污染物的生物处理

随着现代工业的迅速发展，大量的挥发性有机化合物(VOCs)被排放到大气中。VOCs 以其来源广、危害大的特点成为仅次于颗粒污染物的第二大大气污染物。大气中逐渐增加的 VOCs 已经成为当今关注的重要环境问题之一。相较于传统的 VOCs 处理方法(如冷凝法、吸收法、吸附法、燃烧法等)，生物处理法以其简单高效、能耗低、费用低、无二次污染等特点而越来越受到重视。

选择 VOCs 处理方法时主要根据挥发性有机污染物的来源、种类、性质、浓度及具体的处理要求来确定。目前，VOCs 废气处理主要有物理与化学法、生物法、物化法。生物法主要工艺有生物过滤、生物滴滤、生物洗涤等，其中生物过滤以其具有启动运行容易、操作简单、运行费用低、适用范围广、不产生二次污染等特点成为普遍采用的 VOCs 处理工艺。

(1) 微生物吸收法

微生物吸收法是利用由微生物、营养物和水组成的体系吸收处理可溶性的气态污染物，再将吸收了气态污染物的微生物混合液进行好氧处理，去除液体中吸收的污染物，经处理后的吸收液可重复利用。

微生物吸收法的装置一般由吸收器和废水反应器两部分组成，如图 7-11 所示。这里的吸收主要是物理溶解过程，可采用各种常用的吸收设备，如喷淋塔、筛板塔、鼓泡塔等。吸收过程的进行速度很快，水在吸收设备中的停留时间仅为几秒钟，而生物反应的净化过程较慢，废水在反应器中一般需要停留几分钟至十几小时，所以吸收器和生物反应器要分开设置。如果生物转化与吸收所需时间相等，可不另设生物反应器。

废水在生物反应器中进行耗氧处理，活性污泥法和生物膜法均可以使用。微生物处理后的废水可以直接进入吸收器重复使用，也可以经过泥水分离后再重复使用。从生物反应器排出的气体仍可能含有少量的污染物，若有必要，可再次进行净化处理，即再送入吸收器。

在废气治理工程中，液体吸收法是最常用的方法之一。该法不仅能消除气态污染物，还能回收一些可利用的物质，可用来处理气体流量为 3000~15 000 m³/h、浓度为 0.05%~0.5%(体积分数)的 VOCs，去除率为 95%~98%。该技术采用低挥发或不挥发

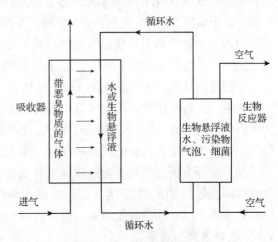

图 7-11　生物吸收装置流程

液体为吸收剂，通过吸收装置，利用废气中各种组分在吸收剂中的溶解度或化学反应特性的差异，使废气中的有害组分被吸收剂吸收，从而达到净化废气的目的。VOCs 的吸收通常为物理吸收。根据相似相溶原理，常采用沸点较高、蒸气压较低的柴油、煤油作为溶剂，使 VOCs 从气相转移到液相中，然后对吸收液进行解吸处理，回收其中的 VOCs，同时使溶剂得以再生。当以水作为吸收剂时，采用精馏处理就可以回收溶剂；当吸收剂为非水溶剂时，从降低运行成本考虑，常需进行吸收剂的再生。

吸收法的优点是工艺流程简单、吸收剂价格便宜、投资少、运行费用低，适用于废气流量较大、浓度较高、温度较低和压力较高情况下气相污染物的处理，在喷漆、绝缘材料、黏结、金属清洗和化工等行业得到了比较广泛的应用；其缺点是对设备要求较高、需要定期更换吸收剂，同时设备易受腐蚀。目前吸收有机气体的主要吸收剂仍然是油类物质。用液体石油类物质回收苯乙烯就是其中一例，由于工艺中可选择比吸附、催化燃烧装置处理气体能力大数倍的塔式吸收设备，因而设备的体积可减小很多，设备费用也低，但很难找到理想的吸收剂，存在二次污染。由于液体吸收法尚存在诸多问题有待解决，使其应用受到一定的限制。

（2）微生物洗涤法

微生物洗涤法是利用污水处理厂剩余的活性污泥配制混合液作为吸收剂处理废气，该法对脱除复合型臭气效果较好，脱臭效率可达99%。日本研究者将活性污泥脱水，常温（20~60℃）条件下干燥，再在水中膨润后得到固定化污泥。这种固定化污泥可以保持各种微生物的生理活性，利用此固定化污泥可以提高恶臭的去除率，降低成本。

（3）微生物过滤法

微生物过滤法是用含有微生物的固体颗粒吸收废气中的污染物，然后微生物再将其转化为无害物质的一种方法。常用的固体颗粒有土壤和堆肥，有的是专门设计的生物过滤床。

最早提出采用微生物处理废气构想的是 H. Bach，1923 年，他利用土壤过滤床处理污水处理厂散发的含有 H_2S 的恶臭气体。使此想法得到进一步发展的是 Pomeroy，他于 1957 年在美国申请了"开放式生物滤池"专利，并在欧洲（主要是德国和荷兰）运用生物过滤技术处理恶臭、有机和无机气态污染物。真正开始将生物过滤法应用到处理 VOCs 废气是在 20 世纪 80 年代。我国对于采用生物过滤法处理废气的研究起步于 20 世纪 90 年代初。

生物过滤法作为一种高效的 VOCs 生物处理技术，适用于低浓度 VOCs 气体处理，具有投资少、运行费用低、二次污染小等突出优点。目前，该工艺已成为国内外研究和应用的热点，国内外有关生物过滤处理 VOCs 废气的研究主要集中于生物过滤法在实际应用中最佳参数系统的筛选与影响因素的评价，高浓度或难生物降解 VOCs 处理，微生物菌落特征，动力学等方面。虽然生物过滤处理在处理既无回收价值又严重污染环境的中低浓度、生物降解性好的 VOCs 时具有良好的适用性和经济性，但其仍存在较多的问题，如对高浓度或难降解 VOCs 的去除效率差，填料使用寿命短、酸化、压实、营养缺乏等，从而影响 VOCs 生物处理的效果。

7.5　环境污染的微生物监测

微生物除了可用于污染治理，还可用于污染监测。这主要得益于微生物与环境的亲密性，以及微生物代谢的多样性和敏感性。微生物监测（microbial monitoring）是利用微生物对环境污染所引起的环境条件的改变而进行测试，从而可对污染原因和污染程度进行判断的一种方法。利用微生物监测环境污染相比于传统的化学分析方法具有简便迅速、成本低廉的优点，且可以反映环境受污染的历史状况。但其也存在灵敏度低、应用范围较窄等缺点。

在开展环境污染微生物监测时，常需要使用指示菌。指示菌（indicator microorganism）是用以指示环境样品污染性质和程度并评价环境卫生状况的代表性微生物。所选择的指示菌，必须在一定范围内能通过自身形态、生化反应、数量、种类和种群等特征指标的变化来反映环境的特征。微生物监测可用于大气污染、水体污染以及土壤污染的监测。

7.5.1　大气污染的微生物监测

（1）利用空气中微生物的发生率监测大气污染

空气中的微生物主要是非病原性腐生菌，各种球菌占 66%，芽孢菌占 25%，还有霉菌、放线菌、病毒、微球藻类、蕨类孢子、花粉和少量厌氧芽孢菌。但受到各种环境因素的影响，不同地区空气微生物种类也不尽相同。空气微生物还可能随着生存环境的变化而发生变异，大气中严重的物理化学污染（如粉尘污染）可以为微生物提供载体，扩大其传播范围。总体来说，尘埃多的空气，其中的微生物也多。因此，可以利用微生物种类、数量及其分布来监测大气环境质量。

2019 年，陕西省延安市周边 4 个农村及公路的空气微生物监测结果表明，公路采样点其微生物浓度明显高于农村生活区，污染较严重；农村居住人口密度、生活垃圾生活污水乱排等问题，会造成农村空气微生物含量与种类的不同；农村环境空气微生物浓度与风速、空气质量指数、$PM_{2.5}$、PM_{10} 呈显著正相关，与温度、湿度无显著相关性。

（2）利用病原微生物的致病性监测大气污染

许多大气污染物具有杀菌作用，能够改变微生物的种类、数量、分布特征、代谢活动、致病性以及其他生理功能。通过对这些特征的调查比较，可以估计当地的空气污染状况。例如，硫是一种非常有效的杀菌剂，在二氧化硫污染严重的地区，许多菌属的锈病和叶斑病真菌，根本不存在或受到抑制。在二氧化硫对植物造成中度伤害的地区，许多微生物导致的病害发展也同时受到了抑制。

7.5.2　水污染的微生物监测

（1）总细菌数与水体有机物污染

总细菌主要是指好氧或兼性厌氧性异养细菌，它们的生存离不开有机营养物。因此，可通过总细菌的数量来评价水体有机物的污染状况，即水体样品中总细菌数越多，则有机物含量就越多，水体环境受有机物污染就越严重；反之则污染减轻。我国规定：1 mL 自来水中的总细菌数不得超过 100 CFU(37℃，24 h 培养)。

①清洁水体。每毫升水体含有水细菌几十个至几百个，自养型为主，常见种类包括硫细菌、铁细菌、鞘杆菌和含有光合色素的绿硫细菌、紫色细菌以及蓝细菌等。

②中度污染。每毫升水体含有水细菌几万个至几十万个，包括假单胞菌属、柄杆菌属、噬纤维菌属、着色菌属、绿菌属、脱硫弧菌属、甲烷杆菌属等。

③重度污染。每毫升水体含有水细菌几千万个至几亿个，腐生型细菌、真菌为主，包括变形杆菌、大肠埃希菌、粪链球菌以及各种芽孢杆菌、弧菌等。真菌以水生藻状菌为主，另外还有大量的酵母菌。

(2)大肠菌群数与水体肠道致病菌污染

大肠菌群不是正式的分类单元，其是一类兼性厌氧、能分解乳糖产酸产气的革兰阴性无芽孢杆菌，主要包括大肠埃希菌、柠檬酸杆菌、产气克雷伯菌和阴沟肠杆菌等。由于肠道致病菌在自然水体中的数量很少，不易监测，故选择相对容易监测并且与其存在密切关联性的大肠菌群作为指示菌。因此，可通过大肠菌群的数量来评价水体肠道致病菌的污染状况，即水体样品中大肠菌群数越多，则水体样品中肠道致病菌数量就越多，水体环境受肠道致病菌污染也越严重；反之则污染减轻。

(3)发光细菌发光强度与毒害物质污染

发光细菌(luminescent bacteria)是一类革兰阴性菌，兼性厌氧，含有荧光素、荧光酶等发光要素，在有氧条件下能发出波长为 475~505 nm 荧光的细菌。其多数为海生微生物，当死海鱼在 10~20℃下保存 1~2 d 时，海鱼体表可长出发光细菌的菌落或成片的菌苔，在暗室中肉眼可见，并可从中分离它们；其多数属于发光杆菌属和发光弧菌属。发光细菌的发光强度受其活性影响，当存在有毒有害物质时，发光细菌的生命活动受到抑制，发光强度会下降直至细菌死亡不能发光。因此，可通过发光细菌的发光强度来评价环境受毒害物质污染的状况，即发光细菌的发光强度越弱，则环境样品中毒害物质含量就越高，环境受毒害物质污染也越严重；反之则污染减轻。可用于水体中重金属、农药、除草剂、氰化物等 30 多种污染物的监测。

7.5.3　土壤污染的微生物监测

污染物进入土壤后会影响土壤微生物，通过测定污染前后土壤中微生物种类数量变化、微生物酶活性变化等可以确定土壤的污染程度。农药的使用会使微生物敏感种减少，抗性种增加，微生物群落趋于单一化。例如，被五氯酚污染的土壤中能够找到的菌种是具有耐受性的 6 种假单胞菌属细菌；被三氯乙酸污染的土壤，真菌只剩下青霉和曲霉。铬、铜、铅、镉对大芽孢杆菌和枯草杆菌均有明显的抑制作用，随着金属浓度的升高，菌落数明显减少。砷污染对几种固氮菌、解磷细菌以及纤维分解菌均有抑制作用。放射性污染会显著降低土壤微生物群落对碳源的利用能力，这种差异主要体现在碳水化合物上，其次是氨基酸；不同程度的放射性污染土壤中，微生物群落功能多样性也存在显著差异，污染程度较低的土壤中，微生物多样性整体表现较高。

7.5.4　微生物传感器与环境监测

利用微生物传感器进行环境监测的原理是利用微生物细胞，将其作为生物敏感元件进而对环境中的总毒性及污染物进行感应以达到监测目的。微生物传感器的组件有固定化微生物、输出信号装置以及能量转换器三大类。通过固定化微生物的新陈代谢消耗溶解于溶液中的氧或者微生物新陈代谢产生部分电活性物质进而发出光和热，通过对产生的光和热进行感应进而定量测定待测物质。用于制作生物传感器的微生物有酵母菌、假单胞菌、芽孢杆菌、发光细菌等。由于微生物细胞传感器的细胞是一个具备生物活性的个体，采用此法检测环境中的毒性物质或者污染物是具备生物有效性的，而这种优势是一般化学检测手段无法实现的。

目前，最新发展的生物传感器可用于检测环境中有机物、氨、亚硝酸盐、乙醇、甲烷或氧气等的含量，也能够检测环境中微生物的数量、代谢底物与产物的浓度等指标，具有较高的灵敏度和较广泛的应用范围。例如，废水监测重要参数——生物需氧量，通常采用五日生化法来进行测定，但是采用微生物传感器对生物需氧量进行测定能够大幅缩短监测时间，通常只需 15 min 即可完成，同时还大幅提升了重现性。针对大气中二氧化硫的监测之前是采用分光光度计，操作复杂而且准确性不高。采用微生物传感器可以有效避免这些问题的发生，能够得到较为准确的数据。其制作原理为从硫铁矿周围酸性土壤中对氧化硫硫杆菌进行分离筛选，用 2 片乙酸纤维素夹住此菌体，制成夹层式微生物膜，利用其专性、好氧的特点进而得到硫化物微生物传感器。

复习思考题

1. 废水的好氧生物处理方法有哪些？好氧处理的原理是什么？
2. 废水的厌氧生物处理方法有哪些？厌氧处理的原理是什么？
3. 固体废物的生物处理方法有哪些？
4. 卫生填埋的微生物学过程如何进行的？
5. 废气中挥发性有机污染物的生物处理方法有哪些？影响微生物法处理有机废气的因素有哪些？

第 8 章

微生物与能源利用

【本章提要】简要介绍了生物能源的主要类型，以及它们在国民生产生活中的作用和意义；重点阐述了微生物与能源利用的密切关系，以及生物燃料的生产原理；举例说明了生物能源的最新研究进展和应用前景。

8.1 生物能源概述

8.1.1 生物能源及意义

人类文明的进步和生产力的发展，使人类对能源的需求越来越大，而日益严峻的能源形势使能源问题成为全世界关注的焦点。经研究测算，地球上亿万年积累的化石能源(石油、天然气、煤等)，仅能支撑300年的大规模开采就将面临枯竭。化石燃料燃烧产生大量的污染物，空气中主要污染物如二氧化碳和颗粒悬浮物等约70%来自各种化石燃料的燃烧。

在煤炭、石油资源日益枯竭，环保意识增强的形势下，世界各国更看重资源、环境和经济统筹考虑的可持续发展模式。政府和科学家们日益重视太阳能、风能、海洋能、地热能和生物能等可再生能源的开发和利用，同时，现代科技发展为解决未来能源问题提供了多种有效方式。正是在这一形势下，生物能源受到越来越多的关注，人类对能源的开发和利用正面临着重大转变。

生物能源(又称绿色能源)是将可再生的生物质转化为燃料能源，其过程是通过绿色植物的光合作用将二氧化碳和水合成生物质，只要有光照，生物能源将取之不尽。生物能源在使用过程中会生成二氧化碳和水，生物能源的产生和利用整个过程形成一个物质循环，理论上二氧化碳的净排放为零。开发和使用生物能源，符合可持续发展和循环经济的理念。因此，利用生物技术手段开发生物能源，不但可以弥补石油等化石燃料的不足，而且有利于生态环境保护，实现资源—环境—经济一体化的可持续发展，这已成为当今世界许多国家能源战略的重要内容。

8.1.2 生物能源类型

当前生物能源的主要类型有沼气、燃料乙醇、生物柴油、生物制氢和微生物燃料电池等。

沼气是利用微生物发酵秸秆、禽畜粪便等有机物产生的混合气体，其主要成分为甲烷。生产沼气的设备简单，方法简易，适合在农村推广使用。我国许多农村和畜牧场已使用沼气。沼气的推广使用可以节约资源，保护环境，提高农民的生活质量。如果要实现沼气的规模化生产，需针对发酵原料的理化特性和地域环境特点，加强全产业链关键技术与装备的研发。

燃料乙醇是目前世界上生产规模最大的生物能源。乙醇俗称酒精，将其以一定的比例掺入汽油中，可作为汽车的燃料，它不但能替代部分汽油，而且排放的尾气更清洁。我国的燃料乙醇生产已形成规模，但主要是以玉米为原料，同时也在积极开发利用甜高粱、薯类、秸秆等原料生产乙醇。目前我国乙醇产量居世界第三。

生物柴油是利用生物酶将植物油或其他油脂分解得到的液体燃料，作为柴油的替代品，生物柴油更加环保，并受到越来越多的关注。目前，各国也已根据具体实际，采用不同的原料油生产生物柴油。由于利用植物油等原料成本很高，还存在原料收集和运输的困难，因此，寻找廉价原料成为生物柴油产业化的关键。许多微生物，如酵母、霉菌和藻类等在一定条件下能将碳水化合物转化为油脂储存在菌体内，称为微生物油脂。微生物油脂发酵成为生物柴油产业和生物经济的重要研究方向。

氢气的燃烧产物为水，是最清洁的能源之一。生物质通过微生物发酵生产氢气，这一过程被称为生物制氢。目前我国科学家已获得高效产氢的微生物，可以小规模进行生物制氢，但实现生物制氢的产业化，还存在许多技术和经济问题。

微生物燃料电池是微生物技术与电池技术相结合的产物，是利用微生物为催化剂催化燃料转化为电能的装置。近年来，相继有多种微生物菌株被发现有电化学活性，拓展了微生物燃料电池的应用领域，如制造生物传感器、处理废水产电等。燃料电池的研究与应用，对缓解当前能源危机意义重大，但要作为电源应用于实际生产与生活，还需进一步研究。

尽管生物能源在整个能源结构中所占的比例很小，但是其发展潜力不可估量。生物质能是零碳可再生能源，未来可在供电、供热等领域实现对化石能源的替代。2020 年，我国生物质能源化的开发潜力约 4.6×10^8 t 标准煤，实现碳减排量约 2.18×10^8 t。到 2030 年，生物质清洁供热和生物天然气能在县域有效替代燃煤使用，在县域及村镇构建分布式能源站，改变农村用能结构，生物能源利用将为全社会减碳超过 9×10^8 t，届时，我国生物能源关键技术将基本成熟，具备产业化的条件。

发展可再生能源是解决我国能源安全的必然选择，是国际发展的趋势，也是解决我国能源安全的必然选择。当前在玉米、小麦综合利用以及延长产品产业链等方面取得了重大突破，极大地提高了生物能源的应用潜力。

8.2 沼气

富含有机物的沼泽地会发酵形成很多可燃气体，这种混合气体被称为沼气。沼气的主要成分为甲烷，它占总体积的50%~70%，其次是二氧化碳，占25%~45%，此外，还含有少量的氮气、氢气、氧气、氨气、一氧化碳和硫化氢等气体。沼气是复杂的有机物经许多微生物共同作用后的产物，具有很高的热值，$1\ m^3$沼气的热值达20 000 kJ以上。完全燃烧时，可释放23 000~27 200 kJ热量，是很好的气态燃料。开发沼气能源是我国利用微生物资源的一种重要方式。

沼气是一种可再生能源。废弃的有机物，如农作物秸秆、人畜粪便、工业废液废渣、城市垃圾等，都可用来发酵生产沼气，沼气的利用是农村实现燃气化的一条有效途径。随着城乡经济的发展，沼气利用日益广泛，已由单纯作为燃料，扩大为用于动力、孵化、育秧、烘干、除虫、保鲜、环保等领域，并逐步向规范化和标准化方向发展。多年实践证明，利用微生物生产的沼气在缓解中国农村能源短缺、维护良好生态环境和发展农村经济等方面具有很大作用，与推进农业现代化进程、提高农民物质文化生活水平密切相关。因此，沼气能是一种适合我国国情的微生物能源。

8.2.1 沼气发酵基本原理

8.2.1.1 沼气发酵过程

沼气发酵是微生物在缺氧的状态下，为取得呼吸作用所需的能量，而将高能量的有机物质分解为低能量成分，释放能量以供代谢使用。实质上是微生物的物质代谢和能量代谢的过程，国际上称为厌氧消化，国内统称沼气发酵，前者侧重于有机物的厌氧分解，后者则侧重于沼气生产。

沼气发酵过程可分为3个阶段：液化阶段、产酸阶段和产甲烷阶段，如图8-1所示。

（1）液化阶段

水解发酵菌首先将复杂的有机物，如碳水化合物、蛋白质、脂肪等水解，然后将水解产物进一步发酵，生成有机酸、醇类、二氧化碳、氨气等。同时，纤维素分解菌分泌的纤维素酶将纤维素等碳水化合物水解

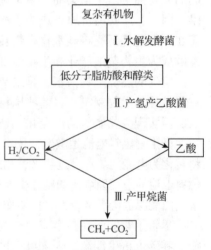

图 8-1 甲烷发酵过程示意

为糖类，再将糖类发酵分解为丙酮酸等。蛋白质分解菌分泌的蛋白酶将蛋白质水解为氨基酸，再经脱氨作用形成有机酸和氨，有机酸再进一步降解成为乙酸、丙酸、丁酸、乙醇等各种低级有机酸、醇。脂肪分解菌分泌的脂肪酶将脂类分解形成甘油、脂肪酸。微生物将有机物质体外酶解，使固体有机物生成可溶于水的物质。这些水解产物可以进入微生物细胞，并参与细胞内的生物化学反应。

（2）产酸阶段

上述水解产物进入微生物细胞后，产氢产乙酸菌在胞内酶的作用下，将第一阶段分解的物质进一步分解为小分子化合物。如低级挥发性脂肪酸、醇、醛、酮、氢气、二氧化碳、游离态氨等，但主要是挥发性脂肪酸，其中乙酸比例最大，约占80%，故此阶段称为产酸阶段。

液化阶段和产酸阶段是一个连续过程，可统称为不产甲烷阶段。这个阶段是在厌氧条件下，经过多种微生物的协同作用，将原料中的碳水化合物（主要是纤维素和半纤维素）、蛋白质、脂肪等分解成小分子化合物，同时产生二氧化碳和氢气，这些产物为生产甲烷的基质。因此，可以把液化阶段和产酸阶段看作原料加工阶段，即将复杂的有机物转化成可供产甲烷菌利用的基质，如甲酸、乙酸、丙酸等，其中乙酸是脂肪、淀粉和蛋白质发酵的副产物。甲烷大部分是由乙酸发酵形成的，这个阶段为产生甲烷奠定了物质基础。

（3）产甲烷阶段

这一阶段中，产氨细菌大量繁殖和活动，氨态氮浓度增高，挥发酸浓度下降，为甲烷菌提供了适宜的生活环境，产甲烷菌大量繁殖。产甲烷菌利用前两个阶段发酵产生的乙酸、二氧化碳、氢、一碳化合物（如甲酸、甲醇）等为底物，经过代谢产生甲烷，完成沼气发酵。也就是说，该阶段产甲烷菌利用简单的有机物、二氧化碳和氢等合成甲烷。在这个阶段，甲烷的合成主要有以下几种途径：

①由挥发酸合成甲烷：

$$2CH_3CH_2CH_2COOH+2H_2O+CO_2 \longrightarrow 4CH_3COOH+CH_4$$
$$CH_3COOH \longrightarrow CH_4+CO_2$$

②由醇和二氧化碳合成甲烷：

$$2CH_3CH_2OH+CO_2 \longrightarrow 2CH_3COOH+CH_4$$
$$4CH_3OH \longrightarrow 3CH_4+CO_2+2H_2O$$

③氢还原二氧化碳合成甲烷：

$$4H_2+CO_2 \longrightarrow CH_4+2H_2O$$

沼气发酵虽包括以上 3 个阶段，但在沼气发酵过程中，这 3 个阶段是一个连续的过程，不是完全分开的。不产甲烷菌为产甲烷菌提供生长、代谢所必需的底物，消除部分有毒物质，创造适宜的氧化还原条件；产甲烷菌为不产甲烷菌的生化反应解除反馈抑制；不产甲烷菌与产甲烷菌两者共同维持适宜的 pH 值环境。也就是说，不产甲烷细菌为沼气发酵提供基质、能源、合适的环境条件，而产甲烷菌则对整个发酵过程起到调节和促进作用，使系统处于稳定的动态平衡中。

8.2.1.2 沼气发酵过程中的微生物

整个厌氧消化过程是一个产甲烷菌和非产甲烷菌相互作用、相互制约的动态平衡过程。

（1）不产甲烷微生物

1979 年，J. G. Zeikus 在第一届国际厌氧消化会议上提出了四种群说理论（四阶段理论），该理论认为复杂有机物的厌氧消化过程有四种群厌氧微生物参与，这四种群为：水解发酵菌、产氢产乙酸菌、同型产乙酸菌（又称耗氢产乙酸菌）和产甲烷菌。水解发酵细菌、产氢产乙酸菌、同型产乙酸菌又统称为非产甲烷菌。它们通过协同作用使复杂的有机底物转化为低分子有机酸（主要是乙酸、甲酸），令反应器中混合液的 pH 值保持在较低水平。这三种非产甲烷菌群的协同作用使各种复杂有机物最终转化为乙酸、氢气和二氧化碳，这为产甲烷菌的生长提供了条件。

不产甲烷微生物能将复杂的有机物分解为简单的小分子物质。它们是一些好氧、兼性厌氧及严格厌氧的纤维素分解菌、半纤维素分解菌、淀粉分解菌、果胶分解菌、丁酸细菌，以及在厌氧条件下分解蛋白质、脂肪的一些特殊细菌，如产氢菌、产乙酸菌等细菌、真菌和原生动物三大类微生物，以细菌种类最多。据统计，不产甲烷菌共有18个属51个种，随着分离方法的改进以及不断地研究，还有新种被发现。不产甲烷菌中严格厌氧菌数量最大，比好氧、兼性厌氧菌多100~200倍，是不产甲烷阶段起主要作用的菌类。

①水解酸化菌群。在甲烷发酵系统中，水解酸化细菌的功能主要表现在两个方面：一是将大分子不溶性有机物在水解酶的催化作用下水解成小分子的水溶性有机物；二是将水解产物吸收进细胞内，经细胞内复杂的酶系统催化转化，将一部分有机物转化为代谢产物，排入细胞外的水溶液中成为下一阶段生化反应的细菌群（主要是产氢产乙酸细菌）可利用的基质。水解酸化细菌主要是专性厌氧菌和兼性厌氧菌，属于异养菌，其优势种属随环境条件和基质的不同而异。在中性条件下，产氢产乙酸菌群主要为专性厌氧菌，包括梭菌属、拟杆菌属、丁酸梭菌属、真细菌属、双歧杆菌属等。高温条件下则为梭菌属和无芽孢的革兰阴性菌，酸化细菌对环境条件（如温度、pH值、氧化还原电位等）有较强的适应性。酸化细菌的世代周期非常短，数分钟至数十分钟即可繁殖一代。酸化细菌的生化反应主要有两方面的制约：一方面是基质的组成和浓度；另一方面是代谢产物的种类及其后续生化反应的进行情况。

②产氢产乙酸细菌。在第一阶段的发酵产物中除可供产甲烷细菌直接利用的"三甲一乙"（甲酸、甲醇、甲胺和乙酸）外，还有许多其他的有机代谢产物，如三碳及三碳以上的直链脂肪酸、二碳及以上的醇、酮和芳香族有机酸等，这些产物须先由产氢产乙酸细菌转化成乙酸和氢气后，才能最终由产甲烷菌转化成甲烷。

③同型产乙酸菌群。在厌氧条件下能产生乙酸的细菌有两类：一类是异养型厌氧细菌，能利用有机基质产生乙酸；另一类是混合营养型厌氧细菌，既能利用有机基质产生乙酸，也能利用分子氢和二氧化碳产生乙酸。前者是酸化细菌，后者就是同型产乙酸细菌。目前，对这类细菌的研究还不是很充分，对其在厌氧发酵中的重要性还难以得出恰当的结论。但可以肯定的是：因其能分解分子态氢从而降低氢的分压，对产氢的酸化细菌有利，同时对利用乙酸的产甲烷细菌也有利。

（2）产甲烷菌

产甲烷菌在沼气发酵中最终产生甲烷，为沼气发酵的关键菌之一，它们和参与甲烷发酵的其他类型细菌的结构有显著的差异。它们严格厌氧，对氧和氧化剂非常敏感，最适pH值范围为中性或微碱性，由二氧化碳和氢维持生长，并以废物的形式排出甲烷，是所需生长物质最简单的微生物，称为古细菌。产甲烷菌的种类很多，目前已发现的有3目4科8属40余种。它们形态各异，常见的有球状、杆状和螺旋状等，如图8-2所示。常见的产甲烷菌有：产甲烷短杆菌属、产甲

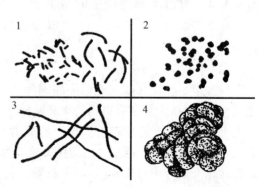

1. 甲烷杆菌类；2. 甲烷球菌类；3. 甲烷螺旋形
   菌类；4. 甲烷八叠球菌类。

图8-2　产甲烷菌的形态

烷杆菌属、产甲烷球菌属、产甲烷螺菌属、产甲烷八叠球菌属和产甲烷丝菌属。甲烷菌生长缓慢，繁殖时间较长，4~6 d，这群细菌的活性与参加沼气发酵的其他菌群的协同关系决定沼气发酵正常与否的关键。

产甲烷菌的特性：①代谢产物为甲烷和二氧化碳；②产能机质范围窄，为氢、甲酸、甲醇、乙酸、甲胺类；③需要低的氧化还原电位（-330 mV）；④辅酶及生长因子为辅酶M、辅酶 F420、辅酶 F430、甲烷呋喃（CDR）、四氢甲烷蝶呤（H4MPT）等；⑤有独特的16rRNA 寡聚核苷酸序列谱；⑥tRNA 中缺乏其他生物所共有 TψC 核苷酸序列；⑦细胞壁中没有其他细菌细胞壁中所共有的胞壁酸和 D 型氨基酸；⑧所含类酯大部分不可皂化为含植烷醚键、鲨烯、氢沙烯；⑨DNA 的相对分子质量可能为大肠埃希菌的1/3。

产甲烷菌在自然界广泛分布于土壤、湖泊、沼泽、反刍动物（牛、羊等）的胃肠道、淡水或咸水池塘污泥中，此外下水道污泥、腐烂秸秆堆、牛马粪以及垃圾堆中都有大量的产甲烷菌存在。由于产甲烷菌的分离、培养和保存困难较大，迄今为止，所获得的产甲烷菌的纯种不多，产甲烷菌的纯化和推广应用有待进一步研究。

（3）沼气发酵微生物之间的关系

厌氧发酵过程所进行的一系列生物化学反应，由各种微生物协同进行，而产甲烷菌则是厌氧生物链上的最后一个成员。厌氧微生物的相互关系包括：非产甲烷菌与产甲烷菌的相互关系；非产甲烷菌之间的相互关系；产甲烷菌之间的相互关系。以上第一种关系最为重要，在厌氧处理系统中，非产甲烷菌和产甲烷菌相互依赖，互为创造良好的环境和条件，构成互生关系；同时，双方又相互制约，在厌氧生物处理系统中处于平衡状态。它们之间的相互关系主要表现在以下方面：

①不产甲烷菌为产甲烷菌提供生长和所需基质；产甲烷菌为不产甲烷菌生化反应解除反馈抑制。不产甲烷菌将有机物质如碳水化合物、蛋白质、脂肪进行厌氧降解，生成氢气、二氧化碳、氨气、乙酸、甲酸、丙酸、丁酸、甲醇和乙醇等产物。其中丙酸、丁酸和乙醇等又可被产氢产乙酸细菌转化为氢气、二氧化碳和乙酸等。不产甲烷菌通过其生命活动为产甲烷菌提供了合成细胞物质和产甲烷菌所需的前体物质和能源物质。另外，不产甲烷菌的发酵产物又可抑制本身的发酵过程。酸的积累可以抑制产酸细菌的产酸，氢的积累也同样抑制产氢细菌产氢，但是由于在正常的沼气发酵中，产甲烷菌不断地利用不产甲烷菌所产生的酸、氢气、二氧化碳等，使厌氧消化过程中没有酸和氢的积累，不产甲烷菌也就可以生长和代谢，由于不产甲烷菌和产甲烷菌的协同作用，致使沼气发酵过程达到产酸和产甲烷的平衡，沼气发酵才能正常进行。

②不产甲烷菌为产甲烷菌创造适宜的厌氧环境。在沼气发酵初期，由于原料和水分的加入，使大量空气进入沼气池，这对产甲烷菌是有害的，但由于不产甲烷菌群中需氧和兼性厌氧微生物的活动，使发酵液的氧化还原电位（氧化还原电位越低、厌氧条件越好）不断下降，为产甲烷菌创造了适宜的厌氧环境。

③不产甲烷菌为产甲烷菌清除有毒物质。以工业废水或废弃物为发酵原料，其中含有酚类、苯甲酸、氰化物、长链脂肪酸和重金属等物质，这些物质会毒害产甲烷菌。而不产甲烷菌中，有许多菌能分解和利用上述物质，这样就可以解除对产甲烷菌的毒害。此外，不产甲烷菌的产物硫化氢可以与重金属离子作用，生成不溶性的金属硫化物，解除了某些重金属的毒害作用。

④不产甲烷菌与产甲烷菌共同维持环境中 pH 值。在沼气发酵初期，不产甲烷菌首先降解原料中的淀粉和糖类，产生大量的有机酸。同时，产生的二氧化碳部分溶于水中，使发酵液的 pH 值下降。但是，由于不产甲烷菌类群中的氨化细菌迅速进行氨化作用，产生的氨气可中和部分酸；甲烷菌不断利用乙酸、氢气和二氧化碳形成甲烷，使发酵液中酸和二氧化碳的浓度下降。两类细菌的共同作用，使 pH 值稳定在合适范围。因此，在正常发酵的沼气池中，pH 值始终能维持在合适状态而不需要人为控制。

研究发现，在发酵的整个过程中，可分为发酵启动期、盛产气期和持续产气期 3 个阶段。启动期，好氧细菌是引起有机物质转化的主要类群，利用葡萄糖的好氧产酸菌是好氧细菌中的优势类群。盛产气期，产甲烷菌与厌氧氨化细菌和厌氧产酸细菌的菌数都达到最高值。盛产气期过后，由于易分解性基质的消耗，厌氧氨化细菌和厌氧产酸细菌开始下降，而产甲烷细菌的数量基本上维持最高。由此，高峰迅速下降的原因与厌氧氨化细菌和厌氧产酸细菌的迅速下降有关。三者维持在高菌数时，产气效率最高。而三者中任何一生理群菌数过高或过低，三者相对比例失调，则产气效率降低。所以，厌氧产酸细菌下降、厌氧氨化细菌下降、产甲烷细菌的迅速增殖以及三大生理群细菌的协调生长，是维持盛产气期的重要条件。在持续产气期，厌气纤维分解细菌是这一时期菌数继续上升的唯一微生物生理群。这一时期产生甲烷的前体物质主要来自纤维素的分解。

8.2.2　沼气发酵原料的种类和特点

沼气发酵微生物主要利用发酵原料中的碳、氮，以及氢、硫、磷等其他营养元素。除矿物油和木质素外，所有的有机物质，如人畜粪便、作物秸秆、青杂草、垃圾、水藻及含有机质的工业废渣、废油、污水等，都可以作为沼气发酵的原料。因此沼气发酵原料分布广泛，种类繁多。但由于它们的来源、形态等不同，因而化学成分、结构等也不尽相同，这就造成了它们各自的发酵特点、产气状况差异较大。

8.2.2.1　原料的种类

（1）按原料来源划分

①农村发酵原料。人畜、家禽粪便和作物秸秆、秕壳、青杂草、树叶、农副产品加工的废水剩渣及生活污水等。此类发酵原料根据碳氮比的不同，又可分为富氮原料和富碳原料。前者通常指碳氮比在 25∶1 以下的人、畜和家禽粪便及碳氮比低的青草等原料，这类原料在进行沼气发酵时，无需预处理，且产气快、产气高峰出现早、发酵周期短。后者通常指碳氮比在 40∶1 以上的秸秆、秕壳等农作物的残余物，这类原料进行发酵时，需进行预处理，且产气慢、产气高峰出现迟、发酵时间长。

②城镇发酵原料。此类原料种类复杂，包括人畜粪尿、生活污水、有机工业废水、废渣、污泥等，另外，来自屠宰厂、豆制品厂、乙醇厂、豆厂、面粉厂、糖蜜酒厂等的各种有机废水也可以作为发酵原料，由于各自的化学成分和产沼气的潜在能力不同，应根据实际情况设计或采用不同的发酵工艺。

③水生植物发酵原料。指广泛分布于农村和城镇的湖泊、堰塘、池塘等水面上的水葫芦、水花生、水浮莲和其他水草、藻类等。在进行沼气发酵前，宜作堆沤预处理或晾干。这类原料产气快、周期短。

（2）按原料形态划分

①固态原料。指干物质含量高的秸秆、城镇有机垃圾等固形物，这类原料主要用于干发酵、坑填发酵，能够缓慢地分解产气，延缓产气的高峰期，但在池内易结壳、沉渣，造成出料困难。

②浆液态原料。指人畜和家禽的粪便，它们通常随清洗水排入粪坑，呈浆液态。这类原料可与固态原料混合进行干发酵。

③低固体物高可溶性有机废水。指某些富含可溶性有机物的工业废水，如豆制品厂和淀粉厂的废水、酒厂的废酒糟液等。这类原料一般采用高效厌氧消化器处理。

8.2.2.2　原料的特点

（1）原料产气率

沼气发酵原料产气率，是指单位体积原料在发酵过程中所产生的总沼气量，是衡量沼气发酵工艺效率的重要指标之一。一般来讲，同种原料的产气率越高，原料的利用率也越高。不同原料，由于其来源或发酵条件的不同，其原料产气率也有较大差异，表 8-1 列出了一些沼气发酵原料的产气率及甲烷含量。

表 8-1　不同沼气发酵原料的产气率及甲烷含量　　　　%

原料种类	原料产气率	甲烷含量	原料种类	原料产气率	甲烷含量
牲畜厩肥	260~280	50~60	麦秸	342	59
猪粪	561	65	树叶	210~294	58
马粪	200~300	66	废物污泥	600	50
青草	630	70	酒厂废水	300~600	50
亚麻梗	359	59	糖	615	—

注：引自彭景勋，1996。

（2）原料的碳氮比

原料中的碳为沼气发酵微生物提供生长、发育、繁殖、代谢等生命活动所需的能源，构成新生的微生物细胞碳架，为甲烷提供碳源。氮则为沼气发酵微生物形成新的细胞提供氮源。因此，碳、氮为沼气发酵必需的元素。原料的碳氮比对产气影响很大（因原料碳氮比不同，产气量可相差 58%~105%），低碳氮比的发酵原料启动较快，高碳氮比的原料启动较慢，造成酸化失败。因此，沼气发酵要注意碳氮比的合理搭配，使它们的比值控制在（20~30）：1 范围内。猪粪的 C/N 低（约 13：1），稻草的 C/N 高（约 67：1），因而通过改变原料的粪草比可以控制其碳氮比。表 8-2 列出了不同粪草比对产气的影响。在总固体浓度、接种量、发酵时间相同的情况下，不同的碳氮比，其产气率不同。

表 8-2　不同粪草比对产气率的影响

发酵原料	CK	A	B	C	D
稻草（含水 10%）（kg）	0.010	0.080	0.120	0.165	0.180
猪粪（含水 65%）（kg）	0.550	0.370	0.265	0.145	0.105
产气总量（L）	15.49	24.45	26.03	30.07	31.68
提高产气率（%）	—	58	63	94	105

注：引自彭景勋，1996。

(3)干物质浓度

所谓干物质，就是将发酵原料放入105℃的烘箱中，烘至恒重后，形成发酵原料。干物质占水溶液重量的百分比，称作干物质浓度。沼气池内适宜的干物质浓度为6%~12%，夏季浓度为6%~10%，冬季浓度为10%~12%，可获得较稳定的产气量。沼气池采用发酵工艺的浓度可控制在20%~30%的范围内。冬季气温低，略提高发酵温度有利于发酵的进行。

根据不同浓度所需要干物质的量，现将农村常用进池原料用量换算成易于掌握的配方，列于表8-3和表8-4。

表8-3　1 m³ 发酵容积不同浓度各种原料的用量　　　　kg

干物质浓度	秸秆	人粪尿	猪粪	牛粪	接种物	补加水
6	18	90	56	60	100~300	300~500
8	24	128	75	80	100~300	223~423
10	30	160	94	100	100~300	146~346
12	36	192	113	120	100~300	79~269

注：引自包建中，1999。

表8-4　1 m³ 发酵容积混合原料用量　　　　kg

干物质浓度	猪粪	秸秆	接种物	补加水	干物质浓度	猪粪	秸秆	人粪	接种物	补加水
4	40	40	100~300	620~820	4	33	33	33	100~300	600~800
6	60	60	100~300	580~780	6	50	50	50	100~300	550~750
8	75	75	100~300	550~750	8	66	66	66	100~300	500~700
10	100	100	100~300	500~700	10	83	83	83	100~300	450~650

注：引自包建中，1999。

上述两个配方中以6%干物质浓度为例，当接种物为沼水时，接种量为300 kg，而补加水相应减少为300 kg。接种物为沼渣时，接种量为100 kg，而补加水相应增加为500 kg，其他浓度类推。

8.2.2.3　原料的处理

对于富碳原料(农作物秸秆)，其碳素含量较高，碳氮比一般在30：1以上，通常是由木质素、纤维素、半纤维素、果胶和蜡质等化合物组成，其产气特点是分解速度较慢，产气周期较长，但单位原料总产气量较高。这种原料在入池前要进行预处理，以提高产气效果。而对于颗粒较小的富氮原料(主要是指人、家畜、禽粪便)，含有较多的低分子化合物，碳氮比一般在30：1以下。其产气特点是发酵周期较短、产气周期较长、分解速度较快、单位原料总产气量比农作物秸秆低。

对于碳氮比对厌氧消化的影响问题，国内外科学家均进行过大量的研究，但结论并不一致。通常原料的碳氮比为(15~30)：1，即可正常发酵，达到35：1时，产气量明显减少。但也有报道认为碳氮比为16：1或13：1时产气率高。总的说来，沼气发酵对碳氮比的要求并不十分严格。在农村沼气发酵中应考虑碳氮比例，一般按(20~30)∶1 的比例配料较为适宜。

秸秆中含有 66%~88% 的纤维素和半纤维素，还有 15%~25% 的木质素，木质素是一种环状化合物的聚合物，是一种很难被细菌分解利用的物质。而且木质素与纤维素紧密地结合在一起。秸秆表面还有一层蜡质，当秸秆直接下池时会有大量漂浮的结壳，未被充分利用分解，因此秸秆必须进行预处理，常用的预处理方法如下。

(1) 切碎或粗粉碎

将秸秆用铡刀切断，切成 60 mm 左右长的小段或进行粗粉碎。这样不仅破坏了秸秆表面的蜡质层，而且增加了发酵原料与细菌的接触面，可以加快原料的分解利用。同时，也便于进出料和施肥时的操作。经过切碎和粗粉碎的秸秆下池发酵，产气量可提高 20% 左右。

(2) 堆沤处理

堆沤处理是先将秸秆进行好氧发酵，然后将堆沤过的秸秆下沼气池进行厌氧发酵。秸秆经过堆沤，可以使纤维素变得松散，扩大纤维素与细菌的接触面，加快纤维素的分解和沼气发酵过程。通过堆沤还可以破坏秸秆表面的蜡质层，下池后不易浮料结壳。

堆沤的方法有两种：一种是池外堆沤。先将作物秸秆铡碎，起堆时分层加入占干料重 1%~2% 的石灰或草木灰、以破坏秸秆表面的蜡质层，并中和堆沤时产生的有机酸，然后逐层泼一些人畜粪尿或沼气液肥、污水，加水量以料堆下部不流水，而秸秆充分湿润为度。料堆上覆盖塑料薄膜或糊一层稀泥。堆沤时间夏季 2~3 d，冬季 3~5 d，当堆内发热烫手时(50~60℃)，要立即翻堆，把堆外的翻入堆内，并补充水分。待大部分秸秆颜色呈棕色或褐色时，即可投入沼气池内发酵。另一种方法是池内堆沤。池内堆沤比池外堆沤的能量和养分损失要少，而且可以利用堆沤时所产生的热量来增高池温。新池进料前应先将沼气池内试压的水排出。老池大换料时也要把发酵液基本排出(留下菌种部分)，然后按配料比例，也可以在池外拌匀后装入沼气池，要求草料充分湿润，但池底基本不积水，将活动盖口用塑料薄膜盖好，当发酵原料的料温上升到 50℃ 时(打开活动盖口塑料薄膜时有水蒸汽可见)，再加水至零压水位线，封好活动盖。应用这种方法能够增高池温，加快启动，提早产气。

8.2.3　沼气发酵工艺和发生装置

8.2.3.1　发酵工艺条件

发酵的工艺条件是由微生物的生长特性和甲烷产生机制决定的，但工艺条件同时又决定了沼气发生装置和设备的设计与选用。

(1) 严格的厌氧环境

沼气微生物的核心菌群——产酸菌和产甲烷菌都是厌氧型细菌，对氧敏感。甲烷菌是严格厌氧菌，它们在生长发育、繁殖、代谢等生命活动中都不需要空气的参与，因为空气中的氧气会使其生命活动受到抑制，甚至死亡。产甲烷菌只能在严格厌氧的环境中生长，所以修建沼气池要严格密闭，不漏水，不漏气。这不仅是收集和贮存沼气发酵原料的需要，也是保证沼气微生物在厌氧的生态条件下生长适宜，使沼气池能正常产气的需要。

(2)适宜的发酵浓度

沼气池的负荷量常用容积有机负荷表示，即单位体积沼气池每天所承受的有机物的数量，容积负荷是沼气池设计和运行的重要参数，其大小是由厌氧活性污泥的数量和活性决定的。小型沼气池的负荷常用发酵原料的浓度来体现，适宜的干物质浓度为 4%~10%，即发酵原料含水率为 90%~96%。发酵浓度随着温度的变化而变化，夏季一般为 6% 左右，冬季为 8%~10%。浓度过高或过低，都不利于沼气发酵。浓度过高，则含水量过少，发酵原料不易分解，并容易积累大量酸性物质，不利于沼气细菌的生长和繁殖，影响正常产气；浓度过低，则含水量过多，单位容积里的有机物含量相对减少，产气量减少，不利于沼气池的充分利用。

(3)接种物

由于沼气的发酵主要是微生物厌氧发酵，为加快沼气发酵的速度和提高产气量向沼气池加入富含沼气微生物的物质，统称接种物。在一般的沼气发酵原料和水中，沼气微生物的含量很少，仅靠其繁殖，不利于产气。所以在新池投料和老池大换料时一定要添加 30% 含有大量沼气微生物的接种物。一般沼气池加入接种物的量为总投料量的 10%~30%。在其他条件相同的情况下，加大接种量，产气快、气质好、启动不易出现偏差。沼气接种物的来源主要有以下几处：沼气池、湖泊、沼泽、池塘底部、阴沟污泥、积水粪坑、动物粪便及肠道、屠宰厂、豆制品厂、副食品加工厂等人工厌氧消化池中。如当地接种物难以获得或数量较少时，可以采取扩大培养的办法，把少量接种物加以增殖，逐步扩大。

(4)发酵温度

温度是沼气发酵的重要外部条件，温度适宜则细菌繁殖旺盛、活力强、厌氧分解和生成甲烷的速度快、产气多，因此温度是产气好坏的关键。沼气发酵细菌在 10~60℃ 的范围内都能生长活动、产生沼气，低于 10℃ 或高于 60℃ 都严重抑制微生物生存、繁殖，影响产气。在这一范围内，温度越高，微生物活动越旺盛，产气量越高。微生物对温度变化十分敏感，温度突升或突降，都会影响微生物的生命活动，使产气状况恶化。通常情况下，把发酵温度划分为 3 个阶段：46~60℃ 称为高温发酵，温度设定为 53℃±2℃；28~45℃ 称为中温发酵，温度设定为 35℃±2℃；25~30℃ 称为近中温发酵温度；10~26℃ 称为常温发酵。我国农村沼气发酵一般利用自然温度发酵，属于常温发酵。发酵原料的产气率与发酵温度有关，因此，中温条件(35℃)下的原料产气率比常温条件(10~25℃)下的产气率高得多。所以，在条件允许的情况下，对沼气池采取冬季御寒保温措施，使其在较高的温度下发酵，可以缩短原料产气的周期，提高废物处理的效率。

(5)适宜的酸碱度

沼气发酵细菌可在 pH 值 6.0~8.0 范围内生长，适于甲烷发酵的 pH 值恒定在 6.8~7.6，最佳 pH 值为 7.0~7.2，料液的 pH 值也应该在此范围内，过酸(低于 6.5)，酸性气体较多(主要是 CO_2)，或过碱(高于 8.5)都会抑制发酵作用。所以料液的 pH 值是监测发酵过程并进行其控制的一个重要技术参数，设计沼气发酵装置需要配备检测料液 pH 值的功能。正常的沼气发酵过程中，pH 值呈现规律性变化。在发酵初期，由于产酸菌繁殖快，产甲烷菌繁殖慢，发酵初期的 pH 值往往下降。随着产甲烷菌的增加，有机酸的利用和含氮化合物的分解使氨态氮增加，pH 值也逐步上升。pH 值达到正常值所需要的时间与温度、发酵原料的配比、数量、启动时的 pH 值和菌种多少等因素有关。生产上常用草木灰、石灰水调节 pH 值。我国农村沼气发酵过程中 pH 值是由低到高，然后又升高，以至基本稳定的自然平衡过程，一般无须调节。

（6）促进剂的使用

指在沼气发酵过程中用量很小，但能促进有机物分解并提高产气量的化学物质。在以秸秆为主要发酵原料的沼气池中，加入 0.1%～0.3% 的碳酸氢铵，可提高 30% 左右的产气率；在发酵液中添加 1% 的磷矿粉、炼钢渣、碳酸、炉灰、磷酸二氢钾或 0.04% 高锰酸钾，均可提高产气率，其中以磷矿粉和磷酸二氢钾为最佳；添加 0.01% 的硫酸锌，可使产气率提高 10% 以上。另外，在发酵原料中添加少量钙、镁、锰等元素化合物也可提高产气率。但必须注意，添加促进剂要适量，否则不仅不会增加沼气产量，还可能减少产气量甚至不产气。

（7）持续搅拌

静态沼气池的料液从上到下分为 4 层，即浮渣层、清液层、活性层和沉渣层。由于沼气微生物生活在活性层，不利于原料的分解及产气，需要采取搅拌措施，变静态发酵为动态发酵。沼气池的搅拌方法有机械搅拌、气体搅拌和料液搅拌 3 种方式。机械搅拌是通过机械装置运转达到搅拌目的；气体搅拌是将沼气从池底部冲进去，产生较强的气体回流，达到搅拌目的；液体搅拌是从沼气池的出料间将发酵料液抽出，然后从进料管冲入沼气池内，产生较强的液体回流，达到搅拌的目的。

8.2.3.2　发酵工艺类型及特点

（1）发酵工艺类型

沼气发酵工艺有很多种，按照不同的分类标准，可分成若干种类型。按进料方式分为：批量发酵、半批量（半连续）发酵、连续发酵；按发酵料浓度、状态分为：固态发酵（干发酵）、高浓度发酵、液态发酵；按装量分为：常规发酵、高效发酵；按发酵温度分为：常温发酵、中温发酵、高温发酵；按料液流动方式分为：无搅拌料液分层发酵、塞流式发酵；按作用方式分为：二步发酵、混合发酵。

这些发酵工艺均是按照发酵过程中某些条件特点进行分类的，因而在实际生产中，一个发酵工艺往往是这几种工艺的结合，如我国农村大部分沼气池，就是一个常温、半连续投料、分层、单相发酵的工艺。

（2）工艺类型特点及流程

这里介绍几种主要发酵工艺类型的特点及其流程。

①批量发酵工艺。一次性把原料投足，待发酵完后，将残余物全部排出池，然后重新投料，进行发酵。其优点是工艺简单，投料启动成功后，便无须管理，但缺点是启动困难且产气分布不均衡，产气量差异大，高峰期产气量高，而后产气量低，所产沼气适用性较差，其基本流程如下（图 8-3）：

②半批量（半连续）发酵工艺。开始只投入部分原料（占整个发酵周期投料总量的 1/4～

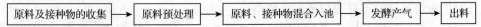

原料及接种物的收集 → 原料预处理 → 原料、接种物混合入池 → 发酵产气 → 出料

图 8-3　沼气批量发酵工艺流程

1/2），在发酵过程中，根据原料情况和生产用肥情况随时添料和出料，发酵一定时间后再大换料，再次进行新一轮发酵。这种工艺能均衡产气，适应性强。其基本流程如图8-4所示。

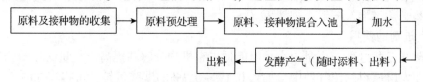

图8-4 沼气半批量发酵工艺流程

③连续发酵工艺。发酵启动后，只需按时定量地加入原料，同时排出相同体积的发酵料液，使发酵过程一直持续。此工艺发酵能均衡产气，运转效率高，一般用于有机废水的处理。

④不同温度条件下的发酵工艺。常温发酵：工艺不需控制发酵料液温度，在自然温度条件下发酵，发酵产气受环境温度影响较大；中温发酵：发酵温度控制在28~38℃范围内，产沼气量稳定，转化率高；高温发酵：发酵温度控制在48~60℃范围内，有机质分解速度快，适用于有机废物及高浓度有机废水的处理。

⑤干发酵工艺。通常是指发酵料液总固体浓度超过20%的发酵方法，以25%~30%为宜，总固体浓度浓度越高，产气量也越高。由于固体浓度太高，不易采用连续投料或半连续投料方式，绝大多数均采用批量投料。其特点是发酵料液中的干物质含量高(20%以上)、产气时间长，产气率高。发酵期间无需加料、搅拌，可节约大量水，其沉渣呈固态，适合于我国北方广大农村和比较干旱缺水的地区。湿发酵工艺中有效干物质含量仅为6%，我国沼气多采用此工艺，总效率低于干式发酵。

8.2.3.3 沼气发生装置——沼气池

沼气池最初主要是针对农村户用的发酵罐体，大多埋在地下。随着新材料的不断出现，沼气池的结构和制造方式也发生了变化。

传统的沼气池为砖混结构，施工期长，形状近于方体，产气量较低，保温性能差。随着技术的不断改进，混凝土结构、玻璃钢结构和改性塑料结构的沼气池相继出现。并且池体结构是分体组装式的，有椭圆形、圆柱形等，便于运输、安装。下面介绍几种我国普遍使用的典型沼气池。

(1)宁V小康型沼气池

小型沼气池的构造以宁V小康型(湖南宁乡)沼气池为例，它是由厌氧消化池、进料管、溢流管、出料装置、贮粪池、贮气装置、活动盖、蓄水圈、导气管等部件组成。图8-5为宁V小康型沼气池的构造示意。

①厌氧消化池。厌氧消化池(又称发酵池)是堆放发酵料液进行沼气发酵的主体部件，通称主池。由于宁V小康型沼气池在主池外有贮气装置——浮罩，厌氧消化池发酵后产生的沼气直接输送至贮气柜(浮罩)贮存。由于厌氧消化池的贮气功能消失，从而可使发酵料液增加到主池容积的90%~95%，提高沼气池的产气量。进料管、溢流管、导气管和出料装置分别从池盖顶部的不同部位插入厌氧消化池内。

②进料管。进料管是向厌氧消化池添加发酵原料的通道。进料管从池盖支座附近斜插入厌氧消化池的料液中，上口为半漏斗形，与猪栏、厕所、粪沟连通，人畜粪尿可自动流

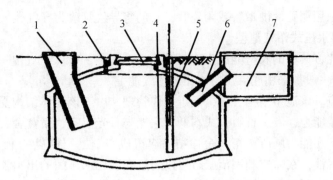

1. 进料管；2. 导气管；3. 活动盖；4. 厌氧消化池；5. 活塞式
出料器；6. 溢流管；7. 贮粪池。

图 8-5　宁 V 小康型沼气池构造示意

入厌氧消化池内发酵，进料管内径为 250~350 mm。

③溢流管。溢流管是指厌氧消化池与贮粪池之间的连接通道。原料进入厌氧消化池发酵分解产生沼气后的清液，通过溢流管溢流到贮粪池。溢流管安装在进料管对面（或斜对面）的池盖支座附近，内径为 100~150 mm。

④出料装置。宁 V 小康型沼气池的出料装置有两种：一种是活塞式出料器；另一种是闸阀出料装置，从池盖上插入厌氧消化池的池底部位，较好地解决了沼气池出料难的问题。

⑤贮粪池。贮粪池的作用是贮存厌氧消化池从溢流管溢出来的沼液，或从出料器抽吸出来的沉渣。贮粪池的大小和设置位置根据用户的要求确定。贮粪池的液面水平线一般与溢流管上口溢位线相平或稍低些，过高会使贮粪池的液料返回厌氧消化池。

⑥贮气装置。贮气装置由浮罩（贮气柜）和水封池两部分组成。贮气柜的作用是贮存厌氧消化池发酵产生的沼气，解决了沼气均衡生产与不均衡用气之间的矛盾。具有稳压（恒压）作用。

⑦活动盖。活动盖是一个装配式的部件，盖在气箱拱顶中央蓄水圈池墙内口的活动盖口上，根据需要打开或封闭，所以有人把活动盖的盖口称为"天窗"。活动盖盖口一般为圆形，直径为 550~700 mm。活动盖有瓶塞式和平板式两种类型，目前一般采用平板式正反盖。沼气池安装活动盖有下列优点：在大量进料或出料时打开活动盖，可以避免因正压或负压过大，造成池体破裂；便于沼气池的管理，打开活动盖，人站在池外进料、出料或打破浮渣结壳硬块，操作方便；检修沼气池或彻底清除沉渣时，打开活动盖，便于通风、采光、排除有毒气体，保证操作安全；建池时，便于施工和材料出入。

⑧蓄水圈。又称贮水圈，设在气箱拱顶活动盖盖口的上沿部分，与池盖拱顶连成一个整体。蓄水圈为圆形，蓄水圈池墙高 150~300 mm，上口略小，下口略大。活动盖外围设蓄水圈池墙，既能保持活动盖与池口黏合（用黏土经常湿润），起密封作用；又能及时发现活动盖盖口漏气情况，即一旦有漏气现象，水中就会冒出气泡，便于及时发现问题、及时处理。

⑨导气管。导气管是贮气箱与输气管道的连接装置，安装在池盖拱顶蓄水圈池墙外的最高处，上口连接输气管，下口与贮气箱相通，以便将池内沼气输送出来至燃烧灯具或炉

具。导气管一般采用铜管、硬塑管或陶瓷管，有的将导气管改为导气孔。

（2）底层出料水压式沼气池型

目前，我国北方典型的农村能源生态模式——"四位一体"（沼气池—猪禽舍—厕所—日光温室）模式，一般都采用底层出料水压式沼气池型。

①池型的优点。该池型结构合理，便于操作管理。由于该池体结构受力性能好，能充分利用土壤的承载能力，省工省料，成本低。它能与日光温室、畜禽舍、厕所相连组成四位一体生态模式，还能与厕所、畜禽舍连结一起组成"三位一体"生态模式，使人畜（禽）粪便直接进入沼气池，在需要利用沼肥时可以通过安装在水压间的出料器抽渣出料，解决了出料难的问题。有利于粪便管理及保持卫生环境，使种植业直接利用无公害的沼肥生产绿色果品、蔬菜。

经济耐用，便于推广。各种建沼气池的材料都能用来建该池，它的总造价比较便宜，使用寿命20年以上。它可以利用农村各种发酵原料制取沼气。沼气池周围都与模式内土壤接触，对池体保温加快发酵速度有一定的作用。

②结构与功能。底层出料水压式沼气池由发酵间、水压间、贮气间、进料管、出料口通道、导气管等部位组成。

a. 进料口、进料管。进料口设在畜禽舍地面，由设在地下的进料管与沼气池相连通。进料管是把厕所、畜禽舍所收集的人、畜禽粪便及冲洗污水注入沼气池发酵间的管道。进料管采取直管斜插或直插的方式与发酵间相连接。在地基容易下沉的地方一般采用直插方式。进料口的设定位置一般和出料口及池拱盖中心位于一条直线，如果条件受限或者有两个进料口时，则每个进料口、池拱盖、出料间的中心点连线角度必须大于120°，其目的是保证进料流畅，便于搅拌，防止排出未发酵的料液，造成料液短路。

b. 出料间、水压间。建筑形状为圆柱形，原因为圆柱形受力均匀且寿命长。出料间和水压间设在与池体相连接的日光温室里，是为了储存沼气，维持正常气压和便于出料，它的容积由沼气池产气量来决定，每个沼气池24 h所产沼气量的1/2为水压间容积。例如，8 m³沼气池每天产气2 m³，水压间即修建1 m³。将水压间、出料间建在日光温室的目的是方便为蔬菜、果树生产施肥。如果建在畜禽舍内，将给出料、施肥增加许多困难。出料间、水压间的下端通过出料口通道与发酵间相连接，发酵完的沼肥由此通道流向出料间。水压间口要设置盖板，防止人、畜禽误入池内。

c. 发酵间、贮气间。这是沼气池的主体部分，形状为圆筒形，发酵原料在此发酵，产生的沼气溢出水面进入上部半球形的贮气间贮存。此池型没有活动盖，因为北方冬季寒冷、干燥，活动盖上面的水经常被畜禽饮掉，使池盖泥封口处干燥并产生裂缝，造成贮气箱漏气，影响"模式"里的畜禽及作物生长，所以加大了出料间体积，池盖的功能由出料间代替。在进行沼气池维修时，先打开输气管阀放气，或利用手动出料器消除沼肥，并利用风扇从进料口或出料口通道向池内扇风，开敞2 d后，把小动物（鸡、兔等）放入池内，若小动物安全无事，就可进入池内检修。沼气大换料时可直接使用手动出料器出料。池内结壳时可把料液清除到出料口通道30 cm以下，人可在出料间用长把钩子破壳（注意千万不要进入池内）。当用户不用气，沼气超出贮气箱的贮存量时，沼气可以从出料口通道溢出以减轻池内压力。

d. 池底。呈锅底形，在池底中心至出料间底部之间，建一"U"形槽，下返坡度 5%，目的是便于底层出料，此外池底为锅底形可使池底受力均匀，延长寿命。

③工作原理。底层出料水压式沼气池的工作原理是：当沼气池内发酵产生沼气逐步增多时，贮气箱内的压力相应增高，这个不断增高的气压将发酵间内的料液压到出料间，此时出料间液面和池内液面形成压力差。当用户用气时沼气在水压下通过输气管输出，池内气压下降，水压间内的料液重新返回池内，以维持池内外压力新的平衡。这样不断地产气和用气，使发酵间和出料间的液面不断地升降，始终维持压力平衡的状态。这种利用料液来回流动，引起水压反复变化来贮存和排放沼气的池形，就称为水压式沼气池。

（3）两步发酵自循环太阳能增温沼气池

两步发酵自循环太阳能增温沼气池是西北农业大学邱凌教授根据沼气池发酵分布理论研制成功的一种新型高效沼气池。它的结构是由发酵间、水压间、酸化池、出料器组成的。该沼气池内的沼气发酵原料的水解产酸和产甲烷过程分别在不同的池子内完成，实现了粪草分离、连续循环运转的两步发酵自动高效运转状态。该池型吸取了国内先进池型的优点，增加了料液自动循环搅拌装置、太阳能增温装置和出料装置，达到了提高产气量、出料轻松、管理方便的目的。

两步发酵自循环太阳能增温沼气池经试水、试气验收合格后，即可按沼气发酵的工艺要求投料使用。沼气发酵原料经微生物作用，分解产生沼气，随着产气量的增加，沼气池内压力不断提高，于是具有一定压力的沼气将贮气室内的料液从出料通道压往水压池，使贮气室的液面不断下降，水压池的液面不断上升。当水压池的液面上升到一定高度时，料液自动进入酸化池。当用气时，沼气不断从导气管输出，使贮气室内的沼气压力随之下降，酸化池内具有一定势能的产酸液经料液循环管流入发酵池。如此不断的产气和用气，整个装置始终处于周而复始的良性循环状态。

①池型优点。两步发酵自循环太阳能增温高效沼气池在池型结构和发酵技术上进行了大的创新，使其克服了常规水压式沼气池所存在的一系列缺点，如表面结壳、底部沉淀、料液和菌种在池内呈静止状态、分布不均且存在死角，这些问题会导致原料消化率低、产气率低、出料难等。其区别于其他池型的优点在于：

第一，根据沼气发酵分段进行的理论，使秸秆等富碳的纤维性原料在酸化池内完成水解、酸化 2 个阶段，取其精华去其糟粕，酸液通过料液循环管进入发酵池，直接完成产甲烷阶段，剩余残渣直接从酸化池取出，从而解决了秸秆入池发酵出料困难的问题。

第二，由料液循环管和酸化池组成的料液自动循环系统，可自动完成搅拌、破壳工作，使原料和菌种充分混合，池内料液呈运动状态，可减轻表层结壳和底层沉淀问题。

第三，管理使用方便，可常年不大出料。在发酵启动阶段和需要利用沼渣时，通过抽渣管，使用活塞即可进行人工液搅拌和出料，无须打开活动盖进入池内清池出料，因此不会发生窒息致人死亡事故，从而彻底解决了常规池出料难的问题。

第四，酸化池兼有水压排气和水解酸化的双重作用，其体积比常规沼气池大，因此气压相对比较稳定，同时，酸化池设有溢流管，当产量过大时，多余的料液就会通过溢流管流入蓄肥池，从而使整个系统自动运行，用户使用更方便。

第五，通过秸秆等纤维性原料在酸化池的水解酸化，一方面为生产甲烷提供了必需有效的物质；另一方面，秸秆分解产生的热量提高了料液温度。在原料充足、发酵正常的情况下，产气量通常比常规池高80%以上，冬季采取温棚保温措施，可使用酸化池。并且，产气量越高搅拌强度越大，搅拌越强产气量更高，整个系统处于一种良性循环的运行状态。

第六，在酸化池上增设太阳能集热板装置，提高料液温度，从而提高产气率。

第七，酸化池位置可根据地形状况随意布置，若地方窄小，可采用顶返水形式，将酸化池紧靠池顶布局，从而使整个系统占用面积比常规池小得多。

②关键技术。在施工中应注意掌握好以下关键技术：

第一，料液循环管上口距池顶与池墙交面线200 mm为宜。若距离过小，会使气室留得过大，启动阶段排杂气时间过长，且加料时，若料液加得过多，将管口埋入料液之中，发挥不了该池自动循环和搅拌的功能；当距离过大时，会使水压池和酸化池无效容积增大，浪费材料和工时。但是，从水解酸化秸秆等纤维性原料的角度而言，这种无效容积还是有益的，它可以扩大秸秆原料的投料量和水解酸化强度，有利于提高产气量。

第二，水压池和酸化池隔墙上通孔的下沿距离零压面500 mm为宜。此距离过大，气压波动较大，影响正常使用，同时，也减少了料液的循环量和回流量，不利于搅拌和提高产气量；此距离过小，会使料液回流搅拌强度减弱。

第三，修建时，应注意使主池垂直，以免引起以上各主要结构关键尺寸发生误差，为了保持这些尺寸的准确性，修建时，应选取基准零，从零点测量相应距离。

第四，进入发酵池的原料采用纯净人畜粪尿，要求不含泥土、杂草、秸秆、薪柴、纸张等长尺寸的杂物，秸秆等纤维性原料可直接投入酸化池进行水解酸化。

8.2.4 沼气发酵产物及其利用

发展沼气产业可以使生物资源得以充分合理利用，在发展新能源建设中占据很重要的地位。近年来，开发沼气各种残留物的综合利用工作取得很大成效。残留物可作饲料、饵料，发展畜牧业和渔业；可作肥料，用于生产无公害(无污染)的粮、菜、果和经济作物；可代替部分农药，浸种、拌种、防治病虫害；可作培养基，生产食用菌；还可用于繁殖蚯蚓，为畜禽提供高蛋白饲料。沼气本身的利用也有了很大发展，除直接用于发电或油气混烧发电，也可用于焊接、熨烫、储粮灭虫以及保鲜等，形成种植业、养殖业、能源加工业等多环节、多层次的综合利用良性循环和高效益的新兴产业。

8.2.4.1 沼液的利用

沼液是沼气发酵的副产物。它不仅含有较丰富的可溶性有机、无机盐类(如铵盐、钾盐、磷酸盐等可溶性物质)，同时还含有多种沼气发酵的生化产物。沼液中含有17种氨基酸和维生素、生长激素、抗生素以及铁、锌、铜、锰等多种矿物元素，速效养分相当丰富，因此，在利用中它往往表现多方面的功效(如营养、抑菌、刺激、抗逆等效果)。随着我国沼气生产和科研工作的不断发展，人们对沼液的认识也逐渐加深，现在除将其作肥料外，还用于养鱼、植物保护等方面。

(1)浸种

腐熟的沼气发酵液除了含多种营养元素和溶解的腐殖酸铵外，还含有各种氨基酸和微生物分泌的多种活性物质，可用于水稻、小麦和棉花的浸种，相比清水浸种而言，有催芽和刺激作物生长及提高抗性的作用。一般应稀释 1~3 倍，浸种时间 1~2 d。应选用腐熟 30 d 以上的沼气液肥。

（2）作叶面肥

沼气池厌氧发酵后的料液中，水溶性营养成分相对富集，可作为一种速效性的水肥，对果树进行叶面施肥，具有随需随取、使用方便、收效快、利用率高的特点，24 h 内，叶片可吸收喷量的 80%，能及时补充果树生长关键时期对养分的需求。用沼液加适量的农药，防治效果更佳，甚至超过常规化学农药的防治效果，并可节省开支。

（3）沼液饲用

沼液中含有多种成分的氨基酸、铁等必需矿物元素、维生素、葡萄糖、果糖和大量的细菌蛋白等营养物质，是一种营养丰富、廉价易得的饲料添加剂，可以用来养鸡、喂猪、养鱼等。沼液养鱼在南方应用较多，但用量应适度，同时也要注意沼液的生物安全问题。

8.2.4.2　沼气的利用

人工沼气是仿照天然沼气产生的条件采用人工方法制得。沼气中各种气体的体积百分比并不是固定不变的，但不管怎样变化，均以甲烷为主，并且是随原料种类、投料比例、发酵温度、发酵阶段等条件的不同而变化。

1 m^3 沼气完全燃烧时，可放出 17 911~25 075 kJ 的热量。我们利用沼气，就是利用其燃烧产生的大量热能来供做饭、点灯照明的。沼气在密闭的容器中燃烧，温度骤然升高，气体体积迅速膨胀，就会产生猛烈爆炸。沼气机就是利用这个原理推动汽缸内活塞作功的。现将沼气和其他燃料可产生的热量进行比较（表 8-5）。

表 8-5　沼气与其他燃料热值能量比较

燃料名称	燃料量(m^3)	热量(kJ)	备注	燃料名称	燃料量(m^3)	热量(kJ)	备注
甲烷	1	35 822	纯甲烷	汽油	1	43 681~47 025	
沼气	1	17 911~25 057	甲烷(55%~70%)	柴油	1	39 170	
煤气	1	16 720		原煤	1	22 990	

甲烷含量越高，沼气的质量越好。在科研单位常用气相色谱仪来测定沼气中甲烷和其他气体的含量。在农村人们常常根据沼气火焰颜色的变化来估计其中甲烷含量的多少。一般说，甲烷含量达到 35% 时就可以勉强点燃，含量在 50% 以上时，方能正常燃烧。如火焰偏红，则甲烷含量偏低，火焰呈煤蓝色，则甲烷含量高。

（1）燃料

利用沼气灶具（又称炉具）可把沼气的化学能转变为热能。沼气灶具可使用湖南省宁乡县能源技术服务中心炉灶厂生产的宏安牌电子点火双眼沼气灶、电子点火沼气液化气两用灶和电子点火液化气灶 3 个系列的高档豪华不锈钢电子点火沼气灶。

（2）沼气孵禽

利用沼气调节孵化箱的温度来孵化家禽，不但可以降低生产成本，提高经济效益，而且生产稳定。但在使用时要注意：晾蛋与翻蛋、通气换气、适宜湿度的掌握、摊蛋及沼气池的管理等问题。

(3)沼气贮藏粮果

在正常的空气中，氧气含量为 20.9%，氮气含量为 78.1%，氩气含量为 0.9%，二氧化碳含量为 0.03%，其余为水蒸气、甲烷、氖、氦等。如果把空气中氧气的含量降低，适当增加二氧化碳的浓度，可以降低水果、蔬菜、粮食种子的呼吸强度，减弱新陈代谢的强度，从而推迟贮藏物的后熟期。同时，在降低氧气和高浓度二氧化碳下，能使贮藏物产生乙烯的作用减弱，抑制乙烯的生成，从而延长贮藏物的贮藏期。

沼气作为一种环境气体调制剂，用于果品、蔬菜的保鲜贮藏，粮食、种子的灭虫贮藏，沼气贮藏是一项简便易行、投资少、经济效益显著的实用技术。沼气气调贮藏就是在密封的条件下，利用沼气中甲烷和二氧化碳的含量高、含氧量极少、甲烷无毒的性质和特点来调节贮藏环境中的气体成分，造成一定的缺氧状态，以控制粮果、蔬菜的呼吸强度，减少贮藏过程中的基质消耗，防治虫、霉、病、菌，从而达到安全贮藏的目的。

(4)沼气照明发电

在农村，可使用沼气照明，但沼气灯耗气量较大，从提高沼气热能利用率以及安全、卫生角度而言，先用沼气发电，再用电照明和加工是比较经济和方便的。一般沼气每发电 1 kW 耗气 0.75 m³，相当于 25 盏 40 W 电灯 1 h 的用电量，若直接燃气点灯照明，只能供 7 盏沼气灯照明 1 h。

沼气发电，即将柴油发动机改装成全燃气发动机或沼气—柴油双燃料发动机，配套小型同步电机或异步电机。主要采用异步发动机，它具有结构简单、操作维修方便、故障较少、比较安全以及售价低廉等许多优点。特别适合居住相对集中的自然村使用。

8.2.4.3 沼渣的利用

经厌氧发酵生产沼气后，残留物料的固体部分俗称沼渣。经分析，沼渣中含有难分解的有机残余物(如木质素、少量的纤维素及半纤维素等)、腐殖酸性物质(由木质素、蛋白质、多糖类物质经微生物分解转化而成)、可溶性灰分(吸附于有机残渣上或与腐殖酸代替结合的铵、钾、磷酸根等离子以及某些微量元素等)、难溶性灰分(钙、镁、铁等金属离子形成的硅酸盐、碳酸盐、磷酸盐类以及其他盐等)；沼渣中含有腐殖酸 10%~20%，有机质 30%~50%，全氮 1.0%~2.0%，全磷 0.4%~0.6%，全钾 0.6%~1.21%，并含维生素、激素等，可用作饲料、肥料和食用菌栽培料。

(1)栽培食用菌

沼渣可用于食用菌(如草菇、凤尾菇等)的栽培。

沼渣营养与其他菇料的营养成分大体相当(表 8-6)。经大量试验证明沼渣作菇料的效果良好。表现在沼渣富含速效养分，出菇快而整齐；一级菇占较高比例，可提高产值；沼渣无病菌，上菇床后，无杂菌；省工省事，减轻堆腐大量菇料的劳动强度。

表 8-6 猪粪菇料及沼肥菇料的比较

样品	水分(%)	粗蛋白(%)	全磷(%)	总可溶性糖(%)	维生素(mg/kg)
沼肥菇料	93.9	2.85	0.183	0.037	23.49
猪粪菇料	93.7	2.74	0.184	0.027	2.26

注：引自彭景勋，1996。

（2）沼渣养鱼

沼渣是优质的有机肥料，含有大量的氮、磷和无机盐类，可以肥沃水质，宜水中浮游生物的生长、繁殖，增加了鱼的天然饵料。由于人工饲喂的有机养料投入水中要消耗大量的氧气，易败坏水质，而沼气已经过厌氧发酵，其中有机物质已经部分分解，在水中不会消耗很多的氧气，有利于鱼类的生长。同时沼渣的 pH 值一般为中性，和丰产鱼塘对 pH 值的要求一致，适宜鱼类的生活要求。另外沼渣的施用可使池水保持茶绿色或茶褐色，易吸收光热，提高水温，促进鱼类生长，沼渣肥经过发酵，杀灭了很多病菌和寄生虫卵，用沼肥喂鱼可以减少鱼病，所以特别适于养鱼。

（3）用作肥料

沼渣是一种含氮、磷、钾齐全的速缓兼备的有机肥料，含有较多的易挥发的氨态氮，可以单独施用或和化肥、氨水等配合施用，能使化肥在土壤中溶解、吸附和刺激作物吸收养分，并提高化肥利用率。在每 50 kg 沼液肥中加入 0.5～1.0 kg 碳酸氢铵或氨水，或与过磷酸钙混合施用，也能提高过磷酸钙的肥效。但如果施用方法不当，容易损失肥效，达不到应有的增产效果。在施用时要注意随出随施、不宜久存。沼渣肥宜作基肥深施于水田，最好是耕田时施用，使泥、肥结合；施于旱田，最好集中施用，采用穴施、沟施的方法，然后覆盖一层 100 mm 左右厚的土，以减少速效养分的挥发；追肥施用时，应根据沼气池肥料的质量和作物生长情况，掺水冲稀，以免伤害作物的幼根、嫩叶。

8.2.5　实例：粪污沼气发酵循环利用模式

甘肃省张掖市甘州区地处河西走廊中段，该区地势平坦，水土光热资源丰富，利于发展畜禽养殖业。为了减少畜牧业对当地环境的污染以及扩大废物的资源化利用，当地的一些中型奶牛及生猪养殖场，在建设养殖场的同时配套沼气工程。养殖场产生的固液混合粪污用来进行沼气发酵，发酵产出的沼气用于场区生产和周边农户日常生活，剩下的沼液和沼渣经过无害化处理，用作肥料还田。该区某奶牛养殖场专业合作社存栏奶牛 2300 余头，其中产奶牛超过 1400 头，合作社建设一座 1600 m³ 的沼气站，奶牛产生的粪污全部经过沼气发酵处理，生产的沼气除了满足本产区正常生产外，还可以供应周边某村 460 多户居民使用；产生的沼渣和沼液经沉淀、发酵、稀释后，用于饲草基地灌溉。

8.3　燃料乙醇

乙醇（ethanol）常压下是一种易燃、易挥发的无色透明液体，不可直接饮用；具有特殊香味，并略带刺激；微甘，并伴有刺激的辛辣滋味；能与水以任意比互溶；可混溶于醚、氯仿、甲醇、丙酮、甘油等多数有机溶剂。

燃料乙醇是指以玉米、甘蔗、甘薯和农林废弃物等生物物质为原料，通过微生物发酵、蒸馏、脱水等工艺生产获得的可作为燃料用的乙醇。燃料乙醇是燃烧清洁的高辛烷值燃料，调和辛烷值一般可以达到 120 左右，是生物质能源中最主要的能源之一，可用来代替石油，是一种可再生的能源，有"绿色石油"和"液体黄金"之称。它作为点燃式发动机燃料时，可以用于压缩比较高的发动机，提高发动机的热效率，是内燃机最有希望的代用燃料。燃料乙醇不仅是优良的燃料，还是优良的燃油品改善剂燃料，可以增加汽油的含氧量，使其充分燃烧，燃料乙醇经变性后与汽油按一定比例混合可制车用乙醇汽油。使用车用乙醇汽油，可以使汽车尾气的污染水平平均降低 30% 以上。其中一氧化碳排放下降 30.8%，挥发性烃类化合物排放下降 13.4%，二氧化碳的排放量降低 27%。

当今，石油、煤等传统化石能源日渐匮乏，并且由之带来了严重环境污染问题，而乙醇燃烧兼具清洁环保和可再生特性，同时乙醇的辛烷值比汽油高，既是抗爆剂，又是助燃剂，作为新的替代能源，燃料乙醇的研究和应用已被许多国家摆到了重要的战略地位。近年来，由于燃料乙醇产业的形成和发展，其生产技术与工艺的研究和改进受到了高度重视，现已形成了一个比较成熟的体系，在能源、环保和农业等领域发挥了重要作用。

8.3.1 生物质原料

燃料乙醇生产的生物质原料主要包括三大类：第一类是糖质原料，包括甘蔗、甜高粱等；第二类是淀粉质原料，包括薯类、谷物、浮萍等；第三类是纤维类原料，包括芦苇、苎麻杆、秸秆和稻壳等。糖可经微生物发酵直接转化为乙醇，淀粉和纤维素则需先水解为可发酵性糖，然后经发酵转化为乙醇。

利用糖质和淀粉质原料生产燃料乙醇已有很多年的历史。巴西是全球最早开始建设燃料乙醇项目的国家，也是全球最早立法支持生物能源的国家。1975 年巴西就推出了全国燃料乙醇计划，以甘蔗为原料开发出燃料乙醇技术，在 2001 年巴西已完全实现了商业化的燃料乙醇生产，燃料乙醇供应了其国内约 40% 的车用燃料需求。美国于 2006 年开始超越巴西成为全球最大的燃料乙醇生产国，通过不断发展更新技术，已使燃料乙醇生产成本大为降低，目前，美国燃料乙醇生产成本已具备与汽油竞争的实力。同时，美国作为世界上最大的车用乙醇汽油生产国和消费国，其生产燃料乙醇的原料主要以玉米为主，2018 年美国乙醇产量达 4797×10^4 t。巴西作为世界第二大燃料乙醇生产国，2018 年乙醇产量达 2366×10^4 t。法国和德国是欧盟燃料乙醇产量最多的国家，谷物、薯类和甜菜均为其生产原料。我国从 20 世纪末期开始由政府组织研究和开发燃料乙醇，现阶段主要以玉米和小麦为原料，为了保证国家的粮食安全和满足燃料乙醇产业进一步发展的需求，薯类、甜高粱、甘蔗等替代原料正迅速发展。我国燃料乙醇产业虽然起步较晚，但发展迅速，目前已成为继美国、巴西之后第三大燃料乙醇生产国。我国生物质资源量巨大，转化为能源的潜力可达 10×10^8 t 标准煤，2018 年我国乙醇产量约占世界总产量的 4%。

纤维素类生物质是地球上储量丰富、分布广泛的可再生资源，全球每年仅陆生植物就可产纤维素约 5×10^{11} t，主要包括农作物秸秆、林业废弃物、动物排泄物等。纤维素和半纤维素都以聚糖形式存在，纤维素主要由六碳糖聚合而成，而半纤维素则主要由戊碳糖聚合形成。利用木质纤维素类生物质生产燃料乙醇，通常需要经过预处理以打破其致密结构，再将聚糖水解转化为单糖，最后利用酿酒酵母将单糖发酵转化为乙醇。由于纤维素类物质结构非常复杂，水解难度大，通常需经过一些预处理，如酸处理、碱处理、微波处理、蒸汽爆破处理等，才能被有效地降解为可发酵性糖。由于这些预处理成本高，废水处理压力大，再加上原料比较分散，体积大，运输、贮藏费用高等问题，使得以纤维素为原料生产燃料乙醇的研究仍处于试验阶段，离商业化生产还有一段距离。

燃料乙醇经历了从粮食乙醇、纤维素乙醇到非粮作物乙醇等发展阶段，燃料乙醇目前已经发展到第三代。第一代燃料乙醇属于粮食乙醇，需要淀粉原料（如玉米、高粱、甘薯等）或糖质原料（如糖蜜、亚硫酸废液等），会占用农作物，但该技术发展时间长、技术成熟。第二代纤维素乙醇使用纤维素物质为原料，利用玉米芯、玉米秸秆等农林废弃物，脱离了农作物的范畴，充分发掘生物质资源的价值，具有原料广泛易得、成本低、对环境友好等优势，目前已有国内企业规模化量产；不足之处为纤维素酶和原料预处理环节的成本较高。第三代非粮作物燃料乙醇以微藻和浮萍等含有的淀粉、纤维素、半纤维素等大量碳水化合物为原料。浮萍的淀粉含量可达干物质含量的 60% 以上，发酵效率可达到 90% 以上（表 8-7）。

表 8-7　各代际燃料乙醇的原料及其优缺点

代际	第一代燃料乙醇	第二代燃料乙醇	第三代燃料乙醇
原料	玉米、小麦等	玉米芯、秸秆等农产品废弃物等	微藻、浮萍等
优点	原料种植量大，工艺较为简单、成熟	不与粮林争地、不与人畜争粮，原料易得，资源丰富	生长迅速、培养周期短，乙醇产率远高于其他原料
缺点	与人畜争粮、资源有限	存在技术难题，产能规模有待提高	技术尚未完善

8.3.2　燃料乙醇生产用酶和微生物

燃料乙醇的生成是一个生物、化学反应过程，可分为 2 个阶段：首先是有机底物如纤维素、淀粉等被纤维素酶、淀粉酶、糖化酶等水解为可发酵性糖的过程，另一阶段是可发酵性糖被微生物转化为乙醇和二氧化碳的过程。与整个过程相关的酶与微生物可相应地分成两部分：一部分为负责水解糖化的纤维素酶、淀粉酶和糖化酶及微生物；另一部分为负责将可发酵性糖转化为乙醇的微生物。

淀粉质原料的水解相对来说比较容易，根霉、曲霉、枯草芽孢杆菌等所产生的酶系均能有效地将淀粉水解为单糖。许多酵母菌，如 *Candida tsukubaensis*、*Filobasisium capsuligenum* 等也能产生淀粉酶和糖化酶。糖化酶一般由催化域、连接域和结合域组成，由于具有与生淀粉亲和的功能部位，糖化酶能直接水解淀粉分子生成葡萄糖，其水解速率与能否被生淀粉分子吸附和吸附强度有关。淀粉酶可分为 4 大类：内切酶、外切酶、脱支酶和转移酶。通常情况下，淀粉酶也存在可吸附淀粉和不可吸附淀粉两种类型，前者具有水解淀粉的能力，后者则不具备，但也有研究发现，一些微生物所产生的淀粉酶不吸附淀粉，但对生淀粉却有很强的水解能力。

纤维素类原料为一类结构复杂的高分子聚合物，很难被酶水解或效率较低。纤维素酶是由多种酶所构成的多组分酶系，包括外切酶、内切酶、纤维二糖酶及其他辅酶，它们在协同作用下将纤维素水解为单糖。

产纤维素酶的细菌有梭菌、纤维单胞菌、杆菌等，真菌有白绢菌、白腐真菌等。产乙醇的微生物有细菌（如 *Clostridium sporogenes*）、真菌（如 *Monilia* sp.）和酵母菌（如 *Saccharomyces cerevisiae*），但应用最普遍的还是酵母菌，尤其是酿酒酵母。酿酒酵母是传统的乙醇生产菌株，具有良好的工业生产性状，如厌氧条件下具有良好的生长能力，较高的乙醇得率，对一些生长抑制因子如乙醇、乙酸等具有较高的耐受性等。酿酒酵母的全基因序列已被测定，其遗传操作等技术已基本成熟，因此，可构建能直接利用木糖的工程菌株，构建能直接利用淀粉的工程菌株等。如早期的科学家对酿酒酵母进行木糖代谢途径改造，构建得到能够利用葡萄糖和木糖共发酵生产乙醇的重组酵母菌株，并对其进行驯化、诱变，选育得到性能比较优良的突变菌株 TBM3400 等。酿酒酵母被认为是最具有前景的应用于木质纤维乙醇生产的工业菌株。Sonderegger et al. (2004) 对不同的基因重组和突变酿酒酵母菌株进行了发酵木质纤维素水解糖液产乙醇的特性比较，发现酿酒酵母 TMB3400 具有很强的木糖代谢能力，工业菌株 F12 对纤维水解液中的毒性物质具有较好的耐受力。木糖代谢途径在酿酒酵母的应用，能够利用占水解后单糖总糖分近30%的木糖发酵生产乙醇，从而大大提高了乙醇产率，降低了生产成本。除酿酒酵母外，兼性厌氧细菌(如运动发酵单胞菌)是另一个主要研究和开发的对象。与酵母菌相比，运动发酵单胞菌具有糖吸收率高、产生物量少、耐乙醇能力强、发酵时无须控制加氧、耐高渗透压、易于基因操作等优点。但也有不足之处，如不能转化复杂的碳水化合物(如纤维素等)以及会产生山梨醇、甘油、乙醛、乙酸等副产物，产生胞外果聚糖等。在工程细菌生产燃料乙醇的研究和应用方面，研究人员利用基因工程的方法改造运动发酵单胞菌、大肠埃希菌、产酸克雷伯菌等是目前的研究热点，如构建运动发酵单胞工程菌使其代谢树胶醛醣和木糖，利用基因工程大肠埃希菌同时转化葡萄糖和木糖，构建产酸克雷伯工程菌发酵纤维二糖等。

8.3.3 燃料乙醇生产工艺

燃料乙醇的生产方法主要分为化学法和生物法，化学法主要是乙烯路线和合成气路线，生物法主要是利用生物质原料发酵生产乙醇。生物发酵法是目前制取燃料乙醇最主要的方法。生物乙醇的生产工艺主要取决于所采用的生物质原料，不同生物质原料的乙醇生产工艺不尽相同。例如，利用含淀粉的生物质材料生产乙醇时，碾磨、液化以及糖化工艺必不可少；利用木质纤维素类生物质生产乙醇时，预处理和水解为常用工艺；而利用糖类物质生产乙醇时，碾磨、预处理和糖化工艺步骤就不需要进行。此外，如果在反应过程混入了有毒物质，还需考虑添加解毒工艺。总的来说，利用生物质生产燃料乙醇的一般流程为：首先要对原料进行前处理，再经过酶或酸水解生成可发酵的单糖，然后通过发酵将六碳糖或五碳糖转化成乙醇，最后一步是乙醇的蒸馏，如图8-6所示。

8.3.3.1 燃料乙醇发酵一般工艺

(1)前处理

主要包括原料的清洗和机械粉碎。原料的粒度越小，比表面积就越大，越有利于催化剂和蒸汽的传递，进一步有利于提高乙醇产率、降低醪液中的残淀粉含量。在生产中，普遍将玉米原料粉碎至 0.5 mm，筛网通过率100%。另外，不同类型的粉碎机由于粉碎原理不同，因而对淀粉粒的破坏程度不同，也会影响淀粉的水解效果。美国学者采用赛科龙、超级离心和锤片式3种粉碎机分别对玉米进行粉碎，生料发酵试验结果表明，赛科龙粉碎机的粉碎粒度更小，由其得到的淀粉水解更充分，乙醇产率更高。前处理方法有：热磨法、挤压膨化法、高能辐射法(γ射线、电子辐射)、冷冻处理法、石灰预处理法、蒸汽爆破法、氨纤维爆破法(AFEX)和生物方法等。

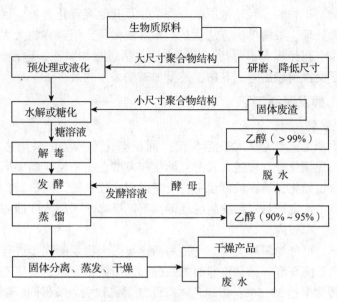

图 8-6　利用生物质生产燃料乙醇的一般流程

(2) 水解

生物质的水解工艺主要包括浓酸水解、稀酸水解和酶水解，这 3 种水解工艺的特点，见表 8-8。淀粉质生物质的水解主要由淀粉酶等来完成，淀粉酶所涉及的酶有 α-淀粉酶、β-淀粉酶、葡萄糖淀粉酶、脱支酶等。目前，工业上应用的淀粉酶主要包括来源于真菌的 α-淀粉酶和葡萄糖淀粉酶。目前工业上应用的真菌 α-淀粉酶几乎全部来源于丝状真菌中的曲霉属微生物，如黑曲霉(*Aspergillus niger*)和米曲霉(*A. oryzae*)。与细菌 α-淀粉酶不同，大多数真菌 α-淀粉酶的作用温度和 pH 值都比较温和。葡萄糖淀粉酶是能从非还原末端外切淀粉的 α-1,4-糖苷键和 α-1,6-糖苷键，生成葡萄糖的酶。真菌产生的葡萄糖淀粉酶对淀粉具有较好的分解作用，不同来源的糖化酶其结构和功能有一定的差异，对淀粉的水解作用的活力也不同。在生料水解过程中，淀粉酶首先吸附到淀粉颗粒表面，水解产生孔洞结构，通过孔道进入淀粉颗粒内部，从淀粉颗粒内部水解淀粉，同时利用糖化酶的外切活力和淀粉酶的内切活力使淀粉粒表面及内部形成更多水解入口，并水解释放葡萄糖。淀粉酶的水解性能是决定生料发酵技术成败的最重要因素。如果淀粉水解能力不足，则发酵周期长、残淀粉含量高，乙醇产率低；如果添加量大，成本很高，则没有应用价值。

(3) 水解液的脱毒或解毒

植物水解液中含有对后续乙醇发酵起抑制作用的抑制剂，主要有糠醛、羟甲基糖醛、

表 8-8　3 种纤维素水解工艺的比较

水解工艺	催化剂	温度(℃)	时间	葡萄糖得率(%)
稀酸水解	<1% H_2SO_4	215	3 min	50~70
浓酸水解	30%~70% H_2SO_4	40	2~6 h	90
酶水解	纤维素酶	70	1.5 d	75~95

乙酸、酚类化合物、丁香酸、羟基苯甲酸、香草醛及其他有毒化合物。因此，在水解液发酵前需要进行脱毒处理。最简单的方法就是把水解液稀释，但这样将大大降低糖浓度，增加后续工段的成本，在经济上不可行。其他方法包括过量加碱法、电渗析、水蒸气脱洗、活性炭吸附、离子交换树脂法等，其中，过量加碱法采用的最多。

8.3.3.2 燃料乙醇发酵新工艺

(1)同步糖化发酵

传统的乙醇生产工艺都是先糖化后发酵。同步糖化发酵法则采用边糖化边发酵的方式，即原料不经预先糖化，直接进入发酵，糖化和发酵在一个反应器中同时进行，发酵液中可发酵性糖的含量始终保持在较低水平，发酵过程比较平稳。同步糖化发酵法既免去了糖化工序，又削减了水解产物对糖化酶的反馈抑制，还降低了高浓度糖底物对酵母菌的抑制作用，因而乙醇产率较高。

同步糖化发酵法可分为两种类型。一是酶糖化与微生物发酵同步进行。如以水稻秸秆为原料，采用纤维素酶与酵母菌共培养的方式进行同步糖化发酵，可使乙醇的最终质量浓度达 25.8 g/L，转化率达 57.5%；以绿色木霉纤维素酶和酿酒酵母同步糖化发酵并经蒸汽爆破处理后的毛白杨木粉，乙醇的转化率高达 86%，比分步糖化发酵法提高了 1.6 倍。二是糖化与发酵均采用微生物且同步进行。以具有水解淀粉功能的酵母菌和酿酒酵母及拟内胞霉菌和酿酒酵母同步糖化发酵淀粉，可使乙醇的转化率达 93%，其转化率比同等条件下单菌种的培养和利用糖化酶、淀粉酶处理的传统两步法均要高。

同步糖化发酵法除了能够提高乙醇的产率外，还可缩短发酵周期。以小麦为原料，比较先糖化 6 h 再进行同步糖化发酵、先糖化后发酵和直接同步糖化发酵 3 种生产乙醇的方法，发现直接同步糖化发酵法生产周期最短。

同步糖化发酵法存在的主要问题是糖化和发酵的最适温度不一致。一般来说，糖化的最适温度高于 50℃，而发酵的理想温度要低于 40℃。为了解决这一矛盾，研究者们提出了非等温同步糖化发酵法，另外，选育耐热酵母菌也是解决此矛盾的一条途径。

(2)生料发酵

生料发酵是指原料不经蒸煮而直接进行糖化和发酵，与传统的方法相比，生料发酵省去了高温蒸煮工艺，具有降低能耗、提高乙醇产率、简化操作工序、便于工业化生产等优点。

生料发酵的关键是生淀粉的水解糖化，这与淀粉的类型及淀粉酶、糖化酶的来源密切相关。根据被酶水解为葡萄糖的难易程度，淀粉质原料可分成三大类：第一类是容易被水解的，如蜡质玉米；第二类是较容易被水解的，如普通的玉米、大麦和木薯；第三类是不容易被水解的，如马铃薯。生淀粉的水解难易程度与酶的来源有关，因此，不同类型原料生淀粉糖化的关键是筛选出适合其本身的酶或产酶的微生物。例如，从嗜热芽孢杆菌中纯化出的两种淀粉酶：淀粉酶Ⅰ和淀粉酶Ⅱ，在 1 U/mg 的酶量条件下，两者对马铃薯生料的水解率分别为 77% 和 82%，而对玉米生料的水解率分别为 44% 和 37%。从土壤中筛选出的一株黑曲霉，其产生的淀粉酶能够水解多数淀粉质块茎，如马铃薯、木薯、红薯的块茎等，其中以对木薯生淀粉的水解能力最强。此外，培养条件也影响酶的产生和作用效果，如甘蔗渣培养基对黑曲霉生淀粉水解酶的诱导作用就大大强于普通的可溶性淀粉培养基。另外，通过一些物理、化学、基因工程的方法，也可获得较理想的生产菌株。

生料发酵是一个复杂的生物与化学过程，常采用同步糖化发酵工艺，且受多种因素的影响。对发酵液最终乙醇浓度的影响由大到小的因素依次为：原料种类、淀粉浓度、介质的 pH 值、发酵菌剂加量；对原料乙醇产率影响由大到小的因素依次为：原料种类、介质的 pH 值、发酵菌剂的加量、淀粉浓度。

（3）固定化发酵

传统的乙醇生产工艺采用游离细胞发酵，但细胞随发酵液不断流走，造成发酵罐中细胞的浓度不够高，乙醇产生速率慢，发酵时间长，且所用发酵罐多，设备利用率不高。采用固定化细胞发酵，细胞可连续使用，发酵罐中的细胞浓度始终保持较高水平，乙醇产生速率快，产量也高。例如，以海藻酸钙为包埋介质，固定化运动发酵单胞菌，在 10% 葡萄糖培养基中多批次半连续发酵，可在 8 h 内使乙醇产率系数达 0.50，乙醇产率达理论值的 98%，而同等条件下游离细胞的乙醇产率仅为理论值的 88.2%（产率系数 0.45）。以海藻酸钙凝胶为载体，固定化可分泌淀粉酶的基因重组酵母菌，通过对淀粉直接发酵过程中的细胞生长、淀粉降解、葡萄糖积累、乙醇产生和糖化酶合成进行测定，发现细胞固定法培养远远优于细胞游离法培养，前者乙醇的产率为后者的 10 倍。

为进一步提高乙醇产率，研究者们提出了同步糖化发酵与固定化相结合的混合发酵法，分为糖化酶与产乙醇微生物的共固定化、纤维素酶与产乙醇微生物的共固定化、糖化菌与产乙醇微生物的共固定化等。如以纤维素为载体，共固定泡盛曲霉和巴斯德酵母菌进行同步糖化发酵，获得的乙醇最大质量浓度可达 25.5 g/L，并且这个共固定化体系可重复使用 3 次，最终产生的乙醇质量浓度达 66 g/L。

（4）高浓度发酵

现阶段，乙醇生产企业淀粉质原料糖化液中可溶性固型物的质量分数多为 20%～25%，高浓度乙醇发酵是指每 1 L 发酵液中含有 30% 或更高浓度可溶性固型物的乙醇发酵。一般情况下，企业通过发酵法所获得的乙醇体积分数为 8%～12%，而高浓度发酵可使乙醇的体积百分比达 18% 以上。高浓度乙醇发酵具有节约用水、提高单位设备的生产率、降低能耗、减少环境污染等优点，是一种很有应用价值的乙醇发酵技术。国内外对高浓度乙醇发酵的研究主要集中在两个方面：一是高产和高耐受力菌种的选育；二是发酵工艺条件的研究。乙醇是微生物的代谢产物，当累积到一定浓度时，它会对微生物产生毒害作用，表现为抑制其生长、存活、发酵等。以酵母菌为例，一般情况下，当发酵液中的乙醇体积百分比达 23% 时，酵母细胞不再生长，也不产生乙醇；只有当乙醇体积百分比低于 3.8% 时，其对酵母菌的抑制作用才可忽略不计。不同微生物对乙醇有不同的耐受力，因此，要实现高浓度乙醇发酵，首先需获得高产和高乙醇耐受力的生产菌株。刘建军等（2003）从土壤、黄酒酒醅等样品中分离筛选出产乙醇酵母，再经热冲击、紫外线和 γ 射线照射处理后，最后获得一株高产乙醇酵母菌。以玉米淀粉为原料，32℃ 发酵 60～68 h，可产乙醇 17.5% 以上，菌种对乙醇的耐受度超过 20%，除与酵母菌耐受乙醇的能力有关外，高浓度乙醇的生产还与发酵过程中细胞所处的外部环境和工艺密切相关。由于高浓度乙醇发酵存在的主要问题是产物抑制、高渗透压和营养不足，因此培养基的成分、糖的浓度、发酵温度、乙醇浓度等都是影响其发酵时间和效率的重要因素。

8.3.4 实例：利用陈粮发酵生产燃料乙醇

稻谷、小麦在存储过程中，由于其内部结构的变化，品质会下降，口感变差，可能导致有害物质含量超标，不宜作为口粮，这类生物质可作为制备燃料乙醇的原料。以陈稻谷为原料，采用全粉碎技术发酵生产燃料乙醇，发酵完成后，残总糖 1.39%，还原糖 0.29%，残淀粉 0.04%，乙醇 14.33%，淀粉出酒率 53.5%。陈稻谷作为原料相比玉米淀粉出酒率更高，并且，陈稻谷采购单价比玉米低，使燃料乙醇的生产成本降低 17%，提高了企业的经济效益。王瑀等(2019)通过对陈化水稻发酵生产燃料乙醇条件的研究，得出最佳工艺条件：用孔径为 2 mm 的筛网对水稻进行过筛，控制粉浆干物质含量为 29%~30%，进入液化工段，添加淀粉酶，经粉浆罐预热，105℃进行喷射液化，然后进入蒸煮维持罐，再经过液化闪蒸后进入液化罐，液化结束经换热器降温至 28~32℃。液化醪添加尿素、糖化酶、杀菌剂、酒母一起进入发酵罐，发酵 0~8 h 控制温度 28.0~31.5℃，8 h 后温度控制 32.5~33.5℃，发酵至 60 h 结束，经精馏系统即可得到成品乙醇。

燃料乙醇用作汽车燃料，可缓解当前能源危机和环境污染问题，作为资源丰富、积炭少、可减排温室气体、使用方便的优良燃油品质改善剂及清洁可再生能源，已成为国内外关注并推广使用的绿色燃料。当前，燃料乙醇转化技术未来可能的研究方向有：①大力开发以木质纤维素类生物质为原料的生物乙醇生产，实现资源综合利用和工农业联产；②利用基因工程对纤维素酶和发酵微生物进行基因改性以提高发酵效率；③设计耐高浓度乙醇的酵母菌株，优化发酵菌株性能，提高乙醇产量；④设计新型光合微生物反应器结构，实现藻类生物质高速率的物质转移和光传输，进而提高藻类乙醇的产率。

8.4 生物柴油

生物柴油是指植物油(如菜籽油、大豆油、花生油、玉米油、棉籽油等)、动物油(如鱼油、猪油、牛油、羊油等)、废弃油脂或微生物油脂与甲醇或乙醇经酯转化而形成的脂肪酸甲酯或乙酯，是一种洁净的生物燃料和典型的"绿色能源"，也被称为"再生燃油"。生物柴油可以作为石油等不可再生资源的理想替代品，在未来具有广阔的发展空间。据统计，全球生物柴油产量从 2004 年的 189×10^8 t 增长到 2019 年 4420×10^8 t，年均复合增长率达到 20% 以上。2019 年，中国生物柴油的产量约为 120×10^8 t，到 2030 年，预计其产量超过 1000×10^8 t。

生物柴油的燃料性能与石油基柴油较为接近，且具有无法比拟的性能：

①点火性能佳。生物柴油的十六烷值大于 45，点火性能优于石化柴油。

②燃烧更充分。生物柴油含氧量高于石化柴油，可达 11%，在燃烧过程中所需的氧气量较石化柴油少，燃烧比石化柴油更充分。

③安全可靠。生物柴油的闪点较石化柴油高，有利于安全储运和使用。

④保护动力设备。生物柴油较柴油的运动黏度稍高，在不影响燃油雾化情况下，更容易在气缸内壁形成一层油膜，从而提高运动机件的润滑性，降低机件磨损。

⑤通用性好。无需改动柴油机，可直接添加使用，同时无需另添设加油设备、储运设

备及人员的特殊技术训练。

⑥具有优良的环保特性。生物柴油中硫含量低，使得 SO_2 和硫化物的排放量低，可减少约 30%（有催化剂时可减少 70%）；生物柴油中不含对环境会造成污染的芳香烃，因而产生的废气对人体损害低。

⑦节能降耗。生物柴油本身即为燃料，以一定比例与石化柴油混合使用可以降低油耗，提高动力性能。

⑧气候适应性强。生物柴油不含石蜡，低温流动性佳，适用区域广泛。

⑨适用性广。除了作为公交车、卡车等柴油机的替代燃料外，生物柴油还可以作为海洋运输、地质矿业设备、燃料发电厂等非道路用柴油机的替代燃料。

因此，生物柴油具有燃烧性能好、环保性能好、发动机启动性能好，原料来源广泛、可再生等特性。大力发展生物柴油对经济可持续发展、推进能源替代、减轻环境压力、控制城市大气污染具有重要意义。

生物柴油研究已成为研究热点，当前主要有两个问题亟待解决：原料成本高（＞70%）和工业化生产困难。开发廉价生物柴油原料，研究创新新型生物柴油制备工艺对生物柴油的生产应用显得尤为迫切。许多微生物（如酵母、霉菌和藻类等）在一定条件下可利用碳水化合物、碳氢化合物和普通油脂为碳源、氮源，转化为油脂储存在菌体内，称为微生物油脂，又称单细胞油脂。大部分微生物油脂组成情况与一般植物油相近，因而可以用作制备生物柴油的原料。利用微生物生产油脂不仅具有产品油脂含量高、生产成本低、生产周期短等优点，而且可利用细胞融合、细胞诱变等技术使微生物产生高营养油脂或某些特定脂肪酸组成油脂，因此，微生物油脂的开发和应用为突破生物柴油生产的瓶颈提供了可能的方案。

8.4.1　生物柴油的原料

如何获得规模供应、廉价的油料资源是生物柴油产业化必须解决的核心和关键问题。生物柴油的生产原料主要有动物油脂、植物油脂、微生物油脂和废弃油脂。

（1）动物油脂

动物油脂是指从动物身上获得的脂肪酸等，如鱼油、羊油、猪油、牛油。它们主要来自屠宰场废料和食用后的剩余油脂，是生物柴油的潜在优良原料。美国和欧洲国家已开始利用动物油脂生产生物柴油。

（2）植物油脂

植物油脂包括草本植物油脂和木本植物油脂。菜籽油、大豆油、花生油等都属于草本植物油类，主要由棕榈酸、硬脂酸、油酸和亚油酸组成，既可食用又是制备生物柴油的理想原料之一。目前，美国的生物柴油主要是以转基因大豆油为原料，欧洲的生物柴油主要以菜籽油为原料。而棕榈、麻风树、黄连木、光皮树、文冠果、油茶、乌桕等都属于木本植物，其果实或茎干都有很高的含油率（40%以上）。目前，东南亚的许多国家，如印度尼西亚、马来西亚，以当地盛产的棕榈油为原料生产生物柴油。

（3）微生物油脂

微生物油脂是指由酵母、霉菌、细菌和藻类等微生物在一定条件下，以碳水化合物、碳氢化合物或普通油脂作为碳源，在菌体内产生的大量油脂和一些具有商品价值的脂质。目前研究较多的有酵母菌油脂、霉菌油脂和藻类油脂等。由于微生物细胞增殖快、生产周期短、所需原料丰富，同时不受季节、气候变化的限制，能连续大规模生产，生产成本低，因此微生物油脂具有巨大的应用潜力和开发价值。研究较多的是工程微藻，如油藻等。目前大规模工业化的工程油藻生产还处在试验阶段，可以作为发展生物柴油的潜在资源。

（4）废弃油脂

废弃油脂是制造生物柴油最廉价的原料，主要是指餐饮废油、地沟油、煎炸后废油等。此外，还有皮革行业的脱脂油、造纸行业的塔尔油、城市生活垃圾无害化回收油、污水厂回收油、战备的陈库油等，存量十分巨大。这部分废弃油脂暴露在空气和水中极易造成大气、水源的污染。动植物油脂经高温烹饪煎炸，饱和脂肪酸含量越来越高，但 85% 以上仍为棕榈酸、硬脂酸、油酸和亚油酸。废弃油脂作为替代燃料与石化柴油相比，尽管存在黏度大、挥发性差、与空气混合效果不佳、易发生热聚合等问题，但经过酯交换能够完全满足柴油代用理想品所具备的性能。目前我国和日本的许多生物柴油生产厂主要以废弃油脂为原料。

8.4.2 微生物油脂

微生物通常仅含 2%~3% 油脂，但在特定培养条件下，某些微生物油脂含量可达菌体干重的 60% 以上，高含油量使其具有作为生物柴油原料的潜力。微生物油脂的开发不仅可以缓解植物油脂短缺的局面，而且微生物可以利用细胞融合、细胞诱变等技术培育出高含油量的微生物。微生物油脂具有以下特点：

①微生物适应性强，生长繁殖迅速，生长周期短，代谢活力强，易于培养和品种改良。

②微生物产油脂所需劳动力低，占地面积小，且不受场地、气候和季节变化等的限制，能连续大规模生产。

③微生物生长所需原材料来源丰富且便宜，可利用农副产品、食品加工及造纸业的废弃物为培养基原料，有利于废物再利用和环境保护。

④产油微生物除可代替动植物油脂生产食用油脂，特别是保健类功能性油脂外，还可以作为生产生物柴油的油源。大部分微生物油的脂肪酸组成和一般植物油相近，以 C16 和 C18 系脂肪酸(如油酸、棕榈酸、亚油酸和硬脂酸)为主，因此微生物油脂可替代植物油脂生产生物柴油。

8.4.2.1 产油微生物

在适宜条件下，某些微生物产生并储存的油脂占其生物总量的 20% 以上，具有这种表型的菌株称为产油微生物。酵母、霉菌、细菌、藻类中都有能产生油脂的菌株，尤以酵母菌和霉菌居多。产油微生物必备条件为：①菌株细胞的油脂积累量应在 50% 以上，油脂生成率应高于 15%；②能进行工业化深层培养，培养装置简单；③生长速率快，抗污染能力强；④油脂易提取。

（1）酵母菌

酵母脂肪酸较单一，绝大多数酵母仅有 C16 和 C18 脂肪酸，饱和脂肪酸基本上是棕榈酸，单不饱和脂肪酸基本上是油酸，少数酵母的单不饱和脂肪酸以棕榈油酸为主，酵母菌含油量可达菌体的 30%~70%。刘淑君等（2000）通过诱变技术选育出一株高产油脂酵母菌株，以废糖液为碳源发酵，油脂产量 5.9 g/L，菌体生物量 11.0 g/L，油脂含量 53.6%。菌体内油脂组成：棕榈酸 33.2%，棕榈油酸 3.4%，硬脂酸 6.0%，油酸 50.8%，亚油酸 3.55%，亚麻酸 1.53%，其他 1.52%。中国科学院大连化学物理所筛选出的 4 株产油酵母能转化葡萄糖、木糖和阿拉伯糖为油脂，菌体含油量超过其干质量的 55%。施安辉等（2003）以粘红酵母突变株进行发酵，最终产量达 67.2%；其中，棕榈油酸 33.31%，油酸 3.80%。常见的产油酵母菌有：浅白色隐球酵母（*Cryptococcus albidus*）、弯隐球酵母（*C. albidus*）、斯达氏油脂酵母（*Litxanyces starkeyi*）、苗芽丝孢酵母（*Trichosporon pulluhns*）、产油油脂酵母（*Lipcmyoes lipofer*）、胶黏红酵母（*Rhodotom laglutinl*）、类酵母红冬孢（*Rhodos-porldium tomloides*）等。

（2）霉菌

霉菌油脂含量高，并含有丰富的 γ-亚麻酸（GLA）、花生四烯酸等功能性多不饱和脂肪酸，因此得到了较深入研究，其含油量可达菌体干重的 25%~65%。被孢霉（*Mortierella*）、卷枝毛霉（*Mucor circinelloides*）、鲁氏毛霉（*M. rouxianus*）等菌种含有 γ-亚麻酸（GLA），用被孢霉生产 GLA 工艺已成熟，每年可生产几百吨。在氮源缺陷型培养基中，深黄被孢霉生物量可达 35.9 g/L，油脂产量 18.1 g/L，其中亚麻酸质量分数为 3.5%±1.0%。拉曼被孢霉 SM541 经紫外线复合氯化锂诱变处理，得到突变株 SM541-9，其生物量达到 28.8 g/L，油脂质量浓度提高到 15.7 g/L，花生四烯酸质量浓度增加到 623 mg/L。常见的产油霉菌还有：土霉菌（*Aspergillus terreus*）、紫癜麦角菌（*Clavlceps purpurea*）、高粱褐孢黑粉菌（*Tolyposporium ehrenbergii*）、高山被孢霉（*Mortierella alpina*）和深黄被孢霉（*M. isabellina*）等。

（3）细菌

细菌当生长在高葡萄糖含量的基质中，能大量积累脂类，主要是不饱和的甘油三酯。但是由于细菌油脂产生于细胞外膜上，提取困难，故以前认为产油细菌无工业意义。目前对细菌的研究主要集中在产多不饱和脂肪酸（polyunsaturated fatty acids，PUFA）的深海细菌和极地细菌，对产 PUFA 细菌而言，PUFA 组成和含量与培养温度密切相关，降低培养温度，PUFA 产量则相应提高。常见的产油细菌有：分枝杆菌（*Mycobacterium*）、棒状杆菌（*Corynebacterium*）、诺卡菌（*Nocardia*）、科尔韦尔菌（*Colwellia*）、希瓦菌（*Shewanella*）等。

（4）藻类

许多海洋微藻及巨藻类能产生油脂，微藻的太阳能利用效率高、个体小、营养丰富、生长繁殖迅速、对环境的适应能力强、容易培养。另外，微藻脂肪酸组成很丰富，尤其是功能性多不饱和脂肪酸，如二十碳五烯酸（eicosapentaenoic acid，EPA）、二十二碳六烯酸（docosahexaenoic acid，DHA）等；而且直接从微藻中提取得到的油脂成分与植物油相似，可以作为植物油的替代品。国内外对微藻脂肪酸进行了大量研究，但报道较多的是小球藻

(*Chlorella* sp.)、球等鞭金藻(*Isochrysis galbana*)、三角褐指藻(*Phaeodactylum tricomutum*)等，其油脂含量高达细胞干重的 12.1%。用质量法测定绿藻油脂含量，其含量为 17.69%~21.44%。在绿色巴夫藻中，EPA 和 DHA 分别占总脂肪酸的 25% 和 6%；小球藻的 EPA 含量为 28%；南极冰藻的 EPA 含量为 19%。通过异养转化细胞工程技术可以获得脂类含量高达细胞干质量 55% 的异养藻细胞。发展富含油脂的微藻或者工程微藻是生产生物柴油的一大趋势。常见的产油海藻有硅藻(*Diatom*)和螺旋藻(*Spirulina*)。

8.4.2.2 产油微生物的培养

随着工业生物技术的发展，可以作为微生物油脂发酵的原料越来越多，很多原料都可以作为微生物生长所需的发酵培养液，这些原料包括：在工业化生产中产生的废弃物、食品加工新产生的废料和废液、农作物秸秆、高糖植物以及一些能源作物等。

我国是农业大国，农作物秸秆年产量约 7×10^8 t，居世界之首，但相当一部分农作物秸秆被弃置或焚烧，其本身蕴藏的丰富能源未被充分开发利用。秸秆通过预处理后，其中的纤维素和半纤维素在催化剂的作用下水解，分别转化为五碳糖和六碳糖，经过简单提纯即可获得浓度较高的糖液。而这些糖液可用作微生物发酵的原料，从而获得可制取生物柴油的微生物油脂。从理论上分析，干燥玉米秸秆含纤维素 40%，半纤维素 25%，木质素 17%，其高热值为 17.8 kJ/kg。由于产油微生物能同时利用六碳糖(葡萄糖)和五碳糖(木糖和阿拉伯糖)，每吨玉米秸秆理论上可产出生物柴油 233 kg(按硬脂酸乙酯计)和甘油 22.8 kg，生物质能量利用率约为 55%。

粗放种植的高糖植物，如甘薯、木薯和菊芋等，也是微生物油脂技术的优良原料。其中甘薯耐瘠、耐旱、抗风力强、适应性强，产量高。研究发现，木薯主要成分是纤维素，淀粉占 35%，葡萄糖占 0.33%，蔗糖占 1%。菊芋的果实含油量为 26%，其中含油酸 31%，亚油酸 64%，亚麻酸 0.7%，具有良好的干性油特征。微生物油脂发酵技术可实现菊芋全生物量利用，每公顷滩涂地种植的菊芋平均每年可生产 5 t 油脂，远远高于种植油料作物的产油量。

某些具有高效光合作用能力的植物能快速生长，积累生物量，经过处理得到的碳水化合物也是油脂发酵的理想原材料。例如，我国南方的芒荻类植物具有适应能力强、生长迅速、可连续多年收获、产量高、生产成本低等优势。如果利用微生物转化技术，油脂产量可达 5 t/hm²，比现有其他任何油料植物的都高。

8.4.2.3 产油微生物油脂含量及脂肪酸组成

不同微生物产油能力与油的特性见表 8-9。有些微藻能在细胞内形成相当数量脂质(以甘油三酯为主)还有其他各种脂肪酸。产油酵母细胞内含大量甘油三酯，其脂肪酸组成与植物来源食用油脂相似；产油酵母能在各种碳源上生长良好，如蔗糖、糖蜜、乳糖、乙醇等；一些产油霉菌以葡萄糖为碳源，在细胞内合成大量以甘油三酯为主的脂质，不同霉菌的脂肪酸组成有很大差别。

8.4.2.4 微生物油脂产生机理

微生物产生油脂的过程本质上与动植物产生油脂的过程相似，都是从利用乙酰 CoA 羧

表 8-9 产油微生物的油脂含量与组成

菌 种		碳 源	油脂含量（%）	脂肪酸（%，总脂肪酸 w/w）					
				16：0	16：1n-9	18：0	18：1	18：2	18：3n-3
微藻	*Botryococcus braumi*	CO_2、蔗糖	50～70	12	2	1	59	4	—
	Chlorella vulgaris	CO_2	39	16	2	2	58	9	14
	Navicula pelliculosa	CO_2、蔗糖	22～32	21	57		5	2	—
	Scenedesmus acutus	CO_2	26	15	1	—	8	20	30
酵母	*Cryplococcus albidus*	葡萄糖	65	16	1	3	56	—	3
	Cryplococcus albidus	乳 清	58	25		10	57	7	
	Lipomyces lipofer	乙 醇	64	37	4	7	48	3	—
	Lipomyces starkeyi	乙 醇	63	34	6	5	51	3	
	Rhodosporidium toruloides	葡萄糖	66	18	3	3	66		
	Trichosporon pullulans	乙 醇	65	15	—	2	57	24	1
	Yarrowia lipolytica	葡萄糖	32～36	11	6	1	28	51	1
霉菌	*Aspergillus terreus*	葡萄糖	57	23	—	—	14	40	21
	Claviceps purpurea	葡萄糖	31～60	23	6	2	19	8	42
	Tolyposporium ehrenbergii	葡萄糖	41	7		5	81	2	—

注：引自王萍，1999。

化酶的羧化催化反应开始，经过多次链的延长及脱氢酶（又称为去饱和酶）的一系列去饱和作用等来完成整个生化过程。其中脱氢酶是微生物通过氧化去饱和途径生成不饱和脂肪酸的关键酶，该过程称之为脂肪酸氧化循环。不饱和脂肪酸的合成途径如图 8-7 所示。

在此过程中，乙酰 CoA 羧化酶和去饱和酶是两个主要的催化酶。乙酰 CoA 羧化酶催化脂肪酸合成，是一种限速酶，此酶是由多个亚基组成的以生物素作为辅基的复合酶。乙酰 CoA 羧化酶结构中有多个活性位点，如乙酰 CoA 结合位点、ATP 结合位点、生物素结合位点等。因此该酶能被乙酰 CoA、ATP 和生物素所激活。ADP 是该酶 ATP 的竞争性抑制剂，抗生物素蛋白作用于生物素而抑制了该酶的活性，丙二酸单酰 CoA 起反馈抑制作用。另外，丙酮酸盐对该酶有轻微的激活作用，磷酸盐对该酸的活性有较低程度的抑制作用。去饱和酶是微生物通过氧化去饱和途径生成不饱和酸的关键酶，去饱和作用是由去饱和酶系来完成的一个复杂的过程。

8.4.3 生物柴油生产工艺

生物柴油实质上就是脂肪酸的低碳醇酯，主要包括脂肪酸甲酯和脂肪酸乙酯。它是由甲醇或乙醇等醇类物质与甘油三酸酯发生酯交换反应，将甘油基断裂为 3 个长链脂肪酸甲酯。生物柴油的主要成分是软脂酸、硬脂酸、油酸、亚油酸等长链饱和或不饱和脂，以及酸与甲醇或乙醇反应形成的酯类。微生物油脂提取工艺流程如下（图 8-8）：

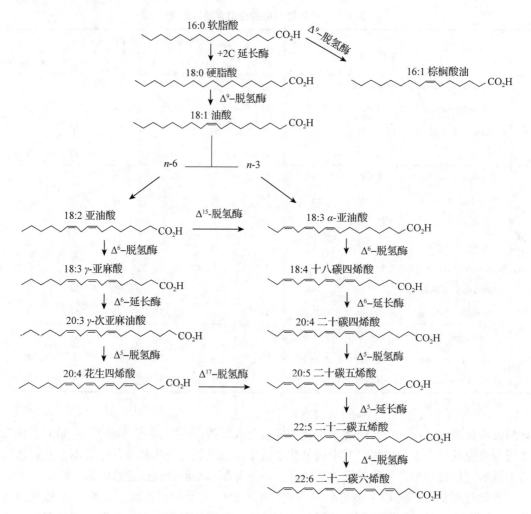

图 8-7 微生物利用葡萄糖合成多不饱和脂肪酸的代谢途径

图 8-8 微生物油脂提取工艺流程

8.4.3.1 菌种筛选

用于工业化生产油脂的菌株必须具备以下条件：①油脂积蓄量大，含油量应达 50% 左右，油脂生成率高，转化率不低于 15%；②能适应工业化深层培养，装置简单；③生长速度快，杂菌污染困难；④风味良好、食用安全无毒、易消化吸收。目前研究较多的是酵母、霉菌和藻类。

8.4.3.2 菌体产生油脂影响因素

不同种属的微生物，其油脂含量、油脂成分各不相同。即使同一种微生物在不同的培养条件下，其产油量和油脂成分也不尽相同。与此相关的因素主要有碳源、氮源、温度、pH 值等。碳源有葡萄糖、果糖、蔗糖等；氮源有胺盐、尿素等。微生物培养可采用液体培养法、固体培养法和深层培养法。

(1)碳源和氮源

碳源是微生物产油脂的一个关键因素，当培养基中碳源充足而其他营养成分缺乏时，微生物菌株会将过量的碳水化合物转化为脂类。目前最常用的碳源是葡萄糖，因为以葡萄糖为碳源可获得更高的菌体生物量，且其价格相对于其他碳源更便宜，有利于降低成本。氮源的主要作用是促进细胞的生长，高碳氮比有利于菌体生长，低碳氮比有利于油脂的积累，此外，氮源的种类也会影响油脂的积累。

(2)培养时间

微生物细胞的油脂含量随微生物生长阶段的不同而有显著差异，如油脂酵母的油脂含量在生长对数较少，而在生长对数期末期开始急剧上升，至稳定期初期达到最高。培养时间是另一个影响因素，培养时间不足，菌体总数少等均会影响油脂产量；培养时间过长，细胞变形、自溶，合成的油脂进入培养基中难以收集，同样影响油脂产量。此外，不同微生物的最佳培养时间也不相同，如黑曲霉、米曲霉、根霉、红酵母、酿酒酵母的最佳培养时间分别为 3 d、7 d、7 d、5 d、6 d。

(3)温度

温度之所以能调节脂肪酸成分，是由于细胞对外界温度的变化会产生一种适应性反应。通常情况下，不饱和脂肪酸的熔点比饱和脂肪酸低，短链脂肪酸的熔点比长链脂肪酸低。因此当菌株从高温转移到低温时，细胞膜中不饱和脂肪酸及短链脂肪酸含量增加，其中，主要是棕榈油酸或油酸等含量的增加；当温度升高时，平均链长增长，有利于细胞膜的正常流动和增强其通透性。

(4)pH 值

不同种类的微生物，产油的最适 pH 值也不同。酵母产油的最适 pH 值为 3.5~6.0，霉菌为中性至微碱性。构巢曲霉在 pH 值为 2.8~7.4 的条件下培养时，随 pH 值上升，油酸含量增加。油脂酵母培养基的初始 pH 值越接近中性，稳定期菌体的油脂含量越高。因此，在培养过程中通过调整 pH 值，可有效提高微生物的产油量。

(5)通气量

油脂是由基质中的糖类还原而成，当微生物产生油脂时，必须供给大量氧气，不饱和脂肪酸的生物合成也需要大量氧气。研究发现，产油真菌在供氧不足的条件下，甘油三酯的合成会强烈受阻，并引起磷脂和游离脂肪酸大量积累；在通气条件下，游离脂肪酸会部分转化成含有 2 个或 3 个双键的脂肪酸，从而使不饱和脂肪酸大量增加。

(6)无机盐

对真菌而言，适当增加无机盐和微量元素的添加量可提高油脂合成速度和产油量。在培养基中适当增加钠、钾、镁等元素，构巢曲霉的油脂积累量显著提高，在培养基中适当增加铁离子和锌离子，可加速产油微生物对油脂的合成，但添加量不宜太大，否则会严重阻碍真菌对油脂的合成。

菌体发酵完成后，还要经过菌体的预处理、油脂的提取、微生物油脂的精炼以及生物油脂的分析，符合要求后才能使用。

8.4.3.3 生物柴油生产工艺

微生物柴油的制备有直接混合法、微乳液法、热裂解法、酯交换法、超临界甲醇法等方法。目前，生产生物柴油的主要方法是酯交换法。我国已成功研制利用菜籽油、大豆油、米糠下脚料和野生植物小桐籽油、工业猪油、工业牛油等为原料，经过甲醇预酯化再酯化生产生物柴油，不仅可以作为代用燃料直接使用，而且还可以作为柴油清洁燃料的添加剂。

(1)直接混合法

直接混合法是将植物油与矿物柴油按一定的比例混合后作为发动机燃料使用。植物油直接或稀释后与柴油混合可以减小黏度，解决了压缩机中使用纯植物油存在的高黏度问题。但长期使用还面临诸多问题，如高黏度造成雾化困难，以及存储和燃烧时形成的胶质都会造成积碳和润滑油增厚等。

(2)微乳液法

微乳液法是将植物油与溶剂、微乳化剂混合，或者添加表面活性剂降低生物燃油黏度，制成微乳状生物柴油。微乳化法生产生物柴油是利用乳化剂，使植物油分散到浓度较低溶剂中，以此来稀释植物油，满足其作为燃料的要求，微乳液组分中含有低沸点成分，可以改善其雾化性能。但是该方法易出现破乳现象，稳定性差。

(3)热裂解法

热裂解是指在空气或氮气流中，通过加热或催化剂存在的情况下使油脂分子中的化学键断裂而产生与矿物柴油化学成分及品质相近的化学物质。热裂解的材料可以是植物油、动物脂肪、天然脂肪酸或脂肪酸甲酯。热裂解法的优点在于操作简单，原料利用充分，但其设备昂贵，反应产物难于控制，产物中不饱和烃含量较高，而且热解后植物油中有利于充分燃烧的氧以二氧化碳的形式损失掉。

(4)酯交换法

油脂进行酯化或酯交换反应，实质上就是油脂在酸碱作用下发生的质子转移过程。可用于酯交换的醇包括甲醇、乙醇、丙醇、丁醇和戊醇。其中最为常用的是甲醇，这是由于甲醇的价格低，同时碳链短、极性强，能够快速与脂肪酸甘油酯发生反应。该反应可用酸、碱或酶作为催化剂。其中碱性催化剂包括 NaOH、KOH、各种碳酸盐以及钠和钾的醇盐，酸性催化剂常用的是硫酸、磷酸或盐酸。甲醇越多产率越高，但也会给分离带来困难。其工艺流程如图8-9所示。

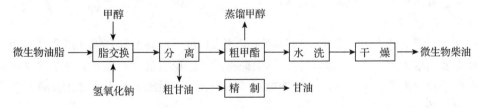

图8-9 微生物油脂甲酯化工艺流程

(5)超临界法

超临界流体具有不同于气体或液体的性质，它的密度接近于液体，黏度接近于气体，而导热率和扩散系数则介于气体和液体之间。在超临界流体中进行酯交换反应，油脂与醇的互溶性能够得到极大改善，从而加速酯交换反应。超临界流体条件下的酯交换反应通常能够在无催化剂介入的时候，在极短时间内获得非常高的转化率。但该方法的操作条件一般在高温高压下进行，对设备要求高，耗能大。

8.4.4　微生物油脂的研究方向

现代生物技术的发展使产油微生物的研究技术在不断趋向成熟，微生物用于油脂工业已成为现实。随着能源危机和环境保护问题的突出，生物柴油的研究已是世界科研的焦点之一，其研究方向有：①继续寻找或改良高产油脂菌种；②降低产油微生物培养成本，如利用廉价碳源等，促进微生物油脂产业化；③对微生物发酵产油脂工艺进行优化；④微生物油脂替代植物油脂制取生物柴油，降低生物柴油制取成本。

因此，产油微生物的研究，特别是利用产油微生物生产油脂，为生物柴油提供原料方面的研究，对解决当今世界各国油脂原料供应问题、促进生物柴油的推广使用、解决能源和环境问题等都具有重要的意义。

8.5　生物制氢

在开发可再生能源中，氢是一种十分理想的载能体，与甲烷、煤和石油不同，它在燃烧时只生成水，不产生任何污染物。氢能的安全存储性也大大高于燃油，即使泄漏燃烧也只会向上蒸发而不会像汽油一样附着于物体表面长时间燃烧。与传统的能源物质相比，氢气还具有能量密度高、输送成本低、可再生等优点，氢能利用已成为人们关注的一个热点，是未来能源发展的重要方向。

目前，工业上获取氢气的方法主要是在高温下从天然气中提取。此外，还有水的电解、水的光电解、太阳能制氢、水煤气转化制氢、甲烷裂解制氢及生物量气化等方法，然而这些方法虽然能制取氢气，但成本太高或可操作性低。随着氢气用途的日益广泛和用量的迅速增加，开发经济高效的制氢技术已成为当今社会迫切需要解决的重大课题。

生物制氢法是利用某些微生物以有机物为基质产生氢气的一种制氢方法，该法不仅对环境友好，而且可以利用大量取之不尽的可再生能源。另外，生物制氢法还可以利用废水和废渣等废弃物为原料，把废水或废渣的处理和能源回收相结合，这已成为国际上热衷探索和研究的课题。

8.5.1　产氢微生物

研究表明，多种细菌、藻类在兼性条件下可以利用有机物产生氢气。根据生物产氢方式的不同可将产氢微生物主要分为光合产氢菌和厌氧发酵产氢菌两大类，其中，光合产氢菌又可分为真核藻类、蓝细菌和光合细菌。藻类和光合细菌的研究起始于 20 世纪 30 年代，厌氧发酵制取氢气的研究最早在 20 世纪 70 年代，但在近几十年才得到人们重视，它们的特性见表 8-10。

表 8-10　四类产氢微生物产氢特性的比较

产氢微生物	产氢酶	需光性	抑制物	电子供体
真核藻类	氢化酶	需要，但光强小 500 lx	CO、O_2	水
蓝细菌	固氮酶	需要	O_2、N_2、NH_4^+	水
光合细菌	固氮酶	需要	O_2、N_2、NH_4^+	还原性有机物
发酵细菌	氢化酶	不需要	CO、O_2	还原性有机物

注：引自汤桂兰，2001。

8.5.1.1　产氢的光合微生物

早在 1942 年，Gaffron 和 Rubin 发现了藻类细胞能以水作供氢体光合产氢。但是，氢的产量很低，且持续时间短，同时有氧气产生。因此，在用氢作燃料前需分离出氯气，这大大增加了氢气利用的难度。1949 年 Gest 和 Kamen 首次观察到深红红螺菌以有机物为供氢体进行光合产氢的现象，此菌经一段时间培养后可持续产氢，产量高达 65 mL/(L·h)(培养液)。蓝细菌 H_2 产量只有 30 mL/(L·h)(培养液)。之后的研究表明，很多的藻类和光合细菌都具有产氢特性，目前研究较多的有颤藻属(*Oscillatoria*)、深红红螺菌(*Rhodospirillum rubrum*)、球形假单胞菌(*Rhodopseudomas spheroides*)、深红红假单胞菌(*Rhodopseudomas rubrum*)、球形红微菌(*Rhodomicrobium spheroids*)、液泡外硫红螺菌(*Ectothiorhodospira vacuolata*)等。另外，绿色细菌产氢情况也曾有报道，但它易和其他微生物一起形成难以区分的综合体。一些产氢的藻类和光合细菌种属及其产氢能力列于表 8-11 中。

表 8-11　一些产氢的藻类和光合细菌种属及其生产能力

种类	微生物	产氢能力[mmol H_2/(g 干细胞·h)]
蓝细菌	*Anabaena cylindrical* B-629	0.10
	Anabaena variabilis SA1	2.10
	Nostoc flagellifrome	1.70
	Oscillatoria sp. Miami BG7	5.00
绿藻	*Spirulina platensis*	0.40
	Caloterix membranacea B-379	0.11
	Chlamydomonasreinharadii 137c	2.00
	Scenedemus obliqus D	0.30
光合细菌	*Rhodobacter spheroids* RV	3.30
	Rhodopseudomonas capsulata	2.40
	Rhodopseudomonas palustris	6.20
	Rhodopirillum rubrum	1.90
	Ectothiorhodospira shaposhnikovii	0.89
	Rhodobacter marinus	0.20
	Rhodobacter sphaeroides 8703	3.75

目前研究较多的是深红红螺菌，它可以有机废料为原料进行光合产氢，产氢率可达 20 mL/(h·g)，因其细胞含有大约 65% 的蛋白质、大量的必需氨基酸和维生素，所以在光合产氢的同时还可得到单细胞蛋白(SCP)，具有重要的经济价值。利用光合细菌产氢已受到广泛关注，许多国家正在积极开展相关研究，美国、英国和日本尤为活跃，我国近年来也不断有此方面的报道。

8.5.1.2　产氢气的非光合细菌

产氢气的非光合细菌可利用碳水化合物(如葡萄糖、蔗糖、淀粉等)、有机酸(如丙酮酸、蚁酸、马来酸等)、各种氨基酸及蛋白质等营养物质生成氢气。自然界中存在很多此类微生物，如丁基梭菌(*Clostridium butyicum*)、巴氏梭菌(*C. pasteurianum*)、克氏梭菌(*C. kluyueri*)等。表 8-12 列出常见产氢非光合细菌种类。

表 8-12　产氢非光合细菌

微生物类型	微生物
专性嫌氧菌	丁基梭菌(*Clostridium butyicum*) 巴氏梭菌(*Clostridium pasteurianum*) 克氏梭菌(*Clostridium kluyueri*) 假破伤凤梭菌(*Clostridium tetanomorphum*) 嗜甘氨酸双球菌(*Diplococcus glycinophilus*) 埃尔消化链球菌(*Peptostreptococcus elsddenii*) 生气微球菌(*Micrococcus aerogenes*) 产气韦荣球菌(*Veillonella gazogenes*) 雷氏丁酸杆菌(*Butyribacterium rettgeri*) 奥氏甲烷杆菌(*Methanobacterium ometianskii*) 奥氏甲烷芽胞杆菌(*Methanobacillus omelianskii*) 脱硫弧菌(*Desulforibrio desulfuricans*)
兼性嫌氧菌	大肠埃希菌(*Escherichia coli*) 嗜水气单胞菌(*Aeromonas hydrophila*) 软化芽胞杆菌(*Bacillus macerans*) 多黏芽胞杆菌(*Bacillus polymyxa*)

8.5.2　产氢机理

8.5.2.1　光合细菌产氢机理

一般认为，光合细菌产氢机理是光子被捕获到光合作用单位后，其能量被送到光合反应中心进行电荷分离，产生高能电子并造成质子梯度，从而合成 ATP。固氮酶最直接的电子供体为还原型铁氧还蛋白(ferredoxin，Fd)，产生的高能电子从 Fd 通过 Fd-NADP$^+$ 还原酶传至 NADP$^+$ 形成 NADPH，固氮酶利用 ATP 将 NADPH 进行 H$^+$ 还原，最终生成氢气。光合细菌以还原型硫化物或有机物作为电子供体，且在光合过程中不产生氧气。一般而言，光合细菌产氢需要充足的光照和严格的厌氧条件。

$$(CH_2O)_2 \longrightarrow Fd \longrightarrow 固氮酶 \longrightarrow H_2$$
$$ATP \uparrow \qquad ATP \uparrow$$

目前研究较多的产氢微生物为蓝藻类(*Cyanolacteria*)或蓝绿藻类微生物(blue-green algae)。藻类属于单细胞或多细胞生物，具有光合系统 PS I 和 PS II，其体内含有光合色素且氢气代谢全部由氢化酶调节。放氢反应可由以下两条途径进行：

一条途径是葡萄糖等底物经分解代谢产生还原剂作为电子供体，其电子传递途径为：

$$电子供体 \longrightarrow PS I \longrightarrow 氢 \longrightarrow 酶 \longrightarrow H_2$$

另一条途径是 1973 年由 J. R. Bonemann 等提出的生物光水解产氢气的途径：

$$H_2O \longrightarrow PS II \longrightarrow PS I \longrightarrow Fd \longrightarrow 氢酶 \longrightarrow H_2$$

8.5.2.2 厌氧消化产氢机理

发酵产氢是利用产氢微生物，在厌氧条件和酸性介质中代谢有机物产生氢气的过程。厌氧消化过程主要分为水解、产氢产酸和产甲烷 3 个阶段。在整个厌氧消化过程中，各类菌群间的物质代谢和能量代谢，始终处于一种相互制约、相互协调的平衡状态，最终使复杂有机物降解为甲烷和二氧化碳。

在水解阶段，淀粉、纤维素、蛋白质、脂肪在水解性细菌的作用下，水解成葡萄糖、二糖和脂肪酸；在产氢产酸阶段，产氢产酸细菌发酵碳水化合物以及有机酸等可溶性低分子化合物，产生乙酸、丙酸、丁酸等有机小分子化合物以及氢气和二氧化碳；在产甲烷阶段，产甲烷细菌利用产氢产酸阶段的末端产物，产生甲烷和二氧化碳。现有资料表明，酸性条件可抑制产甲烷阶段进行，转而促进产氢过程，氢气产生量可达 60% 以上。然而，产甲烷阶段是厌氧消化的动力阶段，抑制其进行，势必影响产氢产酸的稳定性，此外，产氢产酸阶段的末端产物有机酸的积累也会减慢产氢速率。

产氢细菌的直接产氢过程均发生于丙酮酸脱羧作用中。按细菌种类可将产氢细菌分为两种类型：一种是梭状芽孢杆菌型(图 8-10)。该过程为：丙酮酸经丙酮酸脱羧酶作用脱羧，形成硫胺素焦磷酸酶的复合物，并将此电子转移至铁氧还蛋白，还原的铁氧还蛋白被铁氧还蛋白氢化酶再次氧化，产生氢气分子。另一种是肠道杆菌型(图 8-11)。该过程中丙酮酸脱羧后形成甲酸，然后甲酸全部或部分裂解转化为氢气和二氧化碳。

具体过程为，在氧化还原过程中，有机底物经脱氢酶作用脱去的 H^+ 由受氢体辅酶 NAD^+ 或 $NADP^+$ 接受，进而生成 NADH 或 NADPH。在没有氧外源氢受体存在的条件下，底物脱氢后产生的还原力[H]不经呼吸链传递而直接由内源性中间代谢产物接受，此过程中产生的 NADH 或 NADPH，在厌氧脱氢酶作用下脱去 NADH 或 NADPH 上的氢使其氧化，从而产生氢气，反应如下：

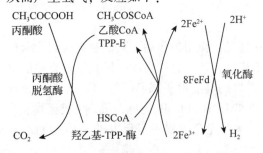

图 8-10 丙酮酸脱羧酸作用中产氢气过程
(梭状芽孢杆菌型)

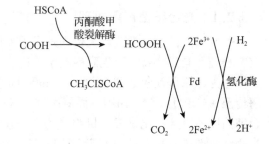

图 8-11 丙酮酸脱羧酸作用中产氢气过程
(肠道杆菌型)

$$NADH+H^+ \rightarrow NAD^+ + H_2$$

在厌氧产酸细菌体内，NADH 循环再生是有机体代谢过程的重要控制因素，若 NADH 或 NADPH 无法循环再生，则有机物生化反应停止，生物代谢过程将被抑制。此循环再生过程要借助包括丙酮酸或由丙酮酸产生的其他化合物的氧化还原机制来完成。由于细菌种类以及生化反应体系存在不同，此过程形成的多种末端产物具有特征性。从微观角度来看，末端产物组成受产能过程及 NADH/NAD$^+$ 的氧化—还原偶联过程支配。

8.5.3 现代生物制氢技术

根据所用微生物、产氢原料及产氢机理的不同，生物制氢可以分为光水解制氢、厌氧细菌制氢、光合细菌制氢 3 种类型，其特点见表 8-13。

表 8-13 不同生物制氢工艺的特点

微生物类型	优 点	缺 点
绿藻	以水为原料，太阳能转化率较高	产氢过程需要光照，受光强度的影响较大，系统产氢不稳定，同时产生的氧对反应有抑制作用
蓝细菌	以水为原料，产氢主要由固氮酶完成，可以将大气中的氮气固定	产氢过程需要光照，产氢速率低，产生的氧对固氮酶有抑制作用
厌氧细菌	不需要光照，可连续产氢，可利用多种有机质做作为底物，产氢过程为厌氧过程，无氧气限制问题，系统易于实现放大试验	反应需控制 pH 值在酸性范围内，原料利用率低，产物的抑制作用明显
光合细菌	产氢效率高，可利用多种有机废弃物作为原料，可利用光谱范围较宽，不存在氧的抑制作用	产氢过程需要光照，不易进行放大试验

8.5.3.1 微藻和蓝细菌光水解制氢

光水解制氢是以太阳能为能源，以水为原料，通过微藻及蓝细菌的光合作用及其特有的产氢酶系将水分解为氢气和氧气的过程，在制氢过程中不产生二氧化碳。该技术利用水作为氢供体，在光照下直接将水分解为氢气和氧气。该反应只需水和阳光，并能够释放氧气，从环保的角度看，此反应非常具有前景。

关于光水解制氢的研究已有几十年的历史，早在 1942 年，Gest 和 Kamen 就发现了深红红螺菌在厌氧光照条件下能利用谷氨酸或天冬氨酸为氮源，以有机酸(如丙酮酸、乳酸、苹果酸等)为底物进行光水解制氢。20 世纪 70 年代末，G. R. Lambert 等开始对蓝细菌(如 *Oscillatoria brevis*、*Calothrix scopulorum*、*C. membranacea* 等)的产氢作用进行研究。

光水解制氢需要适宜的环境条件包括光强、温度、盐分含量、气相组成和培养基营养组成等。应特别注意的是，在制氢过程中，参与制氢的关键酶(如固氮酶、吸氢酶和可逆氢酶)对氧气均非常敏感，它们可被空气中以及光合作用释放的氧抑制而失活。因此，要提高微藻及蓝细菌的产氢效率，必须降低氧气对制氢过程的影响。研究表明，在光照条件下，将微藻细胞在缺硫培养基中培养一段时间，可在一定程度上减轻氧气对产氢的抑制。

8.5.3.2 异养型厌氧细菌暗发酵制氢

厌氧细菌发酵产氢过程由于不依赖光照，在黑暗条件下就可进行产氢反应，容易实现产氢反应器的工程放大试验，加之厌氧细菌能利用多种有机物质作为制氢反应原料，不仅可使多种工农业有机污水得到洁净化处理，有效地治理环境污染，还产生洁净的氢气，使工农业有机废弃物实现了资源化利用，因此被认为是较为理想的产氢途径。我国已在厌氧产氢细菌选育、产氢机理研究和工程技术提升等方面取得了令人瞩目的成绩。然而研究发现，该途径存在产氢量和原料利用率较低等问题，主要原因：首先，从厌氧产氢菌细胞生存的角度看，丙酮酸酵解主要用于合成细胞自身物质，而不是用于形成氢气，这是自然进化的结果；其次，反应过程中所产生的一部分氢气在氢酶的催化下被重新分解利用，降低了氢的产出率。同时在厌氧细菌的发酵产氢过程中 pH 值必须保持在酸性范围内以抑制产甲烷菌等氢营养菌的生长，但当 pH<4.0 时，产氢菌的生长及产氢过程都会受到明显的抑制。对厌氧细菌连续发酵产氢工艺系统而言，产氢代谢途径对氢分压敏感且易受末端产物抑制，当氢分压升高时，产氢量减少，代谢途径向还原态产物的生产转化。二氧化碳的浓度也会影响厌氧细菌产氢速率和产氢量，同时在连续的厌氧细菌产氢过程中，产氢细菌不能利用乙酸、丙酸、丁酸等小分子有机酸，从而造成有机酸的积累对产氢细菌产生抑制作用。虽然乙酸对产氢细菌没有毒害作用，但大量乙酸积累会限制能源转化率的提高，制约了厌氧细菌产氢工程技术的进一步应用与发展。

(1)暗发酵制氢的影响因素

暗发酵产氢的影响因素很多，如选用的菌种、发酵底物、pH 值、温度、碳氮比、水力滞留期等。

①pH 值。培养基的 pH 值主要影响离子型氢酶的活性，pH 值的降低会抑制氢气的产生，因此制氢过程中需要严格控制 pH 值。有些微生物制氢过程的最适 pH 值为 6.8~8.0，嗜热微生物产氢的最适 pH 值为 4.5 左右。许多研究表明，厌氧制氢过程的最终 pH 值大多为 4.0~4.8。培养基初始 pH 值水平主要影响制氢过程中菌体生长延滞期的长短，当初始 pH 值在 4.0~4.5 时，菌体的延滞期可延长 20 h；初始 pH 值为 9.0 时，可明显缩短菌体生长的延滞期，但同时也会降低氢气的产量。pH 值还能影响反应过程中所生成的有机酸的种类。暗发酵制氢过程的主要副产物是乙酸、丙酸和丁酸，当以乳糖和麦芽糖为基质时还能生成乳酸。当 pH 值为 4.0~6.0 时，产物主要为丁酸；pH 值为 6.5~7.0 时，产物主要为乙酸和丁酸，且两物质的产生量相当。

②菌种。暗发酵产氢菌种的选择会影响产氢效率和发酵底物的选择。单一微生物制氢培养条件苛刻且易染杂菌，给实际实验过程增加了难度；动物粪便堆肥或活性污泥的使用，不但来源方便降低制氢成本，而且避免了纯菌种的杂菌污染问题。混合菌种暗发酵制氢工艺易于操作，且发酵条件没有纯菌发酵严苛，加上菌种间的协同作用使其更具有实际应用的前景。

③发酵底物。发酵底物含有产氢微生物所需要的营养物质，不同底物组成成分不一样，会引起产氢过程中底物的降解特性的差别，分析其原因：一方面因为不同底物的元素组成存在着差别，特别是碳、氮元素的含量，氮元素含量较高的底物用于产氢时，菌种主要进行生长代谢，产氢代谢进行比较少，造成产氢量少；另一方面因为分子结构的大小以及紧密程度，分子结构较小的葡萄糖、木糖等单分子比较容易产氢，同时获得较高的产氢速率以及底物转化效率，而一些大分子的有机物不容易被产氢微生物直接利用，需要经过

微生物的初步降解，把大分子的有机质降解成小分子的有机物进行产氢，如淀粉、纤维素等。纤维素类的碳水化合物有着紧密的化学结构，分子间的化学键强力结合，聚集成结晶物，使其性能稳定，同时纤维素外围有着非碳水化合物组成的木质素形成的保护层，木质素有一定的抗生物降解能力。

④温度。微生物的生长繁殖代谢和产物生成代谢是在胞内酶的催化作用下完成的，胞内酶对温度有着较强的敏感性。由于环境的热平衡的关系，温度也会对微生物细胞膜的通透性产生影响，进而影响营养物质在细胞内外的交换，同时温度也会对微生物的代谢途径产生影响。在生物学范围每升高 10℃，微生物的生长速率会加快 1 倍。温度在一定程度上促进细胞内酶活性，加快微生物的代谢，产物的生成会提前，所以在一定温度范围内升高环境温度，暗发酵产氢速率会加快。但是温度过高会导致酶活失活，加快细胞衰老，使产氢周期变短。

⑤碳氮比。碳源是微生物提供微生物生长代谢所需要的能量，氮源是微生物体内蛋白质、核酸和酶的重要原料。碳氮的平衡是影响微生物正常代谢产氢的因子，在厌氧发酵系统中，碳的比例较高时，会造成细胞合成物不足，影响微生物的代谢的活性；氮的比例较高时，会使细胞主要进行生长代谢，少部分的能量用来产氢代谢，所以合适的碳氮比例是产氢稳定性、底物高转化效率的必要条件。羧酸、废弃污泥和甘蔗渣共发酵时，碳氮比范围在 13.2~24.5 时促进气体的生成，当碳氮比从 25 升至 31.8 时导致气体产量下降 16%，甘蔗渣有着较高的碳氮比(64.6)，当以其单独为底物进行发酵时，产气量最低，因为营养元素的不平衡使微生物的代谢活动受到抑制。

⑥水力滞留期。水力滞留期(HRT)是发酵有机物在反应器中停留的时间，它是影响反应器产氢速率和运行性能的重要参数，在传统的连续产氢反应器中，缩短 HRT 是保持底物浓度不变、提高产氢速率的一种有效的措施。但是当 HRT 过低时，产氢速率会出现下降。短 HRT 虽然能提供充足的营养物质，但产氢功能菌容易被从反应器冲刷出去，产氢菌含量降低，相应的产氢速率也出现下降；同时，较短的 HRT 缩短了菌种和底物的接触时间，使底物不能得到充分利用，造成底物转化效率低。长 HRT 可以提高底物转化效率，但过高的 HRT 会造成营养物质的供应不充分，导致产氢率较低。

(2) 发酵基质

一些工农业废弃物(固体废弃物及污水)若不经过处理直接排放，会对环境造成污染。而这些废弃物中含有较高浓度的单糖、淀粉、纤维素等，可以被微生物利用。所以以造纸工业废水、发酵工业废水、农业废料(如秸秆、牲畜粪便等)等为原料进行生物制氢，既可以获得洁净的氢气，又从一定程度上解决了环境污染问题，变废为宝。

葡萄糖是一种易被利用的碳源，存在于大多数的工业废水和农业废弃物中，理论上，1 mol 葡萄糖能够产生 12 mol 氢气。而在实际生产中，氢气的产量大都在 2.0~2.4 mol/mol(葡萄糖)之间，这主要是因为反应中生成了较多的丁酸，由于大部分基质被用作细胞生长的能量物质，即使有 95% 的葡萄糖被降解，氢气的产率也只有 1.7 mol/mol(葡萄糖)。任南琪院士开创的有机废水发酵法生物制氢技术，以甜菜制糖厂的废糖蜜为底物，获得了 10.4 m³/(m³·d)的最大比产氢速率。

以麦芽糖为基质进行分批或连续发酵制氢的技术也进行了深入研究。例如，以麦芽糖为基质制氢，经过 8 h 的水力停留，氢气的产量达到 4.52 mol/mol(麦芽糖)。同样操作条件下，以葡萄糖为基质时，氢气的产量只有 0.91 mol/mol(葡萄糖)。研究发现，培养基的碳氮比为 47 时最有利于麦芽糖转化为氢气，此时氢气的产量可以达到 4.8 mol/mol(麦芽糖)，相对于其他单糖，以麦芽糖为基质时氢气的产量最高。

淀粉能在酸或水解酶的作用下水解生成葡萄糖和麦芽糖，再进一步转化为有机酸，最后生成氢气。理论上，1 g 淀粉最多可生成 553 mL 的氢气(副产物为乙酸)。但是实际生产中，由于部分淀粉被用于合成细胞，因此氢气产率远远低于理论值。在以淀粉为基质，利用巴氏梭菌(*C. pasteurianum*)进行的发酵制氢过程中，当淀粉浓度为 24 g/L 时，氢气的比生产速率为 237 mL/(g·d)。

纤维素类物质也可作为生物制氢的原料。由于大多数的微生物不能直接分解利用纤维素，因此以纤维素为原料时，由于纤维素部分水解，氢气的产量较低，大约只有 102 mol/mol(纤维素)，仅为理论值的 18%。在以含纤维素类的脱油花生饼和棉籽饼为底物的生物制氢过程中，当脱油花生饼和棉籽饼初始浓度分别为 80 g/L 和 100 g/L 时，氢气的产量可分别提高到 42.4 mL/g 和 15.4 mL/g。

除上述的基质外，木糖也可被用作生物制氢的原料，采用厌氧菌混合发酵工艺，其氢气产量可以达到 1.3 mol/mol(木糖)。食品工业废水中也含有丰富的碳水化合物，例如，以来自糖果制造业、苹果和马铃薯加工业等的废水及生活污水为原料的制氢过程，以马铃薯加工业的废水生产氢气，氢气产量可以达到 0.21 L/g(COD)。

8.5.3.3　光合异养型细菌发酵制氢

(1)影响因素

许多光合异养型细菌在光照、厌氧条件下能够将有机酸(乙酸、乳酸和丁酸)转化成氢气和二氧化碳。*Rhodobacter spheroids*、*Rh. capsulatus*、*Rhodovulum sulfidophilum* 和 *Thiocapsa roseopersicina* 等光合细菌的光发酵制氢过程已经得到了深入研究。

固氮酶是光合细菌制氢的关键酶，NH_3 或 NH_4^+ 能抑制该酶的活性，从而影响氢气的产生。以铵盐为氮源能降低氢气的产量，而以清蛋白、谷氨酸盐、酵母抽提物等为氮源则能提高氢气的产量。若培养基中含有一定浓度的碳酸盐则能加速铵盐的消耗并促进氢气的合成。*Rhodospirillum rubrum* 和 *R. palsutris* P4 的细胞内含有一种依赖于一氧化碳的脱氢酶(CODH)，这种酶在光照情况下能将一氧化碳或有机酸转化为氢气。另外，光合细菌细胞内的氢酶不仅能分解利用氢气，还能抑制固氮酶的活性，因此在制氢过程中应当抑制氢酶的活性。

光源是影响光合细菌产氢代谢的重要因素之一。一定光强范围内，光合细菌的产氢活性随着光照强度的增加而增大，但当光强超过极限值时，光合效率反而下降，产生光抑制现象。光照强度还会影响有机酸的消耗速率，与乙酸、丙酸相比，丁酸的转化需要更高的光照强度，间歇光照与连续光照相比，细胞浓度较大，氢气产率较高。

(2)底物类型

有机废水含有大量的可被光合细菌利用的有机物成分，以有机废水作底物进行制氢可大大降低氢能生产成本，减少对环境的污染。现有很多利用牛粪废水、精制糖废水、豆制品废水、乳制品废水、淀粉废水、酿酒废水等作底物进行光合细菌产氢的研究报道。利用有机废水生产氢气必须关注以下两个问题：一是污水的颜色(颜色深的污水将减少光的穿透性)；二是污水中的铵盐浓度(铵盐能够抑制固氮酶的活性从而减少氢气的产生)。若污水中 COD 值较高或含有毒物质(如重金属、多酚、PAH)，在制氢前必须通过预处理将其除去。研究发现，将制糖厂的污水预处理后，*Rhodobacter sphaeroides* O. U. 001 菌株发酵制氢的过程，将污水稀释 4 倍，在 32℃ 条件下分批发酵时，氢气的生产速率为 318 mL/(L·h)。若向污水中添加 20 g/L 的苹果酸，氢气的生产速率可提高到 5 mL/(L·h)。橄榄加工后的污水经稀释后(稀释率为 3%~4%)，可以缓解有机酸浓度高以及污水颜色深对产氢的抑制作用。

8.5.3.4　实例：光合细菌连续性生物制氢

秦芳玲等(2018)为考察光合细菌连续性生物制氢过程中碳源浓度对连续运行稳定性能和制氢量的影响，在进水碳源浓度分别为 8 g/L、10 g/L、12 g/L 和 15 g/L 条件下检测了产氢量以及产氢率。结果表明，在相同培养条件下，随着进水碳源浓度的增加，产氢累积量和产氢速率上升幅度增大，在 12 g/L 条件下产氢累积量上升幅度最大，在 72 h 时最高，约为 1955 mL；进水碳源浓度 15 g/L 条件下，产氢累积量和产氢率最小，可能是碳源被过多用于细菌生长繁殖，进而抑制其产氢能力，所以，光合细菌连续性制氢的最佳碳源质量浓度为 12 g/L。光合细菌利用含糖废水为基质进行连续性生物制氢，在最佳温度为 30℃，最佳光照强度为 3000 lx 的情况下，碳源质量浓度为 12 g/L，水力停留时间为 72 h 时，产氢效率最高，连续产氢速率达 45 mL/h，COD_{cr} 去除率达到 60% 以上。

作为环境友好的洁净能源和高能燃料，氢气在国民经济诸多领域中具有十分重要的用途。氢气可用作航天飞机、火箭等航天工具和城市公共交通工具的清洁燃料，目前世界上一些发达国家已研发出以液氢为燃料的公共汽车；氢气也可用作保护气体，因此在电子工业和金属高温加工过程中(如集成电路、显像管的制备过程等)也被广泛使用。1994 年美国用氢量已达 $66.1×10^8$ m^3，日本在 1996 年用氢量已达 $1.81×10^8$ m^3(其中，液氢用量达 4000 m^3)，都呈逐年递增趋势。氢能的应用将势不可挡地进入社会生活的各个领域，以氢为燃料的燃料电池将替代靠热机原理工作的发电机，将从根本上解决汽车等现代交通工具产生尾气的环境污染问题。生物制氢技术作为一种符合可持续发展战略的技术，正在成为各发达国家和发展中国家的短期和长期发展战略目标。氢能源将与人类生产、生活关系越来越密切，发展生物制氢技术势在必行。

从其发展趋势上看，生物产氢可能的研究重点有：选育高产氢的优势菌种和菌群，探索影响菌种和菌群的最适产氢条件；设计产氢率高、易于推广使用的工艺和设备；利用有机废水、复杂有机废弃物(如天然纤维素、木质素和其他有机物)规模化产氢；采用一些物理、化学(如预处理和膜技术)和生物(如共培养技术)方法来提高生物制氢的发酵末端产物利用率和产氢率，使生物制氢绿色能源生产技术更具有开发潜力和优越性。

8.6　微生物燃料电池

微生物燃料电池(microbial fuel cell，MFC)是利用微生物催化剂将化学能转化为电能的装置。1911 年，英国植物学家 Potter 用酵母和大肠埃希菌进行试验，发现利用微生物可以产生电流，对生物燃料电池的研究由此开始。1984 年，美国科学家设计出一种用于太空飞船的细菌电池，其电极的活性物来自宇航员的尿液和活细菌，然而其发电效率较低。至20世纪80年代末，细菌发电取得重要进展。英国化学家利用细菌在电池组里分解分子以释放电子并使电子向阳极运动产生电能。他们在糖液中添加某些诸如染料之类的芳香族化合物作为稀释液，来提高生物系统输送电子的能力。但是，该细菌电池发电期间，需向电池中不断充气，并搅拌细菌培养液和氧化物的混合物。理论上，利用该细菌电池，每100 g 糖可产生 $135.3×10^4$ C 的电能，其效率可达 40%，远高于现在使用的电池，而且还有 10% 的产电潜力可进一步挖掘。

微生物电池除了具有很高的理论能量转化效率之外，还有其他燃料电池不具备的若干优点：①燃料来源多样化。可以利用一般燃料电池所不能利用的多种有机、无机物质作为燃料，甚至可直接利用污水等作为原料。②操作条件温和。一般是在常温、常压、接近中性的环境中工作，这使得电池维护成本低，安全性强。③无污染，可实现零排放。微生物燃料电池的唯一产物是水。④无需能量输入。微生物本身就是能量转化工厂，能把地球上廉价的燃料能源转化为电能，为人类提供能源。⑤能量利用的高效性。微生物燃料电池是将来热电联用系统的重要组成部分，使能源利用率大大提高。⑥生物相容性。以人体内葡萄糖和氧为原料的生物燃料电池可以直接植入人体，作为心脏起搏器等人造器官的电源。

8.6.1 微生物电池的分类和原理

8.6.1.1 微生物电池的分类

与其他类型的燃料电池类似，微生物燃料电池的基本结构包括阴极池和阳极池(图8-12)。根据阴极池结构的不同，微生物电池可分为单池型和双池型2类；根据电池中是否使用质子交换膜又可将微生物电池分为有膜型和无膜型2类；按电子转移方式的不同，微生物电池又可分为直接微生物燃料电池和间接微生物燃料电池。直接微生物燃料电池是指燃料直接在电极上被氧化，电子直接由燃料转移到电极。间接微生物燃料电池

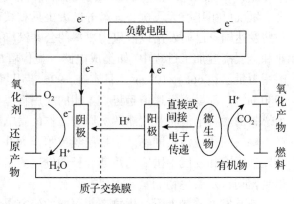

图 8-12 微生物电池示意

的燃料不在电极上氧化，而是在其他部位氧化后，电子通过某种途径传递到电极上。

微生物燃料电池的阳极材料通常选用导电性能较好的石墨、碳布和碳纸等材料，其中为提高电极与微生物之间的电子传递效率，有些材料经过了改性。微生物燃料电池的阴极材料大多使用载铂碳材料，也有使用掺入 Fe^{3+} 的石墨和含有沉积氧化锰的多孔石墨作为阴极材料的报道。

8.6.1.2 微生物燃料电池的原理

(1)间接微生物燃料电池的原理

微生物电池以葡萄糖或蔗糖为燃料，利用介体接受细胞代谢过程中产生的电子并将其

传递到阳极。理论上，各种微生物都可作为这种微生物燃料电池的催化剂。微生物细胞膜含有肽或类聚糖等不导电物质，电子难以穿过，导致电子传递速率很低，因此，尽管电池中的微生物可以将电子直接传递至电极，但微生物燃料电池大多需要氧化还原介体促进电子传递。图 8-13 所示为间接生物燃料电池的工作原理：底物在微生物或酶的作用下被氧化，电子通过介体氧化还原态的转变从而转移到电极上。

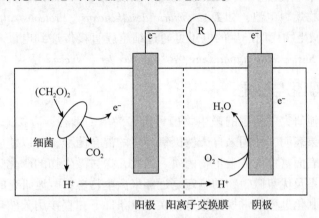

图 8-13　间接微生物燃料电池工作原理

(2) 直接微生物燃料电池的原理

微生物细胞膜含有类脂或肽聚糖等不导电物质，电子难以穿过，因此微生物燃料电池大多需要介体，介体对细胞膜的渗透能力是电池库仑效率的决定因素。然而，常用介体价格昂贵，氧化还原介体又大多有毒且易分解，这在很大程度上阻碍了微生物燃料电池的商业化进程。研究人员陆续发现了一些特殊细菌，它们可以在无氧化还原介体存在的条件下将电子传递给电极从而产生电流。另外，从废水或海底沉积物中富集的微生物群落也可用于构建直接微生物燃料电池。无介体生物燃料电池的出现极大地推动了燃料电池的商业化进程。图 8-14 为直接微生物燃料电池的结构示意图。

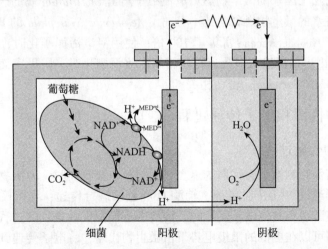

图 8-14　直接微生物燃料电池结构示意

8.6.2 阳极微生物的筛选与分类

自 20 世纪 70 年代微生物燃料电池的概念正式提出以来,阳极微生物的筛选一直是微生物燃料电池的研究重点。目前,根据电子传递途径的差异可将已用于微生物燃料电池的微生物分为 2 类:第一类微生物代谢产生的电子需要外源中间体的参与才能传递到电极表面,用于间接微生物燃料电池,如 *Desulfovibrio desulfuricans*、*Proteous vulgarish* 和 *Escherichia coli* 等。第二类微生物代谢产生的电子可通过细胞膜直接传递到电极表面,用于直接微生物燃料电池,如 *Shewanella putrefaciens*、*Rhodoferax ferrireducens* 等。

8.6.3 微生物驯化与鉴定

微生物燃料电池研究中使用的微生物菌种大多为单一菌种,直接来自微生物菌种库,而近年来的研究结果表明,使用来自天然厌氧环境的混合菌群,可以使电流输出效率成倍增加,且可在阳极表面富集优势微生物菌属。因此,探讨微生物的驯化过程、底物性质与电池性能三者的关系及优势微生物的鉴定是近年来微生物燃料电池研究的热点。

目前,微生物驯化过程的常规操作是:在厌氧条件下,直接用天然环境中的污泥、污水或污水处理厂的活性污泥接种微生物燃料电池,将外电路连通后观察微生物燃料电池各性能的变化,定期更换培养液,直到微生物燃料电池性能稳定。其中接种体的预处理方式对混合菌群接种的微生物燃料电池性能有一定影响,如果接种体在接入微生物燃料电池前先除去产甲烷细菌,将不利于微生物燃料电池功率的提高。

对微生物燃料电池富集的微生物进行鉴定,除必要的形态观察外,多直接采用 16S rDNA 高通量测序技术进行分析。研究结果显示,接种不同营养物的微生物燃料电池中的优势微生物种属各不相同。接种河水的微生物燃料电池中 β-变形菌纲(Betaproteobacteria)占主导地位(46.2%),而接种人工污水的微生物燃料电池中 α-变形菌纲(Alphaproteobacteria)占主导地位(64.4%)。另外,研究人员在接种河水的微生物燃料电池中获得了未知培养菌;在接种淀粉加工废水的微生物燃料电池中分离出 *Clostridium* 属的厌氧菌 EG3;在接种含乙酸的人工废水的微生物燃料电池中分离出 *Aeromonas hydrophila* 的 PA3;接种海底污泥时,阳极表面的 Geobacteraceae 富集了 100 倍;使用河口污泥驯化时,在阳极表面 Desulfobulbaceae 的基因序列占绝大多数,而使用淡水污泥驯化时,阳极表面大多数基因序列则与铁还原菌 *Geothrix fermentans* 密切相关。

8.6.4 微生物代谢和电子传递过程

8.6.4.1 微生物代谢过程

阳极电势的高低影响微生物代谢的途径:当阳极电势较高时,微生物利用呼吸链进行代谢,电子和质子通过 NADH 脱氢酶、辅酶 Q 和色素进行传递;当阳极电势下降且溶液中没有硝酸盐、硫酸盐和其他电子受体时,溶液中主要发生的是发酵过程。而乙酸、丁酸这样的发酵产物则可以在更低的阳极电势下由微生物代谢,将电子传递到电极。阳极电势的高低可以通过调节外电阻,控制溶液中氧气、硝酸盐、硫酸盐和其他电子受体的浓度来控制。

8.6.4.2　电子传递过程

电子从微生物到电极的传递主要有 3 种方式：由细胞膜直接传递、通过中间体传递及以上两种传递方式同时存在的传递。

（1）由细胞膜直接传递电子

对于无需外源中间体的直接微生物燃料电池，电子从微生物细胞膜直接传递到电极。在电子传递过程中，作为呼吸链重要组成部分的、位于细胞膜上的色素是实际的电子载体。因此，对于提高此类微生物燃料电池的输出功率，关键在于提高细胞膜与电极材料的接触效率。目前认为由细胞膜直接传递电子的微生物有 *Geobacter metallireducens*、*Aeromonas hydrophila*、*Rhodoferax ferrireducens* 和腐败希瓦菌（*Shewanella putrefaciens*）等。

（2）由中间体传递电子

由中间体传递电子的过程为：处于氧化态的中间体进入细胞内，与呼吸链上的还原产物 NADH 耦合后，转变成还原态的中间体；还原态的中间体被微生物排泄出体外，在电极表面失去电子进而被氧化。

理想的中间体应该能被细菌吸收和排出，对微生物没有毒性，氧化态和还原态均比较稳定且能够与 NADH 相连接。此外，理想外源中间体的氧化还原电势应高于色素和 NADH 等细胞内氧化还原电对的电势，同时应低于电极材料的氧化还原电势。另外，将中间体通过化学键固定在石墨电极表面可以提高电池的输出电流密度。

早期有关微生物燃料电池的研究重点是如何选择合适的外源中间体以提高电池的输出功率。通常，微生物燃料电池使用的中间体大多是人工合成的染料物质，如亚甲蓝、中性红等。微生物自身代谢也可以产生中间体。在接种 *Pseudomonas aeruginosa* 的微生物燃料电池中检测出了抗菌物质绿脓菌素，将此物质用于接种其他微生物的微生物燃料电池时，电池的电流输出同样得到明显提高。值得注意的是，*P. aeruginosa* 仅在微生物燃料电池中代谢产生中间体，在普通的厌氧条件下不产生中间体。

8.6.5　实例：*Shewanella putrefaciens* 燃料电池

腐败希瓦菌（*Shewanella putrefaciens*）是一种还原铁细菌，在提供乳酸盐或氢之后，其无需氧化还原介质即能产生电。Kim et al.（2002）采用循环伏安法研究 *S. putrefaciens* MR-1、*S. putrefaciens* IR-1 和变异型腐败希瓦菌 *S. putrefaciens* SR-21 的电化学活性，并分别以这几种细菌为催化剂，以乳酸盐为燃料组装微生物燃料电池，最终发现不用氧化还原介质而直接加入燃料后，几个电池的电势均有明显提高。其中 *S. putrefaciens* IR-1 的电势最大，可达 0.5 V，当负载 1 kΩ 的电阻时，其可产生最大电流，约为 0.04 mA。位于细胞外膜的细胞色素具有良好的氧化还原性能，可在电子传递的过程中起到介体的作用，且其本身即为细胞膜的一部分，不存在氧化还原介质对细胞膜的渗透问题，从而利用其可以设计出无介体的高性能微生物燃料电池。电池性能与细菌浓度及电极表面积有关。当使用含有高浓度的细菌［0.47 g(干细胞)/L(溶液)］且表面积较大的电极时，会产生相对高的电量。

复习思考题

1. 微生物在能源开发与利用中有哪些作用？
2. 什么是沼气发酵？沼气发酵过程分为哪几个阶段？概述每个阶段的特点。
3. 沼气发酵过程主要涉及哪些微生物？它们之间的关系是怎样的？
4. 简述沼气发酵原料的种类和特点。
5. 简述沼气发酵产物的综合利用。
6. 燃料乙醇发酵的原料包括哪几类？分析各自的优缺点。
7. 燃料乙醇发酵的新技术有哪些？各有哪些特点？
8. 产油微生物必备的条件是什么？
9. 概述光合细菌产氢机理和厌氧消化产氢机理。
10. 什么是微生物燃料电池？与其他燃料电池相比，它有何独特之处？

第 9 章

微生物与酿酒

【本章提要】主要介绍了饮料酒的分类和特点；重点介绍了白酒、啤酒、果酒的酿造机理，发酵过程中常见的微生物种类以及生产工艺流程等内容。

9.1 饮料酒概述

9.1.1 饮料酒的定义

早在人类未发现微生物之前，世界各国人民就已凭借经验进行酿酒，积累了很丰富的经验。凡乙醇含量超过 0.5% 的饮料均称为饮料酒，包括发酵酒、蒸馏酒及配制酒。

9.1.2 饮料酒的类型及特点

(1) 发酵酒

发酵酒(fermented alcoholic drink)是指以粮谷、薯类、水果、乳类等为主要原料，经发酵或部分发酵酿制而成的饮料酒，如啤酒、葡萄酒、果酒、黄酒等。发酵酒按发酵类型可分为单式发酵(single fermentation)和复式发酵(complex fermentation)。单式发酵是以糖质为原料，经酵母菌直接发酵制成的饮料酒。复式发酵是以淀粉为原料，先经淀粉糖化转化为糖质，再乙醇发酵。复式发酵又以制造工艺的差异分为单行复式发酵和并行复式发酵两种。如啤酒的酿造，糖化和发酵分开独立进行，属于前者；黄酒的酿造，糖化与发酵在同一发酵槽内并行，属于后者。

(2) 蒸馏酒

蒸馏酒(distilled alcoholic drink)是发酵酒经过蒸馏、经或不经勾调而成的饮料酒，乙醇含量较高(一般在 20% 以上)，含可溶性有机物较少，但有独特的强烈香味。这些独特香味又由于使用原料的种类、蒸馏方法、酿造工艺及贮藏形式而异。世界六大蒸馏酒包括中国白酒、白兰地、威士忌、伏特加、朗姆酒、金酒。

(3) 配制酒

配制酒(intergrated alcoholic beverage)指以发酵酒、蒸馏酒、食用乙醇等为酒基，加入可食用的原辅料和/或食品添加剂，进行调配和/或再加工制成的饮料酒。

9.2 白酒酿造

9.2.1 白酒概述

白酒又名烧酒，是以粮谷为主要原料，以大曲、小曲、麸曲、酶制剂及酵母等为糖化发酵剂，经蒸煮、糖化、发酵、蒸馏、陈酿、勾调而成的蒸馏酒。

我国白酒酿造历史悠久，酿造工艺独特，原料各有不同，香型各异，传承下了许多名优酒品，占据世界白酒的重要地位。

我国白酒种类很多，一般可按以下几种方法分类：

(1)按使用原料分类

①粮食白酒。粮食白酒是以粮食谷物等原料酿制的白酒。常用的原料有高粱、玉米、大米、糯米、青稞等。一般以高粱酿制的白酒质量较佳。

②代用原料白酒。这是以非粮谷类含淀粉或糖的原料酿制的白酒。常用的代用料有薯类(甘薯、木薯等)、粉渣、椰枣、高粱糠、甜菜等。

(2)按所用酒曲分类

①大曲酒。以小麦、大麦、豌豆等为原料制成的大曲为糖化发酵剂，主要采用固态发酵生产的白酒。根据制曲温度的高低，大曲可分为低温大曲、中温大曲及高温大曲。大曲酒发酵周期长、酒质好，多数名优白酒均以大曲酿成。缺点是出酒率低、成本高。

②小曲酒。以大米等为原料制成的小曲为糖化发酵剂，多采用半固态发酵，也有部分为固态发酵。小曲酒用曲量较小、发酵周期短、出酒率高、质量较好。南方的白酒多是小曲酒。

③麸曲酒。以纯培养的曲霉菌及酵母作为糖化发酵剂生产的白酒。麸曲酒发酵周期短(3~9 d)、出酒率高(淀粉出酒率70%以上)，但质量一般。

④混合曲酒。以大曲、小曲、麸曲等其中两种或两种以上糖化发酵剂酿制而成的白酒，或以糖化酶为糖化剂，加酿酒酵母等发酵酿制而成的白酒。贵州地区采用较普遍，董酒是这种酒的代表。

(3)按发酵方法分类

①固态法白酒。采用固态发酵法或半固态发酵法工艺所得的基酒，经陈酿、勾调而成的，不直接或间接添加食用乙醇及非自身发酵产生的呈色呈香呈味物质，具有本品固有风格特征的白酒。

②固液法白酒。以液态法白酒或以谷物食用酿造乙醇为基酒，利用固态发酵酒醅或特制香醅串蒸或浸蒸，或直接与固态法白酒按一定比例调配而成，不直接或间接添加食用乙醇及非自身发酵产生的呈色呈香呈味物质，具有本品特有风格的白酒。桂林三花酒是这类酒的代表。

③液态法白酒。采用液态发酵法工艺所得的基酒，可添加谷物食用酿造乙醇，不直接或间接添加食用乙醇及非自身发酵产生的呈色呈香呈味物质，精制加工而成的白酒。

（4）按香型分类

中国白酒的香型有很多种，部分白酒的香型风味特征介绍如下：

①酱香型。以茅台酒为代表。由于其有类似酱和酱油的香气，故名酱香型白酒。其风味特征是酱香突出、优雅细腻、酒体醇厚、后味悠长、空杯留香持久。

②浓香型。以泸州老窖、五粮液、洋河大曲等为代表。其风味特征是窖香浓郁、绵甜醇厚、香味谐调、尾净爽口。其主体香味成分是己酸乙酯，与适量的丁酸乙酯、乙酸乙酯和乳酸乙酯等构成的复合香气。

③清香型。以汾酒为代表。主要风味特征是清香纯正、纯甜柔和、自然谐调、后味爽净。其主体香味成分是乙酸乙酯，与适量的乳酸乙酯等构成的复合香气。

④米香型。以桂林三花酒为代表。主要风味特征是米香纯正、清雅、入口绵甜、落口爽净、回味怡畅。初步认为其主体香成分是 β-苯乙醇、乳酸乙酯和乙酸乙酯。

⑤凤香型。以西凤酒为代表。主要风味特征是醇香秀雅、醇厚丰满、甘润挺爽、诸味谐调、尾净悠长。因为酒海贮存，白酒中含有丙酸羟胺、乙酸羟胺等溶出物。

⑥药香型。以董酒为代表。主要风味特征是药香舒适、香气典雅、酸味适中、香味谐调、尾净味长。

⑦豉香型。以广东玉冰烧为代表。主要风味特征是豉香独特、醇和甘润、余味爽净。

⑧芝麻香型。以山东景芝酒为代表。主要风味特征是芝麻香突出、幽雅醇厚、甘爽谐调、尾净。

⑨特香型。以江西四特酒为代表。主要风味特征是酒香芬芳、酒味醇正、酒体柔和、诸味谐调、香味悠长。

9.2.2 白酒的酿造机理

白酒的发酵是以粮谷等淀粉质为原料，其中淀粉先经微生物和植物的酶糖化转化为糖质，再经酵母菌乙醇发酵，产生乙醇；同时，微生物分解蛋白质、脂类等物质产生高级醇类、酯类、有机酸类、醛类、酮类、芳香族化合物等风味物质，以上物质约占白酒总质量的 2%。

9.2.2.1 糖化作用

谷物中的淀粉在根霉和曲霉等糖化菌种的作用下，产生麦芽糖、葡萄糖等可溶性糖，为酵母菌的乙醇发酵准备条件。同时，这些霉菌还分泌蛋白酶、纤维素酶、半纤维素酶、脂肪酶等酶类，对相应的物质进行分解，产生高级醇类、酯类、有机酸类、醛类、酮类、芳香族化合物等风味物质。

9.2.2.2 糖类的发酵

酒醅中淀粉的分解产物麦芽糖、葡萄糖等可发酵糖，开始时酵母在有氧的条件下进行有氧呼吸，此后便在缺氧的条件下进行乙醇发酵，产生乙醇和二氧化碳，其总体生化反应如下：

①在有氧条件下，酵母进行有氧呼吸，糖被分解为水和二氧化碳，并释放热量：

$$C_6H_{12}O_6 + 6O_2 \rightarrow 6CO_2 + 6H_2O + 2812.9 \text{ kJ 热量}$$

②在无氧条件下，酵母营无氧呼吸，糖被发酵产生乙醇和二氧化碳，并释放热量：

$$C_6H_{12}O_6 \rightarrow 2C_2H_5OH + 2CO_2 + 113\ \text{kJ 热量}$$

9.2.2.3 风味物质的发酵代谢

(1)高级醇类

高级醇是酒类中重要的风味物质之一，它能促进酒类具有丰满的口味，并增强酒的协调性，但过量的高级醇也是酒主要异味的来源之一。高级醇是发酵过程中的主要副产物，其形成主要是在旺盛的主发酵期。形成高级醇有两条代谢途径：

①降解代谢途径(埃及利希代谢机制)。其代谢过程包括：氨基酸被转氨为 α-酮酸，酮酸脱羧成醛，醛还原为醇。反应式如下：

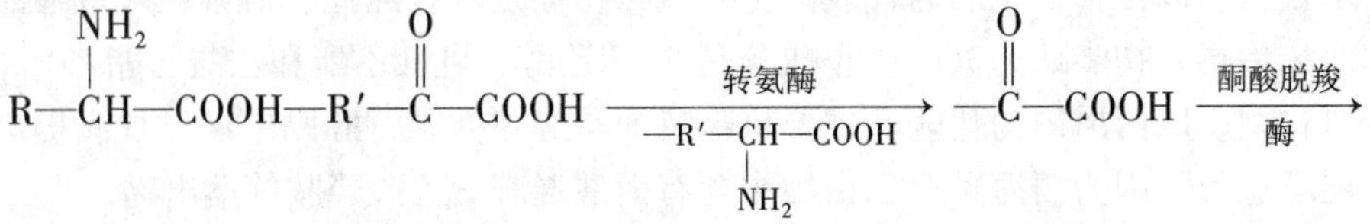

$$R—CHO \xrightarrow[\text{-NAD}]{\text{NADH}_2\ \text{脱氢酶}} RCH_2OH(\text{高级醇})$$

②合成代谢途径。利用糖类为碳源、无机氮为氮源，经由氨基酸合成途径，形成 α-酮酸，酮酸脱羧和还原，形成高级醇。

(2)酯类

白酒中的酯类物质主要是乙酸乙酯、乳酸乙酯、丁酸乙酯及己酸乙酯，合称为四大酯类。酯是由醇和酸的酯化作用生成的，其产生途径有两条：一是通过有机化学反应生成酯，但这种反应在常温条件下极为缓慢，往往需要经过几年时间才能使酯化反应达到平衡，且反应速率随碳原子数的增加而下降。二是由微生物的生化反应生成酯，这是白酒生产中产酯的主要途径。存在于酒醅中的汉逊酵母、假丝酵母等微生物，均有较强的产酯能力。

(3)有机酸

白酒中的有机酸对香味的直接贡献较小，但具有呈味作用，也可作为酯类的前体物质及稳定剂。

9.2.3 白酒生产中的微生物

与酿酒有关的微生物有酵母菌、霉菌和细菌等，它们对酒的质量、产量起到重要的作用。

(1)酵母菌

酵母菌属于真核生物。白酒生产中常见的酵母菌有酿酒酵母(*Saccharomyces cerevisiae*)、汉逊酵母属(*Hansenula*)、酒香酵母属(*Brettanyomyces*)等。

①酿酒酵母。产乙醇能力强，在麦芽汁内生长的细胞呈卵形、球形、椭圆形到腊肠形。在麦芽汁琼脂上的菌落为乳白色，平坦、边缘整齐、有光泽。无性繁殖为芽殖，营养细胞可直接变成子囊，内含有 1~4 个圆形或略呈卵圆形光滑的子囊孢子，也能有性繁殖产生子囊和子囊孢子。

②汉逊酵母。具有产酯能力，它能使酒醅中含酯量增加，并呈独特的香气，又称生香酵母。

③酒香酵母。也称产酯酵母，细胞形态从卵球形到腊肠形，能产生异戊酸等香味的物质，但也产生乙酸，使酒酸败。

（2）霉菌

霉菌主要起糖化作用，有些还有分解蛋白质作用和酒化作用。与白酒生产有关的霉菌主要有根霉（*Rhizopus*）、曲霉（*Aspergillus*）、毛霉（*Mucor*）、念珠霉（*Monilia*）、青霉（*Penicillium*）等。

根霉和曲霉等在培养中能产生淀粉酶，将淀粉转化为可溶性糖，为酵母菌的乙醇发酵提供底物。白酒生产中常见的曲霉有黑霉菌、黄曲霉、米曲霉、红曲霉等。根霉在自然界分布很广，它们常生长在淀粉基质上，空气中也有大量的根霉孢子，是小曲酒的糖化菌。

念珠霉是踩大曲"穿衣"的主要菌种，也是小曲挂白粉的主要菌种。

青霉菌的孢子耐热性强，繁殖温度较低，是制麸曲和大曲时常见的杂菌。曲块在贮存中受潮，表面上就易长青霉。车间和工具卫生清洁差，也易长青霉。

链孢霉的孢子呈鲜艳的橘红色，常生长在鲜玉米芯和酒糟上，一旦侵入曲房不但造成危害而且很难清除。

（3）细菌

细菌具有分解蛋白质和产酸的能力，在酿酒过程中能代谢产生许多风味物质，有利于酯的形成，与白酒香型、风格的形成有很大的关系。白酒生产中常见的细菌有乳酸菌、醋酸菌、丁酸菌、己酸菌，大曲中的细菌主要有乳酸菌、醋酸菌、芽孢杆菌等。

大曲和酒醅中都存在乳酸菌。乳酸菌在酒醅内能发酵糖类产生乳酸，乳酸可通过酯化产生乳酸乙酯，也可被己酸菌利用而产生己酸。乳酸乙酯、己酸乙酯能使白酒具有独特的香味，因此白酒生产需要适量的乳酸菌。酒醅中乳酸过量会使酒醅酸度过大，影响出酒率和酒质；酒中含乳酸乙酯过多，会使酒气发闷、涩味明显。

酒醅中乙酸主要由醋酸菌代谢产生，也是进一步酯化形成乙酸乙酯的前体物质之一。乙酸是白酒的主要香味成分之一，但乙酸含量过多会使白酒呈刺激性酸味。

丁酸菌和己酸菌主要是梭状芽孢杆菌，其富集于浓香型白酒生产使用的窖泥中，可利用酒醅浸润到窖泥中的营养物质产生丁酸和己酸。窖泥中存在的多种功能菌，是浓香型白酒形成窖香浓郁、回味悠长风味特征的重要原因。

9.2.4 白酒生产工艺

9.2.4.1 酒曲的生产

（1）大曲

大曲是大曲酒的糖化发酵剂。以小麦、大麦、豌豆为主要原料，经粉碎加水压成砖状的曲胚，依靠自然界带入的各种野生菌，在一定温湿度条件下进行富集和扩大培养，并保藏了酿酒用的各种有益微生物，再经风干、贮藏形成的多菌种混合曲即为大曲。大曲含有霉菌、酵母菌、细菌等多种微生物及其产生的各种酶。根据培养过程中的品（料）温不同分为高温曲、中温曲和低温曲。高温曲最高制曲品温达60℃以上，主要用于生产酱香型酒；

中温大曲最高制曲品温为55~60℃，主要用于生产浓香型(泸香型)大曲酒；低温大曲最高制曲品温为45~50℃，一般不高于50℃，主要用于生产清香型(汾香型)大曲酒。

①高温曲生产工艺。高温曲均以小麦为原料，其工艺流程如下(图9-1)：

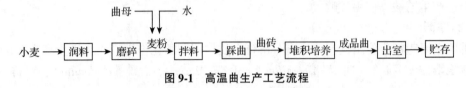

图9-1 高温曲生产工艺流程

高温大曲的制曲温度最高达60℃以上。发酵的白酒常有浓郁酱香，具体操作如下：

a. 选料、润料。要求麦粒干燥，无霉变、无污染。麦粒经除杂后，加入5%~10%水，拌匀。润料3~4 h。完全用小麦制的曲，品质最好。

b. 磨碎。用钢磨将麦粒粉碎，要求麦皮呈薄片，麦心呈粗粉和细粉状，细粉占40%~50%。

c. 拌料。将水、曲母和麦粉按一定比例混合，配成曲料。加水量一般为麦粉量的37%~40%。生产高温曲与生产中温曲不一样，为了保证有足够数量微生物，在配料时特意加入曲母。曲母应选用隔年陈曲，用量为麦粉量的4%~8%。

d. 踩曲。就是使用踩曲机将用水拌好的曲料压制成砖块。踩曲的季节以春末夏初到中秋前后为宜。

e. 堆积培养。此过程可分为4个操作步骤：堆曲，盖草及洒水，翻曲，拆曲。

堆曲：将压制好的曲砖放置1~2 h使表面干燥，曲砖略变硬时移入曲室培养。

盖草及洒水：曲砖堆好后即用乱稻草盖上，起保温作用。之后不时在草层上洒少量水。

翻曲：洒水后，关闭门窗，任微生物在曲砖上生长繁殖。当曲砖堆内温度高达60℃左右时，曲砖表面可看到霉菌斑点，此时进行第1次翻曲。再过1周左右进行第2次翻曲。生产上要求曲砖内部黄色曲居多。

拆曲：第2次翻曲后15 d左右，稍开门窗进行换气。当曲砖大部分干燥、品温接近室温时可将曲砖搬出曲室。成品曲呈黄、白、黑3种颜色，以红心的金黄色曲的质量为上乘。

f. 成曲的贮存。拆曲后的成品曲应贮存3~4个月后才可使用。

②中温曲生产工艺。中温曲采用小麦、豌豆为原料，其工艺流程如图9-2所示。

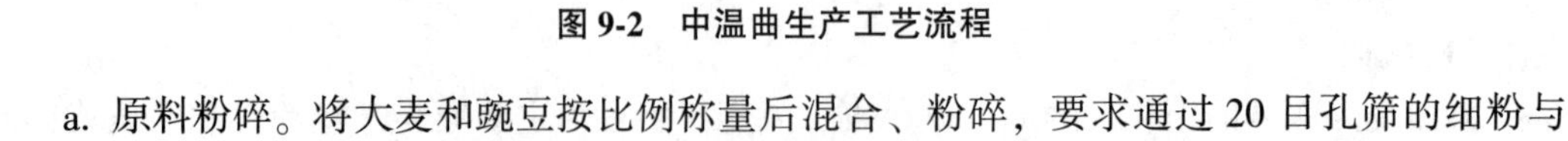

小麦60%、豌豆40%→混合→粉碎→加水搅拌→踩曲—曲砖→入曲室培养—成品曲→贮存→陈曲

图9-2 中温曲生产工艺流程

a. 原料粉碎。将大麦和豌豆按比例称量后混合、粉碎，要求通过20目孔筛的细粉与通不过孔筛的粗粉之比，夏季为30∶70，冬季为20∶80。

b. 踩曲。将粗细粉料与一定量水拌和，用踩曲机将曲料压制成砖形，曲砖含水量为36%~38%，每块曲砖质量为3.3~3.5 kg。

c. 入曲室培养。曲的培养可分为以下几个操作步骤：入室排列、长霉、晾霉、起潮火、大火阶段、后火阶段、养曲、出室。

入室排列：曲室温度在 15~20℃。曲室地面铺上稻壳，按三横三竖方式排列曲砖，曲砖间距离为 2~3 cm，行距为 3~4 cm。每层曲砖之间用苇秆隔开，共堆放 3 层。曲砖要排成"品"字形，便于散热。关闭曲室门窗，任由微生物在曲砖上生长繁殖。

长霉：长霉又称生衣。入室的曲砖稍干后用草席或麻袋遮盖保温，夏天可在遮盖物上洒些水。关闭曲室门窗，任由微生物在曲砖上生长繁殖。大约经过 1 d，在曲砖表面出现白色霉菌菌丝斑点。接着可看到根霉菌丝、拟内孢霉的粉状霉点和酵母的针点状菌落。

晾霉：室温达 38~39℃，长霉良好时，打开门窗，排湿降温。然后揭去上层遮盖物，并将侧立的砖块放倒，再拉开曲砖间距离，降低曲砖水分含量和温度，以保证曲砖表面菌丛不致过厚。恰当掌握晾霉时间，使曲砖水分既不太湿也不硬结。晾霉期 2~3 d，每天翻曲 1 次。

起潮火：晾霉完毕，曲砖表面干燥、不黏手时，即关闭曲室门窗，任由微生物生长繁殖。待品温升到 36~38℃时进行翻曲，翻曲时抽去苇秆，曲砖排列形状由品字形改成人字形。以后每 1~2 d 翻曲 1 次，曲室门窗两启两关，经过几天后，品温可达 45~46℃。在此阶段，必须每天翻曲 1 次。

大火阶段：室温上升至 44~46℃时，进入大火阶段。此温度下维持 7~8 d，每天翻曲 1 次。

后火阶段：大火阶段过后，50%~70%的曲成熟，品温逐渐下降至 32℃左右，将此温度维持 3~5 d，使微生物在曲砖内繁殖充分。

养曲：后火阶段过后，维持品温至 32℃左右，经 3~5 d 养曲，使曲砖内部剩余水分蒸发。

出室：待曲砖基本干燥即可出室使用或贮存。

③大曲的感官鉴定。大曲的质量可通过感官鉴定来识别。

a. 香味。将曲折断后用鼻嗅之，应具有特殊的曲香味，无酸臭味和其他异杂味。

b. 外表颜色。曲的外表应有灰白色的斑点或菌丝，不应光滑无衣或成絮状的灰黑色菌丛。光滑无衣是未生衣前曲胚表面已经干涸，微生物不能生长繁殖所致；絮状的灰黑色菌丛，是因曲胚靠拢导致水分不易蒸发和水分过多、翻曲又不及时造成的。

c. 曲皮厚度。曲皮越薄越好。曲皮过厚的原因包括：入室后升温过猛，水分蒸发太快；踩好后的曲块在室外搁置过久，使表面水分蒸发过多；曲粉过粗，不能保持表面必需的水分，致使微生物不能正常生长繁殖。

d. 断面颜色。曲的横断面要有菌丝生长且全为白色，不应掺杂其他颜色。

（2）小曲

小曲也称酒药、白药、酒饼等，以米粉或米糠和麸皮为原料，并添加少量中药材或辣蓼草，接种曲母，人工控制培养温度，制成颗粒或饼状，主要含根霉、毛霉和酵母等微生物。其中，根霉的糖化力很强，并有一定的酒化酶活力，它可以作小曲白酒的糖化发酵剂，也可以用于生产黄酒。

（3）麸曲

麸曲以麸皮为主要原料，接种霉菌，纯种扩大培养而成，主要用于生产麸曲白酒。麸曲的糖化力强，原料淀粉利用率高达80%以上。麸曲白酒发酵周期短，原料适用面广，易于机械化生产，近年来有用酶制剂取代麸曲，效果较好。

9.2.4.2 大曲酒的生产

以高粱为原料，大曲为糖化发酵剂的大曲酒，是千百年来我国独特的传统生产工艺产品，大曲酒以往盛产于北方地区。随着科技的进步，人们发现不同的生产工艺，其产品香味风格截然不同。至今已发掘出的有浓香、清香、酱香、米香、凤香及其他香六大香型，在此介绍浓香、清香、酱香三大基本香型生产工艺。

(1) 浓香型白酒

浓香型白酒多采用续渣法生产工艺，下面以浓香型大曲酒为例介绍续渣法生产工艺(图9-3)。

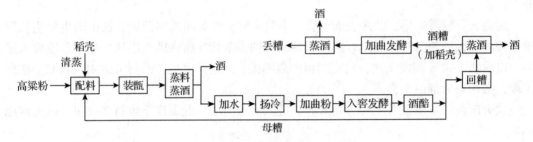

图9-3 续渣法大曲酒生产工艺流程

①原料处理。主要原料为高粱、稻壳、中温大曲和水。

高粱要求磨碎后不能通过20目筛孔的粗粒占28%，细粒占72%。大曲用钢磨磨成曲粉。稻壳不经任何预处理。

②出窖配料。发酵完毕就出窖，对粮糟(大渣、小渣)和回糟分别处理。粮糟在加入高粱粉和辅料装甑后，经蒸料蒸酒加曲粉再继续发酵。而回糟不加新料，在蒸酒后再经一次发酵就丢糟。由回糟得到的丢糟酒因酒质较差需单独装坛。

放在窖底的粮糟比在上部的含水多。因人工培窖的需要，生产上有收集黄水的操作，在起窖时留出窖下部的3甑粮糟进行"滴窖降水"，即将粮糟移到窖底部较高的一端，让粮糟中黄水滴出，滴窖时间至少在12 h以上，然后舀出黄水。舀出的黄水，可用来蒸出黄水酒。

配料蒸酒的配料比：每甑母糟(成熟酒醅)500 kg，加入高粱粉120~130 kg，稻壳用量为25~38 kg。母糟的主要作用是使残余淀粉继续被利用、调节入窖淀粉的浓度和粮糟的酸度；配料时加入稻壳可使酒醅疏松，保持一定的空隙，为发酵和蒸馏创造较好的环境。

装甑操作是先在甑桶底部的竹篾上预先撒上1 kg稻壳，然后将高粱粉、曲糟与经清蒸处理的稻壳拌匀，装甑。

③蒸料蒸酒。发酵完毕后的酒醅除含乙醇外，尚有一些挥发性和非挥发性物质，须采用蒸馏的方法将乙醇和其他挥发性成分蒸出。与此同时，添加的新料也被蒸熟。

白酒的固态装甑蒸馏是一种特殊的蒸馏方式。酒醅和新料混合后装甑桶时，粮糟必须疏松，桶中间堆料低、四周高，加热蒸汽要缓慢均匀，掌握好蒸汽压、温度和流酒速度是蒸酒的关键操作。流酒的温度根据季节变化控制在 25~35℃，流酒速度一般控制在 2.0~ 2.5 kg/min，流酒 15~20 min。收集流酒前，先接取酒头 0.5 kg。这种酒头可以用来勾兑酒。酒尾冲淡至乙醇含量 20% 后均匀洒到酒醅上，再将酒醅发酵，使白酒香味更浓。

④出甑加水撒曲。蒸酒蒸料完毕，就进行出甑加水撒曲操作。往粮糟中加入 80℃ 以上热水，水量按 100 kg 高粱粉加水 70~80 kg 计算。加完水后，将粮糟放在窖上摊冷，当料温夏天降至比气温低 2~3℃，冬天降至 20℃ 左右时，加入大曲粉。粮糟的大曲粉用量为高粱粉用量的 19%~21%，回糟的大曲粉用量为高粱粉用量的 9%~11%。用曲量要准确。

⑤入窖发酵。加水、加曲操作结束后将发酵材料入窖，每装完 2 甑材料需进行踩窖，压紧发酵材料，抑制好气性细菌繁殖，使其形成缓慢的正常发酵。材料入窖后，用踩软的黄泥将窖顶密封，开始发酵。发酵过程中定时检查窖温，冬季还需采取保温措施。

整个发酵过程不加以调节，通过严格控制发酵材料的淀粉浓度、温度、水分和酸碱度来保证发酵正常进行。调节酒醅的淀粉浓度是控制发酵的重要手段，一般夏季控制在 14%~16%，冬季控制在 16%~17%。入窖酒醅水分，夏季控制在 57%~58%，冬季控制在 53%~54%。入窖酒醅的酸碱度，夏季 pH 值在 2.0 以下，冬季 pH 值在 1.4~1.8。入窖酒醅的温度，冬季在 18~20℃，夏季在 16~18℃。

⑥勾兑贮存。新蒸馏出来的白酒必须经过半年以上时间的贮存才能饮用，贮存的过程称为老熟。白酒在贮存过程中由于发生氧化和酯化反应，风味物质不断生成；又由于乙醇分子与水分发生缔合、新酒中醛类等化合物挥发等缘故，白酒的刺激味和辛辣味大为减轻。在贮存前，要用不同等级、不同年份的调味酒对基酒进行勾兑调味，力求产品风格稳定。

（2）清香型白酒

汾酒是清香型白酒的典型代表，其生产特点是采用传统的"清蒸清烧两次清""地缸、固态分离发酵法"的生产工艺。高粱和辅料拌曲放入陶瓷缸，缸埋土中，发酵 28 d，取出蒸馏。蒸馏后的醅不再配入新料，只加曲进行第二次发酵，继续发酵 28 d，糟不打回而直接丢糟。大曲为低温曲，两次蒸馏得酒，经勾兑而成汾酒。由此可见，原料和酒醅都是单独蒸，酒醅不再加入新料，与前述续渣法工艺有显著不同，其生产工艺如图 9-4 所示。

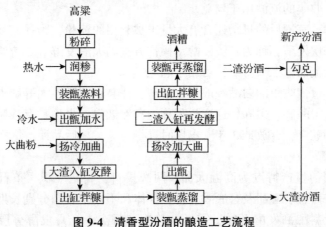

图 9-4　清香型汾酒的酿造工艺流程

（何国庆，2001）

①原料处理。主要原料为高粱、低温大曲和水。高粱要求粉碎后一粒成4~8瓣，细粉不得超过20%。粉碎后的高粱又称为红糁。第1次发酵用的大曲，要求大小在绿豆和豌豆之间；第2次发酵用大曲，其大小在小米和绿豆之间。夏季用大颗粒曲，冬季选用小颗粒曲，以控制发酵速率。

②润料。在蒸料前，需用80℃左右的热水对高粱粉进行润料，称为高温润糁。热水和高粱粉拌匀后堆料18~20 h，微生物活动会使品温不断上升到50℃左右，堆料期间有时还需补加水并翻料2~3次，有利于蒸料彻底。润料后的质量要求：润透、不淋浆、无干糁、无异味、无疙瘩、手搓成面。

③蒸料。目的：一是使原料淀粉颗粒受热破裂，淀粉糊化；二是灭菌。蒸料工具为甑桶。先将底锅水煮沸，再将500 kg湿润高粱均匀撒入甑桶，待蒸汽均匀润滋到高粱粉后，再泼入26%~30%的60℃热水，蒸80 min左右。初期品温98~99℃，到出甑时可达105℃。蒸煮后红糁要达到无白心、熟而不黏手，无异味。

④加水、扬冷(晾渣)。蒸料结束，立即取出糊化后的红糁，辅料另外处理。堆成长方形后，泼入原料质量28%~30%的冷水翻拌，水温18~20℃。再进行通风晾渣，冬季时降至20~30℃，夏季降至室温。

⑤加曲。扬冷后加入大曲粉，用量为投料高粱粉质量的9%~11%。曲粉和高粱粉充分拌匀后就装缸发酵。

⑥入缸发酵。将发酵材料装入陶瓷缸，再用清蒸过的小米壳封口，上盖石板，缸埋入土中，缸口与地面齐平。汾酒的这种发酵方法与一般大曲酒入窖发酵不同。

汾酒生产的发酵特点是低温、长周期发酵。整个发酵过程经前、中、后3个时期，历时21~28 d。前期(6~7 d)温度缓慢升至30℃左右，淀粉含量下降，乙醇开始形成；中期(10 d左右)维持温度在30℃左右，乙醇大量形成，80%的酒在此间形成；后期(11 d左右)糖化作用微弱，乙醇发酵停止。温度缓慢下降，酸度增加快，是生香的过程。

⑦出缸蒸馏。发酵结束就出缸。在成熟酒醅中加入清蒸过的稻壳和小米壳(3∶1)的混合物，翻拌均匀后装甑蒸馏。蒸馏时，前期蒸汽压力小，后期蒸汽压力大。

蒸酒收到的酒头，可回缸发酵。当流酒的酒精度低于30°时为酒尾，在下次蒸馏时加入甑桶重新蒸馏。收集的流酒用于勾兑。

⑧入缸再发酵。蒸酒后的母糟还含有大量未被利用的淀粉，为提高淀粉利用率，蒸酒后的酒醅再进行一次发酵，称为二渣发酵。操作方法同大渣发酵。二渣酒糟可直接丢弃或用作饲料。收集的流酒为二渣汾酒，可用于勾兑。

⑨贮存勾兑。蒸馏收集的白酒一般都有暴辣、冲鼻、刺激性大等缺点，经过一段时间的贮存后酒液会变得醇香、柔和，这个过程称为自然老熟，也称贮存或陈酿。存放时，两次蒸馏的酒要分别贮存，存放期3年。出厂时进行勾兑，最后品评质量。

(3) 酱香型白酒

酱香型大曲酒的生产特点为高温大曲、两次投料、高温堆积、条石筑窖、多轮次发酵、高温流酒。按酱香、醇甜及窖底香3种典型体和不同轮次酒分别长期贮存，再勾兑贮存。原料高粱从投料酿酒发酵开始，需经8轮次，每次1个月发酵分层取酒，分别贮存3年后才能勾兑成型。它的生产十分强调季节，传统生产是伏天踩曲，重阳下沙。就是说在每年端午节前后开始制大曲，重阳节前结束。因为伏天气温高，湿度大，空气中的微生物种类、数量多又活跃，有利于大曲培养。由于在培养过程中曲温可高达 60℃ 以上，故称为高温大曲。在酿酒发酵上还讲究时令，要重阳节以后投料。这是因为此时正值秋高气爽时节，故酒醅下窖温度低，发酵平缓，酒的质量和产量都好。1 年为 1 个生产大周期。生产工艺如图 9-5 所示。

酱香型白酒生产工艺中的原料——高粱称之为"沙"。用曲量大，曲料比为 1∶0.9。1 个生产酒班 1 个条石酒窖，窖底及封窖用泥土。分两次投料，第 1 次投料占总量的 50%，称为下沙。发酵 1 个月后出窖，第 2 次投入其余 50% 的粮，称为糙沙。原料仅少部分粉碎。发酵 1 个月后出窖蒸酒，以后每发酵 1 个月蒸酒 1 次，只加大曲不再投料，共发酵 7 轮次，历时 8 个月完成一个酿酒发酵周期。

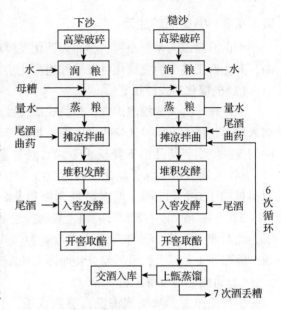

图 9-5 酱香型白酒酿造工艺流程

①下沙操作。取占投料总量 50% 的高粱。其中 80% 为整粒，20% 经粉碎，加 90℃ 以上的热水润粮 4~5 h，加水量为粮食的 42%~48%。继而加入去年最后一轮发酵出窖而未蒸酒的母糟 5%~7% 拌匀，装甑蒸粮 1 h 至 7 成熟，带有 3 成硬心或白心即可出甑。在晾场上再加入原粮 10%~12% 量的 90℃ 热水，拌匀后摊开冷散至 30~35℃。洒入尾酒及加对投料量 10%~12% 的大曲粉，拌匀收拢成堆，温度约 30℃，堆积 4~5 d。待堆顶温度为 45~50℃、堆中酒醅有香甜味和酒香味时，即可入窖发酵。下窖前先用尾酒喷洒窖壁四周及底部，并在窖底撒些大曲粉。酒醅入窖时同时浇撒尾酒，其总用量约 3%，入窖温度为 35℃ 左右，水分含量为 42%~43%，pH 值为 0.9，淀粉浓度为 32%~33%，乙醇含量为 1.6%~1.7%。用泥封窖发酵 30 d。

②糙沙操作。取总投料量的其余 50% 高粱，其中 70% 高粱整粒，30% 经粉碎，润料方法同下沙。然后加入等量的下沙出窖发酵酒醅混合装甑蒸酒蒸料。首次蒸得的生沙酒，不作原酒入库，全部泼回出甑冷却后的酒醅中，再加入大曲粉拌匀收拢成堆，堆积、入窖操作同下沙，封窖发酵 1 个月。出窖蒸馏，量质接酒即得第 1 次原酒，入库贮存，此为糙沙酒。此酒甜味好，但味冲，生涩味和酸味重。

③第 3 轮至第 8 轮操作。蒸完糙沙酒的出甑酒醅摊晾、加尾酒和大曲粉，拌匀堆积，再入窖发酵 1 个月，出窖蒸得的酒也称回沙酒。以后每轮次的操作方法同上，分别蒸得第 3、4、5 次原酒，统称大回酒。此酒香浓、味醇、酒体较丰满。第 6 次原酒称为小回酒，醇和、糊香好、味长。第 7 次原酒称为追糟酒，醇和、有糊香，但微苦，糟味较大。经 8 次发酵，接取 7 次原酒后，完成一个生产酿造周期，酒醅才能作为扔糟出售用作饲料。

9.2.4.3 小曲酒的生产

小曲酒是以大米为原料，小曲为糖化发酵剂，半固态发酵，液态蒸馏并勾兑而成的白酒，其生产工艺分为先糖化后发酵和边糖化边发酵两种。

（1）先糖化后发酵工艺

生产操作为大米浸泡淘洗，蒸熟成饭，此时含水量62%～63%，摊凉冷却至36～37℃，加入原料量的0.8%～1.0%的小曲粉，拌匀后入缸。每缸15～20 kg原料，厚10～13 cm，中间挖一空洞，待品温下降至32～34℃时加盖，使其进行培菌糖化，20～22 h后，品温37～39℃。再发酵24 h，糖化率可达70%～80%，此时加水使其进入发酵阶段，加水量为原料量的120%～125%。此时醅料含糖量9%～10%，总酸含量在0.7%以下，乙醇含量2%～3%。在36℃左右发酵6～7 d，残糖接近零，乙醇含量11%～12%，总酸度在1.5°T以下。此时即可蒸酒，所得白酒应进行品尝和检验，色、香、味及理化指标合格者入库陈酿，陈酿期1年以上，最后勾兑装瓶即为成品。

（2）边糖化边发酵工艺

生产操作为大米浸泡淘洗，蒸熟成饭，夏季摊凉至35℃，冬季40℃，按原料量的18%～22%加入酒曲饼粉，拌匀后入埕发酵。装埕时，先加入6.5～7.0 kg洁净水，再加入5 kg的米饭，将埕封口放入发酵室，室温26～30℃，品温不超过30℃。发酵期夏季为15 d，冬季为20 d。蒸馏时截去酒头酒尾，将蒸馏得到的白酒按照20 kg每坛装好，并加入肥肉2 kg，经3个月陈酿后，将酒倒入大池沉淀20 d以上，坛内的肥肉还可供下次陈酿使用。经沉淀的酒，通过进一步过滤、包装即得成品。

9.2.4.4 麸曲白酒的生产

麸曲白酒是以高粱、薯干、玉米等含淀粉的物质为原料，采用纯种麸曲和酒母作糖化发酵剂生产的蒸馏酒。此类白酒目前已实现液态发酵法生产。

9.3 啤酒酿造

9.3.1 啤酒概述

9.3.1.1 啤酒的定义

从食品酿造角度，啤酒的定义是以大麦为主要原料，经制备麦芽汁、糖化、酵母发酵等工序制得的一种含有二氧化碳、低浓度乙醇、起泡的酿造酒。啤酒由于酒精度低、营养丰富而遍及世界各地，是世界上产销量最大的饮料酒。在我国，啤酒是历史最短的酒种，只有近百年的历史，但是总产量仅次于美国而居世界第二位，2018年达 381.2×10^8 L。

9.3.1.2 啤酒的分类

啤酒品种很多，其分类方法也不尽相同，一般可分为以下几种类型：

（1）按啤酒色泽分类

根据啤酒的色度范围来分类，分有淡色啤酒、浓色啤酒和黑色啤酒。

①淡色啤酒。色度通常为2～14 EBC（将除气后的啤酒注入EBC比色计的比色皿中，

与标准 EBC 色盘比较，目视读数或自动读数显示啤酒的色度，以 EBC 色度单位表示），是啤酒中产量最大的一种。根据口味的不同，可分为 3 种：淡黄色啤酒（特点是口味淡，酒花香味突出）；金黄色啤酒（特点是口味清爽而醇和，有明显的酒花香味和麦芽香味）；棕黄色啤酒（特点是口味醇厚，有明显的麦芽香和酒的酯香）。

②浓色啤酒。色度为 15~40 EBC，色泽红棕色或红褐色。其特点是口味浓厚，麦芽香味突出，酒花香不明显，苦味较轻。

③黑色啤酒。色度大于等于 41 EBC 单位，色泽多呈深红褐色乃至黑褐色。这种啤酒原麦汁浓度较高，麦芽香味突出，口味醇厚，泡沫细腻。苦味类型因地区习惯而异。

（2）按原麦汁浓度分类

①低浓度啤酒。原麦汁浓度为 4%~10%。其特点是口味清爽，有酒花香和苦味，较爽快。

②中浓度啤酒。原麦汁浓度为 10%~13%。其特点是色浅，爽口，有新鲜酒花香，泡沫细腻持久。

③高浓度啤酒。原麦汁浓度高于 13%。其特点是甜味较重，黏度较大，苦味小，口味浓醇爽口，色泽较深。

（3）按酵母性质分类

①上面发酵啤酒。是指用上面酵母（也称顶面酵母）进行发酵的啤酒。其特点是发酵时升温快，发酵温度高，发酵周期短，成熟快，发酵结束时，酵母细胞悬浮于发酵液液面。此种发酵方法目前仅有少数国家生产应用。

②下面发酵啤酒。是指用下面酵母（也称底面酵母或贮藏酵母）进行发酵的啤酒。其特点是发酵温度低，成熟慢，发酵周期长，发酵结束时，绝大部分酵母凝聚沉淀于发酵池底，发酵适宜温度比上面发酵酵母低。我国的啤酒大多为下面发酵啤酒。

（4）按生产中灭菌与否分类

①鲜啤酒。包装后不经巴氏灭菌或瞬时高温灭菌，成品中含有一定量活酵母菌，达到一定生物稳定性的啤酒，一般可低温存放 1 周左右。

②熟啤酒。啤酒包装后，经过巴氏灭菌或瞬时高温灭菌，一般保存期为 3 个月。

③纯生啤酒。成品酒不用巴氏灭菌而是采用超滤等方法进行无菌处理的啤酒。

（5）按包装容器分类

①瓶装啤酒。国内主要有 640 mL 和 330 mL 两种规格，瓶色多为绿色或棕色玻璃瓶。多用于罐装熟啤酒。

②罐装啤酒。容量主要有 330 mL 和 500 mL 两种规格，空罐多为铝合金二片罐或马口铁制成。其体轻、携带方便，多用于罐装灭菌啤酒。

③桶装啤酒。主要为鲜啤酒，容量有 30 L、100 L、300 L 不等，容器有木桶、铝桶、轻质钢桶、精轧钢桶等。

（6）特殊类型啤酒

①无醇啤酒。其原麦汁浓度大于等于 3%，麦汁添加酵母经 24~36 h 发酵即进行降温后发酵，使其酒精度小于等于 0.5%，残糖较多，口味淡爽，酒花香味较好。

②小麦啤酒。以小麦芽（占麦芽的 40% 以上）、水为主要原料酿制，具有小麦芽经酿

造所产生的特殊香气的啤酒。

③冰啤酒。经过冰晶化工艺处理，浊度小于 0.8 EBC 的啤酒。

④加糖啤酒。是在发酵成熟的啤酒中加入适量的砂糖浆，再过滤；或者边过滤边加糖浆，并充入一定量的二氧化碳。其特点是酒精度低，苦味不明显，泡沫丰富。适于妇女儿童及体弱者饮用。

⑤低糖啤酒。原麦汁浓度多为 8%～10%，实际发酵度高，发热量低。其特点为品味淡爽，香味轻柔，二氧化碳含量高，泡沫细腻，具有普通啤酒的风味，适于糖尿病患者饮用。

9.3.1.3　啤酒的营养价值

啤酒营养丰富，热量高，素有"液体面包"的雅称。啤酒中除含乙醇和二氧化碳外，还含有人体需要的多种氨基酸、维生素、糖类及无机盐等营养成分和功能成分，适量饮用对改善消化机能、缓解机体疲劳等方面具有益效果。

9.3.2　啤酒生产中常用的酵母

9.3.2.1　啤酒酵母的类型及特点

啤酒生产中应用的是纯培养酵母菌。用于酿造啤酒的酵母主要有两种：酿酒酵母和葡萄汁酵母，但不同啤酒使用的菌株不同。在啤酒生产中根据啤酒酵母菌在发酵液中的状况可将其分别称为上面酵母和下面酵母，上面酵母在发酵时随二氧化碳飘浮在液面上，发酵终了形成泡盖，经长时间放置，酵母也很少下沉，主要用于淡色啤酒(ale)和烈性啤酒(stout)；下面酵母在发酵时，酵母悬浮在发酵液内，发酵结束后酵母很快凝结成块并沉积在容器底，形成紧密的沉淀层。两种酵母形成不同的发酵方式，即上面发酵和下面发酵，酿制出两种不同类型的啤酒，即上面发酵啤酒和下面发酵啤酒。目前我国生产的啤酒几乎都是下面发酵啤酒。酵母细胞的漂浮和沉积取决于发酵容器的尺寸和生理调节，而非酵母菌株本身。

啤酒酵母在 25℃麦芽汁中培养 3 d，细胞呈圆形、卵圆形至腊肠形。按照细胞长宽比可分为 3 组。

第一组：细胞多为圆形、卵圆形或卵形，长宽比一般小于 2。无假菌丝或有较发达但不典型的假菌丝。主要用于制造饮料酒和面包，俗称德国 2 号和德国 12 号的啤酒酵母是有名的乙醇生产菌。本组菌只适用于糖化淀粉生产乙醇和白酒。

第二组：细胞以卵形和长卵形为主，也有些圆或短卵形细胞，长宽比通常为 2。常形成假菌丝，但不发达也不典型，主要用于酿造葡萄酒和果酒，也可用于酿造啤酒、蒸酒业以及生产酵母。

第三组：大部分细胞长宽比大于 2，即细胞较前两组都长。常能形成很多假菌丝，但不典型，仅是长形细胞连成的树枝状。因耐高渗透压，多用于发酵甘蔗糖蜜生产乙醇。

葡萄汁酵母在 25℃麦芽汁培养基上培养 3 d，细胞呈圆形、卵形、椭圆形或长圆形，其能发酵棉籽糖，在制造拉格(lager)型(清爽型淡色)啤酒时，发酵结束酵母沉于器底，属于下面酵母。

啤酒酵母生长的最适温度为 25~26℃，在麦芽汁培养基上菌落为乳白色，有光泽、平坦、边缘整齐。繁殖方式主要是典型的芽殖，产生芽生孢子。由营养细胞直接变成子囊，每个子囊中有 1~4 个圆形光面的子囊孢子。啤酒酵母可以发酵葡萄糖、蔗糖、麦芽糖、半乳糖及 1/3 棉籽糖，但不发酵乳糖，不利用硝酸盐，能利用硫酸铵。啤酒酵母广泛分布在各种水果表面、发酵的果汁、土壤(尤其是果园)、酒曲和食品上。

9.3.2.2　国内外常用的啤酒酵母菌株

世界各大型啤酒厂均有自己独特的菌株。常用的菌株如德国的萨土酵母、道脱蒙酵母，丹麦的卡尔斯伯酵母，荷兰的 Rasse 547 酵母以及国内的青岛啤酒酵母、沈啤 2 号、沈啤 1 号、2597 号、2595 号，首啤酵母 U 酵母(Rasse U)、E 酵母(Rasse E)、776 号酵母(Rasse 776)等。不同的啤酒酵母菌株在形态和生理特性方面的区别，形成了啤酒酿造技术和产品风味上的差异。

9.3.3　啤酒酿造机理

9.3.3.1　糖类的发酵

糖化的麦汁中，淀粉被分解为麦芽糖(是主要糖类，占总糖的 45%~50%)、葡萄糖、麦芽三糖等可发酵糖。添加酵母后，酵母先在有氧的条件下进行有氧呼吸，后在缺氧的条件下进行乙醇发酵，产生乙醇和二氧化碳。

9.3.3.2　含氮物质的转化

啤酒发酵初期，接种啤酒酵母必须吸收麦汁中的含氮化合物，进行合成代谢，繁殖细胞。啤酒酵母只能从麦汁中吸收氨基酸、二肽、三肽以及核酸分解产物嘌呤、嘧啶等低分子化合物，且对二肽、三肽的吸收能力很低。啤酒酵母对各种氨基酸的吸收速度差异也很大，只有天冬氨酸、丝氨酸、苏氨酸、赖氨酸、精氨酸、谷氨酸等很快被吸收，其他氨基酸吸收很慢或不吸收，体内必需的其他氨基酸通过转氨基作用自我合成。

啤酒中残存的含氮化合物对啤酒的风味影响极大。啤酒中的含氮化合物(特别是肽和蛋白质)，能使饮用者口腔有湿润感。因此，氮含量大于 450 mg/L 时，啤酒显得浓醇，但会影响啤酒的生物稳定性和爽口性；氮含量在 300~400 mg/L 会显得爽口；而氮含量低于 300 mg/L 会显得寡淡如水。

9.3.3.3　风味物质的发酵代谢

（1）高级醇

高级醇是啤酒发酵过程中的主要副产物，其代谢途径与白酒发酵相似，见9.2.2.3 节。

（2）醛和酮

对啤酒风味影响最大的是乙醛，主要来自丙酮酸。丙酮酸在丙酮酸脱氢酶作用下，不可逆形成乙醛和二氧化碳，且大部分乙醛会继续还原成乙醇。因此在正常的发酵中，啤酒中乙醛的含量很低(3.5~15.5 mg/L)。若含量过高会有一种腐烂青草味。

丙酮是啤酒中的主要酮类，来自乙酰乙酸，对啤酒的风味影响不显著。

(3)挥发性酯类

挥发性酯类多在主发酵期形成，主要由酰基辅酶 A 与醇类缩合而成。少量的酯类，会给啤酒增添一些酯香味和酒香味，过量则不宜。啤酒后贮期酯类的含量会有所增加。

(4)连二酮

连二酮是双乙酰和 2,3-戊二酮的总称，是啤酒发酵的副产物。两者的化学性质相似，但 2,3-戊二酮在啤酒中含量较低，对啤酒风味无影响。对啤酒风味影响较大的是双乙酰，双乙酰含量常作为啤酒是否成熟的标志。它在啤酒中的风味阈值是 $0.10 \sim 0.15$ mg/L，含量过高会有馊饭味。

(5)硫化物

发酵液中残存的二氧化硫、二甲基硫、硫化氢、硫醇等硫化物，对啤酒风味影响较大，尤其是硫化氢和二甲硫，会使啤酒具生腥味。在贮酒初期采用二氧化碳洗涤，可将大部分挥发性硫化物除去。

9.3.4 啤酒发酵工艺

传统的啤酒发酵工艺分上面发酵和下面发酵两大类型。下面发酵啤酒的发酵过程分为主发酵和后发酵两个阶段，生产时间比较长；而上面发酵啤酒的发酵过程大多只有主发酵，不采用后发酵，只进行一些后处理使之可过滤包装，生产时间相对较短。由于我国啤酒生产企业均采用下面酵母进行生产，故这里仅就下面发酵法作简要介绍。

9.3.4.1 麦芽的制备

原料大麦必须预先清除杂质，然后过筛分级后浸渍、发芽，最后干燥，水分含量降至5%以下，除去生青味，产生特定的麦芽色、香、味。

9.3.4.2 麦芽汁的制备

麦芽汁是将固态的麦芽、非发芽谷物等配料经过粉碎、加水糊化、糖化、过滤等过程加工成澄清透明的液体，其组成是酿造啤酒的物质基础之一。

9.3.4.3 啤酒发酵

(1)主发酵

主发酵又称前发酵，是发酵的主要阶段，麦汁中的可发酵性糖绝大部分在此期内发酵，酵母的一些主要代谢产物也是在此期内产生的。现将传统的 12%麦芽汁开放式主发酵工艺过程介绍如下：

①酵母繁殖期。将 $6 \sim 8℃$ 的冷麦芽汁泵入酵母添加槽，加入 $0.5\% \sim 0.6\%$ 泥状酵母，通入无菌空气，使酵母在麦芽汁中分散均匀并尽快繁殖。当酵母接种后 20 h 左右，麦芽汁表面已形成一层白色泡沫，即将增殖后的发酵麦芽汁泵入主发酵池中，以便分离酵母繁殖槽底部沉淀的冷凝物和酵母死细胞。

若酵母添加 16 h 后尚未起泡，说明存在室温或麦汁接种温度太低、酵母添加量不足、酵母衰老、麦汁通风量不足或含氮物不足等问题，应当采取相应措施加以补救。

②起泡期。倒池后，麦汁中的溶解氧已基本为酵母消耗，开始进入厌氧发酵。$4 \sim 5$ h 后，表面出现更多泡沫，并从池四周向中央扩展，泡沫厚而紧密，洁白细腻，吹开泡沫有

强烈的刺激性二氧化碳气味逸出。此阶段每天升温 0.5~0.8℃，降糖 0.3~0.5 °Bx，维持 1~2 d，逐渐转入高泡期。应当让其自然升温。

③高泡期。厌气发酵 2~3 d 后，发酵液品温可达最高温度（7.5~13.0℃）。该阶段泡沫增高，呈卷曲状隆起，厚度 25~30 cm，且由于酒花树脂和蛋白质—单宁氧化物从酒液中开始析出，泡沫逐渐变为棕黄色。高泡期每天降糖约 1.5 °Bx。由于发酵旺盛，产生的热量较多，应适当开启发酵槽内冷却管，使品温不超过工艺规定的最高温度，并维持此温 2 d 左右。

④落泡期。发酵 5 d 左右，酵母的发酵力逐渐减弱，二氧化碳气泡减少，泡沫回缩，酒液内析出物增多，泡沫色泽由棕黄色变成棕褐色。落泡期每天降糖 0.5~0.8 °Bx，此时，应根据降糖情况配合降温，一般每天降 0.5~0.9℃，使主发酵完毕时温度和浓度达到规定要求。

⑤泡盖形成期。发酵 1 周左右，液面形成一层褐色的泡盖，厚 2~4 cm，是由泡沫、蛋白质—多酚类氧化物、酵母死细胞等杂质组成的。此时发酵已进入末期，酵母大量凝集沉淀，可发酵性糖已大部分降解，每天仅降糖 0.2~0.4 °Bx。主发酵最后一天，液面呈静止状，此时应急剧降温，使大部分酵母沉淀在发酵池底部，发酵液中仅保留适当酵母浓度，而后送入贮酒罐，进行后发酵。

（2）后发酵

①后发酵的目的和作用。具体如下：

a. 促进啤酒的成熟。即去掉嫩啤酒具有的"生酒味"。造成"生酒味"的原因是主发酵期间酵母代谢产生的一些挥发性产物，其中主要是双乙酰、硫化氢、乙醛等。当啤酒入贮罐后，在封罐前排出初期产生的二氧化碳时，可将这些物质排出，使其含量锐减。另外，双乙酰在后酵过程中还可被酵母还原。

b. 使残糖继续发酵。饱和二氧化碳发酵结束的啤酒中尚残留以麦芽糖、麦芽三糖为主的部分糖类，可在后发酵期继续缓慢发酵，产生二氧化碳，并使其达饱和态存在于酒液中，可增加啤酒特有的风味。

c. 促进酒液澄清。在后发酵时，由于温度较低，一些原来颗粒很小的蛋白质发生凝聚，得以逐步沉淀；酵母和其他物质也逐步沉淀下来，从而促进了酒液的澄清，使啤酒的非生物稳定性提高。

②后发酵的工艺要求和操作方法。具体如下：

a. 下酒。就是将主发酵完毕的啤酒经输酒管送入事先杀菌的贮酒桶内。下酒的工艺要求是：贮酒槽的上部应留出 10~15 cm 的空隙；啤酒中酵母细胞数应达到 $(5~10) \times 10^6$ 个/ mL；满槽时间前后不超过 3 d。

b. 封缸升。压下酒满槽后，敞口发酵 2~3 d，以排除啤酒中的生酒味，然后进行封缸升压，使二氧化碳气压逐步升高。后发酵产生的二氧化碳，部分溶解于酒内，使达到饱和，多余的则会慢慢逸出。

c. 贮酒的工艺要求。贮酒温度一般采用先高温后低温，即前期维持 3℃，后期逐步降至 -1~1℃。贮酒时间即酒龄，应根据啤酒的品种和贮藏条件而定。原麦汁浓度为 12% 的普通浅色啤酒，酒龄多在 15~40 d；而麦汁浓度为 12%~14% 的啤酒，酒龄在 75~120 d；

麦汁浓度为 16%~18% 的啤酒, 酒龄在 75~150 d。

9.3.4.4 啤酒的过滤与分离

经过后发酵的成熟酒, 大部分蛋白颗粒和酵母已沉淀, 少量悬浮于酒中, 须滤除才能包装。对啤酒分离的要求是: 产量大, 质量高(透明度高), 损失小, 劳动条件好, 二氧化碳损失小, 不易污染, 不影响风味, 啤酒不吸收氧。常用的方法有: 滤棉过滤法、硅藻土过滤法、离心分离法、板式过滤法、微孔滤膜过滤法。滤棉过滤法和硅藻土过滤法常作粗滤, 一次处理可制鲜啤酒, 但不能达到无菌水平; 其中滤棉过滤法较古老, 国外已淘汰。板式过滤法和微孔滤膜过滤法作精滤。较合理的工艺是联合方式处理。熟啤酒在分离后, 还需要包装和灭菌。

啤酒中分离的沉淀和麦糟(啤酒原料糖化中不溶解的物质)富含营养物质, 是优质的饲料资源, 但由于其水分含量高、极易变质、不易贮存, 故大型啤酒厂常将其脱水、烘干制成干麦糟。

9.4 果酒酿造

9.4.1 果酒概述

含有一定糖分和水分的果实, 经过破碎、压榨取汁、发酵或者浸泡等工艺调配酿制而成的各种低度饮料酒都可称为果酒。

葡萄是世界上栽培广泛的经济林树种, 产量最高, 其产量约有 80% 被用来酿酒。因此, 葡萄酒是果酒中最主要的品种, 属于国际性饮料酒, 其产量在世界饮料酒中仅次于啤酒, 位居第二。2018 年, 全球葡萄酒产量超 $2.9×10^8$ L, 我国葡萄酒产量为 $930×10^4$ L。

我国地域辽阔, 自然地理条件优越, 有不同的果树分布各地, 种类繁多, 果酒资源丰富。几乎所有的水果都可用于酿酒。果酒品种很多, 其分类方法有以下 3 种:

(1)按酿造方法分类

①发酵果酒。用果浆或果汁经乙醇发酵酿制的果酒。如葡萄酒。

②蒸馏果酒。用果浆、果汁或皮渣经乙醇发酵、蒸馏而成的酒。如白兰地、水果白酒等。

③配制果酒。用果实、果汁或果皮加入乙醇溶液浸泡取其清液, 再加入糖和其他配料勾兑而成的果酒, 也叫果露酒。

④起泡果酒。含有二氧化碳的果酒。

(2)按含糖量分类

①干酒。含糖量低于 4 g/L。

②半干酒。含糖量在 4~12 g/L。

③半甜酒。含糖量在 12~50 g/L。

④甜酒。含糖量在 50 g/L 以上。

(3)按果酒酒精含量分类

①低度果酒。含酒精 17% 以下。

②高度果酒。含酒精 18%以上。

9.4.2　果酒生产的常见酵母

不同的果酒生产中常见的酵母种类有所不同，主要有酿酒酵母、贝酵母、葡萄酒酵母、尖端酵母、星形球拟酵母、卵形酵母、裂殖酵母属等。

酿酒酵母也用于面包制作和啤酒酿制，但在酿造果酒中使用的菌株不同于面包制作和啤酒酿制。若用面包制作的酵母酿果酒，其在发酵醪中繁殖太快，产生过多的二氧化碳和泡沫，乙醇浓度较低，而且所酿的果酒十分浑浊很难澄清，还有强烈的酵母味；果汁中缺少啤酒酿制中酵母利用的麦芽糖，不利于啤酒酵母的生长，且其生长后会使果酒产生不必要的啤酒风味，因此，用于面包制作和啤酒酿制的酿酒酵母不适合酿果酒。

葡萄酒酵母细胞呈圆形、椭圆形、卵形、圆柱形或柠檬型，对数生长期呈淡黄色，发酵旺盛期后呈黄色或褐色，可发酵蔗糖，发酵会产生葡萄香味或葡萄酒香。在含糖的溶液中繁殖，液体先呈现薄雾状，继而形成灰白色沉淀。葡萄酒酵母在葡萄汁固体培养基上，菌落呈乳白色，不透明，但有光泽，菌落表面光滑、湿润，边缘较整齐，随着培养的时间延长，菌落的光泽逐渐变暗。

贝酵母的形状和大小与葡萄酒酵母相似，但产乙醇能力更强。在乙醇发酵后期，主要是贝酵母把葡萄汁中的糖转化为乙醇。另外，贝酵母不能发酵半乳糖，区别于酿酒酵母。抗二氧化硫的能力强。

尖端酵母又称柠檬形克勒克氏酵母，细胞两端有尖突起，不生成孢子，不发酵蔗糖，对果糖和葡萄糖有选择发酵作用，发酵果糖的速度略高于葡萄糖。此种酵母在果汁和果酒发酵前期大量存在，但它的产乙醇能力弱(4%~5%)，形成的挥发酸多。其对二氧化硫极为敏感，可用二氧化硫处理将它除去。

星形球拟酵母细胞较小，为圆形或卵形，排列成短链状，有的成星饰形，能够发酵蔗糖，产乙醇能力 10%~11%，主要存在于感染贵腐病致病菌的葡萄汁中。

卵形酵母形状、大小和葡萄酒酵母相似，能发酵蔗糖、麦芽糖，产乙醇能力更强，抗二氧化硫能力强，发酵后期，主要依靠卵形酵母完成发酵作用。卵形酵母也可引起瓶内发酵。

裂殖酵母属能在乙醇发酵的同时，进行苹果酸发酵，从而起到降酸的作用。

在葡萄酒酿造中还有粟酒裂殖酵母、解苹果酸裂殖酵母等微生物参与。

在葡萄酒发酵过程中，不同的酵母菌种可在不同阶段发挥作用。由表 9-1 可以看出：

表 9-1　发酵不同时期酵母的种类组成　　　　　　　　　　　　　　%

菌种	发酵前期	发酵中期	结束
尖端酵母	36.1	0	0
星形球拟酵母	23.4	1.0	0
葡萄酒酵母	31.4	87.5	50.3
卵形酵母	0.5	2.4	28.1

尖端酵母和星形球拟酵母参与了发酵的启动和一部分糖的转化，保证了葡萄酒乙醇发酵前期的顺利进行。随着发酵过程的推移，葡萄酒酵母开始占据优势，尖端酵母、星形球拟酵母的数量大幅度下降。葡萄酒酵母由于它高的产乙醇能力，其优势一直保持到结束。随着糖分的降低，葡萄酒酵母占的比例下降，卵形酵母的优势逐渐增加，它保证了乙醇发酵的顺利完成。

9.4.3 果酒酿造的机理

果酒酿造的基本原理主要可概括为 3 个作用：醇化作用、酯化作用及氧化还原作用。在果酒酿造过程中，除了含乙醇发酵的主产物外，还有甘油、乙酸、琥珀酸、杂醇油等副产物的形成；同时，在陈酿期中，各种酸类与醇类的酯化反应，赋予果酒特殊的香味；果酒中的单宁、色素、果屑微粒及蛋白质(包括酵母体)等的氧化和下沉，使酒液澄清、风味增强。

9.4.3.1 乙醇发酵

(1)乙醇发酵的化学反应

酒精发酵是非常复杂的一系列生化反应，有许多中间产物生成，需大量的酶参与。这一过程的反应步骤很多，但其主要机制是糖酵解途径(EMP 途径)，总体可以分为 4 步。

①己糖的磷酸化作用，形成 1,6-二磷酸果糖。

②1,6-二磷酸果糖裂解，形成可以互相转化的 3-磷酸甘油醛和磷酸二羟基丙酮。

③3-磷酸甘油醛经过一系列变化，形成丙酮酸。

④在无氧条件下，丙酮酸经过脱羧、还原产生乙醇。

在果酒中通常乙醇含量为 $7\% \sim 16\%(V/V)$，是果酒香气和风味物质的支撑物，它使果酒具有醇厚的结构感。

(2)乙醇发酵的主要副产物

①甘油。在无氧条件下，酵母菌的正常发酵产物为乙醇，但在特定的条件下，酵母也可进行甘油发酵。在果酒酿造中，由于添加二氧化硫，迫使一部分乙醛不能作为氢的受体而被还原成乙醇，从而使磷酸二羟基丙酮代替乙醛，最后形成少量的甘油。在果酒中，甘油含量为 $5 \sim 12 \ g/L$。甘油具有甜味，可使果酒具有圆润感。

②高级醇。指碳原子数超过 2 个的脂肪族醇类。高级醇的混合物也叫杂醇油，是乙醇发酵的主要副产物。高级醇在果酒中含量很低，是构成果酒酒香的一类主要物质。在果酒中主要有异丙醇、异戊醇等，形成途径以氨基酸脱氨及脱羧为主，不同的酵母菌种、水果组成、发酵条件等都影响这一类物质的形成。含量多时，会掩盖果香，影响果酒的香气。

③有机酸。果酒中的有机酸一部分来源于水果本身的酒石酸、苹果酸和柠檬酸等，另一部分是发酵产生的乳酸、琥珀酸和乙酸等。这些酸可以赋予果酒一定的酸味，同时对防止酒的腐败和保持良好的颜色有重要作用。

此外，在果酒发酵过程中，还可以产生很多代谢副产物，如琥珀酸、乙醛、丙酸、乙酸酐、2,3-二羟基丁酸、乙醇酸、香豆酸、3-羟基丁酮等。这些成分虽然含量少，却都是重要的风味物质。

（3）**影响乙醇发酵的因素**

①温度。在 20~30℃ 范围内，温度越高酵母菌的繁殖速度越快，在 30℃ 时达到最大值。而当温度继续升高，达到 35℃ 并保持 1.0~1.5 h，或 40~45℃ 保持 10~15 min，或温度保持在 60~65℃ 就可杀死酵母。

②通风。酵母菌繁殖需要氧，在进行乙醇发酵前，对水果的处理（破碎、除梗、泵送以及果汁澄清等）保证了部分氧的溶解。在发酵过程中，氧越多，发酵就越快。在生产中可用倒罐的方式来保证酵母菌对氧的需要。

③酸度。酵母菌在中性或微酸性条件下，发酵能力最强。如在 pH 值为 4.0 的条件下，其发酵能力比在 pH 值为 3.0 时更强；在 pH 值很低的条件下，酵母菌代谢生成挥发酸或停止活动。酸度高并不有利于酵母菌的代谢，但却能抑制其他微生物（如细菌）的繁殖。

（4）**其他因素**

①促进因素。低浓度的乙醛，以及适当浓度的丙酮酸、长链有机酸、维生素 B_1、维生素 B_2 等都能促进乙醇发酵。

②抑制因素。具体如下：

糖：如果基质中糖的含量高于 30%，由于渗透压的作用，酵母菌失水而降低其活动能力；如果糖的含量大于 60%~65%，乙醇发酵难以进行。

乙醇：乙醇的作用与酵母菌种有关。有的酵母菌的乙醇含量为 4% 时就停止活动，而有的则可抵抗 16%~17% 的乙醇。

气压：由于气压可以抑制二氧化碳的释放从而影响酵母菌的活动，抑制乙醇发酵，这一特性可用于葡萄汁的贮藏（8 个大气压）。

此外，高浓度乙醛、二氧化硫、二氧化碳以及辛酸、癸酸等都是酒精发酵的抑制因素。

9.4.3.2 苹果酸—乳酸发酵

在果酒天然发酵过程中，除了酵母菌进行乙醇发酵以外，还会因乳酸菌的参与而产生苹果酸—乳酸发酵（malolactic fermentation，MLF）。在该反应中，乳酸菌将 L-苹果酸脱羧基形成 L-乳酸。1 g 苹果酸能生成 0.67 g 乳酸，同时还释放出 0.33 g 二氧化碳。

苹果酸-乳酸发酵对果酒发酵具有降酸、提升细菌稳定性等作用，对果酒风味品质具有重要影响。

①降酸作用。苹果酸是果酒中一种主要的固定酸，给葡萄酒提供一定的酸度。苹果酸-乳酸发酵可将苹果酸分解成乳酸和二氧化碳，将二元羧酸变成一元羧酸，达到降酸的目的，改善果酒的口感。

②影响细菌性稳定性。如果苹果酸—乳酸发酵在果酒中进行得很完全，则不易在瓶内发生二次细菌发酵。

③对风味的影响。苹果酸—乳酸发酵的主要副产物是 3-羟基丁酮，它转化为 2,3-丁二醇增加葡萄酒的醇厚感。经过苹果酸—乳酸发酵的果酒，酸度降低，果香、酒香明显提高，滋味柔和协调，口感圆润。

9.4.4　果酒的发酵工艺

果酒酿造的工艺过程包括：水果处理、发酵、陈酿、配制和成品包装等主要工序(图 9-6)。

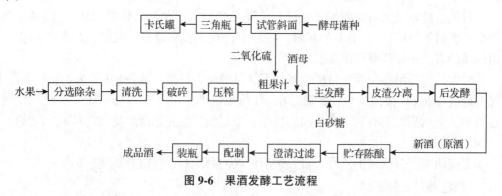

图 9-6　果酒发酵工艺流程

9.4.4.1　果酒酿造的工艺操作

(1)水果的处理

①分选除杂。分选水果的目的是消除酿酒过程中的不良因素，减少杂菌，保证发酵和陈酿的正常进行。分品种采收，按级别装运至酒厂，保持水果的新鲜度。分选时要摘除果柄、挖去果核，挖去腐烂部分。削果或去核宜用不锈钢刀具。

②清洗。用清水或洗涤液除去附着在水果表面的尘土、泥沙、残留农药及微生物。清洗水果常用的设备有：洗果池、竹木流动喷洗槽、转动式洗涤机、振动洗果机等。

③破碎及压榨。破碎是将果实挤破使果汁流出，便于压榨和发酵，也有利于色素的溶解。不同的果实质地组织不同，采用的破碎设备也不同。水果的破碎度要适宜，以利提高出汁率和发酵率。压榨是将果实的果汁充分压取出来，将果渣弃去。压榨机可采用间歇式和连续式两种。

(2)果酒的发酵

果酒的发酵分为前发酵(也称主发酵)和后发酵两个阶段。

①前发酵。用 75% 的乙醇溶液喷洒或用 0.01% 的高锰酸钾液洗刷消毒，将发酵池洗净备用。将澄清果汁装入发酵池总容量的 80% 左右，在发酵开始前按规定的比例加入二氧化硫等防腐剂。控制品温 25~28℃，加 5%~10% 的新鲜酵母液，充分搅拌使均匀，待发酵旺盛后，应将品温控制在 20~25℃ 进行低温发酵。发酵应在 7~12 d 内结束。在发酵过程中，要定时检查和记录品温和室温，并取样进行理化和感官检验。为了提高发酵液的乙醇生成量，在发酵时要分批加入白砂糖，以 20%~24% 为宜，可使发酵后的酒度达 12%~14%。

②后发酵。前发酵结束后，迅速将酒液与皮渣分离，将酒汁转入已洗净消毒过的发酵容器中，装入量为容器容量的 90%。然后添加适量的亚硫酸作防腐剂。后发酵一般比较缓慢，需经 25~30 d。在后发酵期间，要严格控制品温，但要高于 16℃，定期进行理化及感官检验。后发酵结束后，先放出上清液，流入杀菌后的贮酒池中，用乙醇调整酒精度，封盖贮存。倒池后取出酒脚，经蒸馏可用作回收乙醇。

9.4.4.2 果酒的陈酿(贮存)

果酒陈酿的目的主要是使酒体澄清和风味谐调。贮存时间的长短也依果酒品种不同而异。一般要达半年至数年之久。

贮酒的方法是将经过发酵的原酒装入贮酒池(桶),装满为限,池内不留空隙。如入池原酒的酒精度低于16°,可以用更高酒精度的果酒或食用乙醇调整至16°。池装满后,立即将池盖封严防止空气进入而引起过多的氧化。在贮藏过程中还要进行数次倒池,以除去沉淀物(酒脚),并注意添池,即用同品种、同酒龄的原酒来补足减少的酒量,保证池内不留空隙。

在贮存(陈酿)后期有条件的厂还采用冷处理或热处理来加速新酒老熟,缩短酒龄,提高酒的稳定性,以及促进菌体和杂质沉淀使果酒澄清,改善酒的风味。采用冷热交互处理的效果对成品质量则更佳。

贮存后期要进行过滤,以除去酒中所含的浑浊物、悬浮物,使果酒澄清。过滤方法很多,常用的有滤棉过滤法和硅藻土过滤法。

9.4.4.3 果酒的调配与包装

(1)调配

为了得到高质量的果酒,原酒经过陈酿老熟后要按照成品酒的质量要求对酒度、糖度、酸度等进行调配,使果酒的风味更加谐调、典型。

根据原酒和配料的分析结果,按照成品酒的质量要求,通过计算确定配方。主要是计算乙醇、白砂糖、柠檬酸及水的使用量。调配后的酒常有明显的"生"味。这时需要陈酿一段时间,经过倒池、过滤,使酒清亮透明、风味醇厚。

(2)包装

包装是果酒生产的最后一道工序,它直接影响产品的外观。果酒包装操作包括:洗瓶、灌酒、封口、杀菌、检验、贴标、装箱和入库等环节。

复习思考题

1. 简述白酒、啤酒和果酒的发酵机理。
2. 白酒生产与哪些微生物有关?
3. 啤酒按生产中灭菌与否可分为哪些种类?
4. 啤酒生产中常用的酵母菌有哪些?
5. 果酒生产中常用的酵母菌有哪些?

第 10 章

微生物与发酵食品

【本章提要】介绍了发酵食品的微生物菌群，以及利用谷类、豆类、牛乳等食物制作酱油、醋、豆腐乳、酸乳等发酵食品的原理、技术与方法。

10.1 发酵食品概述

10.1.1 发酵食品的定义

利用微生物的作用制得的食品都可以称为发酵食品。将食品发酵可以提高原产品的经济价值，改善质地、风味、营养价值，增加稳定性。发酵食品的制作历史悠久，分布广泛，许多国家和地区都有当地特色的发酵食品，如中国的酱油和腐乳、日本的纳豆和清酒、意大利的萨拉米香肠、高加索地区的开菲尔奶，以及许多国家广泛食用的面包、干酪和酸乳，都是人们餐桌上必不可少的美味佳肴。由于地理环境和生活方式不同，各地的发酵食品在生产形式、风味和营养价值等方面都各具特点。

传统发酵食品的原料来源广泛，人们日常食用的谷类、豆类、蔬菜、乳品、肉类等食物几乎都可以制作发酵食品。发酵食品使用的微生物有酵母菌、霉菌、细菌等。

10.1.2 发酵食品的类型形式

发酵食品的发酵形式主要有液态发酵或固态发酵、自然发酵或纯种发酵。中国、日本等国家的传统发酵食品以固态发酵居多，如我国的风干肠、酱油、腐乳、豆豉、酸菜，以及日本的纳豆和印度尼西亚的丹贝等。西方传统发酵食品多是液态自然或纯种发酵，如保加利亚酸乳是以纯种的乳酸菌发酵而成；而开菲尔奶则是以含有乳酸菌、酵母菌以及其他有益菌的开菲尔粒发酵而成的。纯种发酵周期短，干扰因素少，易于机械化生产。现在有些发酵食品正在向纯种发酵发展，如日本开发的纯种制曲技术，欧美等地区已制成的用于酸乳和发酵肠的纯种发酵剂，使发酵生产易于控制，发酵效果好，产品质量高。目前，我国的腐乳生产也对传统的豆腐毛坯制造方法进行了改良，使用优良菌株进行纯种培养，使菌种在保持原有优点的同时更加适应高温条件；腐乳生产制作过程中各项指标量化，从而应用生物工程技术实现自动化连续生产，产品质量稳定；打破传统腐乳形态、风味，实现质构重组。

发酵食品不仅香醇味美，还具有丰富的营养。对于大多数的发酵过程，人们往往忽略了微生物的作用。最初的工匠们无意识地控制和利用微生物的作用，仅凭经验也能得到稳定的终产品。到了现代，微生物在发酵中的作用机理才得以阐示。微生物发酵会产生许多功能性物质或降低原料中有害物质，使食物更具可食性，并赋予食物更多的功能性。例如，大豆的营养成分十分丰富，同时也含有植酸和胰酶抑制剂、凝集素和抗原蛋白等抗营养因子，因而影响人体对营养成分的消化、吸收和利用。通过微生物的发酵可以把不溶性高分子物质分解成可溶性低分子化合物，在保留了大豆异黄酮和低聚糖等原有功能性物质的同时，还产生了大豆原来没有的营养成分和生物活性物质，如维生素 B_{12}、核苷和核苷酸、蛋白黑素和芳香族化合物等，使产品具有较高的营养价值和功能特性。再如乳制品的发酵，使各种成分降解，增加了可溶性的磷和钙，并合成了一些水溶性维生素。本章主要列举微生物应用于酿造食品的几个案例。

10.2 酱油与酱制品

10.2.1 酱油与酱概述

酱油与酱是大豆发酵制品中最重要的食品之一。酱油是由豆酱衍生而来的，其生产工艺与豆酱相似，是一类深受我国人民喜爱的调味料。酱油是以豆粕或豆饼为蛋白质原料，以小麦或麸皮为淀粉质原料，经蒸煮、微生物发酵、浸出后配制而成的一种调味品。由于酿制过程有多种微生物参与，历经了复杂的生化反应和食品的褐变作用，从而使酱油含有多种高级醇、酯、醛、酚及有机酸、谷氨酸等，形成酱油特有的香味、鲜味和色泽。

酱起源于我国，其历史可以追溯到公元前几千年，自古以来深受人们喜爱，素有"北方人不可一日无酱"之说。早在周朝时期(约 2900 年前)，酱的制作就已经很发达了，后来相继传到周边地区。酱不但营养丰富，而且容易消化吸收，目前，已成为许多国家不可缺少的调味品。

10.2.2 酱油生产中的微生物

酱油酿造是以微生物生命活动为基础的变化过程。酱油所具有的独特风味是在酿造过程中由微生物引起的一系列生化反应形成的。我国酱油传统酿造工艺多采用米曲霉单菌种制曲发酵，原料利用率低，成品品质差。自 20 世纪 80 年代初至今，研究人员采用混合培养菌种进行发酵，以克服单一菌种发酵风味不足的缺点。

10.2.2.1 主要菌种

酱油酿造过程中，对原料发酵成熟的速率、成品颜色以及味道有直接关系的微生物是米曲霉和酱油曲霉，对酱油风味有直接关系的微生物是酵母菌和酱油乳酸菌。

(1)曲霉菌

米曲霉(*Aspergillus oryzae*)属曲霉属，变种很多。米曲霉含有多种酶类，既有较强的蛋白质分解能力，又具有糖化能力。自古以来，我国就已经利用自然界中存在的米曲霉来制造酱类和酱油。1958 年，全国推广"固态无盐发酵"酱油生产速酿工艺时采用的'中科 AS 3.863'米曲霉，是从福建永春酱油曲中分离得到的。后经上海市酿造科学研究所将此菌株通过紫外线诱变和长期驯化，获得了一个新的变异菌株，定名为'沪酿 3.042'米曲霉，即我国现在酱油行业广泛应用的'中科 AS 3.951'米曲霉。'沪酿 3.042'米曲霉的特点是生长速率快，从而具有抑制杂菌生长的能力，繁殖力也大大增强，蛋白酶活力比原菌株提高了 30%，且具有孢子多、生长快、适应性强、容易培养等优点，因此使用'沪酿 3.042'米曲霉制曲，制曲时间由 48~72 h 缩短为 24~28 h，这为全面实现厚层通风制曲创造了必要的条件，不但制曲容易管理，而且原料利用率和酱油产品质量都得到显著提高。

酱油曲霉(*Aspergillus sojae*)是 20 世纪 30 年代日本学者坂口从酱油中分离出来的，用于酱油生产。酱油曲霉分生孢子表面有小突起，孢子柄表面平滑，与米曲霉相比，其碱性蛋白酶活力较强。在分类上酱油曲霉属于米曲霉系。

黑曲霉 (*A. niger*)的特征是菌丝呈白色厚绒状，初生的孢子嫩黄色，2~3 d 后变成黑褐色。其抑菌能力强于米曲霉，由于黑曲霉有较强的糖化酶、果胶酶及纤维素酶的活力，研究者现将黑曲霉'AS 3.350'与米曲霉'AS 3.042'混合制曲。另外，甘薯曲霉'AS 3.324'也有较多应用。

(2)酵母菌

酵母菌是单细胞的真菌，大多数呈松弛集合体，通常以出芽方式进行无性繁殖。不同种类酵母细胞的大小差别很大，酱油酿造常用的酵母平均直径为 4~6 μm。酱醪中分离出的酵母有 7 属 23 种。

酱油生产中常用的几种酵母菌是鲁氏酵母(*Saccharomyces rouxii*)、易变球拟酵母(*Torulopsis vcrsatilis*)和埃切球拟酵母(*T. etchellsii*)。鲁氏酵母是酿造酱油的重要菌种，它能产生乙醇、酯类、糠醇、琥珀酸、呋喃酮等香气成分。鲁氏酵母具有产膜型和非产膜型两种。非产膜型鲁氏酵母不进行有氧代谢，不能在酱醪表面生长，是理想的生产用菌。产膜型鲁氏酵母除了能在酱醪中无氧条件下生长，还能在酱醪表面有氧条件下生长，并产生一层白醭。此时它分解酱油中的谷氨酸和乙醇，产生苯醛等刺激性的异味物质，严重影响产品的风味。通过打耙搅拌破坏它的有氧代谢就可以减少其危害，产膜型鲁氏酵母在酱醪无氧条件下的作用与非产膜型鲁氏酵母相同。

易变球拟酵母、埃切球拟酵母和鲁氏酵母都属于耐高浓度食盐的酵母菌，也是在酱油发酵中产生香气的重要菌种，它们主要产生 4-乙基愈创木酚、苯乙醇等香气成分。

鲁氏酵母(简称 S 酵母)在酱油的发酵前期起作用，而球拟酵母(简称 T 酵母)在发酵后期起作用。

(3)酱油乳酸菌

酱油乳酸菌是指在高盐稀态发酵的酱醪中生长并参与酱醪发酵的耐盐性乳酸菌。在酱醪的食盐浓度为 18%左右时，耐盐乳酸菌仍可繁殖，生长最适温度 30~35℃，其代表性的菌种是酱油足球菌(*Pediococcus soyae*)和嗜盐四联球菌(*Tetracoccus halophilus*)。这些乳酸菌的耐乳酸性能不强，当它产生的乳酸使酱醪的 pH 值降为 5.0 以下时，其繁殖速率就会减慢，所以不会发生因过量产生乳酸而对酱醪造成不利影响的现象。这种适度的乳酸是构成酱油特有风味的重要成分之一，同时适度的乳酸含量也使酱醪变得更适宜鲁氏酵母等耐盐酵母的生长，从而形成酱油特有的香气。

植物乳杆菌（*Lcatobacillus plantanum*）SB 1108 是植物上和乳制品中常见的乳酸菌，比较耐盐，能在盐浓度 7%～8% 的环境中生长，生长最适温度为 30～35℃，可以用在酱油的酿造上，尤其是在原池浇淋工艺中，植物乳杆菌 SB 1108 与耐盐酵母菌按一定比例协同作用，可以改善低盐速酿酱油的风味。

10.2.2.2　菌种选择

（1）菌种发酵生产酱油的必要性

酱油酿造是以微生物生命活动为基础，原料中各种物质在微生物分泌的各种酶系的催化作用下水解、发酵而形成产品的过程。不同的微生物因其代谢途径不同，形成了不同种类的代谢产物，这些代谢产物之间相互组合，多级转化，加上微生物自溶后的产物，相辅相成构成了含有 30 多种成分的酱油。酶具有很强的专一性，一种酶只能作用于一种物质。原料中多种物质的分解，产品中多种成分的合成，必须要有多种不同性能的酶系参与。在现有的技术条件下，多种酶系还不能由单一或少数的菌株产生，只能由多种菌株产生。因此，混合菌种发酵是酱油质量的根本保证。

混合菌种发酵包括多菌种制曲和多菌种发酵。多菌种制曲是指多菌种混合制曲，一般是米曲霉加上其他菌株混合制曲，通过多菌种酶系的互补作用，提高原料利用率和氨基酸生产率。多菌种发酵一般是指在发酵过程中添加酵母菌和乳酸菌，乳酸菌可以抑制有害微生物生长并产生酯类的前体，酵母菌能够产生大量乙醇和相当数量的有机酸和酯类，可以提高产品的风味。

（2）优良菌种应具备的条件

酱油生产所需的菌种必须符合产酶活力高、质量好、性能稳定的要求：①不产生黄曲霉毒素及其他有毒成分；②繁殖力强，适应性强，对杂菌抵抗力强；③酶系丰富，酶活力高，特别是蛋白酶活力高；④酱油产率高，风味好；⑤菌种纯，性能稳定。

10.2.3　酱油酿造基本原理

10.2.3.1　生化作用类型

（1）蛋白质的水解作用

在酱油的发酵过程中，蛋白酶有至关重要的作用。原材料中的蛋白质被蛋白酶分解后会产生相对分子质量小的氨基酸和多肽，这些物质是酱油的营养成分和鲜味的来源。所产生的不同氨基酸有不同的作用。例如，谷氨酸和天冬氨酸构成酱油的鲜味；色氨酸、甘氨酸和丙氨酸为酱油增添甜味；酪氨酸、色氨酸和苯丙氨酸使酱油呈现棕黑色。但由于原料中的蛋白质并不能全部水解成氨基酸，所以成熟酱醪中除含有氨基酸外，还存在胨和肽等物质。在成品酱油中氨基酸含氮量应占全氮的 50% 以上。

（2）淀粉的水解作用

在制曲后的曲醅中，部分尚未彻底水解的淀粉会在发酵过程中持续被淀粉酶分解成葡萄糖、糊精及麦芽糖等物质。这些都与提高酱油质量有重要的关系。

(3)乙醇发酵作用

在制曲或发酵过程中，从空气中落入的酵母经繁殖并发酵。酵母菌发酵所产生的乙醇在酱油的酿造过程中可被氧化成有机酸类，也可以与有机酸和氨基酸化合成酯类，并且乙醇对酱油香气的形成有重要作用。

(4)有机酸发酵作用

适量的有机酸存在可增加酱油的风味。当总酸含量在 1.5g/100 mL 左右时，酱油风味调和。酱油中乳酸、乙酸、琥珀酸等是重要的有机酸成分。在酱油的生成过程中，乳酸菌利用阿拉伯糖和木糖发酵产生乳酸和乙酸；琥珀酸是有三羧酸循环或者谷氨酸氧化时产生。其他的有机酸则多是由相应的醛类氧化所产生的，如甲酸、异戊酸和香草酸等。

10.2.3.2 酱油色、香、味、体的形成

(1)色素的形成

酱油色素是通过褐色反应形成的。发酵后期，酱醪缺乏氧气、pH 值低、发酵时间短，会妨碍酪氨酸氨化、聚合生成黑色素。

(2)香气的形成

香气是评价酱油成品质量的主要指标之一。酱油应具有酱香及酯香，无不良气味。酱油香气成分有 20 多种，如醇、有机酸、酯、醛、缩醛、呋喃酮类、酚基化合物及含硫化合物等。

(3)酱油的呈味

酱油是一种味道醇厚、调和、鲜美的咸味调味品。咸味来自所含的食盐，含量一般为 18% 左右；另外，微生物细胞内的核酸经水解后产生的鸟苷酸钠盐和肌苷酸钠盐也是强鲜味物质。酱油的甜味主要来源于糖类，一般含糖量达 3~4 g/100 mL，常见的糖有葡萄糖、果糖、麦芽糖等。酱油中的酸类物质，以乳酸为代表。总之酱油的呈味是十分复杂的，必须做到咸、鲜、甜、苦味道调和，并以鲜味最重要。

(4)酱油的体

酱油的体是指酱油的浓稠度，多以波美度来表示。可溶性固形物主要有可溶性蛋白质、氨基酸、维生素、矿物质、糊精、糖分、有机酸、色素、食盐等成分。酱油发酵越完全其浓稠度越好。

10.2.4 酱油生产工艺

10.2.4.1 生产工艺类型

(1)天然晒露工艺

传统的名优酱油产品多数采用天然晒露工艺酿制而成，该类产品具有浓厚的酱香。缺点是原料利用率低、发酵周期长、劳动强度大、耗用劳动力多、资金周转慢、卫生条件不易控制、生产成本高。

(2)稀醪发酵工艺

由于发酵工艺的不同，分为常温稀醪发酵和保温稀醪发酵。前者发酵周期长，酱醪成熟慢；后者发酵温度一般为 42~45℃，酱醪 2~3 个月成熟。该类产品香气较好，属于醇香

型。酱醪较稀既便于保温，还便于空气搅拌及管道输送，适于大规模机械化生产。缺点是酱油色泽较淡、发酵时间较长、需要较多的保温及压榨设备。

（3）固稀发酵工艺

固稀发酵工艺是继稀醪发酵工艺之后改进的速酿法，它利用不同温度、不同食盐浓度及固稀发酵的条件，采用高低温分开，先固态低盐发酵后加盐水稀醪发酵的方法，可生产出较满意的产品。该工艺的优点是低盐发酵（或超低盐发酵）能减轻对酶活的抑制，有利于蛋白质分解和淀粉糖化；发酵周期比稀醪短，一般 30 d 左右；产品的色泽较深，酱油的香气较好，属于醇香型。该工艺后期稀醪发酵需要保温设备和压榨设备。有的厂家采用浸出淋油方法。

（4）固态无盐发酵工艺

该工艺是一种最快速的发酵方法，其周期仅为 56~72 h。优点是摆脱了食盐对酶的抑制作用，使周期大大缩短；蛋白质和淀粉水解较彻底，有利于蛋白质利用率的提高；发酵设备利用率高，不需要压榨设备，采用浸出淋油的方法，简化了工序，减轻了劳动强度。缺点是风味不足，无酱油香气，发酵温度为 55~60℃，耐盐酵母菌以及乳酸菌不能存活，故不能进行正常的发酵。

（5）固态低盐发酵工艺

该工艺控制酱醪中含盐量在 7% 左右，对酶的抑制作用不强，是在固态无盐发酵的基础上发展起来的。优点是酱油的色泽较深、味道鲜美、后味浓厚，香气比无盐固态有提高；操作简便，技术不繁；管理方便，提取酱油采取浸出淋油的方法；出品率稳定，生产成本低。缺点是酱油的香气不及晒露发酵和固稀发酵。

固态低盐发酵工艺流程如图 10-1 所示。

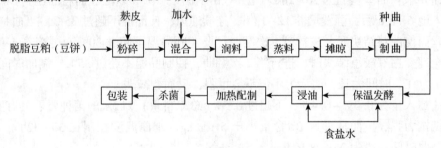

图 10-1　固态低盐发酵工艺流程

（6）高盐稀态发酵工艺

该工艺制醪的盐水浓度为 16~18°Bé，盐水用量较多，为总原料的 2.0~2.5 倍，酱醪含盐量达 17% 左右，酱醪水分达 65%~70%，酱醪呈流动状态，发酵周期 4~6 个月。优点是酱油色泽红褐色、光亮澄清、醇香浓郁、风味好。该工艺的缺点是需要压榨设备、投资大、发酵周期较长。

10.2.4.2　生产工艺操作要点

（1）原料

主要是豆粕（豆饼），要求蛋白质含量高，没有异味，为当年新鲜原料，没有霉变、腐烂，农药残留和重金属不能超标。

(2)粉碎

要求粒度在 2 mm 左右，不大于 3 mm，大小尽量均匀，以便于润水和蒸煮。

(3)原料配比

一般要求豆粕(豆饼)：麸皮为 8：2、7：3 或 6：4，为了提高酱油风味，最好用 5%~10% 的小麦代替麸皮。

(4)润料

润料用水要求符合饮用水标准，加水量以接种前熟料水分为准，冬季为 47%~48%，春秋季为 48%~49%，夏季为 49%~51%。润料以 1 h 为宜，只有润透才能使蒸煮达到效果。

(5)蒸煮

采用高温高压短时间蒸煮有利于蛋白质的适度变性。小厂因条件限制采用常压蒸煮 1 h，再焖锅 30 min 为宜。

(6)摊晾

摊晾是为了使温度达到接种要求，以防杂菌污染，种曲接入温度为 38~40℃(夏季稍低，冬季稍高)。

(7)制曲

制曲工艺如图 10-2 所示。

熟料 → 冷却 → 接种 → 入池培养 → 第 1 次翻曲 → 第 2 次翻曲 → 成曲

图 10-2　制曲工艺流程

制曲要求：曲室室温为 26~28℃，空气相对湿度为 90% 以上，曲料品温为 30~33℃，在曲料入池 6~8 h 后，静置培养 12~14 h，连续通风，使品温不超过 35℃。当曲料上生长白色菌丝而使曲料结块时，进行第 1 次翻曲，要控制品温不超过 30℃。再培养 4~6 h 后，当曲料全部变白有较重结块时，进行第 2 次翻曲，控制品温不超过 35℃，制曲时间一般以 24~30 h 为宜。时间太长，酶活力不但不会增强，反而会减弱。

种曲加入量为 0.3%~0.4%，不超过 0.5%(总原料量)，加入的菌种要求具有安全性，对杂菌抵抗力强，黄曲霉毒素 B_1 含量小于 5 μg/kg。制曲温度控制在 30~32℃，不超过 35℃，制曲时间一般为 24~28 h。

(8)保温发酵

酱油的发酵时间越长，酯化程度越高，酱油的品质越好。发酵时酱醅水分含量要求为 50%~65%。水分含量小，发酵温度高，对酱色形成有利。但温度太高，色素增加，氨基酸态氮降低，还原糖降低，酱油鲜味、甜味降低，焦苦味加重。在发酵过程中，为了防止杂菌感染，抑制酱醅酸败，盐水浓度为 11~13°Bé，所用食盐要求夹杂物少、颜色白、结晶小。整个酱油发酵过程约 20 d，酱醅入池温度在 40℃，随时间的增加，温度逐渐上升，在第 8 天时温度达到 50℃ 左右，为最高，维持 3 d。此后温度逐渐下降，在 40~50℃ 保持 5 d。这种低温缓慢发酵，有利于酱油品质的提高。

一般情况下，酱醅入池第 2 天淋浇 1 次，第 4~12 天淋浇 2~3 次，第 14 天后，再淋浇 3 次，使品温保持正常变化。

（9）浸油

浸油关系原料的利用率，要控制浸泡水温度处于 80~85℃，第 1 次浸泡的时间为 20 h 左右，以后可适当缩短。

（10）加热配制

加热是为了杀菌防腐，同时还可增色，调和酱油香气和风味，并利于酱油的澄清，控制温度为 65~70℃，时间 30 min。

（11）杀菌

包装前对酱油彻底灭菌，要求灭菌温度为 90℃，时间 30 min。

（12）包装

包装环境要求无菌，现场操作人员、器具、环境均须经过消毒处理。包装标签要标明酱油等级、氨基态氮含量、生产厂商及生产日期等内容。

10.2.5　酱及酱制品

酱是指主要以粮油作物（豆类或小麦）为原料，经微生物发酵作用而制成的呈半流动态、黏稠的调味食品。其种类主要有豆酱和面酱两种。以酱作为主料，再加入各种辅料，可加工成各种的酱品，如花生酱、豆瓣酱等。酱品营养丰富，易被人体吸收，能刺激食欲，是我国人民传统的佐餐品之一。

酱的酿造过程中主要有 3 类微生物参与：曲霉菌、乳酸菌和酵母菌。曲霉菌主要为米曲霉、酱油曲霉、高大毛霉和黑曲霉等。曲霉菌分泌的各种酶（如蛋白酶和淀粉酶等）将原料中的蛋白质分解成氨基酸及多肽，将淀粉分解转化成葡萄糖、多糖及糊精等。乳酸菌对精氨酸、酪氨酸、组氨酸和天冬氨酸具有分解作用；也能够对丝氨酸、苏氨酸和苯丙氨酸进行特异性脱羧作用，从而影响酱的香气，尤其是黄酱的风味。酵母菌中对豆酱风味形成有益的是鲁氏酵母、结合酵母及球拟酵母。结合酵母能进行乙醇发酵，增加黄酱的风味；高盐度使球拟酵母能够在有氧条件下将葡萄糖转化为甘油、甘露醇、乙醇和 4-乙基愈创木酚。

酱的制法：将大豆水洗，浸泡约 20 h，使其充分吸水（质量达到原质量的 2.4 倍），加压蒸煮（50 kPa，112℃，20~60 min）。制红豆酱时需要较高的蒸煮压力，蒸煮时间也长。自制豆酱则可用水煮。制酱醪时，首先将搓碎的曲与食盐混合，再与蒸煮大豆以及菌培养液混合。菌培养液中含有发酵必需的耐盐乳酸菌和酵母菌。

成熟期间为常温或保持室温 30℃左右。此时，米曲使大豆蛋白质分解，并由乳酸菌和酵母菌进行发酵。

片球菌增殖到 10^4~10^6 个/g，醪呈弱酸性，当 pH 值下降到 5.0 左右时，该菌即停止增殖。这对豆酱的口味、咸度，甚至色泽均有重要作用。成熟时间因豆酱种类而不同：辣口豆酱为 6~12 个月，甜口豆酱 2~6 个月。

包装的豆酱制品由于酵母菌发酵，有可能发生包装袋膨胀。为防止发生这种情况，可以在 70~80℃温水中加热灭菌，或加入乙醇（加 1%~3%）和防腐剂加以控制。

10.3 食醋

10.3.1 食醋的概述

食醋作为一种酸味调味品，能增进食欲，帮助消化，在人们饮食生活中不可缺少。食醋的品种很多，主要有镇江香醋、山西老陈醋、四川保宁麸醋、东北白醋、江浙玫瑰米醋和福建永春红曲醋等。除中国外，其他国家的食醋也各具特色，如英国的麦芽醋、奥地利的苹果醋、西班牙的雪梨醋、德国的啤酒醋、美国的蒸馏醋以及日本的黑醋等。食醋按加工方法可分为合成醋、酿造醋和再制醋三大类。其中产量最大且与我们关系最为密切的是酿造醋，它是以粮食等淀粉质为原料，经微生物制曲糖化、乙醇发酵和乙酸发酵等阶段酿制而成。其主要成分除乙酸外，还含有各种氨基酸、有机酸、糖类、维生素、醇和酯等营养成分及风味物质，具有独特的色、香、味。它不仅是调味佳品，而且长期食用对人体健康十分有益。

10.3.2 酿醋常用的微生物

传统酿醋是利用自然界中的野生菌制曲、发酵，因此涉及的微生物种类繁多。新法制醋均采用人工选育的纯培养菌株进行制曲、乙醇发酵和乙酸发酵，因而发酵周期短、原料利用率高。

（1）淀粉水解微生物

淀粉水解微生物能够产生淀粉酶、糖化酶。能够使淀粉水解的微生物种类很多，而适合于酿醋的主要是曲霉。常用的曲霉有如下几种：

①甘薯曲霉 AS 3.324。因适用于甘薯原料的糖化而得名，该菌生长适应性好、易培养、有强单宁酶活力，适合于甘薯及野生植物等为原料酿醋。

②东酒一号。它是 AS 3.758 的变异株，培养时要求较高的湿度和较低的温度，上海地区应用此菌制醋较多。

③黑曲霉 AS 3.4309(UV-11)。该菌糖化能力强、酶系纯，最适培养温度为 32℃。制曲时，前期菌丝生长缓慢，当出现分生孢子时，菌丝迅速蔓延。

④宇佐美曲霉 AS 3.758。是日本在数千种黑曲霉中选育出来的糖化力极强、耐酸性较高的糖化型淀粉酶菌种。该菌菌丝黑色至黑褐色，孢子成熟时黑褐色，能同化硝酸盐，生酸能力很强，对制曲原料的适应性也比较强。

此外还有米曲霉菌株，如沪酿 3.040、沪酿 3.042(AS 3.951)、AS 3.863 等。黄曲霉菌株，如 AS 3.800，AS 3.384 等。

（2）乙醇发酵微生物

生产上一般采用酵母属的酵母菌株，但不同的酵母菌株发酵能力并不相同，产生的滋味和香气也不同。K 字酵母适用于以高粱、大米、甘薯等为原料酿制普通食醋。AS 2.109、AS 2.399 适用于淀粉质原料，而 AS 2.1189、AS 2.1190 适用于糖蜜原料。

（3）乙酸发酵微生物

醋酸菌是乙酸发酵的主要菌种。醋酸菌具有氧化乙醇生成乙酸的能力，其细胞形态为长杆状或短杆状，单独、成对或排列成链状。不形成芽孢，革兰染色幼龄菌阴性、老龄菌不稳定，好氧，适宜在含糖和酵母膏的培养基上生长。生长最适温度为 28~32℃，最适 pH 值为 3.5~6.5。食醋生产企业选用醋酸菌的标准为：氧化乙醇速率快、耐酸性强、不再分解乙酸制品、风味良好的菌种。

目前国内外在生产上常用的醋酸菌有：

①奥尔兰醋杆菌(*Acetobacterium orleanense*)。它是法国奥尔兰地区用葡萄酒生产醋的主要菌种，生长最适温度为 30℃，该菌能产生少量的酯，产酸能力较弱，但耐酸能力较强。

②许氏醋杆菌(*A. schutzenbachii*)。它是国外有名的速酿醋菌种，也是目前制醋工业的重要菌种之一。在液体中生长的最适温度为 25.0~27.5℃，固体培养的最适温度为 28~30℃，最高温度 37℃，该菌产酸高达 11.5%，对乙酸没有氧化作用。

③恶臭醋杆菌(*A. rancens*)。是我国酿醋常用菌株之一。该菌在液面处形成菌膜，并沿容器壁上升，菌膜下液体不浑浊，一般能产酸 6%~8%，有的菌株能产副产品葡萄糖酸 2%，并能把乙酸进一步氧化成二氧化碳和水。

④AS 1.41 醋酸菌。属于恶臭醋杆菌，是我国酿醋常用菌株之一。该菌细胞呈杆状，常呈链状排列，单个细胞大小为 (0.3~0.4)μm×(1~2)μm，无运动性和芽孢；在不良环境条件下，细胞会伸长变成线形、棒形或管状膨大；平板培养时菌落隆起，表面平滑，菌落呈灰白色，液体培养时则形成菌膜；该菌生长的适宜温度为 28~30℃，生成乙酸的最适温度为 28~33℃，最适 pH 值为 3.5~6.0，耐受乙醇浓度为 8%(*V/V*)，最高产乙酸为 7%~9%，产葡萄糖酸能力弱，能氧化分解乙酸为二氧化碳和水。

⑤沪酿 1.01 醋酸菌。它是从丹东速酿醋中分离得到的，是我国食醋工厂常用的菌种之一。该菌细胞呈杆形，常呈链状排列，菌体无运动性，不形成芽孢；在含乙醇的培养液中，常在表面生长，形成淡青灰色薄层菌膜；在不良的条件下，细胞会伸长，变成线状或棒状，有的呈膨大状、分支状。该菌由乙醇生成乙酸的转化率平均高达 93%~95%。

10.3.3　食醋酿造基本原理

10.3.3.1　生化作用类型

食醋的生产分为 3 个过程：淀粉水解成糖、糖发酵成乙醇、乙醇氧化成乙酸。这 3 个发酵过程都是在不同微生物分泌的酶作用下进行的，所以发酵过程就是创造微生物发育与酶作用有利条件的过程。

(1)淀粉水解

淀粉是碳水化合物中的重要多糖之一，在以植物为原料酿醋过程中，由于微生物的活动，使淀粉原料发生复杂的生化反应，这些复杂性反应与食醋的主体成分和色、香、味、体的形成有密切关系。通过光合作用合成的天然高分子化合物并不能被酵母直接利用，必须首先把淀粉转化为可发酵性糖类，然后糖才能被酵母发酵为乙醇。淀粉转化为可发酵性糖类的过程称为淀粉水解。

(2)乙醇发酵(酒化作用)

乙醇发酵所用微生物为酵母，在乙醇发酵中，其主要产物是乙醇和二氧化碳，同时也产生许多发酵副产品，主要有醇、醛、酸和酯四大类化学物质，这也是醋中风味物质的前体物质。

(3)乙酸发酵(醋化作用)

乙酸发酵中的物质变化具体过程为：乙醇在乙醇脱氢酶的催化下氧化成乙醛，通过吸水形成水化乙醛，再由乙醛脱氢酶氧化成乙酸。

由于醋酸菌含有乙酰酰辅酶A合成酶，它能氧化醋酸为二氧化碳和水，所以在乙酸发酵后期，当发现醋酸浓度不再上升时，即加入食盐，可抑制醋酸菌的进一步发酵，以防止醋酸的分解。

10.3.3.2 食醋色、香、味、体的形成

(1)色素的形成

食醋的色素来源于以下几个方面：①原料本身的色素；②原料预处理时发生化学反应而产生的有色物质；③发酵过程中由化学反应、酶反应生成的色素；④微生物的有色代谢产物；⑤熏醅时产生的色素以及进行配制时人工添加的色素。其中酿醋过程中发生的美拉德反应是形成食醋色素的主要途径。熏醅时产生的主要是焦糖色素，是多种糖经脱水、缩合而成的混合物，能溶于水，呈黑褐色或红褐色。

(2)香气的形式

食醋的香气成分主要来源于食醋酿造过程中产生的酯类(乙酸乙酯、乙酸异戊酯、乳酸乙酯、乙酸异丁酯、琥珀酸乙酯、乙酸甲酯等)、醇类(甲醇、乙醇、丙醇、异丁醇等)、醛类(乙醛、乙缩醛、糖醛、香草醛、异丁醛、异戊醛等)、酚类(4-乙基愈创木酚)等物质。有的食醋还添加香料，如芝麻、茴香、桂皮、陈皮等。

(3)食醋的呈味

食醋是一种酸性调味品，其主体酸味物质是乙酸。此外，食醋还含有一定量的不挥发性有机酸，如琥珀酸、苹果酸、柠檬酸、葡萄糖酸、乳酸等，它们的存在可使食醋的酸味变得柔和。除酸味外，食醋还有其他的味道。发酵后的残糖为食醋增添甜味；蛋白质水解产生的氨基酸以及酵母菌和细菌菌体自溶后产生的核苷酸，以及添加的钠离子共同为食醋增添鲜味；酿造过程中添加的食盐使食醋具有咸味，能够缓冲酸味，改良口感。

(4)食醋的体态

食醋的体态是由固形物含量决定的。固形物包括有机酸、酯类、糖分、氨基酸、蛋白质、糊精、色素、盐类等。用淀粉质原料酿汁的醋由于固形物含量高，所以体态好。

10.3.4 食醋酿造工艺

我国食醋的酿造工艺有很多种，有传统的固态发酵法、液态发酵法和回流发酵法。我国的食醋以米醋质量为最佳，销售量也最大。其中以镇江香醋为我国著名的食醋之一，产品具有色、香、酸、醇、浓等特色，其口味香而微甜，酸而不涩，色浓而味鲜。故本节以镇江香醋为例，介绍传统的固态发酵法食醋生产工艺。

10.3.4.1 工艺流程

食醋酿造工艺流程如图10-3所示。

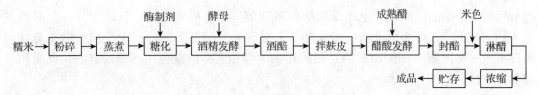

图 10-3　食醋酿造工艺流程

10.3.4.2　生产工艺

（1）原辅料

生产镇江香醋的主要原辅料有糯米、麸皮、米糠、盐、糖、米色和麦曲等。米质对镇江香醋的质量、产量有直接影响，糯米的支链淀粉含量高，所以吸水速率快、黏性强、不易老化，含有丰富的营养成分，有利于酯类芳香物质生成，对提高食醋风味有很大作用。

麸皮能吸收酒醅和水分，起疏松和包容空气的作用，含有丰富的蛋白质，对食醋的风味有密切的关系。

大糠主要起疏松醋醅的作用，还能积存和流通空气，利于醋酸菌好氧发酵。

（2）糖化

糯米经粉碎后，加水和耐高温淀粉酶，打进蒸煮器进行连续蒸煮，冷却，加糖化酶进行糖化。

（3）乙醇发酵

淀粉经过糖化后可得到葡萄糖，将糖化 30 min 后的醪液打入发酵罐，再把酵母罐内培养好的酵母接入。酵母菌将葡萄糖经过细胞内一系列酶的作用，生成乙醇和二氧化碳。

在发酵罐里乙醇发酵分 3 个时期：前发酵期、主发酵期、后发酵期。

①前发酵期。在酒母与糖化醪打入发酵罐后，这时醪液中的酵母细胞数还不多，由于醪液营养丰富，并有少量的溶解氧，所以酵母细胞能够得以迅速繁殖，但此时发酵作用还不明显，乙醇产量不高，因此发酵醪表面比较平静，糖分消耗少。前发酵期一般 10 h 左右，应及时通气。

②主发酵期。8~10 h 后，酵母已大量形成，并达到一定浓度，酵母菌基本停止繁殖，主要进行乙醇发酵，醪液中乙醇成分逐渐增加，二氧化碳随之逸出，有较强的二氧化碳泡沫响声，温度也随之很快上升，这时最好将发酵醪的温度控制在 32~34℃，主发酵期一般为 12 h 左右。

③后发酵期。后发酵期醪液中的糖分大部分已被酵母菌消耗掉，发酵作用也十分缓慢，这一阶段发酵，发酵醪中乙醇和二氧化碳产生得少，所以产生的热量也不多，发酵醪的温度逐渐下降，温度应控制在 30~32℃，如果醪液温度太低，发酵时间就会延长，这会影响出酒率，这一时期约需 40 h 完成。

（4）乙酸发酵

乙醇在醋酸菌的作用下氧化为乙醛，继续氧化为乙酸，这个过程称为乙酸发酵。在食醋生产中乙酸发酵大多数是敞口操作，是多菌种的混合发酵，整个过程错综复杂，乙酸发酵是食醋生产中的主要环节。

①提热过杓。将麸皮和酒醅混合，要求无干麸，乙醇浓度控制在 5%~7% 为好，再取

当日已翻过的醋醅作种子，也就是取醋酸菌繁殖最旺盛醋醅作种子，放于拌好麸的酒醅上，用大糠覆盖，第2天开始，将大糠、上层发热的醅与下面一层未发热的醅充分拌匀后，再盖一层大糠，一般10 d后可将配比的大糠用完，酒醅也用完开始露底，此操作过程称为过杓。

②露底。过杓结束，乙酸发酵已达旺盛期。这时应每天将底部的潮醅翻上来，上面的热醋醅翻下去，要见底，这一操作过程称为露底。在这期间，由于醋醅中的乙醇含量越来越少，而醋醅的酸度越来越高，品温会逐渐下降，这时每日应及时化验，待醋醅的酸度达最高值，醋醅酸度不再上升甚至出现略有下降的现象时，应立即封醅，转入陈酿阶段，避免过氧化而降低醋醅的酸度。

（5）封醅

封醅前取样化验，称重下醅，耙平压实，用塑料或尼龙油布盖好，四边用食盐封住，不要留空隙和细缝，防止变质。减少醋醅中空气，控制过氧化，减少水分、乙酸、乙醇挥发。

（6）淋醋

淋醋采用3套循环法。将淋池、沟槽清洗干净，干醅要放在下面，潮醅放在上面，一般上醅量距池口15 cm，加入食盐、米色，用上一批第2次淋出的醋液将醅池泡满，数小时后，拔去淋嘴上的小橡皮塞进行淋醋，醋液流入池中，为头醋汁，作为半成品。第1次淋完后，再加入第3次淋出的醋液浸泡数小时，淋出的醋液为二醋汁，作为第1次浸泡用。第2次淋完后，再加清水浸泡数小时，淋出得三醋汁，用于醋醅的第2次浸泡。淋醋时，不可一次将醋全部放完，要边放淋边传淋。将不同等级的醋放入不同的醋池，淋尽后即可出渣，此时醋渣酸度要低于0.5%。

（7）浓缩、贮存

将淋出的生醋经过沉淀后进行高温浓缩，高温浓缩有杀菌的作用。再将醋冷却到60℃，打入贮存器陈酿1~6个月后，镇江香醋的风味能显著提高。在贮存期间镇江香醋主要进行了酯化反应，食醋中含有的多种有机酸与多种醇结合生成各种酯，如乙酸乙酯、乙酸丙酯、乙酸丁酯和乳酸乙酯等。贮存的时间越长，成酯数量也越多，食醋的风味就越好。贮存时色泽会变深，氨基酸、糖分下降1%左右，因此并不是贮存期越长越好，应全面评定，一般为1~6个月。贮存时容器上一定要注明品种、酸度、日期。

10.4 腐乳

腐乳又称豆腐乳、酱腐乳或霉豆腐，在中国有着悠久的制作和食用历史。早在公元5世纪，北魏时期的古书上就有"干豆腐加盐成熟后为腐乳"之说。它是用豆浆的凝乳状物，经微生物发酵制成的一种干酪型产品，有效提高了大豆的消化率和生物价，被欧美地区的人们称为中国干酪。

腐乳按色泽风味可分为红腐乳、白腐乳、青腐乳、酱腐乳和各种花色腐乳；按规格可分为太方腐乳、行方腐乳、醉方腐乳、中方腐乳、棋方腐乳和精醉方腐乳；按菌种类型可分为毛霉腐乳、根霉腐乳、细菌腐乳和无菌腐乳等；按腐乳坯中是否含有微生物可分为腌制型和发霉型两大类。腌制型腐乳因蛋白酶源不足，发酵期长，产品风味不足，氨基酸含量低，成品质量差等原因目前很少生产。现在只有山西太原腐乳、绍兴棋方腐乳属于这一类。发霉型腐乳是利用特定有益菌种，在适宜条件下于豆腐坯表面形成菌体，再利用这些菌体分泌的蛋白酶等各种有益胞外酶使豆腐经发酵后内部化学成分发生变化，从而赋予产品独特的色、香、味、形。相比于腌制型，发霉型腐乳发酵期短，受季节影响小，蛋白酶源充足，氨基酸含量高。

10.4.1　营养价值与保健功能

（1）营养价值

腐乳作为一种大豆的发酵制品，除具有大豆本身的营养价值外，通过微生物发酵，还将大豆的苦腥味、胀气因子和抗营养因子等不足之处全部克服，同时，腐乳富含有机酸、醇及酯等风味物质，含有大量水解蛋白质、游离氨基酸、游离脂肪酸、碳水化合物、硫胺素、核黄素、烟酸、钙及磷等营养成分，这些都是促进人体发育或维持人体生理机能所必需的，且不含胆固醇。

（2）保健功能

腐乳不仅营养丰富，而且还含有许多生理活性物质，它们一部分是大豆中天然存在的大豆蛋白、大豆磷脂、异黄酮或皂苷、植物甾醇、植物凝血素及膳食纤维等，另一部分是在酿制腐乳过程中由微生物发酵产生的大豆多肽和蛋白黑素等。微生物的发酵作用，提高了一些生理活性物质的保健功效，使腐乳更具营养和保健功能。腐乳中所含的几种生理活性物质的生理功能见表 10-1。

表 10-1　腐乳中几种生理活性物质的生理功能

生理活性物质	生理功能
大豆异黄酮	抗癌，预防骨质疏松，缓解更年期综合征，抗氧化，预防心血管疾病，降血糖，抗衰老，预防、抑制白血病
大豆皂苷	抗氧化，降低过氧化脂质，抗自由基，增强免疫调节，抗血栓、病毒、衰老，防止动脉硬化，抗石棉尘毒性
大豆多肽	增强体能，促进肌红细胞复原，消除疲劳，促进微量元素的吸收、脂肪分解、能量代谢，降血压，抗氧化
蛋白黑素	强抗氧化性，抑制还原型辅酶 II 和谷胱甘肽 S 转移酶的活性

10.4.2　腐乳酿制中的微生物

我国目前大多数腐乳都为发霉型。发霉型腐乳又可分为天然接种型和纯种培养型两大类。天然接种型生产周期长、受季节限制、无法大量长期生产，而且产品质量不稳定，无法满足广大消费者的需求，因而日渐被纯种培养型所取代。纯种培养型所用菌种因产地不同而不同。据统计，目前已从腐乳中得到的微生物有 20 多种，主要发酵菌种有霉菌类（如毛霉、根霉）、细菌类（如藤黄微球菌、枯草芽孢杆菌）和鲁氏酵母等。在我国，用于酿造腐乳的菌种主要是毛霉，其次是根霉，利用细菌发酵的很少，只有黑龙江克东腐乳等少数厂家。除我国外，日本和韩国也生产腐乳，日本主要以米曲霉、紫红曲霉和红曲霉等为主要生产菌种；韩国则以林生毛霉、华根霉、普雷恩毛霉以及枯草芽孢杆菌和蜡样芽孢杆菌等为主。

10.4.2.1 毛霉

(1)分类和特点

毛霉是我国腐乳生产中使用量最大、覆盖面最广的生产菌种，占腐乳菌种的90%~95%。用于腐乳生产的毛霉有五通桥毛霉、腐乳毛霉、总状毛霉、雅致放射毛霉、高大毛霉、海会寺毛霉、布氏毛霉、冻土毛霉等。其中，前4种为我国腐乳培菌最常用的毛霉菌种。

①五通桥毛霉。是20世纪40年代我国著名微生物学家方心芳从四川五通桥德昌酱园腐乳坯上分离出来的。它的菌号是AS 3.25。它是我国目前应用最广的优良菌种。其生长温度为10~25℃，4℃勉强可以生长，37℃不能生长，最适pH值为5.5。五通桥毛霉的主要特征是菌丝高15~30mm，白色，老后稍黄。孢子梗不分枝，孢子囊呈圆环、色淡，囊成熟后溶于水，厚垣孢子多。

②腐乳毛霉。是从浙江绍兴等地的腐乳中分离出来的。它的最适温度29℃，最适pH值为5.5~6.2。其主要特征为20~40℃生长良好，32~36℃时生长受到抑制，含盐3%时可正常生长，6%时生长异常，不能形成正常菌丝和菌落，可分泌α-半乳糖苷酶、葡萄糖淀粉酶、脂肪酶、中性蛋白酶等物质，相同条件下各酶活性因酶系而异。

③总状毛霉。是从四川牛华溪等地的腐乳中分离出来的，此外台南腐乳也是以总状毛霉为生产菌种的。它的最适生长温度为23℃，在4℃以下、37℃以上都不生长。总状毛霉的主要特征为菌落质地疏松，一般高度在1 cm以内，颜色为灰色或浅褐色，具有-6β、-10α、-9α羟化能力。

④雅致放射毛霉。是由北京王致和食品厂的腐乳中分离。菌号为AS 3.2778。其最适生长温度为30℃，最适pH值为5.5。除北京外，中国台湾省许多腐乳也是以雅致放射毛霉为生长菌种的。它的主要特征为可分泌α-淀粉酶、α-半乳糖酶和脂肪酶等酶类，菌丝棉絮高约10 mm，白色或浅黄色，在25~30℃，湿度为97%，可较好生长并产生酶。

(2)在腐乳生产中的作用

首先，毛霉可释放丰富的蛋白水解酶及其他有益酶系。它所含的α-淀粉酶能引起豆腐中少量淀粉糖化，所含蛋白酶、肽酶分解原料中的蛋白质，生成胨、多肽和氨基酸，从而赋予食品营养和风味。由于毛霉分泌的蛋白酶是含有内肽酶和端肽酶的复合酶，因此水解蛋白质没有苦味。其次，它可在腐乳坯表层均匀覆盖0.1~0.2 cm的嫩滑皮膜，赋予了产品良好的外形及独特的柔糯、细腻、润滑的质感。毛霉酿制的毛坯气味纯正清香。再次，毛霉分泌儿茶酚氧化酶，催化乳坯中无色的黄酮和异黄酮成为黄色的羟基化合物，使产品呈现诱人的金黄色，进而增进食欲。此外，发酵的腐乳含有大豆多肽、大豆异黄酮、大豆皂苷和蛋白黑素等生理活性物质，具有降胆固醇、降血压、抗氧化性和抗癌的功效。

10.4.2.2 根霉

(1)分类和特点

根霉型腐乳是用耐高温根霉来生产腐乳的。南京腐乳即采用根霉菌种进行发酵。用于腐乳生产的根霉主要有米根霉、华根霉、无根根霉等。

①米根霉。常见于我国酒药和酒曲中。它于 37~40℃ 能生长。其菌落疏松或黏稠，最初为白色，后变为褐灰色或黑褐色。米根霉所产淀粉酶活力很强，除糖化作用外，可产生少量乙醇、乳酸、反丁烯二酸及大量的丁烯二酸。

②华根霉。耐高温，45℃ 还能生长。菌落疏松或稠密，初期白色，后变为褐色或黑色。它能产生乳酸，对甾族化合物骨架 -6β 和 -11α 位起羟化作用。

③无根根霉。常作为南京腐乳的生产菌种。其适温为 28℃。菌落最初白色、后为褐色。其主要特征为 20~40℃ 时生长良好，32~36℃ 时生长受到抑制，含盐 4% 生长正常，含盐 6% 生长异常，不能形成正常菌丝和菌落。它可产生乳酸和反丁烯二酸以及大量丁烯二酸，能对甾族化合物骨架 -6β 和 -11α 位起羟化作用。

（2）在腐乳生产中的作用

根霉与毛霉同属毛霉科，亲缘关系很近，形态相似，分泌酶系也类似。因此，这两种微生物在腐乳中的作用相似。不同的是，相比于毛霉生长温度偏低、受季节性限制，现用的一些根霉能耐高温，在 37℃ 的高温下生长良好。

10.4.2.3　细菌

（1）分类和特点

细菌型腐乳前期发酵使用细菌，根据生产用菌可分为微球菌腐乳和枯草芽孢杆菌腐乳。国内腐乳生产很少使用细菌进行前期培菌，只有黑龙江和武汉的一些腐乳为此类。微球菌腐乳多采用藤黄微球菌作为发酵菌种。其中以黑龙江克东腐乳最为著名。克东腐乳是国内唯一采用藤黄微球菌发酵技术酿造的腐乳。其腐乳特点是前后酿造两次需要 180 d，所以味道醇厚，后味绵长，营养丰富。

藤黄微球菌属于微球菌科中的微球菌属，为革兰染色阳性、专性好氧菌，最佳生长温度为 25~27℃，嗜中温。其主要特征为能在 5% 的 NaCl 溶液中生长，但不常在 10% 的 NaCl 溶液中生长，具有糖酵解和单磷酸己糖途径及柠檬酸循环的酶系，可水解蛋白质、脂肪和多肽。藤黄微球菌在 45℃、pH 值 10.0、100 g/L NaCl 溶液中可以生长或微弱生长，在浓度为 150 g/L 的 NaCl 溶液中不生长，尿素酶试验呈阳性，可分解葡萄糖、蔗糖、甘露糖产酸。

枯草芽孢杆菌，其最适温度为 30℃，最适 pH 值为 6.0，主要特征为革兰阳性菌，生长温度范围 5~55℃，可在 7% 的 NaCl 溶液中生长，可水解淀粉，在不同来源的动植物中，能参与它们的早期分解，进行营养生长。

（2）腐乳生产中的作用

细菌在腐乳中的作用与毛霉类似，即利用发酵菌种产生的酶类使蛋白质分解、淀粉糖化，最终赋予腐乳特有的风味和营养。不同的是细菌型腐乳使用细菌产生的菌毛不像毛霉菌丝细长，可以在豆腐坯表面形成坚韧的菌膜，所以成熟后外形较差。但是由于其氨基酸生成率较高，所以味道鲜美。

除这三大类菌种外，AS 2.180 鲁氏酵母和 AS 2.202 球拟酵母菌也可以作为腐乳发酵菌种，它们不仅在发酵过程中生香，还能产生蛋白酶、淀粉酶、麦芽糖酶及乙醇等。鲁氏酵母为醇香型，产物是乙醇和甘油；球拟酵母为酯香型，产物是烷基苯酚。有研究认为，球拟酵母能产生另一种香气，即4-乙基愈创木酚。鲁氏酵母菌体自溶液能促进球拟酵母繁殖生长，提高腐乳后酵的生香及风味。

10.4.3 腐乳发酵机理

发酵食品中微生物活动的主要结果是改变食品的风味和化学组成，使其比所使用的原料更富于吸引力。在某些发酵食品中，微生物的活动也能改变食品的结构组织。微生物能分泌风味化合物，同时也能在化学上改变原料成分，产生新的或外来的风味化合物。腐乳的形成主要是利用酶系和微生物的协同效应对大豆蛋白质等成分的分解以及某些成分的合成。腐乳通过微生物发酵，大豆的苦腥味、含有的胀气因子和抗营养因子等不足全被克服，消化率和生物价均大大提高，同时产生了多种具有香味的有机酸、醇、酯和氨基酸，形成了腐乳特有的品质和风味。

腐乳的发酵过程是微生物及其所产生的酶的不断作用的过程，整个过程分为前发酵和后发酵。

(1)前发酵(培养)

前发酵是培菌的过程，是菌种在白坯上生长代谢、分泌酶系(包括酸性蛋白酶、中性蛋白酶和碱性蛋白酶)，同时生成的菌丝体使坯体包裹成型、蛋白质部分降解成水溶性蛋白质的过程。前期发酵可通过自然发霉和纯种培养两种方式进行。

(2)后发酵

后发酵则是坯体中蛋白质等大分子物质在前发酵中分泌的酶系与后发酵时加入的汤料中的微生物和化学物质的协同参与下，降解与酯化成香的生化酶学过程。

①香气。香气的主要成分为醇、醛、有机酸、酯类等。

②色泽。腐乳的色泽主要来源于微生物及主辅料。

③滋味。鲜味主要来自氨基酸和核酸类物质的钠盐。成熟后糖分含量一般在5%，仅有适当甜味。酸味来自发酵过程中生成的乳酸、琥珀酸等。腌制中加入的食盐，使腐乳具适量咸味。

④体态。腐乳在发酵过程中，氨基酸的生成率对体态起决定作用。

10.4.4 腐乳发酵工艺

酿造腐乳的主要生产工艺是将豆腐进行前期发酵和后期发酵。前期发酵所发生的主要变化是毛霉在豆腐(白坯)上的生长。发酵的温度为15~18℃，此温度不适于细菌、酵母菌和曲霉的生长，而适于毛霉慢慢生长，毛霉生长大约5 d后使白坯变成毛坯。豆腐上生长的白毛是毛霉的白色菌丝，严格说是直立菌丝，在豆腐中还有匍匐菌丝。前期发酵的作用：一是使豆腐表面有一层菌膜包住，吃腐乳时，会发现腐乳外部有一层致密的"皮"，是前期发酵时在豆腐表面上生长的菌丝(匍匐菌丝)，它能形成腐乳的"体"，使腐乳成形，"皮"对人体无害；二是毛霉分泌以蛋白酶为主的各种酶，有利于豆腐所含有的蛋白质水解为各种氨基酸。后期发酵主要是酶与微生物协同参与生化反应的过程，通过腌制并配入各种辅料(红曲、面曲、酒酿)，使蛋白酶作用缓慢，促进其他生物反应，生成腐乳的香气。

10. 4. 4. 1　工艺流程

腐乳发酵工艺流程如图 10-4 所示。

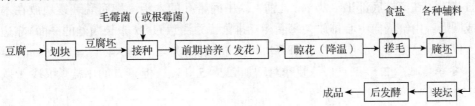

图 10-4　腐乳发酵工艺流程

10. 4. 4. 2　工艺操作

（1）前期培养（前发酵）

①菌种培养。20~25℃（毛霉）或 28~30℃（根霉）下培养 2~3 d，毛霉菌种白色，根霉菌种呈灰褐色；菌丝粗壮、丰满；无倒毛，无杂菌斑者即可使用。或放置于 4℃冰箱保存备用。

②豆腐坯接种。具体操作如下：

a. 菌悬液准备。一般每 50 kg 大豆原料用菌悬液约 1000 mL。随用随配。接种工具用喷雾器或手枪式接种器等。

b. 摆块与接种。摆块时豆腐坯要侧面竖立放置，两块之间、两行之间均要留出空隙以便散热通气；接种时要在豆腐坯的前、后、左、右、上 5 面均匀喷上菌种。

c. 培养（又称发花）。毛霉（或根霉）生长繁殖后其菌丝布满坯面，形成一层柔软而细致的皮膜，起到保护腐乳外形完整的作用，并分泌大量的酶系，使豆腐中的蛋白质水解成可溶性蛋白质、肽类、氨基酸等，赋予腐乳鲜美的味道、细腻的组织。

春秋季室温一般在 20℃左右，豆腐坯接种毛霉后，14 h 左右开始生长，约 22 h 生长旺盛，并产生大量热量，品温开始上升，此时需翻笼一次，调节上下温差，并补充空气，促使毛霉再度繁殖，28 h 后菌丝已达生长最旺盛阶段，需进行第二次翻笼，32 h 左右菌丝大部分生长成熟，此时可搭笼养花，使毛霉自然散热排湿及散气，防止菌体自溶，并使毛霉菌分泌大量蛋白酶，通过养花能延缓菌体老化，增加产酶量，提高酶活力。36~45 h 进行扯笼晾花，打开门窗通风排湿和降温，48 h 即已成熟，一般称为二天花。冬季室温一般保持 16℃，72 h 成熟，一般称为三天花。夏季室温一般在 30~32℃，32 h 扯笼晾花，一般称为一天半花。晾花时的菌丝应丰满，分布均匀，不黏、不臭、不发红，外形酷似白兔毛。青腐乳坯可偏老化，红腐乳坯宜嫩不宜老（灰黄色为老化）。

d. 搓毛。发酵好的毛坯要及时搓毛腌制。搓毛是指将菌丝连在一起的毛坯一个个分离。毛坯凉透后即可搓毛。用手抹长满菌丝的乳坯，让菌丝裹住坯体，以防烂块，把每块毛坯先分开再合拢，整齐排列在框中待腌，要求边搓毛边腌坯，防止升温导致毛坯自溶，影响质量。

（2）后发酵

①腌坯。用食盐腌制，使坯内水分由 72% 降至 54%，坯体收缩变硬。腐乳是高盐分食品，食盐在腐乳生产中有三大作用：一是使腐乳坯渗透析出水分，坯体不松烂，赋予腐乳

咸味；二是具有杀菌防腐、保证发酵正常进行的功效；三是对蛋白质有抑制作用，有利于香气的生成，同时食盐和谷氨酸作用，可以增加成品的鲜味。

缸腌时，在离缸底部 18~20 cm 处铺一块中间带孔的木板，把腐乳坯逐块放在木板上排列成圆形，由缸周向中心排放，每圈相互排紧，并注意刀口(未长菌丝的一面)靠边，勿朝下，以防成品变形。分层加盐，每万块用盐量(规格为 4.1 cm×4.1 cm×1.6 cm)春季为 60 kg，冬季可减少 2.5~5.0 kg，夏季可增加 2.5~5.0 kg。但青方的用盐量又少于以上用量的15%左右。

腌坯 72~96 h 后要压坯，即再加入盐水或腌毛坯后的盐卤水，使超过腌坯面，以便上层增加咸度。腌坯时间冬季 13 d，夏季 8 d，春季 11 d。在拌料装坛前一天，放掉盐卤水，使盐坯干燥收缩，以便装坛。

②配料与装坛。这是豆腐乳后熟的关键，因配料和坯厚薄的不同，成品的花色品种很多。

③包装与贮藏。豆腐乳按品种配料装坛后，擦净坛口，加盖，再用水泥或猪血拌熟石膏封口。

豆腐乳的成熟期因品种、配料不一而有快慢，在常温下一般 6 个月可以成熟。糟方与油方糖分高，宜于冷天生产可防止变质。青方与白方因水量大，氯化物低，酒精度少，所以成熟快，但保质期短，青方 1~2 个月成熟，小白方 30~45 d 成熟，不宜久藏。

④成品。豆腐乳贮藏到一定时间，当感官鉴定味觉细腻而柔糯，理化检验符合标准时，即为成熟产品，但各品种还各具特色。

10.4.4.3　主要生产技术指标

腐乳的主要生产技术指标包括 2 个参数，即腐乳出品率和原料利用率。

豆腐乳出品率是指每千克大豆原料经过加工后制得的成品豆腐坯的质量。

$$豆腐乳出品率=成品量/原料量×100\% \tag{10-1}$$

豆乳腐的原料利用率用蛋白质利用率来表示，蛋白质利用率是指原料中所含的蛋白质转移到豆腐坯中的比例，公式如下：

$$蛋白质利用率=\frac{豆腐坯质量(kg)×豆腐坯蛋白质含量(\%)}{原料质量(kg)×原料蛋白质含量(\%)×100\%} \tag{10-2}$$

10.4.5　微生物引起的腐乳质量问题

腐乳的发酵是一个多菌种混合发酵的过程，迄今已分离出的微生物达 20 多种，在腐乳的成品中，常会出现白点、老化、发霉等质量问题。

(1)白点现象

腐乳白点是指成熟腐乳表面上的粒状白点，有的呈片状，有时附着于腐乳表面松散的毛霉菌丝上；有的浮于腐乳汁液中；有的沉积于容器底部。这主要是由于有的毛霉蛋白酶活力很强，将大豆蛋白水解，积累大量的酪氨酸，在一定温度下，毛霉生长时间越长，蛋白水解酶活力越高，大豆蛋白的消化程度越深，酪氨酸的析出也越多，当溶液中的浓度超过其溶解度(0.045%)时，便结晶析出，形成白点。

（2）老化现象

成品腐乳干硬、粗糙、不细腻，称为"老化"。这是由于多种原因造成的，从开始时的滤浆到点脑，到盐腌各个工序都有影响其老化的因素。主要有：豆浆纯洁度低；豆浆浓度小；点浆使用的凝固剂不同；点脑以后停止时间过短，凝固物内部结构还不稳定；腌胚时食盐用量过多，腌制时间过长等。

（3）发霉现象

毛霉是好氧微生物，红方腐乳销售前往往发现缸内一层毛霉，这种现象主要有以下几个原因：一是封口不严，封口不严内外空气交换有利于毛霉生长；二是装罐时灌的汤汁pH 值太高，随着后发酵的进行，产生一些生物碱和氨基酸，汤内的 pH 值逐步升到 5.0以上。

（4）变酸、变臭、变黑、变红现象

一般来说，变酸是由于结膜酵母菌侵入表层，先形成一层菌膜继而使腐乳变酸。变臭是由于污染丁酸菌和枯草芽孢杆菌。变黑是因为毛霉（或根霉）中的酪氨酸酶催化空气中的氧分子，氧化酪氨酸使其聚合成黑色素的结果。变红一般是由于污染了黏质沙雷菌，此菌生产时产生恶臭，并有非水溶性红色素产生，使成品失去正常的乳黄色。

10.4.6　腐乳产品质量标准

新型腐乳的质量要求，根据《腐乳》（SB/T 10170—2007）的规定，应满足：

（1）感观指标

共同指标：滋味鲜美，咸淡适口，无异味，质地均匀细腻、无杂质。

红腐乳：红色或枣红色，有脂香、酒香。

白腐乳：乳黄色，具有白腐乳特有的香气。

青腐乳：豆青色，具有青腐乳特殊香气。

酱腐乳：酱褐色或棕褐色，具有酱腐乳特有的香气。

（2）微生物指标

黄曲霉毒素、大肠菌群和致病菌限量应符合《食品安全国家标准　豆制品》（GB 2712—2014）的规定。

10.5　酸乳制造

酸乳的起源说法众多，欧洲人认为古希腊人和罗马人在 2 世纪时就掌握了发酵乳制品的制作方法；亚洲人则认为酸奶起源于亚洲，后来从土耳其传到保加利亚。据文献报道，公元 641 年唐朝文成公主进西藏时，就已有"酸乳"的记载。酸乳的制作历史虽然久远，而它的发扬光大却应该归功于保加利亚人，他们最先研制出了一套较完善的酸乳制作方法，并且逐渐传至世界各地。直到如今，保加利亚人平均每年消费的酸乳量，仍然处于世界领先水平（年人均逾 30 kg，仅次于芬兰）。

早在 100 年前的清朝，北京就有俄国人开的酸乳铺。1911 年，上海可的牛奶公司（上海乳品二厂的前身）开始生产酸乳，是我国第一家用机器生产酸乳的厂家。20 世纪 50 年代以来，酸乳生产技术有了很大发展，除了使用传统德氏乳杆菌保加利亚亚种和嗜热链球菌提高发酵乳的品质外，而且发酵乳中的益生菌也增强了营养保健功能。由于不断地开发出新的品种，极大地拓宽了消费市场，特别是 20 世纪 80 年代以来，各大中城市的酸乳生产量急剧上升，并迅速地向城镇和农村扩展，现在酸乳已成为人们餐桌上的常见食品，有凝固型和搅拌型两大类别数十个品种。

酸乳是指以牛乳为原料，添加适量的砂糖，经巴氏杀菌后冷却，再加入纯乳酸菌发酵剂经保温发酵而制得的产品。酸乳有凝固型酸乳和搅拌型酸乳。酸乳又可添加各种果汁、蔬菜、蜂蜜等制成不同风味的酸乳。搅拌型还可以加工成冷冻酸乳、浓缩或干燥酸乳等品种。

10.5.1　酸乳的营养与保健功能

10.5.1.1　酸乳的营养价值高

经过乳酸菌的发酵，原料奶中的各种成分都发生了转化。人体中的必需氨基酸和肽类是必须从外界摄取的；脂肪和糖类在酶的作用下，结构发生了变化，更易为人体消化酶所作用；维生素 C、B 族维生素也有所增加，钙、磷、铁的利用率也大大提高了。因此，酸乳的营养成分和营养价值均有很大程度的提高。

10.5.1.2　乳酸菌保健作用

由于部分人对鲜奶中的乳糖不耐受，进食鲜奶后会引起腹泻、腹鸣、腹胀痛等不良症状，而酸乳中乳糖被乳酸菌分解，不再有乳糖不耐受的情况。

（1）提供营养物质促进机体生长

乳酸菌如果能在体内正常发挥代谢活性，就能直接为宿主提供可利用的必需氨基酸和各种维生素（B 族维生素和维生素 K 等），还可提高矿物元素的生物学活性，进而达到为宿主提供必需营养物质，增强动物的营养代谢，直接促其生长的作用。

（2）改善微生态环境

动物的整个消化道在正常情况下都寄生有大量微生物。就其作用而言，可分为 3 类：

①共生性类型。主要有兼性厌氧菌，在生态平衡时，它们的维生素和蛋白质的合成、消化吸收、生物拮抗和免疫等功能对宿主有利。

②致病性类型。正常情况下数量少，寄生于正常部位，不至于使宿主发病，若失控，则会导致宿主的不良反应。

③中间性类型。同时具有生理和致病两种作用，其数量增加，会导致腐生物质，毒素增加，促进宿主的老化。微生物群的平衡，对机体的健康十分重要，而乳酸菌就能够调节这种生态平衡，保障宿主的正常生理状态。

在乳酸菌生长代谢过程中，会产生一些具有抗微生物活性的物质，如有机酸、过氧化氢、二氧化碳等，均在体外表现出抑菌活性。很多乳酸菌都能产生细菌素，如链球菌属、嗜酸菌属、乳酸菌属等，经研究表明，这些物质在抑制病原菌上具有重要作用。黏附能力通常认为是病原菌的一种重要毒性因子。黏附于肠道黏膜，是病原菌定植并产生临床症状的前提条件。乳酸菌可防止病原菌附着于肠上皮细胞表面，定植并入侵肠道细胞，有人称此机制为"黏附抗性"。肠道化学物质的组成也是微生态环境的重要影响因素，硫化物、吲哚和酚类都是对肠道有刺激作用和毒性的物质，是肠道腐败菌活动增强的标志。双歧杆菌能防止致病菌对氨基酸的脱羧作用，减少肠内容物内氨的浓度，有效减少毒性胺的合成，改善肠道环境。

（3）调节免疫系统功能

乳酸菌制剂能够增强免疫力，表现在两个方面：

①影响非特异性免疫应答。增强单核吞噬细胞、多形蛋白细胞的活力，刺激活性氧、溶酶体酶和单核因子的分泌。

②刺激特异性免疫应答。如加强黏膜表面和血清中 IgA、IgM、IgG 水平以加强体液免疫，促进 T、B 淋巴细胞的增殖，加强细胞免疫。乳酸菌对免疫刺激作用的可能途径：抗原性物质通过淋巴集结中的过滤泡上皮，通过途径有两种：一是微生物代谢产物或碎片作为小分子抗原直接通过普通上皮细胞间的紧密连接缝隙；二是微生物细胞本身由微皱细胞（M-Cell）通过胞饮作用传给位于 M-Cell 包囊中的巨噬细胞等，抗原进入淋巴组织后，或抗原提呈细胞处理后，或直接交给淋巴细胞，产生相应的免疫应答。

10.5.2　发酵剂

10.5.2.1　菌种构成

所谓的发酵剂就是在生产酸乳时所用的特定微生物培养物。制作的酸乳发酵剂的优劣与产品质量的好坏有极为密切的关系。使用发酵剂的目的在于：通过乳酸菌的发酵，使乳糖转变成乳酸，pH 值降低，产生凝固和形成酸味。同时，发酵产生一些挥发性酸，增加了制品的风味，如柠檬明串珠菌、丁二酮乳酸链球菌能分解和氧化乳中所含柠檬酸盐，产生有芳香味的丁二酮。另外，乳酸链球菌等能产生抗菌素，防止杂菌的污染。发酵过程可以用 1 种菌，也可以用两种以上的菌作发酵剂，即将两种或两种以上的乳酸菌混合使用，称为混合发酵剂。其目的是利用菌种间的共生作用，使之在生长繁殖中相得益彰。生产传统的酸乳，多采用嗜热链球菌和德氏乳杆菌保加利亚亚种的混合发酵剂，也有加入辅助菌的，其产品可给予特殊的名称，如双歧杆菌酸乳等。

10.5.2.2　菌种的特性

（1）嗜热链球菌的特性

链球菌为革兰阳性菌，属微需氧菌群，过氧化氢阴性，属化能异养菌，能发酵乳糖生成乳酸。

①形态学特征。嗜热链球菌细胞呈卵圆形，直径 $0.7 \sim 0.9~\mu m$，成对或形成长链，无运动性，培养基和培养温度可影响其形态。

②生理学特性。球菌最适生长温度为 $40 \sim 45$℃，最低生长温度为 20℃，最高生长温度为 50℃，这些特点可以使其与乳链球菌区别开来。杀菌温度下并不能生长。嗜热链球菌对生长抑制物，特别是抗生素非常敏感，每毫升乳中有 0.01 IU 或 $5~\mu g$ 青霉素。

③发酵性。嗜热链球菌不发酵麦芽糖，这一点和乳链球菌不同。

（2）德氏乳杆菌保加利亚亚种的特性

德氏乳杆菌保加利亚亚种属于革兰阳性菌，微厌氧。能够发酵葡萄糖、果糖和乳糖，但是不能利用蔗糖。

①形态学特征。无运动性，两端钝圆，细杆状，单个或成链存在(嗜酸乳杆菌是细杆菌)，易变形。

②生理学特性。一般最适生长温度为40~43℃，最低生长温度为22℃，最高生长温度为52.5℃，在20~22℃不生长。

(3)共生的特性

在嗜热链球菌和德氏乳杆菌保加利亚亚种配合作用时，乳凝固时间比使用单一菌株时缩短了，只需2~3 h，这种现象称为共生。具体表现：培养初期，嗜热链球菌开始发育，随之除去了抑制德氏乳杆菌保加利亚亚种生长发育中来自过氧化氢的氧，使酸乳可产生具有芳香物质的丁二酮。在嗜热链球菌所产生的甲酸作用下，德氏乳杆菌保加利亚亚种稍迟发育，分解酪蛋白游离出的氨基酸又供给嗜热链球菌生长所需，并生成使酸乳具有特殊风味的乙醛。之后，若仍在44℃下长时间培养，由于杆菌产酸高，不利嗜热链球菌生长而使其受到抑制或死亡，杆菌的数量逐渐接近球菌。一般两种菌在1∶1的混合比例下可获得满意的酸度。但若有及时调节温度和控制培养时间，球菌与杆菌的比例会发生变化，以致影响酸乳的质量。

(4)双歧乳杆菌的特性

双歧乳杆菌为革兰阳性细菌，专性厌氧型，能发酵葡萄糖、果糖、乳糖和半乳糖。

①形态学特征。细胞形态不一，有棍棒状、"V"字状、勺状、弯曲状和球杆状等。

②生理学特性。最适培养温度为37℃，对营养要求比较复杂，培养基中含有水苏糖、棉籽糖、果糖、异构化乳糖、聚甘露糖和 N-乙酰-β-D-氨基葡萄糖苷中的一种或者几种混合，有助于双歧乳杆菌的生长，如果在培养基中加入维生素 C 和半胱氨酸能够促进其生长。

10.5.2.3　发酵剂的制备

发酵剂的制备分 3 个阶段，即乳酸菌纯培养物、母发酵剂和生产发酵剂。

(1)乳酸菌纯培养物

将乳酸菌主要接种在脱脂乳、乳清、肉汤等培养基中，使其繁殖，然后经冷冻干燥后作菌种保存。在制备发酵剂时，首先要将从菌种保存单位取来的纯培养物进行反复接种，以恢复其在保存和运输过程中损失的活力。其方法为在灭菌箱内用灭菌铂取少量纯培养物，置于已灭好菌的脱脂培养基中(即脱脂乳)，置于所需温度下进行培养。最初数小时慢慢地加以振荡，使菌种与脱脂乳混合均匀，然后静置培养直至凝固。凝固后，用灭菌吸管从底部吸取1~2 mL，在无菌条件下加入灭好菌的脱脂乳中进行培养、凝固。按上述方法反复移植数次，使菌种充分活化，即可用于调制母发酵剂。以维持菌种活力为保存目的时，只需将凝固后的菌管保存在0~5℃冰箱中，每隔2周移植一次即可。

(2)母发酵剂

生产及制备母发酵剂是生产发酵剂的基础，生产单位为了扩大菌种的数量，需将纯培养物进行扩大培养，即制成母发酵剂。其制法为：将100~300 mL 的脱脂乳装入已灭好菌的母发酵剂容器内，在120℃下15~30 min 高压灭菌，然后迅速冷却至25~30℃，最后用已灭菌的吸管吸取定量的纯培养物(母发酵剂的1%)进行接种并培养至凝固。如此反复接种 2~3 次，使菌种保持一定活力，然后用于调制生产发酵剂。

（3）生产发酵剂

生产发酵剂是用于实际生产的发酵剂，也叫工作发酵剂。在实际生产中，可根据实际生产的需要，将母发酵剂扩大培养而制备生产发酵剂。一般的调制方法是取乳酸饮料生产量 1%~2% 的脱脂乳，装入已灭菌的生产发酵剂容器中，90℃ 下经 30~60 min 杀菌并冷却至 25℃ 左右，然后以无菌操作添加母发酵剂（接种量为 1%），充分搅拌均匀，最后在适当的温度下进行发酵，达到适当的酸度时取出冷藏于冰箱中待用。

10.5.2.4　发酵剂的质量鉴定

发酵剂是酸乳制造过程中的重要原料。发酵剂质量的好坏直接影响产品的质量。因此，发酵剂在使用前应进行质量评定。

（1）感官指标

良好的发酵剂应凝固均匀，组织细腻、致密，有一定弹性，乳清析出少，具有一定酸味和芳香味，无异味，无气泡。

（2）化学指标

主要检查酸度，酸度用吉尔涅尔度（°T）或乳酸度（%）表示，以 0.8%~1.0%（乳酸度）为宜，测定挥发酸用 NaOH 滴定法。

（3）细胞检查

测定总菌数时，测定乳酸菌等特定菌群数。

（4）发酵剂活力测定

利用乳酸菌繁殖产生酸和色素还原等现象来评定。

10.5.3　酸乳的发酵机理

酸乳的发酵是利用乳糖在乳酸菌的作用下转化成乳酸，随着乳酸的形成，溶液的 pH 值逐渐达到酪蛋白（乳中蛋白质的其中一种）的等电点（pH 值为 4.6~4.7），使酪蛋白聚集沉降，从而形成半固体状态的凝胶体物质。发酵过程中会产生多种挥发性芳香类化合物赋予酸乳特有的风味，例如，乳酸丁二酮链球菌发酵柠檬酸产生具有特殊芳香气味的丁二酮；嗜热链球菌和保加利亚乳杆菌共同作用产生乙醛、双乙酰和乙偶姻等风味物质。

10.5.4　酸乳的生产工艺

酸乳品种因使用的原料和发酵剂的微生物种类不同而异。但是其生产工艺流程基本相似。一般是将活化好的菌种（生产发酵剂）按一定的比例加入杀过菌的乳中，经发酵后制成酸乳。

酸乳生产工艺流程（图 10-5）如下：

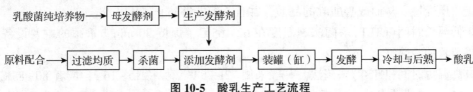

图 10-5　酸乳生产工艺流程

(1)牛乳的净化

原料乳应选取健康牛的新鲜优质牛奶,酸度在 $16\sim18°T$(即 pH≥6.5,不得超过7.0),酸度是反映牛乳新鲜度和稳定性的指标,酸度高的牛乳,新鲜度低。牛乳酸度分自然酸度和发酵酸度,自然酸度也称固有酸度。自然酸度主要来源于乳中的白质、柠檬酸盐、磷酸盐和二氧化碳等酸性物质。新鲜牛乳的自然酸度为 $16\sim18°T$,其中来源于蛋白质的为 $3\sim4°T$,杂菌数不高于 5×10^5 个/mL,总干物质含量不低于11%。不得含有抗菌素或防腐剂、消毒剂及其他有害微生物。牛乳首先要用离心机处理,目的是除去牛乳中肉眼可见的异物。

(2)牛乳脂肪含量的标准化

牛乳脂肪含量可按以下两种方法进行标准化处理,即使用分离机将稀奶油从全脂乳中分离出来。

①在主罐内调整牛乳的脂肪含量。这种标准化调整是将全脂乳加入脱脂剂,或于脱脂乳中加入全脂乳(或稀奶油)。

②牛乳脂肪含量的直接标准化。直接标准化是去除过多的稀奶油或将脱脂乳与稀奶油混合,调制乳中含脂肪 3.5% 左右。

(3)配料

牛乳中的干物质含量低会使酸牛乳凝固不坚实,乳清析出多,影响凝固性。以脂肪含量 3.5% 左右,非脂乳固体含量 8.7% 左右,蛋白质含量为 3.3%~3.8% 的牛乳为佳。所以为了加强非脂乳固体含量会添加脱脂奶粉,这样有利于酸牛乳的形体、黏度、乳清分离状态的改善及增加其强度,添加量一般为 1%~3%,以低热处理的脱脂奶粉效果为佳。

鲜牛乳中还需添加 5%~10% 的糖,在高温下边加边搅拌,使溶解更快。

(4)浓缩

浓缩的目的是增加固形物含量,有的厂家在原料乳中添加奶粉也可代替浓缩。但从最终产品的硬度和风味看,浓缩比添加奶粉好。浓缩的方法有下列几种:①减压浓缩;②反渗透法浓缩;③超滤法浓缩。后两种浓缩方法都是在低温下进行的。

(5)均质

均质是以机械方法使乳脂肪球充分分散的操作过程,原料乳经过均质具有以下优点:①防止形成稀奶油线;②提高硬度和黏度;③产品较白,风味温和;④提高消化性。均质需与乳的加热同时进行,否则会引起脂肪分解。温度为 $55\sim70℃$,均质压力为 $15\sim20$ MPa。

(6)杀菌

所谓杀菌是指通过加热来杀灭牛乳中的所有病原菌,抑制其他微生物的生长繁殖,并且不破坏牛乳的风味和营养价值的加热处理方法。杀菌能够促进乳酸菌的发育,热处理能够使蛋白质变性,从而改善酸乳的品质,并且杀菌能够防止乳清析出。

①低温长时间(LTLT)杀菌法。温度在 $62\sim65℃$,保持 30 min。杀菌的主要设备为带有搅拌装置的冷热缸。

②高温短时间(HTST)杀菌法。一般采用 $72\sim75℃$,保持 $15\sim16$ s;或者 $80\sim85℃$,保持 $10\sim15$ s。杀菌设备主要为板式杀菌器。

③高温保持灭菌法。

a. 间歇灭菌。将牛乳在 75~77℃下预热、均质后，装瓶、封盖，移入高压釜，通入蒸汽，在 100~120℃下加热 30 min。

b. 连续灭菌。用预热塔将牛乳预热至 60~75℃，然后在加热塔内短时间达到灭菌温度，灭菌后经冷却而后进入发酵罐内。

④超高温瞬时（UHT）灭菌法。加热灭菌条件为 130~150℃，0.5~15 s，可以使牛乳的物理化学降低到最低程度。UHT 灭菌后的牛乳必须用玻璃瓶或纸容器进行无菌包装。

（7）接种

①接种量。酸乳所采用的接种量有最低、最高和最适 3 种。

最低接种量的接种比例为 0.5%~1.0%，在此接种量时乳酸杆菌得不到足够的生长；如果按最高接种量的 5.0%接种，也不利于菌种的生长，因为所需的营养类物质的量会限制菌种的生长；最适接种量为 2.0%，100°T 时接种量在 1.0%~4.0%的范围内最佳。

②接种方法。接种之前，将发酵剂进行充分搅拌，为了使菌体从凝乳块中游离分散出来，搅拌到使凝乳完全破坏的程度，原料乳加以稀释或用少量灭菌水进行稀释。发酵时是在密闭系统中用特殊装置以机械方式自行添加发酵剂的。按规定的比例将这种发酵剂撒入罐中扩大培养。接种之后，也要充分搅拌，使菌体与牛乳充分均匀混合。

（8）罐装

接种后经充分搅拌的牛乳要立即连续地罐装到销售用的小容器中，这道工序也称为充填。主要方法有两种：①瓶、杯罐装；②机械罐装。

（9）发酵

罐装后的发酵应在特设的发酵室内进行保温、加热、调控。

嗜热链球菌的最适生长温度稍低于德氏乳杆菌保加利亚亚种的最适温度，发酵的温度一般采用 41~42℃，在温度控制不易掌握时，也可控制在 40~43℃。全部发酵时间一般 3 h 左右，长者可达 5~6 h。若低于该温度，酸乳中嗜热链球菌比德氏乳杆菌保加利亚亚种发育旺盛，酸味不足，风味较差，如果高于这个温度德氏乳杆菌保加利亚亚种比嗜热链球菌发育旺盛，乳酸的比例增大，出现刺激性较强的酸味，达到规定的酸度时间较短，香味成分又不足。

由于发酵终点的时间范围较窄，所以如果发酵终点过早确定，则酸乳组织软嫩，风味差；如果发酵终点过晚确定，则导致酸度高，乳清析出过多，风味差。发酵终点判定方法：抽样测定酸乳的酸度，每隔 0.5 h 抽查滴定酸度，一般而言，酸度达 65~70°T 时即可终止发酵。

（10）冷却

冷却的目的是迅速而有效地抑制酸乳中乳酸菌的生长，降低酶的活性，防止产酸过度，降低脂肪上浮和乳清析出的速度，延长酸乳保存期限。

冷却的方法有直接冷却和预冷却两种。直接冷却法是将保温室转为冷却室进行冷藏后熟。预冷却也称二段培养法，生产中一般采用预冷却，即高温下（42~43℃）培养到 pH 值降低到 5.2~5.3 时，温度降至 35~38℃继续培养，一直到 pH 值降到 4.7 左右，即必须进行冷却的下限值。轻拿轻放，防止振动。

（11）冷藏与后熟

终止发酵后，冷却可与冷藏相结合，冷藏室在0℃左右下进行，时间12~20 h。这段时间，当酸度不再增加后，可促进香味物质形成，酸乳的硬度也有很大改善，使质量稳定性大为提高，因此，这段时间又称为后熟期。

10.5.5　酸乳的成品质量

酸乳的质量可从感官、理化、微生物3个方面进行评定。应符合《食品安全国家标准 发酵乳》(GB 19302—2010)国家标准。

（1）酸乳的感官指标

色泽均一致，呈乳白色或稍带微黄色。具有纯乳酸发酵剂制成的酸乳特有的滋味和气味。无乙醇发酵味、霉味和其他外来的不良气味。

在组织状态上，凝块均匀细腻，无气泡，允许有少量乳清析出。

（2）酸乳的理化指标

符合《食品安全国家标准 发酵乳》(GB 19302—2010)标准值。脂肪≥3.00%；砂糖≥5.00%；全乳固体值≥11.50%；酸度≥70.00°T。

（3）酸乳的微生物指标

酸乳中微生物指标应符合《食品安全国家标准 发酵乳》(GB 19302—2010)国家标准中对于微生物限量的规定。

10.5.6　酸乳生产中的异常现象及防止方法

在酸乳生产中易产生如下质量缺陷，需在原料和工艺条件上加以注意。

（1）乳清析出

因贮藏温度过高或时间较久，使蛋白质的水合能力降低，形成的凝乳疏松而碎裂，使乳清析出。另外一个原因是牛乳中盐类不平衡。

（2）凝块不良、发软

发酵时间不够或使用了发酵能力衰退的发酵剂，产酸低(小于50°T)，就会引起凝固不良。此外，乳中固体物的不足、发酵停止、搬运过程中的剧烈震动等也是造成凝固不良的原因。

（3）发酵时间长

这可能是使用的发酵剂不良，产酸弱，乳中酸度不足，发酵温度过低或发酵剂用量过少的缘故。

（4）口感、滋味及气味

不良原料乳、发酵剂的污染以及工艺流程不卫生会使酸乳凝固时出现海绵状气孔和乳清分离现象，口感不良，有异味。

总之，世界传统发酵食品总体工业化程度不高，目前只有酱油、醋、酸乳、干酪等产品实现了高度工业化，还有很大一部分传统发酵食品加工手段比较原始或工业化程度较低如腐乳、豆豉、Kenkey等。因此必须提高传统发酵食品工业化水平，满足人们的需要。可喜的是，当前世界各国都注重传统发酵食品的发展，日本纳豆早已实现规模化生产；南非的 Mageu 也实现了工业化。此外，人们对发酵过程的生化背景知识缺乏，导致许多传统发酵食品存在安全性问题。因此今后要进一步了解传统发酵食品的微生物和生化背景，明确传统发酵食品的营养价值和功能性，运用现代科技手段保证其安全性，为人们提供既营养美味，又安全可靠的发酵食品。随着科技的进步和人们认识的提高，传统发酵食品越来越受到人们的青睐，未来的发酵食品更朝向功能化发展，传统发酵食品的市场必将更加广阔。

复习思考题

1. 试通过某一产品的生产实例论述微生物的应用情况。
2. 简述食醋酿制过程中参与的微生物类群及其生化作用。
3. 简述凝固型酸乳生产过程中发酵终点的判断标准。
4. 简述凝固型酸乳发酵剂的制备过程。
5. 简述食醋酿制过程中的生化作用。

第 11 章

微生物与酶制剂

【本章提要】介绍了微生物酶的特点、微生物酶的种类、微生物细胞胞外酶的分泌、微生物酶的应用、产酶菌种的筛选、优良产酶菌种的标准、固定化酶技术，一般发酵生产方法以及酶制剂的应用。

11.1 微生物酶概述

酶(enzyme)是由活细胞产生的具有催化功能的生物大分子，能够在生命体内(包括动物、植物和微生物)催化一切化学反应，维持生命特征。现代酶工艺的历史可追溯到 1833 年，Payen 和 Persoz 描述了从大麦的麦芽中分离淀粉酶的过程，并将其应用于棉布退浆。1874 年，丹麦人汉森用盐溶液从牛胃中抽提凝乳酶生产奶酪。1894 年，日本人高峰让吉利用米曲霉生产商品酶制剂——高峰淀粉酶作为消化药物，开创了微生物酶制剂的工业化生产。1917 年，Biodin 和 Effron 利用枯草芽孢杆菌生产 α-淀粉酶，取代麦芽浸出液用作淀粉退浆剂。1949 年开始用深层培养法进行细菌 α-淀粉酶的生产，使酶制剂的生产和应用进入规模工业化阶段。从此，蛋白酶、果胶酶、转化酶等相继投入市场。20 世纪 60 年代初日本利用淀粉酶和糖化酶糖化淀粉，确立了酶法制造葡萄糖，促进了淀粉糖工业的发展。20 世纪 70 年代利用葡萄糖异构酶将葡萄糖转化为果糖，为开辟新的糖源找到了一条切实可行的途径。20 世纪 80 年代迅速发展的固定化酶和固定化细胞，被称为第二代酶制剂，它使酶的使用效率有了进一步的提高。近年来，酶的定向固定化技术可使酶蛋白能够以有序的方式附着在载体的表面，使酶活性的损失降低到最小程度。目前此种技术已应用于生物芯片、生物传感器、生物反应器、临床诊断等研究中。酶不仅是重要的研究对象，也是重要的研究工具。DNA 重组技术的实现和发展，得益于限制性核酸内切酶、DNA 聚合酶和反转录酶的发现。通过该技术人们获得了许多天然酶基因，并在异源微生物受体中高效表达。另外，随着分子酶学(从分子水平研究酶结构，包括酶的动态结构，酶结构与功能关系的学科)、分子酶学工程(即运用对酶的分子水平的认识，进行酶分子定向进化、化学修饰，及核酶、抗体酶、模拟酶和分子印迹酶等构建新酶的技术应用)的建立和发展，微生物酶的研究和应用将会有更大的发展。

11.1.1　微生物酶的特点

几乎所有的生物，包括动物、植物和微生物的细胞中都含有各种各样的酶。最早人们多从动植物组织中提取酶，但现在工业上应用的酶，主要来源于微生物。为什么微生物酶具有特别意义呢？当然，这与酶本身的性质有关，更与微生物的特点分不开。

(1)微生物繁殖快、生活周期短、产量高

细菌的生长速度快，在合适的条件下只需 20~30 min，就可以分裂繁殖一代，使"体重"增加 1 倍，酵母细胞也只需 1~2 h 便可完成一个世代，动植物则不然，即使在人工饲养或栽培条件下，农作物或家畜、家禽至少也需要几天或几周才能使自己的体重增加 1 倍。

(2)微生物种类繁多，酶的品种齐全

现在已经确知的微生物，包括细菌、放线菌、真菌和噬菌体等超过 10 万种。这些微生物分布在地球空间的各个角落，从海洋深处到宇宙高空，从寒冷的冰川到炎热的赤道，各种环境条件下都有它们的踪迹；而且不同环境里的微生物往往具有迥然不同的代谢类型，分解利用不同的基质，这就为微生物酶的品种多样性提供了物质基础。以大肠埃希菌为例，据估计大肠埃希菌细胞约含有 2000 种不同的酶，而且只要在适宜的环境条件下，它所拥有的遗传潜力就能使之合成更多的酶。可以说，一切动植物细胞中存在的酶几乎都能够从微生物细胞中找到。

微生物具有很强的适应性和受外界作用而发生变异的能力。因此，通过适应、诱导或诱变育种以及基因工程等手段还可以培育出更多新的产酶菌种。

(3)产酶稳定性好，工业生产效益高

微生物的培养方法简单易行，产酶稳定，且生产规模可大可小，生产条件便于控制，采用工业化生产不受地理环境和气候条件限制，所用原料多为农副产品，来源丰富，成本低廉。

11.1.2　微生物酶的种类

绝大多数的酶以其底物命名(加词尾 ase)，如催化水解精氨酸(arginine)或尿素(urea)的酶分别称为精氨酸酶(arginase)或脲酶(urease)；某些酶根据底物和所催化的反应性质来命名，如乳酸脱氢酶，是根据它催化乳酸分子的脱氢反应；某些酶则用它的来源物命名，如枯草杆菌蛋白酶、碱性磷酸酯酶。这类命名都是习惯命名，或称常用名，它比较简单，但缺乏系统性，有时会出现一酶数名或一名多酶的混乱现象。

1972 年，国际生物化学学会酶学委员会提出了酶的系统命名和分类规则，同时开列了当时知道的所有酶的完整目录。这个新系统根据酶所催化的反应类型把酶分成六大类，再根据更具体的作用方式和性质进一步分成亚类、亚亚类。这六大类酶分别是氧化还原酶、转移酶、水解酶、裂合酶、异构酶和连接酶。具体到微生物来源的酶类，还需做胞内或胞外的区分。培养时存在于细胞内的酶称为胞内酶，分泌于细胞外的称胞外酶。严格地说，胞外酶是指可以穿过质膜的任何酶。胞外酶的优点明显，如它比胞内酶易回收、易纯化，特别是不必将细胞破碎，也不用去除核酸；另外，容易获得高产量，因为胞外酶不受可获得的细胞个数总数的限制，所以工业上较多应用微生物的胞外酶。

根据酶的存在与底物的关系，还可将细胞生成的酶分为组成酶和诱导酶。组成酶的合成速率是恒定的，与环境中作用底物的存在与否无关；反之，只有环境中存在作用底物才有诱导酶的大量合成。

有几种胞外酶是组成酶，包括工业上重要的液化芽孢杆菌与地衣芽孢杆菌生产的淀粉酶与蛋白酶。不过，酶合成可诱导的情况更为普遍。在作用底物不存在时，诱导酶以低基础速率进行合成，当培养基中存在作用底物或其衍生物时，其合成速率激增。合成以此增大的速率继续下去，直至诱导剂用完，又回到基础速率。可诱导的胞外酶合成的基础速率各不相同。基础速率很低的酶，在诱导状态下其合成速率可提高几千倍，而原来基础速率较高的酶，可以当作部分组成酶，它们在诱导时合成速率可提高 2~3 倍。

近些年，科学家为获得更高效、更易贮存和不易失活的酶，在对生物体系的结构和功能的研究基础上，陆续合成了许多非微生物产的人工酶，如核酶、抗体酶、模拟酶、分子印迹酶、纳米酶等，用于实际的生产。这些人工酶的出现为酶工程的研究和发展提供了更为广阔的空间。

11.1.3 微生物胞外酶的分泌

由于微生物分泌胞外酶的普遍性及其在工业上的重要意义，需要对胞外酶的合成及分泌机制有一定了解。胞外酶的合成通常依照两种模式进行：一是合成及分泌与细胞的生长同步，随着细胞进入静止期，其合成与分泌也减少；二是在对数生长期可能只是最低限度的酶合成速率，酶在静止期却大量积聚。以上两者只是极端的例子，有些情况是两者的结合。而且酶的生成可能依赖于生长条件，如巨大芽孢杆菌的中性蛋白酶的合成需要最低必需培养基，且出现在使用复合氮源的静止期。

胞外酶合成的这些模式对商品酶的生产有相当大的重要性。如果一种蛋白质只在静止期合成，可以加料到在恒化器(chemostat)中，连续地把培养物维持在稳定的对数生长状态，即使能生产胞外酶，其产量也极低。然而，对那些在对数生长期分泌的酶，恒化器提供了理想的生长环境，而且很容易使胞外蛋白达到稳定的生产水平。

胞外酶的关键特征是被转运到膜外。所以中心问题是蛋白质的输出，细胞如何鉴别胞质蛋白质与那些注定要结合到膜中的蛋白，以及注定要穿过膜到其他部位的蛋白质。胞外酶的前体常常有一个延伸出 15~30 个氨基酸的氨基末端，称为信号肽(signal sequence)。在 N-端或靠近 N-端处有 2~3 个极性氨基酸，而在信号肽的中部都是一个唯一的疏水核心或者由很多的疏水氨基酸构成。信号肽在核糖体上一旦出现，就会引导核糖体到膜上去。按原始模型，信号肽与其他膜蛋白结合，在膜中形成一个孔眼或隧道。此孔眼或隧道通过附着在核糖体上而加以稳定。蛋白质一旦合成，通过已形成的孔眼被输出，称为同翻译分泌(cotranslational secretion)的过程。只要该蛋白质的部分或全部被输出，信号肽就被一种特异的蛋白酶(信号肽酶)除去。这就是信号肽假说，如图 11-1 所示。

信号肽没有严格专一性，因而可利用宿主细胞自身信号序列分泌外源蛋白。近年来，人们发现了很多有趣且实用的分泌信号，能较大地促进外源蛋白分泌，如 Uchida 等在编

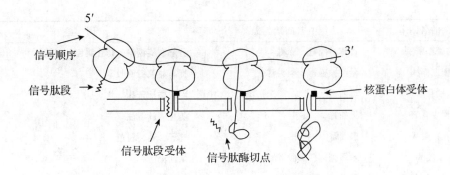

图 11-1　蛋白质穿过膜输出的信号假学说图解
（Blobel et al.，1979）

码 hGH 序列的下游，融合了杆菌的中性淀粉酶基因（*npr*），在 *E. coli* 中表达出具有高分泌活性的胞外酶。在研究外源蛋白的分泌过程中，人们发现信号肽也可以将任何附加的多肽转运进靶膜。例如，将信号肽加在珠蛋白的 N-端，就可使它不再留在胞液中，而是穿过膜而分泌到胞外。另外，还可以通过改变信号肽的疏水性来提高分泌作用，还能利用有高促进作用的信号序列或增强分泌作用的增强子，以促进外源蛋白在微生物中大量分泌。

如图 11-1 所示，信号顺序被翻译成信号肽，信号肽段在膜上可识别一个或多个受体蛋白并与之结合而形成一个孔眼。同样，核蛋白体也与其受体蛋白相结合。新生的多肽链即通过此孔眼转移，信号顺序则被信号肽酶的蛋白质内切水解作用除去。在与翻译同时的转运完成时，受体蛋白即可自由扩散入膜平面。

11.1.4　微生物酶的应用

现代生物科学的发展建立在现代生物工程技术与现代分析手段相结合的基础上。随着分子生物学技术、X 射线衍射及高分辨率电子显微镜等手段的应用，对酶特别是微生物酶的合成、调控的认识已深入到分子水平，为酶在农业生产、食品工业、医疗保健、化学分析、能源开发、环境保护、分子生物技术研究等方面的应用提供了前提和基础；并随着酶的分离纯化技术的进步，使得酶制剂的生产成为各国经济中不可或缺的部分，表 11-1 列出了部分酶、产酶微生物及其主要用途。

表 11-1　微生物酶的应用概况

酶的名称	产酶微生物	用　途
α-淀粉酶	枯草芽孢杆菌、米曲霉、黑曲霉	织物退浆，发酵工业淀粉液化，消化剂
β-淀粉酶	巨大芽孢杆菌、多黏芽孢杆菌	制造麦芽糖
糖化酶	根霉、黑曲霉、红曲霉、内孢霉	制造葡萄糖，发酵、酿造工业的糖化剂
异淀粉酶	假单孢杆菌、气杆菌属	制造麦芽糖、直链淀粉
纤维素酶	绿色木霉、曲霉	消化植物细胞壁，饲料添加剂
半纤维素酶	曲霉、根霉	消化植物细胞壁，饲料添加剂
转化酶	啤酒酵母、假丝酵母	制造转化糖

（续）

酶的名称	产酶微生物	用　途
右旋糖酐酶	青霉、曲霉、赤霉	分解右旋糖酐，防止龋齿，制糖
蜜二糖酶	紫红被孢霉、梨头霉	提高甜菜糖回收率
柚苷酶	黑曲霉	除去橘汁苦味
橙皮苷酶	黑曲霉	防止橘汁混浊
花青素酶	黑曲霉	桃子、葡萄脱色
果胶酶	木质壳霉、黑曲霉	果汁澄清
β-半乳糖苷酶	曲霉、大肠埃希菌	分解乳糖
放线菌蛋白酶	链霉菌	制革脱毛，食品加工
细菌蛋白酶	芽孢杆菌、链球菌	洗涤剂，皮革加工，丝绸脱胶，消化，消炎
霉菌蛋白酶	米曲霉、栖土曲霉	皮革、毛皮加工，食品加工，调味品制造
酸性蛋白酶	黑曲霉、根霉、青霉	毛皮软化，啤酒澄清，消化，消炎
凝乳酶	微小毛霉	制造干酪
链激酶	链球菌	清理创口，去血栓
脂肪酶	黑曲霉、根霉、酵母菌	消化，皮毛软化
核糖核酸酶	黑曲霉、枯草杆菌	试剂
磷酸二脂酶	橘青霉、米曲霉	试剂，降解核酸，制调味品，制药
核酸限制性内切酶	大肠埃希菌等	试剂（基因工程工具酶）
核酸连接酶	噬菌体感染的大肠埃希菌	试剂（基因工程工具酶）
过氧化氢酶	黑曲霉、青霉	去除过氧化氢
葡萄糖氧化酶	青霉、黑曲霉	食品去氧、除糖，测定葡萄糖
L(或D)氨基酸氧化酶	细菌	测定氨基酸
葡萄糖异构酶	放线菌、细菌	制造果糖
青霉素酶	蜡状芽孢杆菌、地衣芽孢杆菌	分解青霉素
青霉素酰化酶	细菌、霉菌、放线菌	制造6-氨基青霉烷酸
氨基酸酰化酶	霉菌、细菌	氨基酸旋光性分析
延胡索酸酶	乳酸短杆菌	由延胡索酸制苹果酸
天冬氨酸酶	大肠埃希菌、假单胞杆菌	由延胡索酸制天冬氨酸
色氨酸合成酶	细菌	生产色氨酸
天门冬酰胺酶	霉菌、细菌	治疗白血病
谷氨酸脱羧酶	大肠埃希菌	测定谷氨酸
胶原酶	细菌	治疗溃疡，分解胶原、消炎
胆碱酯酶	细菌	治疗皮肤病、支气管炎
β-葡萄糖苷酶	黑曲霉	生产人参皂苷 Rh2
α-甘露糖苷酶	链霉菌	制造高效链霉素
无色杆菌蛋白酶	细菌	由猪胰岛素转变为人胰岛素

（续）

酶的名称	产酶微生物	用　途
乳糖酶	真菌、酵母	水解乳清中的乳糖
溶菌酶	真菌、细菌	食品中抗菌
内酯酶	镰孢菌	生产 D-泛酸
核苷磷酸化酶	肠产气菌	生产腺嘌呤阿拉伯糖
纤维素酶	嗜碱菌	洗涤剂生产
DNA 聚合酶	嗜热菌	基因工程
过氧化物酶	嗜盐菌	卤化物合成
尿酸酶	黑曲霉	治疗高尿酸血症
透明质酸酶	细菌	促进药物扩散，消炎

11.2　微生物酶的主要来源

在过去的很长一段时间科学家通过筛选可以产生酶的微生物，并通过发酵生产来获得人类所需的酶，但是随着科学技术的发展，已有的酶种类非常有限，远远不能满足生物转化过程对于酶种类和数量日益增长的需求。人们正在发现更多、更好的新酶来满足不同的需要，并且伴随着人类基因组计划的巨大成果、基因组学和蛋白质组学的诞生和发展、生物信息学的兴起和发展以及 DNA 重组技术、细胞活噬菌体表面展示技术的发展，为新酶的发现提供了无限的机会。人类相继完成了人、水稻、昆虫、酵母、细菌等基因组的序列测定工作，获得了大量的基因组数据，这些基因组数据为利用生物信息学寻找新酶提供了许多便利的条件。基于基因组数据，利用计算机辅助方法使人们在很大程度上摆脱了对天然酶的依赖，可以快速从基因组数据库中寻找出所需的新酶，预期在不久的将来，众多新酶将会出现。因此，采用传统方法进行产酶的菌株的筛选结合新的筛选技术进行新酶的发现和筛选，成为目前酶研究领域的最活跃研究方向之一。

11.2.1　传统优良产酶菌种的筛选

为了利用微生物生产的某种酶，首先必须选择合适的微生物，然后采用适当的培养基和培养方式进行发酵，使微生物生长繁殖并合成大量的酶，将酶分离、提取和纯化，制成一定形式的制剂供使用。从大量的微生物中寻找到需要的产酶菌种，叫作菌种筛选。各种微生物都能产生多种酶，一种或一类酶往往可以由不同的微生物产生。但是，并不是所有能产酶的菌种都可以作为工业生产的菌种。一般认为优良的产酶菌种应具备以下特点：

①酶的产量高。这是最基本也是最重要的条件。只有高产菌种，才能获得大量的产物；同时希望产酶微生物生长繁殖快，这样有利于缩短生产周期。

②营养要求低。这是指所选的菌种对营养物质的需要不过于苛刻，最好是选择能够利用廉价的农副产品作为营养物的菌种，以利于降低成本和扩大原料来源。

③产酶性能要稳定。菌种不易发生变异或退化，保持稳产、高产。此外，易遭受噬菌

体侵袭的菌种也不宜选用。

④产生的酶便于分离，容易提纯，收得率高。

⑤不是致病菌，不产生毒素以及其他生理活性物质。致病微生物不宜作为生产菌种，特别不能作为食品工业用酶的生产菌种。应选择在亲缘关系或系统发育上与病原菌无关的微生物，以确保酶的生产与应用的安全。最好是经国家机构批准的、被认为安全的微生物。

传统产酶微生物一般从自然界中筛选得到，具体的筛选方法主要包括以下几个步骤：含菌样品的采集、菌种的分离纯化、产酶性能的测定等。如果酶对微生物细胞有价值的话，它们必然在微生物所在的直接环境中发挥作用。所以，要筛选产生某种酶的菌种，可以从富含该酶作用底物的场所采集含菌样品，这样获得产酶菌种的可能性较大。例如，分泌纤维素酶和半纤维素酶的微生物，普遍存在于森林的落叶和堆肥内；产生果胶酶的微生物则存在于腐败的水果和蔬菜中；原油降解菌则较多存在于被石油污染的土壤、活性污泥、含油废水中；干酪生产菌种，主要存在于传统乳制品之中，如奶疙瘩、奶酪和酸乳。

所采得的样品一般采用平板分离法。为了提高分离效率，更快地找到预想的产酶微生物，可以采取各种措施排除或淘汰不需要的部分。例如，如果目的是筛选细菌中的产酶菌种，就应该设法除去霉菌、放线菌或酵母菌微生物；相反，就应该除去细菌。加入孟加拉红或链霉素(30 U/mL)可抑制细菌的生长，加入制霉菌素(30~50 U/mL)可抑制各种霉菌的生长。

为了提高筛选效率，还应该把菌种的平板分离和产酶性能的测定结合起来，这在需要处理大量样品的初筛工作中尤为重要。对于筛选某些胞外酶的菌种，经常采用平板分离阶段定性或半定量测定菌株的产酶性能，这样可以在培养皿分离时就能大致了解各菌株的产酶情况。具体做法大致如下：将酶的底物与培养基混合在一起倒入培养皿制成平板，然后涂布含菌样品，如果长出菌落周围的底物发生变化即证明它能产酶。例如，筛选产蛋白酶菌种时，可将酪蛋白加到培养

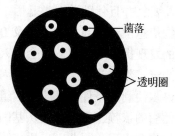

图 11-2　产酶菌株在底物平板上形成透明圈的情况

基中做成平板，涂布含菌样品后，如果长出的菌落其周围能形成一透明圈，即说明该菌种能分泌蛋白酶(能将酪蛋白分解)，不产酶的菌落周围则没有透明圈。产酶越多，形成透明圈越大，产酶越快，透明圈出现越早。根据透明圈的有无或大小，或出现的迟早，便可粗略估计出菌株是否产酶或产酶情况(图 11-2)。

表 11-2 列出了几种简单快速筛选胞外酶的方法。必须指出，平板分离的实际条件与生产条件不尽相同，有些菌株在平板上能形成较大酶解圈，但在生产条件下产酶能力并不高。因此，透明圈的大小一般仅作为菌株产酶的定性指标，还应结合酶活测定的方法分离产高酶活性菌株。例如，生淀粉糖化酶是能将不经过蒸煮糊化的生淀粉颗粒直接水解成葡萄糖的酶类，它可以将淀粉传统工艺中的糊化、液化和糖化合并为一步直接进行糖化，所以具有良好的节能前景。罗军侠等(2008)利用淀粉水解透明圈的大小结合 DNS 比色法测定其水解产物中还原糖的量，确定粗酶液中生淀粉糖化酶的酶活，从而筛选得到一株能够

表 11-2　测试胞外酶和细胞结合酶的培养基

酶		底物	试剂	说　明
多糖酶	淀粉酶	淀粉	碘溶液	与着色的本底相比，呈现透明(α-淀粉酶)
		糖原	—	或红色(β-淀粉酶)圈
	α-淀粉酶	淀粉天青	—	淡蓝色晕环
	纤维素酶	纤维素天青	—	淡蓝色晕环
		滤纸	—	滤纸降解
	几丁质糖酶	几丁质	—	在不溶性几丁质中呈现透明圈
	α-葡萄糖苷酶	p-硝基苯酚-α-D 葡萄糖苷	—	黄色菌落和黄色圈
	α-葡聚糖酶	1,3-α 和(或)1,6-α 葡聚糖	—	在不溶性葡取糖中呈现圈
	1,3-β 葡聚糖酶	茯苓聚糖	苯胺蓝	底物与试剂形成复合物，产生浅蓝色圈
	1,6-β 葡聚糖酶	石脐素	乙醇	在沉淀的底物中呈现透明圈
	果胶裂解酶	苹果果胶或多聚半乳糖醛酸	溴化十六甲基胺	在沉淀的底物中呈现透明圈
	支链淀粉酶	支链淀粉	乙醇或丙酮	16 h 后在底物中出现透明圈
	木聚糖酶	木聚糖	乙醇	16 h 后在沉淀的底物中出现透明圈
	细胞壁溶解酶	纯化的细胞壁		透明圈
	蛋白酶	脱脂乳		透明圈
		明胶	饱和硫酸胺	在沉淀的底物中呈现透明圈
		皮粉天青		淡蓝色水解圈
核酸酶	脱氧核糖核酸酶	DNA	盐酸	沉淀的 DNA 中呈现透明圈
		DNA	甲基绿	甲基绿与培养基一起高压灭菌，在菌落周围呈现粉红色圈
	核糖核酸酶	RNA	盐酸	与 DNA 相同
		RNA	吖啶橙	紫外线照射下观察，在荧光绿的背景中有了深色圈
	脂肪酶	吐温	—	培养基中含有吐温，混浊的晕圈表示有解脂性
	青霉素酶（β-内酰胺酶）	青霉素	聚乙烯醇/碘溶液	培养基中的聚乙烯醇与碘反应变成蓝黑色，内酰胺酶催化反应所产生的青霉素酸可去除蓝色

产耐酸生淀粉糖化酶的菌株 *Aspergillus fumigates* MS-09，该菌产生的生淀粉糖化酶在 pH 值为 3.6 的条件下对生玉米淀粉有较好的分解作用。

产生胞内酶的菌种，难以在平板上直接测定其产酶性能，只能将样品及分离菌种逐个进行摇瓶试验和分别测定产酶情况。富集法经常被用于寻找胞内酶的生产菌种。所谓富集法就是对具有理想性能的微生物提供有利其生长的条件，使其在培养物中的相对数量增加。可在一个密闭系统中通过连续分批培养来达到。例如，在培养基中以淀粉作为唯一的或主要的碳源，那些在所采用的条件下最适于淀粉代谢的微生物最终将占优势，并可在淀粉琼脂平板上检测产生淀粉酶的菌株。通过连续培养，可达到严格选择菌株和富集的目的。实际筛选中，经常使用恒化器连续培养微生物。但通过恒化器很难筛选到将酶分泌到培养液中的微生物。这是因为将酶分泌到培养液中的微生物，对于培养罐中所有微生物都有益处，唯独没有为它自己带来竞争上的好处。

11.2.2　从微生物菌种保藏库中筛选酶

保藏在各个菌种库中的标准菌种，可以作为筛选微生物产酶的出发菌株。各类菌种保藏机构收藏的菌种是国家宝贵的财富，筛选产酶菌种(包括其他菌种)时，应充分利用已有的资源。广泛收集各种科学研究单位、学校、工厂保藏的菌种进行筛选，如中国微生物菌种保藏委员会(CCCCM)、中国典型培养物保藏中心(CCTCC)、中国农业微生物菌种保藏管理中心(ACCC)、美国典型菌种保藏中心(ATCC)、荷兰微生物菌种保藏中心(CRS)及日本技术评价研究所生物资源中心(NBRC)等，不仅可节约大量的人力和物力，而且如果能根据前人的资料和经验，了解产酶微生物的类别，然后有目的地寻找、收集有关菌种或相近种类的微生物，可达到事半功倍的效果。从保藏的菌种中筛选产酶菌株，可省去平板分离这一步，直接进行摇瓶培养和产酶性能的测定以及复筛等。

11.2.3　极端微生物中发掘新的酶

极端微生物是指生活在非常规条件下的微生物，包括很多古细菌。按照其耐受的物理或化学条件的不同，极端微生物可以分为以下几种：嗜冷菌、嗜热菌、嗜盐菌、嗜碱菌、嗜酸菌、嗜压菌等。与普通微生物相比，极端微生物具有不同遗传背景和代谢途径，在其体内存在有适应环境的酶类。因此，极端微生物可作为新型酶的资源。最近几十年来，对极端微生物的基础研究和应用领域取得极大的发展，极端微生物种类和一些极端酶的应用实例见表 11-3。

表 11-3　极端微生物的种类和一些酶的应用实例

极端微生物类型	酶	应　用
嗜热微生物	蛋白酶	洗涤剂，食品和饲料的水解
	糖基水解酶	酿造，烘焙
	几丁质酶	分解甲壳素，生产甲壳素改性食品和保健品
	木聚糖酶	饲料添加
	DNA 聚合酶	分子生物学(聚合酶链式反应)
嗜冷微生物	蛋白酶	洗涤剂，食品应用(乳制品加工)
	纤维素酶	洗涤剂，饲料和纺织品
	脱氢酶	生物传感器
	脂肪酶	洗涤剂、食品和医药

（续）

极端微生物类型	酶	应　用
嗜盐微生物	蛋白酶	肽合成
	脱氢酶	有机介质中的生物合成
碱性微生物	蛋白酶	洗涤剂和食品加工
	淀粉酶	淀粉分解
酸性微生物	纤维素酶	饲料添加
	氧化酶	煤脱硫
耐压微生物	蛋白酶	高压食品加工

11.2.4　宏基因组学方法发掘新酶

微生物酶筛选的常规传统方法是利用微生物的分离纯化获得具有生物活性的酶。该方法是行之有效的，采用此方法科学家找到了许多酶。但是，该方法最大的局限性就是重复发现率高，工作量巨大，研究进展缓慢。另外，也可以采用克隆的方法构建基因工程菌用于新酶的工业生产，还可以利用聚合酶链式反应（PCR）技术可以从环境样本中直接提取DNA，随后克隆到适当的基因载体上，构建复杂的基因组文库，再使用 DNA 探针进行DNA-DNA 杂交或者 PCR 筛选新酶基因，现已经成功地从超级基因文库中筛选到甲壳质酶、淀粉酶、核酸酶、脂酶/酯酶、蛋白酶、加氧酶等。目前，随着基因组学的发展，宏基因组技术的出现，使得不依赖于培养，直接从自然环境中寻找特定功能或序列的基因成为可能。具体方法包括：直接提取特定环境中的总 DNA，克隆到可培养的宿主细胞中，从所获得的重组克隆子中筛选活性物质及相关的基因，该方法显示了其在发掘和利用那些无法培养的微生物的基因资源，为筛选新的活性物质提供了可能。

宏基因组文库的构建沿用了分子克隆的基本原理和技术方法，并根据具体的环境样品的特点及建库的目的而采用了一些特殊的步骤和策略。

（1）土壤和水样品总 DNA 的提取

获得高质量土壤样品中的 DNA 是宏基因组文库构建的关键步骤。既要尽可能完全抽提出样品中的 DNA，又要保持其较大的片段以期获得完整的目的基因或基因簇，且土壤中的腐殖酸类物质因其抑制分子克隆操作过程中的多种酶活性，需尽量除去。可采取原位裂解法和异位裂解法进行样品中 DNA 的提取。

（2）选择适合的载体

适合载体的选择是促进宏基因组在重组克隆分子中表达量提高的首要因素。载体的选择原则是要有利于目的基因的扩增、表达及在筛选活性物质时表达量的调控，并且还应考虑载体的类型和容量，依据具体的情况选择克隆载体、表达载体或是穿梭载体。

（3）宿主选择

宿主的选择主要考虑转化效率、宏基因组的表达、重组载体在宿主细胞中的稳定性以及目标性状的筛选等因素。目前主要采用大肠埃希菌作为宿主，可以用穿梭黏粒或 BAC载体将构建与大肠埃希菌的文库转入其他宿主，如链霉菌或假单胞菌。除了细菌外，也可以选择真菌生物作为载体。另外，还可以对一些菌株进行遗传改造以提高筛选的效率。

（4）目的基因的筛选

目的基因的传统筛选包括序列分析和功能分析两种方法。对于小片段一般使用序列分析；而大片段的 DNA 文库的基因筛选则选用功能分析。一般情况下，空间序列是自然存在的，因此，只要采取正确的方法即可以进行序列分析。另外，也可以对宏基因组克隆测序，无论是全部或随机都是发现新的酶基因的有效方法。而对于功能分析而言，需要首先获得目的克隆，之后通过序列和生化分析对其进行表征。该方法能够简便快速鉴定出全新且有开发潜力的生物活性物质，在医药、农业及工业生产中都能发挥重要的作用。基于代谢基因的表达是在代谢底物或者代谢酶的诱导下发生，同时受到一定的调控机制控制。由此，近几年科学家提出了采取的策略，在底物存在时表达代谢特征，而当底物不存在时则不表达该代谢基因。目前，该底物诱导基因表达筛选的方法被用于复杂土壤微生物群落的文库筛选工作。

此外，利用生物信息学通过对公开的或专利性的基因组数据库、蛋白质数据库进行计算机分子模拟，也可能鉴别出令人感兴趣的酶基因。还能在已知酶基因的基础上，对该酶基因序列进行有目的的改造、部分基因序列的定位诱变、剪切和编辑，从而获得具有不同功能的新酶。

11.3 固定化酶技术

11.3.1 固定化酶的发展

为了充分利用酶的催化活性，克服游离酶在应用时的局限性，人们尝试对酶进行人工修饰，设法有效地利用酶固有的特性，以满足应用需要。其办法之一就是使酶在水中呈不溶状态且仍具有催化活性，这就是固定化酶的研究。

酶在水中呈不溶状时仍具有催化活性的现象是美国的 Nelson 和 Griffin 在 1916 年发现的。最早报道的实例是将转化酶吸附在活性炭粉上仍显示出酶的活性。而有效地进行酶固定化研究的是德国科学家 Grubhofer 和 Schleith(1953)，他们利用重氮化法，将羧肽酶、淀粉酶、胃蛋白酶、核糖核酸酶等共价结合到聚氨基聚苯乙烯树酯上。20 世纪 60 年代后期，固定化酶技术得到迅速发展。用于大规模工业化生产的固定化酶种类不断增加，如固定化青霉素酰化酶生产 6-氨基青霉烷酸、固定化氨基酰化酶生产氨基酸等。

固定化微生物是在固定化酶的基础上发展而来的。从工业上使用的微生物来源的酶类，一般需要通过某种方法将酶从胞内抽提分离出来，而这样分离出来的酶一般是不稳定的。另外，用发酵法可以制造许多有用物质，而这种场合往往是由许多有关反应来共同分段完成的。因此为了省去从微生物中提取酶的麻烦而直接利用微生物的复合酶系，常将微生物本身直接加以固定化，这就是固定化微生物。

到了 20 世纪 70 年代后期，不仅酶和微生物的固定化研究在发展，而且有关植物细胞、动物细胞或细胞器的固定化研究也开展起来了。这样的固定化生物催化剂的研究还发展到多酶体系的固定化，以及带有 ATP、NAD(P)这一类辅酶的复合酶反应系的固定化。此外，让固定化微生物在固定化载体中增殖，长期稳定使用的所谓固定化增殖微生物的研究也已推进到工业化阶段。目前，已经有多种固定化细胞系统，其中采用葡萄糖异构酶连续生产高果糖浆，已成为固定化系统的重要领域。另外，固定化酶(细胞)反应器种类和应用范围也逐步扩展，从常用的填充床式反应器、恒流搅拌罐到流化床式反应器和空心纤维反应器，可以根据所用的细胞类型、固定化方法、基质和产品的理化性质，选择适合的载体和反应器。

11.3.2　微生物酶及微生物细胞的固定化方法

酶或微生物的固定化方法很多，一般可分为吸附法、包埋法、共价结合法、交联法、无载体固定化及不同固定化方法的联用等。以下仅对各方法进行简单介绍。

(1)吸附法

吸附法是通过氢键、疏水作用、离子键等物理作用，将酶固定于水不溶载体表面，是最简单的一种固定化方法。根据吸附作用力的差异可分为物理吸附法和离子交换吸附法。物理吸附具有酶活性中心不易被破坏和高级结构变化少的优点，但是也有酶与载体相互作用力弱、酶易脱落等缺点。

(2)包埋法

包埋法是将酶分子截留在具有网状结构载体中的一种固定化方法。包埋法与其他方法不同，在本质上它和酶蛋白本身不发生结合反应，因此有可能应用于许多酶或微生物的固定化，但在发生化学聚合反应的场合，酶有可能失活。通常分为凝胶包埋法、纤维包埋法、辐射包埋法及半透膜包埋法等。

(3)共价结合法

共价结合法是通过酶分子表面的功能基团与载体表面的功能基团发生化学反应形成共价键的一种固定化方法，是目前利用率最高的一种固定化方法。共价结合法需要酶分子和载体分子提供活性基团参与共价键的形成，因而酶分子的反应基团和载体的选择对于固定化方法的选择有决定性作用。

(4)交联法

利用双功能试剂或多功能试剂在酶分子间、酶分子与惰性蛋白间或酶分子与载体间进行交联反应，制成网状结构的固定化方法称为交联法。根据有无惰性载体的参与可分为共交联法和交联酶法。

(5)无载体固定化

无载体固定化就是无外来惰性载体的情况下固定化酶的方法。它具有回收方便、有较高的催化活性、稳定性好、耐受性强、成本低等特点。无载体固定化酶可分为以下 4 类：交联溶解酶、交联酶晶体、交联酶聚集体和交联喷雾干燥酶。

(6)不同固定方法联用

不同的固定化方法均有各自的优缺点，在实际固定化操作中，往往把多种固定化方法联用，以期获得最佳的固定化效果。例如，用吸附法、包埋法固定化酶时，一般容易造成酶的泄露，因此常采用交联法进行保护；又如，采用无载体固定化的交联溶解酶，其机械强度不佳，可利用进一步包埋法弥补。

11.3.3　固定化酶的性质和特征

酶经固定化后，酶的活性多半都比原酶的活性低，而且底物作用的特异性也有所改变。活性降低或特异性变化的原因大概有以下几点：①固定化时，酶活性中心的部分氨基酸残基受到破坏，或参与结合；②酶蛋白的高级结构发生改变；③底物或产物的扩散，膜通透性受到限制；④载体的空间障碍会影响底物和酶的亲合性，从而使活性降低。

当酶固定化后，酶蛋白的电子状态发生变化，与此同时，受载体表面电荷的影响，酶反应的最适 pH 值也相应变化。由于这种 pH 值相关性的变化有一定的规律性，所以可以通过选择固定化方法，使酶原来的最适 pH 值变得有利于酶的利用。

另外，与原酶相比，酶经固定化后对热、pH 值、有机溶剂、蛋白质变性剂、蛋白酶、酶抑制剂等外部因子的稳定性增加了，这又是其优点。大多数情况下，连续酶反应时的稳定性或保存性都变好。微生物细胞固定化后，酶变稳定的实例很多，有的酶在连续酶反应时活性的半衰期高达 2 年，这接近于一般化学催化剂的稳定性。

酶或微生物细胞经固定化后与原酶或活细胞相比有下列优点：①酶的稳定性增加了，减少温度、pH 值、有机溶剂和其他外界因素对酶活性的影响；②可以制备出在形状、性质上都适用于应用目的的固定化制剂；③酶可以反复利用或连续使用较长时间，提高酶的利用价值，降低生产成本；④可以进行连续化反应；⑤反应装置占地面积小；⑥固定化酶易于和反应产物分开，因而反应产物的纯度和收率高；⑦基因工程菌的质粒稳定，不易丢失；⑧节省资源、能源，有利于解决环保问题。

11.3.4　固定化酶的应用

固定化酶既保持了酶的催化特性，又克服了游离酶的不足之处，因此固定化酶被广泛地应用于食品、医药、化工、分析及环保能源研究等领域。如已用于工业化生产的固定化酶主要有：氨基酰化酶、葡糖糖异构酶、青霉素酰化酶、延胡索酸酶、β-半乳糖苷酶、天冬氨酸-β-脱羧酶、脂肪酶及植酸酶。其中，氨基酰化酶是世界上第一种工业化生产的固定化酶。1969 年，日本天变制药公司从米曲霉中提取分离得到氨基酰化酶，用 DEAE-葡聚糖凝胶为载体通过离子键结合法制成固定化酶，用于 L-氨基酸的连续生产，生产成本仅为用游离酶生产的成本的 60% 左右；而葡萄糖异构酶是世界上生产规模最大的一种固定化酶，将培养好的含葡萄糖异构酶的放线菌细胞经 60~65℃ 热处理 15 min，该酶就固定在载体上，制成的固定化酶可催化葡萄糖发生异构化生成果糖，用于果葡糖浆的连续化生产；青霉素酰化酶是医药工业上广泛应用的一种固定化酶，用于制造多种半合成青霉素和头孢菌素。对于同一种固定化青霉素酰化酶仅需改变 pH 值等条件，既可以催化青霉素或头孢菌素水解生产 6-氨基青霉烷酸或 7-氨基头孢霉烷酸，也可催化 6-APA 或 7-ACA 与其他的羧酸衍生物进行反应，并合成新的具有不同侧链基团的青霉素或头孢菌素；同样，β-半乳糖苷酶因其可以水解乳中的乳糖生产低乳糖奶，而在乳品工业中得到了广泛的应用；植酸酶可以催化植酸水解生成肌醇和磷酸，广泛应用于饲料的生产中，减少畜禽粪便中的由于植酸存在所造成的环境磷污染。

另外，固定化酶在酶传感器方面也有着非常重要的应用。酶电极是由固定化酶与各种电极密切结合的传感装置。最早由 Clark 和 Lyons 在 1962 年提出模型，1967 年 Updike 和 Hicks 首次制造出酶电极并将它用于葡萄糖的定量分析。酶电极用于样品组分的分析检测，具有快速、方便、灵敏、精确等特点，目前已采用酶电极测定各种糖类、抗生素、氨基酸、甾体化合物、有机酸、脂肪、醇类、胺类、尿素、尿酸、硝酸及磷酸。如比较简单的青霉素酶电极，当酶电极浸入含有青霉素的溶液中时，青霉素酶催化青霉素水解生成青霉烷酸，引起溶液中离子浓度的增加，通过 pH 电极测出 pH 值从而测出样品溶液中青霉素的含量。

11.4　酶制剂的应用

酶制剂的应用就是利用酶、含酶细胞器或细胞（微生物、植物、动物）作为生物催化剂，通过酶的高效特异催化作用，获得人们生活和生产所需要的各种有用的物质，去除其某些不必要的甚至有害的物质，在人类疾病的诊断与治疗、产品质量的提高、生产成本的降低、环境污染额改善、生物质能源的开发等方面发挥着重要的作用。目前，酶制剂特别是由微生物生产的酶制剂应用领域遍及医药、化工、农业、环境保护、能源以及生物技术等，在经济的可持续发展和社会的进步中起到重要作用，产生了巨大的经济效益和社会效益，并展示出了广阔的应用前景。

11.4.1　在医药领域中的应用

生活在自然条件下的人群个体，不可避免会产生各种疾病。作为生物反应器的人体，其体内各种物质及能量代谢是相互联系的，且受到酶的严格调控，因此身体内某种酶的缺乏或活性发生变化均有可能引起机体代谢发生紊乱，进而导致疾病的发生。

许多研究与临床试验证明，酶制剂具有作用明确、专一性强、疗效好等特点，可作为药物进行许多疾病的诊断与治疗。随着对疾病发生的生化及分子机制的深入研究，酶在医药领域上的应用已成为现代医学研究的一个新领域，目前医药用酶已被广泛应用于疾病的诊断、治疗、预防和药物生产。见表 11-4 至表 11-6。

表 11-4　用酶测定某些物质的量的变化进行疾病诊断

酶	测定的物质	诊断的疾病
葡萄糖氧化酶	葡萄糖	糖尿病
葡萄糖氧化酶与过氧化物酶的偶联作用	葡萄糖	糖尿病
尿素酶	尿素	肝脏、肾脏病变
尿酸酶	尿酸	痛风病
谷氨酰胺酶	谷氨酰胺	肝昏迷、肝硬化
胆固醇氧化酶或胆固醇酯酶	胆固醇	心血管疾病或高血脂症
DNA 聚合酶	基因	基因变异、检测癌基因
碱性磷酸酯酶、过氧化物酶等标记酶	抗体或抗原	肠虫、毛线虫、血吸虫等寄生虫病，以及疟疾、麻疹、疱疹、乙型肝炎等疾病

表 11-5　主要的治疗用酶及其来源和用途

酶	来源	用　途
淀粉酶、脂肪酶、纤维素酶	微生物、胰脏、麦芽	助消化
蛋白酶	微生物、胰脏、植物	助消化、消炎消肿、去除坏死组织、促进创伤愈合、降低血压
溶菌酶	蛋清、细菌	治疗各种细菌性和病毒性疾病
青霉素酶	蜡状芽孢杆菌	治疗青霉素引起的过敏反应
溶菌酶	细菌	消炎、止血
链激酶	链球菌	治疗血栓性静脉炎、血肿、皮下出血、骨折等
凝血酶	动物、细菌、酵母	治疗各种出血
青霉素酶	蜡状芽孢杆菌	治疗青霉素引起的变态反应
胶原酶	细菌	分解胶原、消炎、化脓、脱痂、治疗溃疡
胆碱酯酶	细菌	治疗皮肤病、支气管炎、气喘等
纳豆激酶	纳豆杆菌	溶解血栓
L-天冬酰胺酶、L-精氨酸酶、L-谷氨酰胺酶组氨酸酶、L-蛋氨酸酶	微生物	抗癌
优选糖苷酶	微生物	预防龋齿
超氧化物歧化酶	微生物、血液、肝脏	抗辐射；治疗红斑狼疮、结肠炎等
葡萄糖脑苷脂酶	基因工程菌	治疗戈谢病

表 11-6　酶在药物生产方面的应用

酶	主要来源	用　途
无色杆菌蛋白酶	细菌	将猪胰岛素转变成人胰岛素
蛋白酶	微生物	生产各种氨基酸和蛋白水解液
酰化氨基酸水解酶	微生物	生产 L-氨基酸
青霉素酰化酶	微生物	制造半合成青霉素和头孢霉素
β-D-葡萄糖苷酶	黑曲霉等微生物	生产人参皂苷 Rh2
β-酪氨酸酶	植物	制造多巴
L-酪氨酸转氨酶	细菌	制造多巴
11-β-羟化酶	霉菌	生产氢化可的松
α-甘露糖苷酶	链霉菌	制造高效果链霉菌
5′-磷酸二酯酶	橘青霉等微生物	生产各种核苷酸
核苷磷酸化酶	微生物	生产阿糖腺苷
多核苷酸磷酸化酶	微生物	生产聚肌胞苷酸、聚肌苷酸
核糖核酸酶	微生物	生产核苷酸

另外，近些年核酶(ribozyme)在抗病毒、抗肿瘤等医疗领域有着十分可观的前景。应用核酶进行艾滋病基因治疗的临床计划已获准进行；对抗甲型肝炎病毒、乙型肝炎病毒及丙型肝炎病毒的核酶也进行了研究；而且越来越多的研究表明，核酶能在特定的位点准确有效识别和切割肿瘤细胞的 mRNA，从而阻断肿瘤基因的表达，进而抑制肿瘤细胞恶性增殖，现已确定核酶介导的肿瘤治疗靶基因主要有肿瘤基因、生长因子和转移因子等。

11.4.2　酶在农业领域中的应用

酶在农业领域应用较广，主要用于农产品的保鲜加工、农产品质量的检测、新型高效饲料的生产以及抗性农作物新品种的培育等诸多方面。

农产品的保鲜、加工是农业生产的延续，可有效提高和改善农产品的质量，增加农民收入。酶法保鲜加工以其安全、高效、稳定的独特优点已广泛应用于各种农产品的保鲜加工。例如，利用葡萄糖氧化酶除去脱水蔬菜的糖分，可防止贮藏过程中发生的褐变。许多农产品可通过加工成为高附加值的食品、保健品、药品以及工业产品等，而酶的催化作用在许多农产品的加工中发挥着重要的作用。目前，果胶酶、纤维素酶、半纤维素酶、淀粉酶等已在各种农产品的加工中得到广泛地应用。如采用果胶酶、纤维素酶、半纤维素酶3种复合酶制剂生产澄清苹果果汁；采用木聚糖酶进行烘焙面团调理等。

农产品是生产各种食品、药品的主要原料，其质量的好坏不仅影响到所生产的食品及药品的品质，而且还关系到人们的身体健康。农产品质量检测内容很多，其中微生物检测、重金属检测、农药残留检测、转基因产品检测等已显得更为重要。目前，许多酶制剂已广泛应用于农产品的质量检测。如胆碱脂肪酶液、固定化胆碱酯酶、胆碱酯酶生物传感器已广泛应用于检测农产品是否受到有机磷和氨基甲酸酯类农药残留物的污染；而 β-半乳糖苷酶、血浆凝固酶、热稳定核酸酶、酸性磷酸酶、过氧化物酶等在农产品是否受微生物污染的检测中得到一定的应用；再有将 PCR 的高效性与酶联免疫吸附试验(ELISA)的高特异性结合在一起的检测方法，即 PCR-ELISA 技术，有快速简捷、灵敏度高、可避免有毒物质溴化乙锭(EB)的污染、适合大批量自动检测等优点，目前已应用于未加工或粗加工食品中的转基因蛋白产物的定量测定，如 PCR-ELISA 技术可对 0.1 ng 大豆粉转基因成分进行检测。

在饲料中适量添加淀粉酶、蛋白酶、植酸酶、纤维素酶、果胶酶和半纤维素酶等可以增加饲料的可消化性，促进家畜、家禽的生长，并提高家禽的产蛋率和家畜的产奶量。我国目前已开发多种饲用酶，在猪饲料、家禽饲料、水产饲料、反刍动物饲料等生产中得到了广泛的应用。

11.4.3　酶在化工领域中的应用

酶在化工领域有着广泛的用途，主要涉及用酶进行原料处理、用酶生产各种工业产品、用酶增强产品的使用效果等方面。许多实践证实，酶制剂在改进加工工艺、降低原料消耗、节约能耗、减轻劳动强度、减少环境污染、提高产品质量、增加附加值和开发新型原料产品等方面都具有独特的优势，已在化工领域显示出明显的经济效益、生态效益和社会效益。

(1)在化工原料处理方面的应用

许多工业原料在应用或加工之前都需要进行适当处理,酶具有催化效率高、专一性强以及作用条件温和等特点,已在发酵原料、纺织原料、制革原料、造纸原料等加工业原料处理中得到广泛使用。实践证明,利用酶制剂进行工业原料的处理和加工,具有可有效缩短原料处理时间、增强处理效果、改善产品质量、提高原料利用率等优点。目前,在工业原料的处理及加工中使用较广泛的酶制剂主要有纤维素酶、半纤维素酶、蛋白酶、淀粉酶、果胶酶、脂肪酶、过氧化氢酶、漆酶、葡萄糖氧化酶、酯酶等。例如,淀粉可采用 α-淀粉酶和糖化酶进行处理,将淀粉转化为可供发酵利用的葡萄糖;用纤维素酶处理含纤维素的发酵原料,使其水解为可发酵的葡萄糖;而含戊聚糖(如木聚糖、阿拉伯聚糖等)的植物原料可用各种戊聚糖酶处理,将其水解为各种戊糖后用于发酵;而对于以动物胶作为浆料的纺织品可采用蛋白酶处理;采用纤维素酶抛光整理,可有效去除织物表面绒毛,使织物光洁、柔软、蓬松,并可减少打光起球现象;另外,纤维素酶进行仿旧整理是纤维素酶最成功的作用,通过纤维素酶对织物纤维表面的剥蚀作用,以便达到磨损织物表面、剥离染料,产生水洗石墨外观效果,并可有效解决浮石水洗整理中存在的问题,进而提高加工质量及生产效率,减少环境污染以及对织物(缝线、边角和标记)的损伤,并使织物具有柔软性和悬垂性,尤其适合于较轻薄织物的加工;采用胰蛋白酶、木瓜蛋白酶或微生物蛋白酶处理,可在比较温和的条件下催化丝胶蛋白水解,进行生丝脱胶,从而使生丝的质量得到显著提高,并可使成品柔和润滑、光泽鲜艳;采用木聚糖酶、木质素过氧化物酶、酯酶、脂肪酶、漆酶等对纸浆或回收废纸进行漂白和脱污迹,不仅可降低生产成本、减轻环境污染程度,而且可使纸的强度和光洁度得到明显改善。

(2)在化工产品生产方面的应用

利用酶的催化作用可将原料转变为人们生活或生产所需的工业产品,也可利用酶的催化作用除去某些不需要的物质而得到所需的产品。例如,固定化氨基酰化酶已广泛应用于连续拆分酰基-DL-氨基酸而生产 L-氨基酸;利用固定化大肠埃希菌菌体的天冬氨酸酶可将延胡索酸氨基化而连续生产 L-天冬氨酸;利用固定化假单胞菌菌体的天冬氨酸脱羧酶可将 L-天冬氨酸的 4-位羧基脱去而连续生产 L-丙氨酸;利用来自橘青霉或产黄青霉等微生物的 5′-磷酸二酯酶水解 RNA 而生产各种 5′-核苷酸;通过腺苷酸脱氢酶水解 AMP 生成肌苷酸;利用核苷酸磷酸化酶催化 AMP 生成 ADP 和 ATP;利用核苷磷酸化酶催化肌苷或鸟苷而分别生成 5′-肌苷酸和 5′-鸟苷酸;采用固定化黄色短杆菌或产氨短杆菌的延胡索酸酶连续生产 L-苹果酸;利用腈水合酶催化腈类化合物加水而合成丙烯酰、烟酰胺、5-腈基苯戊胺等重要化工原料;利用漆酶、过氧化物酶和过氧化氢处理褐腐木素可生产木材生物胶黏剂;利用 1,3-特异性脂肪酶催化动植物油类或脂肪的甘油解、水解或醇解反应,可得到具有良好乳化性能的甘油单酯类生物表面活性剂;利用脂肪酶催化合成单酰化糖脂;利用脂肪酶催化棕榈硬脂酸或动物脂肪与植物油(向日葵油、大豆油、米糠油、可可油)之间的酯交换反应可生产人造奶油;通过脂肪酸水解食用油可得到富含中链脂肪酸的油脂,该制品可为人体提供平衡的油脂;通过酶促菜籽油的选择性水解制取可作为重要的精细化工原料的芥酸。另外,应用纤维素酶、半纤维素酶、果胶酶提取植物油,可提高出油率。

（3）在加酶日用化工产品方面的应用

在某些轻工产品中添加一定量的酶，可显著增强产品的使用效果。目前，许多酶已广泛应用于洗涤剂、清洗剂、洁齿产品、护肤品等日用化工产品中。主要有：碱性蛋白酶、碱性 α-淀粉酶、碱性脂肪酶、碱性纤维素酶、甘露聚糖酶、过氧化物酶、漆酶、鼠李糖苷酶、半乳聚糖酶、阿拉伯聚糖酶、半乳甘露聚糖酶、超氧化物歧化酶（SOD）、溶菌酶、弹性蛋白酶及辅酶 Q10 等。例如，添加了碱性蛋白酶、碱性 α-淀粉酶、碱性脂肪酶、碱性纤维素酶的洗衣粉；添加胰蛋白酶和木瓜蛋白酶的清洗剂可用于清除乳品过滤器的堵塞；添加超氧化物歧化酶（SOD）的护肤品，可防止紫外线对人体的伤害，消除自由基的影响，减少色素沉积；而添加溶菌酶的护肤品，可消除皮肤表面黏附的细菌而达到杀菌消炎的作用；也可在护肤品中添加弹性蛋白酶，可以有效地水解皮肤表面老化的蛋白质，使得皮肤表面光洁并富有弹性；辅酶 Q10 具有提高人体活力及有效防止皮肤老化的作用，通常在高档护肤品中添加。

11.4.4　酶在食品领域中的应用

通过合理开发和应用酶制剂及相关酶工程技术可有效提高食品原料的深加工程度、改进食品的加工工艺以及改善食品的风味和品质，进而达到提高产品得率和质量，降低生产成本。目前，酶技术已广泛应用于食品行业的各个领域，如食品保鲜、制糖工业、酿造工业、焙烤工业、乳制品工业、水果蔬菜加工、肉类的嫩化及鱼虾加工、蛋白加工、天然食品添加剂的生产以及改善食品的品质和风味等诸多方面。表 11-7 列举了 20 余种常用酶制剂在食品工业的应用状态。

表 11-7　应用于食品方面的酶制剂的种类及应用范围

酶	来　源	应用范围
α-淀粉酶	枯草芽孢杆菌、米曲霉、黑曲霉	葡萄糖浆生产、酿造、水果加工、焙烤等
β-淀粉酶	麦芽、巨大芽孢杆菌、多黏芽孢杆菌	制造麦芽、啤酒酿造
异淀粉酶	气杆菌、多黏芽孢杆菌	制造直链淀粉、麦芽糖
糖化酶	根霉、红曲霉、黑曲霉、内孢霉	淀粉糖化、酿酒工业、制造葡萄糖
纤维素酶	木霉、青霉	葡萄糖及香精生产、水果加工
葡萄糖氧化酶	黑曲霉、青霉	蛋白加工、食品保鲜
葡萄糖异构酶	放线菌、细菌	制造果葡糖及果糖
葡聚糖酶	黑霉菌、枯草芽孢杆菌	酿造、小麦加工
右旋糖酐酶	霉菌	果糖生产
乳糖酶	真菌、酵母	乳制品加工
柚苷酶	黑霉菌	水果加工、柑橘汁脱苦
橙皮苷酶	黑霉菌	防止柑橘类罐头及橘汁出现浑浊
花青素酶	霉菌	果汁脱色
凝乳酶	牛胃、大肠埃希菌	乳制品加工
脂肪酶	真菌、细菌、动物	酶改性奶酪、脂肪改性、乳化剂合成

(续)

酶	来 源	应用范围
氨基酰化酶	霉菌、细菌	生产 L-氨基酸
果胶酶	霉菌	果酒、果汁的澄清
磷脂酶 A2	霉菌	生产蛋黄酱、乳化剂及食用油
磷酸二酯酶	橘青霉、米曲霉	降解 RNA、生产单核苷酸
蛋白酶	胰脏、木瓜、枯草芽孢杆菌、霉菌	焙烤、酿造、蛋白质加工
木聚糖酶	霉菌	小麦加工、焙烤
溶菌酶	蛋清、微生物	食品杀菌保鲜

11.4.5 酶在环保及能源开发领域中的应用

　　人类的日常生产和高质量生活与自然环境密切相关，而环境正日益受到来自生产及生活废弃物的严重污染，并呈现日益恶化的趋势。人们的生产和生活都离不开能源，随着工业化生产的迅速发展和人口的不断增加，势必引起能源的大量消耗，而目前作为主要能源的石油和煤炭都属于不可再生资源，大规模开采利用将会造成枯竭。为此，环境问题和能源问题已成为当今举世瞩目的国际重大问题。如何保护和改善环境质量以及寻找开发性的可再生能源，是我们人类面临的重大课题。

　　随着生物科学的迅速发展，生物技术已在环境保护、能源开发等领域中发挥了巨大作用。而酶及酶工程技术在环保、能源方面的应用也正日益备受人们的关注，并呈现出广阔的发展前景。目前，酶及酶工程技术已广泛应用于农药污染检测、重金属污染检测、微生物污染检测等方面，并取得了重要成果。早在 20 世纪 50 年代末，已有研究采用通过检测鱼脑乙酰胆碱酯酶活力受抑制程度的技术来检测水中极低浓度的有机磷农药。目前，胆碱酯酶的使用已成为检测有机磷农药污染的一种有效方法。据报道，蛋白磷酸酶活力的变化可用来检测微囊藻毒素含量，最低检出限量可达 0.01 mg/L，灵敏度极高，目前已应用于检测水体的富营养化；另外，亚硝酸还原酶可催化亚硝酸还原生成一氧化氮，可利用亚硝酸还原酶检测水中亚硝酸盐浓度；利用 ELISA 原理，采用双抗体夹心法，研制出微生物快速检验盒，2 h 即可完成对沙门菌、单核细胞增生李斯特菌等的检测。美国采用固定化酚氧化酶成功地处理冶金工业产生的含酚废水。德国等国家已采用固定化硝酸还原酶、亚硝酸还原酶和一氧化氮还原酶对含有硝酸盐、亚硝酸盐的地下水或废水进行处理。最近，日本已成功应用酪氨酸酶、过氧化物酶和漆酶对废水中的有毒化合物进行处理。此外，利用固定化丁酸梭菌的酶系分解乙醇产生氢，已被用来处理乙醇生产企业的废水。

　　人类社会的方方面面与能源密不可分，随着经济的快速发展，对于能源的需求会不断增加，而以石油和煤炭为主的能源具有不可再生的特点，且由于大量使用而造成环境污染和破坏。因此，环保绿色新型替代能源的发掘和研究是人类解决未来能源短缺的主要思路。目前，酶在能源开发领域的应用主要集中在燃料乙醇、生物柴油加工、沼气生产、生物制氢及生物燃料电池生产中的应用。随着生物技术和其他相关科学的高速发展，我们相信在不远的将来，生物能源定会为人类带来惊喜，为新型能源的开发作出贡献。

11.4.6 酶在生物技术研究领域中的应用

生物技术是以生物体及其代谢产物为主要研究对象，主要包括基因工程、蛋白质工程、细胞工程、酶工程和发酵工程等方面内容；而作为生物催化剂的酶在生物体及其代谢过程中是必不可少的，由此可见，酶在生物技术研究中起着关键性作用，主要包括酶在去除细胞壁、生物大分子切割及其连接等方面的应用。

由于微生物及植物的细胞表层都含有坚韧的细胞壁，无论在制备 DNA、RNA、蛋白质、原生质体，还是提取胞内某些稳定性较差的活性物质时，都需要除去细胞壁。为了避免在除去细胞壁时损伤其他活性成分，不能采用激烈的细胞破碎方法，而只能利用各种具有专一性的酶。通常情况下，可根据不同细胞机构以及不同细胞壁组分，选择合适的酶除去细胞壁。例如，溶菌酶可催化绝大多数革兰阳性菌细胞壁的分解；采用 β-1,3-葡聚糖酶与磷酸甘露糖酶及蛋白酶联合作用除去酵母细胞壁；壳多糖酶、几丁质酶及蛋白酶等多种酶的混合物用于毛霉、根霉等藻菌纲霉菌的细胞壁破壁；纤维素酶、半纤维素酶和果胶酶等用于破除植物细胞壁。

基因工程操作时，常涉及 DNA、RNA 等生物分子。在许多情况下，为了一些研究需要，往往需要借助于具有专一性的各种相关水解酶在特定的位点上将大分子切割成较小的分子或片段。目前，用于 DNA、RNA 等生物大分子定点水解的酶很多，其中限制性核酸内切酶、DNA 外切核酸酶、碱性磷酸酶、自我剪切酶、RNA 剪切酶等已是基因工程中大分子切割必不可少的工具酶。例如，碱性磷酸酶用于除去 DNA 或 RNA 链中的 5′-磷酸的功能；具有自我剪切功能的 R 酶可在一定条件下催化本身 RNA 进行剪切反应，使 RNA 前体生成成熟的 RNA 分子和另一个 RNA 片段；DNA 聚合酶主要用于 PCR 技术而进行基因扩增。

在基因扩增、DNA 体外重组、DNA 损伤修复、DNA 标记检测、RNA 加工成熟等研究过程中，往往需要使用一些具有分子拼接能力的酶，其中 DNA 连接酶，DNA 聚合酶、反转录酶、自我剪接酶已成为 RNA 或 DNA 分子拼接的主要工具酶。如利用 T4 DNA 连接酶催化 DNA 片段的 5′-磷酸基与另一 DNA 片段的 3′-OH 生成磷酸二酯键，进而使双链 DNA 的缺口封闭。Taq 酶目前主要用于 PCR 技术进行基因扩增；而利用自我剪接酶的催化作用，可将原来有内含子隔开的两个外显子链接而成为成熟的 RNA 分子。随着生物技术的进一步发展，相信酶在该领域的应用会发挥越来越重要的作用。

复习思考题

1. 简述微生物酶的特点。
2. 简述微生物酶制剂在农业领域的应用范围。
3. 简述固定化酶常用的载体及应用。
4. 简述人工合成酶的未来发展趋势。

附录　应用微生物学实验

实验一　乳酸菌的扩大培养及酸乳的制作

乳酸细菌(lactic acid bacteria)是指能利用碳水化合物发酵产生大量乳酸的一类细菌的总称，在自然界和食物中广泛存在。乳酸菌发酵产品能调节胃肠功能，提高人体对钙、磷、铁的利用率和维生素 D 的吸收，并能分解乳糖为半乳糖，缓解乳糖不耐症，促进蛋白质的消化吸收；具有抗菌、降低胆固醇、维持微生态系统平衡、抑癌和增强免疫力等重要的生物学功能。其中某些菌株能改进食品的品质和营养，并赋予食品特殊的风味，因此，乳酸菌在食品工业中被广泛地运用。其中，酸乳的制作历史很长，因其独特的风味和丰富的营养价值及保健功能，被全世界公认为当今的长寿食品之一。目前，市场上出售的各种酸乳主要是由德氏乳杆菌保加利亚亚种和嗜热链球菌发酵而成。依其物理性状可分为凝固型酸乳和搅拌型酸乳，依其风味又可分为原味酸乳、调味酸乳和果料酸乳。

一、实验原理和目的

酸乳是经乳酸发酵的乳制品。它以鲜奶为原料，经杀菌后接种乳酸菌发酵而成。由于乳酸菌利用了牛奶中的乳糖生成乳酸，提高了奶的酸度，当酸度达到蛋白质等电点时，酪蛋白凝固而形成凝乳。此外，乳酸菌代谢会形成各种风味物质，分解某些蛋白质为小肽或氨基酸，形成酸乳特有的风味和香气。

本实验的目的是了解德氏乳杆菌保加利亚亚种和嗜热链球菌的生物学特性，了解发酵菌种的培养过程，掌握酸乳的制作原理及工艺流程。

二、实验准备

(1)菌种

德氏乳杆菌保加利亚亚种(*Lactobacillus bulgaricus*)、嗜热链球菌(*Streptococcus thermophilus*)的牛乳培养体。

(2)器材

灭菌的 10 mL 脱脂牛乳培养基(不含石蕊液)4~6 支、鲜奶、蔗糖、发酵瓶、接种勺、三角瓶。

三、实验步骤

(1)乳酸菌的扩大培养

①菌种的活化。取灭菌的脱脂牛乳培养基 2 支，按无菌操作法用灭菌接种勺分别接种

德氏乳杆菌保加利亚亚种及嗜热链球菌各 1 勺，摇匀后前者置 40～43℃下培养 12～14 h，后者于 37℃下培养 12 h 进行活化，如此反复活化 3～4 代后，镜检细胞形态，无杂菌时即可使用。

②母发酵剂的制备。取 50 mL 新鲜脱脂乳 2 份，分装于 150 mL 经干热灭菌的三角瓶中，于 0.07 MPa（115℃）下灭菌 20 min。待冷却至 37℃左右，按乳量的 1%～3%分别接入经活化的纯种，摇匀后，置室温下培养 6～8 h，凝固后备用。

③生产发酵剂。可用原料奶制作。基本方法同母发酵剂。一般采用 500～1000 mL 的三角瓶或不锈钢的发酵罐进行。以 90℃ 60 min 或 100℃ 30～60 min 消毒，冷却至菌种发育的最适温度，然后按生产量的 1%～3%接入母发酵剂（德氏乳杆菌保加利亚亚种∶嗜热链球菌=2∶3 混合后接种），充分搅拌，置 43℃下培养，达到所需酸度时（6～8 h）取出，降温，冷藏备用。

（2）酸乳的制作

①原料奶的质量。要求优质合标新乳（即酸度在 18°T 以下，杂菌数不大于 5×10^5 CFU/mL，干物质含量 11%以上，不含抗菌素及防腐剂），经验收合格后使用。

②加糖。按原料奶的 8%～10%加入蔗糖。

③杀菌、冷却。将盛有加糖鲜奶的容器，直接在火上加热至 90～95℃，维持 10～20 min，加热时要充分搅拌，使温度均匀而不至沸腾。使之冷却至 40℃左右时再接种。

④接种。将制备好的生产发酵剂，按原料奶的 3%～5%的接种量接入经杀菌、冷却的奶中，充分混匀。

⑤装瓶。接种后的杀菌奶尽快分装于预先经蒸汽消毒的小瓶（或小罐）中。每瓶容量不得超过容器的 4/5，装好后用蜡纸包扎封口，立即送入发酵室。

⑥前发酵。将奶瓶置 40～45℃下保持 4 h 左右，当 pH 值达 4.2～4.3（酸度达 70°T 左右）时，即完成了前发酵，随即放入 0～5℃冷藏室，注意轻拿轻放，不得振动，以免破坏凝乳结构而使乳清析出。

⑦后发酵。于 5℃以下的冷藏室保持 3～4 h 后，pH 值在 4.1～4.2 时最好（可预先用 pH 计测定控制），此时即发酵完毕。

四、实验报告

评价酸乳的风味与凝乳的组织状态，检测酸乳中乳酸菌的活菌数和酸乳的酸度。一般要求酸乳中活菌数不低于 1×10^6 CFU/mL，酸度达 70°T 左右。

五、思考题

1. 乳酸发酵试验中，为何不进行纯种接种即可进行发酵作用？
2. 简述乳酸比色测定原理。

实验二 乳酸菌的分离

一、实验原理和目的

乳酸菌是指能利用碳水化合物发酵产生乳酸、乙酸、乙醇及其他挥发性有机酸的一类细菌的总称，一般为杆状或球状，革兰染色阳性，无芽孢，不运动，几乎均为厌氧、兼性厌氧或微嗜氧细菌。该类菌广存于自然界。据其发酵过程可分为两种类型：一种类型称为同型乳酸发酵，主产物为乳酸，其重要菌种应用于乳酸发酵工业中；另一种类型称为异型乳酸发酵，其产物包括乙酸、乙醇、琥珀酸及 CO 等，这在自然界有机物发酵中常能发现。其中有些菌株，被用于乳酸饮料的生产，对改善饮料风味起着重要作用。乳酸发酵已广泛用于食品、饲料、饮料、医药、化妆品及皮革等工业中。因此，不断进行乳酸细菌资源的挖掘具有重要意义。本试验目的在于了解乳酸细菌的用途、主要种类的形态与生理生化特征，掌握乳酸菌的分离方法。

二、实验准备

(1)样品

酸乳或泡菜汁。

(2)培养基

分离乳酸菌用的培养基种类很多，在分离菌种时，若能使用数种培养基可提高成功率。常用的有以下 3 种：

①麦芽汁碳酸钙琼脂培养基。麦汁(糖度 5°Bx) 1000 mL、$CaCO_3$ 5 g、琼脂 20 g、pH 6.5~7.0、121℃下灭菌 20 min。

②番茄汁碳酸钙琼脂培养基。葡萄糖 10 g、酵母膏 7.5 g、蛋白胨 7.5 g、KH_2PO_4 2 g、吐温 80 0.5 mL、琼脂 20 g、番茄汁 100 mL、水 900 mL、pH 7.0。

③BCP 培养基(溴甲酚紫培养基)。乳糖 5 g、蛋白胨 5 g、酵母膏 3 g、琼脂 15~20 g、0.5%溴甲酚紫溶液 10 mL、水 1000 mL、pH 值 6.8~7.0。

三、实验步骤

①将上述 3 种培养基浇注若干平板。

②平板分离。将酸乳或泡菜汁通过直接平板划线法或经适当稀释后进行涂布平板分离法分离出单菌落。

③恒温培养。将上述平板分别放入 25℃和 37℃温箱中培养 48 h 以上，也可放入厌氧罐内培养。

④菌落观察。乳酸菌在平板培养基表面只形成浅色(一般为淡黄或白色)的小菌落。而在麦芽汁碳酸钙琼脂培养基表面，菌落周围可出现透明圈；在 BCP 琼脂培养基表面则可使紫色的培养基形成黄色包围圈。

⑤过氧化氢酶反应。乳酸菌为厌氧菌，通常无过氧化氢酶，所以用滴管把 3%H_2O_2 滴在菌落上，若无气泡产生，就证明该菌为过氧化氢酶阴性。

⑥菌种保存。将各种特征性菌落分别接入试管斜面培养基，经培养后进行菌种保存，并可进一步进行形态和生理生化试验，以鉴定乳酸菌的种类。

四、实验报告

记录乳酸菌分离要点，图示镜检结果。

五、思考题

1. 乳酸菌分离有何重要意义？工业发酵中主要应用哪些属种？
2. 比较玻管法与平板法的优缺点。
3. 为什么分离时宜采用多种培养基和不同的培养温度才能获得良好的效果？

实验三　苏云金芽孢杆菌感染菜青虫

一、实验原理和目的

苏云金芽孢杆菌杀虫的主要有效成分由伴胞晶体和芽孢组成。当昆虫吞食以后，伴胞晶体在肠道碱性条件下溶解成原毒素，然后在蛋白酶的作用下降解成具有毒性的多肽，与中肠上皮细胞膜上的特异性受体结合，并在细胞膜上产生孔洞，导致中肠的碱性内含物流入血体腔，使 pH 值升高、渗透压改变，而导致昆虫死亡。苏云金芽孢杆菌的营养体和芽孢可以通过伴胞晶体毒素损伤的部位进入昆虫血体腔，并在其中繁殖，引起昆虫得败血症死亡。因此，苏云金芽孢杆菌是一种胃毒剂。本实验目的是通过感染菜青虫，观察其致病过程和死亡率。

二、实验准备

(1)供试昆虫

菜青虫(*Pieris rapae*)3~4 龄健壮幼虫。

(2)菌种

苏云金芽孢杆菌库斯塔克亚种(*Bacillus thuringiensis* subsp. *kurstaki*)血清型 3ab、待测苏云金芽孢杆菌。

(3)器材

养虫瓶、平板、小镊子、脱脂棉、试管、无菌水、剪刀、接种环、玻璃珠、100 mL三角瓶、新鲜包菜叶。

三、实验步骤

(1)菌悬液的制备

取培养好的苏云金芽孢杆菌斜面，加 9 mL 无菌水，用接种环刮下菌苔，倒入装有玻璃珠的三角瓶中，摇匀，再加 1%吐温 1 mL，然后倒入平板中。另取一平板，加 9 mL 无菌水，1 mL 1%的吐温，作为空白对照。

(2)感染

取 4 cm×5 cm 大小的较嫩包菜叶 3~5 片，分别置于菌悬液和空白对照液平板中，用镊子使包菜叶正反面充分浸湿。然后取出晾干，备用。

将晾干的叶片放在无菌养虫瓶中，再用干净毛笔将 3~4 龄菜青虫幼虫刷至叶片上，每瓶 10 头。在瓶中央再放一小团吸水脱脂棉，以保持湿润。将养虫瓶置 28℃下饲养，在 48h 内观察死亡、濒于死亡、感病和正常昆虫的变化，并通过下列计算，掌握其死亡率的变化。

当对照无死亡时，按下列公式计算死亡率：

$$死亡率 = \frac{死亡虫数}{供试虫数} \times 100\%$$

如果对照死虫在 20% 以下，则按下式计算校正死亡率：

$$校正死亡率 = \frac{处理死亡率 - 对照死亡率}{1 - 对照死亡率} \times 100\%$$

四、实验报告

简述本实验的操作步骤，记录死虫数和死虫的症状，并计算死亡率。

五、思考题

苏云金芽孢杆菌的杀虫机理是什么？据你所知，能感染菜青虫的还有哪些微生物杀虫剂。

实验四　平菇栽培技术

一、实验原理和目的

平菇人工栽培，即人为创造平菇生长发育的生活条件，使其完成菌丝生长与子实体发育至成熟的全过程，从而使栽培者获得子实体。故栽培中首先要配制适宜的培养料，使菌丝体在培养料中大量而充分地生长，然后才能进入生殖生长阶段以至分化形成子实体。子实体发育分为 5 个时期，即原基分化期、桑葚期、珊瑚期、伸长期和成熟期。阶段管理十分重要，可以说，人工栽培平菇成败关键在于发菌，产量高低在于出菇管理，品质好坏在于适时采收。本试验目的在于学习平菇培养料的配制、播种及管理等栽培技术。

二、实验准备

稻草、棉籽壳、玉米芯、塑料薄膜、木箱、大盆、水桶、水缸、瓷盘、筐、粉碎机、大镊子、接种刀、菌种等。

三、实验步骤

(1)培养料的选择与处理

①选用无霉烂的新鲜干稻草并除去谷粒等杂物，然后将其切成 10~15 cm 长，再用沸水浸泡 15~20 min，捞出放入筐中控去多余水分，使其含水量达 60%~65%。

②选用不霉烂变质的棉籽壳，处理前置于阳光下暴晒 1~2 d，配制时将料直接加水拌合，料水比为 1∶(1.2~1.5)，培养料含水量达 60%~65%，采用棉籽壳进行生料袋式栽培，拌料用水必须选用洁净的自来水或井水，以免感染木霉等杂菌。若在拌料时，加入 1%过磷酸钙、0.2%多菌灵则效果更佳。

③选用干燥无霉的玉米芯，用粉碎机加工成 1~2 cm 大小的碎块。用清水浸泡 4~6 h，或将每棒玉米芯粉碎成 3~4 块，放在清水中浸泡一夜。捞出后，放入筐内控水至不滴水为宜，含水量 60%~65%。

（2）播种（以稻草为例）

①菌种的检查。选用无杂菌感染，菌丝发育健壮，菌丝长满瓶而未纽结的适龄（20~25d 菌龄）菌种作为播种材料。

②播种方法。播种前先将消过毒的塑料薄膜铺在木箱中待稻草料温降至 35℃ 以下时，才能播种于塑料薄膜上，先铺一层培养料，再撒一层菌种，共铺 3 层培养料，撒 3 层菌种。接菌量 5%~10%。每标准箱（0.22 m²）用干草 1.5 kg，培养料厚度 10~15 cm，播菌种一瓶。播种完后将培养料压实，使菌种与培养料紧密结合，以利于菌丝吃料，最后用塑料薄膜把培养料包严，保持料面湿润状态，促进发菌。棉籽壳与玉米芯可以采用袋栽法（参见第 5 章）。

（3）发菌期（出菇前）的管理

在适温（24~27℃）条件下，平菇接菌后，24 h 菌丝即可恢复生长。4~5 d 后菌丝大量繁殖，10 d 左右菌丝可长满培养料，16~20 d 达到生理成熟。此时期要保持 25℃ 左右的料温，最高不超过 30℃，发菌期间基本上不揭膜，以保持料面湿润。发现料面上有绿色霉菌，要及时夹除，并洒上石灰粉或用 5%~10%石灰水擦净。当菌丝布满料面，进入子实体原基形成及分化时期，为了满足其变温结实性的需要，温度要降到 15~18℃，造成一定温差，以促进菌蕾发生。

（4）出菇后的管理

菌蕾发生后要逐渐加强通风换气，保温（15~20℃）增湿，随着菌蕾的增长，室内相对湿度若能保持在 90%左右时，可考虑揭膜，加强通风透光。出菇后水分的管理，主要依据气温和不同发育期而灵活掌握，要做到轻喷细喷，除保持料面湿润外，力求满足菇体所需水分，每日至少喷水 2~3 次，保持空气相对湿度 80%~90%，造成一个高湿环境。为了防止菇房二氧化碳浓度过高，每天气体交换 2~3 次，高温季节以早晚通风为宜，当外界气温较低时，争取中午通风，以免降低室温。

菇房若无散射光条件，则应加入人工补充光照，使保持 200~2000 lx 光照强度。

（5）采收

在适宜的环境条件下，从播种到采收需 20~30 d。当菌盖充分展开，边缘出现微波浪式而上卷，尚未弹射孢子时，为采收适期。每采一潮菇，务必把料面上的死菇和菌柄等清理干净，培养料稍压实后，盖一薄膜保温保湿，停止喷水数日，让菌丝充分恢复生长，并积累养分。每潮菇相距 8~10 d，整个生长期可采收四潮菇，生长周期约 60 d。

四、实验报告

1. 记述菌丝发育过程。
2. 记述子实体的形成过程。
3. 记录一、二茬菇的采收时间及产量。

五、思考题

1. 观察对比稻草、棉籽壳及玉米芯不同培养料栽培平菇的生长发育规律。
2. 分析不同培养料对平菇产量与质量的影响。

实验五　有机污染物质(表面活性剂)的生物降解

一、实验原理和目的

表面活性剂是合成洗涤剂的主要有效成分,目前应用较多的是直链型烷基苯磺酸盐类(LAS)。环境中表面活性剂的消失几乎全是微生物的作用,微生物通过其特殊的酶系的降解能力受到菌株类型、表面活性剂浓度及其他多种物理化学因素的影响。本实验应用一株由处理洗涤剂工业废水的塔式生物滤池中分离得到的 LAS 降解菌,考查不同起始浓度 LAS 对微生物降解度的影响。

本实验的目的在于掌握微生物在环境污染物降解中的原理和重要作用;掌握污染物的测定方法。

二、实验准备

(1)菌种

气单胞菌($Aeromonas$ sp.)。

(2)培养液

蛋白胨 0.5%、NaCl 0.5%、NH_4NO_3 0.5%、KH_2PO_4 0.1%、K_2HPO_4 0.1%、合成洗涤剂(含 LAS)0.02%~0.12%、蒸馏水 100 mL。调节 pH 值至 6.7~7.2,121℃高压蒸汽灭菌 20 min。

分别配制 4 种含不同 LAS 浓度的培养液,使其 LAS 含量为 40 mg/L、120 mg/L、180 mg/L 和 240 mg/L。可根据所采用的洗涤剂型号中 LAS 含量换算,再经实测(LAS 测定见本实验"实验步骤"项)。培养液分装于 500 mL 三角瓶,每瓶注 100 mL,不同 LAS 浓度标记清楚,121℃高压蒸汽灭菌 20 min 备用。

(3)美蓝溶液

称取 100 mg 美蓝溶于蒸馏水后稀释至 100 mL。移取该液 30 mL 于 1000 mL 容量瓶中,加 6.8 mL 分析纯浓 H_2SO_4 及 50 g $NaH_2PO_4 \cdot 2H_2O$,用蒸馏水溶解后加入容量瓶并稀释至 1000 mL 刻度处。

(4)LAS 标准溶液

称取纯 LAS 0.5 g (99.5%LAS 标准品),溶于蒸馏水,稀释至 500 mL,此液 LAS 浓度

为 1 mg/mL。取此液 10 mL 稀释至 1000 mL，则 LAS 浓度为 0.01 mg/mL。

（5）洗涤液

取 6.8 mL 分析纯浓 H_2SO_4 及 50 g $NaH_2PO_4 \cdot 2H_2O$，溶于蒸馏水并稀释至 1000 mL。

（6）仪器

恒温振荡器、分光光度计（具波长 652 nm）、离心机。

（7）器材

500 mL 三角瓶，250 mL 分液漏斗，50 mL、100 mL、500 mL 和 1000 mL 容量瓶，量筒，吸管，脱脂棉等。

三、实验步骤

（1）接种

取气菌株斜面菌种 1 支，以 10 mL 无菌水洗下菌苔，充分摇匀打散，制成浓菌液。每瓶培养液中接入菌液 1 mL；每种 LAS 浓度接 2 瓶，另设 1 瓶不接种作对照。

（2）培养

将接种与不接种的对照瓶置恒温振荡器上，控制转速为 170~220 r/min，于 32℃±1℃ 恒温振荡培养 48 h。培养结实时，将培养液离心以除去菌体（8000 r/min 离心 10 min 或 4000 r/min 离心 30 min）。离心后的上清液留作测定 LAS 用。

（3）LAS 测定

LAS 和美蓝可生成蓝色化合物，并溶于氯仿等有机溶剂中。

①制备标准曲线。取 0、2 mL、5 mL、10 mL、15 mL、20 mL LAS 标准液（0.01 mg/mL）分别稀释至 100 mL 制成不同浓度标准液。将标准液 100 mL 装于 250 mL 分液漏斗中，用 H_2SO_4 调节 pH 值至微酸性，加美蓝液 25 mL。

a. 氯仿提取。向上述分液漏斗中加氯仿 10 mL，猛烈振荡 30 s，静置分层，将氯仿层排入另一个 250 mL 分液漏斗中。如此提取 3 次。

b. 洗涤。在上述接纳了 3 次氯仿提取液的分液漏斗中加入 50 mL 洗涤液，猛烈振荡 30 s，静置分层。将一小块脱脂棉塞入分液漏斗活塞下部以滤除水珠，分液漏斗中的氯仿层缓缓放下至一个 50 mL 容量瓶中。

c. 再次提取。加氯仿 6 mL 于上述 b 分液漏斗的水液中，振荡分层后将氯仿层并入上述 b 容量瓶中。如此提取 3 次。然后用氯仿将容量瓶中液体稀释至 50 mL 刻度处。

d. 测定 LAS。用纯氯仿作空白对照，用分光光度计固定波长为 652 nm，测定各标准液的光密度值（OD）。以光密度值作纵坐标，LAS 的毫克数（LAS 原标准液浓度 0.01 mg/mL×所取该液的毫升数）作横坐标，制作标准曲线。并通过图解法求出标准曲线的斜率 K。

②培养液测定。吸取离心后的培养液上清液 1~10 mL，放于 250 mL 分液漏斗中，用蒸馏水稀释至 100 mL。以下步骤同绘制标准曲线时的步骤，测得样品的氯仿提取液的光密度值。按下式计算样品中 LAS 浓度。

$$LAS(mg/L) = OD_{652} \times 1000/(标准曲线斜率 \times 水样体积) \times 100\%$$

（4）LAS 降解度计算

$$D = (C_0 - C_1)/C_0 \times 100\%$$

式中 D——降解度,%;

C_0——振荡培养开始时的起始 LAS 浓度,mg/L;

C_t——振荡培养若干小时后的残留 LAS 浓度,mg/L。

如果未接菌液的空白对照液经培养后 LAS 也有所减少,且其差值为 C'(mg/L),则

$$D = [C_0 - (C_t + C)]/C_0 \times 100\%$$

四、实验报告

将实验结果填入附表 1。

附表 1 LAS 起始浓度对微生物降解度的影响

起始 LAS 浓度 (mg/L)	40		120		180		240	
	接种	不接种	接种	不接种	接种	不接种	接种	不接种
培养后残留 LAS 浓度(mg/L)								
降解度(%)								

五、思考题

1. 实验结果说明了什么问题?

2. 参考本实验设计一个污染物微生物降解实验(要求有污染物的测定方法)。

实验六　活性污泥耗氧速率、废水可生化性及毒性的测定

一、实验原理和目的

活性污泥的耗氧速率(OUR)是评价污泥微生物代谢活性的一个重要指标。在日常运行中,污泥 OUR 的大小及其变化趋势可指示处理系统负荷的变化情况,并可以此来控制剩余污泥的排放。活性污泥的 OUR 如果大大高于正常值,往往表明污泥负荷过高,这时出水水质较差,残留有机物较多,处理效果也差。污泥 OUR 值如果长期低于正常值,这种情况往往在活性污泥负荷低下的延时曝气处理系统中可见,这时出水中残存有机物数量较少,处理完全,但若长期运行,也会使污泥因缺乏营养而解絮。处理系统在遭受毒物冲击而导致污泥中毒时,活泥 OUR 的突然下降常是最为灵敏的早期警报。

本实验的目的是掌握活性污泥耗氧速率及毒性测定方法,以判断废水的可生化性及废水毒性的极限程度。

二、实验准备

电极式溶解氧测定仪(附图 1)、电磁搅拌器、恒温水浴锅、离心机、离心管、充气泵、BOD 测定瓶(300 mL 左右)、烧杯、广口瓶、橡皮滴管、0.025M,pH 7.0 磷酸盐缓冲液。

称取 KH_2PO_4 2.65 g、Na_2HPO_4 9.59 g 溶于 1 L 蒸馏水中即成 0.5 mol/L pH7.0 的磷

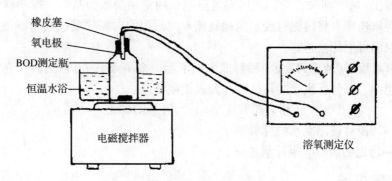

附图1　电极式溶解氧测定仪示意

酸盐缓冲液，备用。使用前将上述 0.5 mol/L 的缓冲液以蒸馏水稀释 20 倍，即成 0.025 mol/L pH 7.0 的磷酸盐缓冲液。

三、实验步骤

（1）测定活性污泥的耗氧速率

①将 250 mL 广口瓶 2 个，配好橡皮塞并编号，在其容积的一半处做一记号，然后将饱和溶氧自来水用虹吸的方法装至广口瓶记号处，再用活性污泥混合液装满。

②装满后向 1 号瓶中迅速加入 10%CuSO$_4$ 溶液 10 mL，盖塞紧，混匀。

③同时将 2 号瓶盖塞紧，不断颠倒瓶子，使污泥颗粒保持在悬浮状态。10 min 后，向 2 号瓶加入 10%CuSO$_4$ 溶液 10 mL，盖塞紧，混匀后静止。

④分别测定 1、2 号瓶中的溶氧浓度。通过下式计算耗氧速率（r）：

$$r = (a-b) \times 60 \times 2/t$$

式中　a——1 号瓶中的溶氧浓度；

　　　b——2 号瓶中的溶氧浓度；

　　　t——2 号瓶反应时间，min。

（2）工业废水可生化性及毒性的测定

①活性污泥驯化。取城市污水厂活性污泥，停止曝气 0.5 h 后，弃去少量上清液，再以待测工业废水补足，然后继续曝气，每天以此方法换水 3 次。持续 15~60 d，对难降解废水或有毒工业废水，驯化时间往往取上限，驯化时应注意勿使活性污泥浓度有明显下降，若出现此现象，应减少换水量，必要时可适量增补些氮、磷营养。

②取驯化后的活性污泥放入离心管中，置于离心机中以 3000 r/min 转速离心 10 min，弃击上清液。

③在离心管中加入预先冷至 0℃ 的 0.0255 mol/L pH 7.0 的磷酸盐缓冲波，用滴管反复搅拌并抽吸污泥，使污泥洗涤后再不离心，并弃去上清液。

④重复③步骤洗涤污泥 2 次。

⑤将洗涤后的污泥移入 BOD 测定瓶中，再以溶解氧饱和的 0.025 mol/L pH 7.0 的磷酸盐缓冲液充满，按以上耗氧速率测定法测定污泥的耗氧速率，此即为该污泥的内源呼吸耗氧速率。

⑥按步骤①~④,将洗涤后污泥以充氧至饱和的待测废水为基质,按步骤⑤,测定污泥对废水的耗氧速率。将污泥对废水的耗氧速率同污泥的内源呼吸耗氧速率相比较,数值越高,该废水的可生化性越好。

⑦可将有毒废水(或有毒物质)稀释成不同浓度,按步骤①~⑥测定污泥在不同废水浓度下的耗氧速率,并分析废水的毒性情况及其极限浓度。

$$相对耗氧速率 = (R_S/R_0) \times 100\%$$

式中　R_S——污泥对被测废水的耗氧速率;

　　　R_0——污泥的内源呼吸耗氧速率。

四、实验报告

评价工业废水的可生化性和毒性:根据污泥的内源呼吸耗氧速率以及污泥对工业废水的耗氧速率和对不同浓度有毒废水的耗氧速率算得相对耗氧速率,然后依据附图2评价该废水的可生化性或毒性,以供制订该废水处理方法和工艺时参考。

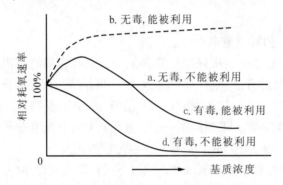

附图2　污泥相对耗氧速率与废水的可生化性及毒性的关系

五、思考题

1. 耗氧速率的实质是什么?

2. 根据污泥的内源呼吸耗氧速率以及污泥对工业废水的耗氧速率和对不同浓度有毒废水的耗氧速率计算相对耗氧速率,并对该废水进行可生化性或毒性进行评价。

实验七　啤酒麦芽汁的制备

一、实验原理和目的

麦芽汁制备俗称糖化。所谓糖化是指将麦芽和辅料中高分子贮藏物质(如蛋白质、淀粉、半纤维素等及其分解中间产物)通过麦芽中各种水解酶类(或外加酶制剂)作用降解为低分子物质并溶于水的过程。溶解于水的各种干物质称为浸出物,糖化后未经过滤的料液称为糖化醪,过滤后的清液称为麦芽汁,麦芽汁中的浸出物含量和原料干物质之比(质量分数)称为无水浸出率。糖化是酿造酒生产的第一步操作,糖化效果对啤酒的品质和风味有很大的影响。

麦芽是酿造啤酒的物质基础之一，通过实验使学生掌握麦芽汁的制备原理，熟悉其制备方法，了解麦芽汁制备的操作要点及麦芽汁质量对啤酒酿造的影响。

二、实验准备

(1)材料

①优级(或一级)大麦芽粉、大米粉、焦香麦芽粉、黑麦芽粉、酒花(或酒花浸膏、颗粒酒花)。

②耐高温 α-淀粉酶(添加量为每克底物中酶活性为 7 U，即 7 U/g)、糖化酶(用量为 30 U/g 大麦、大米)、复合酶(用量为大麦量的 0.3%)。

③乳酸(或磷酸)。

④ 0.025 mol/L 碘液。

(2)仪器

温度计(120℃)、恒温水浴锅(4 孔)、糖度计、布氏漏斗、台秤、分析天平、纱布、玻璃仪器。

三、实验步骤

(1)麦芽汁制备工艺流程

原辅料粉碎→ 加投料水→ 原料的糊化和糖化→糖化醪的过滤→混合麦芽汁加酒花煮沸→麦芽汁澄清→麦芽汁冷却→麦芽汁充氧→发酵用冷麦芽汁

(2)麦芽汁制备操作要点

①工艺选择。根据麦芽汁质量指标分析数据、成品啤酒的类型和质量要求、辅料种类等，结合糖化原理选择设计适合的糖化方法，并给出糖化工艺曲线。本实验选用优质麦芽，采用适于淡爽型啤酒的复式浸出糖化法。糖化工艺曲线如附图 3 所示。

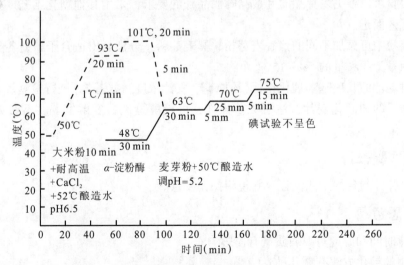

附图 3 糖化工艺曲线

②水处理。取 1500 mL 水煮沸 10 min，冷却澄清过滤，备用。

③麦芽汁制备。称取 30 g 大米粉，按 1∶(8~9)加水与加入处理后的热水进行混合，水温为 50℃，用乳酸或磷酸调 pH 值至 6.5，按 7 U/g 大米的量添加耐高温 α-淀粉酶，保温 10 min。以 1℃/min 速率升温到 93℃，保温 20 min 迅速升温至 100℃，煮沸 20 min。然后于 5 min 内降温至 63℃用于混醪。注意，在蒸煮过程中应适当补水，维持原体积。

麦芽粉 70 g 投入 50℃热水中，加水比为 1∶3，用乳酸或磷酸调 pH 值至 5.2，保温 30 min，使蛋白质休止。然后升温至 63℃与糖化醪混合，底物中糖化酶活性达 30 U，保温 30 min 进行第一段糖化，充分发挥 β-淀粉酶及核苷酸酶、内切酶的活性。然后再于 5 min 内升温至 68℃进行第二段糖化，发挥麦芽中自身淀粉酶的催化作用，提高麦汁收率。用碘液检测至醪液不呈蓝色时，再升温至 75℃，保温 15 min，糖化过程结束。在糖化过程中应注意补水，维持原体积。

④过滤。将醪液用 4 层纱布过滤，如果醪液不清，返回再过滤，直至汁澄清。用糖度计测量麦芽汁糖度，用 78~80℃热水 400 mL 分 2~3 次洗槽。洗槽水与滤液混合，测其糖度。添加约 0.05 g 酒花，煮沸 70 min，补水至糖度为 10°Bx，趁热用滤纸过滤，即得到澄清的麦芽汁。

(3)麦芽汁制备的工艺要求

①原料中有用成分应得到最大限度萃取。即原料麦芽和辅料中的淀粉转变成可溶性无色糊精和可发酵性糖类的转化程度要达到最大，它关系到麦芽汁收率或原料利用率。

②原料中无用的或有害的成分溶解最少。主要指麦芽的麦壳物质、原料的脂肪、高分子蛋白质等，它们会影响啤酒风味和啤酒的稳定性。

③麦芽汁的有机或无机成分的数量和配比应符合啤酒品种、类型的要求。啤酒的风格、类型的形成，除了酵母品种和发酵技术外，麦芽汁组成是主要的物质基础。

(4)注意事项

①本实验可以根据麦芽品质和成品啤酒品种的要求，采用其他糖化工艺。相应操作步骤由糖化工艺而定。

②麦芽粉中可添加不同的焦香麦芽粉、黑麦芽粉，分别制出适合于酿造各类啤酒的麦芽汁。使用量为原料的 5%~15%。

③可对麦芽汁的几项基本理化指标(还原糖、麦汁浓度、氨基氮)进行检测。

④煮沸后的加酒花麦汁，注意无菌操作，可接酵母进行发酵实验，不必再滤除冷沉淀物。

四、实验报告

写出麦芽汁制备的工艺流程，并说明操作要点。

五、思考题

1. 糖化时间和温度对啤酒质量有何影响？
2. 常用的糖化方法有哪几种？

实验八 固定化酵母细胞发酵啤酒

一、实验原理和目的

固定化技术是指将生物酶或细胞固定在一定的基质上，从而提供酶或细胞的利用效率，是一种广泛应用的工业微生物技术。利用固定化酵母细胞发酵生产啤酒，最常用的方法是包埋法，是指将微生物细胞均匀地包埋在不溶性载体的紧密结构中，由于胞体与载体紧密连接，细胞不易漏出，且载体可作为细胞的屏障，从而避免外界不利因素影响，使得细胞始终处于最佳生理状态，固定后的酵母细胞具有可重复利用、发酵后菌体与发酵液易于分离、后处理工艺简单、成本低和过程自动化等特点。

学习固定化细胞技术的方法及意义。熟悉啤酒发酵的原理，了解酵母发酵产生啤酒的过程。

二、实验准备

（1）供试菌种

啤酒酵母。

（2）培养基

①麦芽汁琼脂培养基（斜面）。

②种子培养基。麦芽汁（自制或从啤酒厂直接购买）加 0.3% 酵母膏，用 H_2SO_4 或 NaOH 调 pH 值至 5.0，每个小三角瓶装 75 mL 液体培养基。

③发酵培养基。150 mL 麦芽汁（8%~12%）盛在 250 mL 三角瓶中。

（3）固定化细胞材料（要求无菌）

2.5% 海藻酸钠溶液、1.5% $CaCl_2$、无菌生理盐水、波美计、水浴锅、2 mm 滴管、旋转蒸发仪、乙醇密度计。

三、实验步骤

（1）斜面种子培养基的制备

①取大麦或小麦若干，用水洗净，浸水 6~12 h，置 15℃ 阴暗处发芽，上盖纱布一块，每日早、中、晚淋水一次，麦根伸长至麦粒的 2 倍时，即停止发芽，摊开晒干或烘干，贮存备用。

②将干麦芽磨碎，一份麦芽加 4 份水，在 65℃ 水浴锅中糖化 3~4 h，糖化程度可用碘滴定之。

③将糖化液用 4~6 层纱布过滤，滤液如混浊不清，可用鸡蛋白澄清，方法是将一个鸡蛋白加水约 20 mL，调匀至生泡沫时为止，然后倒在糖化液中搅拌煮沸后再过滤。

④将滤液稀释到 5~6 °Bx，pH 值约 6.4，加入 2% 琼脂即成。

此培养基在 121℃ 灭菌 20 min。然后摆斜面，等温度降至 25℃ 左右时，无菌条件下接入待活化的酵母菌种，再置于 28℃ 恒温箱中培养 24 h。

（2）菌体培养

将培养 24 h 的新鲜斜面菌种，接种于三角瓶种子培养基中，在 28℃静止培养 72 h 或 28℃，100 r/min 下培养 24 h。

（3）酵母细胞的固定化

2.5%海藻酸钠溶液 10 mL，加热助溶，灭菌，冷却至 45℃时，加入 5 mL 预热至 35℃ 的酵母培养液，混合均匀。用无菌滴管以缓慢而稳定的速度将其滴入预先灭菌并冷却后备用的 50 mL 的 1.5%CaCl₂ 溶液中，边滴边摇动三角瓶，即可制得直径为 3mm 左右的凝胶珠。在 CaCl₂ 溶液中钙化 30 min，即可使用。

（4）固定化酵母生长细胞发酵啤酒

把制得的固定化酵母细胞，移入生理盐水中，洗一次，将制得的固定化小球全部转移到发酵培养基中，室温下静止培养一周后测乙醇含量。将发酵后的固定化酵母细胞用生理盐水洗一次，就可以再接入新的发酵培养基，进行第二次发酵。

（5）测定发酵液中乙醇含量

取发酵液 50 mL，加水 100 mL 进行蒸馏，蒸馏装置如附图 4 所示。收集前馏分 50 mL，用乙醇密度计测定乙醇含量是否达到 3%~5%。注意：乙醇密度计与糖密度计不同。由于乙醇密度比水小，乙醇含量越高，密度计上浮越多。

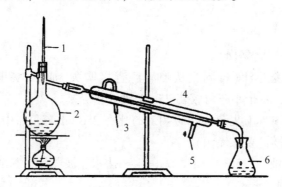

1. 温度计；2. 蒸馏瓶；3. 冷却水进出口；4. 冷凝管；5. 接引管；6. 接收瓶。

附图 4　乙醇发酵蒸馏装置图

（6）注意事项

①从保藏种到斜面培养基、再到种子培养基和发酵培养基整个过程要严格进行无菌操作，防止发酵过程发生污染。

②酵母培养液加入 CaCl₂ 溶液中时，注意控制其加入的量，这样才能制出大小合适的凝胶珠，凝胶珠的大小能直接影响发酵的效果。

③因酒度指的是温度为 20℃时，酒中含乙醇的体积百分比为酒精度，故在测定酒精度时，还要测定温度，最后再查表换算成 20℃时的酒精度，此即为该实验所制啤酒的酒精度。

四、实验报告

写出啤酒生产的工艺流程及操作要点和注意事项。

五、思考题

1. 固定化发酵啤酒的基本原理是什么？
2. 固定化发酵啤酒的特点有哪些？

实验九　β-半乳糖苷酶的固定化

一、实验原理和目的

共价结合法是进行酶的固定化的常用手段之一，通过共价键将酶与载体结合，有结合力强、机械强度高等特点。采用共价结合法的无毒害作用的载体也有多种，如纤维素、琼脂糖凝胶、葡聚糖凝胶、无害作用的甲壳质等。酶分子中可以形成共价键的基团主要有氨基、羧基、巯基、羟基、酚基等，但要避开酶的活性中心的基团或是将其进行保护。将载体活化是进行共价结合的重要步骤，不同的载体，酶上结合的基团不同，则活化的方法不同；活化可以直接使载体与酶结合，也可以通过其他媒介试剂（如交联剂）使二者结合。本实验采用尼龙为载体，经 3-二甲基丙胺进行活化后以戊二醛作为交联剂与 β-半乳糖苷酶的氨基进行结合。

β-半乳糖苷酶是通过特定条件下水解 β-D-半乳糖苷键，将乳糖水解成 α-D-葡萄糖和 α-D-半乳糖，从而解除乳糖不耐受人群对于牛奶中的乳糖不消化作用。本实验通过固定化技术把 β-半乳糖苷酶变成水不溶性酶，就可以进行连续的酶反应来除去牛奶中的乳糖，这一方法较将乳糖酶和溶菌酶（防腐）加入牛奶供人饮用的成本低。固定化完成后，需对天然酶以及固定化酶的活力进行测定，并计算活力回收率。在牛奶中还有乳糖等还原物质，当被水解成葡萄糖和半乳糖后，溶液的还原性增加，这可以看成乳糖水解的一个指标。还原糖与 DNS 试剂共热后显色，在一定范围内，还原糖的量和反应液的颜色强度成正比关系，利用比色法可知被测样品的还原糖的含量。

通过本实验学习共价结合法制备固定化酶的基本原理和基本方法。

二、实验准备

尼龙 66 网（40~70 目）、鲜牛奶、乳糖酶（来源不同，最适 pH 值不同）、1 mol/L NaOH、1 mol/L HCl、1mol/L pH 7.0 磷酸缓冲液、12.5%戊二醛溶液（将 25%的戊二醛 50 mL 用 0.1 mol/L 磷酸缓冲液定容至 100 mL，4℃保存）、CaCl$_2$ 溶液（将 18.6 g CaCl$_2$ 溶解与 18.6 mL 水中，用甲醇定容至 100 mL）、DNS 试剂（3,5-二硝基水杨酸试剂）、1%葡萄糖标准溶液、0.1%乳糖溶液、3-二甲基丙胺、20%三氯乙酸、丙酸、医用乙醇、无水乙醇。

三、实验步骤

（1）酶的固定化

将尼龙网裁成 1.5 cm×1.5 cm 的小片，1 mol/L NaOH 浸洗 10 min →水洗至中性→用 1

mol/L HCl 浸洗 10 min →水洗至中性→乙醇洗去水分→丙酮洗 20 min 除去脂溶性杂质→乙醇去丙酮→控干→CaCl₂ 溶液 50℃水浴处理 20 min →彻底水洗→乙醇脱水→控干。

经上述处理的尼龙网浸入 3-二甲基丙胺中 70℃浸泡活化 12 h →彻底浸泡活化(可见大量白色沉淀)→用 1 mol/L pH 7.0 磷酸缓冲溶液洗→上述 12.5%戊二醛溶液 6℃浸泡处理 1 h →1 mol/L pH 7.0 磷酸缓冲溶液洗→将 1 g 尼龙网浸入 20 mL 乳糖酶液(约 100 IU)中，6℃浸泡处理 16 h →水洗至水中无蛋白即完成。

(2)酶活力测定

①酶反应见附表 2。

附表 2 固定化酶反应条件的确定

管号	1	2	3	4
天然酶(mL)	1		1	
固定化酶(g)		1		1
0.1mol/L 乳糖溶液(mL)	20	20		
鲜牛奶(mL)			20	20

37℃水浴，不时摇动

不同时间(min)取样，重新编号 0 20 40 60 90 120 150 180 240

每次取样(mL) 1

加 20%三氯乙酸(mL) 0.2

离心 4000 r/min，10 min 后，上清液用于测定还原糖

注：乳糖酶的活性单位在本实验条件下，37℃、pH 值 7.0 时，每分钟使 ΔOD_{520} 增加 0.0001 的酶量为 1 个乳糖单位。

②还原糖的测定。各实验样品在不同的酶反应时间取样离心后，按照附表 3 测定。

附表 3 不同酶反应时间还原糖测定

管号	0	1	2	3	4	5	6	7	8	9
取样时间	—	0	20	40	60	90	120	150	180	240
蒸馏水(mL)	0.4					0				
待测样(mL)	0					0.4				
DNS 试剂(mL)						0.3				

加热、混匀后于沸水浴 5 min

冷却、立刻用流动的水冷却

| 蒸馏水(mL) | | | | | | 4.3 | | | | |

充分混匀，以 0 号管为对照，测定光密度(OD₅₂₀)

四、实验报告

实验完毕后，填写各号管不同时间样品的测定结果。以反应时间(min)为横坐标，OD_{520} 为纵坐标，绘出天然酶和固定化酶分别以 0.1%乳糖溶液为底物以及以鲜牛奶为底物时的酶活力的实验结果图。

用 20 min 时的实验结果计算出 1 mL 天然酶和 1 g 固定化酶的活力。计算固定化酶的活力回收率（固定化酶总活力×100%/用于固定化的酶总活力），以及单位面积的尼龙网上固定化酶的比活力（CFU/cm²）。

五、思考题

1. 固定化细胞内酶活力回收值的高低与哪些因素有关?

2. 固定化细胞的活力、底物专一性、反应温度、动力学常数与游离细胞相比有否不同?

3. 比较各种细胞固定化方法的优缺点。

参考文献

艾春香，LEI X G. 藻类在饲料中的应用[M]//刘建新，动物营养研究进展. 北京：中国农业科学技术出版社，2012.

曹军卫，马辉文. 微生物工程[M]. 北京：科学出版社，2004.

曹雁平. 食品调味技术[M]. 北京：化学工业出版社，2010.

曹运齐，刘云云，胡南江，等. 燃料乙醇的发展现状分析及前景展望[J]. 生物技术通报，2019，35（4）：169-175.

陈锷，万东，褚可成，等. 空气微生物污染的监测及研究进展[J]. 中国环境监测，2014，30（4）：171-178.

陈吉，杨书辉，祁诗月，等. 微生物技术处理固体废弃物的研究进展[J]. 环境生态学，2019，1（2）：71-76.

陈集双，欧江涛. 生物资源学导论[M]. 北京：高等教育出版社，2017.

陈坚，堵国成，李寅，等. 发酵工程原理与技术[M]. 北京：化学工业出版社，2004.

陈明利，王晨，程薇，等. 食用菌菌糠加工利用技术研究[J]. 中国食用菌，2015，34（2）：1-4.

陈守文. 酶工程[M]. 2版. 北京：科学出版社，2015.

陈亚楠，王亚炜，魏源送，等. 不同功能地表水体中病原微生物指示物的标准比较[J]. 环境科学学报，2015（2）：337-351.

陈玉成. 污染环境生物修复工程[M]. 北京：化学工业出版社，2003.

程永宝. 微生物学实验与指导[M]. 北京：中国医药科技出版社，2015.

崔云虹，图布，王秀英，等. 新时期微生物在环境污染治理中的有效应用[J]. 科技创新导报，2019，16（11）：140-142.

邓代莉. 重金属污染对土壤酶活性和微生物群落结构的影响研究[D]. 成都：成都理工大学，2019.

邓露芳，范学珊，王加启. 微生物发酵粕类蛋白质饲料的研究进展[J]. 中国畜牧兽医，2011，38（6）：25-30.

董文玥，姚培圆，吴洽. 庆纳米材料固定化酶的研究进展[J]. 微生物学通报，2020，47（7）：2161-2176.

丰慧根. 应用微生物学[M]. 北京：科学出版社，2013.

冯旭东，李春. 酶的改造及其催化工程应用[J]. 化学进展，2015，27（11）：1649-1657.

符泽，邱光. 微生物农药的研发推广及未来发展趋势[J]. 农药市场信息，2018（6）：6-10.

高寒，陈娟，王沛芳，等. 农药污染土壤的生物强化修复技术研究进展[J]. 土壤，2019，51（3）：425-433.

高年发. 葡萄酒生产技术[M]. 北京：化学工业出版社，2005.

高培基，许平. 资源环境微生物技术[M]. 北京：化学工业出版社，2004.

顾国贤. 酿造酒工艺学[M]. 北京：中国轻工业出版社，1996.

郭春景. 微生物肥料及其微生态效应研究[D]. 哈尔滨：东北林业大学，2004.

郭维烈，郭庆华. 新型发酵蛋白饲料[M]. 3版. 北京：科学技术文献出版社，2005.

郭晓昀，于昌平，郑天凌. 微生物太阳能燃料电池的研究进展[J]. 微生物学报，2015，55(8)：961-970.

郭勇. 酶工程[M]. 3版. 北京：科学出版社，2009.

郭玉琴，何欣，孙晓利. 不同含水率对苜蓿青贮营养成分的影响[J]. 当代畜牧，2005(12)：38-39.

韩长志. 植物病原拮抗菌木霉菌真菌的研究进展[J]. 江苏农业学报，2016，32(4)：946-952.

韩淑敏，张帆，李琦，等. 青贮饲料发展现状及其在反刍动物养殖中的应用[J]. 黑龙江畜牧兽医，2018(8)：143-145，148.

何国庆，贾英民. 食品微生物学[M]. 北京：中国农业大学出版社，2002.

何文祥，洪坚平. 环境微生物学[M]. 北京：中国农业大学出版社，2005.

河北省廊坊地区轻工业局. 白酒生产微生物[M]. 北京：中国轻工业出版社，1977.

贺稚非，霍乃蕊. 食品微生物学[M]. 北京：科学出版社，2018.

赫尔姆特，汉斯，迪特里希. 葡萄酒微生物学[M]. 宋尔康，译. 北京：中国轻工业出版社，1989.

洪坚平，来航线. 应用微生物学[M]. 北京：中国林业出版社，2005.

洪坚平，谢英荷. 农业微生物资源的开发利用[M]. 北京：中国林业出版社，2000.

侯红萍. 发酵食品工艺学[M]. 北京：中国农业大学出版社，2016.

侯宪文. 农药污染土壤的生物修复技术研究[J]. 热带农业科学，2009，29(2)：46-51.

侯炳炎. 饲料酶制剂的生产和应用[J]. 工业微生物，2015，4(1)：62-66.

胡祥娜，金肇熙，钟娇娥，等. 国家标准《有机—无机复混肥料》中有机质测定方法的研究[J]. 土壤肥料，2003(2)：33-36.

胡学智. 酶制剂工业概况及其应用进展[J]. 工业微生物，2003，12(4)：33-41.

胡永金，刘高强. 食品微生物学[M]. 长沙：中南大学出版社，2017.

黄海洋，刘克全，储风丽，等. 双孢蘑菇栽培中的六个关键控制点[J]. 中国食用菌，2009(2)：9-10.

黄平. 生料酿酒技术[M]. 北京：中国轻工业出版社，2001.

黄毅. 食用菌栽培[M]. 2版. 北京：高等教育出版社，1998.

贾乐，金铭，代梦桃，等. 生物有机肥作用的研究进展[J]. 农村经济与科技，2017，28(13)：42-43.

姜成林，徐丽华. 微生物资源开发利用[M]. 北京：中国轻工业出版社，2001.

姜庆宏，宋玉艳，韩剑宏，等. 生物炭—微生物复合材料修复Cr(Ⅵ)污染土壤条件优化及促生效果[J]. 环境污染与防治，2020，42(8)：964-970.

蒋高华，李宛晃，杨文坪，等. 固体废弃物生产生物有机肥的研究及应用进展[J]. 山东化工，2019，48(20)：67-69.

蒋高华，彭兴华，李宛晃. 生物有机肥生防菌的应用研究进展[J]. 农业与技术，2019(21)：19-20.

焦瑞军. 微生物资源[M]. 北京：化学工业出版社，2002.

金昌海. 食品发酵与酿造[M]. 北京：中国轻工业出版社，2018.

康素花. 乳酸菌菌体蛋白的开发与应用[J]. 中国酿造，2015(1)：18-21.

科学技术部社会发展科技司，中国生物技术发展中心. 2014中国生物技术与产业发展报告[R]. 北京：科学出版社，2014.

孔保华. 乳品科学与技术[M]. 北京：科学技术出版社，2004.

孔健. 农业微生物技术[M]. 北京：化学工业出版社，2005.

孔天乐，孙晓旭，孙蔚旻. 锑和砷对固氮菌的毒性效应及其机制研究[J]. 生态环境学报，2020，29(3)：589-595.

乐毅全，王士芬. 环境微生物学[M]. 3版. 北京：化学工业出版社，2019.

雷修齐. 生物有机肥的研究进展分析[J]. 土肥植保，2015，32(12)：142.

李爱科. 新型蛋白源饲料开发与应用[J]. 饲料与畜牧, 2019(4): 71-75.

李大和. 白酒酿造与技术创新[M]. 北京: 中国轻工业出版社, 2017.

李典亮, 谢放华. 对生物有机肥生产工艺选择的几个问题的思考[J]. 土壤肥料, 2004(4): 44-46.

李汉昌. 白色双孢蘑菇栽培技术[M]. 北京: 金盾出版社, 1999.

李华, 王华, 袁春龙, 等. 葡萄酒工艺学[M]. 北京: 科学出版社, 2007.

李家民. 固态发酵[M]. 成都: 四川大学出版社, 2017.

李建政. 废物资源化与生物能源[M]. 北京: 化学工业出版社, 2004.

李健, 李美, 高兴祥, 等. 微生物除草剂研究进展与展望[J]. 山东农业科学, 2016, 48(10): 149-151, 156.

李军训, 高洁, 王建华, 等. 青贮乳酸菌的发酵生物量研究[J]. 饲料工业, 2004, 25(7): 48-51.

李俊, 沈德龙, 姜昕. 我国微生物肥料行业的现状与发展对策[M]. 农业质量标准, 2003(3): 27-29.

李丽, 董万涛, 张兴, 等. 石油污染土壤修复技术研究进展[J]. 四川环境, 2020, 39(4): 200-205.

李明春, 刁虎欣. 微生物学原理与应用[M]. 北京: 科学出版社, 2018.

李娜, 崔梦君, 马佳佳, 等. 自然发酵腐乳中细菌多样性评价[J]. 食品研究与开发, 2019, 40(16): 165-171.

李茜, 刘晨, 罗娜, 等. 农村区域环境空气微生物质量及影响因素[J]. 绿色科技, 2020(4): 46-47.

李庆康. 畜禽粪便无害化处理及肥料化利用[J]. 畜牧水产, 2001, 11: 24-25.

李霞, 崔文甲, 弓志青, 等. 酶的新型固定化方法及其在食品中的应用研究[J]. 食品工业, 2016, 37(10): 217-220.

梁丽静. 中国白酒酿造工艺[M]. 北京: 中国轻工业出版社, 2016.

梁运祥. 联合使用发酵饲料和微生态菌剂实现畜禽全程无抗生态养殖[J]. 饲料工业, 2020, 41(14): 1-6.

梁照东. 污染土壤修复技术研究现状与趋势[J]. 环境与发展, 2020, 32(2): 79-80.

廖灵旋, 于昊, 黄建忠. 多不饱和脂肪酸合成途径研究进展[J]. 微生物学杂志, 2014, 34(3): 80-85.

林超, 余贤美, 王春妮, 等. 土壤嗜铁细菌 C19 的筛选及拮抗作用的研究[J]. 热带作物学报, 2009, 30(1): 94-98.

刘爱民. 微生物资源与应用[M]. 南京: 东南大学出版社, 2008.

刘崇汉. 蘑菇高产栽培问答[M]. 南京: 江苏科学技术出版社, 1995.

刘春青, 徐云华. 浅谈饲料青贮的影响因素及注意事项[J]. 吉林畜牧兽医, 2020(4): 54-55, 59.

刘登, 刘均洪, 刘海洲. 微生物燃料电池的研究进展[J]. 能源化工, 2007, 28(5): 26-28.

刘黄友, 余大军, 邱楚武, 等. 发酵饲料资源开发及应用技术研究进展[J]. 当代畜禽养殖业, 2020(7): 48-49.

刘慧. 现代食品微生物学[M]. 北京: 中国轻工业出版社, 2004.

刘建军, 姜鲁燕, 赵祥颖, 等. 高产酒精酵母菌种的选育[J]. 酿酒, 2003, 30(1): 57-59.

刘明, 孙海燕, 李海涛, 等. 苏云金芽孢杆菌 Vip3Aa11 蛋白定点突变对甜菜夜蛾和棉虫杀虫活性的影响[J]. 农业生物技术学报, 2019, 27(7): 1259-1265.

刘庆梅, ALI A H, 刘丹. 氧气条件对矿化垃圾修复石油污染土壤的影响[J]. 环境科学学报, 2020, 40(12): 616-626.

刘淑君, 杨文博, 施安辉. 高产油脂酵母菌选育及摇瓶发酵条件的研究[J]. 微生物学通报, 2000, 27(2): 93-97.

刘素纯, 刘书亮, 秦礼康. 发酵食品工艺学[M]. 北京: 化学工业出版社, 2019.

刘亚苓, 于营, 雷慧霞, 等. 植物病害生防因子的作用机制及应用进展[J]. 中国植保导刊, 2019, 39

（3）：23-28.

罗贵民，高仁钧，李正强. 酶工程［M］. 3 版. 北京：化学工业出版社，2016.

罗军侠，李江华，陆健，等. 耐酸生淀粉糖化酶的菌种筛选、酶的性质及发酵条件［J］. 食品工业科技，2008，29（5）：151-154.

骆永明. 污染土壤修复技术研究现状与趋势［J］. 化学进展，2009，21（2/3）：558-565.

马美湖，葛长荣，罗欣，等. 动物性食品加工学［M］. 北京：中国轻工业出版社，2003.

马霞飞，郭艳丽，张铁鹰. 高非蛋白氮利用能力酵母菌的筛选与诱变［J］. 中国畜牧兽医，2018，45（10）：80-88.

蒙杰，王敦球. 沼气发酵微生物菌群的研究现状［J］. 广西农学报，2007，22（4）：46-49.

聂聪. 酒花与啤酒酿造［M］. 北京：中国轻工业出版社，2018.

潘崇环. 食用菌优质高效栽培技术指南［M］. 北京：中国农业出版社，2000.

钱磊，刘连强，李凤美，等. 食用菌生物保鲜技术研究进展［J］. 保鲜与加工，2020，20（1）：226-231.

秦芳玲，王啸熠，文星，等. 光合细菌利用有机废水连续产氢的试验研究［J］. 工业用水与废水，2018，49（2）：32-37.

阙生全，喻爱林，刘亚军，等. 白僵菌应用研究进展［J］. 中国森林病虫，2019，38（2）：29-35.

任何军，张婷娣. 环境微生物学［M］. 北京：清华大学出版社，2015.

任南琪，王爱杰. 厌氧生物技术原理与应用［M］. 北京：化学工业出版社，2004.

任佩佩. 生物有机肥的研究进展［J］. 农村经济与科技，2018，29（6）：300.

施安辉，周波. 粘红酵母 GLR513 生产油脂最佳小型工艺发酵条件的探讨［J］. 食品科学，2003，24（1）：48-51.

史君彦，高丽朴，王清，等. 食用菌保鲜技术的研究进展［J］. 食品工业，2017，38（6）：278-282.

苏小军，熊兴耀，谭兴和，等. 燃料乙醇发酵技术研究进展［J］. 湖南农业大学学报（自然科学版），2007，33（4）：480-485.

孙俊良. 发酵工艺［M］. 北京：中国农业出版社，2002.

孙立红，陶虎春. 生物制氢方法综述［J］. 中国农学通报，2014，30（36）：161-167.

田嫚，罗冰，秦虹. 发酵法制乙醇的研究现状及展望［J］. 化工设计通讯，2019，45（10）：104-105.

汪小涵，钱磊，韦殿菊，等. 我国生物有机肥研究与应用进展［J］. 现代农业科技，2019（4）：160-163.

王超，郭坚华，席运官，等. 拮抗细菌在植物病害生物防治中应用的研究进展［J］. 江苏农业科学，2017，45（18）：1-6.

王程，霍冀川，刘佳琪，等. 高产菌体蛋白酵母的诱变育种及培养条件优化［J］. 现代农业科技，2010（9）：16-18，21.

王国惠. 环境工程微生物学［M］. 北京：化学工业出版社，2005.

王华静，吴良欢，陶勤南. 有机营养肥料研究进展［J］. 生态环境，2003，12（1）：110-114.

王家玲. 环境微生物学［M］. 2 版. 北京：高等教育出版社，2004.

王建龙，文湘华. 现代环境生物技术［M］. 北京：清华大学出版社，2008.

王力. 乳酸菌添加剂在青贮饲料中的应用现状［J］. 甘肃畜牧兽医，2019，49（5）：42-43，50.

王立刚，李维炯，邱建军，等. 生物有机肥对作物生长、土壤肥力及产量的效应研究［J］. 土壤肥料，2004（5）：12-16.

王淑霞，张丽萍，黄亚丽，等. 哈茨木霉 Tr-92 诱导黄瓜对灰霉病系统抗性的研究［J］. 中国生物防治学报，2013，29（2）：242-247.

王小芬，高丽娟，杨洪岩，等. 苜蓿青贮过程中乳酸菌复合系 Al2 的接种效果及菌群的追踪［J］. 农业工程学报，2007，23（1）：217-222.

王雅波，刘占英，兰辉，等. 酵母菌发酵玉米皮制备菌体蛋白饲料[J]. 中国饲料，2017 (4)：31-33，37.

王一华，傅荣恕. 中国生物修复的应用及进展[J]. 山东师范大学学报(自然科学版)，2003，18(2)：79-83.

王禹博，纪明山，谷祖敏，等. 生物除草剂的开发、研究进展与未来发展思路[J]. 农药，2019，58(2)：86-88，98.

王瑀，裴依菲，劳显先，等. 陈化水稻发酵生产燃料乙醇条件的研究[J]. 轻工科技，2019(6)：3-4.

韦革宏，杨祥. 发酵工程[M]. 北京：科学出版社，2008.

魏周秀，刘小侠. 棉铃虫核型多角体病毒(NPV)防治制种玉米棉铃虫幼虫田间药效试验[J]. 农业科技与信息，2020(11)：9-10.

吴红慧，周俊初. 根瘤菌培养基的优化和剂型的比较研究[J]. 微生物学通报，2004，31(2)：14-19.

吴楠楠，张珂，孙晨曦，等. 微生物技术在土壤修复中的应用研究进展[J]. 湖北农业科学，2020，59(13)：5-9.

伍德，徐岩译. 发酵食品微生物学[M]. 北京：中国轻工业出版社，2001.

席北斗，刘鸿亮，孟伟，等. 垃圾堆肥高效复合微生物菌剂的制备[J]. 环境科学研究，2003(2)：58-60.

相光明，刘建军，赵祥颖，等. 产油微生物研究及应用[J]. 粮食与油脂，2008(6)：7-11.

谢承佳，庄琪. 酱油制曲研究进展[J]. 中国调味品，2017，6(42)：77-80.

徐冲，陈杰，陈丽媛，等. 真空冷冻干燥技术在食用菌加工中的应用研究[J]. 微生物学杂志，2015，35(6)：96-99.

徐付敏. 青贮饲料的制作技术方法[J]. 现代畜牧科技，2019，38(7)：37-38.

徐丽娜，孙清，杨静，等. 污染土壤的生物修复技术研究进展[J]. 农机化研究，2007(6)：9-11.

徐然. 固定化脂肪酶的新技术及在食品领域中的应用[J]. 现代化工，2017(11)：62-65.

许正宏. 食醋酿造原理与技术[M]. 北京：科学出版社，2019.

薛高尚，胡丽娟，田云，等. 微生物修复技术在中间商污染治理中的研究进展[J]. 中国农学通报，2012，28(11)：266-271.

颜方贵. 发酵微生物学[M]. 北京：北京农业大学出版社，1993.

杨东升，宗绪岩. 啤酒发酵与酯的形成[M]. 北京：中国轻工业出版社，2017.

杨建斌. 制备微生物柴油的研究[D]. 武汉：武汉轻工大学，2008.

杨天英，逯家富. 果酒生产技术[M]. 北京：科学出版社，2004.

杨新美. 食用菌栽培学[M]. 北京：中国农业出版社，1996.

杨逸江，张红. 地下水有机污染的原位生物修复技术及其应用[J]. 广东化工，2013，40(19)：111-113，98.

杨贞耐. 乳品加工新技术[M]. 北京：化学工业出版社，2015.

姚汝华. 微生物工程工艺原理[M]. 广州：华南理工大学出版社，2000.

姚亚丽，潘忠成，郑鹏飞，等. 中生菌素在植物病害防治上的应用研究进展[J]. 衡阳师范学院学报，2019，40(6)：93-98.

叶纯，王玉娟. 脂肪酶的生物学改造研究进展[J]. 生物学杂志，2020，37(1)：77-80.

易美华. 微生物资源开发利用[M]. 北京：中国轻工业出版社，2003.

易绍金，郑义平. 产油微生物的研究及其应用[J]. 中外能源，2006，11(2)：90-94.

殷克东，王海青，黄鑫. 生物有机肥研究综述[J]. 信阳农业高等专科学校学报，2010，20(2)：116-119.

银宝山. 优质青贮饲料制作及生产应用[J]. 畜牧兽医科学, 2020(15)：127-128.

尹立明, HANMOUNGJAI P. 浅析酱油发酵工艺及改善酱油风味的方法[J]. 中国调味品, 2018, (43)5：119-121.

余萃, 廖先清, 刘子国, 等. 石油污染土壤的微生物修复研究进展[J]. 湖北农业科学, 2009, 48(5)：1260-1263.

余蕾. 葡萄酒酿造与品鉴[M]. 成都：西南交通大学出版社, 2017.

余乾伟. 传统白酒酿造技术[M]. 北京：中国轻工业出版社, 2017.

俞建良, 熊强, 张永新, 等. 燃料乙醇生料发酵技术现状[J]. 酿酒科技, 2019(10)：84-90.

俞俊棠, 唐孝宣. 生物工艺学[M]. 上海：华东理工大学出版社, 2005.

喻子牛. 微生物农药及其产业化[M]. 北京：科学出版社, 2000.

袁勤生. 酶与酶工程[M]. 2版. 上海：华东理工大学出版社, 2012.

苑丽蒲. 我国微生物农药的应用现状及发展前景[J]. 化工设计通讯, 2016, 42(12)：110-111.

曾光明, 黄国和, 袁兴中, 等. 堆肥环境生物与控制[M]. 北京：科学出版社, 2006.

曾辉, 邱玉朗, 魏炳栋, 等. 不同发酵剂对秸秆微贮饲料营养价值及品质影响的研究进展[J]. 中国饲料, 2017(17)：37-41.

扎史品楚, 农传江, 王宇蕴, 等. 生物有机肥的发酵工艺及应用效果研究[J]. 环境工程, 2015(S1)：1011-1014, 1020.

张百良. 农村能源工程学[M]. 北京：中国农业出版社, 1999.

张福元, 郭来锁. 现代食用菌基础理论及栽培新技术[M]. 北京：中国农业科技出版社, 1999.

张海滨, 孟海波, 沈玉君, 等. 好氧堆肥微生物研究进展[J]. 中国农业科技导报, 2017, 19(3)：1-8.

张红梅, 段珍, 李霞, 等. 青贮饲料乳酸菌添加剂的应用现状[J]. 草业科学, 2017, 34(12)：2575-2583.

张今, 施维, 姜大志, 等. 核酸酶学基础与应用[M]. 北京：科学出版社, 2009.

张金霞. 食用菌生产技术[M]. 北京：中国标准出版社, 1999.

张兰河. 微生物学实验[M]. 北京：化学工业出版社, 2013.

张兰威. 发酵食品原理与技术[M]. 北京：化学工业出版社, 2014.

张兰英, 刘娜, 孙立波. 现代环境微生物技术[M]. 北京：清华大学出版社, 2005.

张锐. 酸乳发酵工艺的研究[J]. 中国食品, 2019(7)：132.

张松. 食用菌学[M]. 广州：华南理工大学出版社, 2000.

张秀梅, 王素珍, 刘瑞钦, 等. 酱油中香气成分的试验研究[J]. 中国调味品, 2000(4)：13-4.

张学虎, 朱潇鹏, 王鸿盛, 等. 张掖市甘州区畜禽粪污综合利用模式分析与思考[J]. 畜牧兽医杂志, 2019, 38(3)：31-33.

张杨. 珠三角地区水体微生物污染指示菌的稳定性研究[D]. 武汉：武汉理工大学, 2017.

张毅民, 万先凯. 微生物菌群在生物有机肥制备中研究进展[J]. 化学工业与工程, 2003, 20(6)：523-527.

赵德安. 改进液态深层发酵醋风味的设想[J]. 江苏调味副食品, 2005(5)：6-9.

赵德森, 周国侠, 栾汉忱, 等. 龙源光合生态液对稻田土壤培肥及增产作用[J]. 北方水稻, 2002(3)：29-30.

赵京音, 姚政. 微生物制剂存进鸡粪堆肥腐熟和臭味控制的研究[J]. 上海农学院学报, 1995, 13(3)：193-197.

赵蕾, 滕安娜. 木霉对植物的促生及诱导抗性研究进展[J]. 植物保护, 2010, 36(3)：43-46.

赵述淼. 酿造学[M]. 北京：高等教育出版社, 2018.

赵一章. 产甲烷细菌及研究方法[M]. 成都: 成都科技大学出版社, 1997.

赵义涛, 唐玉琴, 刘萍. 食用菌深加工与功能性食品开发[J]. 中国农学通报, 2003(2): 109-110.

郑国香, 刘瑞娜, 李永峰. 能源微生物学[M]. 哈尔滨: 哈尔滨工业大学出版社, 2013.

钟磊, 卿晋武, 陈红云, 等. 微生物修复石油烃土壤污染技术研究进展 [J]. 生物工程学报, 2021, 37 (10): 3636-3652.

周德庆, 徐德强. 应用微生物学实验教程[M]. 3 版. 北京: 高等教育出版社, 2013.

周德庆. 微生物学教程[M]. 4 版. 北京: 高等教育出版社, 2020.

周芳如, 罗志威, 徐滔明, 等. 生物有机肥中生防菌种的研究进展[J]. 安徽农业科学, 2015, 43(34): 193-195.

周广田. 啤酒酿造技术[M]. 济南: 山东大学出版社, 2004.

周广田. 现代啤酒工艺技术[M]. 北京: 化学工业出版社, 2007.

周恒刚, 付金泉. 古今酿酒技术[M]. 北京: 中国计量出版社, 2000.

周亮, 谭石勇, 杨丽丽, 等. 生物有机肥研究综述[J]. 土肥植保, 2015, 32(12): 125-126.

周龙涛, 王群立, 贾悦, 等. 石油污染土壤微生物联合修复技术研究进展[J]. 油气田环境保护, 2019, 29(6): 5-10, 64.

周孟津, 张榕林, 蔺金印. 沼气实用技术[M]. 北京: 化学工业出版社, 2009.

周燚, 王中康, 喻子牛. 微生物农药研发与应用[M]. 北京: 化学工业出版社, 2006.

朱德文, 陈永生. 活性生物颗粒有机肥生产技术与成型设备的研究[J]. 农业装备技术, 2007, 33(3): 8-11.

诸葛健. 工业微生物资源开发应用与保护[M]. 北京: 化学工业出版社, 2002.

ANGELIDAKI I, TREU L, TSAPEKOS P, et al. Biogas upgrading and utilization: Current status and perspectives[J]. Biotechnology Advances, 2018, 36 (2): 452-466.

BAEYENS J, KANG Q, APPELS L, et al. Challenges and opportunities in improving the production of bio-ethanol[J]. Progress in Energy and Combustion Science, 2015, 47: 60-88.

BARRECA D, NERI G, SCALA A, et al. Covalently immobilized catalase on functionalized graphene: Effect on the activity, immobilization efficiency, and tetramer stability [J]. Biomaterials Science, 2018, 6 (12): 3231-3240.

BENNER M L, STANFORD S M, LEE L S, et al. Field and numerical analysis of in-situ air sparging: a case study[J]. Journal of Hazardous Materials, 2000, 72(2-3): 217-236.

BILAL M, ZHAO Y P, RASHEED T, et al. Magnetic nanoparticles as versatile carriers for enzymes immobilization: A review[J]. International Journal of Biological Macromolecules, 2018, 120: 2530-2544.

BJORKMAN T, BLANCHARD L M, HARMAN G E. Growth enhancement of shrunken-2 (sh2) sweet corn by *Trichoderma harzianum* 1295-22: effect of environmental stress[J]. Journal of the American Society for Horticultural Science, 1998, 123: 35-40.

BOULTON R B, SINGLETON V L, BISSON L F, et al. 葡萄酒酿造学[M]. 赵光鳌, 等译. 北京: 中国轻工业出版社, 2001.

BRISBANE P G, ROVIRA A D. Mechanisms of inhibition of *Gaeumannomyces graminis* var. *tritici* by *Fluorescent pseudomonads*[J]. Plant Pathology, 2010, 37: 104-111.

CARL L, 马兆瑞. 苹果酒酿造技术[M]. 北京: 中国轻工业出版社, 2004.

DONG W Y, YAO P Y, WU Q Q. Research progress of immobilized enzyme on nanocarriers[J]. Microbiology China, 2020, 47(7): 2161-2176.

DRIEHUIS F, VAN WIKSELAAR P G. The occurrence and prevention of ethanol fermentation in high-dry-matter grass silage[J]. Journal of the Science of Food and Agriculture, 2000, 80(6): 711-718.

FULTHORPE R R, RHODES A N, TIEDJE J M. Pristine soils mineralize 3-chlorobenzoate and 2, 4-dichlorophenoxyacetate via different microbial population [J]. Applied Environmental Microbiology, 1996, 62 (4): 1159-1166.

GRAHAM D W, SMITH V H, CLELAND D L, et al. Effects of Nitrogen and Phosphorus Supply on Hexadecane Biodegradation in Soil Systems[J]. Water, Air & Soil Pollution, 1999, 111: 1-18.

GUAJARDO N, AHUMADA K, DE MARÍA P D, et al. Remarkable stability of Candida antarctica lipase B immobilized via cross-linking aggregates (CLEA) in deep eutectic solvents[J]. Biocatalysis and Biotransformation, 2019, 37(2): 106-114.

GUO J K, DING Y Z, FENG R W, et al. Burkholderia metalliresistens sp. nov., a multiple metal-resistant and phosphate-solubilising species isolated from heavy metal-polluted soil in Southeast China[J]. Antonie Van Leeuwenhoek, 2015, 107(6): 1591-1598.

GUPTA A, VERMA J P. Sustainable bio-ethanol production from agro-residues: A review[J]. Renewable and Sustainable Energy Reviews, 2015, 41: 550-567.

HAAS D, DEFAGo G. Biological control of soil-borne pathogens by fluorescent pseudomonads[J]. Nature Reviews Microbiology, 2005, 3(4): 307-319.

HARMAN G E, HOWELL C R, VITERBO A, et al. Trichoderma species-opportunistic, avirulent plant symbionts[J]. Nature Reviews Microbiology, 2004, 2(1): 43-56.

IU Y H, LIU H, HUANG L, et al. Improvement in thermostability of an alkaline lipase I from *Penicillium* cyclopiumby directed evolution[J]. RSC Advances, 2017, 7(61): 38538-38548.

JAMWAL S, DAUTOO U K, RANOTE S, et al. Enhanced catalytic activity of new acryloyl crosslinked cellulose dialdehyde-nitrilase Schiff base and its reduced form for nitrile hydrolysis[J]. International Journal of Biological Macromolecules, 2019, 131: 117-126.

JIANG Y, ZENG R J. Bidirectional extracellular electron transfers of electrode-biofilm: Mechanism and application[J]. Bioresource Technology, 2019, 271: 439-448.

JUN L Y, YON L S, MUBARAK N M, et al. An overview of immobilized enzyme technologies for dye and phenolic removal from wastewater[J]. Journal of Environmental Chemical Engineering, 2019, 7(2): 102961.

KANALY R A, BARTHA R, WATANABE K, et al. Rapid mineralization of benzo[a]pyrene by a microbial consortium growing on diesel fuel[J]. Applied Environmental Microbiology, 2000, 66(10): 4205-4211.

KIM H J, PARK H S, HYUN M S, et al. A mediator-less microbial fuel cell using a metal reducing bacterium, Shewanella putrefaciens[J]. Enzyme & Microbial Technology, 2002, 30(2): 145-152.

LEE S M, GUAN L L, EUN J S, et al. The effect of anaerobic fungal inoculation on the fermentation characteristics of rice straw silages[J]. Journal of Applied Microbiology, 2015, 118(3): 565-573.

LI M Y, WANG K N. Estimation of digestible energy values of plant protein supplement in pig[J]. Agricultural Science &Technology, 2009, 10(2): 97-101, 107.

LIMA L M, SANTOS J P D, CASAGRANDE D R, et al. Lining bunker walls with oxygen barrier film reduces nutrient losses in corn silages[J]. Journal of Dairy Science, 2017, 100(6): 4565-4573.

LIU X, CAO A, YAN D, et al. Overview of mechanisms and uses of biopesticides[J]. International Journal of Pest Management, 2019(3): 1-8.

LIU X, QI W, WANG Y F, et al. A facile strategy for enzyme immobilization with highly stable hierarchically porous metal-organic frameworks[J]. Nanoscale, 2017, 9(44): 17561-17570.

LIU Y H, LIU H, HUANG L, et al. Improvement in thermostability of an alkaline lipase I from Penicillium cyclopium by directed evolution[J]. RSC Advances, 2017, 7(61): 38538-38548.

LUGTENBERG B J, KAMILOVA F. Plant-Growth-Promoting Rhizobacteria[J]. Annual Review of Microbiology, 2009, 63(1): 541-556.

MA Y C, LIU S Y, WANG Y, et al. Direct biodiesel production from wet microalgae assisted by radio frequency heating[J]. Fuel, 2019, 256: 115994.

MAHIDHARA G, BURROW H, SASIKALA C, et al. Biological hydrogen production: molecular and electrolytic perspectives[J]. World Journal of Microbiology and Biotechnology, 2019, 35 (8): 116.

OUTILI N, KERRAS H, NEKKAB C, et al. Biodiesel production optimization from waste cooking oil using green chemistry metrics[J]. Renewable Energy, 2020, 145: 2575-2586.

RADWAN S S, AL-HANSAN R H, SALAMAH S, et al. Bioremediation of oily sea water by bacteria immobilied in biofilms coating macroalgace[J]. International Biodeterioration & Biodegradation , 2002, 50(1): 55-59.

SHELDON R A, WOODLEY J M . Role of biocatalysis in sustainable chemistry[J]. Chemical Reviews, 2018, 118(2): 801-838.

SISTROM W R. The kinetics of the synthesis of photopigments in *Rhodopseudomonas spheroides*[J]. Journal of General and Applied Microbiology, 1962, 28: 607-616.

SONDEREGGER M, JEPPSSON M, LARSSON C, et al. Fermentation performance of engineered and evolved xylose-fermenting Saccharomyces cerevisiae [J]. Biotechnology and Bioengineering, 2004, 87(1): 90-98.

STRUTHERS J K, JAYACHANDRAN K, MOORMAN T B. Biodegradation of atrazine by *Agrobacterium radiobacter* J14a and use of this strain in bioremediation of contaminated soil[J]. Applied Environmental Microbiology, 1998, 64 (9): 3368-3375.

TANG J Y. Diagnosis of soil contamination using microbiological indices: A review on heavy metal pollution[J]. Journal of Environmental Management, 2019, 242: 121-130.

THANGARAJ B, SOLOMON P R. Immobilization of lipases-A review. Part I: Enzyme immobilization [J]. ChemBioEng Reviews, 2019, 6(5): 157-166.

URIA N, FERRERA I, MAS J. Electrochemical performance and microbial community profiles in microbial fuel cells in relation to electron transfer mechanisms[J]. BMC Microbiology, 2017, 17 (1): 208.

VERMA M L, RAO N M, TSUZUKI T, et al. Suitability of ecombinant lipase immobilised on functionalised magnetic nanoparticles for fish oil hydrolysis[J]. Catalysts, 2019, 9(5): 420.

VERSTRAETE W R, VANLOOCKE R, DEBORGER R, et al. Modelling of the breakdown and the mobilization of hydrocarbons in unsaturated soillayers[M]//SHARPLEY J M, KAPLAN A M, eds. Proceedings of the 3rd International Biodegradation Symposium. London: Applied Science, 1976, 99-112.

VIAENE T, LANGENDRIES S, BEIRINCKX S, et al. Streptomyces as a plant's best friend? [J]. FEMS Microbiology Ecology, 2016, 92(8): 119.

WOOLFORD M K. The detrimental effects of air on silage[J]. The Journal of Applied Bacteriology, 1990, 68 (2): 101-116.

XU R, OBBARD J P. Effect of nutrient amendments on indigenous hydrocarbon biodegradation in oil-contaminated beach sediments[J]. Journal of Environmental Quality, 2003, 32(4): 1234-1243.

XU Y Q, FEI J B, LI G L, et al. Nanozyme-catalyzed cascade reactions for mitochondria-mimicking oxidative phosphorylation[J]. Angewandte Chemie International Edition, 2019, 58(17): 5572-5576.

YASRI N, ROBERTS EP L, GUNASEKARAN S. The electrochemical perspective of bioelectrocatalytic activities in microbial electrolysis and microbial fuel cells[J]. Energy Reports, 2019(5): 1116-1136.